知识图谱应用实践指南

中国电子技术标准化研究院　主编

电子工业出版社
Publishing House of Electronics Industry
北京·BEIJING

内 容 简 介

为推动知识图谱技术及产业的健康发展,促进知识图谱在细分领域的落地实践,本书从实用性和先进性出发,较全面地梳理了智能电网、智慧能源、智慧金融、智慧医疗、智慧教育、智慧营销、智能制造、智慧交通、智慧运营商、智慧司法、智慧公安、智慧传媒、科技文献 13 个领域的 38 项知识图谱实践案例,详细分析了知识图谱相关产业政策与行业赋能概况、知识图谱产业生态体系和知识图谱标准化现状,提出了知识图谱在各领域应用实践过程中的建设基础能力评估方法、系统建设全生命周期管理建议及系统选型指南。

本书可作为知识图谱领域相关从业者的参考用书。

未经许可,不得以任何方式复制或抄袭本书之部分或全部内容。
版权所有,侵权必究。

图书在版编目(CIP)数据

知识图谱应用实践指南 / 中国电子技术标准化研究院主编. -- 北京:电子工业出版社, 2025. 5. -- ISBN 978-7-121-50096-1

Ⅰ. TP391-62

中国国家版本馆 CIP 数据核字第 2025Y9N322 号

责任编辑:陈韦凯
文字编辑:张佳虹
印　　刷:三河市良远印务有限公司
装　　订:三河市良远印务有限公司
出版发行:电子工业出版社
　　　　　北京市海淀区万寿路 173 信箱　邮编　100036
开　　本:787×1 092　1/16　印张:31.75　字数:813 千字
版　　次:2025 年 5 月第 1 版
印　　次:2025 年 5 月第 1 次印刷
定　　价:148.00 元

凡所购买电子工业出版社图书有缺损问题,请向购买书店调换。若书店售缺,请与本社发行部联系,联系及邮购电话:(010) 88254888,88258888。
质量投诉请发邮件至 zlts@phei.com.cn,盗版侵权举报请发邮件至 dbqq@phei.com.cn。
本书咨询联系方式:chenwk@phei.com.cn,(010) 88254441。

编 委 会

主　任：程多福

副主任：郭　楠　王红凯　刘安安

编委会成员：

　　李　佳　李瑞琪　韩　丽　蒋　炜　冯　珺　聂为之
　　焦国涛　程雨航　陈　浩　李钟煦　徐　宁　贾仕齐
　　彭梁英　张　楠　马原野　何宏宏　胡　琳　王成然
　　纪婷钰　崔文雅　胡成林　陈文健

编写单位

中国电子技术标准化研究院
联想（北京）有限公司
华为技术有限公司
阿里云计算有限公司
蚂蚁科技集团股份有限公司
北京百分点科技集团股份有限公司
北京国双科技有限公司
北京华宇元典信息服务有限公司
成都数联铭品科技有限公司（BBD）
网智天元科技集团股份有限公司
同方知网数字出版技术股份有限公司
沈阳东软智能医疗科技研究院有限公司
东软集团股份有限公司
小米科技股份有限公司
中国电信股份有限公司研究院
浙商银行股份有限公司
绿盟科技集团股份有限公司
科大讯飞股份有限公司
贝壳找房（北京）科技有限公司
天津大学
上海大学
中国电力科学研究院有限公司
北京京航计算通讯研究所
海义知信息科技（南京）有限公司
国家电网集团总部企业管理协会

国网浙江省电力有限公司
北京中电普华信息技术有限公司
达而观信息科技（上海）有限公司
平安国际智慧城市科技股份有限公司
厦门渊亭信息科技有限公司
北京车之家信息技术有限公司
北京金堤科技有限公司（天眼查）
中国电子科技集团公司第二十八研究所
拓尔思信息技术股份有限公司
北京智通云联科技有限公司
厦门邑通软件科技有限公司
北京欧拉认知智能科技有限公司
广州金山移动科技有限公司
华南理工大学
中国汽车工程研究院股份有限公司
特斯联科技集团有限公司
天津泰凡科技有限公司
安徽科大讯飞医疗信息技术有限公司
南瑞集团有限公司（国网电力科学研究院有限公司）
腾讯云计算（北京）有限责任公司
青岛百洋智能科技股份有限公司
郑州南河星科技有限公司
北京富通东方科技有限公司
电科云（北京）科技有限公司
豪尔赛科技集团股份有限公司
中科软科技股份有限公司
上海工程技术大学
佰聆数据股份有限公司

前　　言

知识图谱作为构建机器认知智能的基础之一，是人工智能的重要组成部分，有助于以自动化和智能化方式获取、挖掘和应用知识，获得了产业界和学术界的广泛关注。知识图谱是以结构化的形式描述客观世界中的概念、实体及其关系的大型知识网络，将信息表达成更接近人类认知的形式，提供了一种更好地组织、管理和理解海量信息的能力。在政策部署、技术研发、标准研制、产业化推广、前沿应用场景试点等多方面因素的共同驱动下，知识图谱逐渐在智慧能源、智慧金融、智慧医疗、智能制造等众多领域落地应用，同时在各行业的数字化转型过程中，跨领域、跨行业或跨产业的知识图谱也逐渐获得关注。

为了进一步推动知识图谱在各领域的深化应用，梳理知识图谱应用成效，归纳总结知识图谱构建框架及相关系统设计、部署和应用的典型路径，并提炼知识图谱的标准化需求，中国电子技术标准化研究院牵头，组织多家单位共同编写了《知识图谱应用实践指南》。本书由产业综述篇、选型实施篇、行业实践篇组成，其中，产业综述篇讲述了知识图谱相关产业政策部署与行业赋能概况、知识图谱标准化现状、知识图谱产业生态体系、知识图谱实践路径；选型实施篇提出了知识图谱应用系统的结构，并给出了知识图谱在各领域应用实践过程中的建设基础能力的评估方法、系统建设全生命周期管理建议及系统选型指南；行业实践篇讲述了智能电网、智慧能源、智慧金融、智慧医疗、智慧教育、智慧营销、智能制造、智慧交通、智慧运营商、智慧司法、智慧公安、智慧传媒、科技文献 13 个领域的 38 项知识图谱实践案例，从案例基本情况、案例成效、技术路线、示范意义及展望等方面进行了阐述。

本书读者对象包括各行业知识图谱整体规划和建设主管部门负责人、知识图谱供应商企业从业人员、知识图谱集成商企业从业人员、知识图谱用户企业从业人员、知识图谱标准化工作研究人员、科研院所的师生，以及其他与知识图谱相关的从业者和对知识图谱感兴趣的人员。

由于知识图谱技术发展迅速，作者学识有限，书中误漏之处难免，望广大读者批评指正。

中国电子技术标准化研究院

目　　录

第一篇　产业综述篇

第 1 章　知识图谱产业综述 ·· 2
- 1.1　政策部署与行业赋能 ·· 2
- 1.2　知识图谱标准化现状 ·· 3
  - 1.2.1　概述 ·· 3
  - 1.2.2　国际标准化 ·· 5
  - 1.2.3　国内标准化 ·· 7
- 1.3　知识图谱产业生态 ·· 15
- 1.4　知识图谱实践路径 ·· 17
  - 1.4.1　知识图谱构建流程 ·· 17
  - 1.4.2　知识图谱生命周期 ·· 20
  - 1.4.3　其他支撑活动 ·· 21
- 1.5　可能存在的挑战 ·· 24
  - 1.5.1　共性挑战 ·· 24
  - 1.5.2　细分行业挑战 ·· 29
- 1.6　结语 ·· 32

第二篇　选型实施篇

第 2 章　知识图谱应用系统构成 ·· 34
- 2.1　知识图谱应用系统定义及类别 ·· 34
- 2.2　知识图谱应用系统架构及功能组成 ·· 34

第 3 章　知识图谱应用系统建设基础能力评估 ·· 37
- 3.1　应用系统建设基础能力评估准则 ·· 37
- 3.2　应用系统建设基础能力指标体系 ·· 37
- 3.3　应用系统建设基础能力自我评估表 ·· 41
- 3.4　应用系统建设基础能力提升 ·· 43

第 4 章　知识图谱应用系统选型 ·· 45
- 4.1　知识图谱应用系统选型准则 ·· 45
  - 4.1.1　数据处理相关模块的选型准则 ·· 45
  - 4.1.2　知识图谱构建相关模块的选型准则 ·· 45

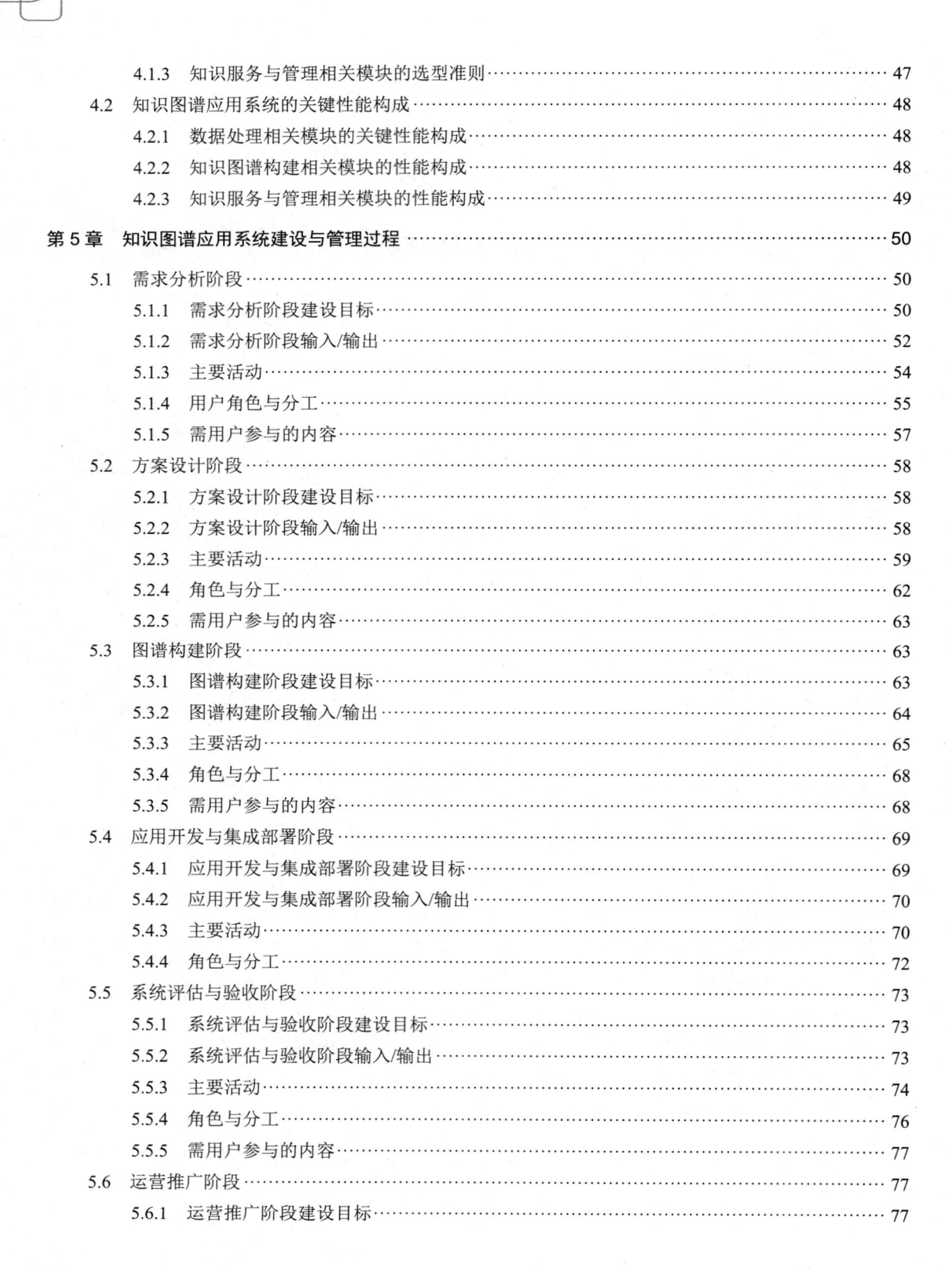

	4.1.3	知识服务与管理相关模块的选型准则	47
4.2	知识图谱应用系统的关键性能构成		48
	4.2.1	数据处理相关模块的关键性能构成	48
	4.2.2	知识图谱构建相关模块的性能构成	48
	4.2.3	知识服务与管理相关模块的性能构成	49

第 5 章 知识图谱应用系统建设与管理过程 50

5.1	需求分析阶段		50
	5.1.1	需求分析阶段建设目标	50
	5.1.2	需求分析阶段输入/输出	52
	5.1.3	主要活动	54
	5.1.4	用户角色与分工	55
	5.1.5	需用户参与的内容	57
5.2	方案设计阶段		58
	5.2.1	方案设计阶段建设目标	58
	5.2.2	方案设计阶段输入/输出	58
	5.2.3	主要活动	59
	5.2.4	角色与分工	62
	5.2.5	需用户参与的内容	63
5.3	图谱构建阶段		63
	5.3.1	图谱构建阶段建设目标	63
	5.3.2	图谱构建阶段输入/输出	64
	5.3.3	主要活动	65
	5.3.4	角色与分工	68
	5.3.5	需用户参与的内容	68
5.4	应用开发与集成部署阶段		69
	5.4.1	应用开发与集成部署阶段建设目标	69
	5.4.2	应用开发与集成部署阶段输入/输出	70
	5.4.3	主要活动	70
	5.4.4	角色与分工	72
5.5	系统评估与验收阶段		73
	5.5.1	系统评估与验收阶段建设目标	73
	5.5.2	系统评估与验收阶段输入/输出	73
	5.5.3	主要活动	74
	5.5.4	角色与分工	76
	5.5.5	需用户参与的内容	77
5.6	运营推广阶段		77
	5.6.1	运营推广阶段建设目标	77

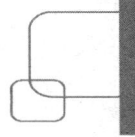

		5.6.2 运营推广阶段输入/输出	78
		5.6.3 主要活动	79
		5.6.4 角色与分工	80
		5.6.5 须用户参与的内容	81
	5.7	管理维护阶段	82
		5.7.1 管理维护阶段建设目标	82
		5.7.2 管理维护阶段输入/输出	82
		5.7.3 主要活动	83
		5.7.4 角色与分工	84
		5.7.5 须用户参与的内容	85

第 6 章　面向知识图谱应用系统建设的服务方选择　86

  6.1　面向知识图谱应用系统建设的服务定义　86
  6.2　面向知识图谱应用系统建设的服务分类　86

第三篇　行业实践篇

第 7 章　智能电网领域案例　89

  案例 1：联想电力供应链领域知识图谱系统　89
  案例 2：基于知识图谱的设备故障智能维修决策实践　100
  案例 3：电力行业基于知识图谱的认知理解知识问答实践　115
  案例 4：电力运检领域知识图谱应用案例　122

第 8 章　智慧能源领域案例　128

  案例 5：油气行业知识计算实践案例　128
  案例 6：中国石化企业知识中心构建与应用　136
  案例 7：基于知识图谱的油气知识综合管理和智能应用——油气勘探开发行业案例　148
  案例 8：邑通知识图谱在建筑领域智慧能源的应用——建筑空间智慧能源管理平台 ETOM IEM　161

第 9 章　智慧金融领域案例　168

  案例 9：蚂蚁事理图谱在信贷风控中的应用　168
  案例 10：小微企业信贷知识图谱的应用　174
  案例 11：渊海产业链图谱　185
  案例 12：天眼查大数据知识图谱系统　196
  案例 13：渊亭金融舆情分析平台　204
  案例 14：海信经济领域知识图谱　213

第 10 章　智慧医疗领域案例　227

  案例 15：海洋药物大数据信息检索　227
  案例 16：基于知识图谱技术的 VTE 智能评估系统　240

案例17：基于医疗知识图谱的临床决策支持系统 245

第11章 智慧教育领域案例 259
案例18：少儿百科知识图谱问答应用案例 259

第12章 智慧营销领域案例 269
案例19：汽车消费行业知识图谱构建及应用实践 269
案例20：基于KBQA的经纪人咨询助手——小贝咨询助手 291
案例21：知识图谱助力小米商城场景化推荐 298

第13章 智能制造领域案例 306
案例22：机电产品可持续智能设计系统 306
案例23：可持续智能制造系统 316
案例24：邑通知识图谱在智能制造领域的应用——设备智慧运行管理平台ETOM IE 327
案例25：航天质量知识图谱 336

第14章 智慧交通领域案例 348
案例26：以全网搜索为目标的交通知识图谱实践 348
案例27：海信交通领域知识图谱 363
案例28：基于空管知识图谱的航班延误预测系统 374

第15章 智慧运营商领域案例 381
案例29：电信运营商资费信息系统 381
案例30：电信运营商知识大脑 395

第16章 智慧司法领域案例 402
案例31：基于知识图谱的法律智能认知平台——元典睿核 402
案例32：国双智讼辅助办案平台 410

第17章 智慧公安领域案例 424
案例33：公安知识图谱 424
案例34：知识产权领域图谱实践案例 432
案例35：百分点某市公安知识图谱应用案例 446

第18章 智慧传媒领域案例 458
案例36：泛传媒行业知识图谱构建与应用实践 458

第19章 科技文献领域案例 473
案例37：基于知识图谱的CNKI数字人文研究平台 473
案例38：标准知识图谱智能服务平台 486

第一篇

产业综述篇

第 1 章 知识图谱产业综述

知识图谱作为构建机器认知智能的基础之一,是人工智能的重要组成部分。知识图谱是以结构化的形式描述客观世界中的概念、实体及其关系的大型知识网络,将信息表达成更接近人类认知的形式,提供了一种更好地组织、管理和理解海量信息的能力。在政策部署、技术研发、标准研制、产业化推广、前沿应用场景试点等多方面因素的共同驱动下,知识图谱逐渐实现在智慧金融、智慧医疗、智慧能源、智能制造等众多领域的落地应用和深度融合,同时在各行业的数字化转型过程中,跨领域、行业或产业的知识图谱也逐渐获得关注。

1.1 政策部署与行业赋能

为加速推动知识图谱在各行业的深度应用,我国已在多项国家和地方重要人工智能发展规划与相关政策中进行了相关部署,包括《新一代人工智能发展规划》《促进新一代人工智能产业发展三年行动计划(2018—2020 年)》《高等学校人工智能创新行动计划》《广东省新一代人工智能发展规划》《关于上海市推动新一代人工智能发展的实施意见》等。其中,国务院于 2017 年 7 月发布的《新一代人工智能发展规划》中明确指出,实现对知识持续增量的自动获取,具备概念识别、实体发现、属性预测、知识演化建模和关系挖掘能力,形成涵盖数十亿个实体规模的多源、多学科和多数据类型的跨媒体知识图谱,并重点突破跨媒体统一表征、关联理解与知识挖掘、知识图谱构建与学习、知识演化与推理、智能描述与生成等技术。此外,德国于 2018 年 11 月发布的《人工智能战略》(Artificial Intelligence Strategy)及美国于 2019 年 6 月发布的《美国人工智能研发战略计划:2019 更新版》(The National Artificial Intelligence Research And Development Strategic Plan:2019 Update)等人工智能技术强国发布的国家战略中对知识发现、基于知识的系统等方面也进行了相关部署。

知识图谱在细分领域的应用,对于推动各行业及相关企业"知识驱动"下的转型升级具有重要意义。表 1.1 展示了知识图谱赋能 13 个领域的应用成效。

表 1.1 知识图谱赋能 13 个领域的应用成效

序 号	赋能领域	应用成效
1	智能电网	● 供应商信息检索效率和准确率提升 ● 运维工作降本提效 ● 管理水平和工作效率提升
2	智慧能源	● 评价与决策时间缩短,准确率提升 ● 知识管理成本降低 ● 科研效率提升 ● 生产效益提升

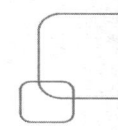

续表

序号	赋能领域	应用成效
3	智慧金融	● 可授信用户规模扩大 ● 风险识别维度和准确率提升 ● 信贷服务工作效率提升
4	智慧医疗	● 医疗信息检索效率和准确率提升 ● 病患风险评估覆盖率提升 ● 在线/辅助诊断使用率提升
5	智慧教育	● 人文数据学科资源管理和利用能力提升 ● 知识检索效率和准确率提升
6	智慧营销	● 智能问答和推荐准确率提升 ● 商品购买转化率提升 ● 消费需求洞察能力提升
7	智能制造	● 产品设计效率提升 ● 产品运营成本降低 ● 设备质量管控能力提升
8	智慧交通	● 跨部门决策效率提升 ● 交通规划与治理能力提升
9	智慧运营商	● 智能客服自主工作能力提升 ● 资费市场响应与决策能力提升 ● 工单整合与优化能力提升
10	智慧司法	● 阅卷效率和案由判断准确率提升 ● 类案检索报告生成效率提升
11	智慧公安	● 多源数据整合能力提升 ● 分析侦查效率提升
12	智慧传媒	● 资源共享效率提升
13	科技文献	● 检索效率和准确率提升 ● 用户满意度提升

1.2 知识图谱标准化现状

1.2.1 概述

标准作为固化技术成果的重要形式，其在推动技术进步、促进应用融合、激发市场活力、规范市场秩序等方面发挥着重要作用。知识图谱的标准化对于提升知识图谱构建效率、推动数据在多领域复用、发挥知识图谱分析和技术价值有重要意义。近年来 RDF、RDFS、OWL 等知识表示和知识建模相关标准为知识图谱的规模化构建及应用提供了重要的支撑作用，而且随着知识图谱在各领域的深化应用，知识图谱的技术框架、测试评估、能力成熟度模型、知识建模、知识融合、知识交换、知识计算及领域知识图谱构建与应用要求等方面的标准化需求日益攀升。此外，由于知识图谱系统日益增多，知识要素在行业内、集团内、企业间的安全交换与可靠流通需求也逐步显现，同样有待相关标准和配套工具来支撑。

目前，知识图谱相关标准化需求已获得了国际标准化组织/国际电工委员会的第一联合技术委员会（ISO/IEC JTC 1）、电气电子工程师学会（IEEE）、国家人工智能标准化总体组、中国电子工业标准化技术协会等国内外标准化组织或协会的关注。在 ISO/IEC JTC 1/SC 42（人工智能分技术委员会）、IEEE 知识图谱标准化工作组、知识图谱国家标准编制工作组推动下立项了多项知识图谱领域相关国际标准、国家标准、团体标准，形成了知识工程顶层标准、知识图谱顶层标准、知识图谱共性基础标准、知识图谱细分领域标准及配套白皮书、案例集等协同推进的局面。其中，就知识工程及知识图谱领域产业化应用过程中的标准化需求、优秀实践案例、共性技术路径、测试评估体系等内容进行了研究。知识图谱领域现有标准如图 1.1 所示。

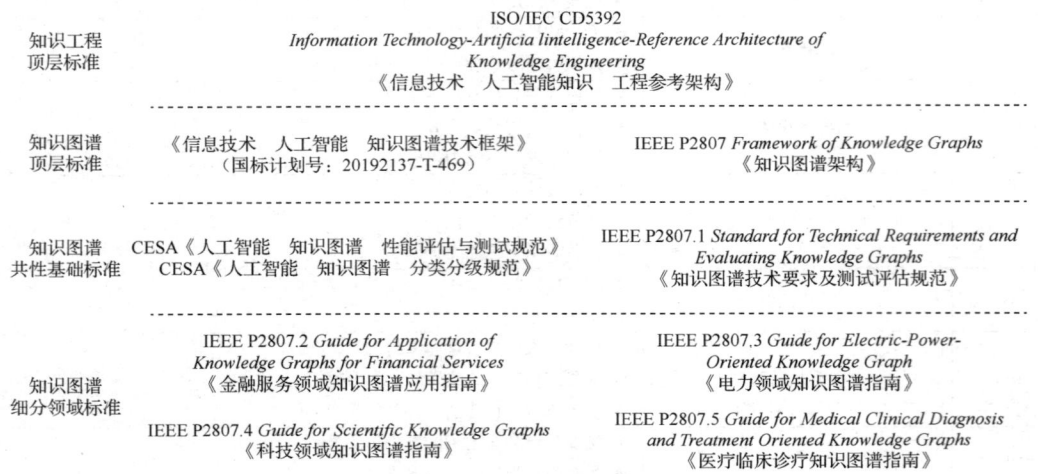

图 1.1　知识图谱领域现有标准

此外，W3C、NIST、ISO/IEC JTC 1/SC 32（数据管理与交换分技术委员会）等标准化组织围绕知识图谱领域知识表示、知识获取、知识建模等关键技术标准进行了研制，并发布了 RDF、RDFS、OWL、本体模型等方面的一系列标准。截至本书编写时，知识图谱领域标准及相关标准关系如图 1.2 所示。

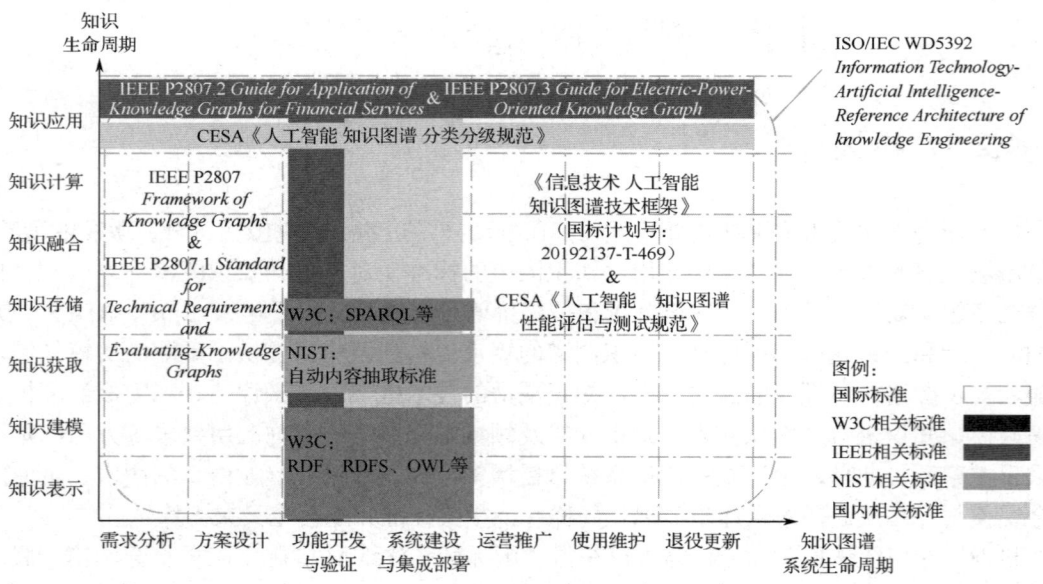

图 1.2　知识图谱领域标准及相关标准关系

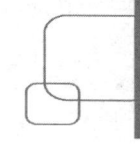

1.2.2 国际标准化

1. ISO/IEC JTC 1

ISO/IEC JTC 1 是信息技术领域的国际标准化委员会,已经在人工智能领域进行了 20 多年的标准化研制工作,主要集中在人工智能词汇、人机交互、计算机图像处理、云计算、大数据等人工智能关键技术领域。

在知识图谱相关术语方面,ISO/IEC JTC 1 词汇组在已发布的 ISO/IEC 2382-28:1995《信息技术 词汇 第 28 部分:人工智能基本概念与专家系统》、ISO/IEC 2382-34:1997《信息技术 词汇 第 31 部分:人工智能机器学习》等标准中对知识、知识库、知识获取、知识工程、知识表示、认知建模等知识图谱相关专业术语进行了定义和说明,并在 2015 年最新研制发布的 ISO/IEC 2382:2015《信息技术 词汇》标准中进行了更新。

在知识工程标准化工作方面,2017 年 10 月,ISO/IEC JTC1 第 32 届全会上批准并成立了 SC 42 人工智能分技术委员会,主要在基础标准、计算方法、可信赖性和社会关注等方面开展了国际标准化工作。2020 年 8 月 23 日,由我国提出的《信息技术 人工智能 知识工程参考架构》(*Information Technology-Artificial Intelligence-Reference Architecture of Knowledge Engineering*)国际标准提案在 ISO/IEC JTC 1/SC 42 正式获批立项(项目编号:ISO/IEC WD 5392)。该提案作为知识工程领域的首个国际标准项目,规定了知识工程参考架构,明确了知识工程重要术语和概念,描述了知识工程中的角色、活动、构建层级、组件及其关系。

此外,ISO/IEC JTC 1/SC 42/WG 5 于 2020 年 7 月成立了本体、知识工程/表示临时咨询组,对该领域标准化需求进行进一步研究与梳理。ISO/IEC CD 22989.2《信息技术 人工智能 概念与术语》、ISO/IEC TR 24372《信息技术 人工智能 人工智能系统计算方法概览》等在研标准对知识表示、知识服务、知识获取与应用等相关内容也进行了研究。

2. IEEE

IEEE 标准协会隶属于 IEEE,标准制定内容涵盖信息技术、通信、电力和能源等多个领域,包括 IEEE 802® 有线与无线的网络通信系列标准、IEEE 7000™ 人工智能伦理系列标准等。中国电子技术标准化研究院联合国内多家企事业单位向 IEEE 标准协会提报的标准提案《知识图谱架构》(*Framework of Knowledge Graph*,项目编号:P2807)于 2019 年 3 月 20 日正式获批立项,并同步获批成立了 IEEE 知识图谱标准化工作组,主要开展知识图谱框架、关键技术、性能指标、典型应用等领域方向的标准研制工作。

当前,该工作组已相继推动立项了 8 项标准,覆盖知识图谱测试评估规范,以及金融领域、电力领域、标准制修订领域等细分领域知识图谱构建技术要求,并有医疗领域知识图谱、科技信息领域知识图谱等多项潜在标准化需求正在论证中,初步形成了跨领域和细分领域标准协同推进的研制路线。IEEE 知识图谱相关在研标准及其范围如表 1.2 所示。

表 1.2 IEEE 知识图谱相关在研标准及其范围

标准项目号	标准名称	范围
IEEE P2807	*Framework of Knowledge Graphs*《知识图谱架构》	拟规范知识图谱框架、关键技术、性能指标、典型应用及相关领域、所需的数字基础设施等

续表

标准项目号	标准名称	范围
IEEE P2807.1	Standard for Technical Requirements and Evaluating Knowledge Graphs 《知识图谱技术要求及测试评估规范》	拟规范知识图谱技术要求、技术指标、评估准则、测试用例等
IEEE P2807.2	Guide for Application of Knowledge Graphs for Financial Services 《金融服务领域知识图谱应用指南》	拟规范金融服务领域知识图谱技术框架、工作流程、实施指南和应用场景等
IEEE P2807.3	Guide for Electric-Power-Oriented Knowledge Graph 《面向电力行业的知识图谱指南》	拟规范从已发布标准中提取知识并构建知识图谱的数据要求、构建流程及应用场景等
IEEE P2807.4	Guide for Scientific Knowledge Graphs 《科技领域知识图谱指南》	拟规定科技知识图谱的数据模式、构建过程及共享应用等内容
IEEE P2807.5	Guide for Medical Clinical Diagnosis and Treatment Oriented Knowledge Graphs 《面向临床诊疗的知识图谱指南》	拟规定医疗诊疗知识图谱的数据来源、构建过程及应用场景等内容,旨在为医疗知识图谱的构建和应用提出统一的框架和方法
IEEE P2807.7	Guide for Open Domain Knowledge Graph Publishing and Crowdsourcing Service 《开放域知识图谱发布与众包服务指南》	拟规定: ● 组织能够通过互联网公开共享的开放领域知识图谱(ODKG)的发布和众包服务指南; ● ODKG 发布过程中的元数据要求、本体模型和模式要求; ● ODKG 众包过程中的知识图谱创建、编辑、下载和引用要求
IEEE P2807.8	Standard for Knowledge Exchange and Fusion Protocol Among Knowledge Graphs 《知识图谱间知识交换与融合协议》	拟规定知识图谱间的知识交换协议,包括协议的框架、知识交换模式、知识图谱中使用的知识元素格式,以及知识图谱之间传输消息的结构和处理流程等

3. W3C

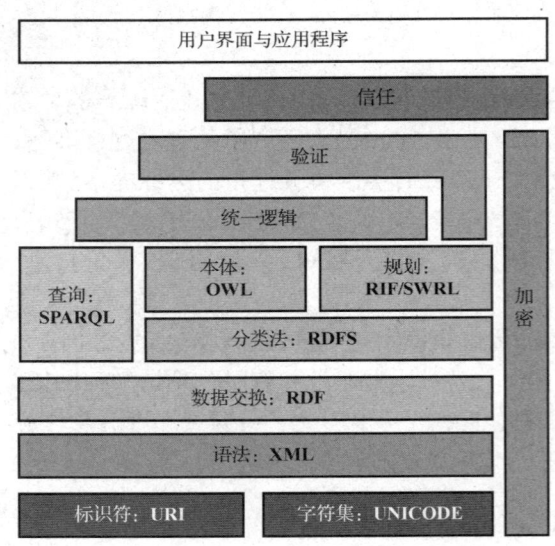

图 1.3　语义网知识描述技术栈

W3C 全称为 World Wide Web Consortium,中文名称为万维网联盟,是万维网主要的国际标准化组织机构,同时也是万维网领域最具有权威性和影响力的国际中立性技术标准化组织。W3C 标准化组织于 1994 年建立,主要宗旨是通过促进通用协议的发展并确保相关标准具有通用性,对 Web 关键技术进行标准化工作。

在知识图谱方面,W3C 相关标准化工作主要集中在语义网知识描述体系方面,研制与发布 XML、RDF、SPARQL、RDFS、OWL 等系列标准,形成了一系列知识表示、知识建模、知识存储关键技术相关标准。语义网知识描述技术栈如图 1.3 所示。此外,W3C 于 2018 年 7 月推动成立了人工智能知识表示社区小组,旨在探讨人工智能领域知识的概念化,以及规范的要求、最佳做法和实施选项等。

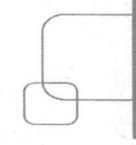

在知识表示方面，W3C 理事会推荐了 XML、RDF、RDFS、OWL 四项主要技术标准，其中，RDF 系列标准包括 RDF Primer、RDF Test Cases、RDF Concept、RDF Syntax。XML 是一种元数据语法标准，也是一种标记语言，用于传输和存储数据，是语义网基础层。RDF 是一种元数据语义描述标准，它被设计为一种描述信息的通用方法，可以被计算机应用程序读取并理解，现实中任何实体都可以表示成 RDF 模型中的资源。同时，W3C 理事会提议的 SPARQL Requirements 与 SPARQL Language 标准成为检索和操作基于 RDF 存储的知识图谱。

在知识建模方面，W3C 理事会推荐了 RDFS（RDF Schema）与 OWL 系列标准。其中，RDFS 是 RDF 的扩展，规范了用于描述 RDF 资源的属性、类的词汇表，以及属性和类在语义上的层次结构。OWL 是一种语义网本体语言，用于构建领域相关的本体，主要技术标准包括 OWL Overview、OWL Guide、OWL Reference、OWL Syntax、OWL Test Cases、OWL Use Cases、Parsing OWL in RDF。OWL 是在 RDFS 基础上丰富了类和属性的词汇，如类不相交性、基数约束、类的布尔组合等，主要增加了类、属性之间关系的定义或约束。

4．MUC

消息理解会议（Message Under standing Conference，MUC），主要针对关系抽取概念发布 MUC-6、MUC-7 评测标准，MUC 要求从非结构化文本中抽取信息填入预定义模板中的槽，包括实体、实体属性、实体间关系、事件和充当事件角色的实体。

5．NIST

美国国家标准技术研究院（National Institute of Standards and Technology，NIST）直属美国商务部，主要从事物理、生物和工程方面的基础和应用研究。在 MUC-7 之后，MUC 由美国国家标准技术研究院组织的自动内容抽取（Automatic Content Extraction，ACE）评测取代，ACE 评测标准从 1999 年开始筹划，2000 年正式启动，其中，关系识别和检测任务定义了较为详细的关系类别体系，用于两个实体间的语义关系抽取。ACE-2008 包括了 7 个大类和 18 个子类的实体关系，从 2004 年开始，事件抽取成为 ACE 评测的主要任务。

此外，国际电信联盟（International Telecommunications Union，ITU）自 2016 年开始进行人工智能相关标准化研究。但目前尚未发布知识图谱相关标准及研制计划。

1.2.3 国内标准化

1．国家标准

在知识图谱相关国家标准方面，2019 年 7 月 8 日，国家标准化管理委员会下达 2019 年第二批国家标准制修订计划（国标委发〔2019〕22 号），其中由中国电子技术标准化研究院提出的《信息技术　人工智能　知识图谱技术框架》标准（计划号：20192137-T-469）获得立项，并由全国信息技术标准化技术委员会归口。本标准拟就知识图谱技术框架、利益相关方、关键技术要求、性能指标、典型应用及相关领域、数字基础设施、使能技术等内容进行研究，以厘清知识图谱核心标准化需求，提升我国知识图谱标准化工作水平，并促进知识图谱在各行业的推广应用。

此外，全国信息技术标准化技术委员会在相关国际标准的基础之上发布了《信息技术　词汇　第 28 部分：人工智能　基本概念与专家系统》《信息技术　词汇　第 31 部分：人工智

能 机器学习》《信息技术 大数据 术语》三项基础国家标准,其中给出了知识工程、知识表示、知识获取、本体等部分知识图谱相关术语。

2. 团体标准

在知识图谱相关团体标准方面,由中国电子技术标准化研究院向中国电子工业标准化技术协会提出的《人工智能 知识图谱 分类分级规范》《人工智能 知识图谱 性能评估与测试规范》两项团体标准于 2020 年 6 月正式获批立项,其标准化范围如下:

(1)《人工智能 知识图谱 分类分级规范》针对当前知识图谱供应商能力良莠不齐、分类不清晰和评价方法缺失等标准化需求,拟规定知识图谱相关系统供应商的分类分级模型、能力框架、能力评价方法、评估指标等内容。

(2)《人工智能 知识图谱 性能评估与测试规范》针对当前知识图谱性能指标及测试方法不明确、构建过程中各环节性能与质量评估不规范等标准化需求,拟规定知识图谱质量评估要求、知识图谱性能指标、测试框架、测试需求模型及度量准则等内容。

3. 标准体系研究

中国电子技术标准化研究院联合中电科大数据研究院有限公司、东软集团股份有限公司、联想(北京)有限公司、南华大学、星环信息科技(上海)有限公司、上海思贤信息技术股份有限公司、成都数联铭品科技有限公司、阿里巴巴网络技术有限公司等 21 家知识图谱领域相关开发商、系统集成商、用户企业、科研院所、高校联合编写并发布了《知识图谱标准化白皮书》(2019 年版)。其中,从哲学层面、政策层面、产业层面、行业层面、技术层面、工具层面、支撑技术等多个层面对知识图谱的实际需求、关键技术、面临的问题与挑战、标准化需求、展望与建议等进行了梳理,涉及智慧金融、智慧医疗、智能制造、智慧教育、智慧政务、智慧司法、智慧交通等 15 个领域,并初步提出了知识图谱技术架构和标准体系框架等。知识图谱标准体系结构及其框架分别如图 1.4 和图 1.5 所示。

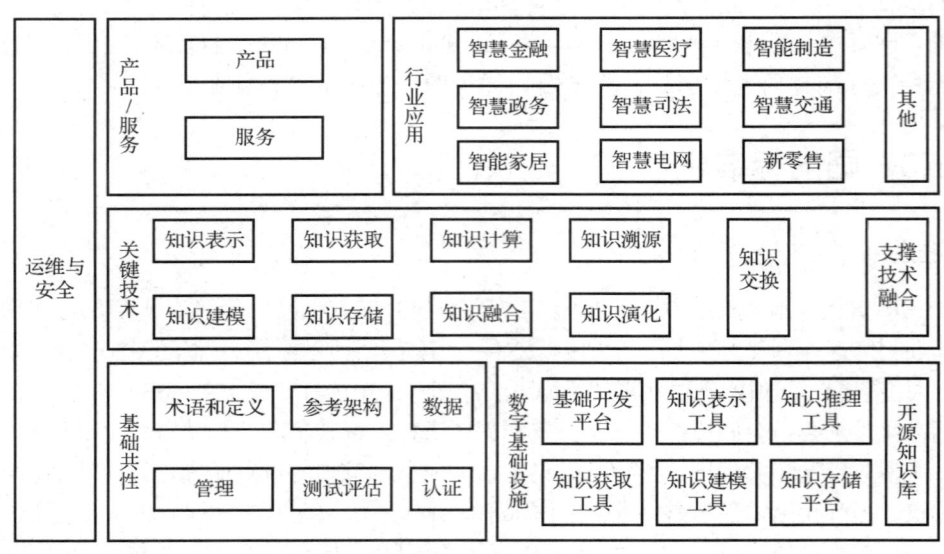

图 1.4 知识图谱标准体系结构

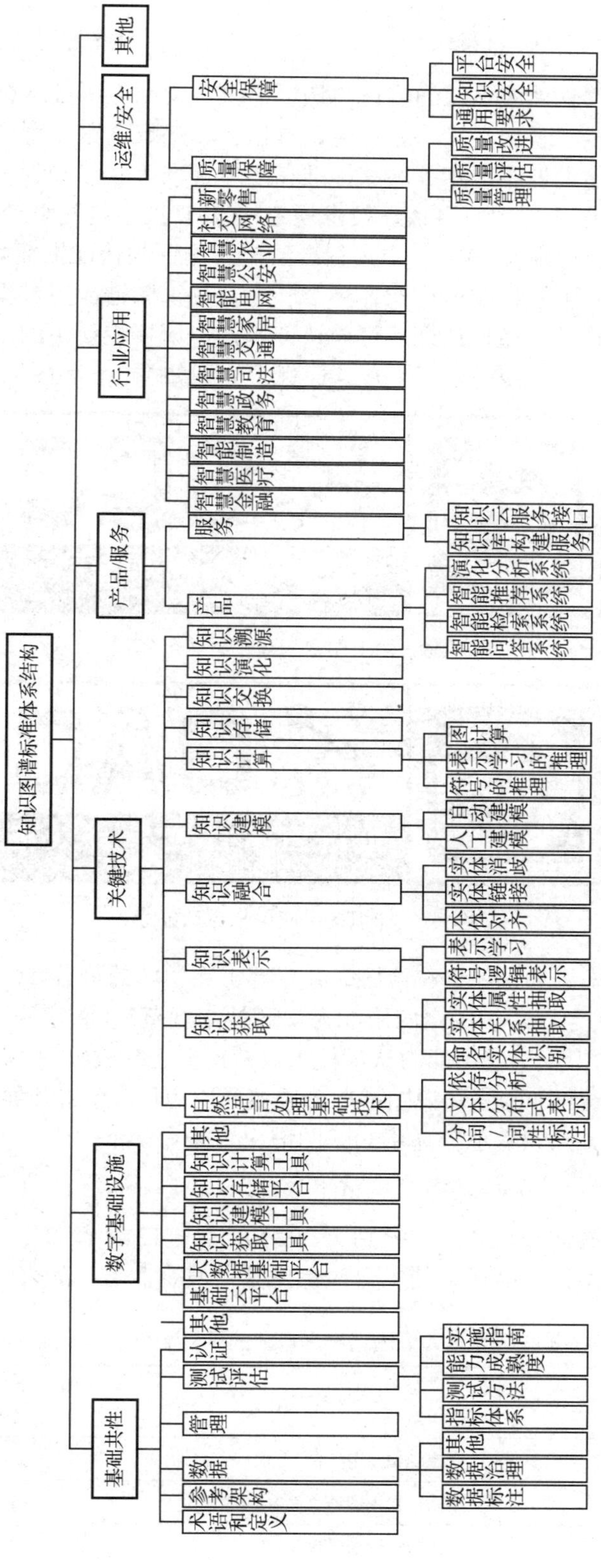

第1章 知识图谱产业综述

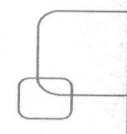

图 1.5 知识图谱标准体系框架

4. 产品认证

围绕知识图谱相关软件或系统的测评与认证需求，中国电子技术标准化研究院联合北京赛西认证有限责任公司、联想、华为、百度、腾讯云、蚂蚁金服、百分点、网智天元、华宇等企事业单位依托上述知识图谱相关国家标准和团体标准等联合研制了《知识图谱构建平台认证技术规范》《知识图谱应用平台认证技术规范》《知识图谱构建平台认证实施规则》《知识图谱应用平台认证实施规则》。其中，上述标准给出了测评与认证指标体系及配套检测项、功能点和合格要求，覆盖了知识图谱构建各环节能力及知识图谱应用过程中安全性、可靠性等重要特性要求，并明确了在通过认证后可向认证机构申请授权使用的产品认证标识。知识图谱构建平台认证标识和知识图谱应用平台认证标识分别如图1.6和图1.7所示。

图1.6　知识图谱构建平台认证标识

图1.7　知识图谱应用平台认证标识

此外，为进一步推进知识图谱在金融、医疗等重点领域的融合，《金融领域知识图谱构建能力认证技术规范》《金融知识图谱应用能力认证技术规范》《医疗领域知识图谱构建能力认证技术规范》《医疗知识图谱应用能力认证技术规范》也已完成研制，后续将开展领域知识图谱相关产品的测评与认证。围绕知识图谱在各领域通用应用，还将开展智能问答、智能推荐、智能检索、辅助决策、知识管理等通用知识图谱应用能力认证。

1）已通过知识图谱产品认证的平台清单

第一批和第二批测评与认证工作分别于2020年11—12月和2021年8—11月开展。第一批和第二批通过知识图谱产品认证的平台清单及其所属企业名称如表1.3和表1.4所示。

表1.3　第一批通过知识图谱产品认证的平台清单及其所属企业名称

企业/单位名称	产品名称及版本号	知识图谱构建平台认证	知识图谱应用平台认证
联想（北京）有限公司	联想知识图谱平台 V1.0	☑	☑
华为技术有限公司	华为云知识图谱软件 V1.0	☑	☑
北京百度网讯科技有限公司	行业知识图谱平台 V1.2	☑	☑

第1章 知识图谱产业综述

续表

企业/单位名称	产品名称及版本号	知识图谱构建平台认证	知识图谱应用平台认证
腾讯云计算（北京）有限责任公司	腾讯云小微知识图谱 V1.0	☑	☑
蚂蚁智信（杭州）信息技术有限公司	蚂蚁金融知识图谱平台-知蛛 V2.0	☑	☑
清华大学	大规模中英文跨语言知识图谱平台 V1.0	☑	☑
杭州依图医疗技术有限公司	多模态知识图谱结构化平台 V1.0	☑	☑
北京百分点信息科技有限公司	百分点智能融合大数据分析平台 V2.0	☑	☑
北京国双科技有限公司	国双知识智能平台 V1.0	☑	☑
成都数联铭品科技有限公司	KUNLUN Hyper Lite V1.0	☑	☑
北京华宇元典信息服务有限公司	元典睿核 V3.0	☐	☑
北京智谱华章科技有限公司	科技情报知识图谱平台 V2.1.0	☑	☑
网智天元科技集团股份有限公司	星图知识图谱平台 V1.0/星图金融知识图谱应用平台 V1.0	☑	☑

表1.4 第二批通过知识图谱产品认证的平台清单及其所属企业名称

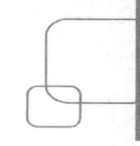

企业/单位名称	产品名称及版本号	知识图谱构建平台认证	知识图谱应用平台认证
中国电信股份有限公司北京研究院	中国电信智能化运维知识图谱平台 V1.0	☐	☑
解放号网络科技有限公司	解放号采购知识图谱应用平台 V1.0	☐	☑
通联数据股份公司	萝卜投资 V3.35	☑	☑
杭州海康威视数字技术股份有限公司	海康威视知识图谱引擎 V1.0	☑	☑
撼地数智（重庆）科技有限公司	撼地产业透析知识图谱、V3.2.2	☐	☑
恒生电子股份有限公司	HUNDSUN 金融知识图谱应用系统软件	☑	☑
北京海致星图科技有限公司	Atlas 知识图谱平台 V3	☑	☑
绿盟科技集团股份有限公司	绿盟安全知识图谱平台	☐	☑
海乂知信息科技（南京）有限公司	海乂知 PlantData 知识图谱全生命周期构建及管理软件 V3.5.0	☑	☑
南京柯基数据科技有限公司	柯基数据知识图谱平台 V2.3	☑	☐
南京柯基数据科技有限公司	KGDATA 智能问答平台 V3.0	☑	☑
新华智云科技有限公司	新华智云知识图谱平台 V1.0	☑	☑
拓尔思信息技术股份有限公司	TRS 知识图谱关联分析软件/TRS 知识图谱构建软件 V1.0	☑	☑

2）已通过认证平台的能力现状

《知识图谱构建平台认证技术规范》中规定了知识图谱构建平台的基础能力指标59项，其中，必选指标30项，可选指标29项；《知识图谱应用平台认证技术规范》中规定了知识图谱应用平台的基础能力指标31项，其中，必选指标16项，可选指标15项。根据第一批和第二批通过认证平台对指标的满足情况,可以初步分析当前知识图谱相关平台的发展现状。

(1) 部分平台实现了对知识图谱构建、应用与维护全流程的覆盖

根据表 1.3 和表 1.4 中各平台的认证分布情况,共计 18 个平台同时完成了知识图谱构建能力与知识图谱应用能力的测试和认证,实现了从结构化数据、半结构化数据、非结构化数据的知识抽取到知识应用、知识维护与管理的全流程,占总数的比例为 76%。尽管各功能模块间集成水平有待提高,但构建形成覆盖全流程、各环节相互衔接的知识图谱应用系统趋势已显现。

(2) 基础性能和功能指标全部满足率依然较低

《知识图谱构建平台认证技术规范》《知识图谱应用平台认证技术规范》结合各企业实践,提出了基础性的功能和性能指标。然而,通过全部知识图谱构建平台测试指标的平台数量占比仅为 11%,通过全部知识图谱应用平台测试指标的平台数量占比为 36%,各平台整体能力仍有提升空间,如图 1.8 和图 1.9 所示。

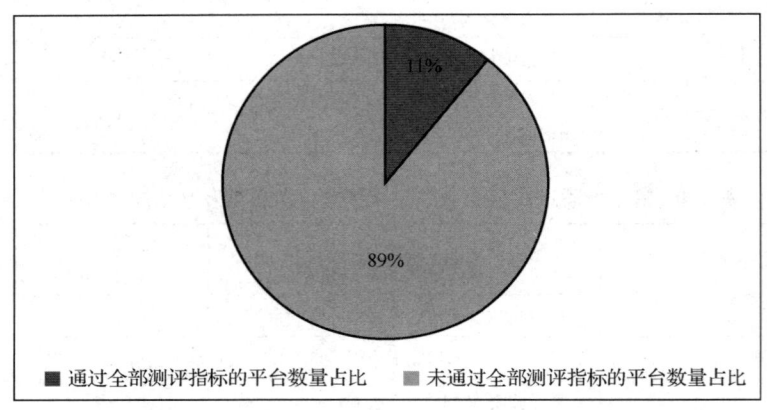

图 1.8　通过全部知识图谱构建平台测评指标的平台数量占比情况

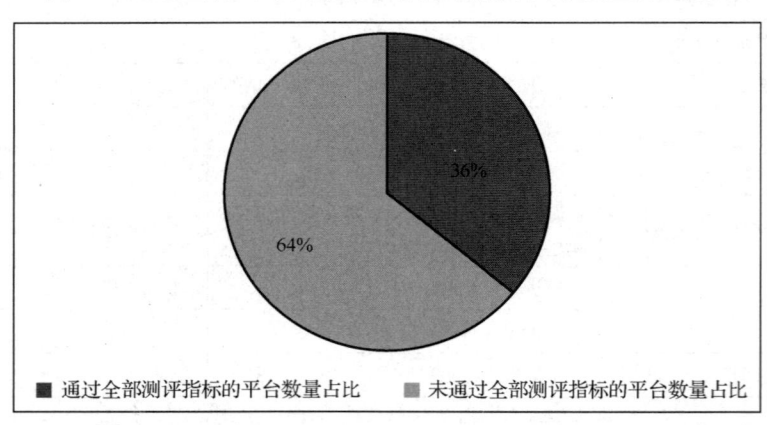

图 1.9　通过全部知识图谱应用平台测评指标的平台数量占比情况

(3) 知识图谱应用平台已覆盖了通用领域及金融、医疗、制造业等重要细分领域

已通过认证的平台不仅包括了面向通用或跨行业知识图谱构建、应用与管理的平台,也包括了聚焦典型领域应用需求的知识图谱平台,共覆盖了智慧金融、智慧医疗、智能制造、智慧运营商、信息安全、科技情报、智慧司法、智慧公安细分领域。已通过认证平台数量的领域分布情况如图 1.10 所示。由图 1.10 可知,细分领域渗透率稳步提升。

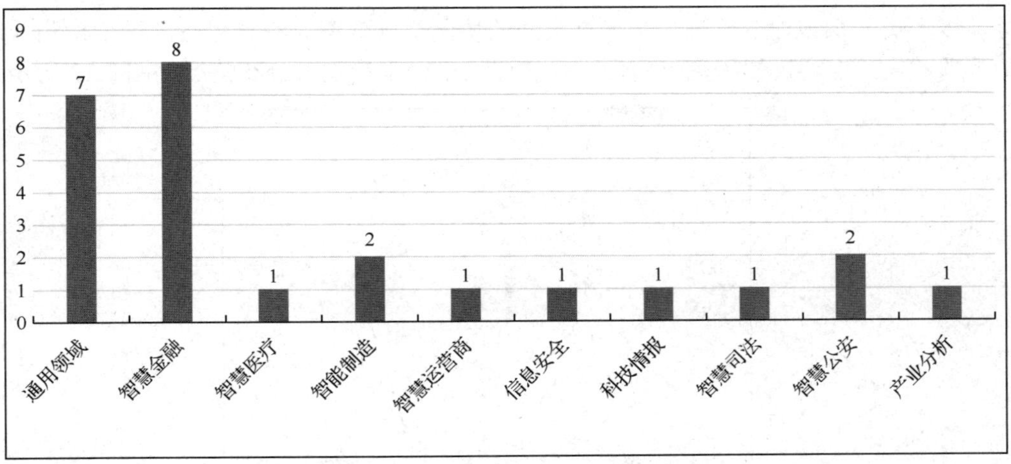

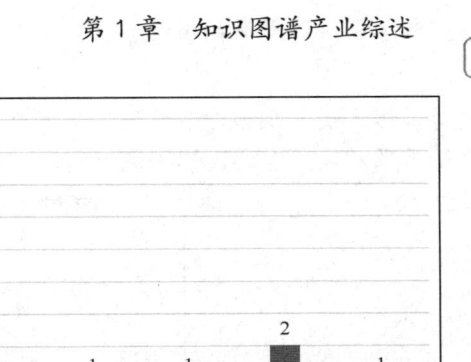

图 1.10 已通过认证平台数量的领域分布情况

（4）知识图谱构建平台中知识融合、知识计算及非结构化数据的知识抽取能力相对薄弱

已通过知识图谱构建平台认证的平台或系统在知识获取、知识表示、知识存储、知识建模、知识计算、知识融合等多个环节已建立相应的功能模块，同时面向知识图谱构建的平台化产品已逐步成型，有利于复制推广与整体交付。

在能力分布方面，已通过认证的平台或系统仍存在差距。其中，知识计算中可选检测项平均通过率仅为47%，知识融合中可选检测项平均通过率为68%，尤其在实体类型、关系和属性名对齐与融合，知识推理等方面通过率较低。此外，在非结构化数据知识获取方面，受限于数据类型差异大、获取难度大等问题，获取的准确率、召回率有待进一步提升。综合考虑各维度检测项通过率及检测项数量，已通过知识图谱构建平台认证的平台能力平均分布情况见图1.11。

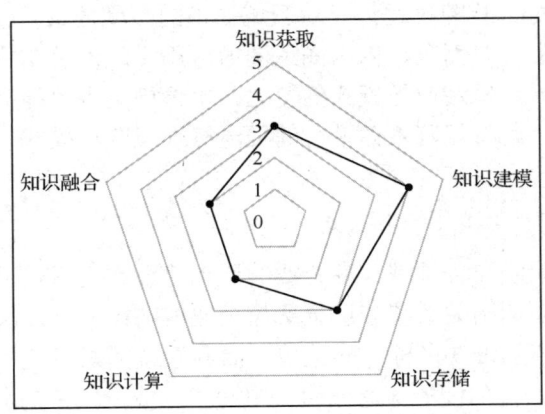

图 1.11 已通过知识图谱构建平台认证的平台能力平均分布情况

（5）知识图谱应用平台中可移植性和易用性有待强化

已通过知识图谱构建平台认证的平台或系统在安全性、可靠性、响应性、可移植性、易用性等方面设计了相应的功能模块，但在顶层本体模型及 Schema 的在线导入、导出，多维度知识图谱内容可视化展示等方面通过率较低，有待继续强化，以提升平台与外部专家、知识

内容审核人员、知识内容管理人员等人员间的协同交互效率。综合考虑各维度检测项通过率及检测项数量，已通过知识图谱应用平台认证的平台平均能力分布情况如图1.12所示。

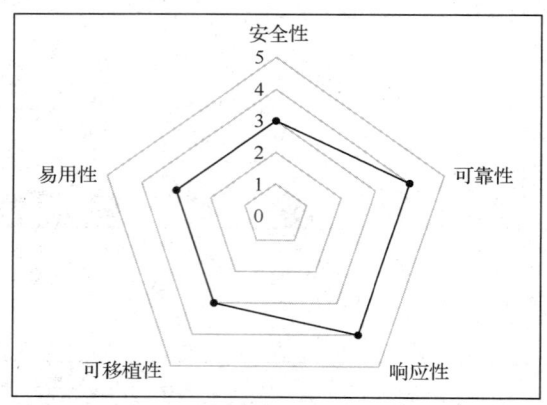

图 1.12　已通过知识图谱应用平台认证的平台平均能力分布情况

5．标准化挑战

1）知识图谱质量评估与测试相关标准缺失

知识图谱质量的保障不仅涉及知识图谱构建过程中的知识表示、知识建模、知识获取、知识存储、知识融合、知识计算等各环节的质量评估，而且涉及知识图谱应用系统各模块功能和性能的测试。因此，从知识图谱的内容和系统两个层面构建较为完备的质量评估体系和质控指标，并结合当前企业实践情况给出指标通过准则，进而为知识图谱应用系统策划、开发与部署过程提供指导和参考。

2）本体模型构建与联动更新相关标准缺失

本体模型及其 Schema 构建过程涉及对领域知识的高度抽象化建模，无法简单固化或设定，需领域专家的深度参与。而且，由于知识图谱应用系统部署实施后，随着时间推移、领域研究深度、广度的拓展，以及业务模式的变化，本体模型也可能需要不断演进，以保障其准确性和适用性。因此，有待规范本体模型的描述格式及联动模式，以保障本体模型应用和更新的可持续性。

3）跨域知识交换与融合相关标准缺失

随着知识图谱应用系统在各领域、各企业的逐步建设和完善，目前已出现了一批优秀的成果。然而，由于建设初期相关系统着重于聚焦企业内部需要，顶层本体模型的构建流程和表达方式差异大且知识表示形式多样，导致建成后各系统间知识交换、知识图谱集成与融合困难，加深了集团内企业/部门间的信息壁垒，阻碍了行业内知识的流通。与数据交换相比，知识交换中不仅涉及知识本身，而且涉及配套的概念、语义等，因此，通过规范化的知识交换与融合协议，对本体模型、知识表示、知识访问、交换模式等多个方面进行统一。

4）知识图谱中知识查询格式与语言相关标准缺失

目前，知识图谱尚无统一的查询语言，各厂商多根据自身需要进行设计和选择，存在较大的差异性。这导致不同厂商无法对同一知识图谱进行直接操作，增加了用户企业在后期维

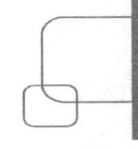

护和升级知识图谱应用系统过程中的投入成本,也阻碍了通用知识检索或计算工具的研制与开发,有待相关标准进行支撑。

5）知识图谱服务方能力评估相关标准缺失

由于知识图谱应用系统在建成后将逐渐成为企业内部的重要知识服务基础设施,在构建过程中不仅需大量企业内、行业内专家的介入与支持,而且需要与企业内必要业务系统进行集成调试,并可能涉及多源异构数据的清洗等问题。这对知识图谱服务商在项目管理、系统集成、知识图谱构建、数据安全保障与数据治理等能力均提出了相应要求。因此,应对其能力进行合理评估与分析,以保障最终知识图谱应用系统的可靠交付。

除上述问题外,细分行业中还面临专业术语集或术语库匮乏,并面临知识图谱应用系统与业务系统集成、知识服务部署、知识图谱实施与评估等方面的标准化需求与挑战。

1.3 知识图谱产业生态

随着知识图谱和智慧金融、智慧医疗、智慧能源、智能制造等领域的快速融合,我国知识图谱产业化应用发展取得了明显成效,并初步呈现出知识图谱供应商、知识图谱集成商、知识图谱用户企业及知识图谱基础工具服务商、数字基础设施提供商、支撑服务提供商等知识图谱生态合作伙伴协同发展的产业生态体系框架。结合当前部分企业实践情况及机器学习、自然语言处理、机器视觉等其他 AI 技术对知识图谱产业化应用的支撑作用,图 1.13 给出了知识图谱产业图谱示意。其中,基础工具供应商包括开源框架供应商、数据库供应商、开源知识库供应商、知识建模工具供应商,数字基础设施供应商包括基础计算设备供应商、大数据服务供应商、机器学习等其他 AI 技术供应商、数据供应商,支撑服务供应商包括标准化机构、安全服务供应商、研究机构、网络供应商。此外,需要说明的是,监管机构及数据治理服务商也是知识图谱产业生态的重要组成部分。

根据知识图谱产业体系内各利益相关方之间的协作关系,知识图谱整体技术框架可用图 1.14 表示。其中,知识图谱供应商是指使用数据和已有知识构建知识图谱以满足特定需求,并提供基于知识图谱的基础产品或服务的组织;知识图谱集成商是指提供对知识图谱应用系统中的各子系统整合服务的主体,确保各子系统运行正常,整合后的系统功能完整且输出符合预期需求;知识图谱用户是指应用基于知识图谱的产品或服务以满足自身需要,并保证其可持续运营的一类组织,可以是企业,也可以是个人;生态系统合作伙伴是指为供应商、集成商和用户提供独立于核心知识图谱技术并为其构建和应用知识图谱所必需的信息基础设施、数据、工具、方法、标准、规范和机制的参与者集合。[①]

知识图谱用户可对外输出必要的数据/知识,其输入主要包括系统对各类用户的使用接口和规范,以及由知识图谱提供的各类服务。根据自身任务和需求的不同,知识图谱用户还可以进一步细分为知识提供者、知识维护者、知识使用者、系统维护者。生态系统合作伙伴与知识图谱其他相关方的关系如下。

---

① 注:对于企业而言,其可能拥有多个利益相关方角色。

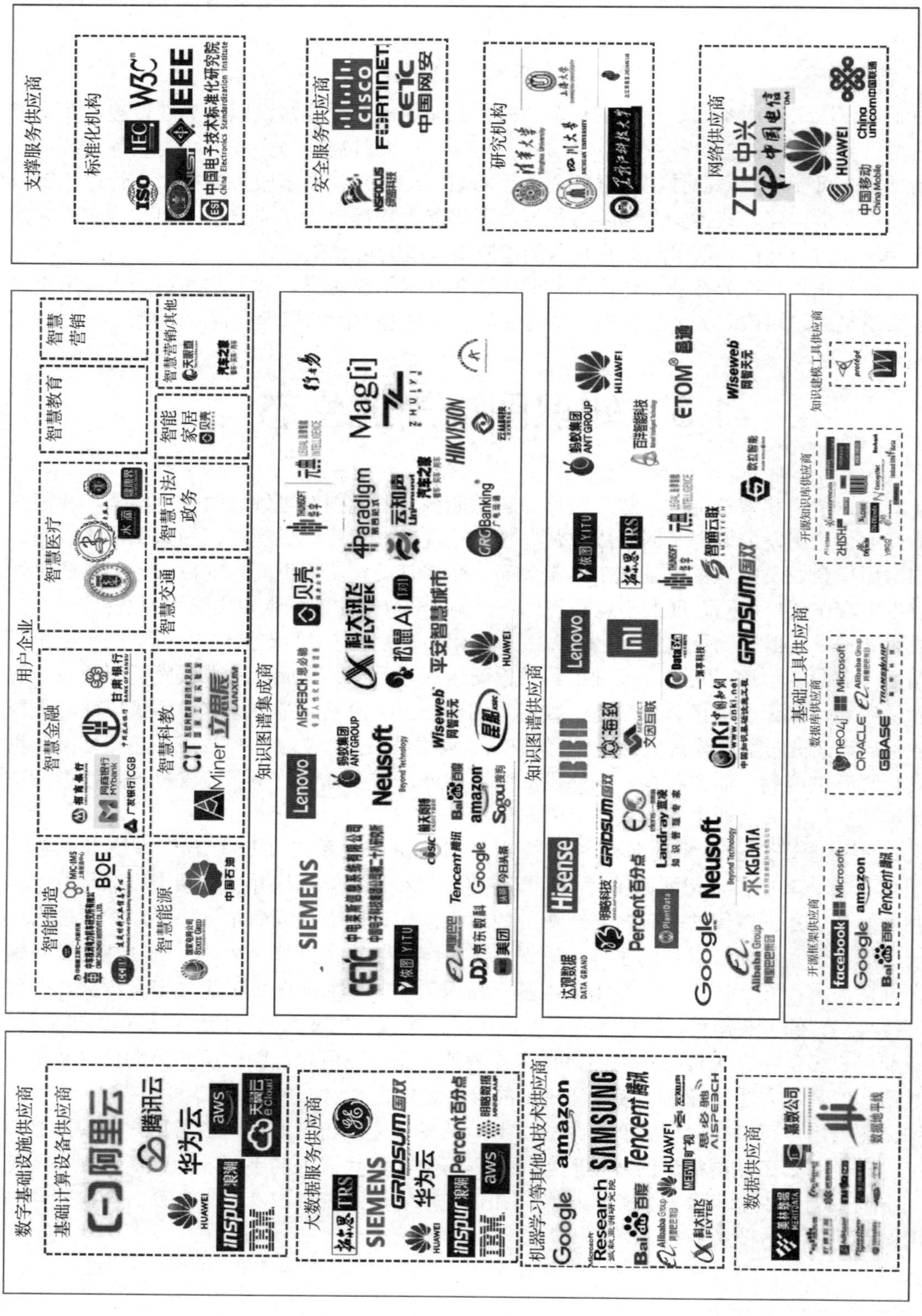

图1.13 知识图谱产业图谱示意

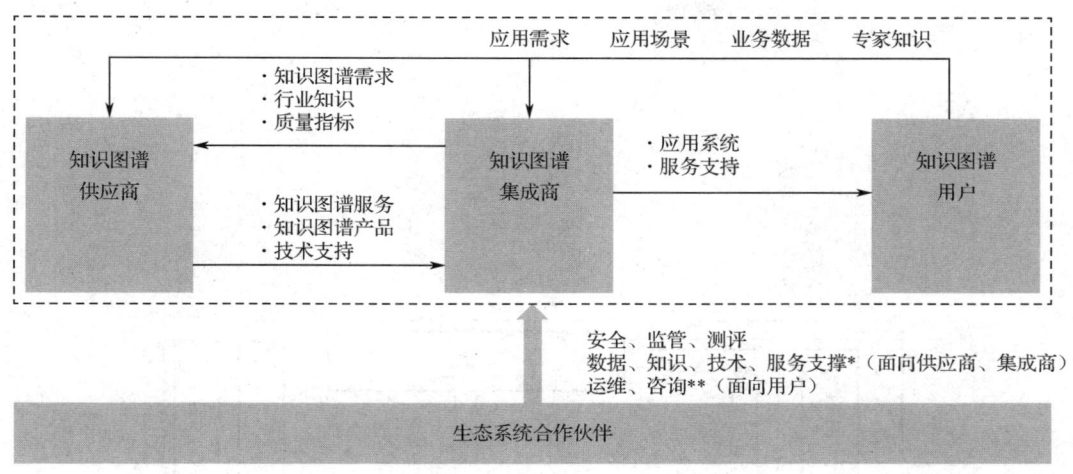

图 1.14　知识图谱整体技术框架

生态系统合作伙伴围绕知识图谱其他相关方的需求和标准，通过整合已有资源并开展相关工作，最终提供满足用户需求的成果物，如技术咨询报告、IT 基础设施、数据和知识、安全保障服务、监管服务、评估认证服务、运维服务等。知识图谱其他相关方在知识图谱构建、集成和使用过程中，对技术、IT 基础设施、数据和知识、安全保障、监管、评估认证、运维等方面产生的实际需求，是推动生态系统合作伙伴参与供给活动的基本动力。

1.4　知识图谱实践路径

1.4.1　知识图谱构建流程

知识图谱的高品质构建既有赖于知识表示、知识建模、知识获取、知识融合、知识存储、知识计算等核心环节的协同，又有赖于质量评估等支撑环节的保障，知识图谱构建流程如图 1.15 所示。知识图谱构建所需的前端输入包括应用需求、应用场景、业务数据、专家知识、行业知识、质量指标、支撑技术与服务，以及安全、监管、测评要求等。知识图谱构建形成的知识图谱产品或服务将用于语义搜索、演化分析、知识问答、对话理解等通用知识图谱应用，以及智慧金融、智慧医疗、智能制造等行业知识图谱应用。

针对前端输入，应用需求主要用于明确所形成知识图谱产品或服务的整体架构、应用方向、应用场景和验收考核指标等；业务数据包括基础训练与测试数据、业务数据等，主要用于支持知识表示学习、知识获取等环节算法模型的设计、训练测试，以及后续知识图谱的构建；专家知识、行业知识主要用于支持知识建模、知识融合、知识计算等环节架构、算法，以及实现途径的设计、开发与验证；质量指标主要用于评估和控制知识图谱构建过程各环节的质量以满足应用需求；支撑技术与服务主要用于支持各环节实现过程中所需自然语言处理、机器学习、大数据等技术的融合与应用；安全、监管、测评要求等主要用于第三方管理或认证测评机构对知识图谱构建过程及最终输出产品或服务的质量监督等。

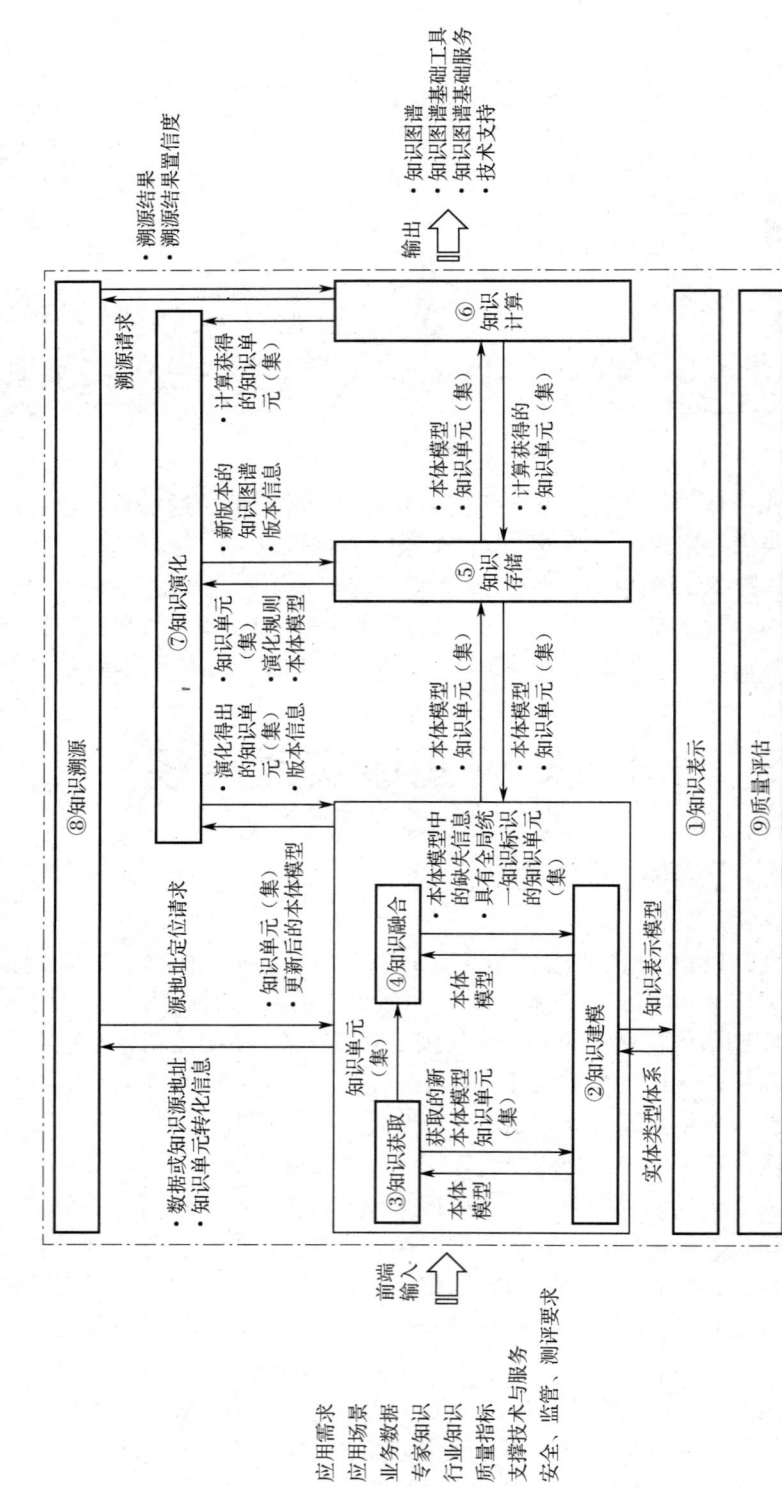

图 1.15 知识图谱构建流程

注：知识溯源、知识演化为非必需的环节。

根据国家标准 GB/T 42131—2022《人工智能 知识图谱技术框架》，知识图谱构建流程中各活动初步定义和任务组成描述如表 1.5 所述。

表 1.5 知识图谱构建流程中各活动初步定义和任务组成描述

活动	定义	任务	备注
知识表示	利用机器能够识别和处理的符号和方法描述人类的知识的活动	定义知识表示需求 定义或确定拟遵循的规则、约束 定义或选择知识表示形式 定义和序列化知识表示元素 定义知识表示模型适用范围 定义知识表示模型质量评价体系 评估并明确知识表示模型的表达能力	知识表示在人工智能的构建中具有关键作用，通过适当的方式表示人类知识，形成尽可能全面的知识表达，使机器能够通过学习这些知识，表现出类似于人类的行为
知识建模	构建知识图谱的本体及其形式化表达的活动。 注：知识建模活动包括实体类型定义、关系定义及属性定义	确定知识的领域和范围 确定现有可复用本体模型 确定知识范畴内的关键术语 构建实体类别层级体系 定义实体类别的属性与关系 确定并创建本体模型及图式 评估本体模型质量	知识建模是知识图谱构建的基础之一。高质量的知识模型能避免许多非必要性、重复性的知识获取工作，有效提高知识图谱构建的效率，降低领域知识融合的成本
知识获取	从不同来源和结构的输入数据中提取知识的活动。 注：知识获取的数据源通常按数据组织结构的维度可分为结构化数据、半结构化数据、非结构化数据（如纯文本、音频和视频数据等）	实体类型提取 实体提取 关系提取 属性提取 事件提取 人工录入	获取的数据源根据数据组织结构的维度可分为结构化数据、半结构化数据（网页数据等）、非结构化数据（如纯文本、音频和视频数据等）
知识融合	整合和集成知识单元（集），并形成拥有全局统一知识标识的知识图谱的活动	本体对齐 实体链接 实体对齐 知识一致性校验	本体对齐包括实体类型对齐、关系对齐和属性对齐等
知识存储	设计存储架构，并利用软硬件等基础设施对知识进行存储、查询、维护和管理的活动。 注：常见的知识存储方式分为基于关系数据库的存储方式、基于图数据库的存储方式、基于 RDF 数据库的存储方式等	完成数据库选型与数据库设计 执行存储操作： （1）完成知识单元的存储； （2）完成知识单元的查询； （3）完成知识单元的维护，如新增、删除、修改、更新等； （4）完成知识单元的可视化（可选） 完成存储管理	知识存储方式及其质量直接影响知识计算及知识演化的效率

续表

活动	定　义	任　务	备　注
知识计算	基于已构建的知识图谱和算法，发现/获得隐含知识并对外提供知识服务能力的活动。 注：知识计算可分为知识的统计分析、推理计算等。知识的统计分析是对知识图谱蕴含知识结构及其特征的统计与归纳；知识的推理计算是从已有的事实或关系推断出知识图谱的隐性知识	定义知识计算需求 设计计算所需的数据结构及算法模型 执行知识计算流程并评估计算性能 基于挖掘的隐性知识补全缺失的知识单元 通过接口等形式提供知识计算服务	知识计算可分为知识的统计分析、推理计算等。知识的统计分析是对知识图谱蕴含知识结构及其特征的统计与归纳；知识的推理计算是从中已有的事实或关系推断隐性知识
知识演化	随本体模型、数据资源等变化产生的新知识对原有知识的补充、更新或重组的活动。 注：通过知识计算得出的补全知识也可触发知识演化	确认已有知识图谱中待变更的知识单元 设计或匹配演化的规则、算法或模型 更新知识单元 生成具有更新时间等信息的新版本知识图谱 完成知识图谱版本管理	知识演化的目标是提高知识质量，丰富知识语义信息和优化知识组织。通过知识计算得出的补全知识也可触发知识演化
知识溯源	在知识图谱生命周期中追踪原始数据向知识转化的活动	定义知识源地址的结构化描述 设计知识溯源方案 追溯知识来源，并完成知识定位 确定置信度计算维度并完成溯源结果计算 对原始数据和知识的更新进行版本管理	知识溯源活动的输出主要包括：知识源地址，即标识知识来源的唯一的资源访问地址；知识单元转化路径，即从源知识到目标知识的转变关系等

1.4.2　知识图谱生命周期

知识图谱生命周期根据构建过程，以及系统开发与部署过程的差异，从技术构成与工程实施视角，可细分为知识图谱构建生命周期和知识图谱系统生命周期两个维度。其中，知识图谱构建生命周期包括知识表示、知识建模、知识获取、知识融合、知识存储、知识计算、知识应用和维护等阶段。知识图谱系统生命周期包括需求分析、方案设计、功能开发与验证、图谱构建与集成部署、运营推广、使用维护、退役更新等阶段。

由于关注内容不同，知识图谱系统生命周期的不同阶段涉及的知识图谱构建生命周期的环节存在差异。知识图谱系统生命周期流程图如图1.16所示。

（1）在需求分析阶段，主要对知识计算、知识应用和维护的场景及相关性能要求进行分析和梳理，明确拟建设知识图谱系统的输入数据、需衔接的支撑系统、业务系统等，并在必要时对数据治理提出需求。

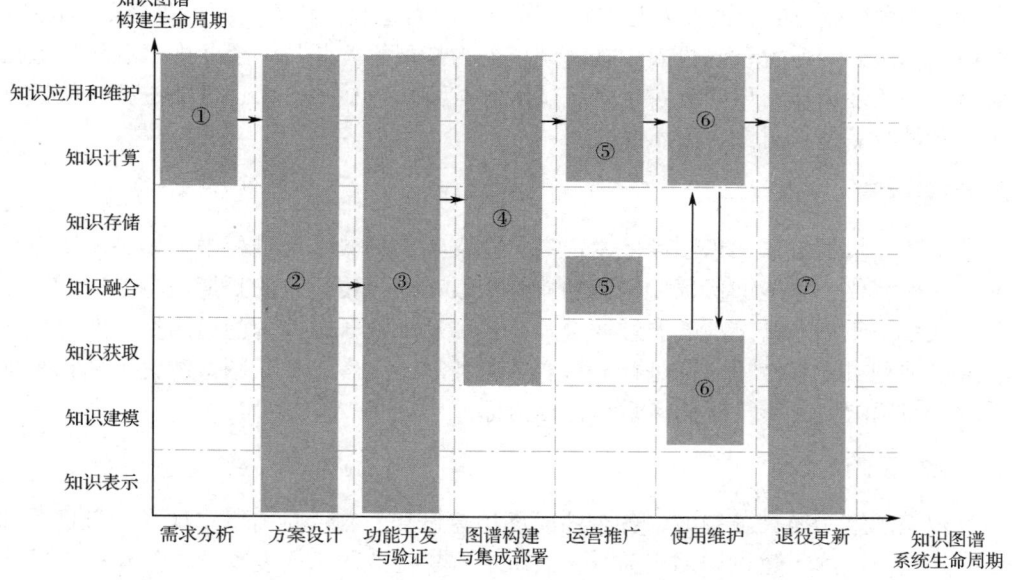

图1.16　知识图谱系统生命周期流程图

（2）在方案设计阶段，根据梳理后的需求和应用场景中涉及的知识类型，对知识表示方式、知识模型框架、知识获取要求、知识融合约束、知识存储结构等方案进行逐一解构，并形成知识图谱系统的相关方案。

（3）在功能开发与验证阶段，根据形成的方案，对知识图谱系统中各模块及其中配置的算法模型进行功能开发和训练，并根据必要的基础数据对各项功能进行验证和修正。

（4）在图谱构建与集成部署阶段，对知识图谱系统各项功能与应用场景相关支撑系统和业务系统进行集成，并根据获取的业务数据、专家知识、行业知识等完成知识图谱系统的构建，在应用现场进行实际部署和联合调试。

（5）在运营推广阶段，基于已部署完成的知识图谱系统，对知识图谱系统管理和应用相关人员进行全面培训，并在企业或行业内部进行持续的推广，以持续提升知识图谱系统的性能和服务能力。

（6）在使用维护阶段，根据知识图谱系统长期使用过程中发现的问题，对知识模型、知识表示方式、知识计算能力、知识应用功能进行调整和完善，以保障知识图谱系统在较长应用周期内的有效性和适用性。

（7）在退役更新阶段，当知识图谱系统功能和性能难以满足用户需求时，基于成本、技术复杂度、实施周期等条件，对知识图谱系统构成进行全面评估，以判断是否进行知识图谱系统的全面更新或退役。

1.4.3　其他支撑活动

1. 战略保障

由于知识图谱在建成后将逐渐成为企业内部的重要知识服务基础设施而且在构建过程中

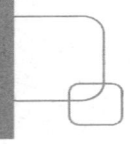

需大量企业内、行业内专家的介入与支持，因此，还需企业在战略层面提供必要的保障措施，如长周期战略规划、专家资源投入、技术创新能力拓展等。此外，企业内多源异构数据的治理、信息安全制度衔接、风险管控、系统试运行与测试评估等方面也需要进行系统性规划，最终保障交付产品的易用性和可靠性。

2．质量保障

由于构建全量的领域知识图谱成本很高，在真实的场景落地过程中，知识图谱有待进行持续的完善和演化，才能够保证新知识的持续积累和对应用场景的长期服务。因此，在知识图谱项目或系统策划、开发与部署过程中，需要对后期较长时期内的适用性、兼容性、可扩展性、继承性和可迁移性等方面进行分析和需求梳理，并参考知识图谱测试评估相关标准及自身需求，明确配套的质量评估体系和管控指标。

3．系统间知识交换

随着知识图谱系统在各领域、各企业的逐步建设和完善，目前已出现了一批优秀的知识图谱系统。然而，由于建设初期相关系统着重于聚焦企业内部需要，顶层知识模型的构建流程和表达方式差异大且知识表示形式多样，导致建成后各系统间知识交换、知识图谱集成与融合困难，加深了集团内企业、部门间的信息壁垒，阻碍了行业内知识的流通。与数据交换相比，知识交换中不仅涉及知识本身，而且涉及配套的概念、语义等，因此有赖于规范化的知识模型、知识表示、知识存储接口等多个方面，并需配套的系列标准和工具进行支撑。知识图谱系统间知识交换示意如图1.17所示。

4．知识图谱运维

针对知识图谱初次构建完成之后，知识图谱运维也是系统实施的重要组成部分，是指根据用户的使用反馈、不断出现的同类型知识，以及增加的新的知识来源，进行全量行业知识图谱的演化，运维过程中需要保证知识图谱的质量可控及逐步丰富演化。知识图谱运维的过程是个工程化的体系，覆盖了知识图谱的从知识获取至知识计算等的整个生命周期。

知识图谱运维包括两个方面的关注点：一个是从数据源方面的基于增量数据的知识图谱的构建过程监控；另一个是通过知识图谱的应用层发现的知识错误和新的业务需求，如错误的实体属性值、缺失的实体间关系、未识别的实体、重复实体等问题。这些运维暴露的问题会在知识图谱构建的流程、算法组合、算法调整、可新增业务知识优先级排列等方面进行修正，提升知识的质量和丰富知识的内容。知识图谱运维需要基于用户反馈和专家人工的问题发现及修正、自动的运行监控、算法调整后的更新相结合，因此是人机协同、专家和算法相互配合的一个过程。

第 1 章　知识图谱产业综述

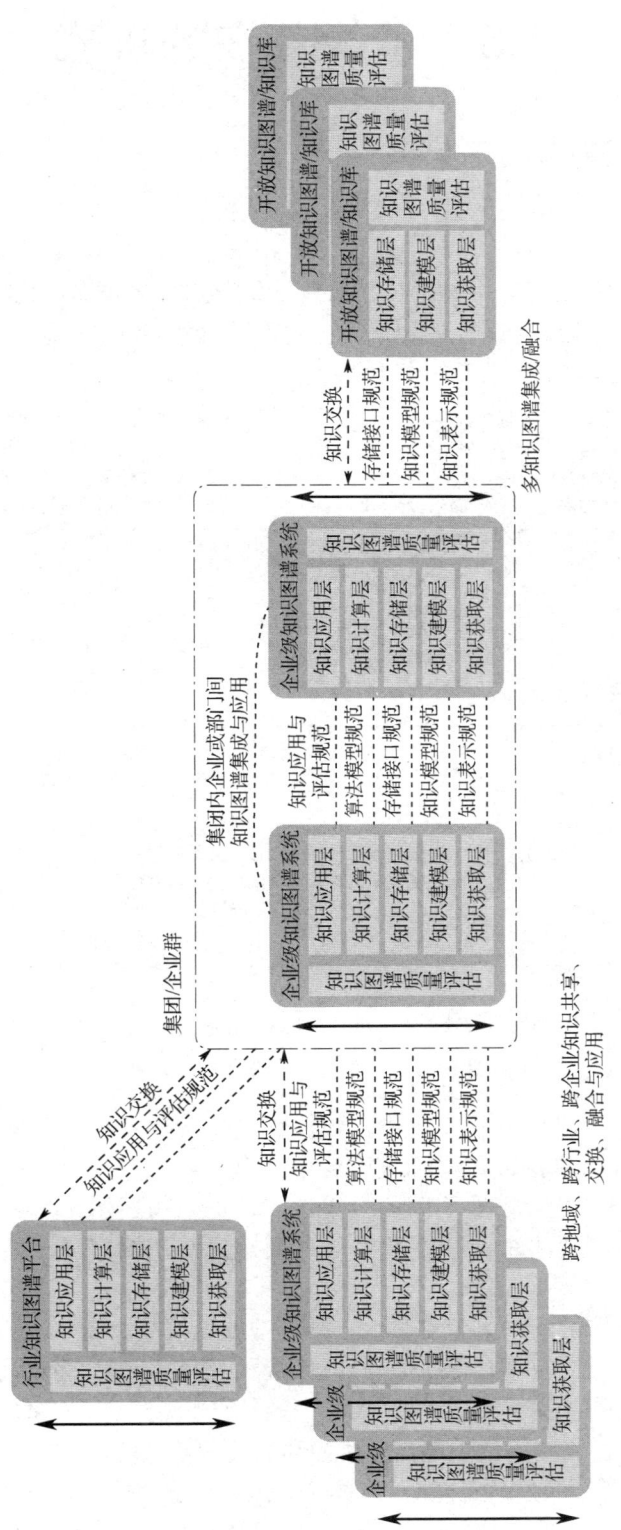

图 1.17　知识图谱系统间知识交换示意

注：当前知识图谱系统间的知识交换尚未取得较大范围的实践应用。

1.5 可能存在的挑战

1.5.1 共性挑战

1. 概述

知识图谱在实现技术演进和产业化应用的同时,也在数据准备、构建与维护、应用系统集成与部署知识图谱应用系统建设的三大阶段分别面临一系列共性挑战,有待关注并在项目规划中予以综合考虑。知识图谱存在的共性挑战如图1.18所示。

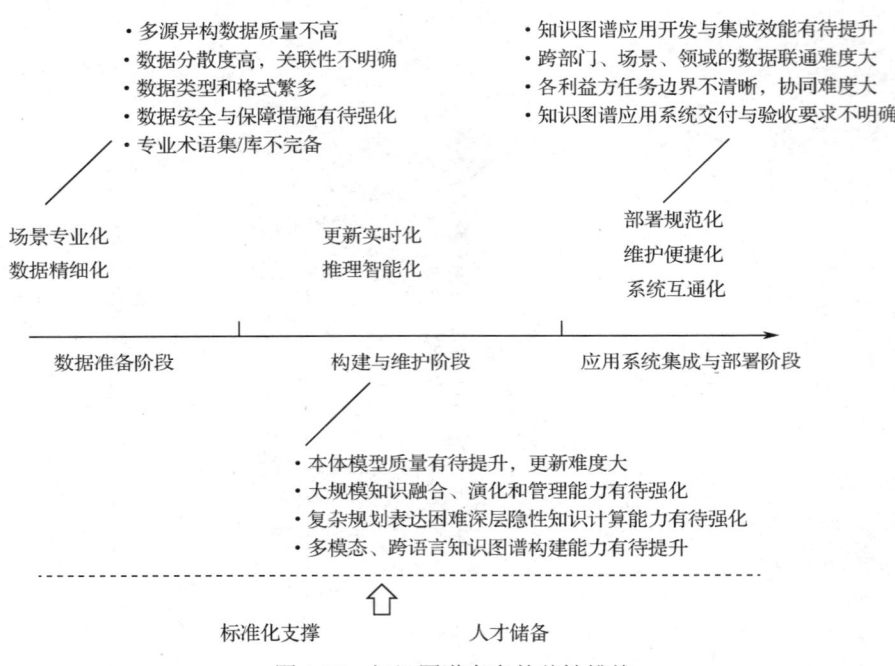

图 1.18　知识图谱存在的共性挑战

(1) 在数据准备阶段,场景专业化、数据精细化挑战突出。数据是一切技术构建的前提,在数据来源、数据对接、数据标注、数据处理、数据融合等过程中,存在着各式各样的问题。此外,不同行业存在着不同的专用术语、语法与逻辑,尤其像司法、金融等特殊行业,其应用场景对于专业知识水平均有较高要求,知识图谱需在通用化与个性化中进行取舍和平衡。

(2) 在构建与维护阶段,更新实时化、推理智能化挑战突出。知识图谱在具体应用中需对其知识内容进行不断更新,甚至在部分场景中需实现实时更新与自动获取,来保证数据的时效性和准确性。此外,基于特定的业务需求和已有的数据,建立精确、高效的推理计算模型并输出正确的结果,决定了知识图谱应用的高品质和有效性。

(3) 在应用系统集成与部署阶段,部署规范化、维护便捷化、系统互通化挑战突出。知识图谱只有与必要的功能模块共同组合形成知识图谱应用系统,才能够在企业中部署和运营。

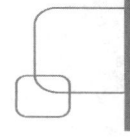

此外，知识图谱还可能涉及与关键业务系统的集成，以获取重要数据或提供知识服务支撑。这些都需要以工程化视角进行建设，并形成完备的交付材料，以保障服务方撤出后，企业能够实现自我管理和基础维护。

2. 数据准备阶段的相关挑战

1）多源异构数据质量不高

数据是知识图谱构建的基石，其来源可分为自有数据和外源数据。自有数据是建设者自身拥有的数据，大多数为公司数据库里产生的业务数据；外源数据是通过互联网爬取、数据交易或公开共享等渠道所获得的数据。在实际应用中，多源异构的数据往往依托于不同的业务需求和工具而产生，缺乏统一的业务数据模型标准和行业描述规范，使得多源数据存在歧义、噪声大、质量不高等问题。其中，数据歧义体现在实体和概念属性描述缺乏精确性、一致性，或实体间关系扭曲，进而可能导致概念描述重复、语义描述冲突、推理机制混乱等问题。

2）数据分散度高，关联性不明确

关联是知识图谱的核心和特征之一，是指使用本体对各种类型的数据进行抽象建模。构建"实体类型—实体—属性—关系"的数据类型是构建知识图谱的基础工作。数据间的关联性是否明确决定了知识图谱实体关系清晰、完整。然而，现有的公共知识库并没有按照领域数据的特点分类，无法完整表达文本、图片等知识和它们的关联，在一定程度上给本体构建带来了挑战。

3）数据类型和格式繁多

不同结构类型的数据有着不同的挑战。从结构化数据库里获取知识需要处理复杂的表数据，而从链接数据中获取知识需要解决数据对齐的问题。从半结构化（如网站）数据中获取知识，需要对包装器进行定义、生成、更新与维护。从非结构化数据中获取知识的难度最大，且大部分数据都是非结构化的，其中包含了文本、图像、语音等不同形态的数据。从文本来获取数据，涉及大量自然语言理解的问题；从图像来获取数据，涉及大量视觉识别相关的问题；从语音来获取数据，涉及大量语音识别相关的问题。

4）数据安全与保障措施有待强化

随着知识图谱中知识规模和维度的增加，涉及的数据范围不断拓展。部分数据可能会包含隐私信息，特别是金融、医疗等领域的知识图谱，须在数据安全方面基于法律法规、国家标准建设体系化的保障措施，提升知识图谱的安全性。

5）专业术语集/库不完备

专业术语集是知识图谱构建中重要的数据基础之一。通用知识图谱和领域知识图谱的目标对象不同，知识图谱构建所需的专业术语集有一定的差别。通用知识图谱的术语集更注重百科知识的科普性，而领域知识图谱的术语集更强调行业知识的专业性。目前，大多数企业的数字化程度都不够，无法自主沉淀出完备的专业术语集。这主要有三大原因：第一，专家知识往往是隐性的，难以直接从文本中抽取出来；第二，专家知识有着一定的门槛，只有少部分行业的从业人员才能完成专家知识的众包工作；第三，各个行业内缺少统一的术语制定

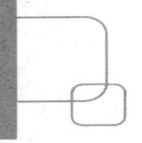

规范和知识共享平台。因此，面对复杂多样的知识百科和成千上万个细分行业，当前构建的专业术语集和知识库还远远无法满足应用需求目标。

3．构建、管理与维护的相关挑战

1）本体模型质量有待提升，更新难度大

（1）本体模型开发工具不完善

随着知识图谱构建的需求增多，许多机构通过抽象知识图谱构建过程来尝试搭建本体模型开发工具（以下简称"工具"），用以辅助构建本体。主流的本体构建工具包括 Ontolingua Server、WebOnto、OilEd 等。各种工具在技术水平上具有各自的优缺点，几乎没有一种工具可以提供完备的功能支持。例如，WebOnto、WebODE 不提供备份管理功能，OilEd 不提供协作构建本体的环境。知识图谱本身属于人工智能领域较新的技术方向，目前工具水平参差不齐。专业工具的匮乏降低了本体构建的效率，因此，如何构建完整、易用的工具成为业内面临的重要挑战。

（2）本体模型设计与构建完备性不足

对于领域知识图谱，构建一个标准的知识本体是一项巨大的工程，对业务人员的行业理解能力要求较高。建设者为尽可能地建模场景元素，既要了解业务细节，如复杂实体如何拆分，属性和实体关系如何区分等问题，又要宏观把控业务，针对问答、检索等不同的需求构建不同的本体。现阶段本体模型的构建，大多需领域专家对概念体系和关系进行评估后，才能形成较为完备的本体模型。但由于各个领域的本体数目众多、关系复杂，且实体类型等设计具有主观性、缺少统一的标准，导致人工构建的本体模型往往存在缺陷。

（3）本体模型动态变迁困难，维护成本高

随着本体层知识的动态变化或更新，本体应及时做出响应。而且，本体的变化极大地影响着实体和实体关系的变化。例如，某领域内用户产生新需求或产生某种新认知，可能带来本体的扩展性差、对用户响应慢等负面情况。而且对领域知识图谱来说，业务变化和业务人员的认知水平变更也会增加本体构建的不确定性。在维护、更新本体，以及实现对数据、数据模式动态变化的支持等方面还存在诸多挑战。

（4）领域知识体系比较封闭，公开获取渠道少

受细分领域内组织自我保护等因素限制，领域知识图谱体系比较封闭，知识获取的开放途径少，专业知识分散度高而且存在内容滞后等问题。然而，本体构建需参考的语料库不仅包括相关的专业文献、专利、字典和工具，而且包括领域流程、工艺、市场和用户等多方面的知识体系。这导致本体构建可用的领域知识不充分，可用程度不高。

2）大规模知识融合、演化和管理能力有待强化

（1）大规模实体消歧和标识管理有待强化

知识图谱中的一些实体具有非常相似的名称，如具有相同或相似标题的电影、歌曲和书籍。但每一个实体应具有唯一的规范化标识。如果没有正确的链接和消歧，实体将与错误的事实相关联，并导致下游的错误推断。在一个数据规模较大的系统中进行标识管理时，如何进行标识描述，使不同的团队能够达成一致，并知道其他团队在描述什么；开发人员如何确保有足够的可读信息来判定冲突等问题，在上述场景中将变得更具挑战性。

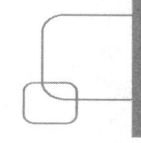

（2）大规模知识演化和知识管理有待强化

当前，知识图谱构建的方法和技术重点聚焦于知识获取、知识处理和知识融合，较少关注知识演化和知识图谱应用系统的维护管理。由于知识图谱构建的步骤繁多，针对整体系统的运维和管理也非常复杂。例如，一个有效的实体链接子系统，就需要根据其不断变化的输入数据进行有效的更新。虽然部分知识图谱应用系统已配置了知识图谱的版本管理能力，但是距离知识图谱中高度动态的知识管理仍然有一定差距。因此，针对知识图谱应用系统的维护管理工具需要加强开发。

（3）知识质量控制难度大

知识质量控制包括质量评估、问题发现和质量提升。评估数据质量需要确定一组数据质量维度和相应的度量方式，但知识图谱的质量评估尚未形成统一的维度标准。针对不同的下游任务和不同的数据集，知识图谱的质量评估往往会有不同的质量要求，这给评估工作带来较大的挑战。

而且，现存的质量评估方法大多是针对静态知识的，缺少对动态知识的评估手段。手动方式依赖于任务设计和用户参与，效率低、成本高，不适用于大规模图谱；半自动方式涉及规则的自动发现和人工验证的结合，目前还没有得到很好的研究；全自动方式由于完全脱离人工校正，准确率和可信度有待提高。质量提升因其复杂性较高，还未得到很好的研究。

3）复杂规则表达困难，深层隐性知识计算能力有待强化

（1）多元关系中复杂的隐含信息挖掘有待强化

知识计算的主要对象多是二元关系，通常处理多元关系的方法是将其拆分为二元关系进行推理。然而，将多元关系拆分会损失结构信息，如何尽可能完整地利用多元关系中复杂的隐含信息进行推理是知识计算的一大挑战。

（2）小样本或零样本学习的知识推理有待强化

现有的知识计算往往基于大量高质量的数据集进行训练来得到有效的推理模型，并通过在测试集中测试、优化模型来完成推理任务。除了数据集获取成本高的问题，训练出的推理模型的泛化能力也极为有限。而在现实世界中，人类通过少量样本的学习即可完成复杂的推理。因此，如何模仿人脑机制实现小样本或零样本学习的知识推理也是一大挑战。

（3）基于动态约束信息和复杂规则的动态推理有待强化

知识图谱中知识的有效性往往受到时间、空间等动态因素的约束。如何合理利用知识的动态约束信息完成动态推理是知识计算的一大挑战。此外，实体和关系构建的语义网络复杂，导致知识图谱中的规则表达困难，知识计算开销巨大，自动化推理的难度也相应增加。

4）多模态、跨语言的知识图谱构建能力有待提升

（1）多模态的知识图谱构建难度大

知识图谱技术已经广泛用于处理结构化数据和文本数据，但对于图像、视频、音频等多模态数据的知识提取缺乏有效的技术手段。因此，目前针对多模态数据的知识图谱构建难度较大，包括多模态下的实体构建，多模态实体间的语义关系构建，不同模态信息间的互补、融合，多模态知识的实体消歧、跨模态之间的语义对齐等问题。

（2）跨语言的知识图谱构建技术基础薄弱

全面的知识图谱必须涵盖以多种语言表达的事实，并将多种语言表达的概念融合在一起。

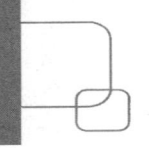

然而，不同文化在描述世界的方式上有一定的差别，这会给多语种数据的知识抽取和融合带来不少挑战。XLORE 是第一个中英文知识均衡的大规模跨语言知识库，它提供了一种通过利用维基百科中的跨语言链接来构建跨任何两种语言的知识图谱的新方法。虽然 XLORE 已经拥有比较均衡的双语知识量，但仍有大量缺失事实需要补充，存在特征可扩展性差（只能把特定的词汇或结构当作特征）和链接稀疏（现存的跨语言链接很少）的问题。

4．应用系统集成与部署的相关挑战

1）知识图谱应用开发与集成效能有待提升

（1）知识图谱应用系统边界与性能要求不清晰

一是因用户和技术开发方对领域知识范围理解不对等，导致系统开发时无法有效地明确知识图谱应用的系统边界；二是因用户缺乏技术开发方法和工具的甄别能力，导致知识图谱应用系统的性能需求模糊；三是缺乏针对知识图谱应用系统边界与性能的评价方法和工具。

（2）企业对将自身业务逻辑转化为知识图谱的应用算法存在困难

用户业务特定环境和工艺路线的复杂性，决定了其业务知识和技能的专业性，知识图谱的应用算法工程师对于其认识存在一定局限性。此外，用户、企业和专家对知识图谱构建的基础知识缺乏必要的了解，这导致企业自身业务逻辑在迁移和转化为知识图谱的应用算法过程中存在困难。

（3）部分领域知识图谱的应用深度不足

目前，制造业、农业等领域知识图谱的应用多停留在知识问答、智能推荐、智能检索等通用应用阶段，与领域融合程度较为有限，还未触及领域的核心痛点，有待进一步突破。

（4）缺乏必要和权威的开发规范

知识图谱应用系统的开发与集成需要系统化、规范化的规程指导，以降低用户企业与外部服务方之间的对接沟通成本。而且，由于企业内部已建设有信息化系统，并且已拥有一系列管理规定，明确和权威的开发规范有助于促进知识图谱相关项目与用户企业已有的信息化系统建设要求的匹配与结合，提升管理的实效性。

2）跨部门、跨场景、跨领域的数据联通难度大

跨领域的组织通常具有自我保护和弱相关性等特点，导致领域间的数据共享存在壁垒。此外，跨场景和跨部门知识流动时，存在业务逻辑差异、数据模型不一致、知识体系不协调、接口不匹配等问题，而且知识交换与融合协议缺失，阻碍了领域知识图谱应用系统间知识的联通与流动，抑制了知识价值应用的最大化。

3）各利益方任务边界不清晰，协同难度大

（1）用户对于知识图谱构建所需基础能力和资源投入评估不足

知识图谱应用系统的建设与长期运行需要数据、资金、人员、软硬件资源、机制保障等多方面的投入。这要求企业在初期从系统的建设规模、基础条件、知识获得渠道、经济支持额度等需求做出准确的评估，合理规划建设周期，明确建设难度及自身短板。

（2）用户需求定位和表达模糊，部分场景中对性能期望过高

明确和清晰的业务应用场景和定位是设计知识图谱应用系统架构和算法模型的基石之

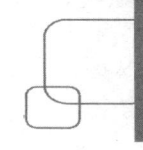

一。然而，当前用户对知识图谱的应用带有一定的主观性和模仿性，而且，知识图谱在技术和工程化方面仍存在一些挑战。这会导致用户对应用场景识别不足、规划不清及期待过高等问题。

（3）用户对于基础数据的归集、整理与储备有待强化

数据作为知识图谱构建的基础，服务方的数据积累无法替代用户须提供的专业数据资源。而且，部分领域由于用户缺乏数据归集和治理相关的思想意识，导致数据质量不足，有待用户与服务方共同协作从知识图谱应用系统角度出发进行数据处理。

（4）开发和实施过程中各方任务构成及要求不清晰

在知识图谱应用开发和实施过程中不仅需要用户参与，也需要服务方投入项目经理、技术开发人员、算法建模人员等不同类型的人员以保障全流程的顺利完成。对于各环节的任务构成和要求不明确的问题，容易导致各方相互间角色认识差异、任务推诿等问题。

4）知识图谱应用系统交付与验收要求不明确

（1）知识图谱质量测评体系不明确

从用户角度看，对知识图谱推理结果和应用效果的评价带有主观性，缺乏一致性的用户评价指标体系。从技术方角度看，知识图谱应用系统开发和部署的成功与否，缺乏第三方监理和验收的评价指标体系。

（2）知识图谱应用系统的质量评估和验收要求不明确

知识图谱应用系统的验收交付需涉及知识图谱本身、知识图谱应用系统各功能模块、使用说明书、维护手册等内容，而且需要对其试运行期间性能进行评估，以确保用户对系统的全面了解和掌握。然而，当前缺乏明确的验收方法和程序等，交付与验收效果有待强化。

5．理论及人才储备的相关挑战

1）知识图谱行业专业人才紧缺

由于教育体系和技能培训机构对人才培养的滞后，以及社会需求的旺盛，知识图谱的构建、部署、应用等阶段需要的专业技能人才十分紧缺。

2）知识图谱相关理论不完备

知识图谱构建所需的知识建模、知识抽取、知识融合、知识推理等理论有待完善，工程化实施部署中缺乏系统性标准支撑。

1.5.2　细分行业挑战

随着人工智能对数据处理和理解的需求日益增加，知识图谱应用领域日趋广泛。这不仅对知识图谱的各种共性技术有了更高的要求，针对不同的行业领域，知识图谱技术也面临着各种风险和挑战。下文以智慧城建、智慧司法、智慧教育、智慧金融四个行业为例，分析知识图谱技术在不同细分行业中可能存在的挑战。

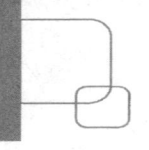

1. 智慧城建中面临的挑战

1）数据来源问题

知识图谱在智慧城建的应用中，数据来源仍然是首要难题，主要包括数据公开不全面、数据源单一、数据源缺失、数据类型差异较大等问题。城乡之间、地区之间在人口数据信息、城市基础设施信息、城市经济发展信息的建设和公开方面仍存在很大差异；不同领域、不同部门间数据的部门化、碎片化严重；跨地区、跨层级、跨部门的数据共享交换面临着信息孤岛和数据壁垒的问题。这些问题使得知识图谱技术在智慧城建上的应用情况离理想状态还有一定差距。

2）数据对接问题

智慧城建相关的数据非常多。如何将各种类型的数据（比如音频数据、视频数据等）和知识图谱进行对接，并从数据中提取有效的知识，与知识图谱已有内容进行整合，以达到有效使用知识图谱的目的是当前面临的一大挑战。

3）高级推理建模问题

知识图谱中的知识推理，一般是通过知识的表示学习来补全知识图谱中缺失的实体或关系，并对未来可能发生或存在的关系进行推理。然而，智慧城建涉及的数据面较广，如何综合利用海量、高维的数据来建立推理模型，是当前还未解决的难题。因此，基于特定社会场景下研究面向智慧城建领域知识图谱的计算和复杂推理技术，既有意义也有挑战。

2. 智慧司法中面临的挑战

1）语义关系的多样性和复杂性

知识图谱中的知识是按照语义关系连接的，它们的关系是多样的。首先，词汇关系是多样的。例如，法官与司法工作人员是上下位关系，而审判庭和法院是整体和部分的关系。其次，文本关系也是多样的。又如，张三驾驶机动车撞上李四，导致李四失血过多死亡是因果关系；而张三为了非法占有，盗伐李四承包经营的林木是目的关系。因此，多样且复杂的关系抽取，是智慧司法知识图谱建设的一大挑战。

2）法律术语的专业性

法律知识图谱具备独特的专业特征。一方面，法律本身具有严密的逻辑性和严谨性，从某种程度上来说，法律和知识图谱有着天然的联系，如犯罪构成体系就是一种刑法的认知体系。另一方面，法律术语的专业性使得司法图谱的构建更需要行业专家的人工标注。目前的机器学习模型还无法取代人脑来理解专业的法律术语，难以保证学习和推理的正确性。因此，如何对海量且多样的法律术语和司法表述进行标注、训练和学习，是司法知识图谱的另一个挑战。

3）法律知识的动态更新

知识是不断发展的，人类发展的进程就是一个不断纠正或改进原有认知的进程。知识图谱作为对人类知识、经验的集合，也应相应地进行更新。法律知识也一样。例如，《民法典》的颁布及其一系列司法解释的出台，会导致民法方面的法律知识结构发生变化，其所构建的

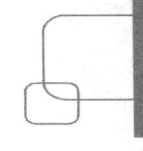

知识图谱也需要更新。

3. 智慧教育中面临的挑战

1）学科知识验证挑战大

垂直领域的知识图谱构建强调知识的深度和精确度。尤其是面向教育领域的学科知识图谱，其数据来源必须权威且准确，并且得到教育领域专家和教师的认可。然而，学科知识图谱缺少相应的知识验证算法和模型，来确保学科知识之间的一致性与准确性。其中一致性指正确的知识应该与其他知识是相容的而不是矛盾的，准确性指没有拼写错误、不存在重复数据等问题。

2）学科知识融合挑战大

学习资源是知识的载体，是教学和学习活动的基础与参照。不同机构将构建针对不同学科、不同学段的学科知识图谱。但是如何将来自多源的知识图谱进行融合，从而使得学科知识图谱能够在教育中发挥更大作用，将会是学科知识图谱面临的一大挑战。

3）图谱的自适应可视化挑战大

相同的知识点针对不同学段的学习者，其教学目标、教学内容以及教学资源等都是不同的。如何针对学习者画像提供自适应的学科知识图谱可视化服务，与学习者已经有的知识体系建立关联，同时支持学习者自身知识体系的动态演进，具有一定的挑战性。首先，学科知识图谱的可视化内容需要根据学习者的知识体系、画像特征等确定；其次，学科知识图谱的可视化设计具有一定的难度。针对相同的学科知识图谱，学习者的认知方法和学习方法等方面的差异对可视化设计提出了更加复杂多样的要求。

4. 智慧金融中面临的挑战

1）数据存在噪声和冗余

金融数据中存在着很多噪声，即使是已经存在数据库里的数据，也不能保证完全准确。一方面是数据本身有误，这部分数据需要纠正，最实用的纠正方法是不一致性验证。另一方面是数据的冗余。例如，银行借款人甲填写的公司名称为"快捷"，借款人乙填写的公司名称为"快捷金融"，借款人丙填写的公司名称为"快捷金融信息服务有限公司"。这3种填法都表示同一家公司，但由于填写的名字不同，计算机会认为其是不同的公司。

2）知识的自动获取难度大

理想的知识图谱应用是基于低成本的方式获得高质量的数据，并且形成准确的预测或判断模型，从而辅助人类做出智能化的应用。不同类型的数据结构获取知识的难度是不一样的。结构化高的数据获取的成本相对较低，结构化低的数据获取的成本相对较高。然而，在金融领域中，结构化高的数据规模非常小，且在获取知识后，还会存在精度和覆盖率的问题。

3）缺乏开源工具支持

由于缺乏开源工具的支持，金融知识图谱还停留在解决技术问题层面，没有大规模地解决业务问题。知识图谱主要有两部分：一是方法论，即知识图谱应用构建的工具；二是沉淀下来的知识库。一方面，从算法到工具还有很长的一段路要走，无论是大数据还是深度学习，

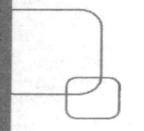

都需要不断地精进。另一方面，对于金融场景的业务需求，目前知识图谱可以解决的问题还很有限。因此，未来还需要更多门槛更低、效率更高的开源工具和生态圈，让知识图谱技术更专注于业务层面问题的解决。

1.6 结语

在国家政策的支持，及移动互联网、大数据、脑计算等新理论新技术的驱动下，知识图谱发展迅速，呈现行业融合、群智开放等特征。结合知识图谱在多个领域的成功实践，本案例集在第三篇选取了智能电网、智慧能源、智慧金融、智慧医疗、智慧教育、智慧营销、智能制造、智慧交通、智慧运营商、智慧司法、智慧公安、智慧传媒、科技文献13个领域的38个成熟实践案例，从需求背景、功能亮点、系统架构、技术路线、成效意义、下一步工作计划等多个方面解析案例，旨在及时总结和宣传推广一批好经验好做法，为知识图谱在细分领域的落地实践提供参考和借鉴，推动技术及产业健康发展。

第二篇

选型实施篇

第 2 章　知识图谱应用系统构成

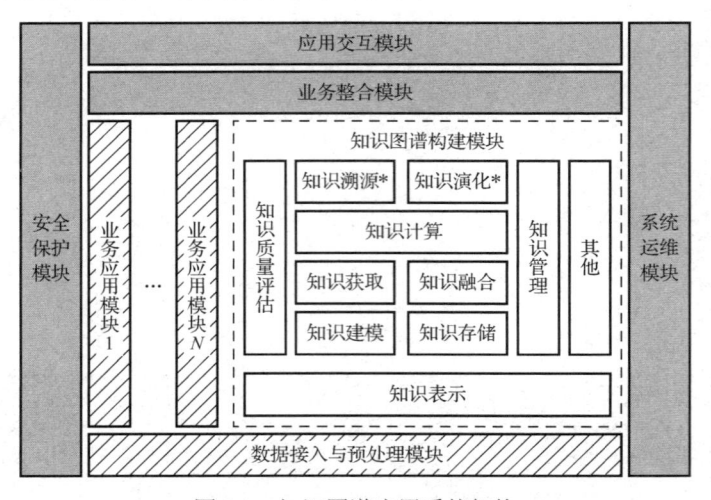

2.1　知识图谱应用系统定义及类别

基于各项行业实践案例，知识图谱应用系统可定义为"通过整合知识与业务逻辑实现特定功能及应用的软件系统"。根据知识范围及应用范围的不同，可将知识图谱应用系统分为通用知识图谱应用系统和领域知识图谱应用系统。

（1）通用知识图谱应用系统：面向通用应用场景，以通用知识图谱作为主要知识来源，并通过知识与业务逻辑整合实现特定功能及应用的软件系统。例如，基于百科知识库的检索系统等。

（2）领域知识图谱应用系统：面向一个或者多个领域应用场景，以领域知识图谱作为主要知识来源，并通过知识与业务逻辑整合实现特定功能及应用的软件系统。例如，基于医学知识图谱的诊疗辅助系统等。

2.2　知识图谱应用系统架构及功能组成

根据知识图谱应用系统中功能定位的差异，可以将其架构划分为 7 个模块，包括数据接入与预处理模块、业务应用模块、知识图谱构建模块、业务整合模块、应用交互模块、系统运维模块、安全保护模块，以覆盖知识图谱构建各个环节。知识图谱应用系统架构如图 2.1 所示，其中，斜纹底部分主要面向知识图谱构建前环节，白色底部分主要面向知识图谱构建环节，灰色底部分主要面向知识图谱构建后应用环节。

图 2.1　知识图谱应用系统架构

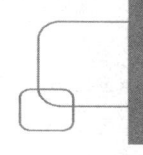

1. 数据接入与预处理模块

数据接入与预处理模块主要是对外部数据进行采集、接入和必要的处理，以使数据满足后续知识获取的要求，处理环节包括数据清洗、数据转换、基础自然语言处理等。

接入的数据源包括以下几个方面。一是结构化数据，如存储于关系型数据库中的业务数据等。二是满足一定的文档结构要求和语法规则，但存在非结构化数据和结构化数据混杂情况的半结构化数据，如百科数据等。三是文档、图片、视频、音频等非结构化数据。此外，由于数据来源需区分公开数据和私有数据，因此，处理过程中存在处理权限、内容保护、数据溯源等问题。

2. 业务应用模块

业务应用模块为待与知识图谱进行集成的业务系统或模块，通常存储着重要的业务数据，可以提供业务数据处理、业务数据调用、业务功能调用和结果反馈、任务管理等细分功能。由于应用场景、应用需求的差异，知识图谱应用系统可能涉及多个业务应用模块或子系统。

3. 知识图谱构建模块

知识图谱构建模块将根据应用需求、知识特点等因素构建相应的知识图谱。其需要具备知识图谱构建过程中技术路径中各环节的相应功能，包括知识表示、知识建模、知识获取、知识融合、知识存储、知识计算、知识溯源、知识演化、知识质量评估、知识管理等。另外，根据具体的应用需求可对知识图谱构建模块进行拓展，增加其他功能子模块。如定制化图模型模块、图数据迁移备份子模块等。

该模块可以是独立开发或采购具有知识获取、检索、关系推理、可视化和维护等基本功能的知识图谱构建工具/系统。此外，部分厂商也可基于其拥有的知识图谱，以接口等形式提供知识查询或计算结果调用等服务，用户企业可以在其上进行二次开发或集成，形成新的产品或服务。

4. 业务整合模块

业务整合模块主要负责将业务系统、知识图谱构建模块、数据接入与预处理模块等按照业务逻辑和系统设计进行集成和能力封装，以实现知识图谱应用系统目标。能力封装中涉及的共性基础能力包括各领域知识图谱提供的基础能力，如提供语料库、语义引擎、语义模型、基础图谱及本体模型等。

5. 应用交互模块

应用交互模块主要负责对外提供可视化交互应用或可以被调用的服务，包括 UI、App、API、SDK 等形式。

该模块可提供本体管理、知识管理、众包标注、知识编辑、知识审核、协作管理、权限管理、图谱划分、缓存管理、查询分发、访问控制、版本管理等功能，以及数据可视化、语义检索、智能搜索、智能问答等知识应用能力。通过该模块，可实现基于知识图谱的各类复杂应用和管理。

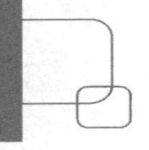

6. 系统运维模块

系统运维模块主要负责对知识图谱应用系统各模块进行监控和运维。其中，知识图谱的运营和维护贯穿知识图谱生命周期的每一个环节，通过参与者及时的反馈与管理者的人工介入来保证知识图谱具有较高的可表达性、可解释性、可移植性和可维护性等特性。此外，该模块还需负责完成整个系统上线后的运维管理和运行状态监控。

7. 安全保护模块

安全保护模块主要负责对知识图谱应用系统各模块进行全面的用户管理和权限控制等。此外，该模块负责系统安全监测和安全管理，如数据加密、传输控制等。

第3章 知识图谱应用系统建设基础能力评估

3.1 应用系统建设基础能力评估准则

用户企业作为实际部署和使用知识图谱应用系统的利益方,系统建设成效和收益等与其基础能力紧密相关。因此,在建设前期有必要对自身基础能力进行系统评估,查找自身弱项,进而提升后续建设效率。评估系统建设基础能力的准则主要包括以下几个方面。

(1)必要性:从业务需求、战略规划等方面评估企业对建设知识图谱及其应用系统的必要程度。

(2)适用性:从业务匹配程度、二次开发难度、系统部署及操作难度等方面评估企业对系统性建设知识图谱的适用程度。

(3)就绪性:评估企业对系统性建设知识图谱的就绪情况,如软硬件资源、数据储备、人员投入等。

(4)安全性:评估对信息化建设的安全和质量保障能力,涉及用户隐私或企业安全的数据,须保障所获取的源端业务数据及用户数据的安全性。

(5)可持续性:评估企业是否具备长期维护和管理知识图谱及其应用系统的能力。

3.2 应用系统建设基础能力指标体系

以知识图谱的高质量应用为主要驱动力,基于上述 5 项准则对知识图谱应用系统建设基础能力的评估可进一步拆分为 6 个层面,包括业务层面、数据层面、基础保障层面、实施层面、管理层面和社会层面。应用系统建设基础能力评估准则与指标体系关系如图 3.1 所示,基础能力评估指标体系框架如图 3.2 所示。

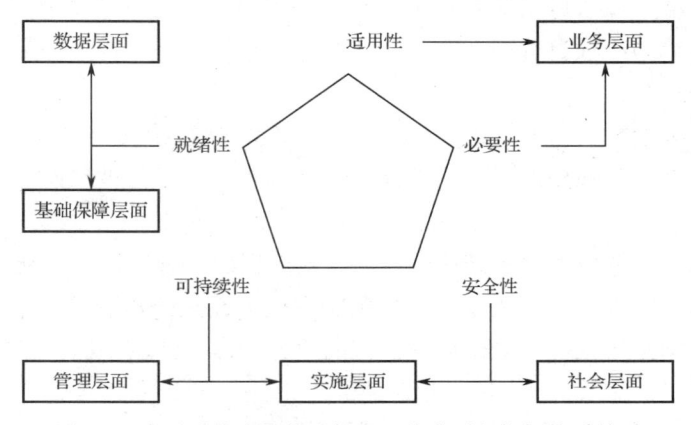

图 3.1 应用系统建设基础能力评估准则与指标体系关系

```
                              ┌ 战略愿景
                              │ 业务需求
                    业务层面 ─┤ 资源安排
                              │ 行业资质
                              └ 行业趋势和产业政策

                              ┌ 数据储备
                    数据层面 ─┤ 领域专业数据基础
                              └ 数据治理能力

                              ┌ 人员储备
                              │ 硬件资源储备
基础能力评估 ─┤ 基础保障层面 ─┤ 专业知识储备
                              │ 信息化建设基础
                              └ 资格资质

                              ┌ 验证评估能力
                              │ 实施能力
                    实施层面 ─┤ 系统集成能力
                              │ 运维能力
                              └ 风险管控能力

                              ┌ 组织保障能力
                    管理层面 ─┤ 质量管理能力
                              └ 过程管理能力

                    社会层面 ─┤ 法律风险与责任
                              └ 知识服务市场接受度
```

图 3.2 基础能力评估指标体系框架

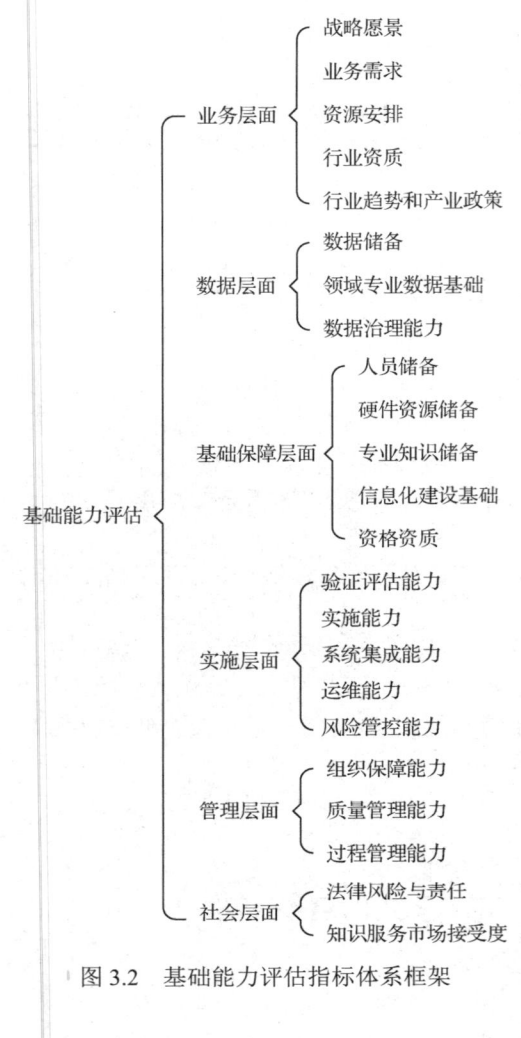

（1）从业务层面考量，应考虑企业的业务与知识图谱应用系统建设是否匹配，是否有长期建设知识图谱的规划。具体指标包括战略愿景、业务需求、资源安排、行业资质、行业趋势和产业政策。

（2）从数据层面考量，数据是知识图谱建设的基石，应考虑企业是否有足够的数据支撑知识图谱应用系统，以及是否有数据处理和分析的能力。具体指标包括数据储备、领域专业数据基础、数据治理能力。

（3）从基础保障层面考量，应考虑企业的各类基础资源是否能够保障知识图谱应用系统的建设。例如，企业是否具备开展知识图谱建设与应用的人工智能专业技术人员储备，是否拥有自有的或可获取的数据存储与计算硬件资源储备，是否建立完整的业务数据收集、存储、处理和应用的信息化管理体系，以及企业业务开展过程的信息化建设基础情况。具体指标包括人员储备、硬件资源储备、专业知识储备、信息化建设基础和资格资质。

（4）从实施层面考量，应考虑企业是否具有保障知识图谱应用系统建设及实施的能力。例如，企业是否具备开展知识图谱建设与应用的专业知识储备；是否具备相关资质，具有在企业业务活动中应用知识图谱满足用户需求的能力，及通过知识图谱应用系统运维满足用户不断变化需求的能力；是否具备实施知识获取、存储和更新所需要的信息化软件及硬件系统建设的能力。具体指标包括验证评估能力、实施能力、系统集成能力、运维能力和风险管控能力。

（5）从管理层面考量，应考虑企业是否有与知识图谱的建设进度和应用相匹配的运营管理水平、组织保障能力、项目管控能力。具体指标包括组织保障能力、质量管理能力、过程管理能力。

（6）从社会层面考量，应考虑企业是否有评估知识图谱应用系统建设中法律风险与责任、行业趋势、产业政策、行业资质风险项的能力。具体指标包括法律风险与责任、知识服务市场接受度。

通过业务层面、数据层面、基础保障层面、实施层面、管理层面、社会层面 6 个层面综合评估投入与成本，有助于用户直观衡量知识图谱应用系统建设的必要性和可实施性。对各层面的具体评估指标及权重进行细化总结，可形成基础能力评估指标体系表（见表 3.1）。

第 3 章　知识图谱应用系统建设基础能力评估

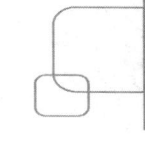

表 3.1　基础能力评估指标体系表

指标体系	指标项	指标子项
业务层面（10分）	战略愿景（2分）	● 时间成本估计 ● 市场定位 ● 战略规划（数字化转型及智能化应用相关） ● 制度保障
	业务需求（2分）	● 现有业务中对数据/知识大量依赖的场景数量 ● 沉淀知识/沉淀经验情况 ● 应用迫切性（对知识图谱的需求时间、开拓的相关业务量）
	资源安排（2分）	● 经费投入规划 ● 时间投入规划 ● 人力投入规划
	行业资质（2分）	● 在行业内的水平和影响力
	行业趋势和产业政策（2分）	● 知识图谱应用趋势（行业国内外应用案例） ● 产业政策
数据层面（15分）	数据储备（5分）	● 数据维度 ● 数据时效性 ● 数据规模 ● 已有数据库数量（清洁程度、结构化程度） ● 非结构化数据占比、非结构化数据规范性程度 ● 数据获取的渠道/能力
	领域专业数据基础（5分）	● 行业语料 ● 专业术语 ● 标准基础/标准数据集 ● 标准化的行业术语及术语集
	数据治理能力（5分）	● 数据治理水平（如制度、规范、工具、当前治理成效） ● 数据安全管理与保障能力
基础保障层面（15分）	人员储备（3分）	● 研发人员 ● 实施人员 ● 运维人员 ● 业务人员（建模人员）
	硬件资源储备（3分）	● 软硬件基础设施（运算设备、云、大数据设施等）
	专业知识储备（3分）	● 前期预研情况（前期咨询、预研项目开展数量） ● 业务人员对 IT 系统的理解
	信息化建设基础（4分）	● 信息化系统数量 ● 信息化系统处理业务量占比 ● 企业知识库建设情况 ● 现有的基础环境 ● 现有的软件基础工具（建模工具、图数据库等）
	资格资质（2分）	● IT 实施资质 ● 系统集成资质，如安全、管理等认证（可选）
实施层面（20分）	验证评估能力（4分）	● 专业知识 ● 硬件资源评估 ● 信息化建设能力评估 ● 知识质量评估（业务专家）

续表

指标体系	指标项	指标子项
实施层面（20分）	实施能力（8分）（信息化建设能力）	● 信息化系统规划能力 ● 信息化系统开发能力 ● 信息化系统管理能力
	系统集成能力（4分）	● 系统集成经验 ● 系统集成和管理专业人员
	运维能力（2分）	● IT系统运维能力 ● 知识维护与管理能力
	风险管控能力（2分）	● 技术风险管控能力 ● 系统风险管控能力 ● 人员风险管控能力 ● 外部风险管控能力
管理层面（10分）	组织保障能力（4分）	● 专门的信息化建设部门 ● 专门的项目管理团队 ● 后期维护部门规划
	质量管理能力（3分）	● 信息收集 ● 系统日志收集 ● 日志分析、处理和归档与反馈
	过程管理能力（3分）	● 项目管理制度 ● 项目管理经验 ● 项目管理资质情况
社会层面（5分）	法律风险与责任（2分）	
	知识服务市场接受度（3分）	

根据上述层面，各指标项所获分值的差异得出被评估企业的知识图谱应用系统建设就绪度指数，并根据指数差异分为初始级、储备级、建设级、就绪级、完备级 5 个等级。知识图谱应用系统建设就绪度等级划分如图3.3所示。

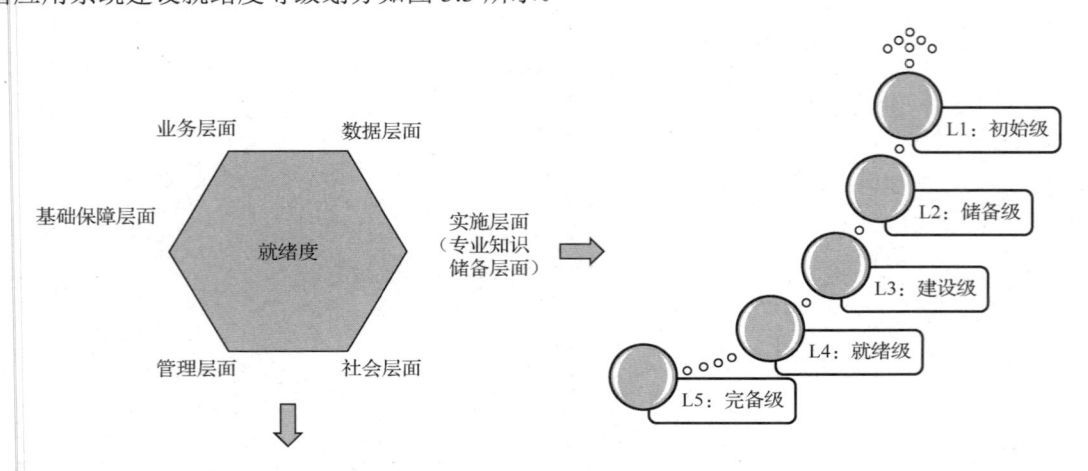

图3.3　知识图谱应用系统建设就绪度等级划分

（1）初始级是指不具备建设知识图谱应用系统的条件，应用场景、资源投入等尚不明确，

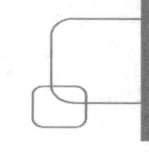

有待进行战略规划。

（2）储备级是指已进行战略规划，但不具备建设知识图谱应用系统的条件，有待在规划完善的基础上进行人力资源储备、基础设施储备、数据储备等。

（3）建设级是指初步具备知识图谱应用系统的建设能力，部分维度仍存在较大弱项，有待全面提升各维度能力等；可针对性地开展小型知识图谱应用系统建设及研究工作。

（4）就绪级是指已具备良好的知识图谱应用系统建设能力，可进一步对各层面欠缺指标项对应能力进行提升；有能力开展较大规模的知识图谱应用系统的建设及研究工作。

（5）完备级是指已具备完备的知识图谱应用系统建设能力，各维度能力较为全面，可支持后续系统的建设、实施与部署；可依据业务需求开展大规模的知识图谱应用系统的建设及研究工作。

3.3 应用系统建设基础能力自我评估表

表 3.2 针对 23 项指标分别给出了各项指标自我评估判据，每项指标分值如表 3.1 所示，总分为 0~95 分。可对每项指标进行自评，根据总分做出相应决策。

（1）总分位于 35 分及以下，初始级。
（2）总分位于 36 至 45 分区间，储备级。
（3）总分位于 46 至 60 分区间，建设级。
（4）总分位于 61 至 75 分区间，就绪级。
（5）总分位于 76 分及以上，完备级。

表 3.2 应用系统建设基础能力自我评估

	能力子项	一级	二级	三级	四级	五级
业务层面	战略愿景	对 AI 感兴趣	认识 AI 潜在价值	AI 产品或服务已提供商业价值	AI 已广泛应用并带来利润	AI 已成为公司业务发展的组成部分
	业务需求	在当前业务中知识图谱没有明确应用需求	知识图谱具备潜在应用需求，具体应用需求有待挖掘	知识图谱具有明确应用需求，基于知识图谱应用可满足部分用户需求	知识图谱具有明确应用需求，且知识图谱可满足用户需求	知识图谱可完全满足用户需求
	资源安排	几乎没有预算	开展知识图谱项目 POC	已启动部分知识图谱项目并持续进行实验和 POC	将知识图谱项目建设纳入预算体系	有充足的 AI 及知识图谱建设预算
	行业资质	不具备行业资质	具备行业资质，但行业壁垒低	具备行业资质，但行业壁垒中等	具备行业资质，但行业壁垒较高	具备行业资质，且具有极高壁垒
	行业趋势和产业政策	行业发展趋势不好，没有产业政策支持	行业发展进入瓶颈，没有产业政策支持	行业发展势头向好，没有产业政策扶持	行业发展势头向好，产业政策扶持逐渐增多	行业发展趋势火热，产业政策扶持力度大
数据层面	数据储备	数据基础较差	数据基础较差但有部分可用数据	数据整体情况一般但部分数据情况较好	数据整体情况较好	有充足的数据积累及规范的数据存储体系

续表

	能力子项	一级	二级	三级	四级	五级
数据层面	领域专业数据基础	不具备行业语料、术语或者标准基础	具备少量行业语料	具备少量行业语料和术语	具备少量行业语料和术语，并形成小范围行业标准	具备大量行业语料、术语和基础标准
	数据治理能力	不具备数据治理能力	数据治理水平低下，缺乏数据安全管理与保障能力	数据治理水平中等，初步具备数据安全管理与保障能力	数据治理水平较高，数据安全管理与保障能力中等	数据治理能力强，数据安全管理与保障能力强，具备完备的数据治理工具
基础保障层面	人员储备	缺少领域知识专家和运维人员	具备运维人员，不具备领域知识专家	具备运维人员和领域知识专家	具备运维人员、领域知识专家和知识图谱构建人员	具备运维人员、领域知识专家、知识图谱构建人员、知识图谱应用人员
	硬件资源储备	不具备存储能力、计算能力，不支持数据处理与存储	具有有限的存储能力、计算能力，支持小规模数据处理与存储	具有一定的存储能力、计算能力，支持中等规模数据处理与存储	存储能力、计算能力充沛，支持大规模数据处理与存储	存储能力、计算能力充沛，且支持动态扩展。支持超大规模数据处理与存储
	专业知识储备	不具备专业知识储备	具有有限的专业知识认知，对相关专业知识有粗浅的了解	具备一定的专业知识，并能够支撑进行较为简单的应用和研究	具备较为全面的专业知识，可以支持大规模系统的应用和研究	全面深入地掌握了专业知识，支持大规模系统应用和研究，并能引领行业创新
	信息化建设基础	无配套业务系统	配套业务系统，少量业务流程实现信息化	配套业务系统，部分业务流程实现信息化	配套业务系统，大部分业务流程实现信息化	配套业务系统，业务流程完全实现信息化
	资格资质	不具备任何资质，不支持知识图谱应用系统集成和应用	有一定系统集成或管理经验，取得少部分资质，但不支持知识图谱应用系统的应用和集成	具备基础的资质和资格，可以在一定程度上进行系统应用和集成	具备全面的系统应用和集成资质，可以进行大规模的系统应用和集成	具备全面的资质，且有颁发相关资质的资格，可以制定系统应用和集成的资质
实施层面	验证评估能力	没有任何验证能力	有一定的验证经验，可以进行简单的评估	具备一定的验证和评估能力，可以较为常见和简单的性能进行验证和评估	有较为全面的验证和评估能力，可以对知识图谱应用系统性能进行全面的验证和评估	拥有权威的知识图谱应用系统验证和评估能力，其验证和评估结果可以作为行业标准
	实施能力（信息化建设能力）	在知识图谱应用系统建设业务中，没有相关的信息化建设能力	有知识图谱建设的规划能力，具体建设能力有待挖掘和加强	具有一定的信息化建设能力，可以支持知识图谱的简单建设和应用	具备知识图谱应用系统的全面建设能力，支持大规模系统的建设和应用	具备满足知识图谱建设所需的所有信息化建设能力，并支持动态扩展
	系统集成能力	具备基础的数据接入与格式转换能力，可实现知识图谱系统与外部系统的单向数据互通	具备多协议适配与系统架构对接能力，可实现知识图谱与外部系统的双向数据交互与逻辑协同	具备知识图谱与业务系统的流程级协同能力，支持跨系统事务一致性与复杂业务逻辑整合	具备语义级的系统集成能力，可实现基于知识图谱的智能匹配、自动映射与动态适配	可实现第三方系统的开放式接入和生态化协同
	运维能力	在当前业务中知识图谱没有明确应用需求	知识图谱具备潜在应用需求，具体应用需求有待挖掘	知识图谱具有明确应用需求，基于知识图谱可满足部分用户需求	知识图谱具有明确应用需求，且知识图谱可满足用户需求	知识图谱已经满足用户部分需求，且知识图谱可完全满足用户需求

续表

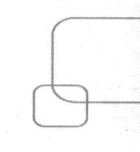

	能力子项	一级	二级	三级	四级	五级
实施层面	风险管控能力	具备基础的风险识别与被动应对能力，能够发现常见风险并进行初步处理	具备单一维度的主动风险监测能力，如：技术、系统、人员和外部等	可实现多维度的风险监测，对技术、系统、人员和外部风险进行主动监测，并具备初步响应能力	具备风险评估能力，能够对各类风险进行量化分析，并形成系统化的管控策略	可利用智能技术实现风险预测，能够根据风险变化动态调整防控策略，具备主动风险防御能力
管理层面	组织保障能力	未形成组织机构或团队	初步形成组织团队，能够组织活动开展	形成严密的组织机构，并具备初步的组织措施	形成严密的组织机构，具备规范的组织措施，初步形成规章制度	形成严密的组织机构、完备的组织规章、规范的组织措施
管理层面	质量管理能力	未针对项目进行质量管理	形成初步的质量目标和职责	制定严格的质量方针，明确质量目标和职责	制定严格的质量方针，明确质量目标和职责，初步形成对项目各阶段活动质量的控制	制定严格的质量方针，明确质量目标和职责，严格控制项目各阶段活动质量
管理层面	过程管理能力	未形成对项目过程的管理	初步形成项目过程策划	具备完备的过程策划，并在实施过程中，初步形成对过程的检查	具备过程策划、过程实施、过程检查步骤，并初步形成对过程的改进	具备完整的过程策划、过程实施、过程检查、过程改进阶段，并严格按照阶段执行
社会层面	法律风险与责任	法律风险和责任极高	法律风险和责任较高	法律风险和责任中等	法律风险和责任较低	无法律风险，无责任风险
社会层面	知识服务市场接受度	市场不了解且不接受其知识服务	市场对知识服务有一定的了解，接受极少的服务	市场接受知识服务，但其程度有限	市场全面接受其知识服务，对其服务有较强的认同感	市场全面接受知识服务，且用户偏向于使用其服务

3.4　应用系统建设基础能力提升

根据知识图谱应用系统建设基础能力的就绪度等级和评估结果，可从人员、技术、资源、战略定位为切入点出发制订能力提升实施方案，并从业务、数据、基础保障、实施、管理、社会 6 个层面采取措施，通过能力提升效果评估方法进行效果评价，从而形成一整套闭环的能力提升方案。知识图谱应用系统建设能力提升路径如图 3.4 所示。

（1）业务层面：战略方面，重视人工智能技术在当前业务流程中的应用。业务需求方面，提升知识图谱在现有业务流程中的有效性，并不断挖掘潜在应用需求，基于部分应用场景构建知识图谱应用案例，以小范围样例作为业务应用试验验证。资源安排方面，提升人工智能开发及知识图谱建设预算，增加人工智能开发团队人员数量。行业资质方面，开展资格认证和评级，不断提高行业资格水平。行业趋势和产业政策方面，紧跟行业应用趋势和产业政策方向，在行业内开展相关知识图谱的建设和业务推广。

（2）数据层面：数据储备方面，开拓数据获取渠道，加大数据储备，对内企业组织整理内部业务流程数据、整合已有的数据存储资源；对外企业获取第三方组织机构的数据（例如，购买领域数据，从互联网获取开源的数据资源等）。领域专业数据基础方面，积累行业术语和

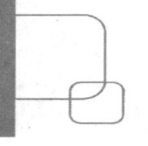

标准数据集。数据治理能力方面，提升现有的数据治理水平，增强数据清洗、挖掘能力，加强数据的安全防护等。

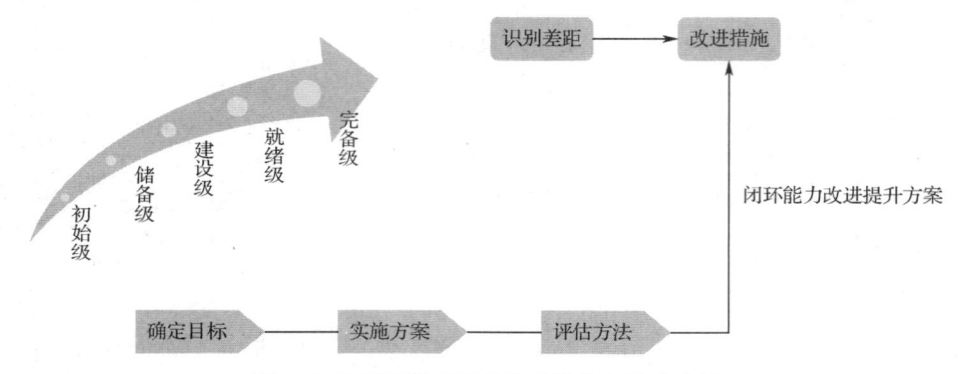

图 3.4　知识图谱应用系统建设能力提升路径

（3）基础保障层面：人员储备方面，优化企业内部的人力资源结构，拓展专业领域人员数量，进行知识图谱领域的研发、实施、运维、业务人才储备，提升人员素质，以满足可持续性开发建设知识图谱的需求。硬件资源储备方面，根据业务市场发展需求，不断丰富计算设备资源，提升云计算能力，满足大数据治理的需要。信息化建设基础方面，提升软件基础工具和环境条件，不断提高信息化系统在企业业务流程中的应用占比，建立企业知识库，逐步积累行业数据。

（4）实施层面：验证评估能力方面，持续拓展和丰富业务专家库，引入国内外顶尖专家，定期开展硬件资源和建设能力评价，不断积累和提升专业知识水平。实施能力（信息化建设能力）方面，通过对业务系统的分类梳理，不断细化业务场景，完善知识可视化、知识问答、知识推荐、知识生成等应用，提高业务人员对知识图谱应用系统的理解和实施过程的监测粒度。系统集成能力方面，规范知识图谱应用系统与外部的接口、知识图谱文件描述规则及知识图谱间知识交互协议，提高应用系统与外部业务系统间的互联互通互操作水平。运维能力方面，针对不断发展变化的业务需求和系统运行中的问题，不断寻求更优的解决方案，加快知识更新的效率。风险管控能力方面，通过对技术、系统、人员与外部风险的分类分级，制订风险防控策略，并建立健全风险应对机制。

（5）管理层面：组织保障能力方面，形成严密的组织机构、完备的组织规章、规范的组织措施。质量管理能力方面，制定严格的质量方针，明确质量目标和职责，严格控制项目各阶段活动质量。过程管理能力方面，具备完整的过程策划、过程实施、过程检查、过程改进阶段，并严格按照阶段执行。

（6）社会层面：法律风险与责任方面，不断完善业务流程、规范化经营，降低法律风险与责任。知识服务市场的接受度方面，紧密跟踪行业趋势和产业政策，在适当的时机进场、把握风口；不断提升企业自身行业资质，不断提高自身竞争力以形成竞争壁垒。

此外，在研发方面，加强知识图谱相关的人员储备（包括运维人员、知识专家等）；加强软件、硬件基础设施建设，提升数据存储、数据处理的能力。

第 4 章　知识图谱应用系统选型

4.1　知识图谱应用系统选型准则

知识图谱应用系统的模块可以根据功能定位的不同，可以划分为面向知识图谱构建前的数据接入与处理相关模块，面向知识图谱构建中的知识获取、融合、存储等相关模块，以及面向知识图谱构建后的知识服务与管理相关模块。由于各功能模块定位不同，所涉及的选型准则存在差异。

4.1.1　数据处理相关模块的选型准则

面向知识图谱构建前的数据接入与处理相关模块，可聚焦数据准备相关需求，从数据类型、数据接入、数据治理、数据组织、数据服务、数据处理等维度进行选型，并根据业务需要对准则进行裁剪。数据处理相关模块的选型准则如图 4.1 所示。

数据类型的多样性准则：支持多样化的数据类型，包括结构化数据、半结构化数据、非结构化数据，并可支持多种模态数据类型，如文本、图片、视频、音频等。

数据接入的统一性准则：具备统一的接入工具实现异构数据资源汇聚的过程；支持数据采集、汇聚等多种方式，为数据接入提供标准化、模块化、可适配的多源异构数据资源接入模式。

数据处理的规范性准则：支持数据的标准化、专业化管理，如元数据管理、数据质量管理、数据标准处理、数据血缘管理、数据资源目录管理等；支持对数据清洗、存储等治理流程的标准化管理，实现数据资产的有效组织和管理，为知识图谱上层各类业务应用提供支撑。

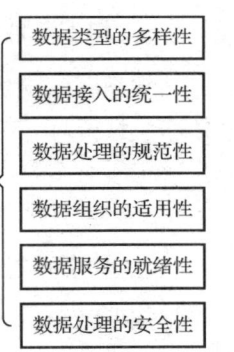

图 4.1　数据处理相关模块的选型准则
- 数据类型的多样性
- 数据接入的统一性
- 数据处理的规范性
- 数据组织的适用性
- 数据服务的就绪性
- 数据处理的安全性

数据组织的适用性准则：支持数据组织，如组织原始库、主题库等。组织原始库是描述各种数据资源、支撑各项业务工作的公共数据集合。对不同来源的数据，按照数据的原始格式进行存储；主题库是根据数据的主题及应用需求建立，如车辆库、人员库等。

数据服务的就绪性准则：支持其他业务模块对数据的便捷访问，畅通数据的获取路径。

数据处理的安全性准则：保障数据处理过程中有效的身份识别和权限控制，确定其身份安全可信后，才可访问数据、应用和服务。

4.1.2　知识图谱构建相关模块的选型准则

面向知识图谱构建过程的各功能模块，可聚焦知识图谱构建技术路径各环节和任务，进行模块选型并根据业务需要对准则进行裁剪，包括知识表示模块、知识建模模块、知识获取模块、知识融合模块、知识存储模块、知识计算模块。知识图谱构建相关模块的选型准则如图 4.2 所示。其中，每一个模块所包含的选型准则定义如下。

1．知识表示模块选型准则

知识表示模块可基于知识图谱应用需求、应用约束、质量要求等，实现对知识表示模型的设定，包括知识表示框架、知识表示元素、适用范围等。知识表示形式可采用属性图和 RDF（Resource Description Framework，资源描述框架）图等形式，其中，属性图中顶点表示实体和事件，顶点间的有向边表达实体/事件之间的语义关系；在 RDF 图中，顶点是具有唯一标识符的资源，顶点间的有向边也称为谓词或属性。

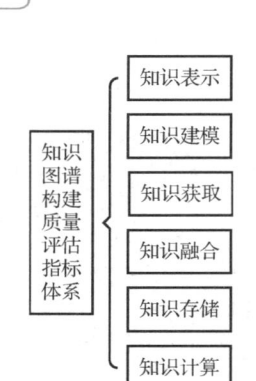

图 4.2　知识图谱构建相关模块的选型准则

2．知识建模模块选型准则

知识建模模块可基于知识图谱应用需求、业务规则、专家或行业知识、企业数据现状等，形成涵盖实体类型体系、实体类型属性、实体类型间关系等的本体模型及其图式（Schema）。

3．知识获取模块选型准则

知识获取模块可基于接入数据和已有本体模型，完成实体信息、实体间的关系信息、实体的属性信息、本体模型中缺失信息等信息的自动提取。面向的数据类型包括结构化数据（如存储于关系型数据库中的业务数据）、半结构化数据（如百科数据等），以及非结构化数据（如文档、图片、视频、音频等）。

4．知识融合模块选型准则

知识融合模块可基于本体模型、知识获取输出的知识单元及外部知识图谱等，整合形成具有全局统一知识标识的知识单元，并识别本体模型中缺失的信息。

5．知识存储模块选型准则

知识存储模块需完成本体模型，知识获取、知识融合、知识计算、知识演化等模块形成的知识单元，业务规则、约束及算法模型等内容的存储，并为后续的知识查询、调用等提供服务。当知识图谱的规模庞大时，应考虑结合使用分库、选取分布式图存储的数据库、同类顶点聚合等方式作为知识图谱存储设计的准则。

同时，知识存储后数据查询的 DSL 表达能力也应纳入选型的范畴中。DSL（Domain Specific Language，领域特定语言）应足够简洁以降低使用者的技术水平要求，应足够灵活以应对多种使用场景，应足够强大以满足知识图谱专家和复杂分析计算对数据查询的要求。在知识存储架构设计和选型阶段，图数据库及其运行环境（如操作系统、硬件和指令集）的国产化也是衡量的重要方面。

6．知识计算模块选型准则

知识计算模块可基于知识表示模型、本体模型、已存储的知识单元、应用场景中的计算

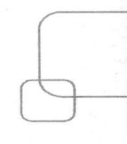

需求，输出计算获得的新知识并为下游任务提供知识图谱计算服务。例如，通过统计分析对知识图谱蕴含知识结构及其特征进行统计与归纳，通过推理计算从已有的事实或关系进行隐性知识的发现与挖掘。

作为知识图谱的重要应用，知识计算需要大规模地抽取顶点和边的数据到内存中进行计算，这对计算效率提出了非常高的要求。因此，能并行地、分布式地进行知识计算，以及计算性能能够垂直扩展和线性地水平扩展是知识图谱应用系统选型的关键。

4.1.3 知识服务与管理相关模块的选型准则

面向知识图谱构建完成后的知识服务与管理相关模块，可聚焦知识服务、业务集成、知识管理与维护、系统安全保障等任务，进行模块选型并根据业务需要对准则进行裁剪。知识服务与管理相关模块的选型准则包括安全性、可靠性、响应性、可移植性和易用性，如图4.3所示。

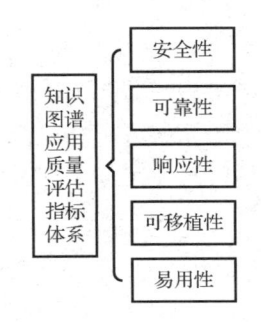

图 4.3　知识服务与管理相关模块的选型准则

1．安全性

知识图谱应用系统的安全性要求主要包含功能域安全要求和业务数据域安全要求。

功能域安全要求是指在应用系统的业务流程中涉及功能的安全要求，主要针对工作流中包含的各项功能流转的合法合规性，确保用户所属的角色能访问的系统功能和适用的安全策略不越界。

业务数据域安全要求是对用户、用户组、用户角色与数据条目访问授权的多对多映射，目的是确保每个用户能够且仅能够访问到对应密级的数据条目。

知识图谱应用系统的安全性要求不应只体现在应用系统中，还须贯穿于知识图谱构建中和构建后的各环节。例如，在知识存储、知识获取的环节中，就需使用数据域安全的要求限制、过滤请求的数据条目。进而，保证在知识融合、知识计算、知识演化和业务整合等后续步骤中不会将超出访问权限范围外的数据带入融合、计算、演化和整合结果中。

2．可靠性

可靠性是指衡量知识图谱应用系统在指定的场景和时间等条件下可稳定完成用户需求的程度。例如，是否可以在规定时间内完成预定功能，是否支持规定场景的查询、推理、计算等。

除上述知识图谱应用系统对可靠性的要求外，可靠性的一般性要求还有成熟性、容错性、易恢复性等若干特性和指标，可参考国家标准 GB/T 29832.1—2013《系统与软件可靠性　第1部分：指标体系》中的定义。

3．响应性

响应性是系统高效完成用户业务目标的基本保障。响应性是度量形成的知识图谱应用系统在收到请求后返回的结果及返回结果的过程所表现出来的能力，既包括非耗时请求的即时响应时间，又包含耗时查询、计算的响应时间、反馈结果的质量等。此外，耗时查询、计算

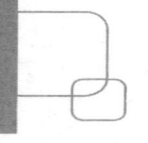

过程应通过进度条、预估剩余时间或状态更新来降低用户的等待焦虑。

4. 可移植性

可移植性是度量形成的知识图谱应用系统在不同软硬件环境间移植的能力,主要目标是规范业务流程和接口定义,使得第三方应用接入和迁移成本相对较低。

知识图谱应用系统的外部开放接口在设计和实现上需达到足够的抽象程度,以适应不同的业务领域和使用场景。进而,避免第三方应用的重复开发,也能够确保同一个第三方应用在不同知识图谱应用系统迁移对接时的兼容性。

5. 易用性

易用性是度量知识图谱应用系统在指定条件下使用时,知识图谱被理解、学习、使用和吸引用户的能力,并衡量使用者在利用系统解决业务问题时的难易程度。其既包括知识图谱应用系统各项功能对使用者的友好程度、工作流复杂程度,又包含知识图谱本身,以及业务建模对使用者所拥有领域知识掌握程度的要求。

4.2 知识图谱应用系统的关键性能构成

4.2.1 数据处理相关模块的关键性能构成

围绕数据接入的标准化,相关模块的指标构成包括具备支持结构化数据、半结构化数据、非结构化数据的数据接入能力;数据接入工具符合统一的标准规范;支持多种标准化、模块化、可适配的数据接入模式,满足多源异构数据的采集与汇聚;支持数据批量接入。

围绕数据处理的规范化,相关模块的指标构成包括支持多源异构数据的处理;支持多模态数据的处理(可选);保障数据处理过程的模块化、规范化;保障数据的归一化、标准化;支持噪声数据的处理或补全;支持数据的批量处理。

围绕数据组织的适用化(可选),相关模块的指标构成包括支持多样化数据组织方式,如三元组、属性图等;支持数据的多样化展现方式,如图、表格等。

围绕数据安全的全面性,相关模块的指标构成包括从数据接入、数据传输、数据存储、数据处理等层面进行身份识别和权限控制;根据知识溯源的要求,进行数据的查阅和跟踪;保障数据采集、存储、处理、销毁等数据处理周期安全管控;支持访问控制、数据加密、数据备份、数据脱敏、数据水印等数据安全能力。

4.2.2 知识图谱构建相关模块的性能构成

知识表示模块的性能构成包括支持图形化的知识呈现方式;支持三元组、向量和等知识表示形式等。

知识建模模块的性能构成包括支持以可视化、拖拽等方式构建本体模型;支持以增量方式构建本体模型;支持手动添加实体类型、关系类型、属性等;支持从外部文件中增量或批

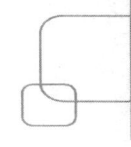

量导入 Schema；支持对 Schema 进行维护管理，包括新增、修改、删除等；支持增量或批量导出 Schema。

知识获取模块的性能构成包括支持从数据库表等结构化数据中抽取知识；支持从表格、网页、表单等半结构化数据中抽取知识；支持从文本、图像视频等非结构化数据中抽取知识；支持用户自主选择知识抽取方式，如单模型抽取、多文件多模型抽取；支持用户自定义知识抽取模型；支持查看知识抽取结果报表（包括当前及历史）及数据详情；支持查看知识生成结果（包括当前及历史）；支持人工配置知识映射规则；支持用户自主配置数据源优先级；支持实体、关系、属性的编辑，如新增、修改、删除、查询等。

知识存储模块的性能构成包括支持实体、属性及关系的检索；支持自定义实体、属性、关系；支持实体、关系、属性的更新、删除；支持按照数据权限或知识图谱主题授权用户查看功能；支持数据审批流程可视化管理；支持系统操作日志管理；支持对删除后的实体、属性及关系的恢复；支持按照版本号对同一应用场景下的知识图谱进行管理；支持对算法模型的维护管理；支持元数据管理，例如，知识图谱在存储时需要在实体和关系上添加描述密级或权限规则的元数据，在有多个业务来源时也需要考虑将子图隔离存储。

知识融合模块的性能构成包括支持实例级（实例和属性值）的对齐；支持知识映射过程中的异常发现，如给出映射失败数据并给出映射失败原因；支持用户自主配置知识融合、消歧规则；支持不同应用场景下知识图谱间根据规则的融合。

知识计算模块的性能构成包括支持基础图计算功能，如社区发现、度中心性计算、紧密中心度计算、实体节点排名、中介中心度、最小生成树等；支持给出起始节点和目标节点的知识图谱路径集合；支持通过输入外部数据等人工干预方式训练知识抽取模型；内置语料库及语义分析模型；支持从节点属性推理补全知识图谱关系。

4.2.3　知识服务与管理相关模块的性能构成

围绕安全性，相关模块的性能构成包括支持权限控制和安全隐私管理；支持知识图谱存储中实体和关系添加描述密级或权限规则的元数据；支持有多个业务来源时的子图隔离存储；支持用户角色权限管理、数据脱敏等；支持查询引擎返回用户数据前，检查数据权限合规性。

围绕可靠性，相关模块的性能构成包括支持在规定场景、规定时间内完成预定功能；支持平均故障间隔时间小于用户或行业要求；支持规定场景的查询、推理、计算等要求。

围绕响应性，相关模块的性能构成包括支持用户业务操作响应时间小于用户或行业要求；支持服务接口请求响应时间小于用户或行业要求；支持耗时查询、计算过程中通过进度条、预估剩余时间或状态更新来降低用户等待的焦虑感；支持知识体量、知识图谱复杂度的统计。

围绕可移植性，相关模块的性能构成包括支持基于特定业务场景切分数据，如子图拆分、多图融合等；支持常用的硬件环境；支持常用的操作系统；支持通过接口形式的数据调用。

围绕易用性，相关模块的性能构成包括支持良好的人机交互界面；支持根据业务场景利用复杂查询、图算法等方式对数据二次加工并提供服务；支持基于常用查询语言，提供可视化交互查询，并针对特有业务要求，提供具有行业特色的交互展示。

第 5 章　知识图谱应用系统建设与管理过程

知识图谱生命周期根据构建过程及系统开发与部署过程的差异，从技术构成与工程实施方面可细分为知识图谱构建生命周期和知识图谱应用系统生命周期两个维度。其中，知识图谱构建生命周期包括知识表示、知识建模、知识获取、知识融合、知识存储、知识计算、知识应用和维护等阶段。知识图谱应用系统生命周期包括需求分析、方案设计、图谱构建、应用开发与集成部署、系统评估与验收、运营推广、管理维护等阶段。

知识图谱应用系统生命周期各阶段因定位不同，其在建设目标、输入和交付物、主要活动、参与角色、需用户参与的内容等方面存在差异。系统建设与管理过程中可进行关注和整体规划，以保障各环节的有效衔接及知识图谱应用系统交付和后续运营质量。知识图谱应用系统建设与管理过程如图 5.1 所示。

5.1　需求分析阶段

5.1.1　需求分析阶段建设目标

需求分析阶段的建设目标主要包括：

目标 1：获取完整、准确的用户需求。为了全面、准确地获取业务信息，更好地服务于产品设计和迭代，须从多个维度调研用户需求。

目标 2：充分理解、认识和分析用户需求。结合业务场景，分析用户行为，充分了解实际业务过程，挖掘用户真实需求。

目标 3：通过调研和分析得出目标系统的逻辑模型。对用户提出的知识图谱应用系统业务需求与数据需求进行分析和转换，构筑相关业务模型与数据模型。

目标 4：评估目前所具备的开发环境和条件。评估内容包括技术能力是否支持、企业经济效益如何、与企业的经营和发展方向是否吻合、系统投入运行后的维护有无保障等。

目标 5：评估已有数据质量情况。评估内容包括各环节规划中的数据质量是否符合要求、数据范围和影响程度是否一致、是否满足业务需要、是否满足前期调研的需求等。

目标 6：系统功能分解。对用户的建设需求和目标进行拆解，并对各参与方的任务进行细化，确保各参与方输出的内容可集成为符合用户需求的知识图谱应用系统。

目标 7：编写需求相关文档。根据需求分析结果，形成业务需求说明书、软件需求说明书、服务或功能说明书、知识图谱设计说明书等。

第 5 章 知识图谱应用系统建设与管理过程

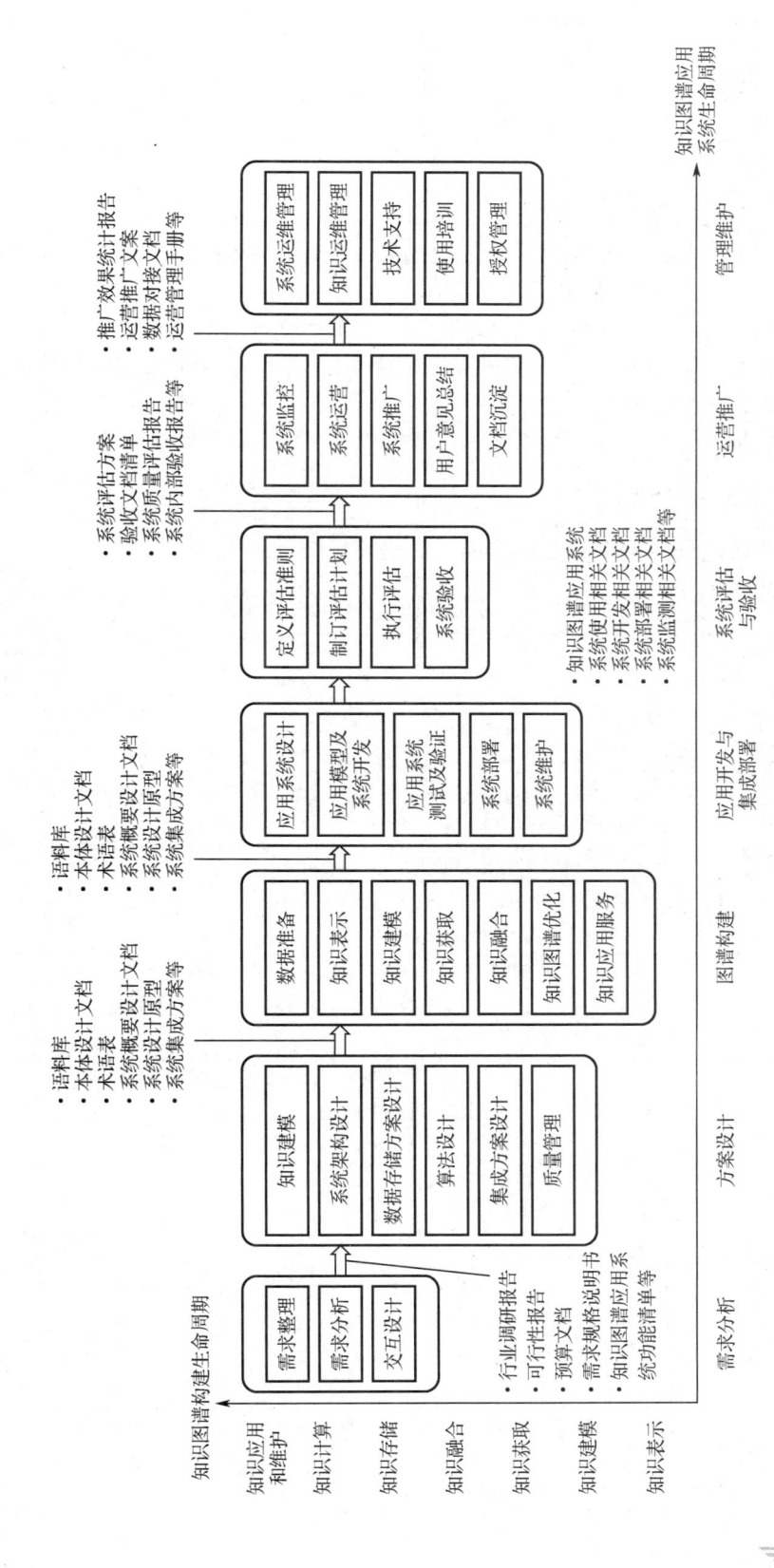

图 5.1 知识图谱应用系统建设与管理过程

5.1.2 需求分析阶段输入/输出

1. 需求分析阶段输入

本阶段的输入包括但不限于以下几个方面。

（1）用户需求。知识图谱应用系统的数据来源、建设目标等，如预期知识图谱内容，以及可视化效果、交互界面等预期应用效果。

需要注意的是，用户需求宜通过需求说明书等书面文件方式提交确认。

（2）业务数据。用户或生态合作伙伴在所属业务领域内，可提供的业务领域数据，包括基础数据及加工转换后的数据等。

（3）算法模型。

2. 需求分析阶段输出

需求分析阶段的交付物名称及内容简介如表5.1所示。

表5.1 需求分析阶段的交付物及内容简介

序号	交付物名称	内容简介	重要性（1~5级）	是否可选
1	行业调研报告	通过对当前行业的长期跟踪监测，分析行业需求、供给、经营特性、获取能力、产业链和价值链等多方面的内容，整合行业、市场、企业、用户等多层面数据和信息资源。行业调研报告是用户需求整理的基础，可以促进用户对行业现状的了解	5级	必选交付
2	可行性分析报告	论证项目可行性，给出是否可行结论，明确项目可行性条件、不可行的原因、暂缓可行的方案等。对于可行性项目，分析已具备的基础设施条件、技术条件、经济条件及政策规范等	5级	必选交付
3	预算文档	分析知识图谱应用系统的预算，分析项目调研、实施、部署和运维阶段的计算依据，明确预算支出科目及额度，包括基础设施费、材料耗能费、研发劳务费、商务协作费等	5级	必选交付
4	竞品调研文档	当前的行业内竞品的基本情况，作为判定项目是否可行的基础之一，包括竞品行业背景、市场规模、用户群体、商务模式等，并比较分析结论	2级	推荐交付
5	标准规范文档	对标准化对象提出的要求，规定在设计软件各个阶段中所形成的文档的格式和要求，包括数据规范、数据集规范、专业基础标准、过程标准、质量标准、技术与管理标准、工具与方法标准等	3级	推荐交付
6	业务需求说明书	需求文档可以使设计人员能够设计出可以满足用户需求的系统，并使测试人员能够测试该系统是否满足这些需求，包括业务应用点、需求背景、应用场景、相关业务系统、业务规划文档、业务规则、业务术语等	5级	必选交付
7	需求规格说明书	叙述该项软件开发的意图、应用目标、作用范围以及其他有关该软件开发的背景材料，包括数据规约、用例规约、流程图、部署环境要求、系统指标要求、运行环境规约、需求优先级、质量属性等	5级	必选交付

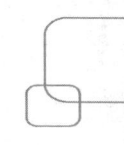

续表

序号	交付物名称	内容简介	重要性（1～5级）	是否可选
8	技术规格说明书	作为一种技术文件，主要用来描述应用系统或产品的基础架构和应用关键技术及主要规格参数的文件，以便技术人员准确掌握设计意图和要求。不仅包括法律和法规上的应用标准，产品质量的应用性、可靠性、可支持性，还包括工作制度、权责规范、数字权利、操作系统及环境、兼容性和设计约束等	3级	可选交付
9	知识图谱应用系统功能清单	系统性展示知识图谱所有功能，以业务流程图和数据流程图的方式，整体上划分模块及逻辑关系，细节上展示每个模块内部构造及功能，包括知识图谱的构建、获取、展示和应用操作等模块	5级	必须交付
10	数据集规范	根据项目背景、必要性分析、编制原则、主要技术内容说明，编制知识图谱的数据集的规范和规则，定义数据集适用范围、规范性引用文献、术语和定义、内容结构、基本数据集的元数据等	1级	可选交付
11	语料库分析报告	立足行业背景，明确用户语料库建设目的和语料选取，详细分析用户语料库的需求和要求，包括语料库规模设计、建设内容、实施目标和步骤等	3级	推荐交付
12	数据样例	从数据源中提取出来的原始数据，能够反映数据特点，数据样例中应包含各个字段的描述	3级	可选交付
13	数据规范	根据数据来源和知识应用去向，可以生成知识图谱的数据规范、规则，定义数据适用范围、规范性引用文献、术语和定义、数据建模内容、基本数据模型的元数据等	5级	必选交付
14	系统原型说明书	根据需求分析的结果，给出能最大限度满足要求的系统原型设计，并将其整理为说明书	3级	推荐交付
15	数据调研说明书	前期需要做好数据探查工作，需要了解数据库类型、数据来源、统计学分布、数据规模、数据增量、全量数据情况和每年数据增长情况及更新机制；还需要了解数据是否结构化，是否需要清洗，是通过接口调用还是直接连接数据库；包括设计数据实体和库表，定义数据类型和数据结构，还要包括图谱待加工数据清单	2级	可选交付
16	风险管理计划	风险管理计划包括制订风险识别、风险分析和风险减缓策略，确定风险管理的职责，为项目的风险管理提供完整的行动纲领，确定如何在项目中进行风险管理活动，以及制订项目风险管理计划的过程，包括项目排期、项目功能开发、测试和部署等计划安排；还包括风险摘要、风险管理任务、组织和职责、预算、工具和技术、需要管理的风险项等	3级	可选交付
17	备选策略分析	作为知识图谱技术可行性、经济可行性和政策法规方面的备选策略，分析知识图谱应用系统的备选策略及实施方案，描述备选策略的环境适应性、方案实施内容和步骤、规避风险因素等	3级	推荐交付
18	工作说明文档	为了保证知识图谱项目按计划可持续推进，制订参与工作人员和事务处理规范文档，包括项目人员管理制度、工作人员安全责任制度、项目排期计划推进监督制度、项目质量管理制度等	3级	推荐交付

续表

序号	交付物名称	内容简介	重要性（1~5级）	是否可选
19	权责规范	为了保障知识图谱项目用户和实施方等各方的权利和义务，制订权责说明规范书，充分保证各方应该享有的知识产权、经济权利、人身安全权利等，包括物质权利、数字权利、精神和文化权利等，以及应尽的义务	4级	推荐交付
20	遵守的法律法规	知识图谱应用系统利益各方和从业人员、行业需遵守的法律法规，包括知识产权法规、安全生产法、隐私保护法、商业销售和许可法等	4级	推荐交付
21	可复用的通用图谱分析报告	调研或积累的可复用通用知识图谱。比较分析通用知识图谱优缺点，可用于垂直领域知识图谱的借鉴，以完善和优化实施方案	3级	可选交付
22	部署环境要求	根据知识图谱的开发、测试、运维阶段，部署环境要求的文档分为三类：开发部署环境文档、测试部署环境文档、运行和维护文档。开发阶段的部署环境文档描述图谱系统开发技术人员工作的软硬件环境，测试阶段的部署环境文档描述测试工作人员需要的软硬件、测试数据集，运维阶段的部署环境文档描述用户应用和管理需要的文档	5级	必须交付

5.1.3 主要活动

需求分析阶段根据拟实现目标的不同可划分为需求整理、需求分析、交互设计 3 项活动。需求分析阶段活动流程及主要参与人员角色如图 5.2 所示。

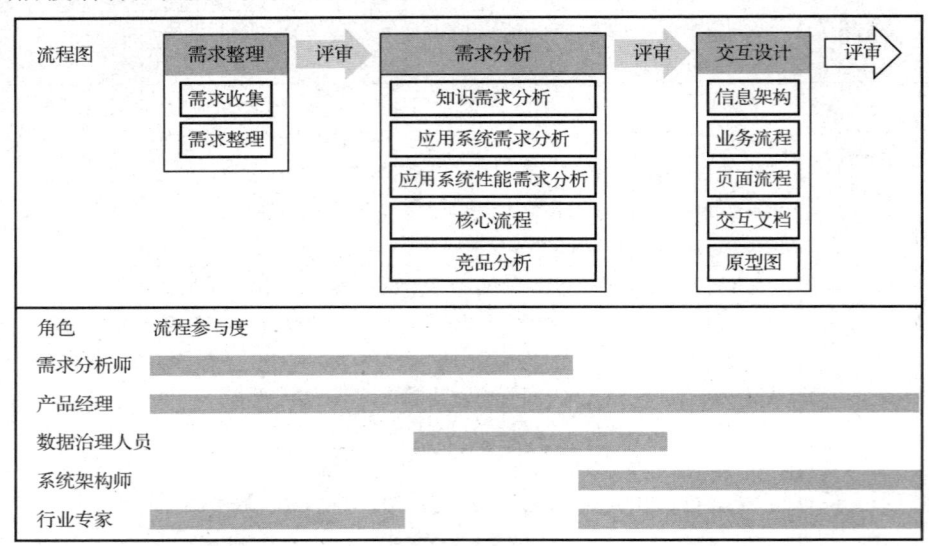

图 5.2 需求分析阶段活动流程及主要参与人员角色

1. 需求整理

收集和整理用户现状和目标需求，包括构建知识图谱应用系统的目的、约束条件、交付范围。同时，了解用户的业务数据、专家经验和已有软硬件环境，并与用户、专家进行沟通和确认，形成完整的用户需求清单。

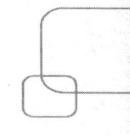

需求整理可通过行业调研、业务访谈、数据访谈等多种形式进行。其中，行业调研主要分析影响行业发展的主要敏感因素及影响力，预测行业未来发展趋势；业务访谈主要是与用户的管理和业务人员沟通，从宏观上把握用户的具体需求方向和趋势；数据访谈主要是了解现有的数据资源、数据流程等具体情况，便于系统开发和应用的数据建模及构建数据流程图。

2．需求分析

从知识、应用系统需求和应用系统性能需求等方面，进行数据分析和用户需求分析，绘制知识图谱应用系统业务架构图。同时，按照系统功能模块和实现流程进行拆分，划分各任务工作内容、边界输入/输出和依赖关系，并确定各部分的验收标准。此后，根据上述分析内容，撰写知识图谱应用系统的需求说明书，描述数据加工与转换过程、功能流程、交互逻辑等，使得各任务能按照需求说明书进行实际设计和研发工作。

需求分析可通过原型设计、需求引导或深层分析等方式完成。其中，原型设计是指项目组已了解具体用户的组织架构、业务流程、硬件环境、软件环境、现有的运行系统等具体实际和客观的信息基础，结合现有的软硬件实现方案做出能够反映基本业务流程、易与用户交流的系统 UI 原型草图。用户通过 UI 原型草图可快速和形象地了解系统功能，评估整个业务流程设计的合理性、准确性，并及时地提出改进意见。需求引导或深层分析是指结合以往的项目经验对用户采用引导式或启发式的分析方法和手段，与用户共同探讨业务流程设计的合理性、准确性和易用性。

3．交互设计

交互设计是设计和确定用户与系统交互方式的阶段，通过交互设计可将抽象的业务需求转化成可操作的高保真系统界面。交互设计不仅需要产品经理和交互设计师配合完成，而且需要与用户完成需求的最终确认，包括数据确认、流程确认、业务需求确认等。

数据确认是指开发方须提供数据调研说明书、数据模型设计说明书、数据项表等，并能清晰地向用户描述系统的数据使用目标；流程确认是指开发方须提供明确的业务流程报告，并能清晰地向用户描述系统的业务流设计目标；业务需求确认是指用户通过审查需求分析说明书、系统原型说明书来提出反馈意见并对可接受的报告或文档签字确认。

5.1.4　用户角色与分工

用户角色与分工阶段的参与人员角色及其任务简介如表 5.2 所示。

表 5.2　用户角色与分工阶段的参与人员角色及其任务简介

序　号	角　色	任 务 简 介	交付物名称（如有）
1	业务/领域专家	分析影响行业发展的主要敏感因素及影响力，预测行业未来发展趋势	行业调研报告 竞品调研文档 可复用的通用知识图谱
2	数据治理工程师	负责数据内容调研、数据治理标准解决方案研究。针对业务需求，设计合理的数据分析框架和方案，并提供分析所得的意见；产出分析结果、数据问题、说明并提供解决方案	标准规范文档 数据规范 数据样例 数据调研说明书

续表

序号	角色	任务简介	交付物名称（如有）
3	业务人员	对接知识图谱需求分析师，负责协调用户与技术人员的有效沟通，参与需求调研、协调用户，参与编写知识图谱用户需求分析报告、项目可行性报告等	业务需求说明书 需求规格说明书 权责规范/数字权利 遵守的法律法规 备选策略分析
4	需求分析师	跟用户交流，准确获取用户需求。需求分析师是项目前期与用户接触最多的人，对于用户来说可代表整个项目组，对于项目组成员来说其意见可代表用户的意见，项目组内所有与用户需求相关的事宜需与其确认	需求规格说明书 部署环境要求 可行性报告 可复用的通用知识图谱
5	项目经理	负责产品开发进度的控制、风险评估进度的把控、工作任务的分配、项目中日常事务调配、人员配置等。同时，对项目过程进行监控，对项目的进度、质量负责	需求规格说明书 风险管理计划 标准规范文档 技术规格书 工作说明文档 权责规范/数字权利 遵守的法律法规 备选策略分析 预算文档
6	售前经理	将功能需求列表转化为整体解决方案交付给用户，协调其他部门资源，推进实施方案；在技术与方案上与用户保持沟通，及时解答疑问、响应新需求、处理突发故障；配合销售项目负责人完成售前技术支持	业务需求说明书 需求规格说明书 备选策略分析
7	产品经理	负责市场调研，并依据产品、市场及用户需求，确定研发产品方向，选择业务模式和商业模式等。同时，推动相应产品的开发设计组织，依据产品的生命周期，协调研发和运营等，并确定和组织实施相应的产品策略	技术规格书 系统原型说明书 竞品调研文档
8	潜在用户	需求与公司可提供与产品相吻合的用户群体，即有知识图谱需求意向的用户。可能当前实施条件不成熟，但是这些潜在用户能够描述需求和愿景，并能体现出一种趋势需求	需求说明书
9	需求评审人员	需求评审可能涉及的人员包括：需求方的高层管理人员、中层管理人员、具体操作人员、IT主管、采购主管等；服务方的市场人员、需求分析人员、设计人员、测试人员、质量保证人员、实施人员、项目经理等；第三方的领域专家等。各方人员由于所处立场的不同，可能形成互补的观点	业务需求说明书 需求规格说明书 系统原型说明书
10	政策专家	了解国家层面、省级层面和市级层面有关的政策法规的更新，及时掌握并传达有关政策的调整或变动，并对政策变化对各项目开发的影响进行评估，提出建设性建议	技术规格书 遵守的法律法规
11	法务人员	处理、收集及整理资料，并配合律师处理公司有关法律事务；收集、分析与本公司业务相关法律信息并结合公司情况提出专业意见，针对工作中发现的问题及时提出预防措施；为公司提供咨询和法务意见书，为用户及员工提供法律问题咨询，负责制订公司的各类法律文件；成立并健全公司知识产权和商业秘密保护体系	技术规格书 权责规范 遵守的法律法规

续表

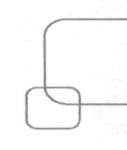

序号	角色	任务简介	交付物名称（如有）
12	数据分析师	针对业务需求设计合理的数据分析框架和方案，并提供分析所得的意见；产出分析结果、数据问题和说明，并提供解决方案	数据样例 数据调研说明书 数据模型设计说明书 数据集规范
13	算法工程师	解决关于自然语言处理和分析的技术挑战和问题；在自然语言处理、分析和生成等技术领域结合实际场景，开展先导性应用和领域创新研究	语料库分析报告 数据集规范 可复用的通用图谱
14	软件测试工程师	按照知识图谱应用系统设计方案，编写测试用例方案，检查软件缺陷，测试软件的稳定性、安全性、易操作性等性能；对构建的知识图谱功能进行测试和文档检查，记录测试缺陷	测试用例
15	供应商数据调研人员	负责评估提供数据的服务方，沟通数据集需求，决定数据源的选择，检查数据质量	数据样例 数据规范 语料库分析报告 数据调研说明书
16	系统架构师	确认和评估系统需求，编制技术开发路线，负责对知识图谱应用系统整个软件架构、关键构件、接口的设计，包括系统架构设计、组件规约、功能模块设计等；辅助需求分析师编制需求分析说明书	技术规格书 备选策略分析 系统指标要求 部署环境要求

5.1.5 需用户参与的内容

在需求分析阶段，用户须配合参与的工作包括以下几个方面。

1. 明确业务目标

业务目标是企业构建知识图谱需要梳理的核心问题。制定正确、有效、可执行的业务目标，是知识图谱应用系统建设成功并达到用户预期的基石之一。用户需要与服务方在知识图谱需求分析过程中，给予持续的关注、评估和反馈，并围绕业务目标、应用场景和应用效果，不断迭代优化。

同时，用户须积极主动地表达出尽量全面和准确的需求，并配合需求人员的引导，逐步深入挖掘业务后续的隐藏需求。此外，应用场景和业务需求的边界、知识图谱要达到的目的及需求人员整理的需求规格说明文档，均须用户最终确认其准确性，以避免在知识图谱应用系统建设中修改业务范围与需求定义可能带来的项目风险及修改代价。

2. 协调外部系统和数据

知识图谱应用系统须与数据对象访问服务、业务应用系统、数据存储系统、数据处理系统等进行对接。在项目设计与建设过程中，须充分考虑知识图谱应用系统与其他系统的功能边界、数据交互接口及与可能对接的外部系统，以确保能够满足业务场景需要，并同时兼顾未来的扩展需要，支持服务的横向扩展。

3. 确认部署环境

知识图谱应用系统可能涉及公有云、私有云、混合云及本地私有化等多种部署方式。企

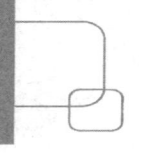

业用户需要根据自身需求确认部署方式,对于部署环境有特殊要求的用户须及时提出并和服务方沟通,如特定国产化环境和开放应用监控接口等要求。

4. 提出符合安全的应用标准

为了确保知识资产安全,根据国家、行业或企业的标准要求,用户须对应用系统提出明确的安全规范要求,并从需求、设计、验收测试等环节对应用系统进行安全评估。此外,用户还须参与安全方案的建设,包括数据隐私与安全、数据传输、存储加密等。

5. 验证应用系统

用户须提前确定好系统的使用人员类型,在应用需求设计环节确认好需求,并在应用开发、测试后进行验证测试,确保应用的整体使用流程和功能设置符合预期。

5.2 方案设计阶段

5.2.1 方案设计阶段建设目标

方案设计阶段是根据知识图谱需求分析阶段的输出内容,依据知识图谱应用系统设计原则与方法,给出相关详细设计成果,为后续知识图谱构建阶段提供输入的过程。具体需要达成以下目标。

目标1:基于业务需求,完成知识模型结构的定义。充分学习、掌握业务领域知识,结合用户需求,明确知识语料库范围,完成知识图谱本体模型的设计,确定支撑业务场景所需的概念、属性及其关系。同时,建立业务术语表,消除异构信息源中不同业务词汇间的歧义,确保认知的一致性。

目标2:依据设计原则,完成系统方案设计。依托系统设计方法、遵循系统设计原则,以用户需求为核心,在功能层面,实现系统架构设计,涵盖应用架构、技术架构、部署架构;在数据层面,结合数据特征、数据现状,实现数据存储设计;在算法层面,考虑业务、技术约束,设计、实现适合系统业务特点的算法。

目标3:综合考虑系统现状,完成集成方案设计。围绕业务需求,结合当前存量系统及数据现状,设计系统集成方案。在应用层面,按需完成表现层的页面集成、服务层的接口集成、数据层的表集成;在知识层面,完成同构及异构知识图谱之间的集成方案设计。

目标4:完成质量评估指标及方法的制定。根据知识建模方案及已构建的本体模型,设计合适的知识质量评估指标和评估方法,确保知识质量评估的完整性和准确性。同时,根据系统设计方案,完成系统主要测试用例的设计。

5.2.2 方案设计阶段输入/输出

1. 方案设计阶段输入

本阶段的输入包括但不限于需求规格说明书、预算文档、行业调研报告、数据规范、知

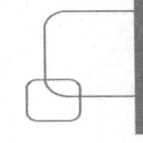

识图谱基础产品或服务、知识图谱生态合作伙伴接入说明[①]、方案变更请求。

2. 方案设计阶段输出

方案设计阶段的交付物及内容简介如表 5.3 所示。

表 5.3 方案设计阶段的交付物及内容简介

序号	交付物名称	内容简介	重要性（1~5级）	是否可选
1	语料库	构建知识图谱所需的领域资料，包括但不限于标准规范、操作手册、业务指南、存量知识库等	5	必须交付
2	本体设计文档	描述知识图谱应用系统在概念层面的设计文档，包括知识图谱包含的实体类型、实体类型属性及实体类型间的语义关系等	5	必须交付
3	术语表	知识建模过程中所需的核心业务术语及术语间的层次关系	5	必须交付
4	系统概要设计文档	描述系统包含的关键抽象、核心架构机制、业务子系统、业务子系统之间的依赖以及职责分配	5	必须交付
5	系统详细设计文档	包括系统功能设计、数据设计及算法设计等。其中，功能设计描述业务子系统内部的设计实现，包括边界类、控制类、实体类型的设计与伪代码实现。数据设计描述系统事务型数据的存储方案和知识图谱网络型数据的存储方案。算法设计描述知识图谱构建所需算法及其执行流程、相关参数、性能指标等	4	推荐交付
6	系统设计原型	具有交互操作的系统页面高保真模型，包括页面 UI 设计图、页面之间的链接操作等	5	必须交付
7	系统部署文档	描述系统部署时的网络拓扑结构及所需的软硬件资源等	4	必须交付
8	系统集成方案	包括功能集成及知识集成。其中功能集成描述知识图谱应用系统与第三方系统的集成方案，如集成模式、所需接口服务、涉及的数据表和需开发或嵌入的页面等。知识集成方案描述知识图谱中知识融合的方案，包括融合的数据范围，融合的策略，演化机制及质量控制	5	必须交付
9	测试用例	描述系统功能和性能测试的场景和指标等	3	可选交付
10	质量评估方案	包括系统功能、性能、安全及知识质量等内容的评估报告。知识质量评估可用于评价知识图谱包含的知识完整性、准确性、一致性等质量指标	2	可选交付

5.2.3 主要活动

方案设计阶段根据拟实现目标的不同可划分为知识建模、系统架构设计、数据存储方案设计、算法设计、集成方案设计、质量管理 6 项活动，方案设计阶段活动流程及主要参与角色如图 5.3 所示。

[①] 如在系统建设过程中引入的生态合作伙伴数据、产品、服务能力说明。

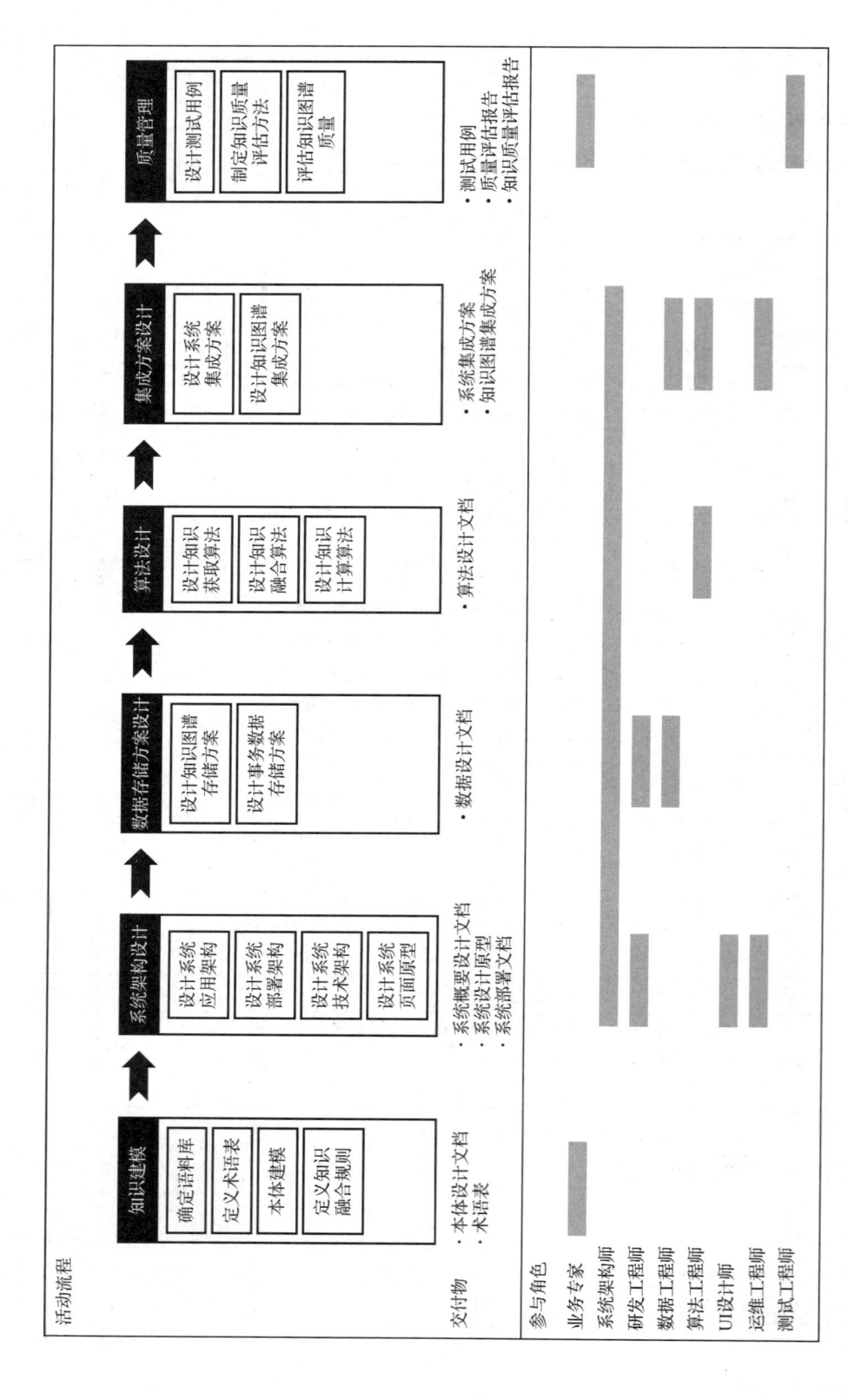

图 5.3　方案设计阶段活动流程及主要参与角色

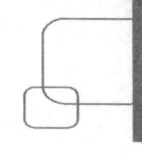

1. 知识建模

确定语料库：选择可信范围内的领域知识数据，为后续活动的知识提取提供质量保障。包括相应生产系统底层的业务数据库、相关业务操作手册、指南文档、标准规范文档、存量知识库等。

定义术语表：选择或制定业务领域内的术语标准集。

本体建模：基于标准术语集，确定知识结构，实现知识本体的建模。包括实体类型的识别、实体类型属性的识别及实体类型间关系的建模。此外，还需识别业务约束、规则，建立可推理的公理系统。

定义知识融合规则：在同一知识体系及异构知识体系下，制定知识融合的人工规则，包括实体类型的对齐规则、实体的对齐规则、属性的对齐规则及关系的对齐规则等。

2. 系统架构设计

设计系统应用架构：根据业务需求，按照工程方法实现系统的分层设计，分析和设计特定领域的业务组件及其交互协作接口，建立应用架构体系。此外，识别通用业务组件，降低依赖，并提高复用率。

设计系统部署架构：根据系统架构设计要求，设计系统在生产环境实施部署时所需的网络拓扑结构及相关的硬软件资源等基础设施配置。

设计系统技术架构：根据业务需求、应用架构分析与设计结果，从业务组件中识别关键技术组件，完成其分析与设计任务，确定系统实现层面的技术路线及系统所需使用的中间件。最终，完成系统技术架构体系的构建。

设计系统页面原型：根据业务需求及系统设计约束，依据视觉和交互设计规范，设计具有可交互操作性和高保真的系统原型页面。

3. 数据存储方案设计

设计知识图谱存储方案：包括选择数据模型、选择数据存储模型两个部分。其中，选择数据模型主要是结合业务需求及应用架构模式，选择或设计知识图谱的数据模型表示方式，如 RDF、属性图等；选择数据存储模型主要是基于数据模型及业务需求，选择知识图谱的存储方法。

设计事务数据存储方案：设计围绕系统功能特性的事务数据存储方案，包括关系数据库业务表设计和用于性能提升的数据缓存方案设计等。

4. 算法设计

设计知识获取算法：结合本体模型，针对非结构化、半结构化和结构化数据特点，设计相应的数据提取算法，如对非结构化数据采用基于深度学习的实体识别和关系抽取算法。

设计知识融合算法：基于本体模型及业务数据，设计和实现同构知识体系和异构知识体系下知识图谱中相关知识的融合算法，包括本体层的实体类型、属性、关系的对齐算法，以及实例层的实体、属性、关系的对齐算法。

设计知识计算算法：基于业务需求和应用场景，设计面向知识图谱的图挖掘及图推理算法，实现隐性知识的挖掘、知识图谱的补全和知识质量检测，并为基于知识图谱的上层知识应用，如智能推荐、语义检索、智能问答等提供底层技术支撑。

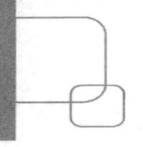

5. 集成方案设计

设计系统集成方案：设计知识图谱应用系统业务功能层面的集成方案，定义知识图谱应用系统与第三方业务系统之间的集成方式（如业务层集成、表现层集成或数据层集成）。同时，定义在不同集成方式下所需的集成资源，如提供的接口服务、数据视图及相关集成页面。

设计知识图谱集成方案：设计同构及异构知识图谱间的集成方案，包括设计本体集成方案、设计实体集成方案、统一术语体系及知识表示方法、设计知识演化机制、定义集成质量要求等。

6. 质量管理

设计测试用例：如完成系统功能测试、性能测试及安全测试。

制定知识质量评估方法：包括制定质量属性、制定评估方法等。其中，制定质量属性是定义和制定知识图谱质量评估指标体系，实现知识图谱知识质量的量化标准，涉及知识的准确性、完整性、一致性、时效性和系统安全性、系统性能等；制定评估方法是在不同领域和应用场景特点下，制定切实可行的知识图谱质量评估方法，如基于人工的对比评估方法、基于算法的自动化一致性检测方法及半自动化的统计学抽样检测方法等。

评估知识图谱质量：根据制定的评估方法，对已建立的模型在本体层、实例层做人工或自动化的审核和校验，确保构建的本体和实体等能够客观、真实地描述和反映领域业务知识。

5.2.4 角色与分工

方案设计阶段的参与人员角色及其任务简介如表 5.4 所示。

表5.4 方案设计阶段的参与人员角色及其任务简介

序号	角色	任务简介	交付物名称（如有）
1	业务专家	负责知识建模及知识质量评估，包括确定语料库，定义术语表，完成本体建模，定义知识融合规则，制定知识质量评估方法及评估知识质量等	语料库 本体设计文档 术语表 知识质量评估报告
2	系统架构师	负责系统设计全生命周期的把控，包括设计系统应用架构，设计系统技术架构，设计系统集成架构，以及评估数据存储设计、算法设计和集成方案设计过程中的相关活动	系统概要设计文档 系统详细设计文档 系统集成方案
3	研发工程师	负责具体业务子系统的详细设计，包括设计类、实现类、接口服务的设计及实体类型的设计	系统详细设计文档
4	数据工程师	负责整体数据架构及存储设计，包括事务型数据存储设计和知识图谱数据逻辑模型与物理模型的设计	系统详细设计文档
5	算法工程师	负责知识图谱构建及集成过程中所需算法的设计和实现	系统详细设计文档 系统集成方案
6	UI 设计师	负责基于需求及系统设计约束，输出可交互的系统设计原型	系统设计原型
7	运维工程师	负责系统部署架构的设计及相关配套资源的识别，并对系统集成方案中涉及的部署活动输出设计方案	系统部署文档 系统集成方案
8	测试工程师	负责系统功能、性能、安全测试及知识质量评估	测试用例 质量评估报告

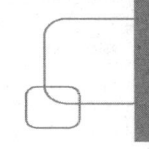

5.2.5 需用户参与的内容

在方案设计阶段,用户须配合参与的工作包括以下几个方面。

1. 知识建模

用户业务人员须提供知识语料库或核实,确认知识语料库的范围,并参与术语的定义和评审。

2. 知识评估

用户业务人员须参与本体模型的评估,可通过抽查的方式,评估本体模型是否能够反映用户领域内的知识结构、是否能够准确表达领域知识内涵、是否能够支撑用户业务需求,以避免本体模型的设计错误。

3. 质量指标评审

用户业务人员须参与知识质量评估指标与评估方法的定义和评审,以降低评估指标的冗余,提高指标体系的完整性、专业性和准确性。

4. 其他

此外,用户须配合参与的工作还可考虑如下内容。

1)确认资源能否满足设计的要求

通常情况下,服务方负责交付系统,而用户负责提供系统运行的环境资源。用户在设计过程中的环境资源配套要求比较高,并可能超出用户的承受能力。此时,设计人员需要与用户及时沟通,用户同样需要参与讨论并及时将结果反馈给设计人员,避免无法实现的设计持续进行甚至进入实施阶段,导致较大的资源和时间浪费。

2)确认设计的预期输出是否与需求相匹配

在设计过程中,功能输出的描述与用户的需求表述可能会存在较大的差异。而且,即便使用同样或类似的表达,在双方的语境里含义也可能不尽相同。此时,需要设计人员与用户进行充分的沟通,避免交付物并非需求所要求的内容,从而导致重复返工。

作为服务方,设计端的主动性通常是可预期的。但是作为用户,参与上述活动的必要性有可能难以被重视。因此,用户应注意在工作上主动参与沟通,确认设计的预期输出符合自身真实需求,避免因沟通失误导致的浪费。

5.3 图谱构建阶段

5.3.1 图谱构建阶段建设目标

图谱构建阶段是知识图谱应用系统建设的核心阶段,该阶段以业务需求为出发点,以业

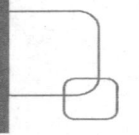

务数据资源为基础，以知识图谱的构建方法为指导，完成知识图谱从无到有的构建过程，最终形成知识图谱形式的业务数据存储。同时，提供知识的检索、推理和图谱可视化等基础服务，为知识图谱的业务应用提供支撑。具体建设目标如下：

（1）完成业务专业术语体系的建设。根据业务范围参考专业术语相关标准、规范、数据集等，设计和构建业务专业术语词典及术语层级体系。

（2）完成符合业务需求的知识表示模型和本体模型的设计。依据本体理论结合业务需求确定知识表示形式，定义业务功能实现过程中应该遵循的业务规则及相关约束等，建立知识表示模型，定义知识图谱的本体模型，包括实体类型、关系、属性等。

（3）完成知识图谱的内容构建和质量评测。梳理和归集多种业务数据并进行数据治理，根据本体模型设计，结合知识抽取、知识融合等过程完成从业务数据到知识图谱内容的构建，完成知识图谱的存储，并依据评价标准体系对构建的知识图谱进行质量管控和评估。

（4）完成知识图谱应用接口的设计和开发。基于知识图谱的存储数据库查询语言，结合业务需求定义知识图谱的应用接口结构形式并开发接口。

（5）形成可持续的知识图谱构建流程和工具。基于知识图谱构建流程准则及相关的知识图谱子系统或工具，采用主流程模板化和业务领域定制化相结合的方式，建立可持续的知识图谱构建流程和工具，便于用户后续对其内部产品的知识图谱进行构建。

（6）完成知识图谱运维保障机制建设。通过建立知识图谱的维护、更新、管理等机制，保证知识图谱对系统业务功能支持的可用性和可靠性。

5.3.2　图谱构建阶段输入/输出

1. 图谱构建阶段输入

图谱构建阶段输入包括但不限于：业务需求；业务数据；辅助知识，包括已有的知识库、知识图谱等，内容为行业知识、常识、领域专业知识、专家资料等；知识图谱构建保障工具、软件、技术包等。

图谱构建阶段的输入物及内容简介如表 5.5 所示。

表 5.5　图谱构建阶段的输入物及内容简介

序　号	输入物名称	内　容　简　介	重要性（1～5级）
1	业务数据资源	知识图谱构建相关的业务文档、数据库、已有知识图谱等各类数据	5
2	业务需求文档	应用知识图谱预期实现的业务需求描述	5
3	专家资料	业务领域专家提供的经验资料，如文档、典型数据案例等	3
4	知识图谱存储数据库	用于存储知识图谱的数据库	5
5	知识图谱构建工具包	包括构建知识图谱过程用到的各类工具、软件、技术包等	4
6	知识图谱评价标准文档	用于知识图谱构建各活动质量评估的评价标准体系文档	4

2. 图谱构建阶段输出

图谱构建阶段的交付物及内容简介如表 5.6 所示。

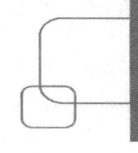

表 5.6　图谱构建阶段的交付物及内容简介

序 号	交付物名称	内容简介	重要性（1～5级）	是否可选
1	专业术语词典	满足业务需求的业务专业术语词典和术语层级关系表示	4	推荐交付
2	本体模型	以图式（Schema）等形式描述的实体类型、属性、关系、约束、规则等模型文件	5	必须交付
3	业务需求变更文档	知识图谱构建过程中进行的需求变更所形成的变更说明书、需求变更评审报告等	2	可选交付
4	图谱算法模型设计文档	包含知识抽取、知识融合等相关算法模型设计内容的文档，以及基于知识图谱的算法应用设计内容的文档	4	必须交付
5	标注数据	用于支持知识抽取模型、知识融合模型等算法模型训练的标注数据	4	必须交付
6	数据预处理工具	对输入的业务数据资源进行加工处理的工具，可提供数据清洗转换、数据标注、数据质量监控、数据生命周期管理等功能	3	推荐交付
7	知识图谱	结合算法模型和人工干预等方式，基于业务数据资源构建完成的知识图谱	5	必须交付
8	知识图谱管理工具	提高知识图谱构建、维护和分析效率的工具，可支持知识图谱的构建、维护、检索、可视化、探索等功能	4	必须交付
9	知识图谱接口设计文档	符合业务功能需求设计的知识图谱接口文档，及运用数据库语言和开发语言编写的接口示例代码，包括知识检索、推理、可视化接口等	5	必须交付
10	知识图谱设计文档	指导知识图谱构建和相关模型、工具开发的设计文档，包括本体模型设计、算法模型设计、数据标注（标签）设计、图谱管理工具设计、知识服务设计等内容	4	必须交付
11	研发进度记录	对系统整体研发进度的记录，为进度把控、按时完成系统交付物提供支持	2	可选交付
12	版本控制文档	对知识图谱软件开发过程中各种程序代码、配置文件及说明文档等文件变更的管理控制文档	1	可选交付
13	测试报告	对知识图谱构建过程中所用的相关模型和工具、接口等进行测试和联调后形成的测试报告；知识图谱的各个活动流程根据评价指标进行整体质量评测	4	必须交付
14	知识图谱使用说明文档	数据预处理工具、图谱构建与管理工具等工具或服务的使用操作说明、开发接口说明和实例代码等	4	必须交付

5.3.3　主要活动

知识图谱构建阶段是知识图谱应用系统开发生命周期中的关键环节，根据拟实现目标的不同可划分为数据准备、知识表示与知识建模、知识获取与知识融合、知识图谱优化、知识应用服务 5 项活动。图谱构建阶段活动流程及其主要参与角色如图 5.4 所示。

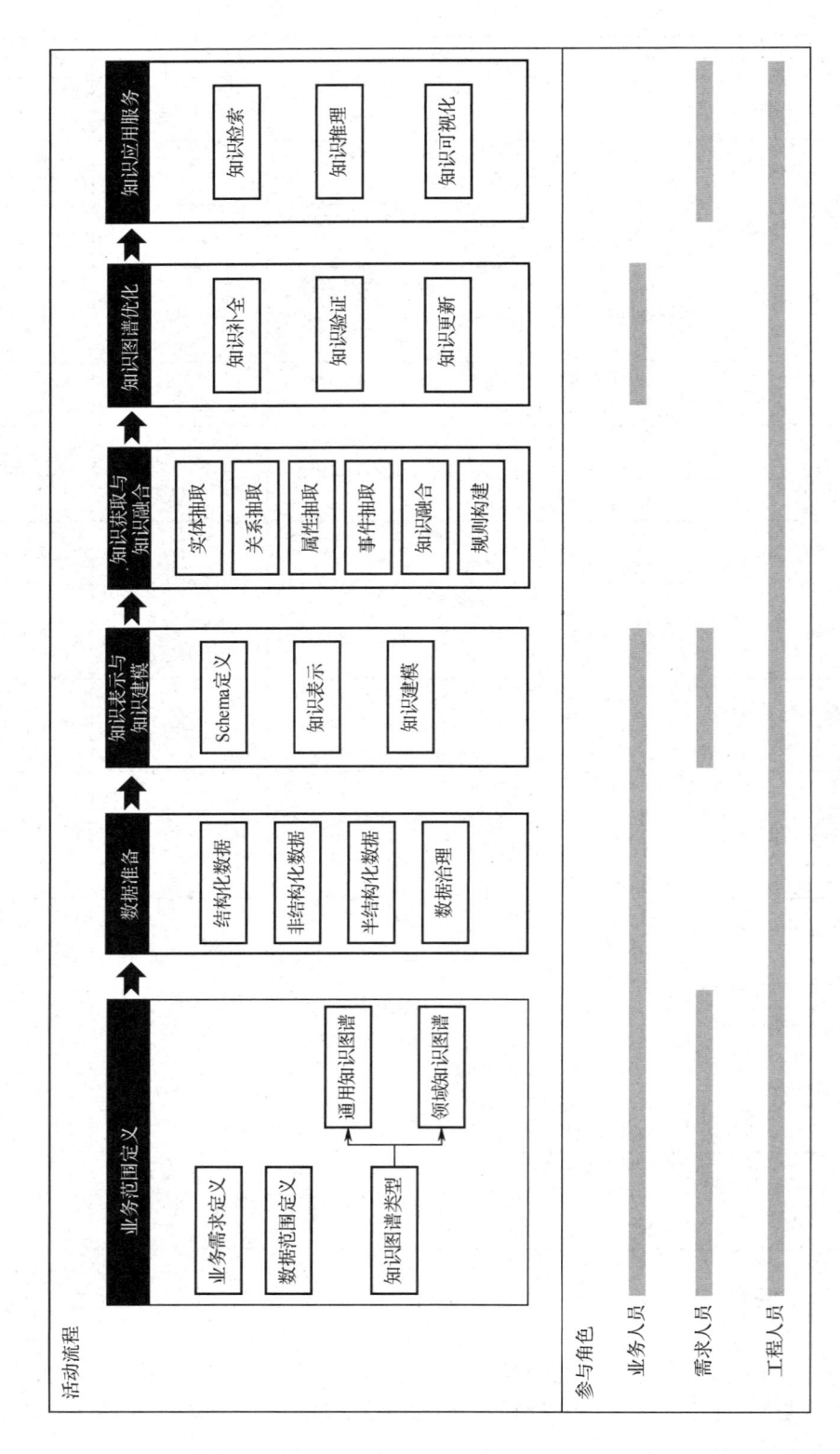

图 5.4 图谱构建阶段活动流程及其主要参与角色

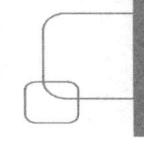

1. 数据准备

根据确定的业务数据范围，梳理领域内的重要业务术语，为知识图谱的构建提供数据资源，并进行数据治理，保证数据质量。主要数据形式包括结构化数据、非结构化数据、半结构化数据等。

通用知识图谱的数据范围较为广泛，一般以互联网开放数据为基础，数据规模可以逐步扩大，对数据的质量要求有一定的容忍度。

领域知识图谱的数据则以领域知识、领域业务数据等具体数据为主，内容包括领域内的知识库、术语集、规范资料等文本数据，以及业务实际生产数据，对数据质量的要求较高。

数据治理是通过一些处理方法将采集的原始数据进行数据预处理，提高数据质量，从而提升知识图谱构建的效率、准确性等。治理过程包括多源异构数据的融合，以及数据纠错、删除冗余、规格统一、补缺空值等一系列数据清洗操作。

2. 知识表示与知识建模

该活动是知识图谱数据构建的前提，包括定义知识表示的方式、确定知识图谱构建的框架和工具、应用本体思想的建模方法设计知识图谱的数据结构等内容，以表达领域业务的知识体系（包括定义业务相关的概念、关系/属性以及数据类型、约束等），为知识图谱的构建实施做好准备。

3. 知识获取与知识融合

该活动是根据设计的知识图谱的数据结构，应用人工众包、算法模型等方式，将经过处理的业务数据进行知识获取与知识融合。知识获取包括实体抽取、关系抽取、属性抽取、事件抽取等。知识融合是已有知识图谱与构建中的知识图谱进行知识体系映射和知识数据去除冗余、实现知识统一结构存储的过程，包括本体概念层的匹配与融合，以及实例层的匹配与融合。

4. 知识图谱优化

该活动是对初步构建完成的知识图谱进行知识补全和验证，同时在知识图谱维护时对知识进行更新。通过质量评估和持续维护，保证知识图谱提供相对完备和具有准确性的知识。

知识补全是利用已有知识预测未知的隐含知识，用于完善现有的知识图谱，常用的实现方法包括三元组分类和链接预测等。

知识验证可分为两部分内容：一是对知识图谱中的实体、属性、关系的验证；二是对规则的验证。对知识图谱中的实体、属性、关系的验证是研究知识图谱中知识单元集的可信度、一致性、准确性等，并简化冗余的知识，修正不正确的知识等。对规则的验证是对构建于知识图谱中的规则或基于知识图谱建立的规则进行验证，如验证规则执行的正确性等。

知识更新是保证知识图谱能够持续提供正确知识服务的实现手段之一。知识更新的内容为知识图谱全部知识单元，包括新的实体、关系、属性、规则等。从更新内容上，知识图谱的更新包括本体层的更新和实例层的更新；从更新比例上，可分为增量更新和全量更新；从实现方式上，可分为人工维护更新和程序自动更新等方式。

5. 知识应用服务

该活动是根据功能应用的场景进行知识图谱的部署，通过知识图谱数据库的查询语言和

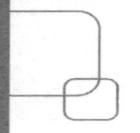

查询语法,提供知识检索、知识推理、知识可视化等接口和服务。其中,知识可视化是通过图形接口将知识图谱中的知识单元以可视化的形式提供应用服务,满足数据检索(子图)的可视化表达。

5.3.4 角色与分工

图谱构建阶段的参与人员角色及其任务简介如表5.7所示。

表 5.7 图谱构建阶段的参与人员角色及其任务简介

序 号	角 色	任 务 简 介	交付物名称
1	业务专家	提供专家知识,对设计的软件需求、知识图谱的模型和结果进行评审和审核,并参与部分知识图谱内容验证	专业术语词典 本体模型 业务需求变更文档 知识图谱设计文档
2	专业业务人员	参与知识图谱的业务范围的定义,为知识图谱的知识建模设计提供业务支持,提供用于支持知识图谱构建的业务数据资源等内容。同时,参与知识图谱中的知识更新和验证,对其他角色人员特别是标注人员进行业务培训	专业术语词典 业务需求变更文档 知识图谱设计文档 知识图谱质量评测报告
3	产品经理	负责知识图谱产品的调研与需求分析,合理策划产品发展与功能规划	业务需求变更文档 图谱使用说明文档
4	数据工程师	负责数据范围制定、数据治理等工作	数据预处理工具 本体模型
5	标注人员	制订标注规范来标注数据	标注数据
6	算法工程师	负责知识图谱构建阶段全流程的活动,完成知识图谱的设计和构建、算法模型的研发、知识图谱基础应用接口和服务的开发。研发知识图谱相关常用算法,包括知识获取、知识融合等图谱构建模型和知识图谱应用算法模型,并参与知识图谱运维管理工具的开发	知识图谱设计 图谱算法模型设计文档 知识图谱接口设计文档 知识图谱 知识图谱运维管理工具
7	开发工程师	负责知识图谱应用系统开发,并参与知识图谱运维管理工具的开发	知识图谱接口设计文档 知识图谱运维管理工具
8	质量工程师	对知识图谱应用系统研发过程进行质量管控,分析过程质量情况并对知识图谱及相关工具进行质量评估	知识图谱质量评测报告
9	测试工程师	负责知识图谱构建过程中知识图谱及相关工具的测试工作	测试报告

5.3.5 需用户参与的内容

在图谱构建阶段,用户需配合参与的工作包括以下几个方面。

1. 知识图谱应用场景的确定和业务指导

知识图谱的需求源于应用场景中的需求描述。用户提供清晰的应用场景既有助于需求人员确定需求范围,也便于算法人员从知识图谱的角度对这些场景中的需求进行可行性分析,

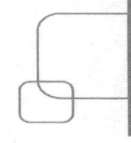

同时可以界定知识图谱构建所需的数据范围。此外，用户一般具有专业的业务知识，特别是在垂直领域知识图谱构建过程中，专业知识的指导尤为重要。用户为知识图谱构建提供专业的业务指导，有助于提高知识图谱的构建效率和专业性。

2．知识图谱数据资源的提供和评估

知识图谱的构建因涉及业务数据，用户须针对知识图谱服务方获取的数据资源进行评估，判断数据资源是否准确可用。此外，用户提供的业务数据资源更具有精准性和专业性，也是知识图谱构建的重要数据基础。

3．知识图谱新知识内容的提供和运维支持

用户在知识图谱构建完成后，须对知识图谱和知识图谱应用系统进行运维和管理，并在相关领域和场景对知识图谱内容提出更新需求。此外，如果应用需求中的数据内容发生变化，用户可提供新的知识内容，辅助知识图谱服务方来完成知识图谱的知识更新和应用系统的迭代升级。

4．审核构建阶段的输出

在图谱构建的各个阶段，用户须审核部分输出内容，主要包括原型系统、演示系统及构建的知识图谱等。用户结合自身的需求，对输出内容进行审阅后，提出修改、优化意见，使得知识图谱构建人员可逐步优化知识图谱构建的细节，提高并保证最终的知识图谱质量。在知识图谱构建完成后，为确保知识图谱构建整个流程及形成的知识图谱内容符合自身的预期，须对交付内容进行验证测试。

5.4 应用开发与集成部署阶段

5.4.1 应用开发与集成部署阶段建设目标

应用开发与集成部署阶段是在构建的知识图谱基础上，根据用户部署环境及现有系统的集成要求，开发满足业务需要的应用算法模型和应用功能模块，并将各个模块进行集成形成满足用户要求的知识图谱应用系统的过程。

应用开发与集成部署阶段的建设目标主要包括以下几个方面：

（1）从构建的知识图谱中，以接口等方式获取知识单元或基础服务，并开发满足智能应用需求的应用算法模型，如基于自然语言交互的业务知识问答、在线监测数据的风险预警、异常事件处置方案、相似事件推荐等。

（2）根据部署环境和现有系统集成要求，遵循设计方案要求，开发系统功能模块，将业务系统的数据与知识图谱的知识相结合，为用户提供具有智能应用体验的完整统一系统。

（3）对开发完成的知识图谱应用系统进行集成测试，并对照系统指标要求，利用真实业务数据，验证系统是否达到预期的应用要求。

（4）根据系统环境要求，以敏捷开发方式和快速上线机制，提供系统自动部署服务。

（5）为知识图谱应用系统建立运行监控机制，为系统运维管理提供必要服务请求的接口，

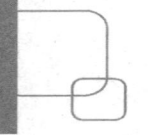

以满足应用系统智能运维的需要。

5.4.2　应用开发与集成部署阶段输入/输出

1．应用开发与集成部署阶段输入

该阶段的输入包括但不限于系统设计方案、系统业务模型、本体模型、系统集成质量要求、构建的知识图谱。

2．应用开发与集成部署阶段输出

应用开发与集成部署阶段的交付物及内容简介如表 5.8 所示。

表 5.8　应用开发与集成部署阶段的交付物及内容简介

序　号	交付物名称	内容简介	重　要　性	是否可选
1	知识图谱应用系统	开发完成并集成知识图谱的系统	5	必须交付
2	系统使用相关文档	包括系统使用说明书、系统规格说明书等	5	必须交付
3	系统开发相关文档	包括需求变更报告、设计文档、API 文档、系统测试报告、缺陷记录跟踪表、验收报告等	5	必须交付
4	系统部署相关文档	包括系统部署方案、硬件设备清单等	5	必须交付
5	系统监测相关文档	包括系统监测报告、排错指南等	1	可选交付

5.4.3　主要活动

知识图谱应用系统在开发的过程中，既要遵循软件开发的规范和流程，又要考虑如何在集成中充分利用已构建的知识图谱，满足业务智能应用中的人机协同及知识与数据双驱动需求。该阶段的主要活动可分为应用系统设计、应用算法模型及系统开发、应用系统测试及验证、系统部署和系统维护。应用开发与集成部署阶段活动流程及主要角色分工分别如图 5.5 和图 5.6 所示。

1．任务流程构成

1）应用系统设计

基于方案设计阶段所形成的相关成果，对知识图谱系统架构及其功能构成进行详细设计。

2）应用模型及系统开发

基于系统设计文档及要求进行应用模型及系统开发，包括以下 3 个方面。

（1）应用模型算法开发：开发满足应用需求的模型算法，并保障业务模型可通过接口的方式对外提供知识计算服务。

（2）知识和数据接口开发：开发对接知识图谱的知识查询，以及已有第三方业务系统数据查询的接口，实现知识和数据的接入。

第 5 章　知识图谱应用系统建设与管理过程

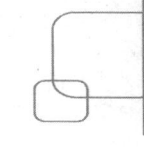

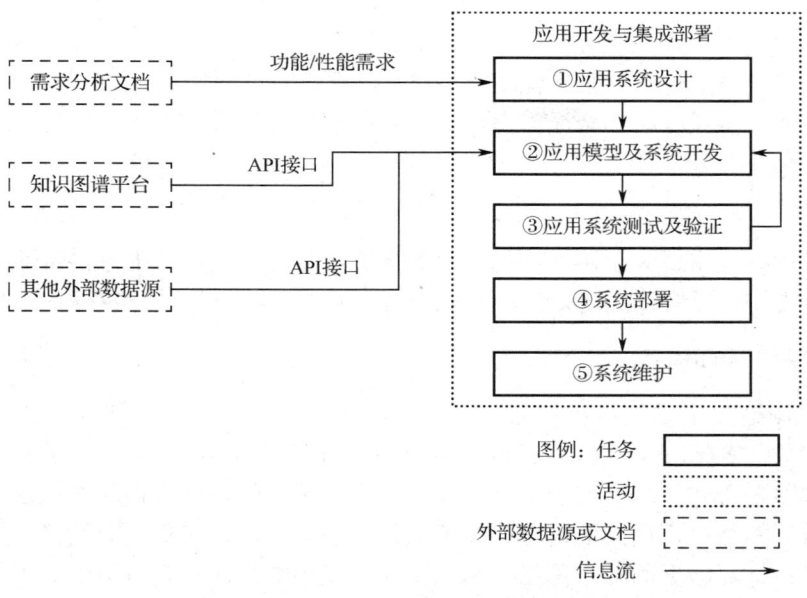

图 5.5　应用开发与集成部署阶段活动流程

图 5.6　应用开发与集成部署阶段主要角色分工

（3）知识图谱应用系统开发：根据设计文档开发应用系统，并通过接口和页面等方式与其他应用业务系统实现集成整合。

3）应用系统测试及验证

知识图谱应用系统作为人工智能应用系统的一类，须同时兼顾软件系统与人工智能系统的测试指标要求。此外，由于应用系统中集成了算法模型，还须测试、验证冷启动和模型的自我测试能力，保障应用系统中模型的持续迭代和优化。

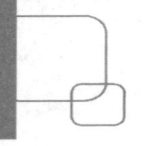

4）系统部署

系统部署通过自动化方法来进行源码编译并部署到目标环境。例如，基于 Jenkins 和容器化进行持续集成、持续交付和持续部署。该方式既可节省运维的人力，又可让系统具备自动水平的扩展能力。

5）系统维护

系统维护须开发出对知识图谱应用系统各关键状态参数监控的脚本，进而为后续监控其健康程度提供支持，以实现满足知识和数据持续更新要求的应用系统的智能运维。

2. 与其他数据的融合

部分知识图谱应用系统由于在应用开发与集成部署阶段须完成与外部业务系统间的集成，因此还须关注各活动中其与外部数据的融合。知识图谱与其他数据的融合可分为两种类型：原始数据的融合和计算数据的融合。其中，原始数据的融合是指从知识图谱和其他数据源中批量获取原始数据，根据数据的内在关联制定融合策略，并实现数据的有机整合，如合并为统一的表；计算数据的融合是指在知识图谱上经过知识计算获得衍生知识，并将其附加到其他数据源中作为扩展特征，或与其他知识图谱的计算结果进行融合。

融合方式包括接口融合和页面融合。其中，接口融合是将知识图谱开放的知识查询服务、各数据源获取的数据、业务模型的输入输出通过接口的方式进行集成使用，实现知识图谱应用系统与传统业务系统间的集成融合。

5.4.4 角色与分工

应用开发与集成部署阶段的参与人员角色及其任务简介如表 5.9 所示。

表 5.9 应用开发与集成部署阶段的参与人员角色及其任务简介

序号	角色	任务简介	交付物名称
1	业务专家	参与知识图谱应用系统建设及集成效果的评估，并对应用模型开发与迭代、知识服务相关模块功能完善提供建议	知识图谱应用系统 知识图谱应用系统开发相关文档
2	需求分析师	针对知识图谱应用系统开发与部署过程中，用户或开发人员提出的需求问题或变更请求等进行沟通，确认真实需求	需求变更说明书
3	项目经理	对知识图谱应用系统开发与部署过程进行监控，完成风险把控、开发控制、工作任务分配及资源调配，对项目的进度、质量、安全等全面负责	需求变更说明书 技术规格书
4	开发工程师	负责知识图谱应用系统的开发，并参与系统集成	知识图谱应用系统 知识图谱应用系统开发相关文档 知识图谱应用系统使用相关文档
5	测试工程师	完成静态文档审查，根据需求编写测试用例并完成测试，提出测试中发现的问题	测试用例 测试报告

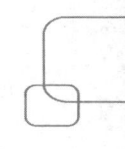

续表

序号	角色	任务简介	交付物名称
6	系统架构师	根据开发过程中遇到的问题对系统架构设计、组件规约、功能模块设计进行更新和调整	知识图谱应用系统功能清单 知识图谱应用系统设计说明书
7	系统部署人员	完成有效的代码集成、编译和系统部署,使得整个流程自动化,并且易扩展。此外,可根据应用系统接口获取系统的健康状况、知识规模等相关信息,对系统状态进行监控	系统部署相关文档

5.5 系统评估与验收阶段

5.5.1 系统评估与验收阶段建设目标

系统评估和验收阶段须客观和真实地评估知识图谱应用系统的能力水平,保障系统在业务层面和技术层面都能达到用户预期要求,解决用户问题并顺利上线交付。该阶段的建设目标主要包括以下几个方面。

(1) 完成评估准则的制定。需要明确定义系统评估涉及的范围和相应的评估指标;完成验收文档清单、项目组织管理制度及风险管控建设,为后续活动提供指导。

(2) 完成评估计划的制定。需要制订详细的过程评估计划,包括验收计划、实施计划、测试计划、评审计划、风险管理计划等,避免在系统建设与验收时出现偏差,导致系统无法按时、按质量交付。

(3) 完成系统评估。依据评估准则和评估计划,进行具体系统评估,从需求分析与设计、系统架构、系统部署、系统实施方案、数据安全等方面,就知识图谱应用系统是否满足相关方的需求进行评审,确保项目执行过程和研发成果与相关方的需求相符合。

(4) 完成系统内部验收。对待交付的知识图谱应用系统开展功能测试、性能测试、安全测试、文档测试等,评估待交付系统是否符合上线要求,并移交用户正式使用。

5.5.2 系统评估与验收阶段输入/输出

1. 系统评估与验收阶段输入

本阶段的输入包括但不限于待交付的业务系统、业务需求说明书、系统设计原型、系统概要设计文档、系统详细设计文档、系统部署文档、系统集成方案、知识图谱基础产品或服务、业务数据。

2. 系统评估与验收阶段输出

系统评估与验收阶段的交付物及内容简介如表 5.10 所示。

表 5.10 系统评估与验收阶段的交付物及内容简介

序 号	交付物名称	内容简介	重 要 性	是 否 可 选
1	系统评估方案	包括系统评估范围、评估指标等	5	必须交付
2	验收文档清单	验收需要交付的文档列表	5	必须交付
3	项目人员配备情况表	包括项目组的组织机构、管理制度、人员分工等	3	可选交付
4	内部验收计划	包括验收时间、验收内容及验收形式等	4	推荐交付
5	评审计划	包括需评审的内容、评审的方式、评审要求、参与评审人员等	4	推荐交付
6	测试计划	包括测试任务及测试质量等	3	推荐交付
7	算法评测报告	包括算法评测结果及问题分析说明等	2	可选交付
8	系统质量评估报告	包括系统功能测试、系统性能测试、系统安全测试等测试结果及整体评估结论等	5	必须交付
9	系统内部验收报告	包括系统功能验收清单及验收结论等	5	必须交付

5.5.3 主要活动

系统评估与验收阶段根据拟实现目标的不同可划分为定义评估准则、制订评估计划、执行评估、系统验收 4 项活动。系统评估与验收阶段活动流程及主要参与角色如图 5.7 所示。

1. 定义评估准则

定义评估准则是系统评估与验收阶段的基础活动,主要包括确定评估范围、定义评估指标、确定验收文档、组织管理 4 项任务。

(1)确定评估范围要求业务人员确定系统评估的维度(如功能、性能、安全、集成、部署等),系统须在确定的评估维度下达到用户的预期。

(2)定义评估指标是明确评估范围的具体量化要求。业务相关人员须根据不同评估范围给出具体评估指标,如在性能维度上,给出系统吞吐率、最低响应时间、业务 UI 操作最小步骤等。

(3)确定验收文档并定义系统所需的文档清单。清单中的文档是待验收项目的证明材料,也是后续系统维护期的重要输入。清单主要包括需求规格说明书、概要设计说明书、详细设计说明书、系统测试报告、验收方案等。

(4)组织管理要明确项目组织架构、项目制度、项目管理相关事宜,确保项目顺利进行。

2. 制订评估计划

制订评估计划是保证后续评估活动能否正确开展的先决条件。制订评估计划包括制订验收计划、制订测试计划、制订评审计划、风险管理计划 4 项任务。

(1)制订验收计划要求业务人员、项目经理、测试人员明确验收时间、验收内容及验收形式,后续须按此计划执行系统的验收工作。

第 5 章　知识图谱应用系统建设与管理过程

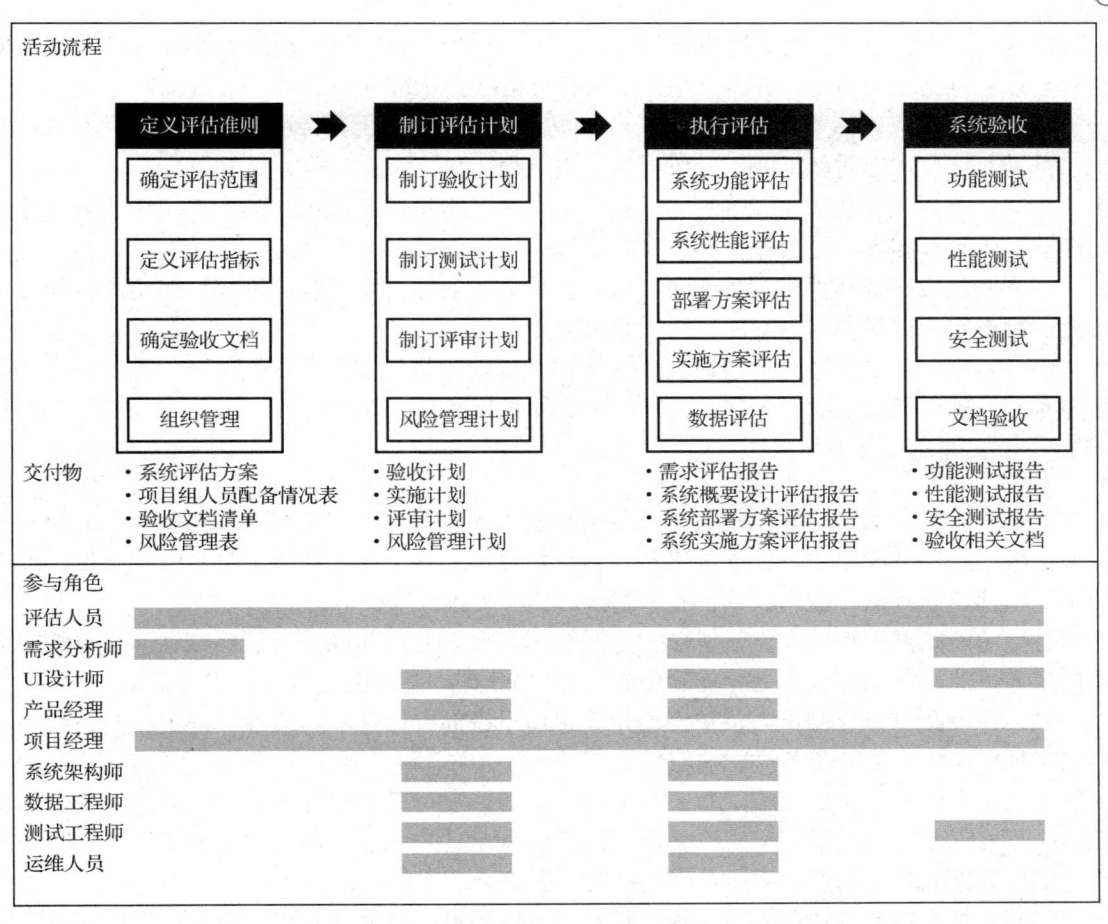

图 5.7　系统评估与验收阶段活动流程及主要参与角色

（2）制订测试计划须根据项目实施计划安排具体的测试任务及测试质量要求。通常，测试计划应按迭代方式进行，优先安排主要系统用例的测试任务。

（3）制订评审计划是确保计划能按预期执行的关键任务，精细化的评审可以尽早纠偏，减少不必要的成本浪费。制订评审计划要求详细阐述评审内容、评审方式、评审要求和参与评审的人员等细节。

（4）风险管理计划作为项目管控的重要环节，须尽可能详细定义风险管理的介入阶段、可能出现的风险因素、原因及风险的应对策略，同时考虑何时以何种方式进行阶段性的风险评估。

3．执行评估

执行评估是系统评估与验收的执行环节，是依据已定义评估准则、评估计划等，进行具体系统评估的活动。评估主要从业务、技术、方案等层面展开，对待交付知识图谱应用系统是否满足相关方的需求进行评审。执行评估活动是一个在项目周期中迭代进行的活动，须在此过程中不断反馈、调整和修订系统建设情况，确保项目执行过程与相关方的需求相符合。执行评估包括系统功能评估、系统性能评估、部署方案评估、实施方案评估和数据评估 5 项任务。

（1）系统功能评估要求业务相关方对系统当前的研发成果进行审查，评估系统是否满足

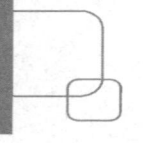

用户的真实意图,是否能够解决用户问题。此外,在此过程中还须评估用户 UI 设计原型及相关视觉设计方案是否易用,并符合用户所处行业的视觉标准。

(2)系统性能评估要求相关技术人员审查当前的系统是否符合用户和行业提供的质量要求,是否存在技术上的严重缺陷,所用技术是否存在法律风险,等等。

(3)部署方案评估须审查部署方案是否合理,是否符合实践用户的生产环境要求,是否与现有基础设施相容,是否存在网络风险,等等。

(4)实施方案评估要求项目业务、技术相关方对实施方案的实施过程、实施内容和实施约束进行审查,评估实施方案的合理性和风险点。

(5)数据评估须对知识图谱应用系统所需数据的质量、安全性进行审查,确保使用的数据完整和准确,能够支撑业务需要并保护用户的数据隐私。

4. 系统验收

系统验收是评估已建设系统是否满足用户要求的重要保障。系统验收需要业务人员和测试人员根据用户功能要求、性能要求和其他质量要求,从全局把控待交付系统的质量。本活动主要包括功能测试、性能测试、安全测试、文档验收 4 项任务。

(1)功能测试需测试人员、需求人员、UI 设计师等从应用角度评估系统功能是否能够反映需求人员的设计,视觉上是否能满足 UI 人员的设计,总体上是否满足用户需求。

(2)性能测试要求测试人员从性能角度评估系统的鲁棒性和响应性,确定被测系统是否能够满足用户的并发及业务操作响应需求。

(3)安全测试要求测试人员从系统安全角度对待交付系统进行评估。针对系统安全体系架构的正确性和合理性进行分析,并通过渗透性测试、脆弱性评估、安全配置检测、源代码安全审查等维度对知识图谱应用系统进行全面的安全性评估。

(4)文档验收要求业务人员和项目管理人员评估待交付文档是否完整并符合用户要求的文档交付清单,并确定待交付文档内容能否客观、准确地反映系统建设的内容及过程。

5.5.4 角色与分工

系统评估与验收阶段的参与人员角色及其任务简介如表 5.11 所示。

表 5.11 系统评估与验收阶段的参与人员角色及其任务简介

序号	角色	任务简介	交付物
1	评估人员	对接需求分析师,充分了解用户需求,负责对待交付系统及材料进行评估	系统评估方案 验收文档清单 验收计划 需求评估报告 系统实施方案评估报告
2	测试工程师	负责系统功能、性能和安全测试,并完成知识质量评估等	测试计划 系统质量评估报告
3	需求分析师	跟踪评估工作,确保系统满足用户需求	需求评估报告 系统验收报告

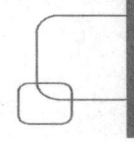

续表

序号	角色	任务简介	交付物
4	项目经理	对项目过程进行监控，对项目的进度和质量负责，并在验收期间进行资源调配	项目人员配备情况表 风险管理表 验收计划 实施计划 评审计划 风险管理计划 系统验收报告 问题追踪表
5	安全管理人员	负责系统安全方面的评估和验收	问题追踪表 系统质量评估报告

5.5.5 需用户参与的内容

在系统评估与验收阶段，用户需配合参与的工作包括以下几个方面。

（1）确定评估准则。用户业务人员须参与评估指标的定义，以降低评估指标的冗余，提高指标体系的完整性、专业性和准确性。此外，用户还须介入验收文档清单及组织管理的讨论，明确验收文档内容及双方组织人员职责，促进项目沟通协作。

（2）制定评估计划。用户项目管理人员须参与评审计划和验收计划的讨论，明确项目的验收条件、验收时间和验收内容。同时，制定评审的周期、评审的资源与要求，确保项目按各方步调协同进行。

（3）方案评审。用户技术人员要参与对系统架构、系统部署方案及数据的评审，确保当前系统在技术层面符合用户的技术体系要求。

5.6　运营推广阶段

5.6.1　运营推广阶段建设目标

运营推广是知识图谱业务成熟和扩大的主要阶段。本阶段通过在生产环境中验证知识图谱的实际表现并加以运营推广，实现以下目标。

（1）保证知识图谱的应用效果。在系统评估与验收阶段，开发者与业务方主要针对限定的场景和数据做验证；然而，本阶段则在真实业务环境中对知识图谱的性能表现进行跟踪，收集用户反馈，并可能增加持续的人工运营服务。

（2）扩大知识图谱应用系统的影响力和知名度。在持续优化知识图谱应用系统的同时，进行典型案例及应用方法宣传，提升知识图谱应用系统的认知度和影响力。

（3）树立知识图谱创新能力的示范标杆。在方法、技术和应用方面梳理知识图谱，为行业创新能力树立示范标杆，促进企业创新产品和服务，创造更多的经济效益和社会效益。

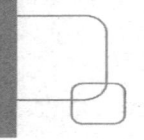

（4）提升知识图谱创造的应用价值。将知识图谱应用创造的效益进一步横向扩展和纵向延伸，提升知识图谱创造效益空间的能力，吸引更多的行业组织和服务对象普及知识图谱应用。

（5）依托已有的基础，根据知识图谱的发展前景与建设要求，充分进行资源优化整合与推广，激发各类人群的兴趣，进行有针对性的推广活动。例如，依据各类人群已有相关专业知识，有针对性地进行讲解以激发他们的兴趣，并进行分阶段性的和有重点性的建设。

5.6.2 运营推广阶段输入/输出

运营推广阶段的主要输入是实际生产数据、推广运营材料；主要输出为运营推广文案、推广效果统计报告、竞品分析报告等。

1．运营推广阶段输入

运营推广阶段的输入包括但不限于实际生产数据、知识图谱应用系统、系统相关文档，还包括系统架构设计方案、系统使用手册等。

2．运营推广阶段输出

运营推广阶段的交付物及内容简介如表 5.12 所示。

表 5.12 运营推广阶段的交付物及内容简介

序 号	交付物名称	内 容 简 介	重要性（1~5级）	是 否 可 选
1	运营推广文案	宣传知识图谱应用系统功能、业务效果、行业价值等信息的文档，形式不限，可通过广告、新闻稿等形式呈现	3	推荐交付
2	推广效果统计报告	知识图谱应用系统运行指标、性能、效果等的量化统计报告	4	必须交付
3	竞品分析报告	市场上同类知识图谱应用系统的技术及业务表现对比分析	3	推荐交付
4	优势分析报告	相比较于同类竞品分析，重点分析本知识图谱应用系统的竞争优势	2	可选交付
5	销售策略	根据用户需求和同类竞品特点，制定本知识图谱应用系统或其服务的销售方式和渠道等	4	必须交付
6	报价方案	进行市场行情调研，规划本知识图谱应用系统或其服务的定价方案	4	必须交付
7	宣传材料	收集系统技术特点、业务推广效果的宣传文章、视频等材料，编制宣传方案材料	3	推荐交付
8	期刊论文	将系统建设中具备开创性意义的技术或工程经验，形成理论等成果，并以论文等形式发表	1	可选交付
9	联合专利	业务方与技术方合作突破的技术，二者可联合对系统开发中的技术申请专利	2	可选交付

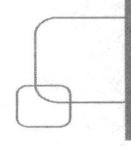

续表

序号	交付物名称	内容简介	重要性（1～5级）	是否可选
10	运营推广系统对接文档	包括本知识图谱部署运维环境及与其他运营推广系统对接的规范文档	3	推荐交付
11	数据对接文档	包括本知识图谱数据接口及与其他系统对接的数据标准文档	4	必须交付
12	新需求记录	系统上线后，在运维过程中，其会根据实际系统应用效果和用户体验，记录产生的新需求	3	推荐交付
13	产品培训资料	为了保证系统使用者规范化操作和系统正常运行，须编制产品使用指南和培训材料	3	推荐交付
14	运营管理手册	系统上线后，为了保证运营及管理效率，须编制系统运维相关人员的工作手册	3	推荐交付
15	受众调研报告	调研知识图谱应用系统受众的使用效果和体验，编制受众调研报告	3	推荐交付

5.6.3 主要活动

运营推广阶段是在实际生产环境中验证知识图谱应用系统效果，并进行用户运营和市场推广的重要阶段。该阶段根据拟实现目标的不同可划分为系统监控、系统运营、系统推广、用户意见总结、文档沉淀 5 项活动。运营推广阶段活动流程及主要参与角色如图 5.8 所示。

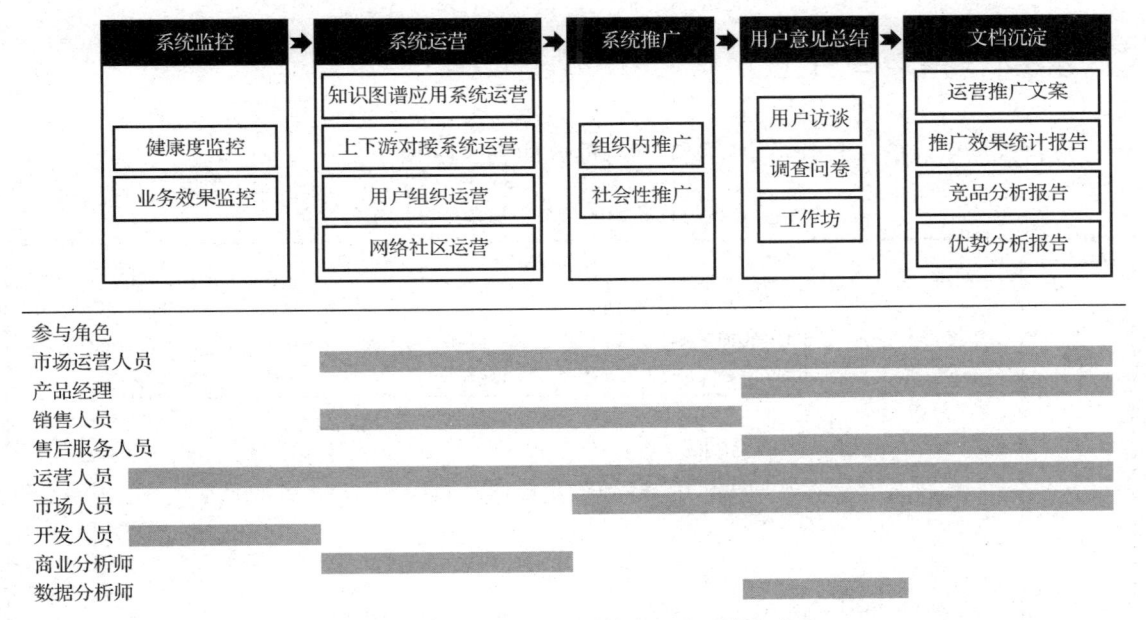

图 5.8 运营推广阶段活动流程及主要参与角色

1．系统监控

系统监控包括知识图谱应用系统的健康度监控及业务效果监控等任务。从用户和管理员

的视角来看，该活动是对知识图谱应用系统的线上表现进行监控，关注系统的整体健康度、业务满意度，而非内部技术问题；同时，监控系统产生的业务效果，衡量知识图谱是否对预定的业务目标产生正面影响。此外，系统监控还针对可量化指标项产生的具体数据进行统计和深层次分析。

2．系统运营

系统运营包括知识图谱应用系统及上下游对接系统、相关用户组织、相关网络社区的运营。主要运营活动为：知识图谱应用系统及上下游对接系统的运营人员日常工作；相关用户组织的定期活动、培训；网络社区的舆情监控、控评、意见反馈；等等。

3．系统推广

系统维护中可宣传知识图谱应用系统的正面效果，并推广至更多受众。其形式可分为组织内推广和社会性推广，如发布宣传材料、广告、地推等。

4．用户意见总结

系统维护中需总结用户对于系统可用性和效果等方面意见，用于改进用户体验，帮助系统优化，方式包括用户访谈、调查问卷、工作坊等。

5．文档沉淀

系统维护针对运营推广阶段工作的问题、经验和待办等，形成各类文档沉淀，主要包括运营推广文案、推广效果统计报告、竞品分析报告、优势分析报告等。

5.6.4 角色与分工

运营推广阶段的参与人员角色及其任务简介如表 5.13 所示。

表 5.13 运营推广阶段的参与人员角色及其任务简介

序 号	角 色	任 务 简 介	交付物名称
1	市场运营人员	负责知识图谱应用系统、产品、生态、社群运营和管理，与企业外部的集成方和需求用户进行合作推广，组织用户参与应用交流和分享活动，汇总推广方案和物料	运营推广文案 宣传材料 受众调研报告
2	产品经理	负责知识图谱同类竞品调研，总结用户需求意见，撰写产品功能开发和数据规范文档，分析产品技术特点	竞品分析报告 优势分析报告 运营推广系统对接文档 数据对接文档 新需求记录 产品培训资料
3	销售人员	负责商务侧运营，与知识图谱需求用户沟通，挖掘用户需求内容，推介本产品功能与特色，制定与调整销售策略	销售策略 报价方案
4	售后服务人员	负责知识图谱售后支持，与技术人员合作，协调解决用户遇到的问题	—

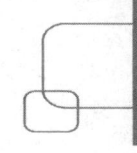

续表

序 号	角 色	任务简介	交付物名称
5	运营人员	负责知识图谱应用系统部署后的产品、生态、社群运营，与企业外部的集成方和需求用户合作推广，进行文档及产品侧的统筹	推广效果统计报告 宣传材料 运营管理手册
6	市场人员	负责与企业外部的集成方和需求用户合作推广，组织用户参与应用交流和分享活动，进行市场推广，总结用户意见	推广效果统计报告 宣传材料 受众调研报告
7	开发人员	负责知识图谱协调功能开发和技术攻关，总结开发过程中的技术要点和关键技术，监控系统状态	期刊论文 联合专利
8	商业分析师	负责知识图谱同类竞品商业分析，分析用户需求，监测本产品部署应用后用户反馈及解决情况，监控产品投放市场后效果评价	优势分析报告
9	数据分析师	负责收集知识图谱用户需求数据和反馈信息，收集市场需求和用户评价信息，分析本产品指标和效果，对业务数据指标进行监控	推广效果统计报告

5.6.5 须用户参与的内容

在运营推广阶段，用户作为需求领导方和直接使用方，对真实环境中的知识图谱应用系统表现做出反馈，阐述直观、真实的使用体会，并明确对系统效果的期望。用户须参与的主要工作如下。

1．系统试用及反馈

从用户需求出发，试用生产环境中的知识图谱应用系统。用户在业务流程操作应用过程中，对于系统输入、处理、输出等环节，发现业务流程中的功能、数据存在的质量问题，及时反馈并提出改进的建议。

2．协调上下游系统对接

在企业用户中，知识图谱应用系统需要对接上下游系统的资源，用户须对此类资源进行协调。同时，用户还须指定与系统对接相关的技术负责人等角色。

3．新需求提炼

根据系统使用体验、企业内反馈、市场反响等维度的信息，梳理用户与系统交互的可用性，分析企业内人员协作的便捷性，调研市场对知识图谱应用的认可度，总结优缺点并提炼新需求。

4．文档撰写

各类文档的撰写离不开用户企业的配合。例如，企业作为建设主体，其中相应专家人员与服务方联合申请专利或联合发表期刊文章、论文等，可从技术市场角度为系统进行推广。

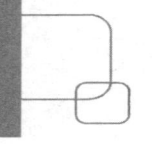

5. 系统质量纠正

对照标准化要求，如数据规范、数据集规范、专业基础标准、过程标准、质量标准、技术与管理标准、工具与方法标准等，检测知识图谱应用过程中的质量问题，并确定系统是否具有稳定性、安全性、易操作性等性能，及时反馈并提出改进的建议。

6. 用户行为

采集使用者的操作行为，通过采集或收集行为数据信息，分析什么情况下使用活跃度高，并采取相应措施，更大程度地增强使用黏性。使用者的操作行为体现了他们的诸多特征，可以将使用者分级更加精准化，并为运营策略和运营动作提供了执行依据。此外，收集到的使用者操作行为数据越多，所能做的运营策略也会更加精准有效。

5.7 管理维护阶段

5.7.1 管理维护阶段建设目标

管理维护是对知识图谱落地后可持续输出效益的保障。该阶段通过对知识图谱生产环境的实际使用监控和管理，保障系统的正常运行，来持续不断地输出知识图谱价值。管理维护阶段需要实现如下目标。

（1）监控知识图谱应用系统的使用，保障系统正常使用，防止系统被滥用，以及系统本身的不完善导致的使用障碍，及时发现导致使用障碍的 bug，维护系统安全，抵御网络攻击及其他形式的恶意攻击。

（2）对知识图谱应用系统的使用实施管理，保证既定的使用流程顺畅进行，拦截未经许可的访问，保证信息安全和隐私安全。

（3）维护数据安全，使用多元方式定时对数据进行备份，防止因意外事故丢失数据导致不可挽回的损失。

（4）维护系统稳定，及时更新过时的组件，检查新版组件间的兼容性，实施最优的系统升级策略，保证系统长期稳定运行。

（5）实施系统复制和迁徙，使知识图谱应用系统适应新环境，或者在分布式应用场景下引入更为多元的不可篡改拷贝，提升系统可信度和使用价值（需要时执行）。

5.7.2 管理维护阶段输入/输出

1. 管理维护阶段输入

本阶段的输入包括但不限于需求分析输出的管理端需求、需求分析输出的数据安全指标、系统复制与迁徙需求。

2. 管理维护阶段输出

管理维护阶段的交付物及内容简介如表 5.14 所示。

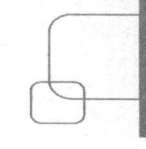

表 5.14　管理维护阶段的交付物及内容简介

序号	交付物名称	内容简介	重要性（1~5级）	是否可选
1	系统使用手册	围绕应用系统各项功能使用注意事项及操作步骤的说明文档	5	必选
2	系统运维手册	包括知识图谱应用系统错误代码表、故障排查方法等	5	必选
3	培训手册	为将非专业人士培训成为系统管理者，关于系统整体架构、应用场景、使用说明、注意事项等的指导文件	5	必选
4	系统后台管理工具	包括知识图谱应用系统的后台管理组件和使用方法	5	必选
5	监控工具	可视化实时监控系统状态的软件工具	4	推荐
6	系统巡检工具	对系统安全性、稳定性进行定时扫描的工具	4	推荐
7	巡检报告	对系统安全性、稳定性进行定时扫描并输出的结果报告	5	必选
8	问题报告	对系统使用过程中出现的各类问题进行梳理并形成的文档	4	推荐
9	日志文件	对系统访问和应答行为进行按时记录形成的文档	3	可选
10	补丁文件	针对系统错误的临时修补文件	4	推荐
11	修改记录	运维过程中关于系统修改历史的记录文档	4	推荐
12	版本管理	维护并记录知识图谱应用系统代码及其集成的知识图谱的版本信息，以便必要时的溯源或回滚	4	推荐
13	版本升级或管理说明	在版本更新时形成的与更新内容相关的说明文档	4	推荐
14	FAQ 常用问题清单	就系统可能遇到的常见问题，给出对应解决方法的说明文档，须定期更新	4	推荐
15	售后服务记录	记录售后服务中用户的请求、服务方的应答与完成情况的文档	5	必选
16	保修清单	保修中涉及的要素清单	2	可选
17	用户满意度调查	对用户满意度的调查报告	2	可选
18	授权文件/授权函	关于授权对象、授权期限和范围等的说明文件	5	推荐
19	知识维护和管理记录	对知识维护和管理过程及变更情况进行记录形成的文档	5	必选
20	风险应对策略	针对可预见的风险形成的应对策略说明文档	1	可选

5.7.3　主要活动

管理维护阶段根据拟实现目标的不同可划分为系统运维管理、知识运维管理、技术支持、使用培训、授权管理 5 项活动。各项活动主要内容如下。

1. 系统运维管理

保障系统正常运行，围绕流程管理、事件管理、问题管理、变更管理、发布管理、运行管理、知识管理、综合分析管理等类型形成管理机制，全面提升运行维护的快速响应能力；

建立自动化分析报表，为业务知识积累和业务考核建立完善的数据模型。

2．知识运维管理

对知识图谱应用系统进行运维管理，包括对检查、更新、删减、优化、发布等知识单元的管理；对流程、事件、问题、运行等系统质量控制的管理。

3．技术支持

帮助用户解决其在使用知识图谱应用系统过程中出现的具有明显特征且可能由系统导致的技术问题。

4．使用培训

对用户的使用人员和管理人员进行培训，使其能正确、有效地使用知识图谱应用系统。

5．授权管理

对使用人员的授权进行管理，确定授权范围、授权依据、授权方式、授权制度，并对授权效果进行及时评估。

5.7.4 角色与分工

管理维护阶段的参与人员角色及其任务简介如表 5.15 所示。

表 5.15 管理维护阶段的参与人员角色及其任务简介

序号	角色	任务简介	交付物名称
1	知识运维工程师	负责对知识图谱的维护和管理	知识维护和管理记录
2	系统运维工程师	负责系统部署架构的设计及相关配套资源的识别，并对系统集成方案中涉及的部署活动输出设计方案。	版本管理文档 数据修改记录 保修清单
3	系统安全工程师	负责系统的安全和稳定，保证系统正常运行，拦截非授权的访问	日志文件 监控平台 巡检报告
4	培训人员	提供培训支持	培训手册 系统使用手册 运维手册
5	技术客服	提供关于技术方面的问题解决	FAQ 常用问题清单 售后工单 用户满意度调查
6	开发人员	提供技术支持，完成故障修复，并解决系统缺陷和优化简易需求	补丁文件 版本升级说明 问题报告
7	授权管理人员	对授权进行运行管理和调整	授权函 授权文件

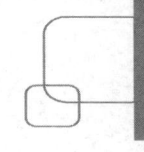

5.7.5 须用户参与的内容

在管理维护阶段，用户须配合参与的工作包括以下几个方面。

1. 参与培训

用户单位须委派特定人员接受关于系统使用的培训。培训内容包括对系统的使用和对系统的运维等。同时，为了使用户更好地使用系统，发挥出系统应有的效能，用户受培训人员需积极参与熟悉和使用系统，特别是出现问题时的解决方式和流程。

2. 参与反馈

为了使系统朝着更为稳定、高效、有价值的方向发展，用户须配合服务方对系统在使用中出现的问题进行及时、如实、详细的反馈。同时，服务方的技术支持和开发人员也要积极地对用户的反馈做出反应，完成故障排除、效果优化和效能提升，充分地利用用户的使用体验数据，并将其作为系统测试与优化的重要依据。

第 6 章 面向知识图谱应用系统建设的服务方选择

6.1 面向知识图谱应用系统建设的服务定义

面向知识图谱应用系统建设的服务是指为知识图谱应用系统全生命周期提供的服务，包括咨询服务、设计与开发服务、集成实施服务、运维服务等。

当前，知识图谱相关的服务方通常可提供多种服务类型，且因技术积累方向和定位的差异，各服务方之间擅长的服务类型也可能不同。因此，具有知识图谱应用系统建设或维护需求的用户，可基于自身能力基础评估结果和整体建设规划，确定所需的服务类型，并有针对性地选择单个或多个服务方，以便完整覆盖自身需求。

6.2 面向知识图谱应用系统建设的服务分类

面向知识图谱应用系统建设的服务分类及代码如表 6.1 所示。

表 6.1 面向知识图谱应用系统建设的服务分类及代码

标 识	类 别 名 称	说 明
01	咨询服务	指围绕企业数字化转型战略、发展路径、管理提升、诊断评估、人员培训等方面，向需求方提供的咨询服务
0101	战略咨询	指结合需求方的战略规划和业务发展需要，基于相关政策、标准，提供实施知识图谱一定时间周期内战略层的咨询
0102	方案咨询	指具有相关资质（能力）的咨询机构，提供相关方案以指导需求方进行知识图谱技术产品、应用系统、服务的构建、运营和维护等
0103	测评认证	指具有相关资质（能力）的测评认证机构受需求方的委托，依照相关国家标准、行业标准或经确认的技术规范，按照规范程序，对服务方提供的知识图谱应用系统产品和服务进行科学、公正的评价服务
0104	培训	指围绕需求方实施知识图谱所需的能力培训活动，提供包含培训需求研究、培训方案设计、实施、管理等在内的服务
0105	监理	指具有相关资质（能力）的监理单位受需求方的委托，依照相关法律、法规和知识图谱应用系统建设监理合同及其他知识图谱应用系统建设合同，代表需求方向知识图谱应用系统建设服务方的建设实施监控的服务
0199	其他咨询服务	指未列明的咨询服务

第 6 章 面向知识图谱应用系统建设的服务方选择

续表

标 识	类别名称	说 明
02	设计与开发服务	指受需求方委托，以承接外包的方式提供的知识图谱产品及应用系统等的设计和开发服务
0201	本体模型设计与开发	指构建知识图谱的本体及其形式化表达，如实体类型定义、关系定义及属性定义，以支撑后续应用
0202	知识获取/数据处理与供给	指从不同来源和结构的输入数据中提取结构化知识并输出，以支撑后续应用
0203	知识图谱可视化	指将数据通过关系预处理程序，处理为可以查询的图数据等，以支撑展示与分析
0204	图算法设计与开发	指聚焦图结构的特殊性，对知识图谱中的图算法进行设计与开发，如路径分析、节点聚类、关联分析等，目的是提升算法效率，支撑对知识图谱的探索与挖掘
0205	数据标注/元数据管理工具设计与开发	指遵循相关元数据标准，依据元数据模型，通过提供或基于数据标注工具等方式，实现对数据的标注和管理功能
0206	知识图谱构建设计与开发	指使用数据、知识等构建、开发知识图谱，提供基于知识图谱的基础产品或服务，以满足特定需求的服务。其中，基础产品和服务是指复杂的应用程序或系统的中间件
0207	系统方案设计与开发	指依据需求方的应用需求，设计并开发基于知识图谱的应用模块或核心子系统，包括知识图谱通用应用系统方案的设计与开发、知识图谱行业应用系统方案的设计与开发
0299	其他设计与开发服务	指未列明的设计与开发服务
03	集成实施服务（系统集成部署服务）	指依据知识应用需求，将知识图谱、信息系统或服务进行整合，提供知识图谱应用系统及服务
0301	系统集成实施与部署	指系统集成实施与部署者制定集成计划，按照集成设计方案实施系统集成工作，以持续迭代知识图谱应用系统整合服务，形成功能完整的系统或服务
0302	知识融合/集成	指整合和集成知识单元（集），形成拥有全局统一知识标识的知识图谱
0303	知识服务	指将知识图谱的应用形态与领域特征和场景相结合，助力业务转型
0304	环境部署	指配置运行环境，监控和管理知识图谱应用系统的环境部署，交付可正常使用、无故障的软硬件环境
0399	其他集成实施服务	指未列明的集成实施服务
04	运维服务	指对 IT 设备（硬件、软件、网络）和知识图谱应用系统的运行环境、业务系统和运维人员等进行配置、监控、更新、维护等的综合管理服务
0401	知识运维	指根据需求方的需求，对故障进行排除及操作给定的知识条目，提供知识新增、更新、删除、备份与恢复等维护服务及知识质量管理等服务
0402	系统运维	指根据需求方的需求，提供知识图谱应用系统功能和性能的维护、更新、升级的技术支撑方案，进行应用系统的维护、版本检测和优化升级等服务
0403	图数据库运维	指根据知识图谱系统开发、服务开发、应用和集成所需的图数据库及其指标，提供远程技术支持、现场服务、系统升级和改造、故障检测和维修等服务
0404	网络与安全（基础环境）运维	指根据需求方的需求，为确保 IT 设备的运营环境、业务平台的高可靠性、高可用性及网络与安全等，提供基础设施的故障诊断、评估、维修、优化等运维服务
0499	其他运维服务	指未列明的运维服务

第三篇

行业实践篇

第 7 章　智能电网领域案例

案例 1：联想电力供应链领域知识图谱系统

当前，电力企业的供应链业务信息在数据治理、全面分析等方面存在较多问题。这些信息被分散管理在不同的业务系统中，且各业务系统之间彼此独立，缺乏有效的数据互通和分析手段。无法实时地将设备维修、保养过程中存在的问题与需求迅速反馈到设备采购等供应链业务中，进而难以形成统一有效的数据治理、智能分析系统。

联想电力供应链领域知识图谱系统（以下简称"系统"）的核心技术为知识图谱，在算法方面使用了实体识别、关系提取等自然语言处理技术、图神经网络技术等；在工程方面使用了爬虫、容器管理调度、服务部署等技术；在功能方面使用了知识建模、知识抽取、知识融合、知识存储、知识应用等模块；在知识应用方面包括了供应链知识图谱的可视化与检索、企业画像、供应商精准推荐、设备维护/维修等。该系统在工程方面具备完善的部署与调度方案，实现了面向业务应用智能可解释的推理和分析，相比于传统大数据平台具备更高的效率。

1. 案例基本情况

1.1 企业简介

联想集团是一家成立于中国、业务遍布全球 180 多个市场的科技公司，下分智能设备集团（IDG）、数据中心业务集团（DCG）、联想创投集团（LCIG）、数据智能业务集团（DIBG）四大业务集团，在全球约有 6.3 万名员工。2019—2020 财年，联想集团的整体营业额达到 507 亿美元（约 3531 亿元）。作为企业数字化和智能化解决方案的全球供应商，联想集团积极推动全行业"设备+云""基础设施+云"的发展模式，以及智能化解决方案的落地，结合自身的供应链整合能力服务于多个领域客户。

1.2 案例背景

随着互联网技术和大数据技术的兴起和日趋成熟，为贯彻《国务院办公厅关于积极推进供应链创新与应用的指导意见》的工作要求，积极打造现代（智慧）供应链体系，整合供应链上下游资源，构建智慧运营平台作为供应链大脑中枢，汇聚内外部数据指挥供应链各方协同运作，使电力运营部门对供应链中的物流、信息流、资金流闭环的实时监控变为可能。

由于大多企业的供应链业务信息存储在不同的业务系统中，具有庞大且繁杂的特点，缺少统一标准及高效的归集手段、数据时效性差，并且难以对目标企业进行深入、细致的分析，因此，在数据治理、全面分析等方面面临着巨大挑战。数据现状与需求举例如图1所示。

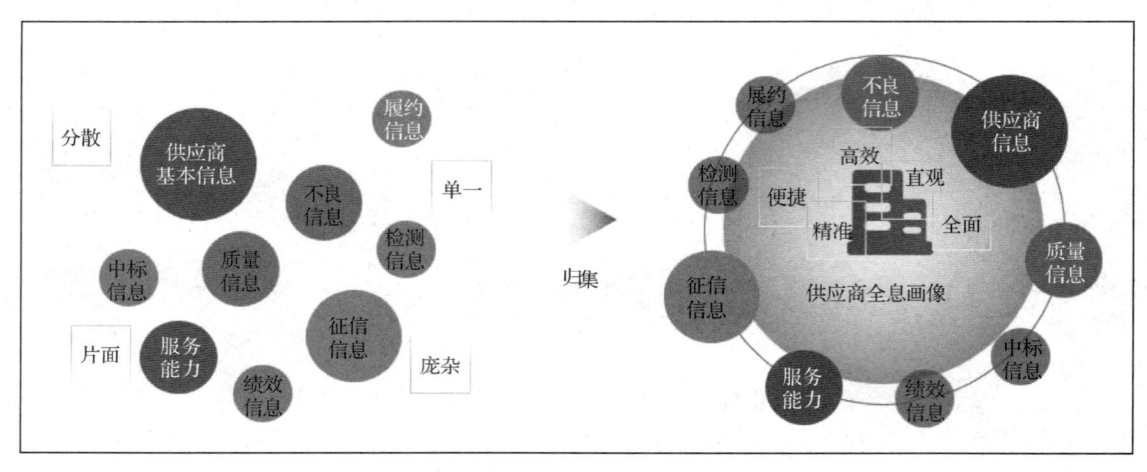

图1①　数据现状与需求举例

与传统大数据平台不同，知识图谱侧重于构建面向图模型的结构化知识，即构建三元组数据，以实现对实体、关系、属性的建模，这样的图结构在处理复杂关系结构时游刃有余。在电力供应链领域，设备信息、生产、物流、仓储均与上下游存在千丝万缕的关系，这类关系模型的本质就是一张互联互通的图，然而传统数据库或大数据平台的底层存储是二维表结构，在数据规模较大的情况下，存在以路径关系追踪为核心的业务中搜索效率低、计算复杂度高的问题。

1.3　系统简介

系统数据流图如图2所示，主要包括知识集成、知识加工、知识存储和知识应用等。

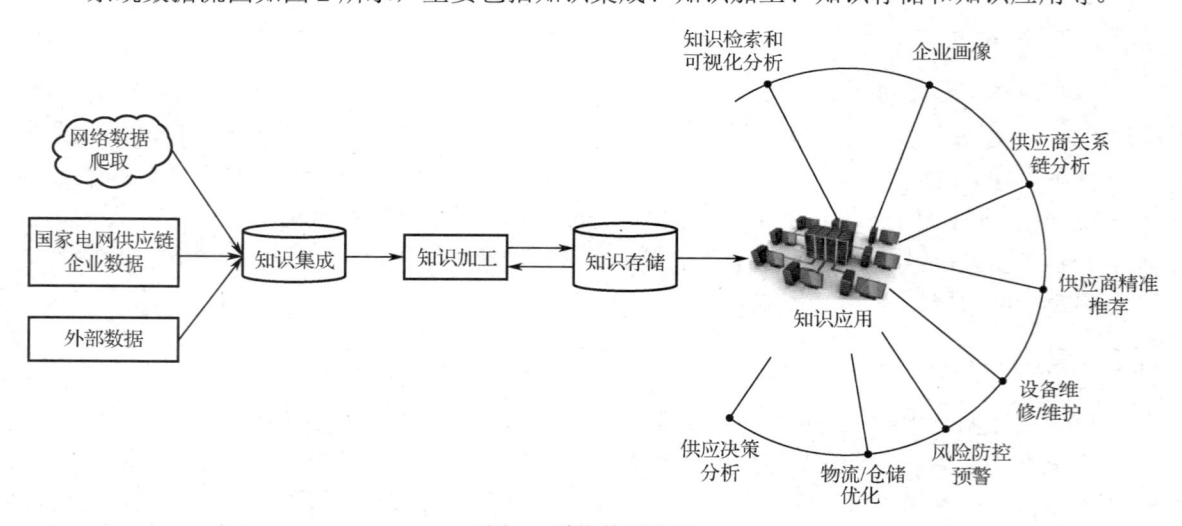

图2　系统数据流图

---

① 为保持每个案例的相对独立性，每个案例的图序都按图1、图2、……、图n顺序进行编排；相应对表序、层次序号也照此处理。

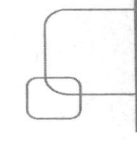

系统是在国家电网有限公司现有数据建设的基础上，结合联想集团在供应链领域的技术积累，整合计算各物资供应商信息、合同履约信息、物资质量信息、物流仓储信息等构建的，其主要功能如下。

1.3.1 知识集成

系统支持数据库导入和本地文件导入，包括供应商的基础信息、财务信息、物资信息、物流信息、互联网舆情信息等结构化、半结构化及非结构化数据。在导入数据后，由数据中心进行统一存储。

1.3.2 知识加工

知识加工是构建系统的主要工作流程，主要包括知识建模、知识抽取和知识图谱融合，以实现知识图谱概念层的建立，保证知识图谱的数据尽可能真实地反映供应链状况，进一步推理得到新的知识。

1.3.3 知识应用

知识应用包括知识检索分析和 AI 业务应用。在知识检索分析方面，系统支持单个实体检索、路径检索、关联实体检索、图查询语句等多种方式进行可视化分析。在 AI 业务应用方面，系统支持 API 扩展，为各类具体业务相关的 AI 应用提供查询接口。

2. 案例成效

2.1 构建成效

知识图谱侧重于构建结构化知识，并对其进行关联。在系统的构建过程中，存在多种异源、异构数据，这主要面临两个问题。一是来自不同数据源的数据之间是异构的，异构数据源之间可能在本体层面上有所不同（如属性名的表达不同）；而且在实体层上也可能会有差异，表达同一实体会用不同的方式。二是不同数据源之间可能存在矛盾数据，由于某些不完整、错误、过时等问题导致数据之间的冲突可能会对信息的准确性产生影响。例如，"国家电网有限责任公司""国家电网公司""国网"是否指代同一家机构等。结合专家知识的决策树等机器学习算法训练结果，就可以判断两组词是否指代一个实体，或基于"嵌入式表示"（Embedding）的方法将不同词映射到统一的向量空间中，最后通过测量词向量之间的距离来执行"实体对齐"。此外，知识图谱的构建不是一蹴而就的过程，系统是一个随时间变化的知识图谱。当引入新知识时，为确保知识图谱满足需求，还需要补全、纠错、外链、更新等验证步骤，因此，知识图谱的构建是一个不断更新迭代的动态过程。

在系统构建过程中，检验其成效的考核指标主要是反映电力供应链领域知识的真实性程度，这可以从知识准确性、知识完整性、知识一致性与知识时效性等几个方面进行考核。具体来说，由于系统数据量庞大，一般抽取其中一部分知识进行考核。考核需要电力领域专家与知识图谱工作者协作，统计所抽取的知识反映电力领域客观事实的准确性、电力领域相关知识的覆盖程度（完整性）、知识之间相悖逆的情况（一致性），以及是否反映了当下电力领域的客观事实（时效性）。由于电力系统与国计民生相关，这对系统所反映的准确程度要求十分严格，因此，在知识最终存为知识图谱时，需要以抽查的方式由领域专家审核通过，以保证知识图谱构建的准确性。

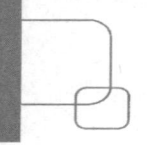

2.2 应用成效

在供应链的不同业务阶段，存在不同的业务需求，如知识检索和可视化分析、企业画像、供应商精准推荐、设备维护/维修等。

2.2.1 知识检索和可视化分析

系统提供了智能搜索和数据可视化服务，对于待搜索的关键词，系统可以返回与其相关的全面信息，并以可视化的形式呈现出来。除了以单个实体为中心进行的检索功能，还包括关联查询、路径分析、图查询语句等检索方式。此外，可视化图查询的方式仅依靠拖放图形组件连接形成查询图，并设置图形组件的属性，就可以完成复杂的图查询任务。

2.2.2 企业画像

系统中除了包含供应商实体自身的属性信息及关系信息，还包括各类关系链接的其他实体、事件的信息。相较于传统单一维度的供应商个体画像，基于知识图谱的供应商个体画像（见图3）包括供应商基础信息、财务信息、物资信息、资质能力信息、生产供货信息、运行质量信息、互联网舆情信息等。将这些实体、关系、事件作为 Graph Embedding 算法的输入，输出的向量信息可以综合表示供应商信息。此外，基于知识计算的相关方法对这些信息进行深入挖掘、推理，从而构建更加深入、全面、细致、有效的供应个体画像。

供应商个体信息无法反映整个供应商群体的共性特征，而针对供应商群体进行研究才具备普遍的指导意义。因此，在供应链知识图谱的基础上，进行中心性评估，筛选出整个供应商群体中较为关键的供应商作为研究对象。此外，社区发现算法等图聚类算法易于将供应商群体划分为多类，再针对每类供应商进行分析，从而获得供应商群体的总体特征。

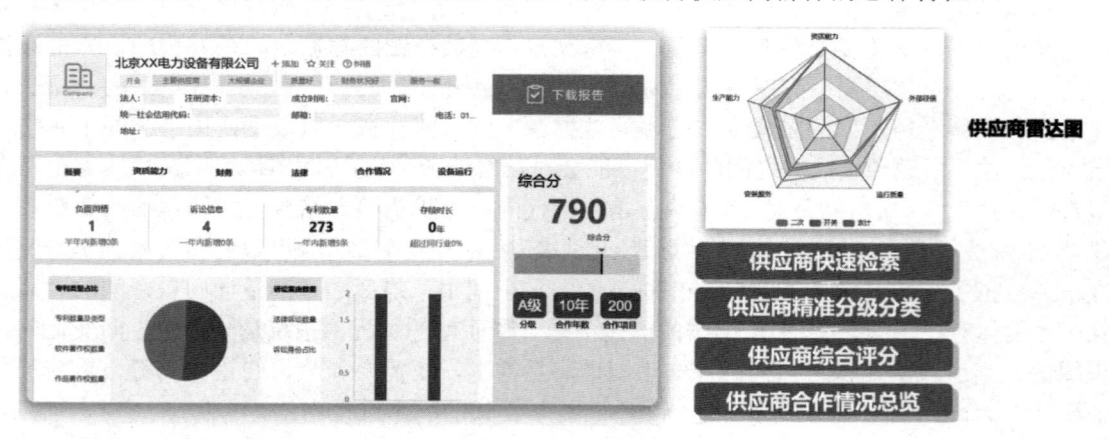

图3 基于知识图谱的供应商个体画像

2.2.3 供应商精准推荐

传统的推荐方法大多基于"序列"样本（如句子、用户行为序列等）。但在供应链场景中，实体对象之间的关系主要以图结构的形式体现。供应商精准推荐典型场景如图4所示，其中展示了供应商、产品、订单记录、检修记录等实体，以及事件之间的关系。基于DeepWalk、Node2Vec等算法可以得到图嵌入（Graph Embedding），其在推荐系统中可以直观地、可解释地体现出网络的同质性和结构性。同质性相近的实体可能是属性、概念等相近的实体，而结构性相近的实体则是与其相连接的实体或拥有相近事件趋势的实体，二者都是推荐系统中非常重要的特征表达。接下来，基于 GNN（图神经网络）技术对整个供应链图结构下的供应商进行初步筛查，根据需求，选择匹配度较高的部分供应商作为备选单位进行推荐。

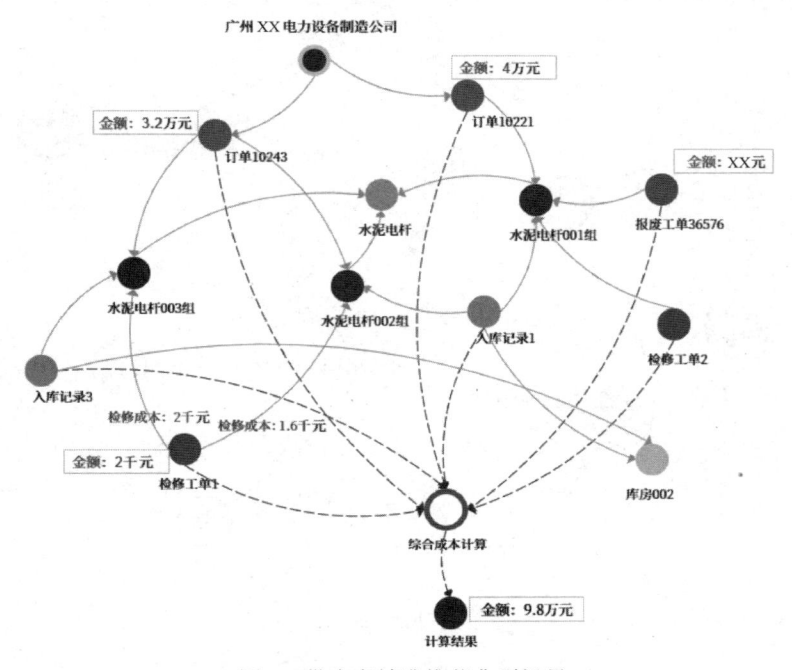

图 4　供应商精准推荐典型场景

2.2.4　设备维护/维修

在设备维护/维修过程中最重要的是方法的正确性与时效性。设备故障的原因一般可分为直接原因与根本原因，相同的直接原因可能有多种潜在的根本原因，而同一故障现象可能由不同直接原因导致，这是设备维护/维修过程中的难点。为解决这些问题，基于历史维护/维修数据，提取设备型号、故障现象、故障原因、零部件、检修策略等信息，构建实体间的因果、影响、关联、从属等关系，建立设备维护/维修知识图（见图 5）。根据该图中的关系，推断设备故障原因。对于可能有多种原因的故障，使用目标部件关联的整个网络特性，结合历史数据先验概率与其他现象，预测导致设备故障最可能的原因，并按优先级给出维修检查计划。该过程可能需要的应用包括可视化故障分析系统、设备故障检修智能检索（问答）系统、设备故障预测算法等。

对于此类基于知识图谱的应用，为检验其成效，应考虑应用场景的特殊性。对于知识检索任务，检索界面的易用性、数据增删改查对资源的消耗、所支持的可调用接口的编程语言类型等都是需要考核的对象。对于可视化功能，以可视化系统运行的可靠性、操作的易用性、系统反馈的响应性为核心考核对象。此外，还需考核所支持的图形化表示形式、是否支持自定义节点类型、能否调节可视化窗口的渲染速度、支持的最大可视化节点数、所支持的呈现方式（包括手机端、浏览器等）。对于企业画像、供应商精准推荐、设备维护/维修等，在符合功能要求的基础上，还须在应用可靠性、易用性和响应性方面优于传统大数据平台，从而为整个供应商上下游的决策、实施、管理、质量回溯等各方面提供支撑。

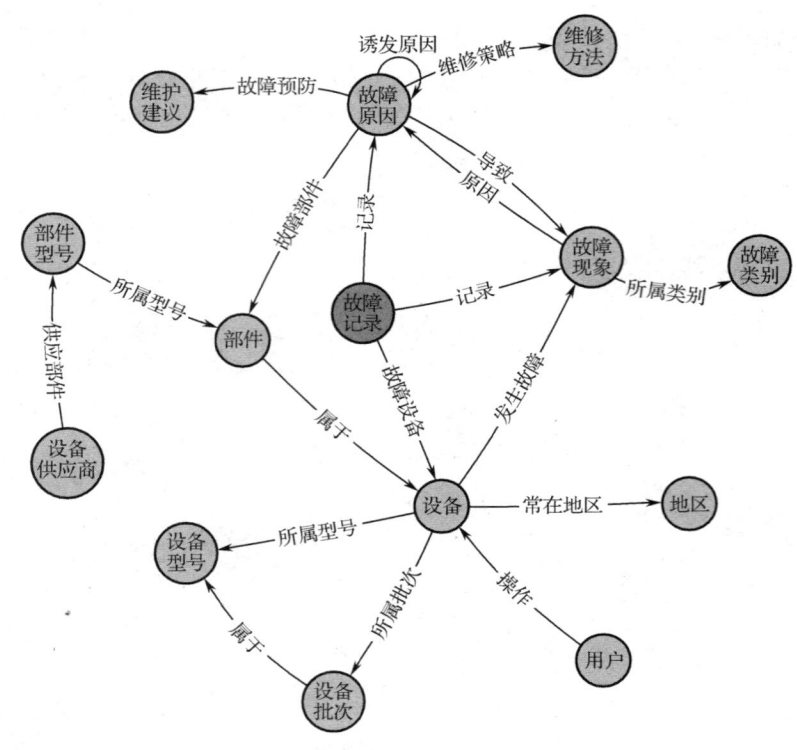

图 5　设备维护/维修知识图

3. 技术路线

3.1 系统架构

系统架构（见图 6）主要由知识集成层、知识计算层、知识存储层和知识应用层组成。

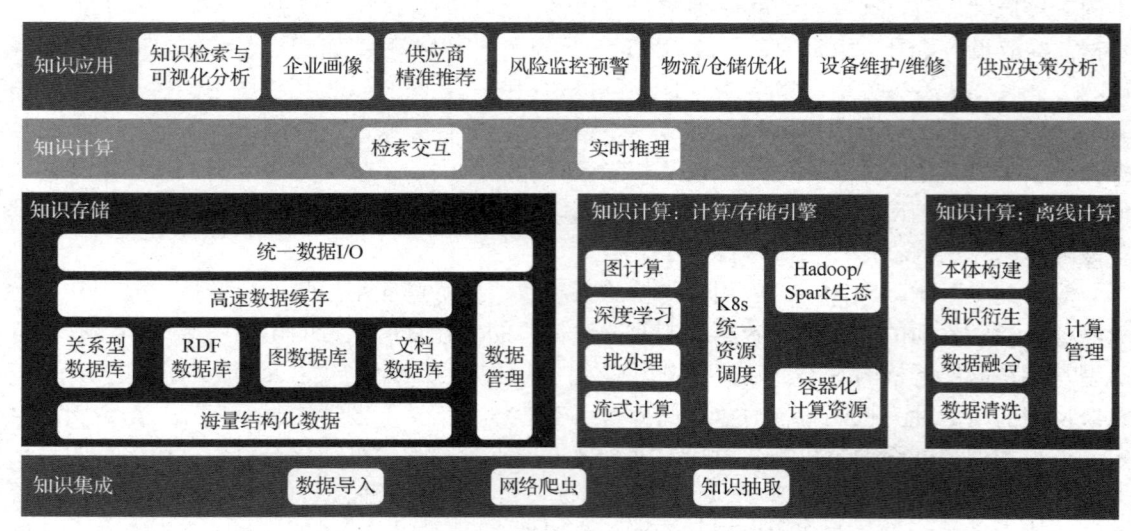

图 6　系统架构

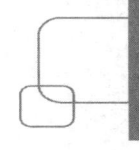

3.2 技术路线

3.2.1 知识集成

知识集成是用来汇聚不同来源数据的子系统。目前汇聚的数据来源主要有三类：第一类是企业生产经营相关业务数据，第二类是第三方知识数据，第三类是互联网数据。其中，企业自有数据或第三方合作数据通过 Datahub 数据集成工具匹配库表导入/汇聚平台中，而网络页面数据通过爬虫采集后进行一致性与偏差检测、数据清洗后进入汇聚平台。结构化数据直接通过字段映射进入平台库表；非结构化数据需要通过知识抽取系统，进行结构化抽取，从而完成相关映射进行汇聚存储。

3.2.2 知识计算

知识计算是构建系统的主要工作流程，主要包括知识建模、知识抽取和知识融合。知识计算流程如图 7 所示。

知识建模是从顶层设计系统的知识本体模型。具体上，其根据电力供应链的场景需求，结合事件建模、规则建模、时空建模 3 种方式的特点，在领域专家的协助下，采用自上而下的方式，针对电力供应链场景中的结构化数据、半结构化数据构建本体模型。

知识抽取是将电力供应链中各种结构化数据、半结构化数据、非结构化数据，通过命名实体识别、实体链接、关系及属性抽取等技术，将提取的知识以 RDF 三元组形式存储到知识图谱库。在该案例中主要使用了特征词匹配的方法开展实体抽取，抽取的实体经过抽查方式的人工审核后存入数据库。关系抽取是在抽取的实体基础上利用 Schema 中关系定义及其他多种技术从数据中发现两两实体之间的关系，抽取的关系经人工审核后以 RDF 三元组形式存入知识图谱库。知识推理是扩展知识库的重要手段，通过已有知识推出新的知识，进一步丰富扩展知识库。

通过知识融合，可消除实体、关系、属性等指称项与事实对象之间的歧义，形成高质量的知识库。

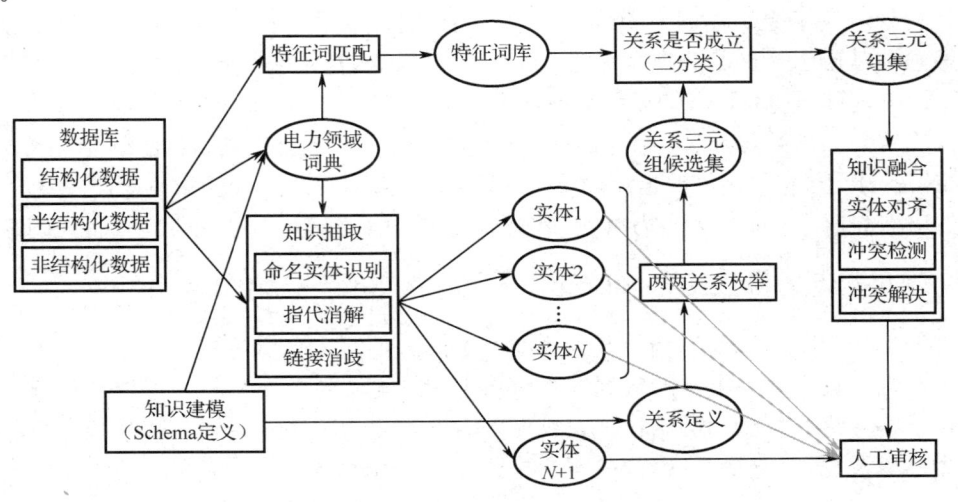

图 7　知识计算流程

3.2.3 知识存储

知识存储层用于存储由知识加工层得到的符合知识建模设计的实体、属性，即实体—

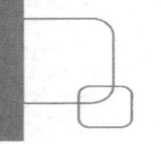

关系—实体的结构化数据。知识存储架构示意如图 8 所示。

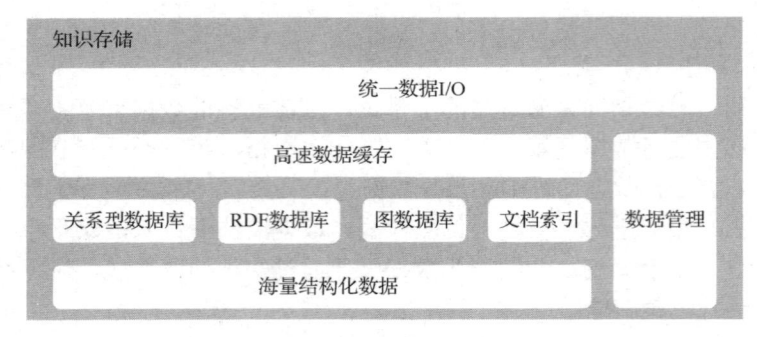

```
知识存储
┌─────────────────────────────────────────────────┐
│              统一数据I/O                         │
│              高速数据缓存                        │
│  关系型数据库  RDF数据库  图数据库  文档索引  数据管理 │
│              海量结构化数据                      │
└─────────────────────────────────────────────────┘
```

图 8　知识存储架构示意

知识存储是针对知识图谱的知识表示形式设计的底层存储方式，以实现对大规模图数据的有效管理。一般来说，知识的存储不依赖于特定的底层结构，而按照数据与应用的需求选择相应底层存储方式。经过知识加工处理后的电力供应链实体及其属性知识一般以二维数据表的形式存在，其主要是通过关系型数据库存储。而关系知识一般以 RDF 三元组形式存在，这种形式能直接展示电力供应链图谱的内部结构，有利于结合图计算算法进行知识的深度挖掘与推理。

4．案例示范意义

在电力供应链领域，现有业务的 IT 系统越来越多，复杂度也越来越高，在执行数据查询时通常需要在多个表之间跳转，导致查询效率低、开销大等问题。有别于传统大数据平台，该系统侧重于结构化知识的构建及知识之间的关联，避免了传统数据查询的痛点，在确保数据不损失的情况下，避免了数据在多处冗余的情况。同时，电力供应链知识图谱中经过融合的知识，有效解决了原始数据中的歧义、别名的问题。该系统更加贴近业务，在业务、技术原数据概念的基础上，立足于业务流程，基于专家知识构建系统 Schema 图。在进行应用推理的过程中，推理过程均可以在知识图谱中直观地反映出来，相较于传统机器学习方法，该过程可解释性非常强，业务人员可以很方便地对结果进行分析。此外，电力供应链涉及多个部门、机构，如果各部门、机构之间数据流通不畅，易形成数据"孤岛"，该系统的构建有利于缩短业务人员的培训周期，同时也为电力供应链物流、仓储、采购策略的优化奠定了良好的基础。

4.1　构建面向电力供应链领域的知识图谱

供应链领域上下游涉及厂商、数据系统、生产、物流、仓库等系统，业务分布广泛，缺乏统一的数据收集方式，上下游数据同步时效性差，无法对整个链条进行统一分析。而知识图谱侧重于构建这类复杂的图结构关系，可以将这类复杂关系构建成互联互通的图，在数据规模较大，以及在知识检索、路径检索和相关应用实施的情况下，能实现相较于传统大数据平台更优异的性能。

4.2　面向业务应用的智能可解释的推理和分析

知识图谱推理是指在已有知识的基础上，通过一定的技术手段来获取满足语义的新知识

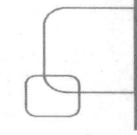

和结论的过程。在电力供应链业务应用中，该系统主要使用知识图谱智能推理来完成电力供应链知识图谱补全及推理分析，主要包括基于本体的推理和分析、基于规则的推理和分析，以及基于表示学习（图结构）的推理和分析。在该系统中，基于本体的推理与基于规则的推理主要是在开源的推理引擎中开展。本案例基于推理引擎使用知识建模构建的 OWL 本体开展本体推理，这是在概念层进行的推理，主要用来对实体级的关系进行补全。本案例中使用了 OWL 本体推理的概念互斥性和概念可满足性，可以分析歧义矛盾。例如，定义不同电力供应商为互斥的概念，当三元组中出现某用户由 A 供应商提供服务，同时又由 B 供应商提供服务时，概念存在歧义或矛盾，需要进行"消歧"后重新入库。基于 OWL 本体推理还可以推理出隐含知识，针对 Tbox 的推理，即可计算新的概念包含关系。例如，某电厂属于某电力公司 A，而电力公司 A 是电力公司 B 的子公司，则可以推理出某电厂属于电力公司 B，推理完成后将新推理出的三元组存入知识图谱库，完善知识图谱网络。

知识图谱中的数据结构往往都是非欧几里得结构的，传统深度学习无法完整地学习这类数据。可以将其看作一种存在多种关系的、特殊的图数据，其中，每个节点都有若干个属性和属性值，实体与实体之间的边表示的是节点之间的关系，边的指向表示了关系的方向，而边上的标记表示了关系的类型。例如，在电力供应链知识图谱中，图中节点是地区、具体的地点、设施等，边代表实体间的关系，特征代表实体的性质。这种图结构在智能推理时更加接近人类的思维方式，与传统基于机器学习方法的智能推理相比，基于知识图谱的智能推理分析具有非常强的可解释性，业务人员可以对产生推理分析结果的过程进行深入细致的分析，最大限度地利用已有数据解决业务问题。

基于电力供应链知识图谱推理出新的知识或者识别出错误知识，可以对该系统进行更好的补全。电力供应链知识图谱推理需要融合多源信息，通过结合文本语料和已有的知识图谱，利用更多的额外信息进行有效推理，降低知识图谱的不连通性和稀疏性。同时，该系统还通过融合共同建模规则、结合神经网络的强学习和泛化能力与规则方法的高准确率和高可解释性来实现知识推理；通过更深层次地混合不同方法，实现优势互补，提升推理性能。

4.3 完善的部署与调度方案

电力供应链知识图谱系统要完成数据采集、分析和展现等多组件之间的复杂调度，主要依托于 Kubernetes 相关公共组件。Kubernetes 具有完备的集群管理能力，包括多层次的安全防护和准入机制、透明的服务注册和服务发现机制、内建的智能负载均衡器、故障发现和自我修复能力、服务滚动升级和在线扩容能力，以及多粒度的资源配额管理能力。同时，Kubernetes 提供了完善的管理工具，这些工具涵盖了包括开发、部署测试、运维监控在内的各个环节。因此，Kubernetes 是一个全新的基于容器技术的分布式架构解决方案，这为电力供应链知识图谱服务系统的调度和运维部署，提供了良好的支撑基础。

4.3.1 容器调度

容器调度以自动化方式完成整个集群的资源管理、Pod 调度、弹性伸缩、安全控制、系统监控和纠错等。知识加工相关的服务将被打包成镜像，封装在 Pod 并被 Kubernetes 管理，通过指定的控制器和调度策略依据实际资源完成对一组 Pod 副本的创建、调度及全生命周期的自动控制任务，实现知识加工相关的服务自动更新及软件模式的负载均衡，保障调度性能。

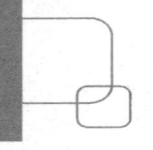

4.3.2 服务部署

知识展示服务通过"Ingress + Nginx"方式，对外提供知识查询接口。Kubernetes 通过容器将展示服务创建到多个 Pod 中，按需增加 Pod 副本，再将 Pod 部署到多个节点，外层封装 Service 服务和"Ingress + Nginx"实现 7 层代理，完成对外接口安全访问，对内负载均衡与高可用。服务高可用弹性伸缩如图 9 所示。

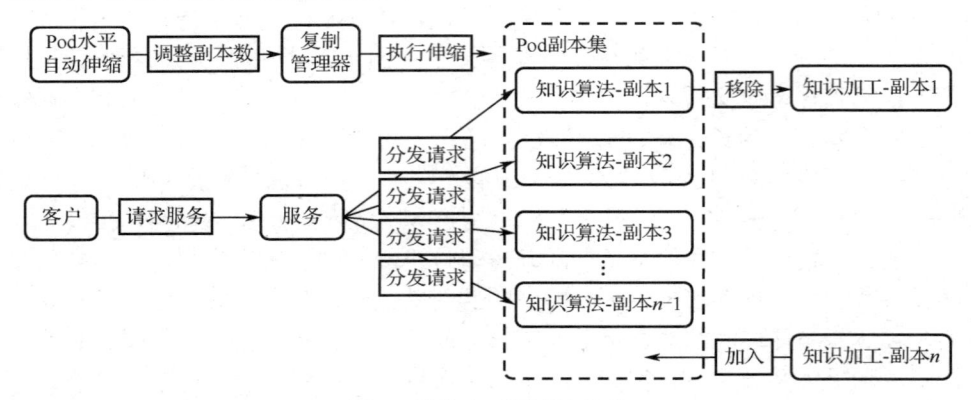

图 9　服务高可用弹性伸缩

5. 展望

该系统拥有数据处理、知识建模、信息检索、知识推理等功能，应用场景广泛，内容全面，电力供应链相关工作人员可以利用系统进行信息检索、推理可能的供应厂商等。未来，该系统可以从以下两个方面进行优化。

5.1 "联邦"化的知识图谱

建立全面、准确的供应链知识图谱，需要融合多个业务系统进行分析，但出于安全性和数据权限管理方面考虑，往往不能将所有数据直接汇聚在一起。下一步，将设计一种满足隐私、安全和性能要求的"联邦知识图谱"。所有参与构建知识图谱的企业、机构或部门，须在统一的 Schema 图下，将自身拥有的数据加工为"各自为政"的子图；各个子图的维护者通过统一的知识访问接口进行"匿名路径"访问，联合建立一张完整的图谱。

5.2 深化 GNN 的应用

知识图谱作为认知智能的关键技术，是大数据时代十分重要的一种知识表达方式，为机器语言编程提供了强大支撑，使得计算机实现认知智能成为可能。认知智能的主要特点是擅长归纳背景知识，结合上下游情况提供精准的策略分析能力。图神经网络（GNN）作为深度学习发展的产物，可以运用知识图谱中的各种子图结构，基于有监督、半监督、无监督深度学习与强化学习进行业务落地。其输入不限于完整图结构数据，还提供了图嵌入功能，依靠深度学习模型对复杂拓扑结构进行处理，产出分析结果。在本案例中，GNN 的应用仍有较大的提升空间。通过 GNN 模型进行更广泛的知识加工与推理拓展，可为风险防控、物流/仓储优化、供应决策分析等供应链应用赋能。

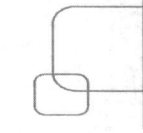

*专栏：电力供应链行业/领域标准化现状与需求

1. 电力供应链行业/领域标准化现状
（1）电力领域
- IEEE P2807.3 *Guide for Electric-Power-Oriented Knowledge Graph*。
- GB/T 30149—2019《电网通用模型描述规范》。
- GB 38755—2019《电力系统安全稳定导则》。
- GB/T 35682—2017《电网运行与控制数据规范》。
- GB/T 33590.2—2017《智能电网调度控制系统技术规范 第2部分：术语》。

（2）供应链领域
- GB/T 38702—2020《供应链安全管理体系 实施供应链安全、评估和计划的最佳实践 要求和指南》。
- GB/Z 26337.1—2010《供应链管理 第1部分：综述与基本原理》。
- GB/T 26337.2—2011《供应链管理 第2部分：SCM术语》。
- GB/T 25103—2010《供应链管理业务参考模型》。
- GB/T 24420—2009《供应链风险管理指南》。

（3）电力供应链领域
暂无。

2. 电力供应链行业/领域知识图谱标准化需求
（1）电力供应链领域知识图谱的准则、数据与架构等标准化的需求。
（2）电力供应链领域知识图谱的构建过程标准化的需求。
（3）电力供应链领域知识图谱性能评估方案标准化的需求。
（4）电力供应链领域知识图谱应用方案标准化的需求。

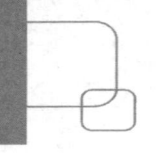

案例2：基于知识图谱的设备故障智能维修决策实践

随着电力输电网中电压等级的提高和交直流特高压混联电网格局的形成，电网安全生产面临严峻挑战。特高压电网存在诸多风险，国网浙江省电力有限公司创造性地提出"三型两网、世界一流"的战略目标，对安全生产提出了更高要求。以110kV及以上交流变压器、断路器、GIS、电流互感器为主的电网主设备的安全运行是安全生产的重中之重。设备故障案例完整记录了不同阶段设备故障信息，在同类设备故障处理时具有较高参考价值。挖掘和处理故障案例信息对提高设备本质安全水平、保障安全生产具有重大意义。目前，国网浙江省电力有限公司已搜集整理了上千份设备故障案例，但未被有效利用，自然语言信息的提取、表示、分析尚存在一些问题需要解决。为解决这些文本数据信息无法被充分利用的问题，本案例基于自然语言处理和知识图谱技术，为指挥和检修人员提供智能辅助决策，提升问题处置能力，实现智能信息检索和推荐来帮助设备、线路异常监测、故障诊断，以及处置后的设备再评价。

1. 案例基本情况

1.1 企业简介

1.1.1 国网浙江省电力有限公司

国网浙江省电力有限公司（以下简称"电力公司"）是国家电网有限公司直属运行单位。在信息化建设方面，该公司以智能运检管控平台为代表，建立了集设备监视、流程管控、资源调配、人员评价、生产指挥于一体的新一代生产管理信息系统。该系统具备设备状态全景化、评价分析智能化、业务流程信息化、生产指挥集约化等特点。良好的软/硬件设施，以及大数据的积累，为基于知识图谱的设备智能管控高级应用打下了坚实的基础。

1.1.2 阿里云计算有限公司

阿里云计算有限公司（以下简称"阿里云"）持续在云计算、大数据和人工智能进行研究和实践，阿里云飞天（Apsava）曾获得中国电子学会科技进步奖特等奖。阿里云工业知识图谱团队致力于实现人与机器之间用自然语言进行有效沟通的各种理论和方法，包含自然语言处理核心技术，如分词、词性、句法、语义等多语言基础模块，以及情感分析、信息提取、机器翻译和机器阅读理解等技术的研究。本案例主要由阿里云工业大脑—工业知识图谱产品团队负责实施。

1.1.3 华北电力大学

华北电力大学团队隶属于新能源电力系统重点实验室和高电压与电磁兼容北京市重点实验室。新能源电力系统国家重点实验室于2011年3月由科技部批准建设，于2014年9月通过专家验收。华北电力大学团队自2014年以来获得国家级和省部级特等奖、一等奖、二等奖共十余项。在本案例中，华北电力大学团队参与了部分核心算法的研发与实施。

1.2 案例背景

随着电力输电网中电压等级的提高和交直流特高压混联电网格局的形成，电网安全生产面临

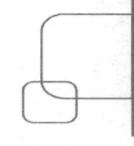

严峻挑战。特高压电网呈现"强直弱交"特征，直流故障下存在受端交流支撑不强、潮流转移能力不足、电压支撑弱等风险；特高压直流部分设备处于质量不稳定期，一旦发生故障，可能造成特高压设备损坏甚至着火，存在重特大设备事故风险；电力公司电网处于发展过渡期，跨区七大直流群输送容量大，部分输电通道密集分布，电网结构性风险突出。2019年，国家电网有限公司创造性地提出了"三型两网、世界一流"的战略目标，强调要进一步凸显其在保障能源安全方面的价值作用，强化安全生产管理，这对电力安全生产提出了更高要求。以110kV及以上交流变压器、断路器、GIS、电流互感器为主的电网主设备的安全运行，是电力公司安全生产的重中之重。

设备故障案例完整记录了设备故障现象、处理过程、解决措施等不同阶段的设备故障信息，包含了丰富的设备质量问题信息及专家处理经验，在同类设备故障处理时具有较高的参考价值。通过对设备故障案例信息进行挖掘和处理，可以加快设备故障的处理进度，发现同类设备潜伏异常或缺陷，对提高设备本质安全水平、保障公司安全生产具有重要意义。

目前，电力公司已搜集整理了上千份设备故障案例，这些案例一般以文本形式存储在纸质或电子媒介中，在信息表达时采用自然语言进行描述。然而，自然语言信息的提取、表示、分析尚存在一些问题需要解决。一是信息准确提取技术的难度较大。由于专业特点与编写人员风格不同，故障案例所用词汇俗称、简称较多，故障处理中活动繁杂，且各活动间往往存在多层嵌套关系，对实体、关系的准确抽取技术难度大。二是缺乏面向复杂逻辑的有效知识表示方法。常用的知识表示方法有产生式表示法、逻辑表示法、知识图谱表示法等，但均具有一定的局限性，单一的知识表示方法无法独立完成故障处理信息的复杂逻辑关系知识表示。三是知识应用技术与运检管理业务融合模式尚不清晰。智能问答是目前知识应用的重要方式，但智能问答的效果与提问者的问题关注点、知识背景直接相关，如何建立基于知识图谱与智能问答技术的主设备智能诊断与运检策略辅助决策体系尚待进一步探索。

为解决故障案例、处置方案、规范、导则、标准、科研论文等海量文本数据信息无法充分利用的问题，本案例基于自然语言处理和知识图谱技术，将过去存在于文件和专家大脑中的方法和经验沉淀到设备运维知识库中。当设备出现故障和缺陷时，能够为指挥和检修人员提供智能辅助决策，提升问题处置能力，实现智能信息的检索和推荐，便于进行设备、线路异常监测和故障诊断，以及处置后的设备再评价。

1.3 系统简介

基于知识图谱的设备故障智能维修系统（以下简称"系统"）主要采用文本特征提取技术、知识发现技术及智能问答技术。文本特征的有效、准确提取是实现知识图谱的基础和关键环节，文本特征提取技术主要包含本体构建技术、基于深度学习的信息自动化抽取、多源异构信息融合。知识发现技术可以实现信息间的关联分析，主要包含规则构建与执行、知识挖掘与发现及数据/知识质量评估与治理。智能问答技术可实现用户（电网运维人员）与已有知识图谱的问答交互，主要包含特征标签分析、图搜索及智能问答引擎。系统的整体架构如图1所示。

系统中的数据源包含设备台账数据、状态监测数据、缺陷描述文本、故障案例报告、手册、标准、导则、规范、处置方案、科研论文等海量文本数据信息。

系统中面向电力领域的专业文本，基于改进的语言模型、信息抽取算法，提出了适用于电网主设备的文本特征提取技术，解决了电力领域文本中专业俗称多造成的文本精确识别问题，实现了电力行业常见文本高精度语义分层与去重，以及文本有效信息的高效提取。

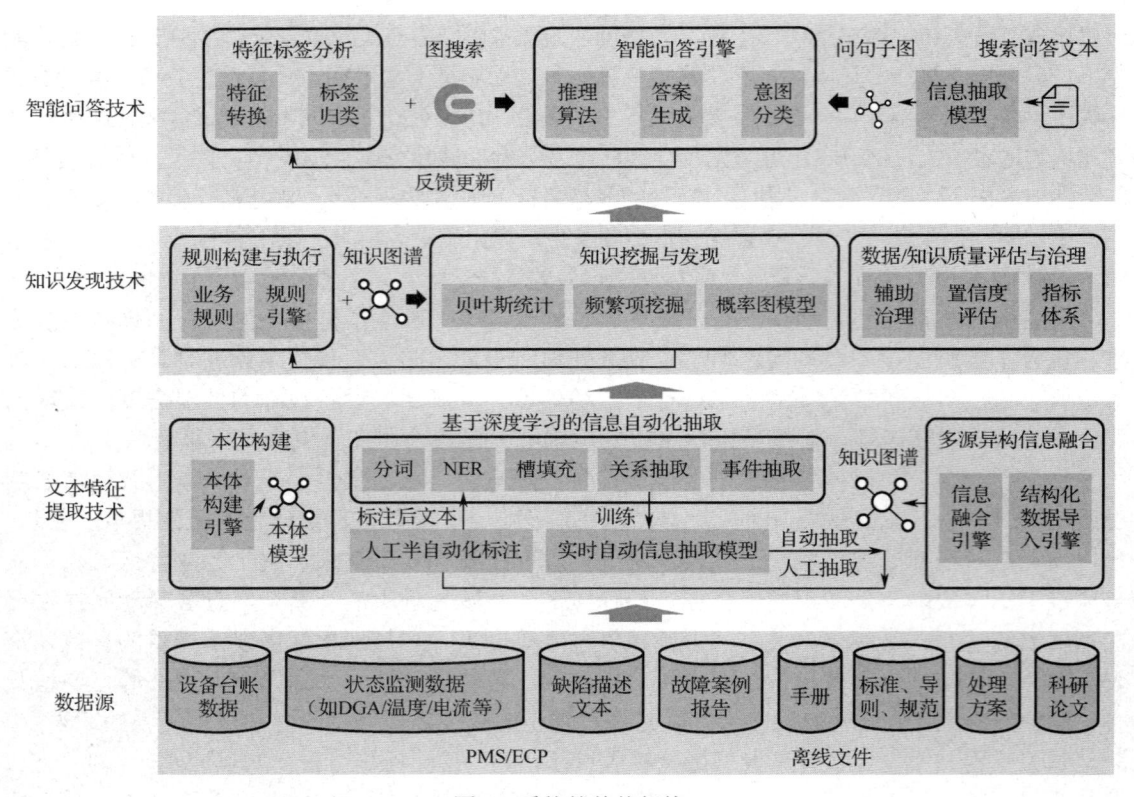

图 1　系统的整体架构

知识发现技术实现了基于规则引擎和知识发现的信息提取与表征，提升了电网主设备中电力文本的故障机理与原因抽取准确率，构建了主设备故障知识图谱，突破了故障机理与原因隐含在文本、数值、逻辑规律及复杂公式中难以提取的瓶颈。

智能问答技术建立了基于知识图谱与智能问答技术的主设备智能诊断与运检策略辅助决策体系，推动了电网主设备质量信息分析与故障诊断智能化，建成了设备、线路异常智能监测软硬件系统，实现了对不同故障现象的智能化运检的辅助决策。

2. 案例成效

2.1 图谱规模

针对 6 类主要的电力设备，系统包含 1800 多篇文档，生成建立知识图谱的实体约 7 万个、关系约 4 万条。

2.2 响应指标

在硬件资源充足且索引合理的情况下，系统可以实现亿级节点及边规模的多维度查询。在 5 层关联查询范围内，在返回结果集大小一定的情况下（一般小于 1000 条），可实现毫秒级返回。对于复杂的子图匹配场景，根据不同的召回策略和精排策略，系统的性能表现有所不同。而当一般匹配规模在 300 个子图以内时，可实现秒级返回。

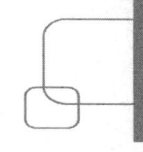

2.3 应用效果

（1）核心业务类 NER 算法 F1-score=80%，其中，设备类 NER 算法 F1-score=85%。
（2）工业指标、数值与时间类 NER 识别算法 F1-score=90%。
（3）实体链接算法 F1-score=88%。
（4）属性值抽取算法&属性值推理算法：top5 属性值抽取 F1-score=70%；状态属性推理 F1=82%。
（5）故障文本分类算法 F1=91%。
（6）故障诊断问答 TOP3 的准确率为 86.20%

3. 技术路线

3.1 系统架构

系统的主要工作流程：首先，通过分析电网主设备（110kV 及以上交流变压器、断路器、GIS、电流互感器等一次设备）的质量信息数据，对海量非结构化的文本数据中包含的词、语法、语义等信息进行标识、理解和抽取，挖掘其中存在的知识、规律；通过文本数据特征提取技术，提取文本数据中设备参数、地点、时间、原因及处理措施等关键信息的文本特征。其次，通过电网设备故障类信息关联分析技术，融合知识网络与规则引擎，完成质量信息知识图谱的建立、关联分析和原因推荐。最后，通过电网主设备故障类事件智能问答技术，完成电网主设备质量事件特征标签分析，并实现人机间的智能交互问答。

3.2 技术路线

该系统依托于电网系统中已有的数据基础与数据处理能力，对设备故障智能维修系统所依赖的结构化与非结构化数据分别进行采集、存储。

结构化数据主要包括电网设备台账数据、电网设备位置坐标数据、电网运行数据、在线监测数据、气象预报数据、雷电监测预警数据、山火监测预警数据、覆冰预警数据、台风预报数据等。

非结构化数据主要包括设备检修规程、故障案例库报告、设备出厂检测报告、现场试验检测报告、现场巡视记录、离线试验报告、设备入网检测报告、全过程技术监督报告等，数据来源包括电网生产管理系统、智能运检管控平台、移动作业、离线导入等。

3.2.1 结构化数据导入

基于提前设计好的设备本体，借助结构化数据导入工具（D2R），通过数据源、表名、实体、关系等字段的配置，将结构化数据自动转换为图结构形式的数据结构，并存储在图数据库中。结构化数据导入具体包括以下环节。

（1）实体映射配置。用户选择已连接的某个数据源的某个数据表（一个实体节点只能对应一个表的某一个字段），并选择图谱节点中的某一个节点作为目标节点，两者配对映射，支持数据过滤筛选。实体映射如图 2 所示。

（2）关系映射配置。数据表选择方式与实体相同，关系的映射为边的映射配置，支持对边的属性映射配置。关系映射如图 3 所示。

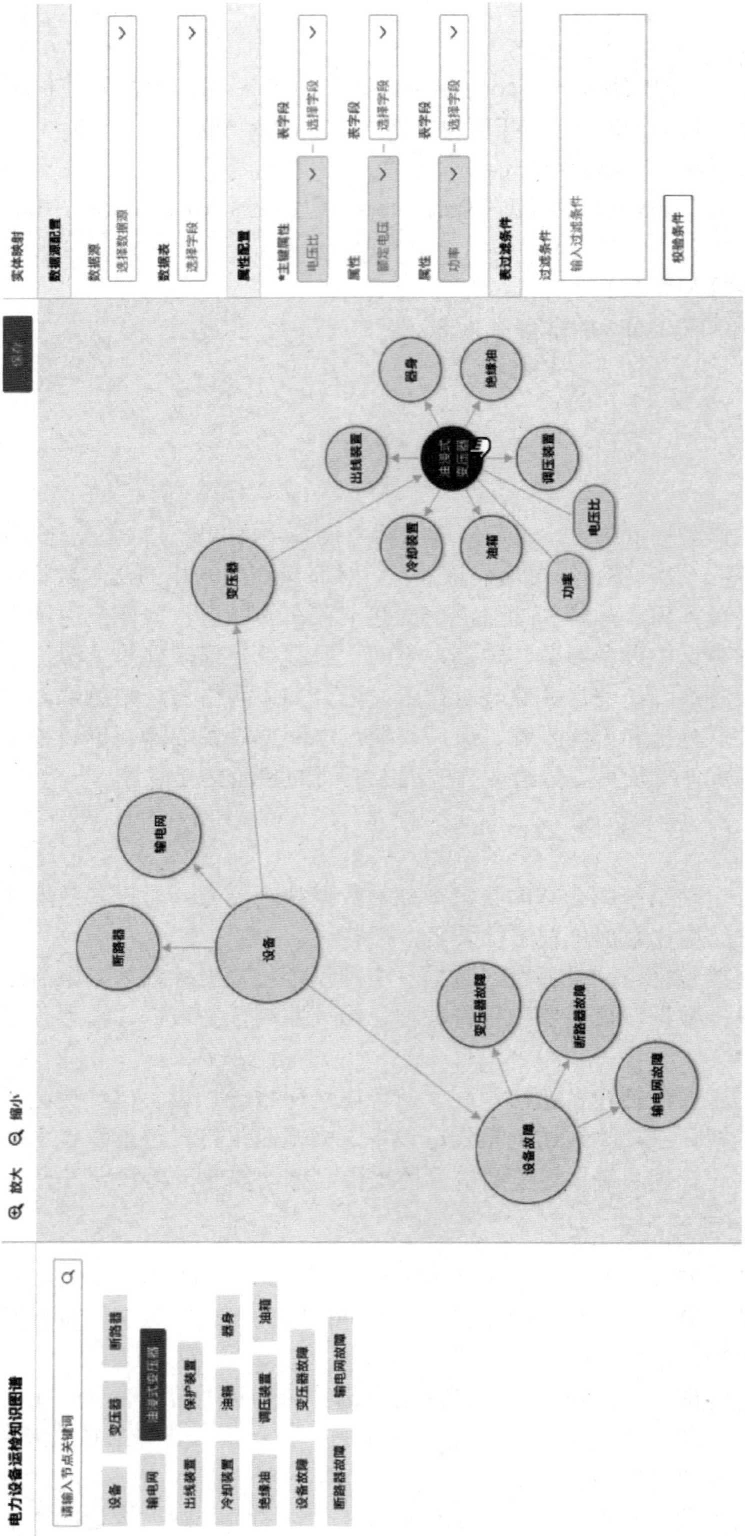
电力设备运检知识图谱
请输入节点关键词
设备
变压器
断路器
输电网
油浸式变压器
出线装置
保护装置
冷却装置
油箱
器身
绝缘油
调压装置
设备故障
变压器故障
断路器故障
输电网故障
放大
缩小
保存
电压比
功率
实体映射
数据源配置
数据源
选择数据源
数据表
选择字段
属性配置
*主键属性
表字段
属性
额定电压
表过滤条件
过滤条件
输入过滤条件
校验条件

图 2　实体映射

第7章　智能电网领域案例

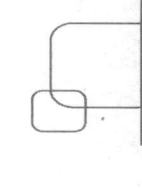

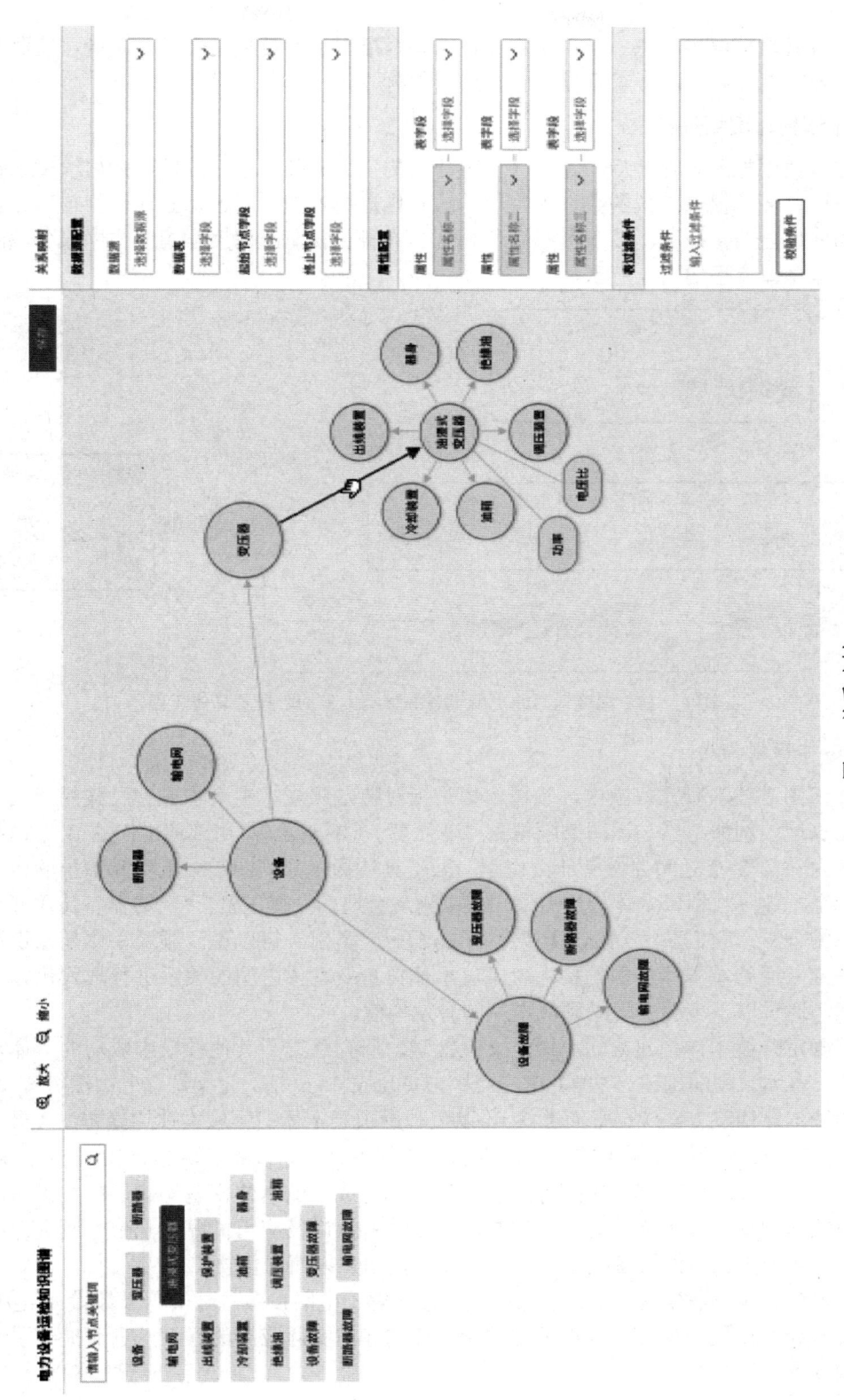

图3　关系映射

105

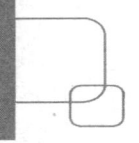

（3）查看数据同步状态。当用户完成数据映射配置后，可提交运行，系统可监测数据同步完成进度和执行状态，并查看导出后的图谱实例。

3.2.2 非结构化数据处理

在完成数据导入与存储后，需进一步对非结构化数据部分进行处理，为后续知识挖掘、分析、应用等环节提供有效的数据支持。非结构化数据处理主要包括本体模型构建、基于深度学习的信息自动化抽取、多源异构信息融合3个部分。基于深度学习的电网设备故障类文本抽取技术总体流程如图4所示。

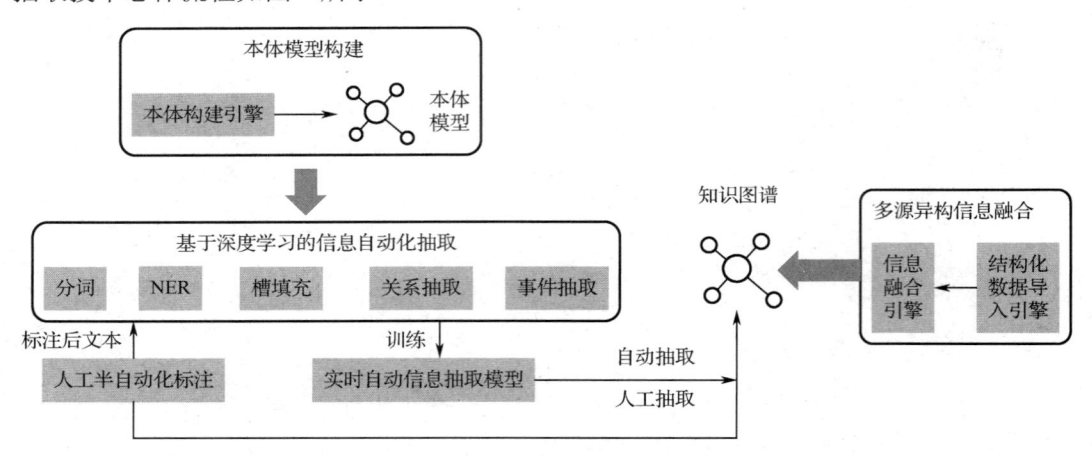

图4 基于深度学习的电网设备故障类文本抽取技术总体流程

1）本体模型构建

在知识图谱技术研究范围内，领域本体是指对特定领域之中某套概念及其相互之间关系的形式化表达。例如，当知识图谱刚得到"变压器""断路器""局部放电"这3个词组的时候，会认为它们3个之间并没有什么差别，为了具体构建知识图谱中上层和下层的概念，需要生成一个本体。当领域本体构建后，知识图谱就会明白"变压器""断路器"其实都是电网主设备下的分支，它们和"局部放电"并不属于一个类别。可以说，领域本体是知识图谱的骨架和基础，而领域本体模型的构建就是对本体自身及本体之间的关系进行形式化描述。为此，本案例通过以下步骤实现了领域本体的有效构建。

（1）确定开展本体构建方法。通过文献搜索，研究总结了其他领域中成功的本体构建方法，如基于本体工程的构建方法（IDEF-5法、Methontology法、骨架法、七步法等），基于叙词表的领域本体构建方法（自下而上法），以及基于顶层本体的领域本体构建方法（自上而下法），掌握了各种本体构建引擎的总体流程和操作规则。电力设备领域本体如图5所示。

（2）针对领域本体构建引擎进行评价。基于现有成熟的本体模型构建了相关引擎，本案例中选取生命周期、技术成熟度、方法难度、方法特点以及应用情况这几个方面进行比较，分析得到了各方案在电网设备故障类信息本体模型构建方面的优缺点。

（3）优选本体模型构建引擎。本案例中综合考虑了电网设备故障类信息体量大、类型多、价值密度低和变化快的特征，重点关注领域本体构建与实际应用的联系，进而提出了适用于电网的领域本体模型构建引擎。

第 7 章　智能电网领域案例

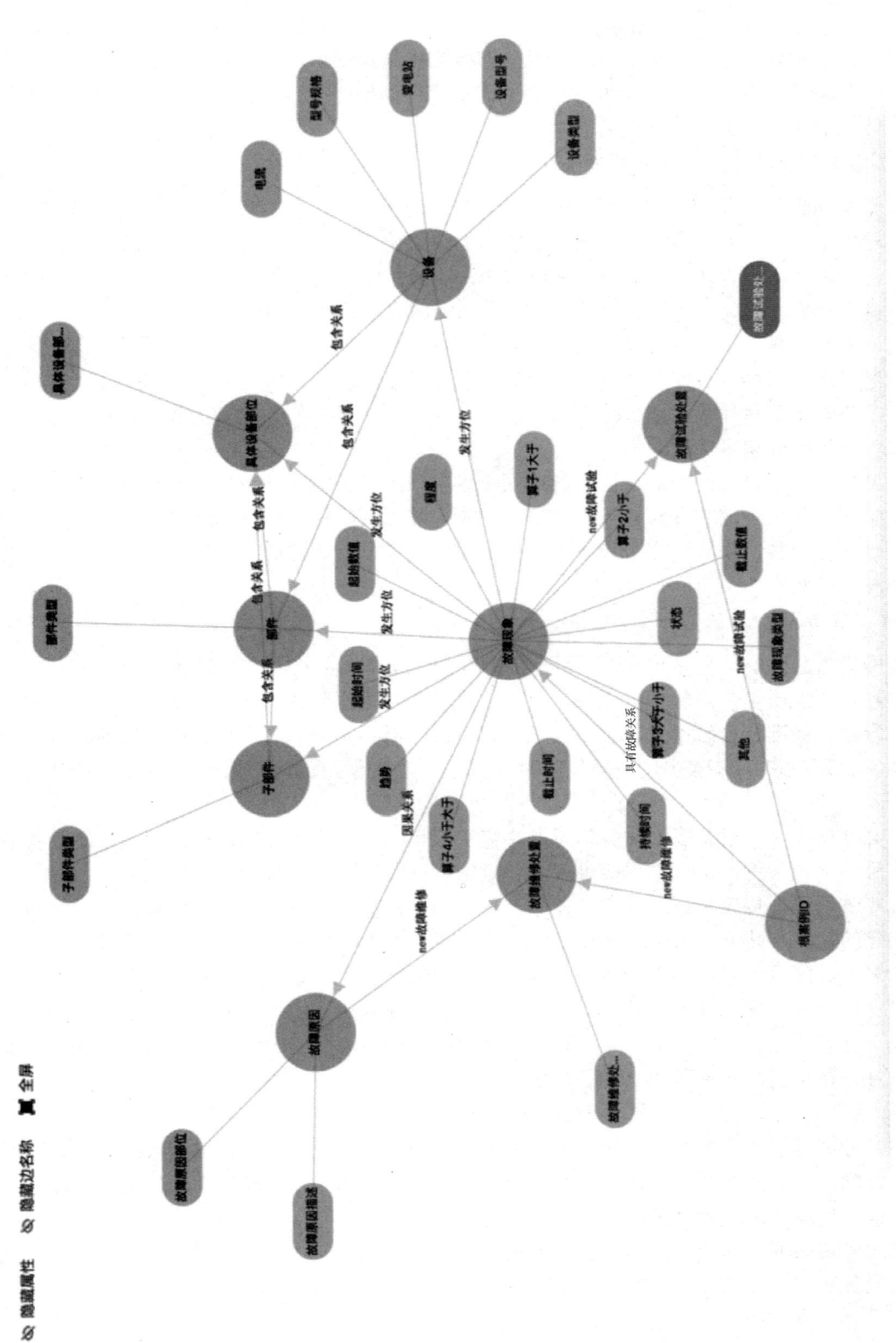

图 5　电力设备领域本体

注：此图为截屏图，只为读者展示本体构建的效果，故图中文字保留原样，未做处理。

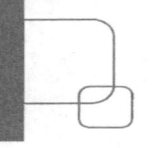

（4）通过制定本体评价标准对本体模型的概念体系及逻辑结构进行了评价和修正，并由领域专家和现场运维人员从专业角度对模型进行了审核与评价，最终形成了电网设备故障类信息本体模型构建方法（见图6）。

2）基于深度学习的信息自动化抽取

大量电网设备故障相关的信息是以故障案例、处置方案、规范、导则、标准、科研论文等文本形式呈现的，而文本内容是人类所使用的自然语言，缺乏计算机可理解的语义。基于半自动化标注的电网设备故障类信息抽取与知识图谱构建技术如图7所示。本案例中利用文本特征提取技术，构建文本语言与计算机语言间的联系，具体步骤如下。

（1）对故障案例、处置方案、规范、导则、标准、科研论文等文本数据进行广泛收集。本案例通过多部门协调合作，收集、整理了大量电网设备故障类相关文本。

（2）将基于信息抽取的知识图谱构建过程分为4个主要步骤，分别为实体识别、句子切分、事件单元抽取和事件关系推理。

（3）本案例结合电网企业已建立的电网主设备缺陷分类标准、设备状态评价导则、状态检查、维修试验规程等文本人工标注结果，完成了对信息抽取模型的修正和评估。

通过上述步骤，最终建立了设备质量信息实体、关系、事件的实时自动抽取模型。半自动化标注工具概览如图8所示。

3）多源异构信息融合

电网设备故障类信息往往是以多种形式并存的，既有大量的结构化数据，如电压、电流、电能损耗、电能质量信息的数据库等，还有大量的非结构化数据，如故障案例、处置方案、规范、导则、标准、科研论文等。在构建知识图谱时需要充分考虑多源异构数据的融合。为此，本案例通过以下步骤实现故障信息融合。基于深度学习的电网设备故障类信息融合如图9所示。

（1）开展电网主设备多源质量信息融合需求分析。本案例中通过调研掌握了电网设备故障类信息的来源和特点，并根据信息来源、时空特性等对信息表现形式进行了划分，如历史数据与实时数据，传感数据与社会数据等。本案例分析了各类表现形式的质量信息对于知识图谱构建的权重，并采用隶属度函数法提出了电网主设备多源质量信息融合需求。

（2）开展深度学习框架下的多源异构数据融合机制设计。基于信息融合需求，本案例构建了可泛化的深度学习框架，并对框架中使用到的特征变换、特征选择、特征分类方法进行了研究，有效构建了深度特征学习模型。考虑到机器学习模型的灵活性和异构数据融合自身的复杂性，在模型构建过程中分析了数据层融合、特征层融合、决策层融合和混合融合的输出效果。

（3）开展基于深度学习的电网设备故障类信息融合算法研究。本案例深入探索了共同训练、多核学习、子空间学习、概率依赖和迁移学习等融合算法的差异性，通过优化设计融合算法，最终形成了信息融合引擎。

通过上述研究，面向电网主设备的结构化、半结构化、非结构化数据，实现了基于异构数据的设备质量信息融合。

第 7 章 智能电网领域案例

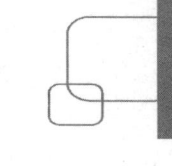

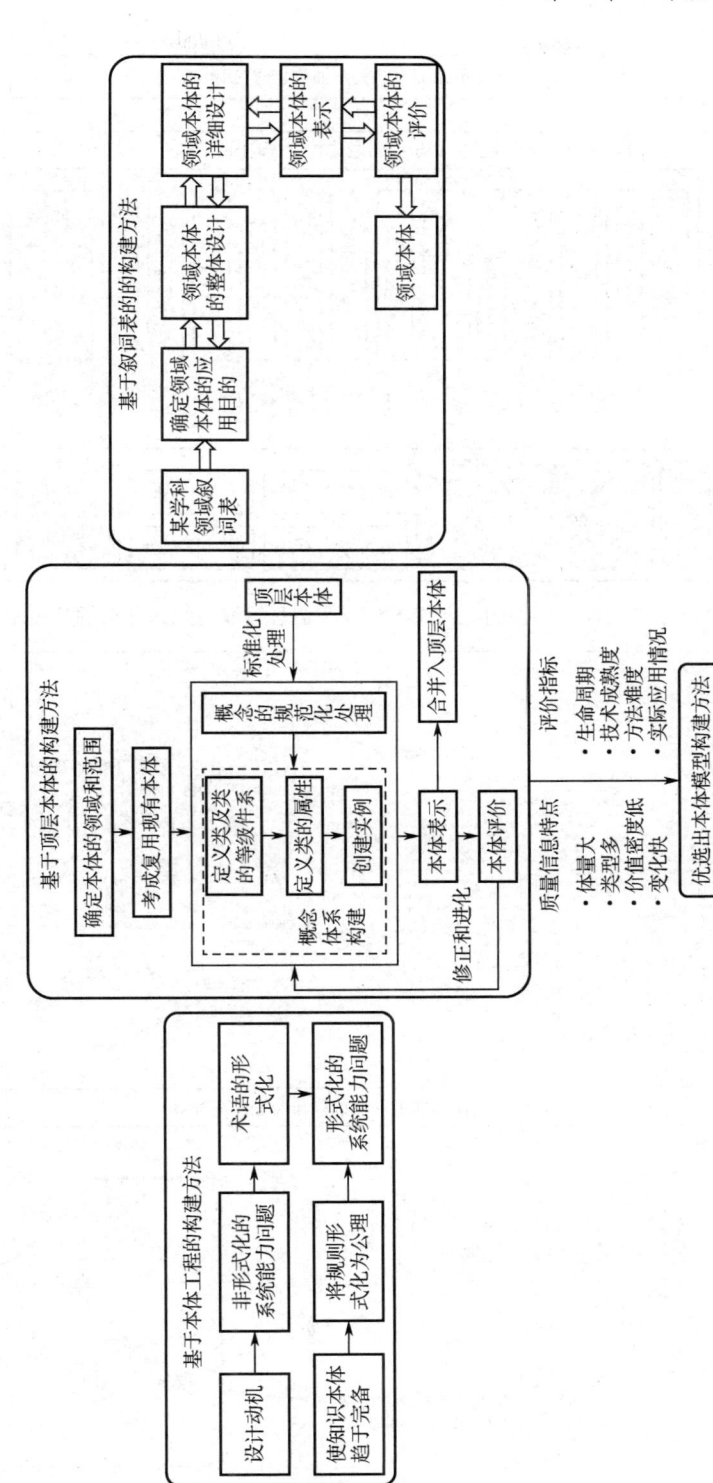

图 6 电网设备故障类信息本体模型的构建方法

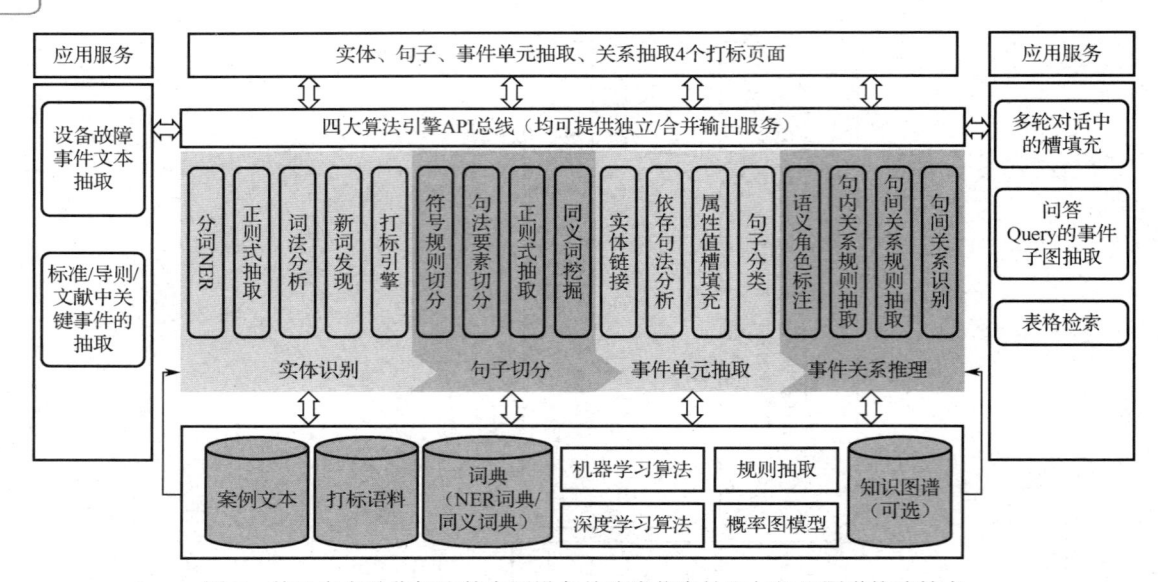

图 7 基于半自动化标注的电网设备故障类信息抽取与知识图谱构建技术

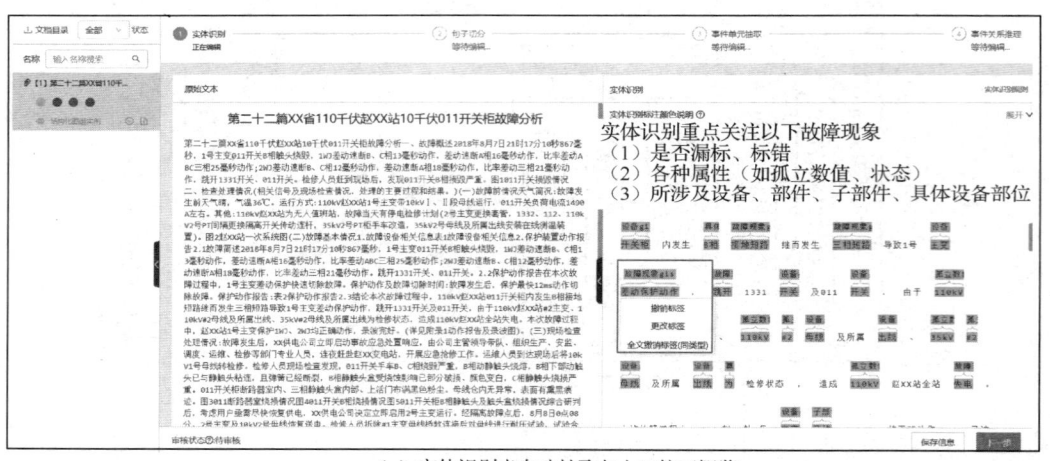

(a) 实体识别半自动抽取与人工校正概览

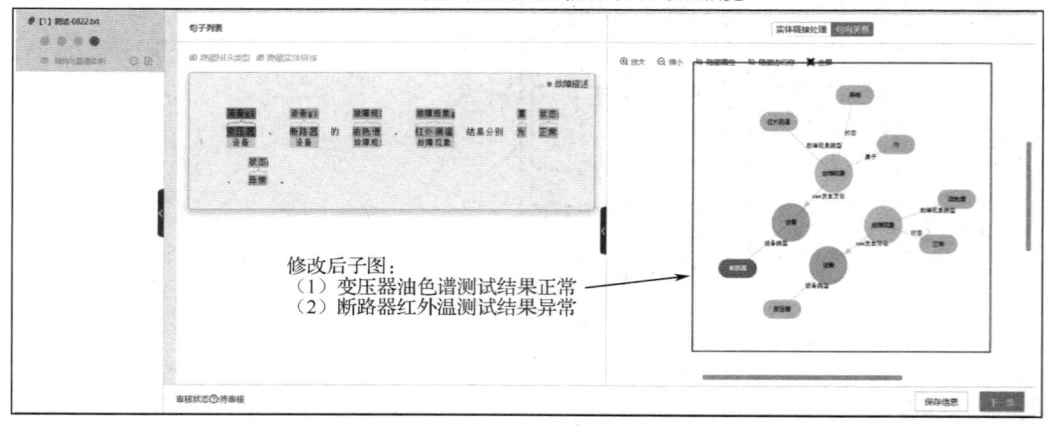

(b) 事件关系半自动抽取与人工校正概览

图 8 半自动化标注工具概览

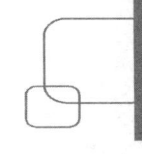

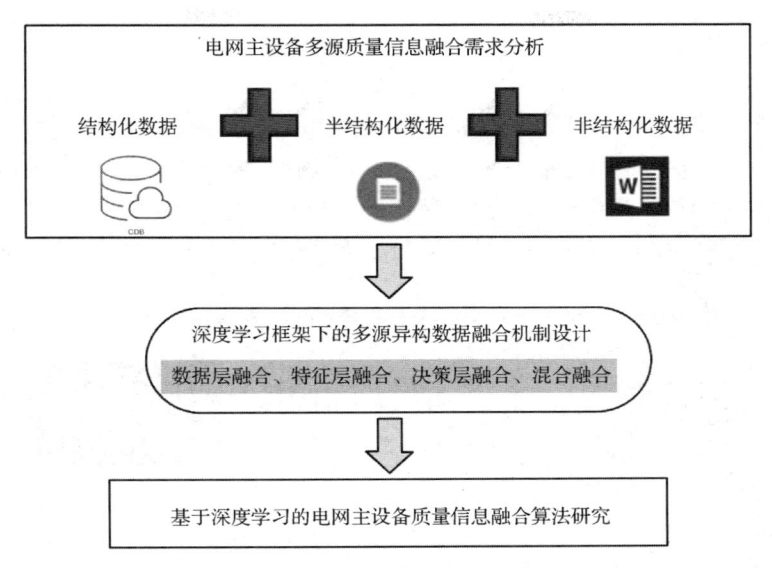

图 9　基于深度学习的电网设备故障类信息融合

3.2.3　电网故障设备类知识的挖掘

在利用文本特征提取技术完成电力文本数据中设备参数、地点、时间、原因及处理措施等关键信息的提取后，本案例基于知识挖掘方法，建立信息逻辑关系；基于电网设备故障类信息关联分析技术，融合知识网络与规则引擎，成功实现了质量信息知识图谱建立、关联分析和原因推荐。融合知识网络与规则引擎的变电设备故障类信息知识发现流程如图 10 所示，主要包含规则引擎构建、知识发现、数据质量评估和数据治理。

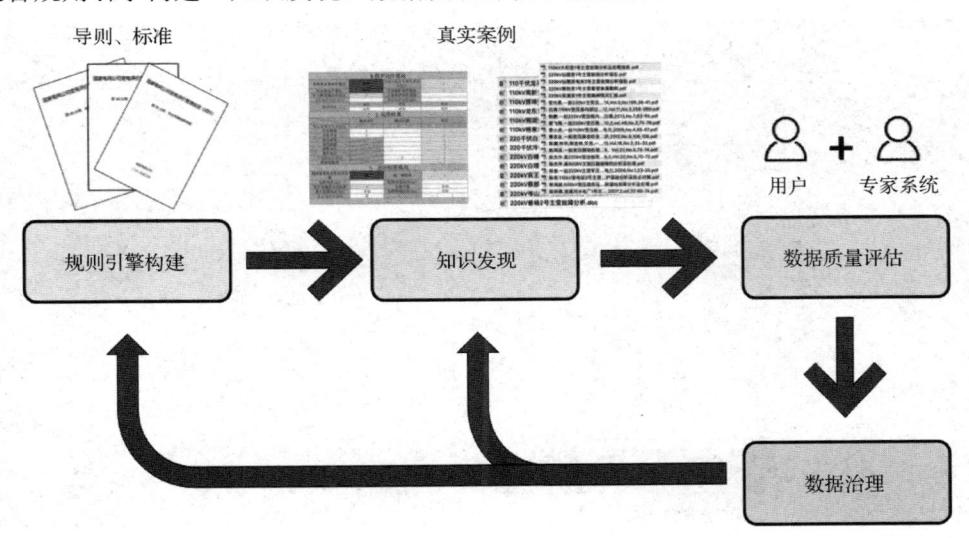

图 10　融合知识网络与规则引擎的变电设备故障类信息知识发现流程

3.2.4　知识建模与问答

为形成可部署在电网主设备管控系统中的软件模块，本案例利用设备质量信息文本实现了基于数据挖掘的电网设备故障类事件智能问答，搭建了实用化、可交互的电网设备故障类事件智能问答软件原型，为电力公司的设备技术管理及泛在电力物联网基础建设提供了数据支撑。基于数据挖掘的电网设备故障类事件智能问答流程如图 11 所示。一是利用数据挖掘技术对电网设备故障类事件数据进行特征标签提取与标签归类分析，实现对事件样本的数字化特征精准描述。二是基于特征标签与图搜索形成对电网设备故障类事件的智能问答方法，构建完整的电网设备故障类事件智能问答引擎，实现用户（电网运维人员）与已有知识图谱的问答交互与反馈更新。面向电力维修工程师的故障问答辅助系统界面如图 12 所示。

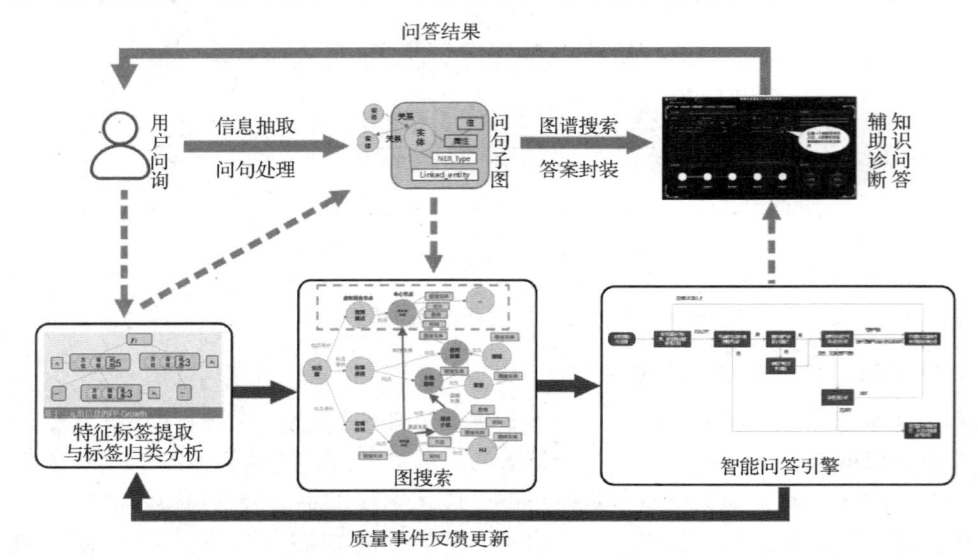

图 11　基于数据挖掘技术的电网设备故障类事件智能问答流程

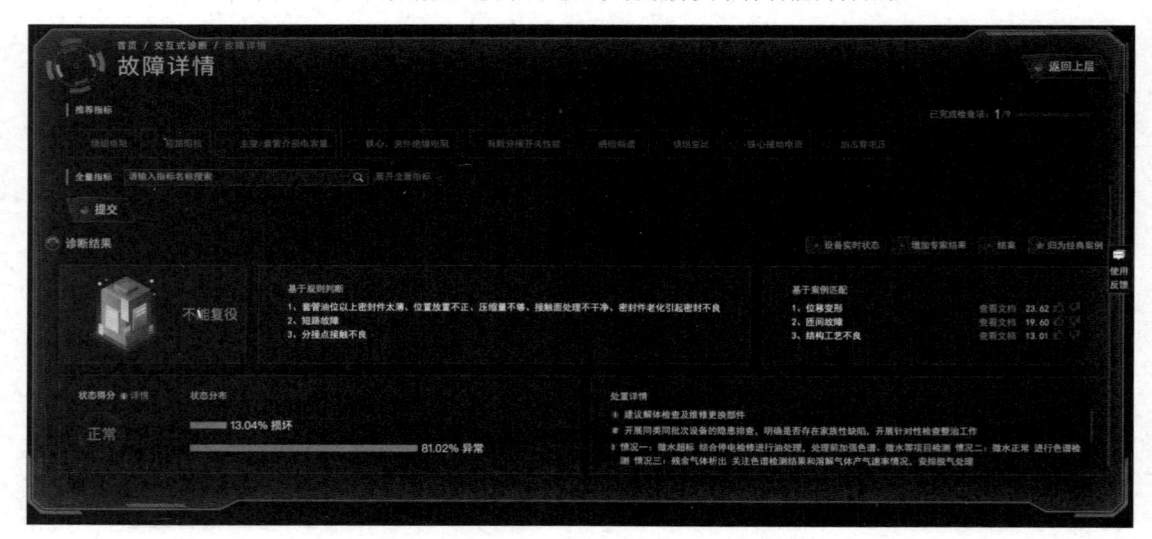

图 12　面向电力维修工程师的故障问答辅助系统界面

数据挖掘技术是通过处理大量的数据，并从中抽取有价值的潜在信息的一种新的数据分析技术。本案例中的数据挖掘技术是指前述步骤中基于大量电网主设备故障与缺陷文本，相关标准、规范、导则及历史质量事件案例报告等的数据挖掘技术。

为实现电网设备故障类信息知识库在应用层上的开发与集成，推动主设备质量事件智能

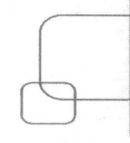

问答系统的软件化、终端化应用，需要提高数据挖掘的效率和准确性，将大量电网主设备历史质量事件作为样本，对故障判定与诊断的知识挖掘模型进行训练。本案例在对已有的知识图谱进行知识挖掘过程中，对众多质量事件样本中提取的实体进行了特征转换与标签归类，准确地根据故障现象判断故障原因并提出了相应的建议措施。

当电网中出现新的主设备质量事件时，运维人员通过文本对事件中的故障现象进行描述。本案例中的智能问答系统（见图13）通过基于预先构建的知识图谱及质量事件的特征标签分析和图搜索算法，寻找故障特征所对应的标签，分析故障现象背后的故障原因并提出建议措施。

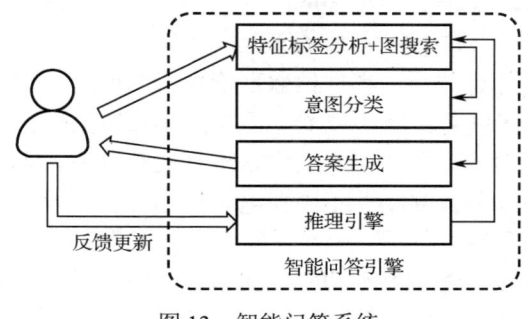

图 13　智能问答系统

4．案例示范意义

本案例分析了电网设备故障类信息数据，对海量非结构化的文本数据中包含的词语、语法、语义等信息进行标识、理解和抽取，建立了文本特征提取模型，实现了多模型案例知识汇聚，避免了知识断层；掌握了文本数据特征提取技术、电网设备故障类信息关联分析技术，深度挖掘了文本中存在的知识、规律，构建了知识网络与规则引擎，建立了质量信息知识图谱；构建了电网设备故障类事件智能问答体系，实现了质量事件特征标签分析和可视化智能问答，为后续生产运行和状态评估提供了重要支撑。

1）提升设备安全水平

本案例基于自然语言处理技术，对海量文本进行智能分析，构建 AI 知识库，并利用人工智能将过去存有文件和专家大脑中的方法和经验沉淀到运检 AI 大脑中。在变压器等设备出现故障和缺陷时，该知识库给指挥和检修人员提供智能辅助决策，提升工作人员的问题处置能力，提升设备的安全性。

2）节省数据资源

本案例分析了电网设备故障类信息数据，对海量非结构化的文本数据中包含的词、语法、语义等信息进行标识、理解和抽取，建立了文本特征提取模型；研究了文本数据特征提取技术、电网设备故障类信息关联分析技术，挖掘了文本中存在的知识和规律，构建了知识网络与规则引擎，建立了质量信息知识图谱，从而解决了常规结构数据分析无法对质量信息数据进行分析的问题，节省了大量宝贵的数据资源。

3）降低运维成本

目前，运检作业过程还无法实现通过智能信息检索和推荐进行设备、线路异常监测，以

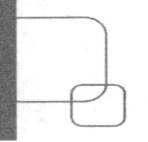

及故障诊断。而本案例在输变电专业中应用自然语言处理构建 AI 知识库,实现了多源数据的融合,可以模拟人脑、替代专家,给普通运检人员指出潜在的故障风险,提供故障案例,并将案例进行可视化形象显示,给出后续处置建议;减少了决策周期,提高了决策准确率,实现了针对性检修,节省了停电时间,降低了运维成本,提高了设备利用率和可靠性。

5. 展望

在技术方面,需要进一步提高信息抽取的准确率,以及信息的获取速度。在产业上,需要覆盖更多类型的电网设备,进一步完善系统并成为示范应用。

(1)设备质量信息实体、关系、事件抽取准确率仍需要进一步提高。应对文本特征提取技术进行修正改进,进一步完善自修正技术,逐步提升自动化抽取的比例与准确率。

(2)所完成系统仅可对变压器等电网主设备进行故障诊断,未能覆盖全部种类电网设备(如断路器、线路等)。后续须建立涵盖不同变电主设备质量、设备状态管理和设备处置相关规定的设备质量信息规则引擎。

(3)提高信息获取速度,缩短系统响应时间,加速完成故障类型判断与处置方案推荐,深化知识体系的沉淀、融合与应用,最终实现运检质量与效率的提升。

(4)将基于知识图谱分析的主设备智能诊断与运检策略辅助决策系统在电网公司内形成示范应用,并根据应用反馈信息对系统进行完善。

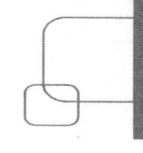

案例3：电力行业基于知识图谱的认知理解知识问答实践

伴随电网规模不断扩大、电压等级不断升高、电网业务不断扩宽，急需加强制度建设和标准管理，进一步提升企业智能化管理水平。通过智能搜索技术，实现对员工获取制度标准需求的快速响应和智能推送；通过知识图谱技术，形象描述知识资源，并挖掘、分析、构建、绘制和显示知识及它们之间的相互联系；通过深度学习技术，实现对管理内容的科学研判和智能决策。在业务层面，不仅要实现对业务流程制度标准全面的支持，更要实现智能分析、主动推送和制度标准资源信息的共享，加强不同业务板块之间制度标准的关联分析，为业务操作的准确性提供决策依据。在管理层面，通过项目的建设，大幅度提升制度标准在公司治理体系中的作用，助推公司管理能力质的改善，推动管理创新思路的飞跃。

1. 案例基本情况

1.1 企业简介

国家电网有限公司（以下简称"国家电网"）企业管理协会是国家电网直属单位，负责国家电网内部电力行业制度标准的制定、发布、管理与培训等工作，对电力行业制度标准与规范的精益化管理、精准化服务有着强烈的需求。

阿里云创立于2009年，是全球领先的云计算及人工智能科技公司，致力于以在线公共服务的方式，提供安全、可靠的计算和数据处理能力，让云计算和人工智能成为普惠科技。工业知识图谱团队致力于实现人与机器之间用自然语言进行有效沟通的各种理论和方法，包含自然语言处理核心技术，如分词、词性、句法、语义等多语言基础模块，以及情感分析、信息提取、机器翻译和机器阅读理解等技术的研究。本案例主要由阿里云工业大脑—工业知识图谱产品团队负责实施。

北京中电普华信息技术有限公司（以下简称"中电普华"）成立于2004年年初，是专业致力于电力及其他行业集团型企业信息化建设的信息技术产品和服务提供商。中电普华深入理解中国电力企业管理特点和业务知识、业务流程，以软件技术、现代企业管理理念和电力行业专业知识为核心，为国家电网及其他电力企业提供信息化技术和行业应用软件整体解决方案，具有多年面向集团型企业的应用软件研发与实施运维的成功经验。中电普华参与了本案例的案例集成与落地工作。

1.2 案例背景

电力行业存在多口径、大规模、常更新的各项制度标准，这些制度标准是员工日常作业的重要信息。传统依靠员工对业务知识、经验的记忆和文档查阅，难以适应未来泛在电力物联网实时、在线、海量数据处理的需求，必须改变知识传承和使用的模式。

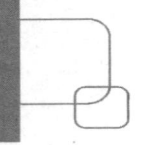

目前，国家电网企业标准制度协会对已发布的制度标准管理现状进行了现场调研和书面调研，涵盖国家电网各业务领域和各层级岗位。调研结果显示当前国家电网制度标准存在执行难、执行不好等突出问题。在内容方面，通用性不强、可操作性缺乏、协同性偏弱；在制度执行方面，查询检索不便捷、宣贯培训不到位、缺乏行之有效的执行方式；在监督检查方面，监督检查流于形式、问题反馈渠道不畅通等。针对上述问题，本案例提出了制度标准数据化、智能化管理的解决方案。将制度标准的具体条款与员工行为、管理流程、业务场景精确衔接和适配，为员工提供易获取、互动性强、学习效率高的知识平台，提升员工获取制度标准的便捷性和有效性，量化制度标准执行情况分析，使制度标准内化为员工的自觉行动，大力推动公司治理体系完善和治理能力提升，为国家电网"依法治企"提供数字化引擎。

1.3 系统简介

智能问答系统如图 1 所示。该系统的主要工作流程包括以下几个步骤。首先，通过对制度标准文档数据进行预处理，同时识别和抽取出独立要素（段落、图片、表格、公式等），形成规范的数据内容及上下文关系，用于后续的人工标注和 NLP 识别处理。其次，结合本体构建技术和知识抽取技术对海量非结构化的文本数据中包含的词、语法、语义等信息进行标识、理解和抽取相应的条款和制度标准，挖掘其中存在的规定和要求，提取条款中的关键文本特征，构建制度知识图谱。最后，通过电网制度智能问答技术，对用户输入的自然语言问句进行语义解析，理解关键诉求，结合知识库中的知识条款，实现人机间的智能交互问答。

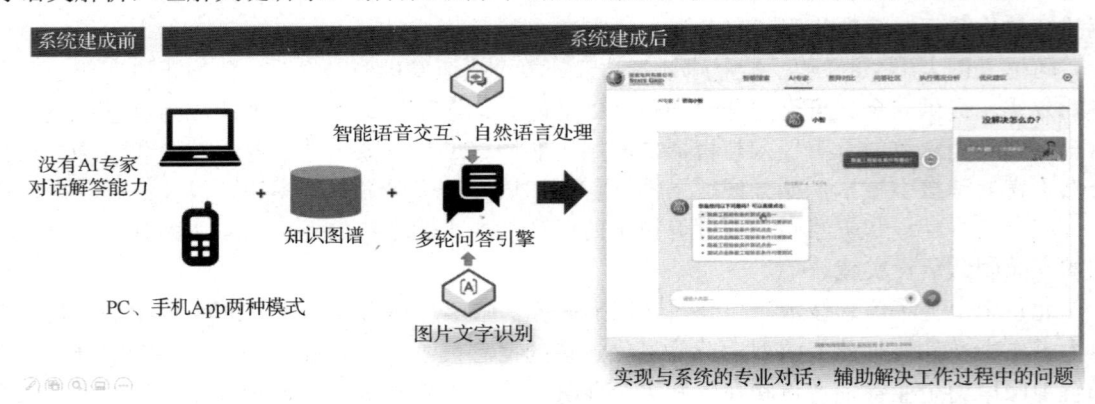

图 1 智能问答系统

智能问答系统中的知识生产模块对制度标准根据定义的图谱结构进行信息抽取并入库。抽取技术面向电力领域专业文本，基于改进的语言模型、信息抽取算法，适用于电网制度的文本特征提取，可以高效提取文本有效信息。

智能问答系统中的知识构建模块主要针对电力制度领域提供知识图谱构建的基础框架，提供包括基础部署环境、知识图谱本体构建管理、知识图谱抽取前端交互功能、知识图谱查询和计算服务、知识图谱存储，后台的系统管理和调度运维服务等组件，为知识图谱生产、存储和查询计算提供支撑能力。

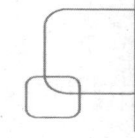

智能问答系统中的智能问答技术建立了基于知识图谱与智能问答技术的语义理解和智能搜索体系，推动了电网制度管理的智能化，可以通过结合对问题上下文语义的理解实现人机交互问答。

2. 案例成效

2.1 图谱规模

完成基于设备、流程、岗位和制度标准条款的知识图谱架构设计。共拆解匹配 102 类设备（节点 1556 个）、1330 项流程（节点 18000 个）、岗位 520 类并建立关联关系，将约 2000 余项制度标准条款拆解为规定 10 万余条、实体 130 万余个，并建立关系 300 万余条。

2.2 响应指标

在硬件资源充足且索引合理的情况下，智能问答系统可以实现亿级节点及边规模的多维度查询。在 5 层关联查询范围内，以及返回结果集大小一定的情况下（一般小于 1000 条），能实现毫秒级返回。对于复杂的子图匹配场景，根据不同的召回策略和精排策略，系统的性能表现有所不同，而当一般匹配规模在 300 个子图以内时，能实现秒级返回。

2.3 应用效果

该系统含有人工标注问题 29185 个。该系统建成后，供电检修公司组织检修班和电气试验班 2 个班组人员、共计 10 人对制度标准智能精益管理功能进行测试。测试结果显示，共计问答 1495 次，准确率为 81.5%。此外，来自 13 个不同省份的技术专家对该系统进行了测试，共收集测试问题 904 个，准确率为 80.8%。

3. 技术路线

3.1 电力制度领域知识本体构建

本案例通过以下步骤实现了电力制度领域知识本体的有效构建。

（1）创建类。如公司、部门、设备、岗位等。类之间可以定义为互斥关系。例如，国家电网属于公司，不能属于部门。类设计的原则包括独立性和共享性。前者指独立存在而不依赖特定领域，后者指所设计的类是可复用的。此外，本体的类应该尽量最小化。

（2）定义类之间的关系。如公司包括部门、公司包括岗位等。

（3）创建数据的属性。数据属性连接的是文本而不是实体。数据属性是叶子节点。

通过上述步骤，基于制度标准 Excel 数据结构，以及用户的查询使用需求分析，二者结合后，通过数据工程梳理，围绕规定名称、岗位、适用设备等制度标准核心概念，梳理制度标准概念及其关系，设计制度标准管理的图谱本体，实现本体的通用性和适用性等特性。国家电网企业管理协会制度标准本体如图 2 所示。

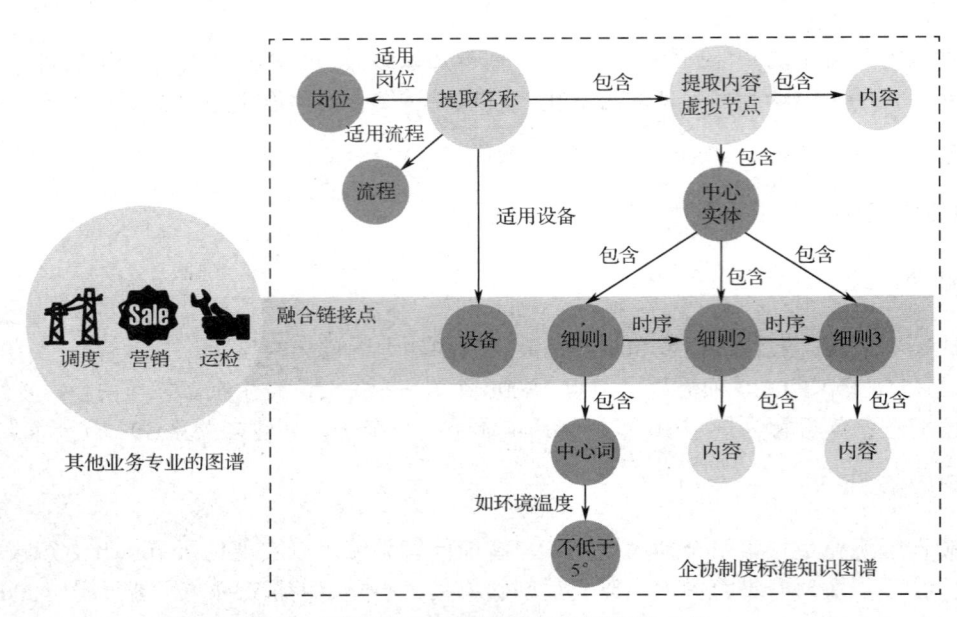

图 2　国家电网企业管理协会制度标准本体

3.2　电力制度领域知识生产

国家电网企业标准制度协会制度标准数据属于非结构化并夹杂半结构化数据，需要业务专家拆解得到中间状态的半结构化数据，通过知识图谱抽取功能进行抽取。抽取工作分为两个阶段：先期通过人工协助数据标注，沉淀数据，用于算法训练；算法提升后，后续逐步减少人工标注，通过系统来完成自动化抽取，最后数据经审核后入库。国家电网企业标准制度协会制度标准数据生产过程如图 3 所示。

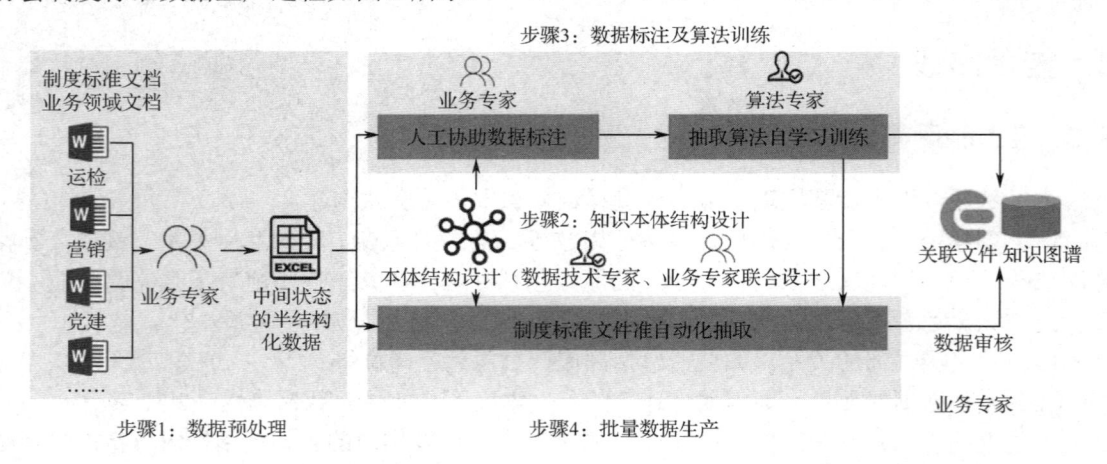

图 3　国家电网企业标准制度协会制度标准数据生产过程

对于非结构化数据源或者半结构化数据源，要先发布抽取训练任务，由管理员定义好抽取规则、抽取目标及抽取数据源，再以"众包"模式发布抽取训练任务给执行人，由执行人借助非结构化抽取工具，训练 NLP 相关抽取算法引擎，进而训练一套专项抽取算法模型，用于机器自动批量抽取数据。基于半自动化标准的制度类信息抽取与知识图谱构建技术如图 4 所示。

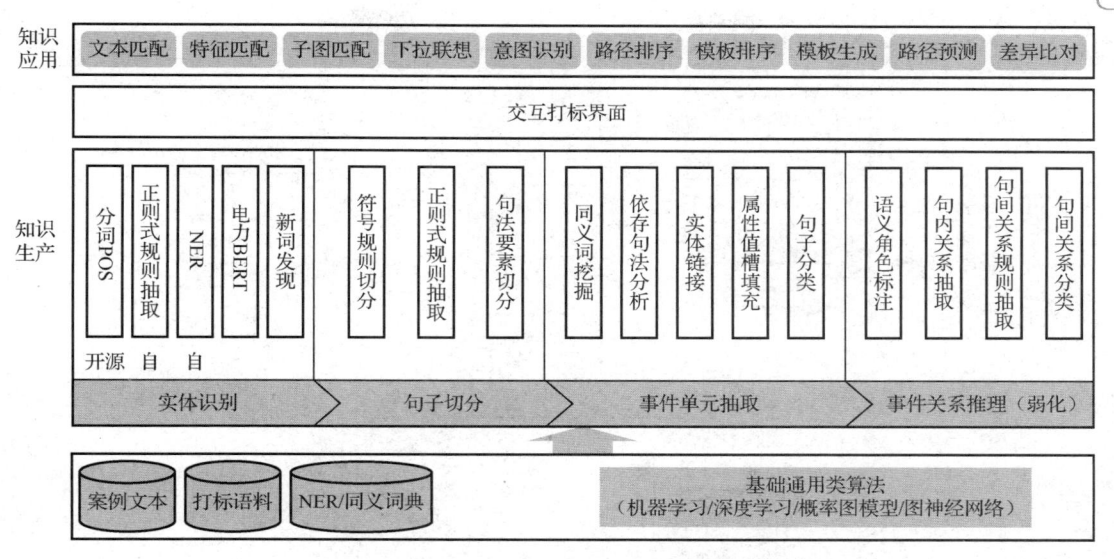

图 4　基于半自动化标注的制度类信息抽取与知识图谱构建技术

基于信息抽取的知识图谱构建过程主要分为实体识别、句子切分、事件单元抽取和事件关系推理 4 个步骤。

3.3　电力制度领域知识问答应用

本案例基于国家电网企业标准制度协会制度标准知识图谱，结合智能识别、自然语言处理技术，搭建起员工与制度标准之间友好交互桥梁，解决员工查阅不便、检索困难等痛点。一是实现员工对制度标准条款的查询。二是基于知识图谱建立制度标准条款与岗位、流程之间的关联关系，实现精准定位查询。图 5 为智能问答算法流程，员工可以通过语音、文字、图像等多种形式对制度标准进行精准查阅和学习。使员工与制度标准间的沟通更具形象化、人性化，为员工现场作业及业务工作开展提供辅助智能决策能力。

首先，问答系统利用语义解析在线抽取得到的问句的子图信息，并和文本信息相结合，然后对问句的大类意图进行判别，基于不同的意图在已有的知识图谱上对问句关键信息进行搜索，筛选可能包含答案所需的制度子图。搜索技术包括了交互式的文本匹配模型、篇章排序模型，倒排索引检索技术以及图结构的相似性匹配等。根据问句意图和知识图谱系统中专家的先验知识，给问句不同部分和不同的匹配方法分配了不同的权重和阈值。实现了问句语义在已有知识图谱中的准确匹配，从而获得了基于现有数据库的具有最高置信度的答案范围。

其次，问答系统通过意图和答案颗粒度的匹配程度，结合了知识问答系统和阅读理解模型为问答引擎提供了多层次的精确问答，前者完成了结构化制度条款的查询与问答，后者完成了更细粒度的细则级别的精确答案搜索。针对同一本制度标准条款，工作人员的问询意图可能不同，根据数据来源不同采用不同的路径寻找答案，机器阅读理解在此基础上，解答跟文本信息相关的问题。业务上，可以帮助业务人员从大量文本中快速聚焦相关信息，降低人工信息获取成本。具体做法为，基于第一步篇章排序的结果，研究构建 MRC 机器阅读模型，理解自然语言，从文档 / 段落中抽取一个连续片段，根据给定的上下文回答问题。机器阅读理解可以形式化为一个关于（文档，问题，答案）三元组的监督学习问题，研究聚焦在"片

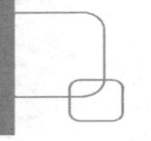

段抽取式"方法的机器阅读理解任务。

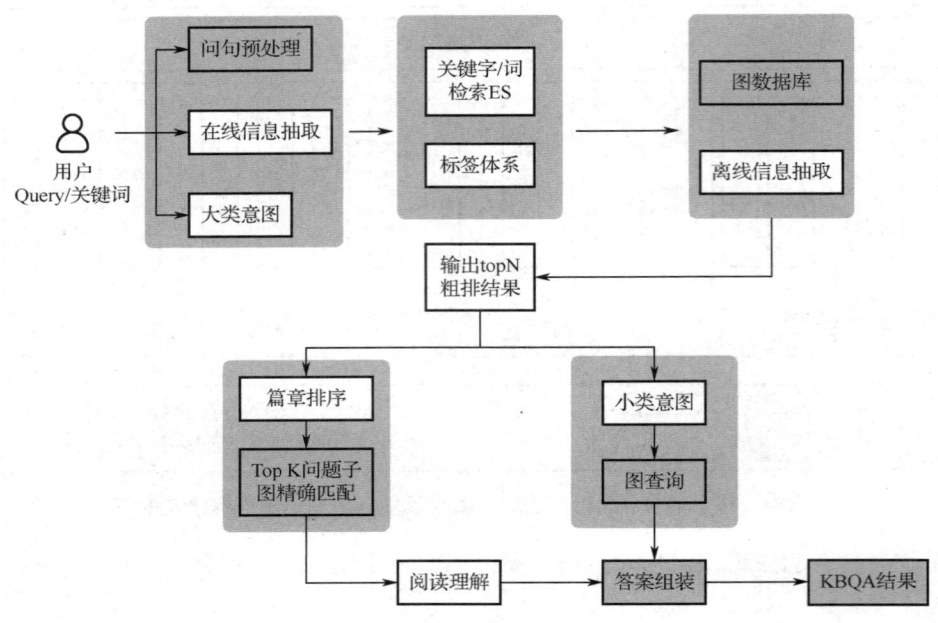

图 5　智能问答算法流程

最后，为不断修正和提升知识问答的准确率，在知识问答系统中引入反馈模型。通过收集用户对问题答案的相关性反馈，结合主动学习、在线学习等方法，本案例中智能问答系统可以不断调整算法参数和专家系统的权重，并利用运维人员和用户对专家知识补充，挖掘之前知识图谱中不存在的新知识和答案，形成新的实体及关联，迭代提高智能问答引擎的语义认知和理解能力。

4. 案例示范意义

4.1　推动制度标准管理智能化

以制度标准为基础，应用人工智能、大数据等技术，建成制度标准智能管理体系，将单维度的制度标准转化为多维度、智能化的知识资源，形成制度标准与员工之间动态感知、快速响应、按需使用、友好互动和辅助决策的良性管理生态，推动制度标准管理智能化的全面升级，有力保障公司枢纽型、共享型、平台型企业建设，有力推动国家电网泛在电力物联网建设和可持续发展。

4.2　提高员工认知水平和工作效率

制度标准智能管理体系将制度标准资源转化为机器可以认知的知识图谱，为广大员工提供更加友好的智能化制度标准服务，有利于将制度标准中隐性知识显性化，并且内化到员工心中。制度标准智能管理体系通过人工智能、大数据等技术的应用，实现制度标准智能搜索、智能推送、多轮问答等服务应用，实现执行情况分析、条款差异分析、知识运营管理等管理应用，将工作中需依据的制度标准条款推送给用户，使用户不是在考核时才去看制度标准，

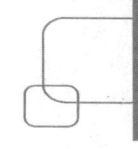

而是通过主动服务使用户在工作中潜移默化地消化吸收。

4.3 提升人才培养和管理效能

制度标准智能管理体系通过智能、友好的交互技术，实现文字、语音、图像等多种与用户的互动方式，主动为员工提供友好且人性化的工作学习氛围，将促进国家电网制度标准管理方式由考核型管理向主动服务型管理转变，有利于形成学习型组织、知识化企业。建成制度标准智能管理体系，实现人工智能落地应用、促进管理方式转变、全面提升员工的知识水平，将为国家电网迎接智慧时代打通技术路径、提升管理效能、夯实知识基础，最终为国家电网建设成为具有卓越竞争力的世界一流能源互联网企业提供关键支撑。

5. 展望

在技术上，要提高图谱自动化问答的准确率，扩大系统对复杂问题的回答范围和提高上下文理解能力。在产业应用上，要扩展覆盖不同领域的制度，服务不同岗位的员工，将问答应用和交互技术结合，提升制度标准管理效率。

（1）图谱构建需要大量的专家意见和人工标注，后续应进一步完善自修正技术，逐步提升制度标准图谱实体、关系、事件的自动化抽取的比率与准确率。

（2）后续需建立涵盖不同类型制度、适用不同岗位员工的系统，同时提升系统在不同领域之间快速迁移的能力。

（3）在继续增加制度标准图谱数量的基础上，继续开展推广工作，扩大系统适用范围，增强提升 AI 能力。深化知识体系的沉淀、融合与应用，最终实现对制度标准管理效率的提升。

（4）进一步提升系统对复杂问题的理解、回答的准确率，充分结合上下文信息和语义理解技术，提高对包含逻辑推理、统计推理、比较推理等更复杂问答场景式交互问答的准确率，使得知识问答系统对用户问题的认知理解能力更强。

（5）将基于制度标准知识图谱的智能问答应用与友好的交互技术结合，实现文字、语音、图像等多种与用户的互动方式，主动为员工提供友好、人性的工作学习氛围，将智能知识问答系统做成示范应用。

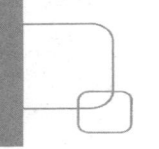

案例4：电力运检领域知识图谱应用案例

电力运检知识管理与认知推理系统（以下简称"系统"）是以电力运检领域知识图谱为核心，具备制度标准智能搜索、工作票自动生成、修试记录语义比对等功能的辅助决策系统。该系统基于深度神经网络、词嵌入技术、知识表示学习、多目标检测识别、主动学习及迁移学习等自然语言处理与人工智能基础技术，实现电力运检业务标准智能搜索、工作票生成、修试记录语义比对等功能。该系统的应用可有效解决由于运检人员知识储备的差异性导致的设备故障处理精准度低、时效性差等问题，进而促进电力运检业务从传统人工巡检到智能运检的跃升，开拓人工智能技术在运检领域的新应用。目前，该系统已经在四川、浙江、天津等省、市多家公司部署并验证应用。

1. 案例基本情况

1.1 企业简介

中国电力科学研究院（以下简称"中国电科院"）依托国家电网知识图谱相关科技项目，针对电力系统多维度、多模态、扁平化知识信息，开展了概念、实体、关系、属性等知识元素的挖掘、存储、链接技术研究，突破了电力领域知识本体构建、知识图谱构建关键技术，在电网调度、电力运检、电力客服、科技管理等业务领域进行了应用尝试，探索了知识图谱、自然语言处理等人工智能技术在电力系统中的应用模式。在工程应用方面，国家电网完成了基于知识图谱的电网调度辅助决策技术研究，在国网冀北电力有限公司、福建省电力有限公司、国网四川省电力公司开展电力一次、二次设备智能辅助系统落地应用，完成了基于知识图谱的电力客服问答系统研发；在国家电网客户服务中心、国网浙江省电力有限公司开展落地应用，完成了基于知识图谱的电力运检辅助决策系统研发；在国网天津市电力公司开展落地应用。国家电网在电力知识图谱研究和应用落地方面，具备良好的理论基础和落地实践经验。

1.2 案例背景

2009年，国家电网提出了建设坚强智能电网的发展目标，并启动了智能电网试点工程建设。截至2016年年底，中国已建成世界上规模最大的电网，66kV及以上输电线路达120万千米，建成投运110kV及以上电压等级智能变电站3000多座，建设总量巨大。目前，智能电网建设和增强供电可靠性已上升为国家战略。电力设备状态检测、监测作为近几年发展起来的新兴行业，有着巨大的成长潜力和发展空间，智能电网建设已进入全面快速发展的新阶段。输变电设备运维通过对输电网及变电站设备进行巡视、检测、维修和管理，保障电力安全可靠传输，是维护电网安全稳定运行的关键环节。同时，运检业务需要深化智能化应用，推广无人值班变电站，输电线路无人机自主巡检等智能手段，对设备进行实时监控和智能状态分析，为设备运维管理提供全面的优化和决策依据支持，提高设备管理效率和水平。因此，打造"全业务、全天候、服务专业化、管理精益化、发展多元化"的智能运维具有重要的意义。

当前，输电、变电设备运维业务的开展主要依靠人工监视和经验分析，运检作业人员需

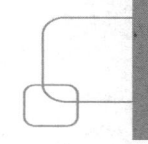

要进行全面、系统的专业业务培训来掌握相关专业知识。运检人员对知识储备的差异性可能导致其发现、分析和处理设备潜在缺陷或故障精准度不同，因而有必要构建完备的知识库用以辅助一线运检工作人员。此外，现场运维保障人员由于经验和专业技能的欠缺，运维辅助决策措施不足，故障处理消缺力度不够，严重影响运检业务的检修质量，亟须开辟新的知识管理系统，支持运检作业人员快速查询知识并智能辅助决策，减轻运检人员的巡视、检修和应急压力。

目前，国家电网已拥有设备运维知识库来支撑运检人员进行巡视、检测、维修和管理工作。上述知识库内的数据内容尽管已经通过知识采编过程进行统一的结构化处理，但受到系统架构与检索技术的限制，实际应用效果不甚理想，难以支撑电力运检领域经验知识的积累、固化与传承需求。同时，随着电网侧、电源侧、用户侧的交互内容和交互形式越来越多样化，机械化、条目式的传统知识检索已无法适应目前运维工作的开展，亟须引入知识图谱技术，开展电力运检领域知识库的适应性升级改造。

1.3 系统简介

系统相关方示意如图 1 所示。从业务角度而言，该系统可以形成针对发展规划、运维检修、电网调度、电力客服、工程监管、质量管控等业务的能力支撑；对外有望与房地产、电商、家电、保险等行业深度合作，将电力相关数据、知识打包成为数据产品，在园区管控、智慧楼宇、广告推销、新基建、设备咨询等业务板块实现电力行业数据资产的增值变现与相关行业的智能化发展。

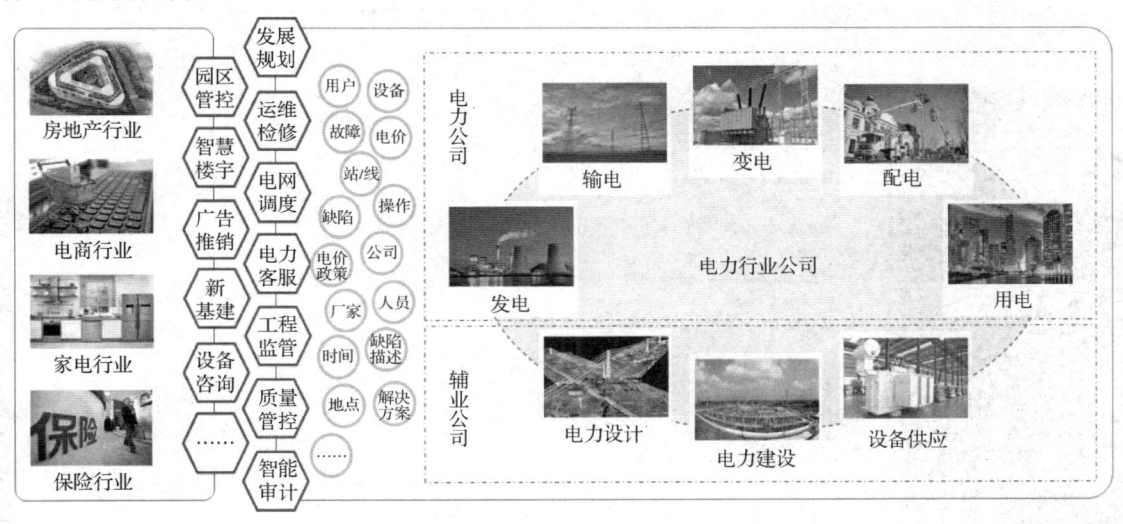

图 1 系统相关方示意

系统自 2019 年开始建设，结合领域知识图谱与自然语言处理技术，突破了电力运检领域知识图谱自动构建、自主更新、知识推理等核心技术，提供了电力运检业务标准智能搜索、工作票生成、修试记录语义比对 3 个核心功能模块，适用于输电、变电、配电、用电等多种电力工程中的设备资产智能运维，具体功能如下。

1）智能搜索

智能搜索模块（见图 2）支持电力运检领域台账、规程、标准、技术规范、导则、细则等知识库信息，以及检修工单、工作票、修试记录等文本数据的大规模存储与异构数据库交互检索，实现相关制度标准文本的智能检索。

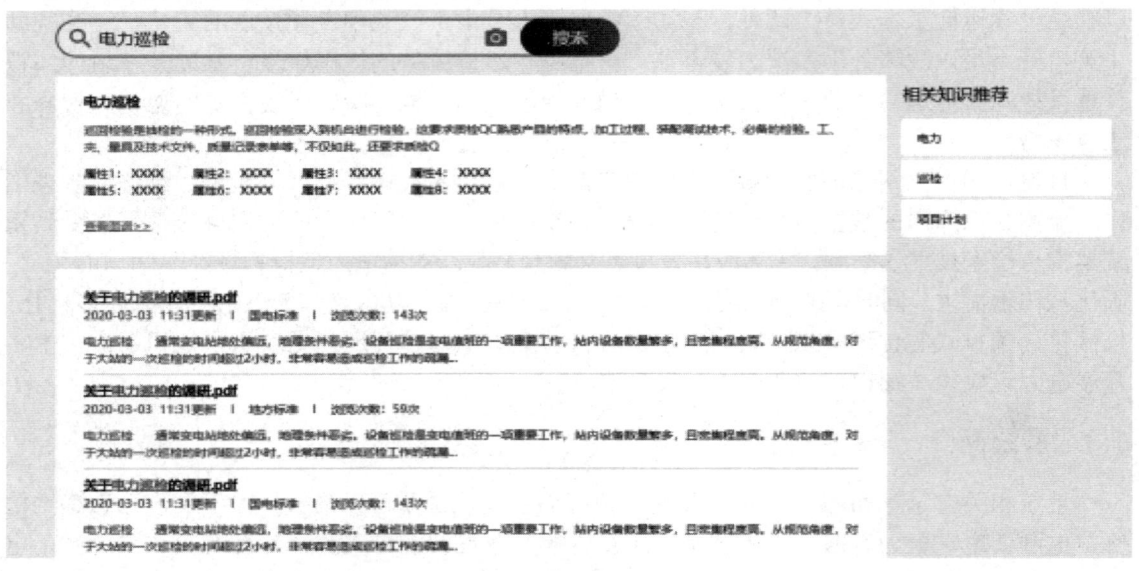

图 2　智能搜索模块

2）工作票生成

工作票生成模块（见图 3）通过向量词表中输入的缺陷类型、设备、地点的信息，映射出对应的工作票内容，如工作票类型、地点、设备、工作内容等，实现工作票的自动生成。

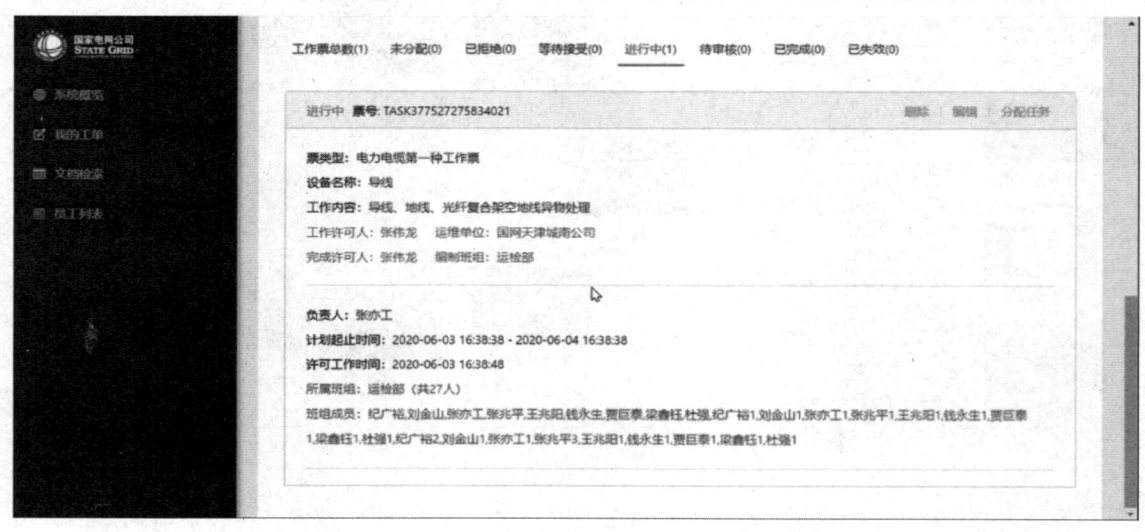

图 3　工作票生成模块

3）修试记录语义比对

修试记录语义比对模块基于长短时记忆（LSTM）模型，通过深度匹配的文本局部性表达和全局性表达技术，对比工作票与对应修试记录的语义相似度，实现检修任务完成情况的智能量化。语义比对工作票示例如图 4 所示。

图 4　语义比对工作票示例

2. 案例成效

通过对电力运检领域知识图谱技术的研究，极大地完善了现有设备运维知识库，有效扩展了运维作业人员的知识，减少了培训成本。此外，通过打造基于领域知识图谱的系统，实现对一线运检工作人员各类运维问题的快速解答，实现检修工单、工作票以及修试记录智能生成与比对，预计减少运检工作时间 15% 以上，节省年人力成本约 2.7 亿元。应用示意如图 5 所示。

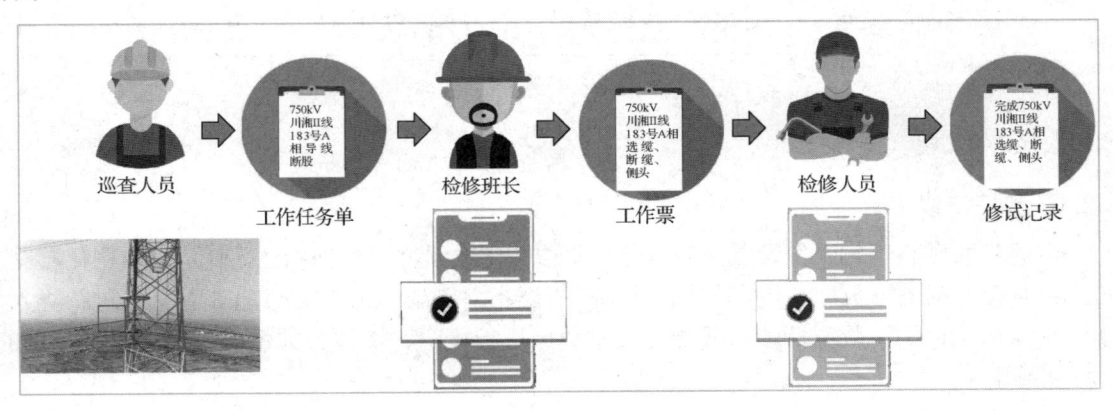

图 5　应用示意

系统的关键绩效指标如下：

（1）基于自然语言处理技术，实现对工作票、制度标准等数据的知识抽取与映射，其中实体识别准确率约为 83.26%，实体关系识别准确率约为 80.19%，属性关系识别准确率约为 86.77%。

（2）覆盖至少 7 类电力设备，包括导线、绝缘子、金具、杆塔、地线、接地装置、基础，拥有实体数量超过 2.7 万个、关系超过 11.4 万条。

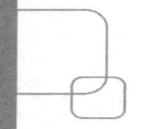

（3）可支持输电、配电、车网互动工程等不少于3个垂直电力运检业务领域的工作。

3. 技术路线

3.1 系统架构

系统架构（见图6）覆盖数据获取、图谱构建、知识计算、图谱应用4个层级。

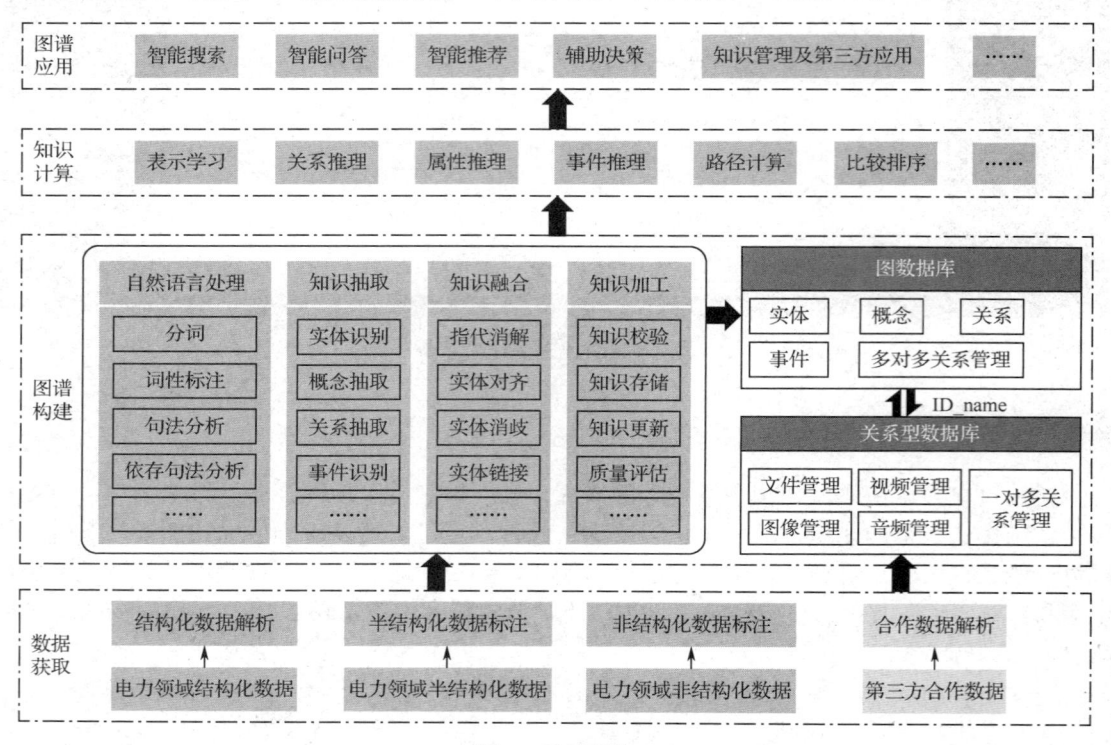

图6 系统架构

3.2 技术路线

3.2.1 数据获取

数据获取层负责对电力领域半结构化、非结构化数据进行数据标注，以及对结构化数据、第三方合作数据进行数据解析。其中，数据解析泛指对xlsx、csv、json、xml等文件进行导入、读取及结构化存储；数据标注主要指对文本数据进行概念、实体、关系、属性等语义信息的标注工作。

3.2.2 图谱构建

图谱构建层作为系统架构的核心层，承载自然语言处理、知识抽取、知识融合及知识加工等功能。同时，采用图数据库存储实体（属性值）、概念、关系（属性）、事件并实现多对多关系管理；采用关系型数据库管理文件、视频、图像、音频等多媒体数据以及一对多关系。

3.2.3 知识计算

知识计算层负责集成表示学习、关系推理、属性推理、事件推理、路径计算、比较排序

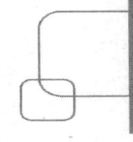

等通用算法模型。作为系统架构的关键技术层，主要根据实际业务需求，研发适配电力领域的算法模型，为图谱应用层提供算法支撑。

3.2.4 图谱应用

图谱应用层负责提供智能搜索、智能问答、智能推理、智能决策、知识管理及第三方应用，作为系统架构所产出的最终功能模块与实际应用场景进行对接。

4. 案例示范意义

4.1 构建电力运检领域知识图谱，实现运检业务知识的积累传承

采用领域知识图谱可优化公司运检领域知识管理模式，主要方法是通过梳理现有输电、变电工程等运检业务数据、知识和专家经验，结合电网实际运行状况，构建电力运检领域语料基础库。系统通过关联分析和智能检索，可根据运维作业人员的需求自动做出快速解答，实现运检领域知识的积累、固化与传承，提高运检作业效率与准确率，支撑开展智能运维。

4.2 辅助电力运检业务，助力电网本质安全的全面提升

基于海量的运维语料基础库和大规模的领域知识图谱，采用自然语言处理、计算机视觉等技术，构建的智能系统，可解决一线运检作业人员知识储备参差不齐的问题；摆脱传统工单、工作票以及修试记录制度，根据多媒体信息智能生成工单、工作票以及修试记录，语音合成指令报送运维作业人员，并在检修完成时智能比对并分析消缺进度，从而提高输变电运维管理体系的执行效率。

5. 展望

未来，系统将融入国网天津市电力公司的电网设备运行状态监测与诊断平台。同时，人工智能算法还将以容器化部署方式融入"人工智能两库一平台"，不断更新迭代，并依托国网天津市电力公司建立的职工创新基地，在系统内其他省、地（市）公司进行推广应用。

---

*专栏：电力行业/领域标准化现状与需求

1. 电力行业/领域标准化现状

目前正在开展的工作有中国电科院牵头申报的行业标准编制项目，标准名称拟定为《电力领域知识图谱技术导则》。

2. 电力行业/领域知识图谱标准化需求

电力领域知识图谱的构建所涉及的技术（如知识提取、知识加工、知识管理、知识计算和知识应用）存在标准化需求。通过标准的制定，为电力运检、电力营销和电力调度等特定电力领域知识图谱构建提供技术标准，以及为电力领域知识图谱与应用提供评价准则。

第 8 章　智慧能源领域案例

案例 5：油气行业知识计算实践案例

油气行业知识体系庞大、复杂，除数据外，往往还需要引入行业知识和专家经验等信息支持才能实现 AI 技术的赋能。为此，华为技术有限公司（以下简称"华为"）提出了一种基于华为云知识图谱、AI 套件构建的油气行业知识计算平台。该平台结合油气行业文献和百科知识，运用自然语言处理、机器学习、深度学习、知识表征等技术，通过与客户合作，构建企业级的多模态工业知识图谱，面向油气领域场景提供油气层识别、工况诊断等智能化应用能力，为油气勘探开发业务人员提供智能辅助决策能力。该平台为油气领域带来 3 个方面的价值：一是知识聚合，沉淀专业知识，培养油气人才；二是降本增效，简化业务流程，缩短工作时间；三是增储上产，增加探明储量，保障能源安全。通过油气行业知识与 AI 技术的有效结合，落地知识计算平台及应用，实现油气勘探开发从"数字化"到"知识化"的转型。

1. 案例基本情况

1.1　企业简介

华为成立于 1987 年，总部位于广东省深圳市龙岗区。华为是全球领先的信息与通信技术（ICT）解决方案供应商，专注于 ICT 领域，坚持稳健经营、持续创新、开放合作，在电信运营商、企业、终端和云计算等领域构筑了"端到端"的解决方案优势，为运营商客户、企业客户和消费者提供有竞争力的 ICT 解决方案、产品和服务，并致力于实现未来信息社会、构建更美好的全联接世界。2020 年，华为约有 19.4 万名员工，业务遍及 170 多个国家和地区，服务 30 多亿人口。

站在用户角度，华为云通过抽象知识图谱构建流程并结合图存储及 NLP 等相关技术，推出华为云知识图谱云服务，为不同行业、不同企业提供快速构建知识图谱的平台，赋能大中小型企业构建属于自己的知识图谱。华为云知识图谱云服务提供流水线式的图谱构建能力，将图谱构建抽象为本体构建、数据源配置、信息抽取、知识映射及知识融合等基本流程；并进一步通过将每一个流程模块抽象成插件形式，并通过组合配置生成图谱构建任务。面向不同的行业和领域，华为云只需要修改插件配置即可完成企业知识图谱的构建。同时，基于流水线配置可复用的设计，华为云知识图谱云服务能够迅速响应用户数据更新，并完成知识图谱的更新操作，非常适用于数据更新频繁的行业和领域。

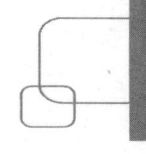

1.2 案例背景

自 2004 年起，文字识别、图像识别、语义处理、深度学习、知识图谱等人工智能技术有了突破性进展，在自动驾驶、智能问答、人机博弈、医疗诊断等领域得到成功应用。国内外有关公司纷纷推出自己的人工智能技术产品和人工智能应用服务，在油气上游领域，部分油气公司结合石油业务需求，在成果搜索、专家库建设、设备故障探测等方面开展了一系列的实践。

业务上，国际市场油气价格持续低迷，行业面临挑战，需要积极利用技术创新来应对不利的行业局面，释放行业价值。在油气勘探开发业务中，简单的容易发现的油田越来越少，新油藏的发现越来越困难，如何利用人工智能、物联网等新技术，发现新的潜力、新的商机，实现增储上产、效率提升，已经迫在眉睫。油气勘探开发及行业挑战如图 1 所示。

目前，油气企业已经积累了大量的结构化和非结构化数据，具备良好的勘探开发业务研究数据基础，为充分挖掘数据价值，提高数据利用能力，加快新技术在勘探开发业务中的应用，提升企业管理水平和市场竞争力，奠定了坚实的基础。通过自然语言处理、知识图谱以及机器学习领域等前沿技术，能够"读懂""理解"非结构化数据，包括语言、图像、视频、文本等，让计算机系统能够像人的大脑一样学习、思考，具备规模化学习、根据目标进行推理以及人机自然互动的认知计算能力。通过搭建勘探开发知识计算分析通用平台，为油气勘探科研开发、生产管理提供智能化分析手段，支撑油气勘探开发增储上产、降本增效，通过系统建设培养相关人才，为更大范围开展认知计算应用积累经验。

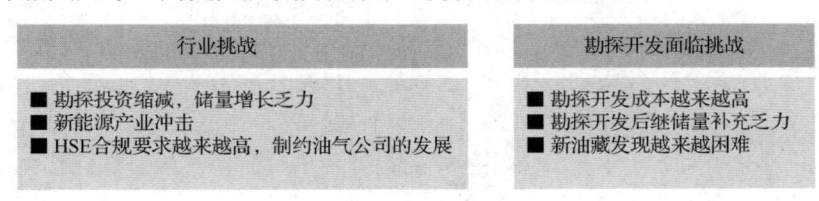

行业挑战	勘探开发面临挑战
■ 勘探投资缩减，储量增长乏力 ■ 新能源产业冲击 ■ HSE合规要求越来越高，制约油气公司的发展	■ 勘探开发成本越来越高 ■ 勘探开发后继储量补充乏力 ■ 新油藏发现越来越困难

图 1　油气勘探开发及行业挑战

1.3 系统简介

知识计算平台整体包括油气数据、AI 计算、知识图谱和 AI 应用四大应用模块，如图 2 所示。

```
AI应用
知识图谱
AI计算
油气数据
```

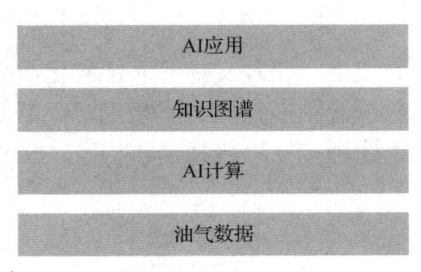

图 2　知识计算平台的四大应用模块

（1）油气数据。数据层面是认知计算平台的数据底座，提供了数据采集、数据预处理、数据存储和数据分析的能力。

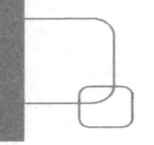

（2）AI 计算。为研发工程师提供的"一站式"开发平台，实现数据标注、模型训练、模型管理、模型部署等功能。

（3）知识图谱。认知计算核心组件，助力行业专家从海量数据中沉淀领域知识，一站式智能化构建油气行业知识图谱，实现从数据到知识的快速转化。

（4）AI 应用。业务人员可以直接使用 AI 平台是提升能力的主要途径。AI 应用基于不同的业务场景，通过 AI 的方式改进传统的工作模式，提高业务人员工作效率。

知识计算平台的目的是帮助用户进行知识管理、AI 模型建模及面向业务场景的知识应用构建，如可用于勘探开发领域的知识查询、问答及报告生成，以及测井工作中与相应 AI 模型的知识交互等。知识计算系统业务相关方关系示意如图 3 所示。基于统一知识计算平台，勘探开发研究机构人员可以快速获取相关科研知识，辅助科研人员、信息技术人员及学生的学习和培训。对于具体油田开发相关人员，可通过知识计算平台的 AI 应用超市使用相应的应用服务，如测井工程师可以使用油气层识别模型应用，信息技术人员可以通过知识搜索和问答应用来快速获取相应的油田及设备信息。

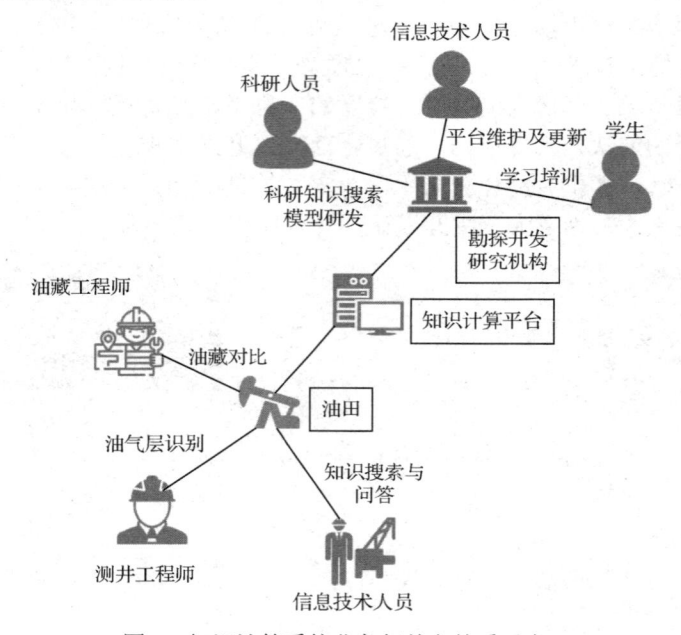

图 3　知识计算系统业务相关方关系示意

知识图谱的构建需要从报告成果、科技文献等非结构化数据的文档中，以及石油领域结构化的数据中获得知识。由于数据源的多元化和不断更新，需要一条完整的流水线来帮助用户完成图谱的构建。因此，知识图谱子模块包括本体构建、知识获取、知识融合、知识计算等功能。

2．案例成效

油气勘探开发业务流程如图 4 所示。业务流程包括地质勘探、物探、钻井、录井、测井到试油，知识计算平台提供底层的知识图谱、AI 计算能力支撑，面向测井油气层识别等场景，

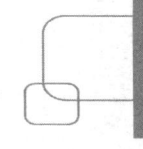

以 AI 服务形式落地 AI 智能服务超市，为相关业务部门人员提供高效的智能化服务。

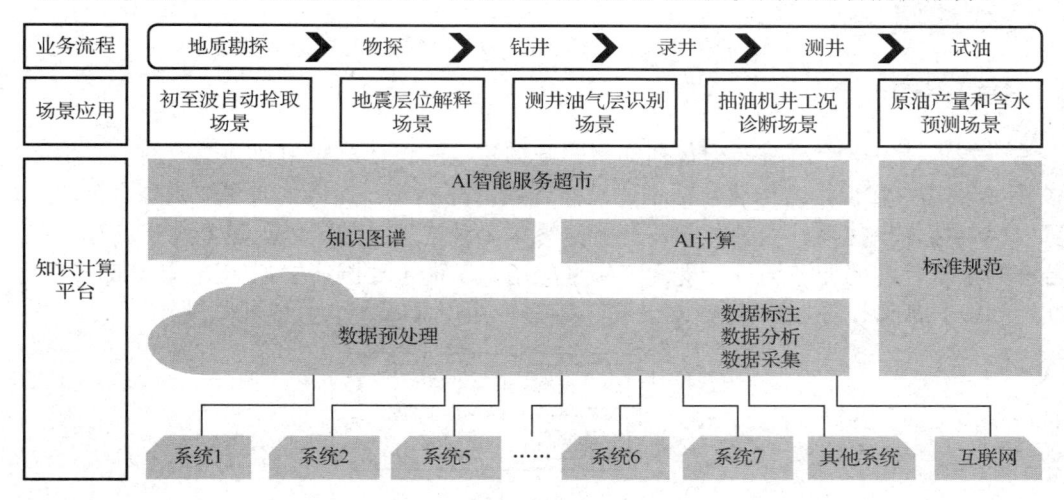

图 4　油气勘探开发业务流程

油气知识计算平台有效支撑勘探开发在初至波自动拾取、地震层位解释、测井油气层识别等场景的应用，对比人工测井解释等传统方式，整体工作效率提升明显。开放可扩展的知识计算平台，为勘探开发业务的创新提供了智能化的驱动引擎和开发生态。

2.1　测井油气层识别场景应用示例

基于知识计算平台构建油气领域知识图谱，面向测井油气层识别场景，可高效完成知识推荐及知识搜索等服务，辅助测井工程师进行综合评价工作，提高了测井评价工作的效率与符合率（测井油气层识别准确率）。同时，结合行业知识与 AI 技术，构建油气层识别模型和潜力层推荐模型。

（1）油气层识别模型。通过知识计算技术构建基于知识图谱嵌入表征的油气层识别模型。基于该模型可快速对储层流体进行高效、准确、精细的识别，进一步提高解释符合率、降低业务难度。

（2）潜力层推荐模型。以油气层识别结果为中心、以知识图谱、潜力层推荐算法为依托，对潜力油气层进行排序和推荐，并为测井评价人员搭建地质、测井、化验等资料可视化环境，为增储、补孔措施决策提供高质量、高效率的辅助支撑。

2.2　知识计算应用有效提升业务工作效率

结合地球物理勘探具体场景，通过对两个油田区块数据的评测验证，在测井油气层识别和抽油机井工况诊断等场景，基于知识计算平台构建的业务模型将整体工作效率提升至少一个数量级。

（1）测井油气层识别场景。对比人工解释，单井解释的总体效率提升了 10 倍以上。

（2）抽油机井工况诊断场景。针对工况做定性诊断，对 1000 幅示功图进行计算，由人工诊断 8h 左右缩短到智能诊断 10min 左右。

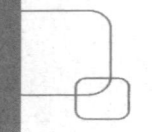

3. 技术路线

3.1 系统架构

油气知识计算平台系统架构包括知识图谱构建、知识计算应用及领域应用三大部分，如图 5 所示。其中知识图谱构建包括本体设计、数据源导入、知识获取和知识融合模块。知识计算应用包括知识搜索、知识展示、智能问答等多种应用。基于以上基本知识计算应用，该平台面向油气行业的业务场景，支撑多领域应用。下面主要围绕知识图谱构建部分展开，包括知识获取、本体设计（知识建模）、知识融合、知识存储 4 个部分内容。

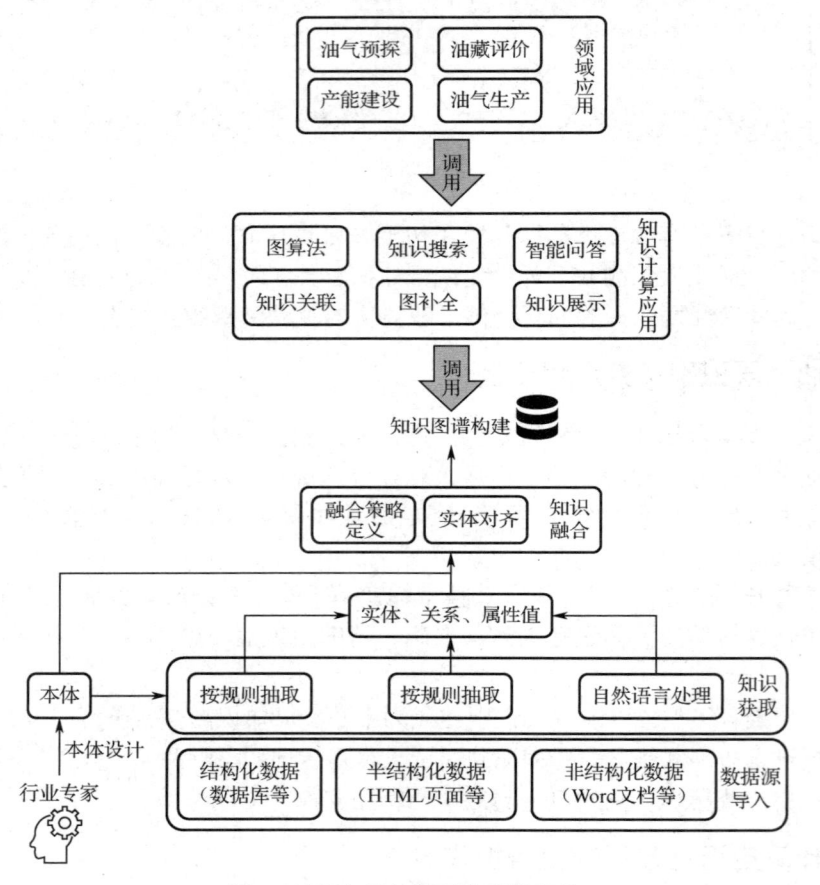

图 5　油气知识计算平台系统架构

3.2 技术路线

3.2.1 知识获取

获取油气各种数据源的数据以后，需要从中抽取用于构建知识图谱的信息。抽取的目标包括各个类别的实体，如测井解释报告中的油田、油井，生产数据中的层位、物性分析、测井曲线等数据。将结构化、半结构化、非结构化数据中的实体、属性、关系，通过模式规则及三元组抽取模型完成知识的抽取。实体之间的关系以及实体的属性值，都可以用三元组（主

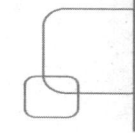

语、谓词、宾语)来表示,所以知识抽取又可以简单叫作三元组抽取。例如,地址分层冯 112:K1z4 的起始深度是 385,抽取获得的三元组就是：冯 112:K1z4,起始深度,385。

基于华为云知识图谱云服务,知识抽取可以通过人工配置抽取规则或训练抽取模型来完成。针对不同的数据源,需要人工配置的模式规则或训练的抽取模型不同。结构化程度越高的数据源,用户人工配置部分就越少。对于完全非结构化的数据,用户需要根据领域制定目标知识的模式,或者标注部分数据,用于平台抽取算法模型的适配训练。

3.2.2 本体设计（知识建模）

构建图谱的第一步是设计图谱的本体（Ontology）。本体是图谱的模型,它是对构成图谱的数据的一种模式约束。本体设计由垂直领域专家和图谱专家合作完成。本体设计的输入包括领域知识、油气术语词典、专家的人工经验等。输出包括构成图谱的实体类别,类别之间的关系,特定类别的实体需要具备的属性集合等。例如,油井、地质分层、油田等几种实体类别中,油井和地质分层之间存在从属关系,描述一个具体的地质分层,可能需要包含它的名字、起始深度、结束深度等属性。

知识建模的过程是一个对领域知识进行全面梳理的过程,一般是一个半自动化的过程。如果有已有的数据库表、Excel 表格等,可以通过机器自动从这些表格中抽取一些模式约束;如果存在已有的术语词典,可以通过机器对这些术语进行类别粗分。这些机器执行的结果再通过人类专家进行复核、修正,即可得到最终的图谱本体。本案例参照国际上通用的本体构建方法 UPON Lite,基于 6 步本体设计方法论,通过多轮迭代逐渐完善油气领域的本体设计。

3.2.3 知识融合

对多个数据源进行知识抽取后,得到了大量的三元组数据。需要对抽取结果进行知识融合。知识融合部分包括实体对齐、融合策略定义等。

实体对齐可基于实体属性相似度框架来完成,用户可通过计算实体属性的相似度,结合业务经验设定相似度阈值,完成实体对齐工作;再结合业务经验,通过人工配置融合策略完成知识层面的融合。基于华为云知识图谱云服务,用户只需简单配置实体对齐相似度逻辑以及融合策略,即可快速完成知识融合。

3.2.4 知识存储

知识存储采用华为图引擎服务 GES 提供的知识图谱底层存储及查询能力。该服务是针对以"关系"为基础的"图"结构数据,进行查询、分析的服务。华为自研图引擎服务 GES 提供分布式、大规模、一体化的图查询和分析能力,通过高性能的内核,满足高并发秒级多跳实时查询;其内置丰富的图分析算法库,满足多领域应用需求。

知识图谱服务图数据引擎承载了用户构建的知识图谱的图结构数据,并承载部分数据获取、图算法及 Gremlin 语句解析执行能力。

4. 实现油气勘探开发从数字化到知识化的转型

油气知识计算平台利用知识图谱等技术进行知识体系的构建、计算和应用,为业务创新提供智能化的驱动引擎和开发生态,实现了勘探开发知识的固化、传承和普惠,为油气勘探

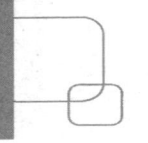

开发科研、生产管理提供智能化分析手段，支撑油气勘探开发增储上产和降本增效。该平台是一个可不断完善并自动生长的工程，必将给石油的勘探开发业务带来颠覆性的技术变革。

5. 展望

在油气勘探开发过程当中，如地震数据的整理、初至波拾取、断层解释、测井解释等工作目前均以人工为主，普遍存在的问题是，需要人工进行大量重复性的工作。一方面，人工处理的时间周期长、成本高；另一方面，考虑到不同的人在知识、经验上的差异，对结果的专业性、准确性存在一定的影响。

人工智能、知识图谱等技术已经在地震数据的清洗、测井油气层识别、初至波拾取等场景产出了部分研究成果。IBM 沃森认知系统、斯伦贝谢的 DELFI 勘探开发云平台、中石油梦想云和认知计算分析平台等，都在致力于应用知识计算相关技术，提升油气勘探开发的智能化水平。同时，国外石油公司已经尝试利用知识图谱解决数据孤岛的问题。BP 石油公司于 2019 年与 Belmont 公司合作定制开发了一个知识图谱。BP 石油公司的业务专家给知识图谱输入了地质、地球物理、油藏及历史项目信息等内容，利用 Belmont 的技术，业务专家可与定制的知识图谱进行问答式交互。随着人工智能技术在油气领域的应用，行业知识与机器学习模型的结合将会变得越来越重要，而油气各个子领域知识图谱的构建与应用会成为趋势。

目前，在石油行业国内外均没有完善的知识图谱标准，未来，制定高质量、适用性强的知识图谱标准是实现知识图谱在油气行业落地的关键。此外，虽然人工智能等技术已经取得了部分成果，但在单项功能上的进步和突破，无法形成规模化、体系化的智能系统，因此，未来仍需要从行业全流程整体进行探索，推动油气行业在认知、推理、学习迭代等方面的进步及落地。

---

*专栏：石油行业标准化现状与需求

1. 石油行业标准化现状

我国石油工业的标准化工作有 30 余年的积累，建立健全了标准化工作体制机制，制定了一大批高质量的国家行业标准。石油行业拥有国家标准 200 余项，石油和天然气行业标准 1600 余项，在石油天然气的上中下游领域均制定了一批技术含量高、推广价值大的国际标准。以中国石油为例，作为我国石油工业标准化事业的中坚力量，全公司共制定石油工业上游领域国家标准和行业标准（含煤层气、页岩气标准）1500 余项，约占全部石油天然气上游领域国家标准和行业标准的 70%。随着页岩气、煤层气、致密气等一批非常规油气勘探开发标准，以及计量、社会安全、物资采购等管理专业标准的纳入，石油行业的标准化体系结构将进一步健全完善。

2. 石油行业知识图谱标准化需求

石油行业对于知识图谱的了解和应用尚处于起步阶段。由于石油勘探开发涉及地质学、物理、化学、数学等多个学科，知识体系复杂而庞大。在实践中，知识图谱的构建和应用需要制定标准去考虑勘探开发数据的多源异构性、勘探开发本体设计的复杂性、构建平台的开放性及易用性、业务需求多样性。因此，本案例中也对油气知识图谱构建制定了标准，从而规范了知识图谱的构建流程、相关技术、功能要求、性能要求等。该标准针对勘探开发制定了一级本体，下一步将梳理主要的勘探开发业务场景，并针对这些业务场景构建二级本体，为业务专家提供更多的本体设计参考。

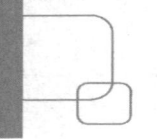

案例6：中国石化企业知识中心构建与应用

石化行业企业知识管理存在知识资源分散，知识共享复用效率低，以及专家经验传承困难等问题。本案例依托大数据、语义分析、知识图谱等技术，建设石化行业知识中心，以知识云服务平台及油气智能助手 App，实现资源汇集、知识共享、智能应用等知识服务。通过知识中心建设与推广应用，有效提高了知识获取全面性、准确性与知识挖掘深度，服务于个人业务效率与质量的提升，帮助组织降本增效。本案例为知识工程在大型企业复杂业务的建设应用提供了借鉴，同时，基于知识图谱的油气智能助手 App，推动了石化行业知识共享、复用、传播，大幅降低知识创新的门槛。

1. 案例基本情况

1.1 企业简介

北京智通云联科技有限公司（以下简称"智通云联"）于 2016 年 1 月成立，是国家高新技术企业，也是国内领先的基于智能技术的工业互联网解决方案提供商。智通云联市场覆盖石油化工、电力、国防军工、政府部门、食品饮料等领域，服务于中国石化、中国石油、国家电网、中船、自然资源部、蒙牛、海底捞等众多标杆客户。智通云联形成了工业知识图谱构建、管理与智能应用的方法论、技术、工具、平台，并实现跨行业应用，其核心团队在石化行业有着十余年的实施服务经验。下面以中国石化知识中心建设为例，介绍石化行业知识图谱建设与应用情况。

1.2 案例背景

油气行业业务链条长、勘探开发业务复杂、涉及学科多，不仅需要从大量数据中进行知识的挖掘，而且需要专家经验等隐性知识的显性化与共享复用。与此同时，油气行业经历了多年信息化建设积累了大量数据，但离散分布于各系统和组织内，"信息孤岛"现象显著，且内容结构各异，导致想要的知识不知道，存在"找不到、找不准、找不全"的问题。这不仅影响业务效率，而且阻碍行业协同一体化发展。油气行业知识管理与应用特点与需求如图1所示。

行业特点：
✓产业链长，研—产—运—炼—销
✓专业复杂度高，综合学科
✓信息系统繁多
✓行业数据、资料增长量巨大
✓地下情况繁杂太多未知——"地球诊断师"
✓经验丰富的"老"专家……

困惑：
✓如何协同管理，打通业务链条
✓缺少行业大百科全书
✓"信息孤岛"，数据离散
✓书到用时方恨少，如何挖掘数据价值
✓推理预测分析困难
✓隐性知识如何留存并传承

图 1 油气行业知识管理与应用特点与需求

国外石油公司（如壳牌、英国石油等）均纷纷开展知识管理与应用实践，并取得良好的成效。在国内，中国石化一直非常重视信息化建设与知识管理工作。伴随云计算、大数据、人工智能等新技术的发展，中国石化于 2012 年启动中国石化知识中心建设，并持续至今，完成了知识管理总体规划、试点建设、深化提升。知识中心建设示意如图 2 所示。目前，知识服务域已成为中国石化核心业务域之一，进行持续升级与推广应用，推动各单位实现知识积累与共享应用，支撑综合研究、勘探开发、炼化等业务创新和提质增效。

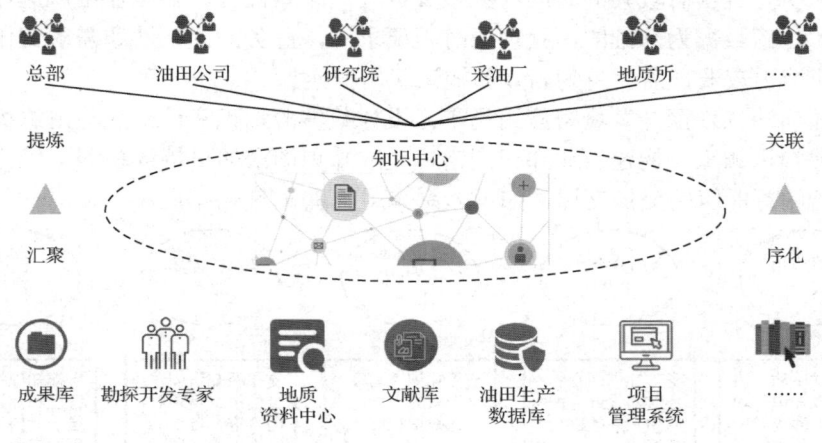

图 2　知识中心建设示意

1.3　系统简介

1.3.1　总体建设内容

中国石化知识中心包括 3 个方面的建设内容：一是知识治理标准体系与"知识湖"建设，构建中国石化知识治理标准体系，形成集团级统一的知识治理能力，建成集团统一、共享的"知识湖"，支撑各企业快速实现知识治理。二是知识管理云服务平台建设按照中国石化工业互联网平台石化智云的规范要求，形成知识管理云服务平台，为集团提供统一、标准、跨域的知识服务。三是知识管理 App 建设与应用，面向业务场景开发知识应用 App，单位可根据自身需求灵活拼装调用 App/组件开展定制化应用，快速实现知识的积累、共享和应用，支撑业务提质增效。中国石化知识中心建设内容示意如图 3 所示。

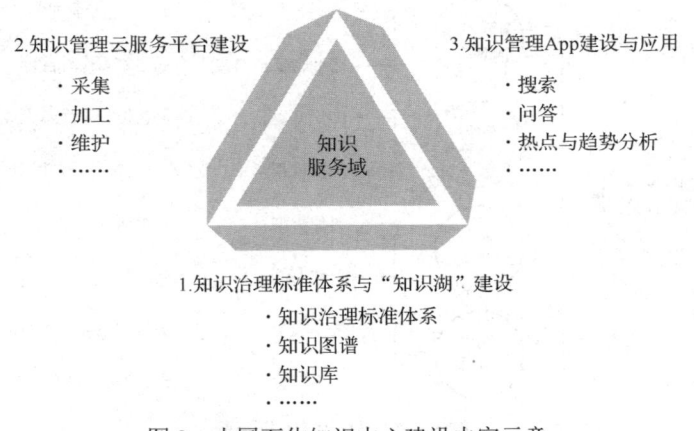

图 3　中国石化知识中心建设内容示意

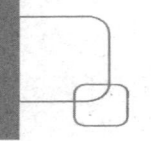

1.3.2 案例特点

1）构建了统一的油气勘探开发知识体系

要发挥油气大数据的价值，需要解决的问题包括：

（1）知识建模复杂，知识模型异构，包括机理模型、业务规则、专家经验等不同类型的知识，难以集成使用。

（2）知识执行过程有较强的时间约束，数据处理时效性强。如工业生产运行是以工业现场大量的实时传感数据为基础的，处理的时限要求高，业务的复杂性和需求变化导致标准业务流程的适应能力较弱，需要更为高效的知识应用框架。

本案例面向油气勘探开发典型应用场景，设计数据的知识表达范式与组织体系，即知识体系，为开展知识加工、构建工业知识图谱，完成知识图谱的可持续拓展、优化，以及完成基于知识图谱的智能应用提供支撑。知识体系作用示意如图 4 所示。

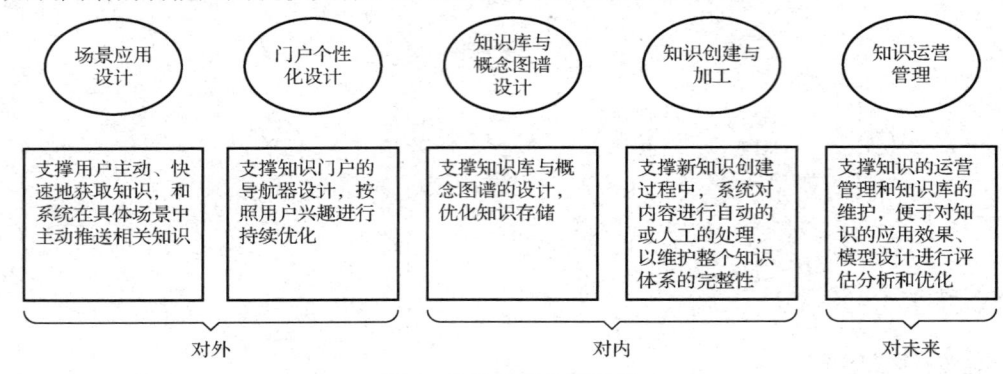

图 4 知识体系作用示意

本案例构建了一套基于领域本体的油气勘探开发知识体系，成功应用于知识管理系统和知识库建设。知识体系构成示意如图 5 所示。知识体系由勘探开发领域术语和概念、知识关系、业务对象和知识分类组成。其中，知识分类包括业务维度、对象维度、知识类型维度、所属组织维度、信息来源维度等，业务维度涵盖物化探、井筒工程、油气开发生产、综合研究等八大业务域、57 个知识分类项。领域本体库包括 17 种知识模板、超过 14 万个对象实例及 513 种知识关系。

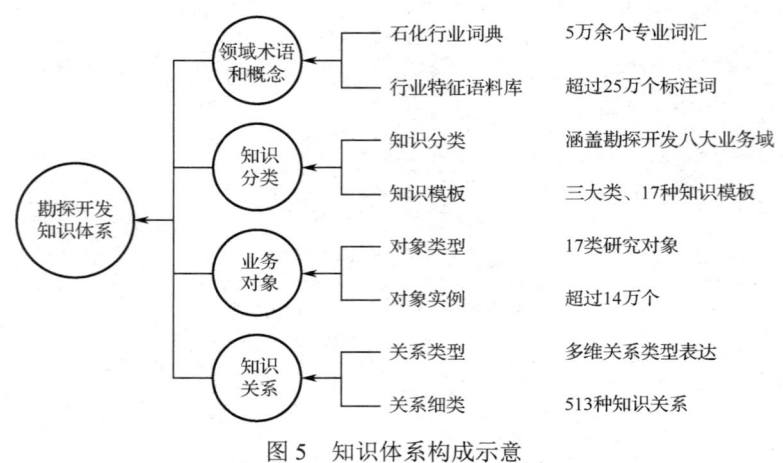

图 5 知识体系构成示意

2）形成了首个大型复杂油气行业知识图谱

本案例基于油气勘探开发知识体系和图数据管理技术，融合语义技术、机器学习等人工智能技术，研发了一套行业知识图谱自动化构建工具，可快速识别实体和知识关系，自动生成知识图谱并持续学习并不断扩充。利用该工具，基于勘探开发知识体系，集成内外部近百个知识源，形成亿级节点的行业知识图谱，在油气行业首次实现知识图谱工程化应用。知识图谱示意如图6所示。

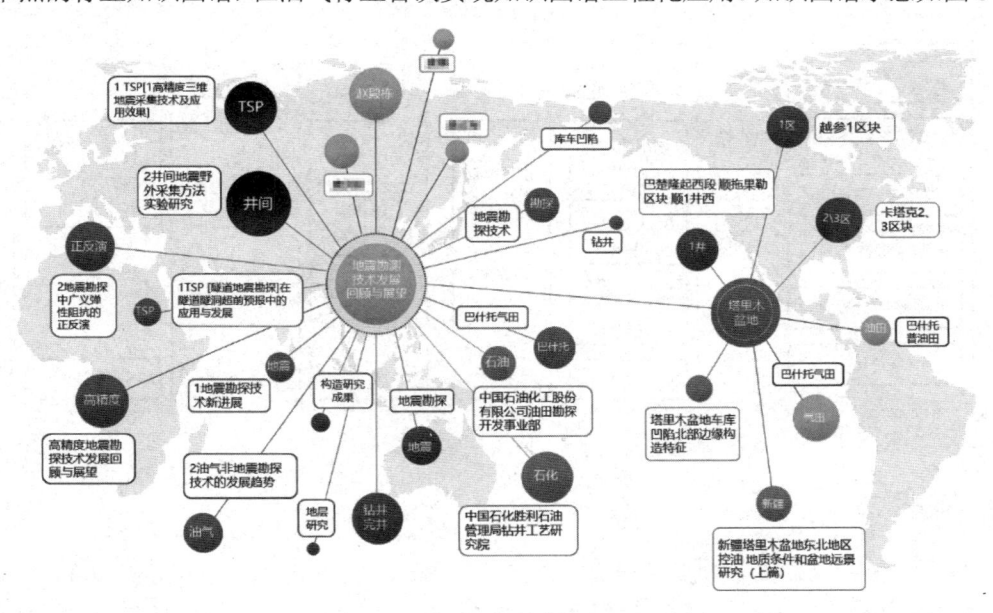

图 6　知识图谱示意

3）构建了"1+1+N"服务与应用模式

本案例构建了"1+1+N"服务与应用模式，其示意如图7所示。第一个"1"即一张基于知识图谱形成的知识网；第二个"1"即一个知识云平台，实现油气行业多源异构数据的采集、知识挖掘、智能应用，并能够实现可持续管理优化；"N"即平台可以提供多种服务与应用模式。

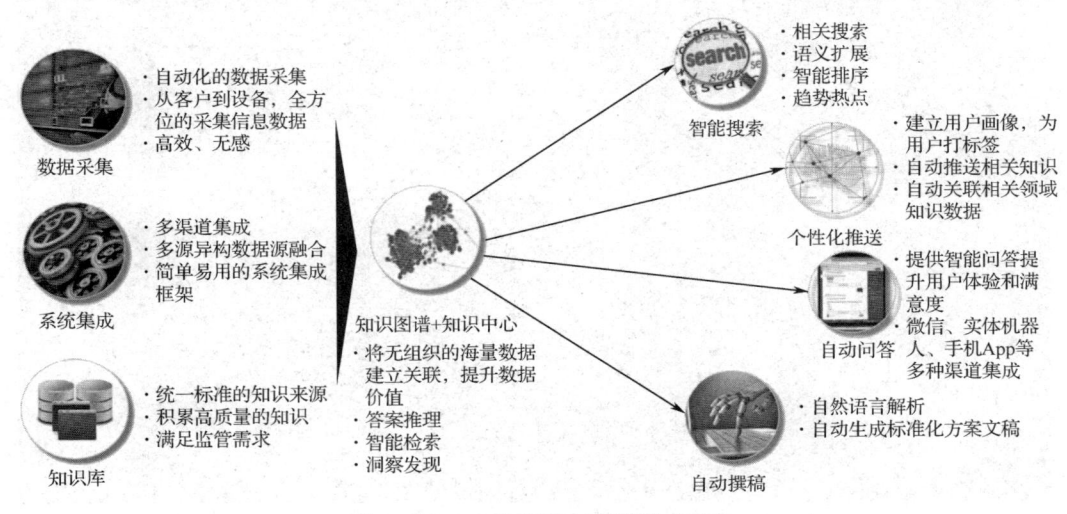

图 7　"1+1+N"服务与应用模式示意

中国石化知识管理系统采用微服务架构，实现知识"采、存、管、用"等工作的在线运行和基于业务场景的多种智能化应用模式。系统通过组件化部署实现了应用，其既可以独立应用，又可以通过 App 快速应用，还可以嵌入第三方系统中使用。应用模式示意如图 8 所示。

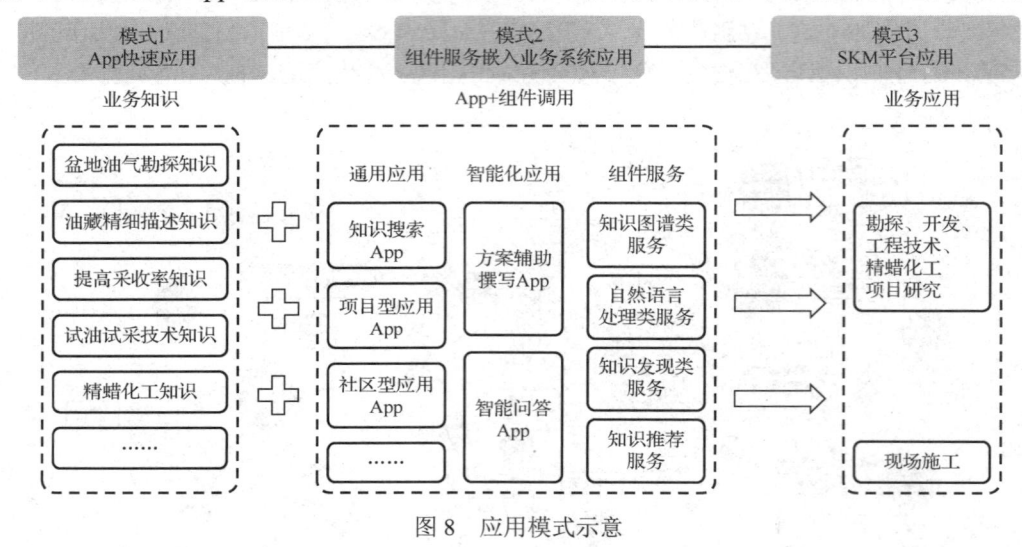

图 8　应用模式示意

2. 案例成效

目前，中国石化知识管理系统已有 7 家单位、8000 余名用户使用，支持 3000 余个项目的知识服务。中国石化知识管理系统运营展示界面如图 9 所示。中国石化知识管理系统（SKM）提高了知识对中国石化企业效益的贡献，实现了信息处理技术与人的知识创新能力的最佳结合，在整个管理过程中最大限度地实现了知识共享，同时加强了成果转化。该知识管理系统在中国石化内部和外部单位进行推广应用，并取得了良好的经济效益。

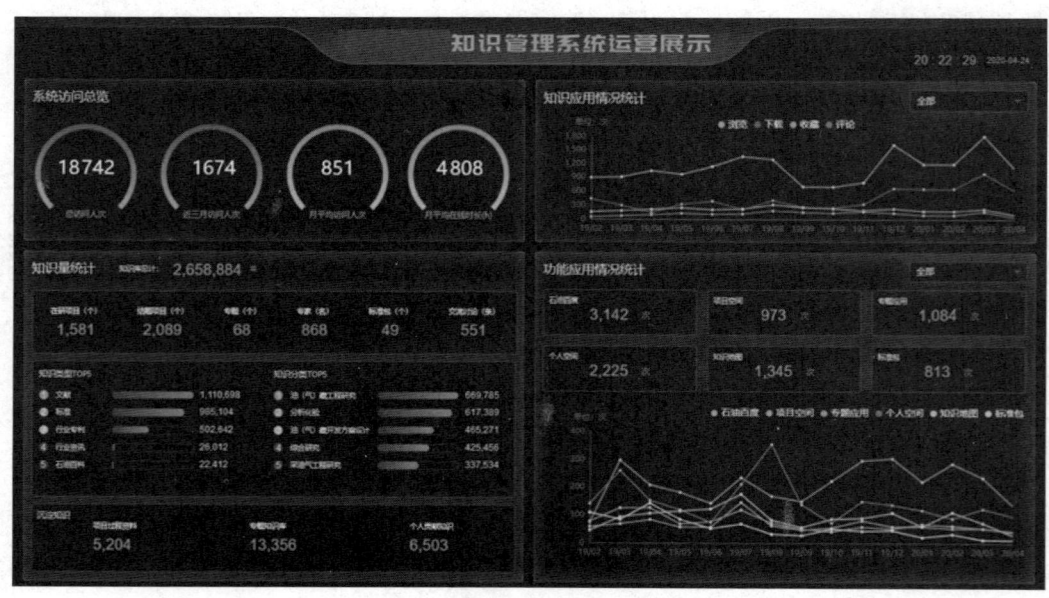

图 9　中国石化知识管理系统运营展示界面

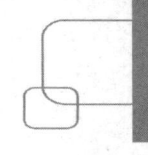

2.1 直接经济效益

初步测算，中国石化知识管理系统在石油勘探开发研究院、石油工程技术研究院、石油物探技术研究院和河南油田分公司等企业应用后，降低了人力成本，每年至少节约经营成本共计 8200 万元以上。

2.2 间接经济效益

2.2.1 科研人员有更多时间用于科研攻关，提升了业务运营效率

中国石化知识管理系统的建设与应用初步实现了科研时间的资料收集与研究分配从 8:2 向 3:7 的转变。在科研工作的资料收集方面，据调研，科研人员进行开发方案、采油方案设计时，用于资料收集与查询的时间占据整个工作时间的 1/3 至 1/2 左右，其中已有方案、相关技术动态等的参考借鉴，对于形成高质量方案具有重要意义。中国石化知识管理系统上线应用后，基于近百个信息系统形成的千万量级的庞大知识库，可实现"一站式"查询，大大缩减了研究人员的资料收集时间，从而提高了业务效率。

2.2.2 科研项目协同研究和成果积累

中国石化知识管理系统上线应用后，为项目管理和研究人员构建了一个具有业务流程管理、任务分配、知识推送和协同研究等多种功能的研究环境（项目空间）。通过项目空间，项目负责人可以快速地下发规范工作流程和任务，安全地管理和共享项目成果和资料，项目团队成员可以随时在线进行交流，分享自己的资料、成果、经验，不仅缩短了项目协同周期，而且实现了项目过程成果的及时沉淀与积累。

2.2.3 生产知识秒级可得，提升生产管理及问题处置能力

本案例基于中国石化知识管理系统开发了智能问答 App，实现了对油田生产数据、生产指标、专业知识的问答。智能问答 App 基于知识图谱从数据中心、开发生产决策系统、生产指挥系统等多源头数据中直接推理出问题原因和解决方法。这是首次在石油石化行业创建智能问答 App，该 App 具有有问必答，能听会说，处置现场问题便捷、专业等特点。

2.2.4 隐性知识显性化，提高知识经验传承效率，缩短新人培养周期

科研与生产人员在长年勘探开发领域的科研与生产实践过程中，积累了大量行之有效的方法和经验，既包括面对复杂环境和油藏进行勘探开发生产的技术、工艺，又包括生产环节各种故障排查、解决等经验。中国石化知识管理系统通过搭建利于交流的环境，促进经验分享和复用。例如，通过中国石化知识管理系统中标准包知识和主题知识地图的应用，员工入职和转岗培训时间缩短约 50%。通过专题应用实现跨组织经验交流与知识沉淀，使知识经验传承效率提高 60%，知识流失率大大降低。

由于在知识管理领域的卓越表现，中国石化于 2018 年获得国内能源企业的首个中国最具创新力知识型组织（Most Innovative Knowledge Enterprise，MIKE）卓越大奖和最佳知识运营奖，随后代表中国区成功获得全球 MIKE 大奖。

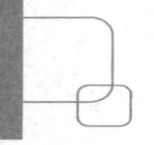

3. 系统框架与技术路线

知识中心解决方案以 DIKW 模型为基础，以油气领域业务目标和需求为始终，围绕业务活动的知识需求，打通"D—I—K"的链条，实现数据挖掘与知识发现，形成以知识图谱为核心的行业大脑，通过与业务场景的紧密结合，提供智能化服务。整体思路与方案示意如图 10 所示。

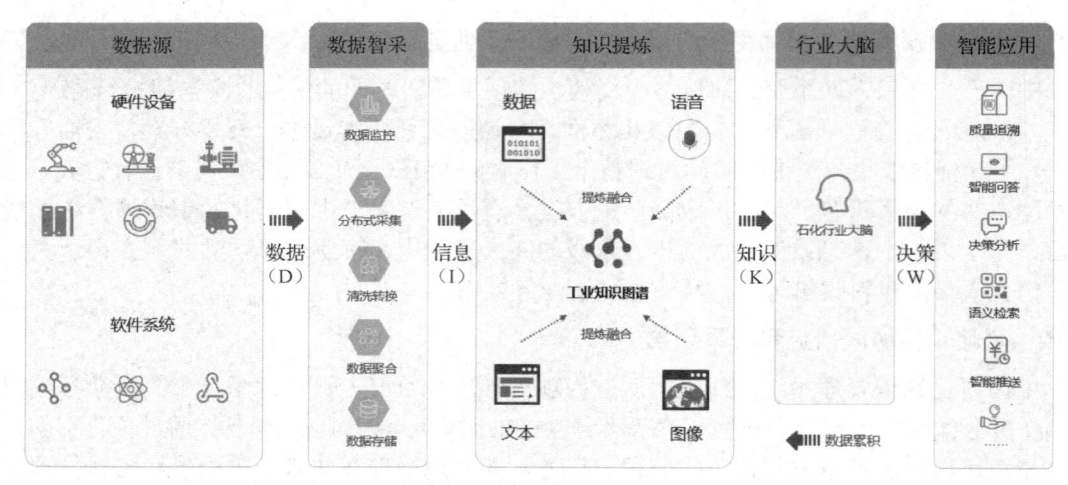

图 10 整体思路与方案示意

中国石化知识中心框架示意如图 11 所示。中国石化知识中心包括两大保障支撑体系，即知识治理体系与知识运营体系，这是实现面向业务应用的知识表达、组织、应用和可持续运营的基础；同时，依托大数据、NLP、知识图谱等技术，搭建基于云和微服务架构的知识管理平台与知识湖，具体包括信息采集、知识加工挖掘形成知识湖、知识运维和知识应用。

3.1 知识治理体系设计

知识治理体系是对中国石化知识治理的一系列工作的指引。在本案例中，基于石化集团数据治理体系框架，搭建知识治理体系，持续提升知识治理的规范性和有效性。知识治理体系包括顶层设计、组织体系、标准体系、规范流程、技术体系、评价体系 6 个部分的内容。知识治理体系的内容架构如图 12 所示。

3.2 信息采集

依托大数据云采技术，采用多线程、多类型混合爬取模式，中国石化知识管理体系实现了对数据库、网页、文本等近百个知识源的多源异构信息的高效采集，形成了可视化、组件式、可定制的高灵活扩展采集工具。在采集配置方面，该体系通过 AI 算法自动完成配置，无须烦琐地用 XPath、正则表达式、CSS 手动配置，大大节省了任务的配置时间。多源异构信息自动化采集技术如图 13 所示。

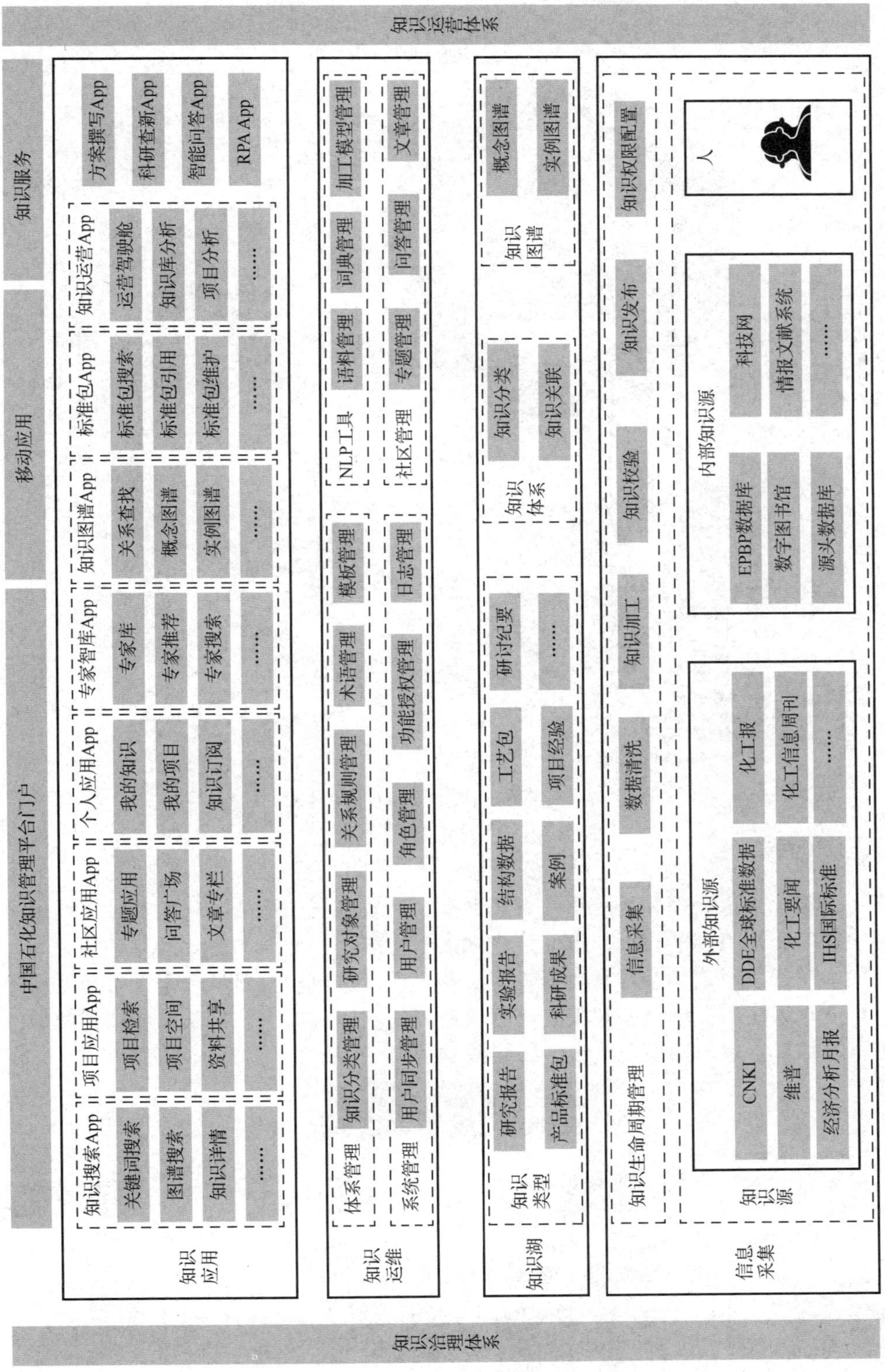

第 8 章 智慧能源领域案例

图 11 中国石化知识中心框架示意

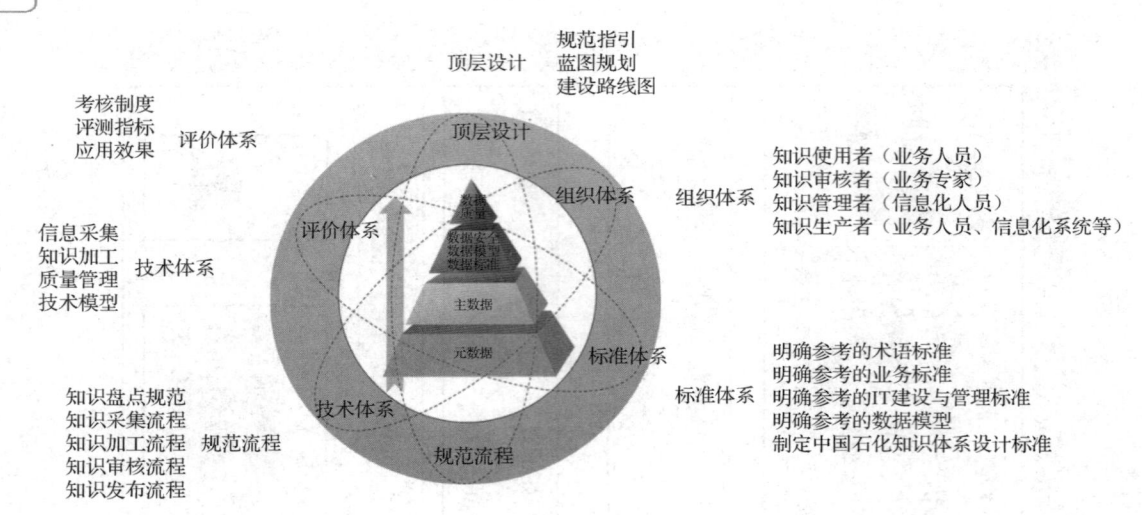

图 12　知识治理体系的内容架构

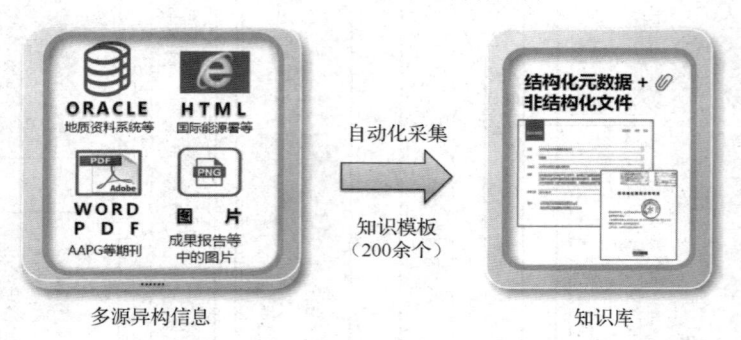

图 13　多源异构信息自动化采集技术

3.3　知识湖建设

参照中国石化知识治理体系，重点聚焦勘探、开发生产、炼油、化工及经济技术研究领域，开展知识库和知识图谱建设，推动建成中国石化统一、全面、专业的共享知识湖。本案例基于油气勘探开发知识体系和图数据管理，融合语义技术、机器学习等人工智能技术，研发了一套行业知识图谱自动化构建工具，可快速识别实体和关系，自动生成知识图谱并持续学习、扩充。知识治理与知识湖建设路线如图 14 所示。

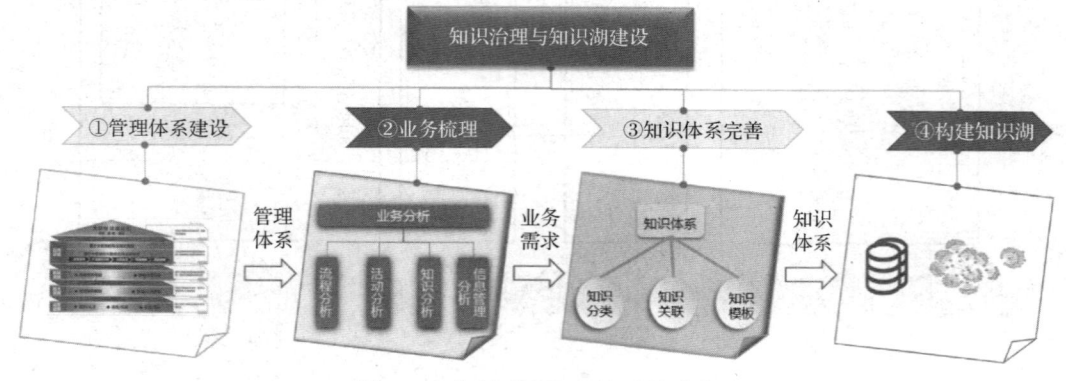

图 14　知识治理与知识湖建设路线

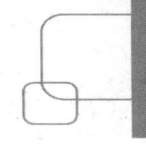

3.4 知识管理平台与知识应用 App 开发

知识管理平台基于集群部署的单体结构,以微服务设计思想,搭建分布式部署系统。中国石化知识管理平台的系统架构如图 15 所示。同时,基于平台提供的服务开发知识应用 App,应用单位可根据自身需求灵活拼装调用 App/组件开展定制化应用,快速实现知识的积累、共享和应用,支撑业务提质增效。

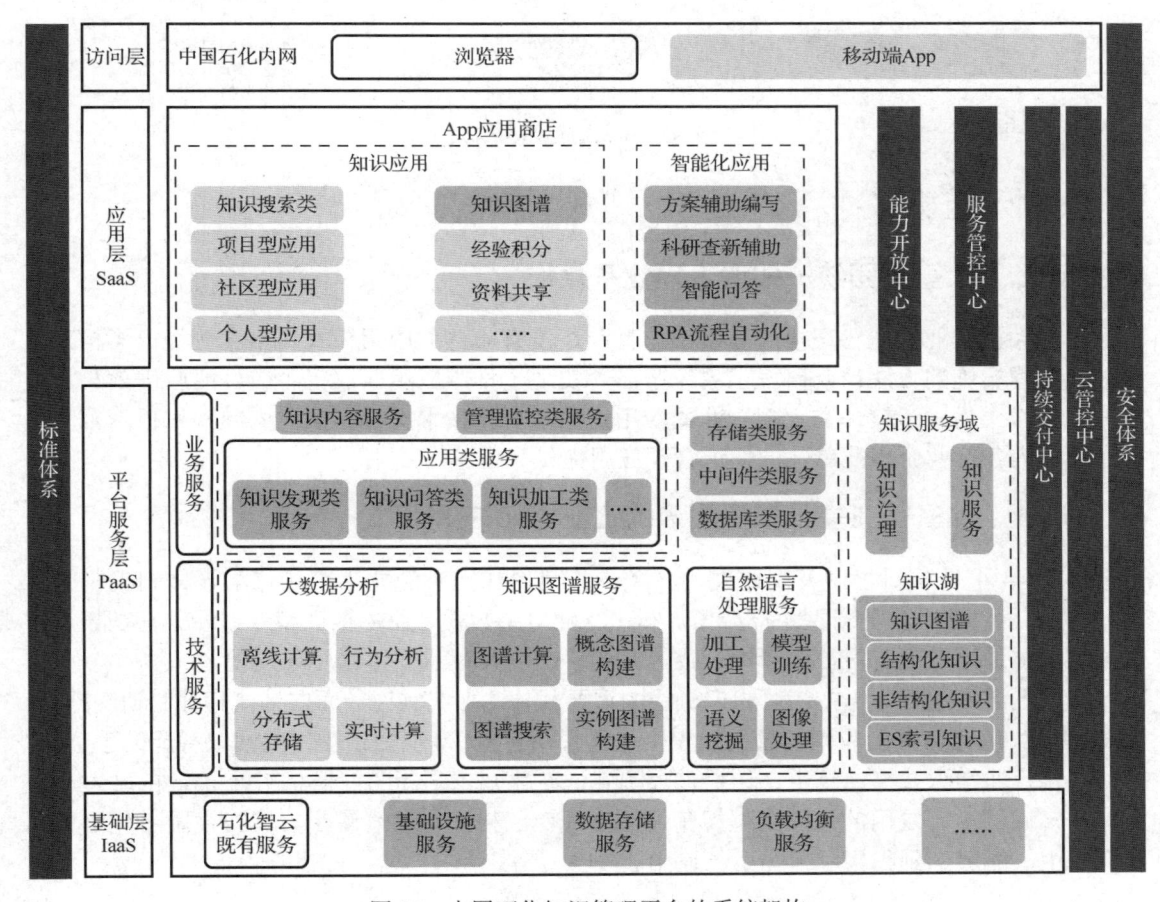

图 15　中国石化知识管理平台的系统架构

3.5 知识运营体系设计

该知识中心的建设不仅仅是引入一套平台,还需要相应的组织、制度、流程等配套支撑体系,保证知识全生命周期可持续运营。本案例构建了包括八大岗位的知识运营组织,设计了知识采集、知识加工等五大流程,并形成了个人、项目、部门 3 个维度的考核与激励机制。知识运营体系构成如图 16 所示。

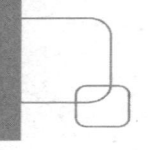

知识运营组织
☐ 八大岗位设计，设置知识管理领导小组、IT运维组、知识执行组对知识管理活动进行全面负责

运营方案
☐ 围绕用户运营、内容运营、活动运营、持续优化，设计具体的运营方案，并落地实施

制度流程
☐ 制定研究院、部门、项目知识三大管理制度，以及知识应用制度，保障知识管理平台的高效运营
☐ 对知识采集、知识加工、知识维护、知识应用、贡献考核五大流程进行标准化、规范化设计

考核与激励机制
☐ 从发展激励、精神激励、物质激励进行激励机制设计；设计了相对完善的个人、项目、部门3个维度的考核办法

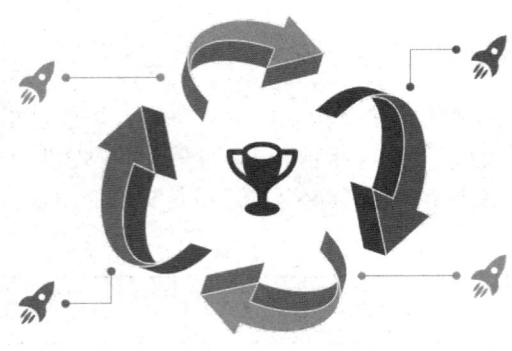

图 16　知识运营体系构成

4．案例示范意义

4.1　设计了大型集团统一知识工程体系架构

国内大型企业知识管理推广应用工作目前还没有成熟的应用模式。本案例提出了构建企业知识工程实施的方法论，研发了系统产品并实现了推广应用，取得了较好的应用效果。上述一系列成果为知识管理在大型企业的应用提供了可靠技术支持，在业内起到积极示范与引领作用，为各行业企事业单位的知识管理应用提供了借鉴。

4.2　形成了油气行业基于知识图谱的工业 App 应用模式

2020 年 4 月 9 日，国务院印发了《关于构建更加完善的要素市场化配置体制机制的意见》，明确了数据是一种新型生产要素。石化行业复杂数据、业务机理和专家经验存在表达方式与组织体系不统一、内在逻辑不一致等问题，制约了行业一体化协同发展。

知识图谱是进行数据挖潜、知识赋能的重要载体。本案例设计面向油气行业科研、勘探、开发、生产、炼化等典型应用场景的知识工程体系，打造了基于知识图谱的油气智能助手 App，推动石化行业知识共享、复用、传播，大幅降低石化知识创新的门槛。工业 App 的开发与应用，从知识沉淀、复用的知识工程视角还没有成熟的模式，随着解决方案在中国石化的成功推广应用，能够起到积极示范与引领作用。

4.3　实现了人工智能与工业互联网在能源领域的融合应用

2020 年 4 月 20 日，国家发展改革委首次明确了新型基础设施的范围，主要包括 3 个方面内容。一是信息基础设施，主要指基于新一代信息技术演化生成的基础设施。二是融合基础设施，主要指深度应用互联网、大数据、人工智能等技术，支撑传统基础设施转型升级，进而形成的融合基础设施。三是创新基础设施，主要指支撑科学研究、技术开发、产品研制的具有公益属性的基础设施。

本案例深度融合物联网、大数据、人工智能等技术，有效提升了工业互联网的连接与关系发现能力，以及对于工业数据的处理能力和对复杂场景的理解能力，在石化行业探索和形成基于知识融合与应用视角的"新基建"落地模式。

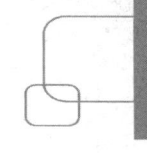

5. 展望

未来，中国石化知识中心一方面将在中国石化进行持续推广应用，另一方面将在中石油、中海油等其他石化行业企业进行试点建设。根据中国石化知识管理系统的总体规划，该知识中心的建设将按照试点示范、提升完善、深化推广的路径逐步、可持续建设。目前，该知识中心主要在油气勘探开发，炼化等领域启动，业务环节以研究、生产为主；后续将进一步向中下游领域拓展，并向管理、营销等业务环节拓展，支撑新的业务范围和新的业务场景。

在石化行业的其他企业，先选择试点单位和业务开展建设，形成更加符合本单位特点和需求的建设模式和推广模板后，再逐步进行推广。例如，该知识中心已经在中石油集团下属某单位的 HSE 业务开展试点建设，进行了业务适用性验证，后期将进一步扩大业务应用范围。

---

*专栏：油气行业/领域标准化现状与需求

1. 油气行业/领域标准化现状

国家在知识的表达、组织、推理与决策应用方面的标准目前是比较缺乏的，主要集中在知识管理的系列标准中，而油气领域相关的行业标准处于空白。

相对于"知识"层的标准规范，油气领域"数据"层的标准相对完善，数据采集、处理、管理等方面均有相关的标准进行参考。以数据模型为例，油气领域常常涉及 PPDM、POSC、EPDM、PCEDM 等模型。

中国石化通过对国内外关于数据中心建设及相关国际、国家、行业标准的调研和分析，根据上游信息系统建设的需要，并从数据采集、数据存储、数据服务和应用的各环节技术和管理的需要来确定勘探开发数据模型系列标准，把石油、天然气勘探开发数据标准体系划分为 3 个大类、7 个门类，共包含 150 项标准。

2. 油气行业/领域知识图谱标准化需求

国内外的油气业务数据模型无法直接支撑知识表达、抽取构建和管理应用。在国内外油气公司知识管理/知识工程建设实践中，大多企业设计、建立了针对部分业务的知识模型、知识体系（如 C&C 的油气藏评价知识体系），但未形成覆盖油气勘探、开发生产业务领域的知识体系。这些油气行业的知识体系，仅从知识分类的业务维度展开，无法支持多维筛选搜索、关联推荐、决策推理等功能。

中国石化知识中心建设开始了油气领域知识"采—存—管—用"全生命周期标准规范体系建设的探索，形成了试点企业内部应用的流程与规范，取得了良好的成效，但尚未达到行业标准的程度。

综合来说，在油气领域知识图谱标准化需求主要包括知识表达范式与知识模型标准化、知识体系标准化、知识图谱架构与要素标准化、知识图谱评价体系标准化等方面。

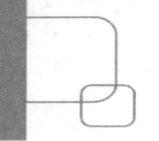

案例 7：基于知识图谱的油气知识综合管理和智能应用——油气勘探开发行业案例

迄今为止，人们在油气行业投资了数万亿元进行勘探、开发和生产，积累了大量的宝贵经验和知识。这些知识大部分存储在非结构化文档和结构化数据库中。为了充分利用这些知识，北京国双科技有限公司（以下简称"国双公司"）利用基于文本解析和专家视角的学习型知识抽提方法，对海量行业知识成果进行标注和知识抽提，突破了当前国内外石油行业人工知识收集的效率瓶颈。国双公司提出的行业知识存储在分布式图数据库中；对已有结构化油气数据库，通过链接和映射等 D2R 技术将其中的数据接入图数据库中；在多源异构数据的基础上，利用各类知识融合技术，对不同来源的本体、实体进行对齐和消歧，形成了国内首个基于自动知识抽提、知识融合和知识图谱的油气综合知识库。

目前，该油气综合知识库已覆盖完整的油气勘探开发知识体系及数十万条油气行业知识。基于知识库的语义检索和知识问答，能够为地质学家、石油工程师回答勘探开发常见问题，大幅提升了专业人员的工作效率及创新能力，得到了客户的一致好评。

1. 案例基本情况

1.1 企业简介

国双公司是中国领先的企业级大数据和人工智能解决方案提供商。基于自主可控的分布式大数据平台和人工智能技术，国双公司先后在数字营销、司法和财税等专业服务、工业互联网、智慧城市等领域，提供了安全可靠的数字化、智能化解决方案和数据仓库等大型基础软件产品，助力相关企业和组织实现数字化、智能化转型。国双公司英文名称为 Gridsum（Grid 网格+Sum 求和），即分布式计算、网格（区块）计算，是该公司创始人祁国晟先生于 2003 年编写一个计算框架软件时提出的，这一概念与主流的分布式计算和区块链思想不谋而合。

1.2 案例背景

自 20 世纪以来，世界对石油、天然气的需求逐年上升。2000—2040 年世界石油、天然气需求增长变化统计及预测如图 1 所示。中国作为当前世界上主要油气生产国之一，油气产量增长居世界前列，但油气产量增速落后于经济增速，对外依存度越来越高，其中，石油高达 70%，天然气高达 40%，均高于美国历史上的最高值。因此，提升国内油气勘探开发的水平并努力保障国家能源安全，是当前能源领域的大课题。油气勘探开发是一个高风险、高回报的产业。如何以最低的成本在地下发现更多的石油和天然气，并高效、快捷地开采出来，是中国石油和天然气行业需要长期面临的问题。

目前，油气行业的知识大部分以非结构化文档的形式存储，缺少有效的知识成果汇缴和综合管理的规范、工具和平台，造成"有数据找不到、找到后无法用"的尴尬局面。为了充分利用这些高价值知识成果，研究人员构建了石油知识图谱智能应用系统，通过知识图谱、大数据、人工智能、自然语言处理等技术手段，构建了勘探开发业务的本体模型，从海量行业文档中抽取有用知识，并对这些知识进行业务建模、挖掘和深度分析，构建了各类智能应用，解决油气业务问题和痛点，帮助了专业人员从地下发现并开采出更多油气，最大程度上发掘知识的价值。

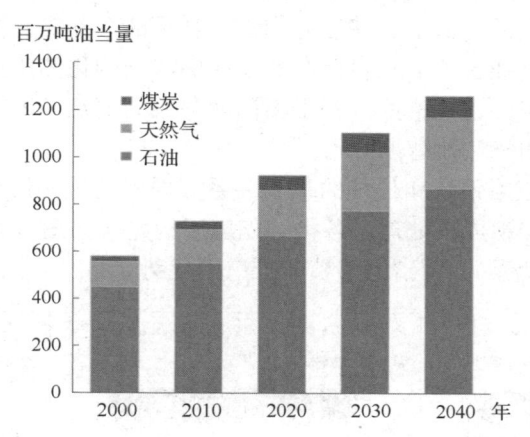

图1　2000—2040年世界石油、天然气需求增长变化统计及预测

1.3　系统简介

石油知识图谱智能应用系统基于国双产业人工智能平台，遵循自顶向下规划、自底向上学习的设计理念，由行业专家、数据科学家深度参与，基于核心业务流程定义行业应用，按照学习型 Agent（智能体）理念设计应用，实现由机器辅助决策到人机协作决策，再到机器自主决策的智能演进。平台建设按照模块化、服务化、平台化架构，构建基于云计算、大数据、人工智能等技术的计算引擎，以及集图数据库、关系数据库于一体的分布式存储系统，实现知识可计算和可验证，不断积累、沉淀业务服务和功能组件，形成场景化的成果智能推荐。平台将语音、图片、视频解析等机器感知与自然语言处理、知识图谱等机器认知深度融合，形成混合式人工智能产品，共同应对复杂业务场景的智能化应用需求。国双产业人工智能平台为满足复杂业务场景的智能化应用需求提供了解决方案。国双产业人工智能平台设计框架如图2所示。

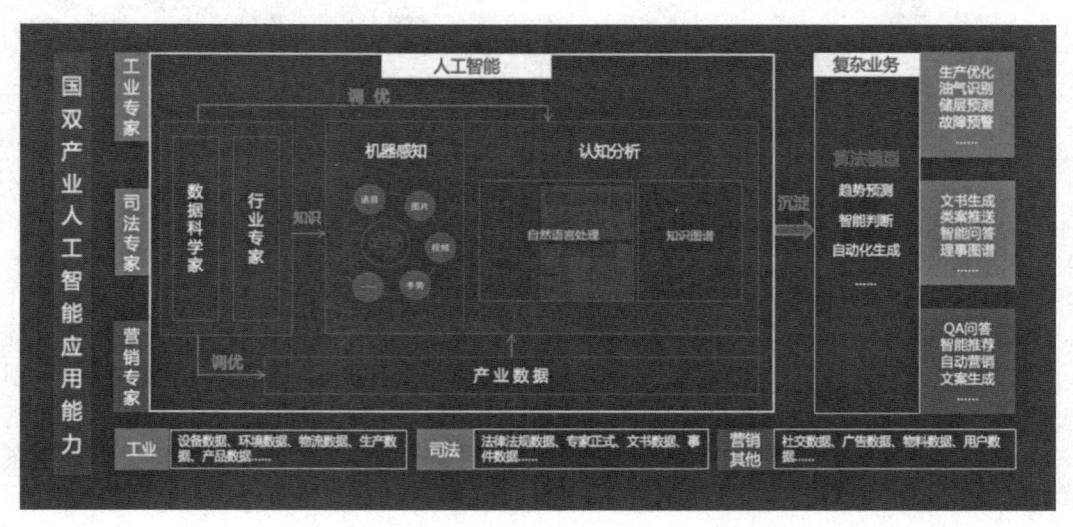

图2　国双产业人工智能平台设计框架

本案例通过网络爬虫技术，爬取了大量油气勘探开发相关的论文、成果和网页；利用自然语言处理技术、深度学习和机器学习技术，将这些非结构化知识成果进行分类整理；通过人工标注、自动抽取相结合的方式，收集了大量的油气勘探开发知识，如含油气盆地、油气田、油气藏、烃源岩、圈闭、盖层、储层等知识；基于油气勘探开发业务的本体模型，将这些非结构化知识和油气行业已有的、存储在数据库中的结构化知识进行有效融合，构建了油气上游综合性的勘探开发知识图谱库；基于不同业务共同痛点问题，研发了产量预测、油气藏类比、油气层识别等油气认知智能应用。

石油知识图谱智能应用系统和传统的基于关系数据库的传统信息系统相比，具有多源异构知识融合、非结构化知识成果处理、各类智能应用构建（如图 3 所示的基于微信小程序的油气勘探开发智能问答助手）、图谱的移植和推广等优势。

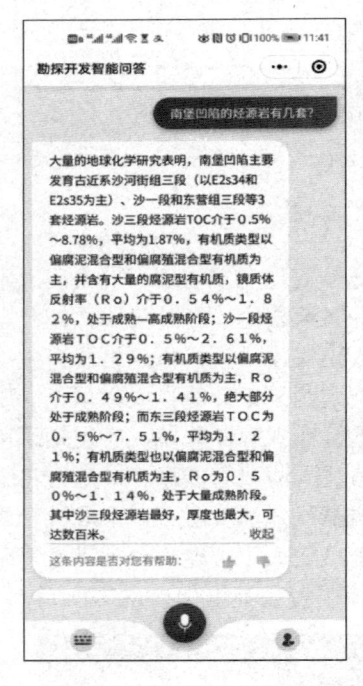

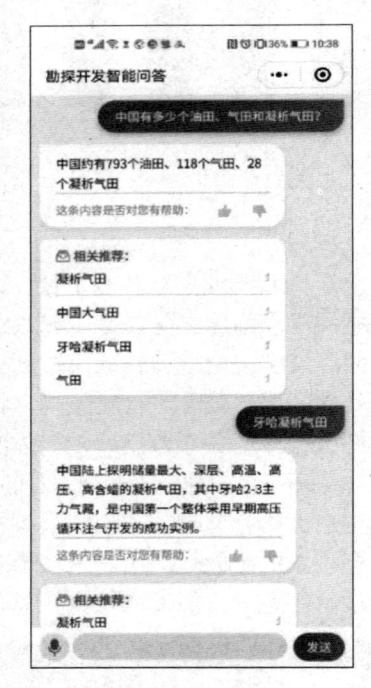

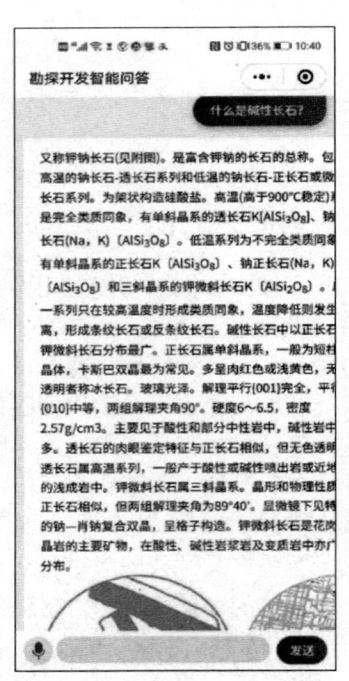

图 3　基于微信小程序的油气勘探开发智能问答助手

2. 案例成效

2.1 应用情况

国双公司在油气勘探开发传统行业成功发布了智能问答系统，提升了石油专业的工作效率、知识和数据的利用率及创新能力，有效解决了油气行业非结构化知识成果管理的难题。基于油气勘探开发知识图谱库构建的油气层识别应用，该系统对油层、气层和水层的识别率超过了业务专家水平。油气勘探开发知识图谱已覆盖完整的油气勘探开发知识体系（包括从含油气盆地、油气田、油气藏、生油岩、储层、盖层、单井等勘探开发本体）、61000 余条事实型油气行业知识、与中国 117 个油气田和油气藏相关的知识 26000 余条。

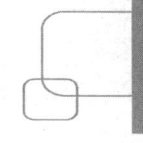

2.2 应用效果

和国内外同类油气行业知识库相比，国双公司利用新技术提高了知识库构建的效率。英国某油气行业知识库公司的50多位专家花了22年才手工整理出1500多个油气田和油气藏的知识30万条，国双公司仅仅在半年内就整理出勘探开发知识5.5万条。

基于油气勘探开发知识图谱构建的智能油气层识别应用，实现了油气层的快速识别，在消除参数影响、特征关系拾取、排除人为因素干扰等方面，尤其在储层聚类、储层识别模型构建和模型实时更新方面填补了国内这一领域的空白。该技术通过模型训练和测试后在100多口井进行油气层智能识别，其中，油层的准确率为91%，气层的准确率为100%，油水同层的准确率为88%，水层的准确率为98%，干层的准确率为85%，实际应用效果好，达到人类专家水平。

国双公司为充分共享和有效利用油气勘探行业的海量知识成果，在对业界state-of-the-art算法进行详细调研的基础上，设计出了一套"端到端"的深度学习模型，并针对油气业务进行了大量优化。该模型对业务专家标注的1360余篇公开发表论文，在训练集上知识抽取算法的准确度达到97%，在测试集上知识抽取算法的准确度平均为83%。虽然算法在测试集上泛化能力有所降低，但节省了海量文档知识标注所需要的大量人力和时间，有效解决了油气行业非结构化知识深度利用的难题。

该算法相关论文已发表于2019 CCF国际自然语言处理与中文计算会议。知识抽取算法如图4所示。算法模型主要由编码器、关系推选层、解码器3个部分构成。

（1）编码器。用于对输入文本进行编码，编码器可以使用Bi-LSTM、ELMo、BERT、XLnet等结构。由于标注文本有限，在较少的数据量条件下Bi-LSTM等轻量模型的效果和BERT等预训练模型的效果差距较大，研究人员最终选择了BERT作为编码器。

（2）关系推选层。用于在编码器后在每一个字符位置上找到候选关系类别。

（3）解码器。用于解码并输出知识三元组。

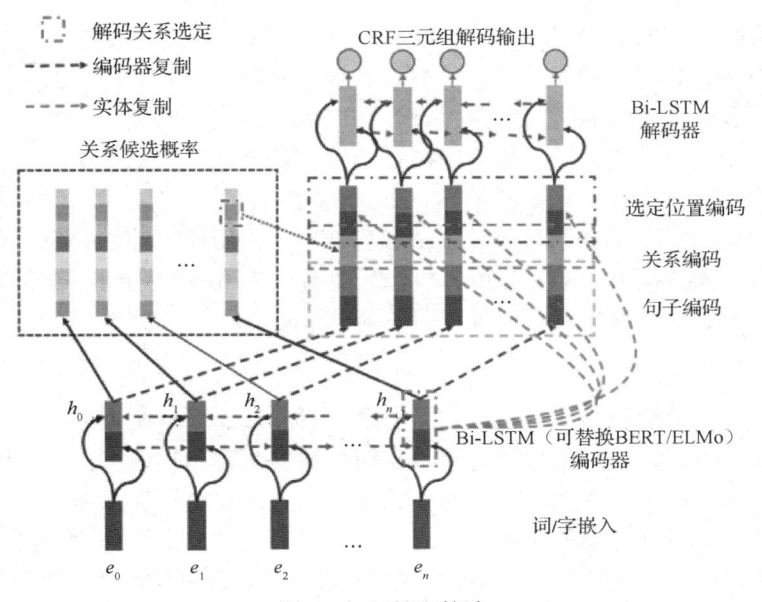

图4 知识抽取算法

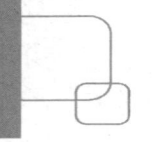

3. 系统技术路线

石油知识图谱智能应用系统利用知识图谱、自然语言处理、深度学习、机器学习等技术，对各类多源异构的油气勘探数据进行处理，构建油气勘探开发知识图谱库，通过数据中台提供与知识图谱相关的各类服务。系统总体架构设计如图5所示。

智能应用层	知识查询	知识成果可视化	勘探开发智能问答	图谱分析	知识卡片	安全与运维
	油气藏类比	产量预测	智能推荐	互动问答	智能储层识别	账号权限
	智能钻井	智能地面、管道	设备智能预警	知识订阅	更多智能应用…	SSO认证
数据中台层	知识服务层					操作日志
	知识标注	知识抽取	本体管理	实体管理	文档管理	运维日志
	知识融合	实体命名识别	关系抽取与补全	知识推理	知识查询	迭代重构
	数据处理和算法服务层					发布管理
	OCR识别	数据预处理	分类算法	回归算法	自然语言处理	个人中心
				深度学习	时间序列	自动机器学习	数据权限
	数据接入层					
	结构化数据导入	半结构化数据导入	文档导入	问答对管理	数据自动爬取	
基础设施层	分布式存储	服务器云化	虚拟化	容器化	组件服务	

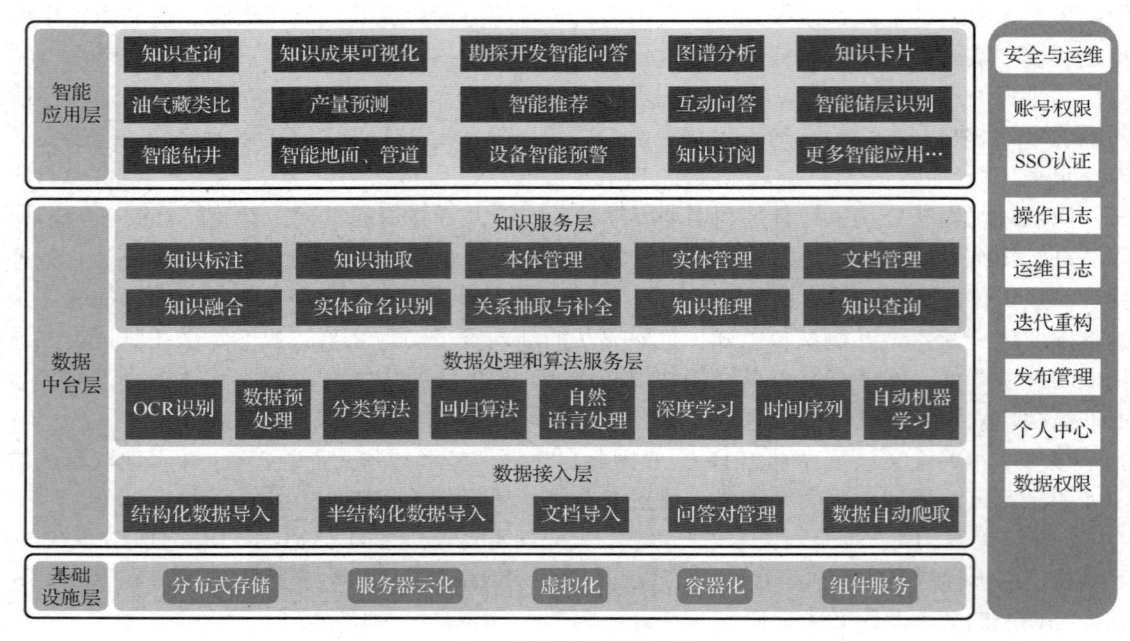

图5 系统总体架构设计

1）基础设施层

系统基于客户已有的 IT 基础设施，结合现有的技术栈，基础设施层包含分布式存储、服务器云化、虚拟化、容器化和组件服务等模块。分布式存储是将数据分散存储在多台独立的设备上，采用可扩展的系统架构，利用多台存储服务器分担存储负荷，利用位置服务器定位存储信息，不但提高了系统的可靠性、可用性和存取效率，而且还可动态扩展。在石油知识图谱智能应用的基础设施层，系统利用 Kubernetes（以下简称"K8s"）管理云平台中多个主机上的容器化的应用，K8s 的目标是让部署在容器中的应用简单并且高效，管理计算节点，实现自动化部署、大规模可伸缩、应用容器化管理的功能和特性。K8s 结合 Docker 实现应用的快速伸缩，从而达到快速扩展应用容量的效果。

2）数据中台层

在石油知识图谱智能应用平台中，数据中台可细分为 3 层：数据接入层、数据处理和算法服务层、知识服务层。通过数据接入层实现跨域数据整合和知识沉淀；通过数据处理层实现原始数据的各类预处理，并提供各类常见的算法服务；通过知识服务层，系统提供各类与智能应用相关的知识查询、抽取和管理功能。

数据处理和算法服务层提供各类数据处理和机器学习、深度学习及自然语言处理相关的常见算法。其中，OCR 识别服务利用 Tesseract 工具和其他商用 OCR 工具的 API 接口，对用户上

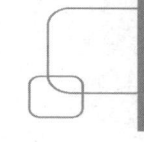

传的图片和扫描件进行光学文字识别服务,将其中的文字识别并存储到系统中;同时对各类文件的文本内容进行解析和抽取服务。为了快速构建知识图谱库,需要各类机器学习和深度学习算法,尤其需要自然语言处理技术,对非结构化文档的内容进行命名实体识别(NER)、关系抽取、知识融合等知识图谱构建服务。系统利用这些算法服务包,对知识图谱库中收集的各类知识进行分析、挖掘,构建各类智能应用。目前,系统中已包含各类常见的数据预处理、分类、回归、自然语言处理、深度学习、时间序列相关及自动机器学习等算法 70 余种。

3)智能应用层

基于系统接入的各类油气行业多源异构数据,通过各类算法,知识服务层对这些数据中的知识进行知识标注、实体命名识别、知识抽取、知识融合等知识相关服务;同时提供本体管理、实体管理、文档管理等油气业务知识管理服务。基于构建的油气知识图谱库和数据中台提供的各种算法和知识服务,系统可根据用户需求构建各类油气智能应用。目前,石油知识图谱智能应用系统包括知识查询、图谱分析、知识成果可视化、油气藏类比、产量预测等智能应用。未来,研究人员还须针对行业痛点,探索诸如智能推荐、互动问答、智能储层识别、智能钻井、智能地面、智能管道、设备智能预警、知识订阅等认知智能应用。

4. 系统实施步骤

油气认知智能应用系统的构建大体包括 3 个过程:油气知识体系构建和数据准备、勘探开发知识库管理、勘探开发知识智能应用。这 3 个过程不断迭代,构成一个知识不断沉淀、积累、优化、应用的生态闭环。油气认知智能应用系统的构建流程如图 6 所示。

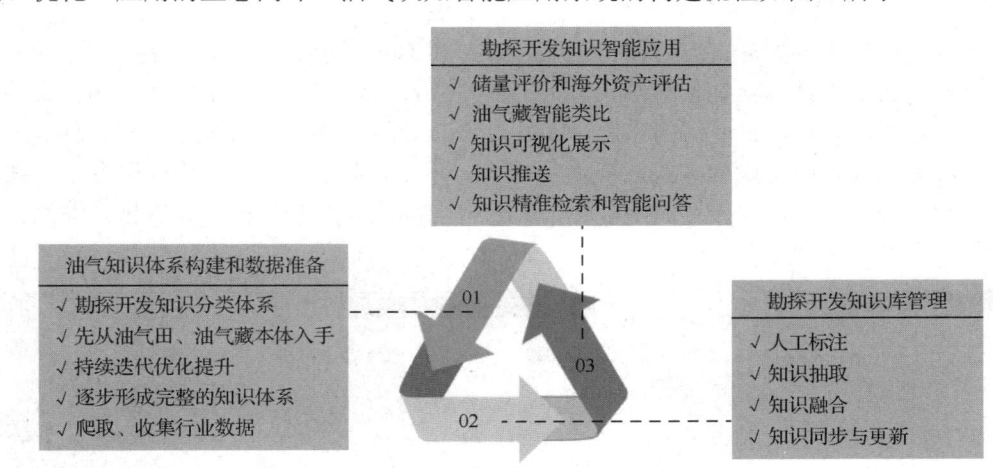

图 6 油气认知智能应用系统的构建流程

1)油气知识体系构建和数据准备

系统通过网络爬虫,对中国知网、石油工业出版社、百度百科、石油地质家协会、石油工程师协会的数据进行爬取,收集各类结构化、半结构化和非结构化数据。截至目前,系统已经收集了 15 余万条油气专业分词,包括 6 万多条包含词条的权威释义、同义词、上位词和相关的知识图片,公开发表论文数量超过 12000 余篇,收集整理中国含油气盆地 420 个、中国盆地构造单元列表 1225 个、油气田列表 956 个及其相关属性描述。

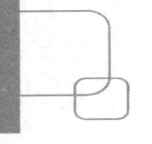

2）勘探开发知识库管理

通过人工标注、知识抽取、知识融合、知识同步更新等技术手段，将收集到的油气知识转换为知识图谱三元组，并存储到 Neo4j 油气知识图谱库。

3）勘探开发知识智能应用

基于本体模型和 Neo4j 油气知识图谱库，结合业务需求和行业痛点，研发了知识可视化展示、知识推送、知识精准检索和智能回答等各类知识智能应用。

4.1 数据接入和准备

1）数据爬取

本案例利用 Scrapy 引擎的 Scheduler、Downloader、Pipeline、Spider Middleware 等组件，将油气相关的公开论文、摘要及其他信息爬取到本地，并进行手工检查和处理，对格式和内容进行审核并清洗。数据爬取整理后，将存储在 Excel 中的结构化数据加载到图数据库中。

2）结构化数据接入

数据接入层实现了结构化数据、半结构化数据及非结构化数据的导入与管理，数据自动爬取等功能。对于存储在数据库如 Oracle、MySQL、SQL Server、PostgreSQL、HBase 中的结构化数据，系统通过数据源配置、映射和导入等功能，实现结构化数据记录和图数据库本体的链接和映射；将结构化数据导入图数据库中，实现油气勘探开发知识图谱库规模的快速增长，并保证图谱库中知识的质量。

3）半结构化数据和非结构化数据接入

对半结构化的数据如 Excel 表格、网页、XML 和 Json 等格式的文件，系统通过业务模板定制的方式，实现半结构化数据和知识图谱库的对接。对油气行业海量的非结构化文档，系统通过文档导入功能，可将非结构化的 PDF、Word、PPT、图片、音视频、扫描件等各种格式的文件，通过拖拽或导入的方式，批量将这些文件存储到石油大数据应用平台中。在非结构化数据导入的过程中，系统通过智能化的方式，自动抽取这些文档的元数据。非结构化文档导入和管理如图 7 所示。

图 7 非结构化文档导入和管理

4.2 知识表示

要构建油气知识图谱，业务专家可通过本体管理工具，按照实际的业务需求，对油气勘

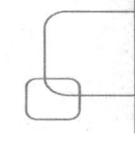

探开发行业关注的本体进行建模,识别各类油气勘探开发本体、本体属性及本体之间的关系。通过本体管理功能,业务专家可以随时对知识图谱库的本体进行增、删、改、查等各类 DML 操作,以直观可视化的方式进行本体维护;同时也可通过批量更新的方式更新油气勘探开发本体。

4.3 知识标注与抽取

知识标注如图 8 所示。基于构建的本体,系统为业务专家提供了从非结构化文档中提取知识点的能力。通过知识标注,勘探开发专家将非结构化知识成果中的各类勘探开发实体(如盆地、构造单元、井、油气田、油气藏等)、实体的属性和实体之间的关系人工标记出来,标注的结果可直接导入知识图谱库,也可为后期的知识自动抽取提供训练语料,最终实现勘探开发特定领域的知识半自动抽取和自动抽取。

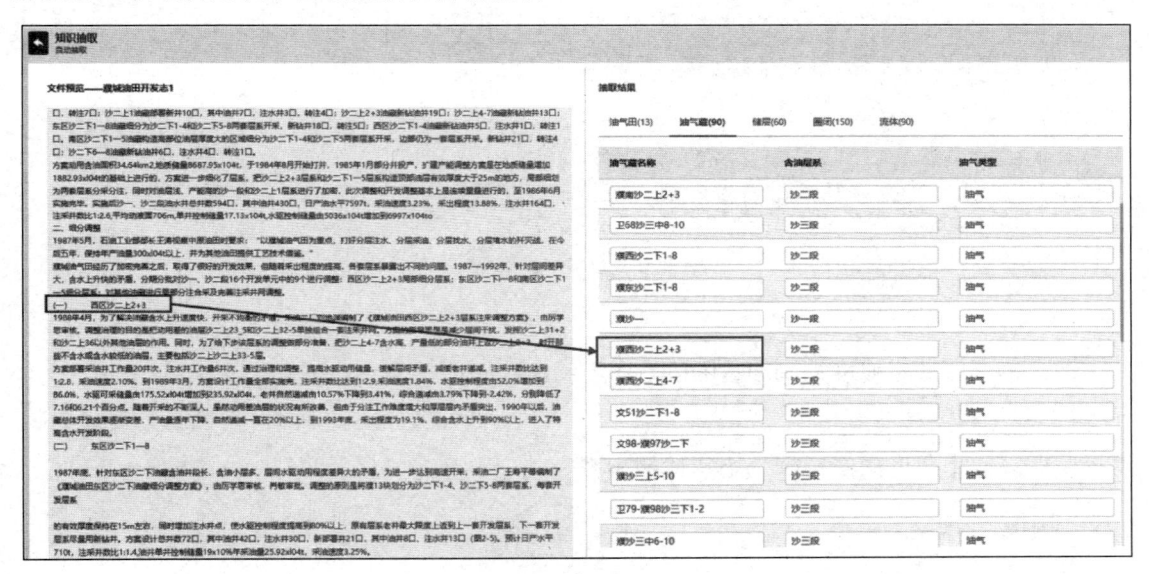

图 8 知识标注

根据业务专家标注、已有的抽取成果和勘探开发本体知识模型,利用各类自然语言处理(NLP)算法模型、实体命名识别(NER)模型和关系抽取模型,知识抽取工具能自动地抽取非结构化知识成果中的知识点,如图 9 所示。勘探开发专家可对系统自动抽提结果进行审核和在线修改,最终把经过审核的抽取结果导入知识图谱库,快速扩大勘探开发知识图谱库的规模,并保证抽取知识的质量。

4.4 知识融合

大量结构化数据通过数据库链接和映射导入油气知识图谱库,同时也有海量的非结构化文档,需要通过标注和抽取的方式将其中相关的知识点存储到知识图谱库,此时还需要进行知识融合任务。本案例通过实体规范化(Entity Normalization)和实体链接融合(Entity Link)进行实体融合。在实体规范化阶段,原始数据的质量会直接影响最终链接的结果,不同的数据集对同一实体的描述方式往往是不相同的,对这些数据进行规范化,如语法正规化和数据正

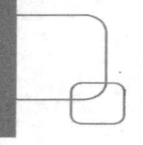

规化，是提高后续链接精确度的重要步骤。在实体链接融合阶段，假设两个实体的记录为 x 和 y，x 和 y 在第 i 个属性上的值分别为 x_i 和 y_i，通过如下步骤，进行记录和链接。基于5067个油气勘探开发实体的人工标注样本，本系统采用的自动实体融合算法准确率可达到77%。

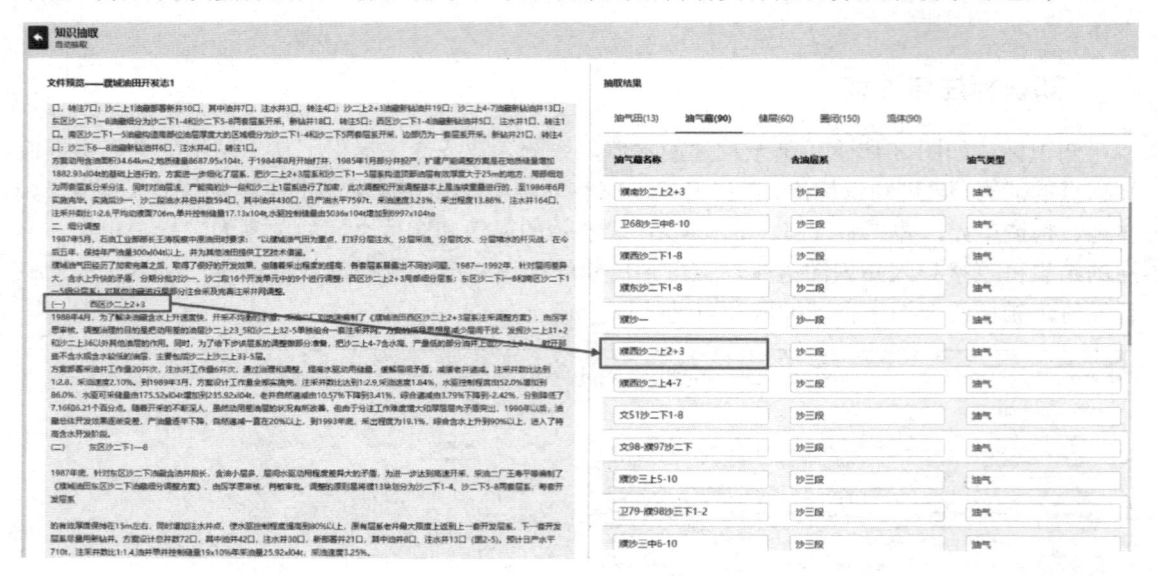

图 9 知识自动抽取

1）属性相似度

综合单个属性相似度得到向量 $[sim(x_1, y_1), sim(x_2, y_2), \cdots, sim(x_n, y_n)]$。

2）实体相似度

根据属性相似度向量得到一个实体的相似度。

4.5 图谱可视化

存储在结构化数据库和非结构化文档中的知识导入并融合到知识图谱库后，用户可利用实体管理功能查看这些实体、实体的属性及实体之间的关系。实体管理功能以图形化的方式展示，它可以直观看到勘探开发实体如盆地、构造单元、区块、油气田、油气藏、单井等实体、属性值，以及它们之间的关系。实体管理功能如图10所示。

4.6 智能应用构建

1）知识查询

在知识查询功能中，用双引号表示搜索关键词的精准匹配，用 AND、OR 等高级关系逻辑对多个搜索关键词进行组合查询。高级查询功能可以添加多个查询条件，同时还可设定这些查询条件的逻辑关系。知识查询功能和基于关键词的常规搜索引擎有所不同，它不仅可以基于 Elasticsearch 进行常规的、基于关键词的全文检索，而且还可以对知识图谱进行图遍历和计算，进行图谱检索和相关推荐。知识查询功能如图11所示。

第 8 章 智慧能源领域案例

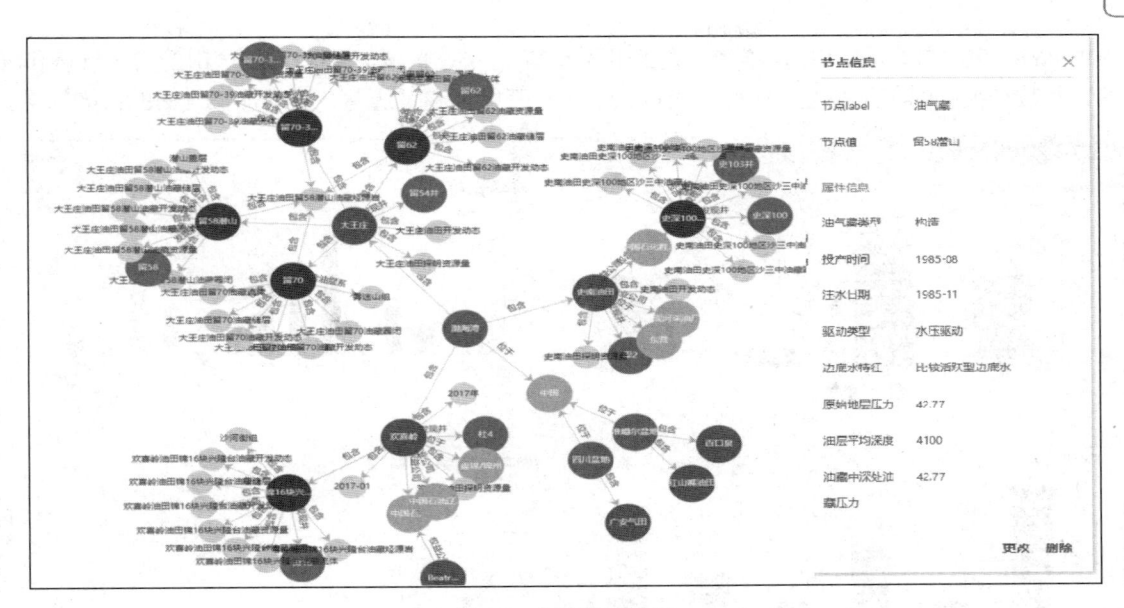

图 10 实体管理功能

图 11 知识查询功能

2）图谱分析

基于业务需求和知识图谱库，用户可对知识库中的知识进行可视化分析和展示。用户可自定义各种类型的直方图和交会图，揭示知识图谱中的数据规律和趋势，指导实际的勘探开发和生产业务。图谱分析如图 12 所示。图 12 展示了 4 张用户定义的图谱，分别对中国某含油气盆地中的一级构造单元的探井数量进行统计。用户可直观看到东南坳陷带的勘探活动最活跃，因为该构造单元包含的探井数最多（达到 81 口）；二级构造单元井数分布图反映了该盆地油气开发生产活动的情况，从该图看出，东南坳陷带所属的隆起带勘探开发生产的井数最多，达到 226 口；最后两张图表明了新塘气田历年天然气产量（亿立方米/年）变化区间的频率，该气田有 5 年的产气量都

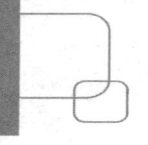

小于 86.67 亿立方米/年，有 4 年产气量大于 429.33 亿立方米/年，同时，该气田的日产气量和气井开井数有很强的正相关性。因此，可以通过多打开发井和扩边井，来增加该气田的日产气量。

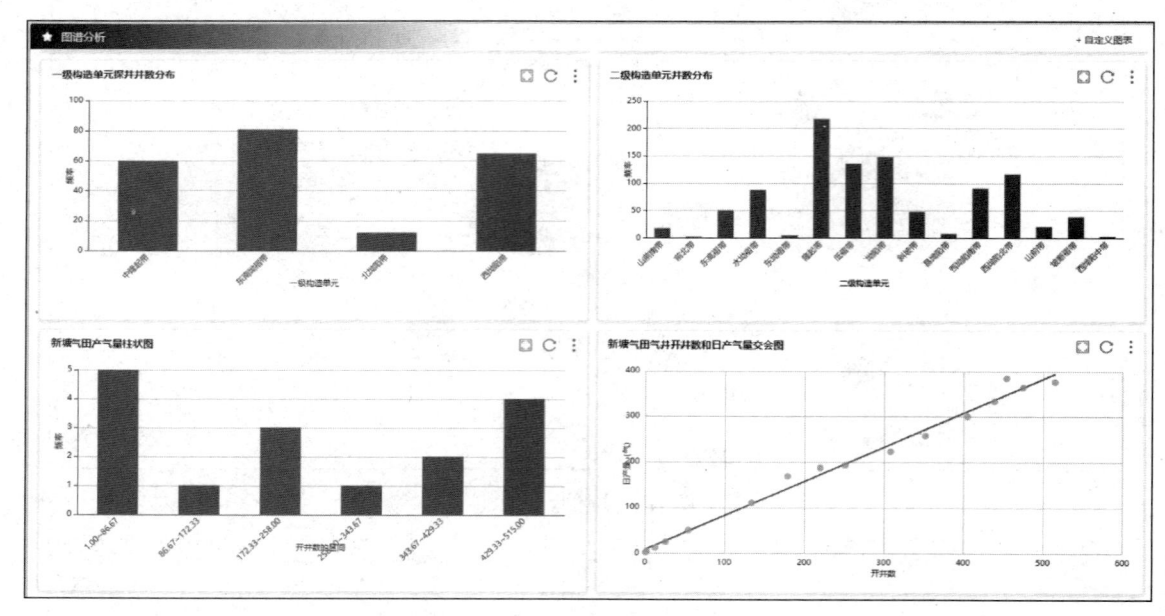

图 12　图谱分析

3）知识成果可视化

该功能内嵌在知识查询功能中，对查询结果中文档的各个维度，如关键字、主题、知识来源等多个特征维度进行分析和可视化展示。知识成果可视化如图 13 所示。通过饼图、直方图和折线图来展现搜索结果的特征。

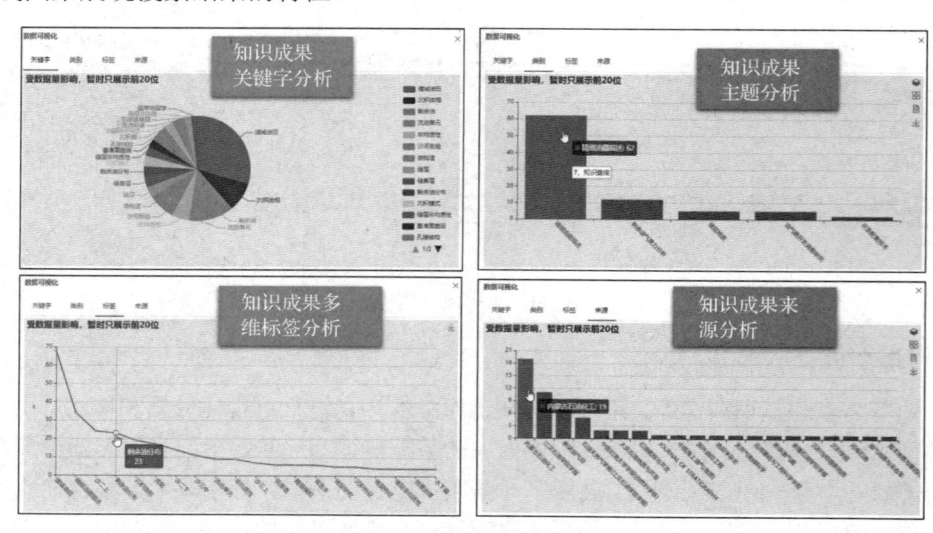

图 13　知识成果可视化

4）路径探索和发现

通过知识图谱的实体展示功能，可对任意两个勘探开发实体进行路径探索，发现它们之间深层次的关联关系。基于知识图谱的油气实体路径探索和发现如图 14 所示。例如，可对汤池油田和瓦岗油田之间关系的路径探索和发现进行展示，这两个油田都属于新塘作业区，该作业区还包括观塘、新月、宁古、塔新等油气田。而瓦岗油田从地质上看属于营口坳陷，并且可看出瓦岗油田和汤池油田包含的井等信息。

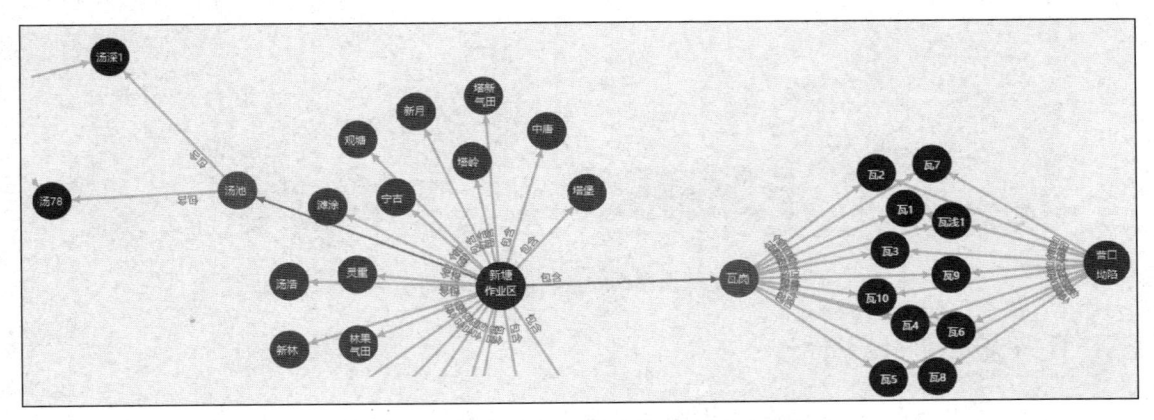

图 14　基于知识图谱的油气实体路径探索和发现

5．案例示范意义和推广应用

5.1　案例的示范意义

本案例利用知识图谱、自然语言处理、机器学习及相关技术，通过油气知识收集整理、油气知识体系分类、本体建模、知识标注和抽取、知识展示和智能应用构建等过程，有效解决了油气勘探开发过程中面临的认知智能问题。随着知识规模的扩大，该知识库将成为油气行业的"智能大脑"，能够像资深专家一样思考、推理和预测，为油气决策提供全面支持，成为颠覆传统油气行业的强大智能体，解决了非结构化知识无法管理和深度利用、多源异构数据知识成果无法融合、无法针对业务问题进行认知分析这 3 个石油工业界长期面临的知识管理问题。

通过知识图谱技术，各类结构化和非结构化知识成果融合成石油综合知识库。基于该知识库，可进行各类行业认知智能应用的研发与应用，如知识智能检索、智能推送等。石油知识图谱智能应用平台基于自然语言理解技术，了解用户的意图，进行精准知识检索、回答和推荐，并以知识卡片的形式对用户查询的油气勘探开发实体进行多模态知识展示。基于知识图谱的自然语言问答和知识卡片如图 15 所示。

5.2　案例的推广应用

本案例以油气行业为具体应用场景，对垂直行业知识图谱的构建和应用做了研发和探索。本案例基于 Neo4j 油气知识图谱库，将通用知识图谱的本体建模、网络爬虫、文档导入、知识标注和抽取、文档管理、数据库配置、数据源映射和导入、实体管理和可视化展示、知识查询、知识问答、知识推荐、图谱分析等通用知识图谱功能，进行灵活配置和调用；同时，将油气行业相关的功能如油气藏类比、产量预测、动态分析等功能从通用功能中分离，该系统各服务之间实现了完全解耦。因此，该系统具有高度灵活性并且功能完备，可以完全复制、移植和推广到其他专业和行业，形成垂直知识图谱落地和应用的、完整的生态系统。

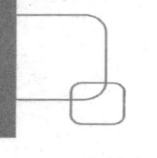

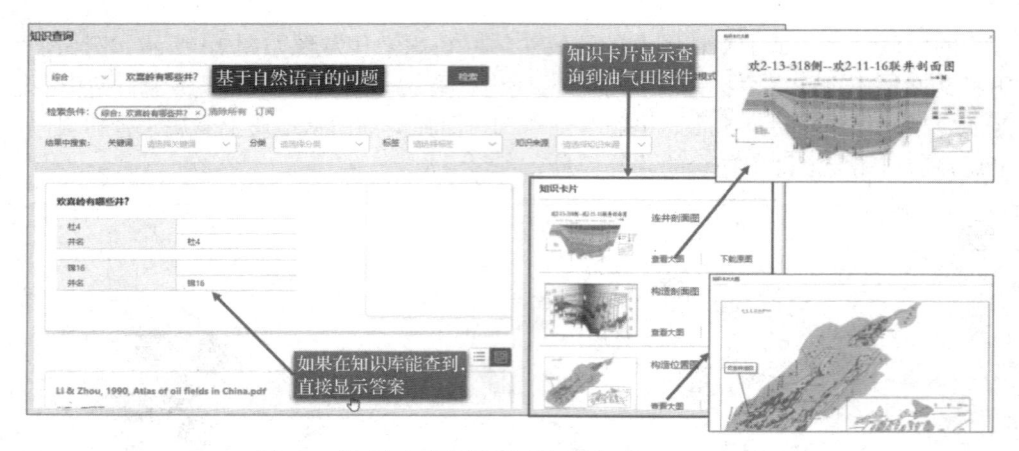

图15 基于知识图谱的自然语言问答和知识卡片

6. 下一步工作计划

石油知识图谱智能应用平台具有本体建模、网络爬虫、文档导入、知识标注和抽取、文档管理、数据库配置、数据源映射和导入、实体管理和可视化展示、知识查询、知识问答、知识推荐、图谱分析等通用知识图谱功能，而且还具有油气行业特有的油气藏类比、产量预测、动态分析等功能，在实际项目中得到应用并获得客户好评。为了收集更多的行业知识，为油气勘探开发专业人士提供智能决策支持，研究人员计划下一步从以下几方面对该平台进行优化和扩展，并移植和复制到其他垂直行业。

1）知识库自动构建

该知识图谱平台收录了勘探开发知识点、词条和问答对数十万条，但知识库的构建主要依赖行业专家和人工智能专家协同，人工构建的工作量和费用都比较高。为了克服这些缺点，需要利用网络爬虫、自然语言处理、知识自动抽取和融合等技术，对互联网上出现的海量油气非结构化和半结构化文档进行自动爬取和抽取，自动更新并扩大油气知识图谱的规模和数据量。为此，研究人员计划以现有的、经过专家标注的、高质量的数十余万个三元组为种子，通过远程监督学习、自举法等弱监督学习方法，对爬取的海量数据进行不间断自动知识抽取，必要时通过专家人工审核的方式，以提高自动抽取知识的质量。

2）知识融合

知识融合是知识图谱生命周期的一个重要环节。现在系统的融合功能还不完备，有时多个不同的实体名称如"沙三段""沙河街组三段""E32"指的都是同一个实体，但很难将它们自动融合为知识图谱库中的同一个实体。为了解决这个问题，研究人员计划下一步提升知识融合相关的算法，如基于上下文和属性相似度算法等进行知识融合；同时计划增强标注工具，让业务专家能进行人工知识融合。系统可基于业务专家手工融合的语料，不断提高自动知识融合的精准度，形成知识融合的生态闭环。

3）知识溯源管理

为每个知识点尤其是来自非结构化知识成果中的知识点标明数据来源，这样可以对每个知识点的来源进行溯源，对知识点的正确性和可靠性进行核实，同时将知识来源展示在图谱分析图表上，供用户参考。

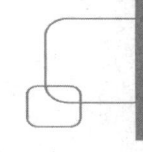

案例8：邑通知识图谱在建筑领域智慧能源的应用——建筑空间智慧能源管理平台 ETOM IEM

1. 案例基本情况

为解决高铁站、地铁站、机场候机楼、展览馆等超大建筑空间的人流密集、能耗居高不下、人员舒适度低等问题，厦门邑通软件科技有限公司（以下简称"厦门邑通"）利用机器学习的思维和技术，打造出了一套全面、高效、智慧的建筑空间智慧能源管理平台 ETOM IEM（以下简称"ETOM IEM 平台"）。通过机器学习技术和仿真自学习技术，该平台实现了中央空调、新风系统、照明系统的智能控制与节能优化，确保在满足用户安全、舒适的前提下，实现设备的节能降耗及能源管理效率的不断提升。同时，该平台利用轨迹跟踪自学习技术，实现了对各机电设备运行状态的实时监测，能够自主识别异常波动趋势，及时提供设备的故障预测预警，实现更安全、可靠的设备运维管理。

1.1 企业简介

厦门邑通成立于 2008 年，总部设在福建省厦门市，是一家运用大数据、人工智能等先进思维和技术，专注于为用户提供智慧节能整体解决方案和智慧化能源管理平台的高新技术企业。厦门邑通始终坚持技术创新路线，把具有自主知识产权的工业知识图谱技术应用到建筑物联网领域，推出了 ETOM IEM 平台。该平台集知识图谱技术、工业互联/物联网技术、人工智能技术于一体，是知识图谱技术在新基建上的典型应用范例，适用于高铁站、机场候机楼、大型体育馆、展览馆、会议中心、医院、商场等超大建筑空间，能在安全、舒适的情况下实现建筑空间的智能运行与节能降耗。

1.2 案例背景

随着我国城市建设的发展，高铁站、地铁站、机场候机楼、大型体育馆、展览馆、会议中心、医院等超大建筑空间具有客流大、人员密集、能耗较高等特点，其中能耗主要来源于空调和照明系统。对于传统的中央空调机组，由于无法精准匹配环境因素的变化，对输出的冷量和冷负荷需求不能进行实时的动态调整，不能对客户的舒适度进行实时的动态调整，使设备长期处于高能耗的运行状态，更无法在精确满足工作区舒适度要求的前提下进行有效的能耗控制。所以，解决好空调操作优化、实现智能化环境控制，不仅可以提升环境舒适度，有效进行能耗的控制，而且具有重大的推广应用前景。

基于此，为实现智能化环境控制，降低能耗，厦门邑通利用人工智能知识图谱技术，为某高铁站打造出了一套全面、高效的 ETOM IEM 平台，以满足业主、旅客、高铁站工作人员及运维人员等相关方的诉求为核心，以降低空调、照明总能耗为目标，在安全、舒适的情况下实现建筑空间的智能运行与节能降耗，提供更舒适的旅客体验，更智慧的能源管控，更安全可靠的设备运维。ETOM IEM 平台利益诉求方示意如图 1 所示。

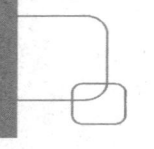

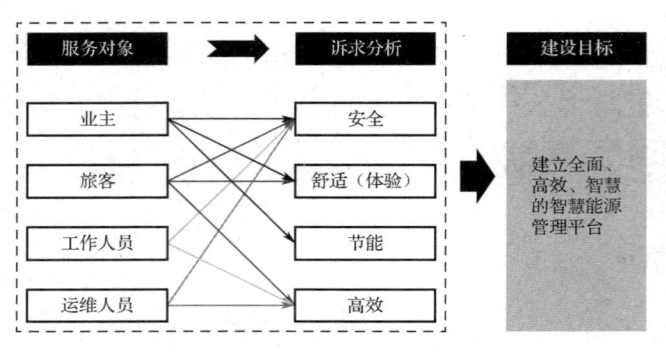

图 1　ETOM IEM 平台利益诉求方示意

1.3　平台简介

1.3.1　平台功能

（1）运行节能优化。通过采用厦门邑通自主研发的人工智能算法对知识进行自动分析和运算，实时动态找寻在当前环境和设备状态下最节能的操作方案，并自动执行、反馈能耗情况。结合执行后效果的评价，对空调、新风、照明设备进行智能控制、节能优化，实现系统的自我迭代和提升，在满足安全、舒适的前提下，达到节能降耗并不断提升能源管理效率的目标。

（2）设备健康监测预警。通过利用轨迹跟踪自学习技术，对各类建筑机电设备的健康状态进行在线监测，自主识别异常波动趋势，及时提供设备的故障分级预警，助力空调设备的高效运营，实现能效智慧柔性管理。从而全面提升安全管控能力，实现更安全可靠的设备运维管理。

（3）知识实现动态自我调优。把数据分为工况类数据（X）、操作类数据（Y）、评价数据（Z），并建立一一对应的事件图谱模型。随着工况类数据（X）的实时动态变化，操作类数据（Y）也会依据评价数据（Z）实时动态变化，从而在建立知识图谱库的同时，实现了事件图谱模型里的知识实时动态自我调优，确保最优节能操作方案的持续更新。

1.3.2　平台优势

（1）高度集成性。通过数据交互、对各系统进行全局化的集中统一监视和管理，在同一个平台上实现信息的存储、显示和管理。同时，以各系统的状态参数为基础，实现系统间的联动控制。改变系统间信息孤岛、无法联动的现状，实现现有系统的集中监测、信息汇聚、资源共享、协同运行、优化管理，同时为节能运行优化与智能决策提供必要的数据和信息支撑。

（2）高度兼容性。针对超大空间环境传感器不易部署的现状，综合考虑现场可施工条件、美观及数据采集需要，确保在不破坏原有建筑装修风格的前提下，在现场任何可安装的位置安装适量的传感器，然后通过现有的温度分布预测模型进行不同高度位置的温度折算，再不断修正优化。

（3）运行智慧化。利用人工智能算法分析，对设备进行智能控制，实现数据自感知、自分析、自决策、自执行及自优化，实现系统的不断自我迭代和提升，从而达到节能、高效的智慧化运行。

1.3.3　平台创新性

1）实现环境温度与设备的实时联动，解决调节滞后性问题

从空调末端的需求端出现需求，到冷热源端做出相应动作，存在严重的滞后，设备不能及时响应现场环境的变化。后端机组响应滞后造成超大空间温度调节不及时，能耗较大。该平台

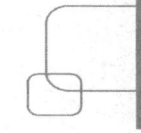

通过现场布置传感器，实现环境温度的实时采集，通过环境温度的实时变化触发整个空调系统的运行；并通过 AI 运算，对风系统及水系统的实现并行控制，达到风水联调的目的，把对环境的感知与空调末端控制、后端主机控制融为一体构建整体知识，有效解决了后端机组响应滞后问题，提高了客户的满意度。

2）实现基于温度梯度综合分析的预冷、预热控制方案

该平台可以通过会展活动信息，进行高峰时段的初步预判，结合现场布置的传感器实现现场环境温度的实时采集，运用 AI 算法进行温度曲线的分析，精准进行人流高峰时段的判断。从而进行预冷预热提前时间量的设置，提升用户的舒适度。

3）实现人工智能仿真技术的应用

针对操作数据和评价数据之间有可计算的逻辑关系研究人员利用仿真技术对同种工况下的操作和评价进行遍历，记录遍历过程中积累的所有知识形成知识库。离线仿真训练可实现操作行为知识集的快速积累，解决在线训练周期长、成本高的困境。

4）实现试探式机器学习技术的应用

通过试探式机器学习技术，针对操作动作进行有效值范围内的微调试探，遍历所有操作动作，从而找出最佳操作。实现操作行为自主学习，解决自动化生产线、无人值守设备的操作行为累积问题。突破"历史寻优"，向更高级的操作行为积累、优化和创新演进。

5）实现空调、照明系统等设备控制方案的自我优化

传统的空调、照明系统等设备控制方案是预先设定好的控制方案，是相对静态的，不具有自我评价和自我优化能力。该平台创新性地增加了对于空调、照明系统等设备控制节能操作方案执行后的执行效果的记录，即空间环境温湿度等的反馈值会自动反馈回本系统的中央空调采集控制模块，并形成闭环。该方法创新性解决了平台系统自我优化的问题，该平台可以根据目标值的优劣自动评判本次推送方案执行效果的好坏并进行自我学习，不断动态完善算法优化模型，确保系统效果的持续提升。

2. 案例成效

ETOM IEM 平台案例示意如图 2 所示。

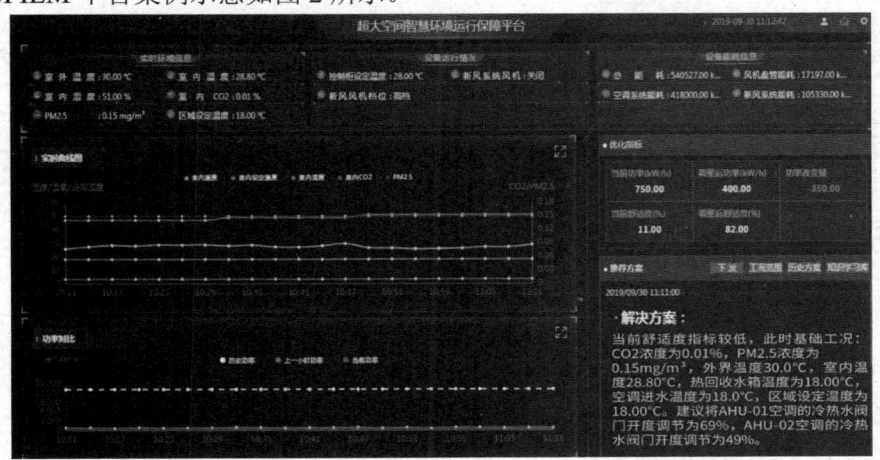

图 2　ETOM IEM 平台案例示意

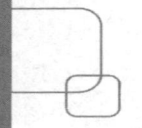

2.1 平台价值

平台价值如表 1 所示。

表 1 平台价值

指标	成效
节能降耗	通过 ETOM IEM 平台的搭建和综合能源的应用,实现最优节能效果,并可实现建筑空间综合节能率15%~25%的提升
提高舒适度	实现人体环境舒适度稳定达到80%以上,充分考虑了建筑空间使用者及管理者的多方诉求,解决建筑空间冷热不均问题
提高安全指数	设备故障时实现秒级响应,提升报警准确率;基于设备状态监测及故障预警,减少非故障停机,实现建筑空间内各设备的安全稳定运行
降低运维成本	基于对设备(空调、照明等)的状态监测,实现故障的预警、报警以及故障处理管理,减少运维成本和对现场操作人员的依赖,节省操作人员的成本
响应政策需求	借助 ETOM IEM 平台可实现建筑空间的智慧能源管理,充分响应国家政策及市场层面对于建筑空间节能降耗的要求

2.2 平台效益

ETOM IEM 平台带来的经济价值非常可观。该平台第一年即可实现15%的节能效果,后续通过不断自我优化,节能效果持续上升,可以逐年上升到 18%、20%、25%……。以建筑面积为45万平方米、节能面积为8万平方米的建筑来计算,每年运营所需电费为2000万元,4年累计可以带来1560万元以上的经济价值。平台效益如表 2 所示。

表 2 平台效益

项目	投运期				合计	备注
	第1年	第2年	第3年	第4年		
投入	1200万元	50万元	50万元	50万元	1350万元	投运期维保费第1年赠送,之后每年50万元
电费	2000万元	2000万元	2000万元	2000万元	8000万元	第1年为系统自动控制显现的节能效果,节电率为15%左右;第2年提升系统管理措施,节电率上升至18%左右;第3年系统持续优化,节电率为20%左右;第4年系统持续优化,节电率为25%左右
节电率	15%	18%	20%	25%	—	
节省电费	300万元	360万元	400万元	500万元	1560万元	

3. 系统框架与技术路线

3.1 系统框架

ETOM IEM 平台综合考虑可扩展的需要,从接入层、采集层、数据层、应用层、展示层5个层次全面遵循统一标准规范体系和安全保障体系。ETOM IEM 平台架构如图 3 所示。第一层是接入层,实现系统数据共享交换的需求。第二层是采集层,为平台数据分析和应用功能提供数据支撑。第三层是数据层，为平台提供存储力和算力支撑。第四层是应用层，对环境与能源数据进行管理和分析，支撑机电设备的健康监测、节能优化和智能运维管理。第五层是展示层，运用 BIM 技术与运营维护管理需求相结合，对建筑的空间、设备资产等进行科学管理，实现建筑的智能运维管理，提升运营管理和可持续运营能力。

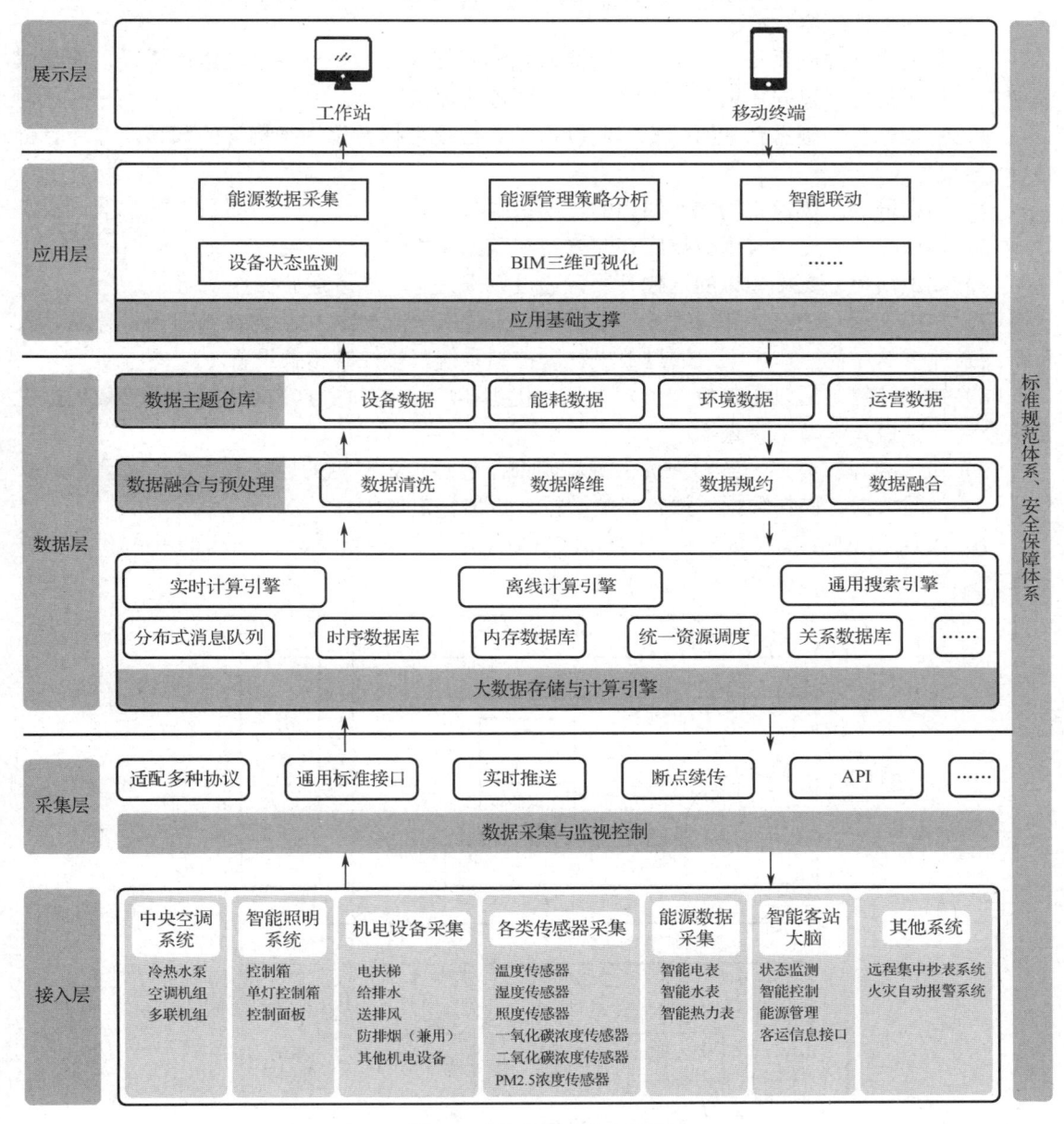

图 3　ETOM IEM 平台架构

3.2　系统技术实施路线

ETOM IME 平台基于人工智能知识图谱技术获取建筑用电、用水、用热数据，构建成包含工况数据、操作数据、价值标定数据的操作知识，并通过价值标定值的计算获取知识寻优

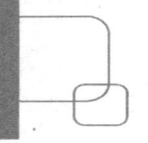

能力，通过试探式学习技术获取最佳控制方案，实现建筑能源的智能控制。技术实施路线分为：数据获取、数采物联控制系统、知识建模、知识融合、知识存储、知识演化、知识表示、知识计算、知识溯源、ETOM BRAIN 技术支持等。ETOM IEM 平台技术逻辑如图 4 所示。

（1）数据获取。数据获取是通过数采物联控制系统进行的，支持各类设备的状态数据、控制数据及各类传感器数据。

（2）数采物联控制系统。该系统支持多数据源的互联互通，支持多种通信协议，为数据获取提供技术支持，根据知识图谱的输出实现设备的优化控制。

（3）知识建模。根据预配置信息，将获取的各维度数据转化为结构化的知识，并计算价值标定值。

（4）知识融合。执行相同操作知识的自动识别与合并。

（5）知识存储。提供常用数据库存储方案和数据库集群存储方案。

（6）知识演化。支持知识的迭代升级；通过试探式学习逼近最佳操作知识。

（7）知识表示。ETOM IEM 平台一般为自动执行模式，建议优化为在当前内外环境、人员密度条件下的最优操作方案，通过数采物联控制系统直接控制相关设备。

（8）知识计算。通过价值标定值对知识做优劣排序；整体优化空间计算；历史最优操作记录查询；试探式学习记录查询。

（9）知识溯源。对每一条知识提供溯源查询，包括知识产生的建筑名称、设备名称、操作时间、工况数据、操作数据、操作影响数据、价值标定值等。

（10）ETOM BRAIN 技术支持。ETOM BRAIN 是人工智能模块，为知识图谱提供各类算法支持、试探式学习支持等。

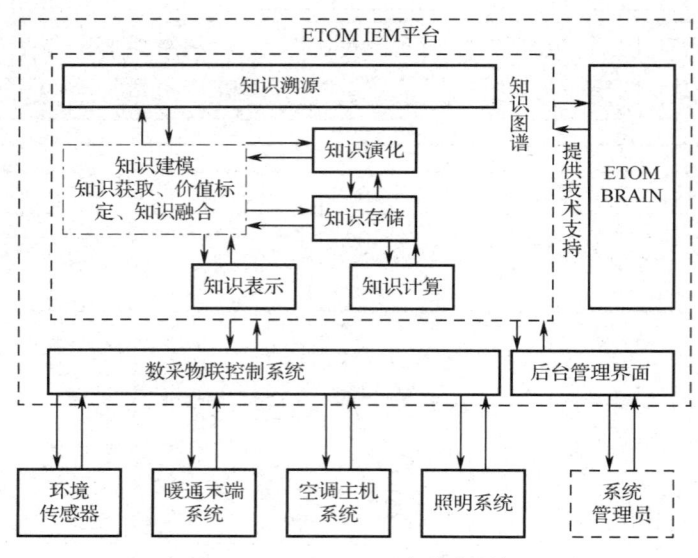

图 4　ETOM IEM 平台技术逻辑

4. 案例示范意义

1）对推进建筑领域智慧能源管理具有示范意义

项目实施过程中主要是通过对环境数据的科学感知和精准采集，对能源消耗进行统计分

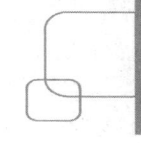

析、发现能耗较大的环节，通过运用人工智能知识图谱技术找寻出各设备的最佳运行方案并自动控制执行，从而实现对机电设备全面、有效的实时监控和管理，确保设备处于高效、节能、可靠的最佳运行状态，在提高整体环境的舒适度的同时实现能源的节能降耗；对设备的健康状态进行在线监测和故障分级预警，实现设备的高效运营，满足舒适度的前提下实现节能降耗，为"建筑节能"走向"智能建筑节能"做了初步探索，是人工智能在新基建上的一个新应用方向，对推进建筑领域智慧能源管理具有示范意义。

2）对实现绿色建筑节能具有示范意义

本案例是以满足业主、旅客、超大空间的工作人员及运维人员等相关方的诉求为核心，采用了先进的人工智能技术，有效地保证了人体环境的舒适度、保证城市空气质量良好；通过将人工智能仿真式和试探式机器学习技术应用于空调系统及照明系统，在保证舒适度的前提下降低空调系统能耗，达到经济节能目的；同时提高了高效运营水平，满足了社会、经济和环境效益的需求，对绿色建筑节能具有示范意义。

3）对人工智能技术在建筑领域的创新应用具有示范意义

本案例是建筑节能领域的重点项目，具有工程量大、人员密集、能耗高等特点，其运用了物联网、工业互联网与人工智能技术，涉及新基建七大领域中的两大领域，属于新基建的典型应用示范；该项目使用到的多项技术和多项核心专利都是国内首创，是人工智能在超大空间领域的融合创新应用成果。项目使用的技术思路可以快速复制到高铁站、汽车站、机场等超大空间领域，实现超大空间的智能建造、智能装备、智能运营技术水平的全面提升，为今后类似的建筑节能项目提供指导。

5. 展望

1）建立智慧能源管理的标杆项目

ETOM IEM 平台集知识图谱技术、工业互联/物联网技术、人工智能技术于一体，是知识图谱技术在新基建上的典型应用范例，邑通将会向全网场站做推广，涵盖高铁站、地铁站、汽车站、机场候机楼等超大空间场站，建立智慧能源管理的标杆项目。并在展馆等行业建立示范项目，向大型体育馆、展览馆、会议中心、商场、医院做扩展。

2）开展能源管理合作新模式

由于建筑相关设备设施逐年老化，功能性逐步增加，未来建筑能耗增长存在失控风险，运营管理成本也将同步提高。可通过采取能源托管的新模式，由投资方负责总能耗波动的控制与兜底，帮助业主锁定能耗成本，同时可在不出资的情况下实现能效提升。

第 9 章　智慧金融领域案例

案例 9：蚂蚁事理图谱在信贷风控中的应用

在金融领域的信贷风控场景中，企业用户的供应链、贸易往来、经营风险等各种事件，都会影响金融机构对企业用户的信贷风控能力的判断。为了形成用于信贷风控决策的事件推理经验库，需要对大量的事件进行标准化、对齐和融合等处理，这些处理过程工作量巨大，而事理图谱则可以为这些事件的分析、推理等提供可演进的智能化解决方案。

蚂蚁金融知识图谱平台——知蛛，提供了一种可演进的方式来管理海量异构知识。蚂蚁金融知识图谱技术通过对信息客群进行数据挖掘、事理分析和推理等，助力网商银行提升对用户的信贷风险刻画能力，在控制风险的基础上对用户进行个性化提额操作，扩大可授信用户规模及对用户的授信额度，提升金融业务的风险感知水平，促进新型金融智能业务的开发。

1. 案例基本情况

1.1　企业简介

蚂蚁科技集团股份有限公司（以下简称"蚂蚁集团"）是中国最大的移动支付平台支付宝的母公司，也是全球领先的金融科技开放平台，致力于以科技推动包括金融服务业在内的全球现代服务业的数字化升级，携手合作伙伴为消费者和小微企业提供普惠、绿色、可持续的服务，为世界带来微小而美好的改变。

蚂蚁金融知识图谱平台提供了一种可演进的方式管理海量异构知识；基于领先的 NLP、图像、图谱表征学习、专家规则推理及多模融合学习技术，助力网商银行实现金融知识的不断演化及业务集成推理应用；赋能了相互宝智能理赔、安全交易风控、企业信贷审核、资金智能分析等业务场景。

1.2　案例背景

无论是企业还是个人，每天都有大量的事件发生，不同的事件会引起不同的后果，对不同地域的不同产业又会有不同的影响，会产生不同的连锁反应。这些事件之间的内在联系就潜藏在海量的历史事件资料中，要完成对这些事件的分析与推理工作，工作量巨大，而事理图谱则可以提供可演进的智能化解决方案。

网商银行基于事理图谱，联动外部的宏观和微观风险事件，以及小微企业用户内部的供应链、企业关系等，来进行实时的推理预测，通过实时捕获外部风险事件并持续观测风险事件的演进，来预测小微企业的信贷逾期风险，并采取相关措施，进行信贷业务的风险控制，

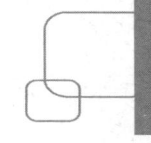

促进信贷业务的开展。

1.3 系统简介

本案例中，知识图谱解决方案的业务相关方如图 1 所示。

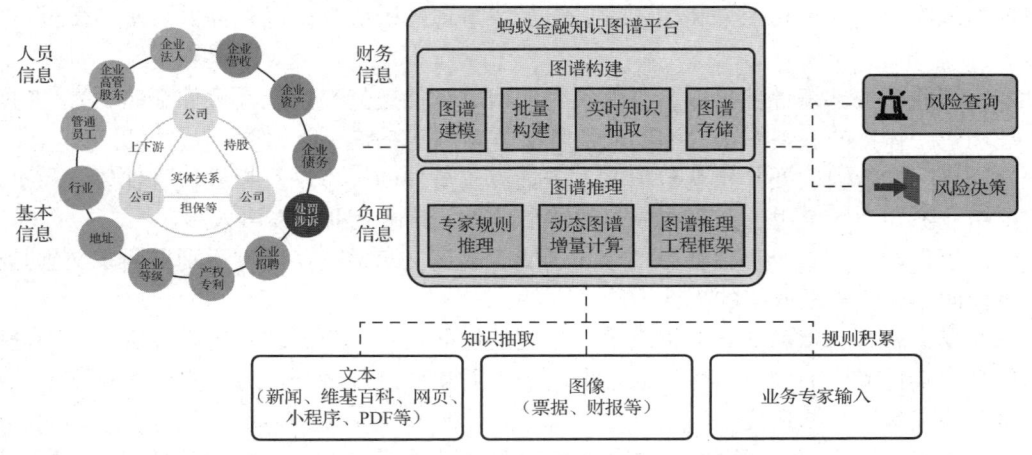

图 1　知识图谱解决方案的业务相关方

其中，蚂蚁金融知识图谱平台通过融合各个公司主体的人员信息、基本信息、财务信息和负面信息等作为输入，并基于图谱建模、批量构建、实时知识抽取、图谱存储等技术，实现图谱构建。同时，蚂蚁金融知识图谱平台对文本和图像内容进行知识抽取，以业务专家输入作为规则积累，通过专家规则推理、动态图谱增量计算、图谱推理工程框架等技术，实现图谱推理。外部调用方基于金融知识图谱平台提供的能力，来进行风险查询和风险决策。

本案例中，网商银行事理图谱系统的技术框架如图 2 所示。

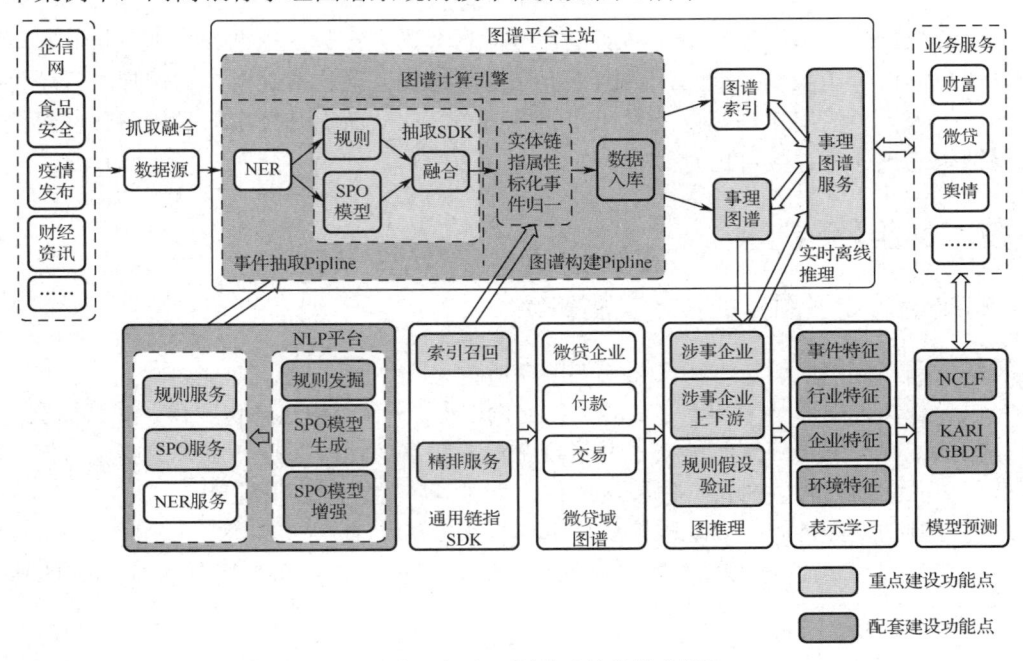

图 2　网商银行事理图谱系统的技术框架

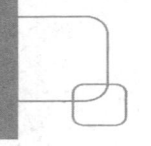

本案例实施主要包括数据源、图谱平台主站、NLP 平台、通用链指 SDK、微贷域图谱、图推理、表示学习、模型预测、业务服务等。其中，图谱主站平台是核心平台，调用 NLP 平台、通用链指 SDK、图推理、表示学习、模型预测等平台或组件的功能。图谱主站平台从各个数据源中对外部事件进行抓取融合，对事件进行抽取和归一，对属性进行标化和融合，并完成数据入库，构建事理图谱和图谱索引，形成事理图谱服务，对外提供财富、微贷、舆情等服务。

本案例联动外部事件源抓取、事件实时抽取、事件链指与融合、事件存储、事件时序实时推理构建一体化的事理图谱"端到端"解决方案。其系统功能如下：

（1）事件抽取。主要是指从自然文本中抽取出事件的类型以及相应的事件要素。事件要素主要由业务知识图谱中的元素构成，如涉事地点、涉事企业、涉事人等。

（2）事件归一。一个事件会由多个句子或者多篇文章描述，通过识别出两条文本是针对同一事件的描述，判断取出的事件为同一事件。

（3）属性融合。每篇文章会报道事件不同的侧面或者元素。识别出事件后判断不同的事件描述是现实世界中的同一事件，对抽取出的不同属性进行融合，对于事件的共指追踪和事件元素的补齐具有重要意义。

（4）专家 DSL 召回。不同事件的影响范围不同、产业链与供应链的传导路径不同，通过专家规则 DSL 方便领域专家快速筛选可疑的涉事企业，对于专家领域知识的沉淀具有非常重要的意义。

（5）事件推理。基于历史事件和 DSL 召回涉事企业，并在事件周期不同时间窗口下计算逾期的概率，为图模型学习构建有效的正样本，预测新事件发生时不同时间窗口的逾期概率。

2. 案例成效

通过蚂蚁金融知识图谱技术，网商银行对信息客群进行数据挖掘、事理分析和推理等，提升对用户的信贷风险刻画能力。网商银行在控制信贷风险的基础上，对用户进行个性化提额操作，扩大可授信用户规模以及对用户的授信额度，从而提升授信产品销售额，经测算带来新增销售额预计超过数百亿元。

3. 技术实施路线

3.1 蚂蚁金融知识图谱的技术实施路线

蚂蚁金融知识图谱的技术实施路线如图 3 所示。

蚂蚁金融知识图谱基于基础平台和 AI 一体化研发平台，构建知识建模、知识抽取、知识融合、知识推理、图谱应用等能力，并形成企业、财富、保险医疗、服务内容、自然人等知识图谱，从而支撑微贷、财富、保险、风控、支付等各类金融应用场景。

蚂蚁金融知识图谱的主要功能模块如下：

（1）知识建模。业务图谱本体化的抽象过程，目标是把业务信息转换成知识的形式化表达。

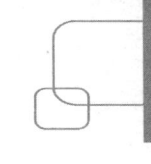

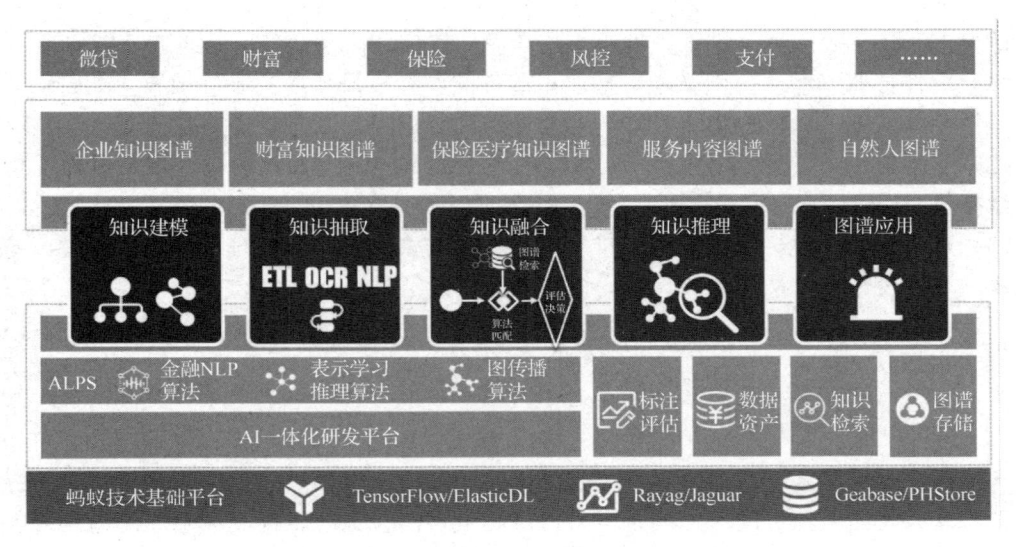

图 3 蚂蚁金融知识图谱的技术实施路线

（2）知识抽取。通过"NLP + OCR + ETL"等能力的组装，将原始数据抽取成图谱标准知识的过程，方便图谱高效的知识构建。

（3）知识融合。知识融合包括实体归一、子图融合两个方面，目标是降低知识冗余，提升知识的准确率。

（4）知识推理。知识推理是存量图谱数据的应用过程，通过对存量图谱做规则迭代或模型表示发现新的知识。

（5）图谱应用。将知识图谱推理、知识服务以服务化的形式对业务输出，并支持自定义应用开发。

3.2 蚂蚁事理图谱的技术实施路线

蚂蚁集团以金融知识图谱平台为基础，构建事理图谱解决方案。蚂蚁事理图谱总体实施路线示意如图 4 所示。

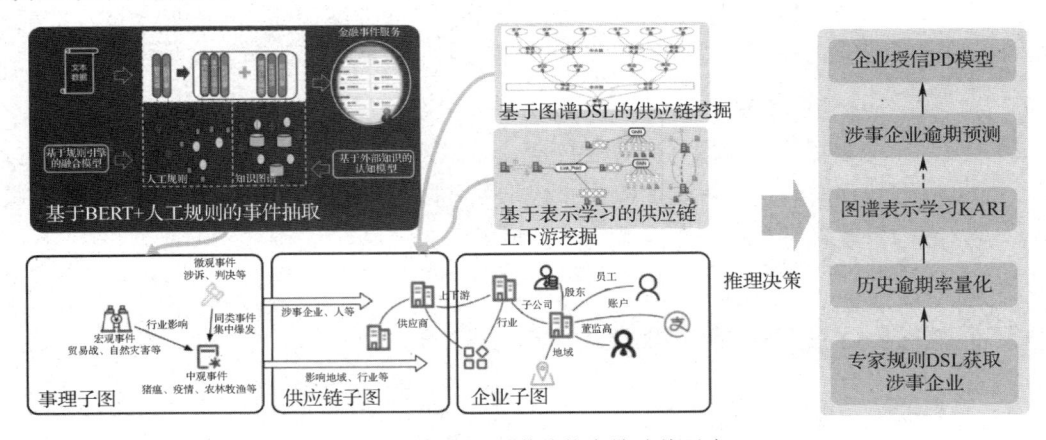

图 4 蚂蚁事理图谱总体实施路线示意

蚂蚁事理图谱以事理子图、供应链子图、企业子图为基础，基于事件抽取、供应链挖掘、

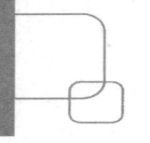

供应链上下游挖掘等能力，进行推理决策，从而支撑信贷风控业务。其主要功能包括：

（1）事件抽取。即从自然文本中抽取出事件的类型以及相应的事件要素，如时间和地点等。事件抽取任务可以拆分为两个子任务：事件类型检测、事件要素抽取。

（2）供应链上下游挖掘。包括基于图谱 DSL 的供应链挖掘，和基于表示学习的供应链上下游挖掘。

（3）推理决策。包括推理规则、推理路径、推理查询、推测推理等。基于推理，掌握事件演变的过程及影响，从而为决策者提供重要的决策信息。

4. 案例示范意义

1）提升金融业务的风险感知水平

本案例可以促进金融机构更好地利用外部风险事件，增强对企业关系网中传导的行业影响波动、重大负面事件等的风险洞察能力，及时发现潜在风险，提高风险监测与预警能力，结合企业内部的金融知识图谱，更好地支撑财富智能理财、保险智能理赔、智能风险防控等业务，提升这些业务的智能化和风险感知水平，建立风险事件快速响应和应急机制。

2）促进新的金融智能业务的开发

本案例的事理图谱+知识图谱可以促进业务领域知识和领域风险事件的持续沉淀，在数据方面，可避免数据重复，提升数据质量；在事件方面，构建大量可回测的事件集合及事件之间的关联关系；在领域专家知识上，可以沉淀不同行业、场景下专家建模的知识。金融机构可以通过数据、事件、知识等的有机结合，沉淀可解释的智能化能力，来构建更多的、新的金融智能业务。

5. 展望

1）下一步工作计划

一方面，基于已有的技术与应用的实践，沉淀出金融知识图谱的 Schema（图式）、技术要求、测试方法、应用指南等行业标准。另一方面，继续打磨和提升金融知识图谱的能力，提升知识图谱的智能化水平，提升知识推理的准确性，更好地服务于金融业务。

2）国内外发展趋势展望

知识图谱在金融行业的应用将越来越广泛，金融知识图谱知识库强大的深度知识推理能力和逐步扩展的认知能力，将帮助金融行业从业者对特定的问题进行分析、推理、辅助决策，提升金融业务的智能化水平，提升业务效率，提升用户体验。

---

*专栏：金融行业/领域标准化现状与需求

1. 金融行业/领域标准化现状

美国电子电气工程师协会（IEEE）于 2020 年 3 月成立了金融知识图谱工作组，由蚂蚁集团牵头，制定 P2807.2《金融知识图谱应用指南》标准，为业界提供知识图谱在金融行业

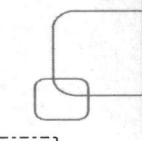

的应用指南。

中国人工智能产业发展联盟（AIIA）于 2019 年 10 月立项，制定《金融知识图谱系统技术要求》的联盟标准。

2. 金融行业/领域知识图谱标准化需求

1）制定金融知识图谱的 Schema 标准

金融知识图谱涉及微贷、财富、保险、风控等各方面的应用场景，需要有统一的知识图谱 Schema 的标准，有利于构建行业通用的知识图谱数据集，便于数据的交换共享，以及测评认证等。

2）制定金融知识图谱系统的技术要求与测试方法标准

金融知识图谱相对于通用知识图谱，有一定的业务特殊性，需要制定金融知识图谱系统的技术要求与测试方法标准，提炼金融行业通用的技术要求，并制定对应的测试方法，来指导金融知识图谱系统的技术研发与测评认证。

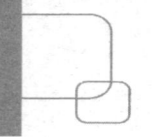

案例 10：小微企业信贷知识图谱的应用

"融资难、融资贵"的困境是小微企业生产经营活动的生命周期、财务表现、违约风险等多因素交织而成的普惠金融悖论。大数据征信通过对小微企业信用信息的采集和技术处理，实现了对小微企业经营活动的"技术增信"。对大型企业在信贷违约风险的识别与预测上，因财务数据的充分性，知识图谱是作为一种可选技术而存在的。"大数据+知识图谱"作为小微企业基于经营活动形成的关联关系，在描述与识别违约风险上，具有直观、穿透和预测的高效功能，是解决普惠金融推进过程中，长期困扰小微企业"融资难、融资贵"问题的必选技术类基础设施之一。数联铭品科技有限公司（以下简称"BBD"）知识图谱平台 KUNLUN 系列，以及将知识图谱应用于小微企业信贷关联关系挖掘的平台类产品（如浩睿风擎），广泛应用于 30 多家地方商业银行的小微企业信贷业务，贷款余额已逾 100 亿元。自 2015 年起，该类产品应用覆盖了超过 150 万家小微企业。在普惠金融大力提倡的当下，研究人员正探索出一条新一代信息技术（大数据+知识图谱）解决"融资难、融资贵"问题的切实路径。

1. 案例基本情况

1.1 案例背景

BBD 作为以大数据服务国家数字治理的金融科技公司，早在 2015 年就开始探索与打造自有知识图谱技术的产品或平台，参与国家各部委、地方数字监管领域知识图谱平台项目数百个，形成了知识图谱的自有知识产权数百项。同时，广泛参与了国际（ITU、ISO、IEEE 等）、国内知识图谱的标准化工作，力图将 BBD 在知识图谱的应用领域中丰富的全流程解决方案，进行普适化、体系化建设与提炼，为知识图谱作为新一代信息技术及人工智能领域的认知、实践和推广，做出贡献。

金融是国民经济的血脉，是国家核心竞争力的重要组成部分，金融服务业的发达程度是一个国家或经济区域发达程度的重要标志。近年来，科技向国民经济各领域赋能，数据作为新生产要素成为新一代信息技术赋能各行业的信息载体，大大提高了国民经济的全要素生产率（TFP）与人均劳动生产率。在金融领域中，无论是业务机构还是监管机构，已在探索式使用数据赋能，普惠金融的理念在新一代信息技术的赋能中，已经从概念、理论转变为普及民众的应用与实践。金融科技的金融要素分布如图 1 所示。

传统金融的业务领域，小微企业"融资难、融资贵"的问题长期困扰授信主体。小微企业因"小而可倒"生产经营活动的生命周期、财务表现、违约风险等多维因素，信用信息的可得与信用状况的判定，都存在缺失、缺位，导致其不能成为银行信贷业务的优质客户对象，"融资贵"成为小微企业债务融资必然面临的信贷资金侧供给"供不应求"的价格决策选择。同时，银行本身由于未能有效、全面识别和分析授信主体关联关系，造成借壳融资、过度授信、关联交易、担保虚化等形式的信贷资金损失事件时有发生，银行因资金供给业务的技术性手段缺位，导致了不作为式的"融资难"瓶颈问题。金融科技应用的 3 种方式，即科技向业务端的金融应用领域延伸、金融向科技的上游技术端发展和金融机构直接使用企业信用信息（征信），决定了金融行业的技术"渴望"。数据是基础，就小微企业实体对象来看，全国工商登记注册的 2 亿个企业实体（包括 3000 万个体工商户），基于全量企业对象的信用信息不止于百亿量级。无论是银行、企业，还是征信机构，如何从海量的企业信息中提取有效的信息来助力小微企业生产经营，提高信贷效率，降低小微企业融资成本，成为了摆在金融行业及金融科技公司面前亟待解决的问题。

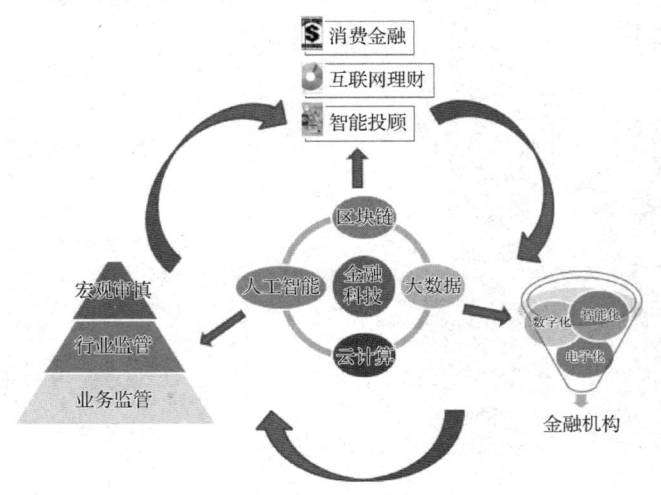

图 1　金融科技的金融要素分布

知识图谱在金融领域的应用如图 2 所示。小微企业信贷，与经营活动直接关联的强相关数据（如税务）具有稀疏性，但知识图谱具有企业和自然人关联关系的"穿透"能力，大大提升了金融机构在信息收集和关系识别过程中的效率。正是在这样的背景下，知识图谱在小微企业信贷领域，通过"大数据+知识图谱"风控技术，将错综复杂的企业关联关系网络提炼为对企业风险的深度洞察，精准服务于贷前尽职调查，反欺诈，关联交易识别，集团授信限额管理和贷后风险预警等信用风险管理领域。

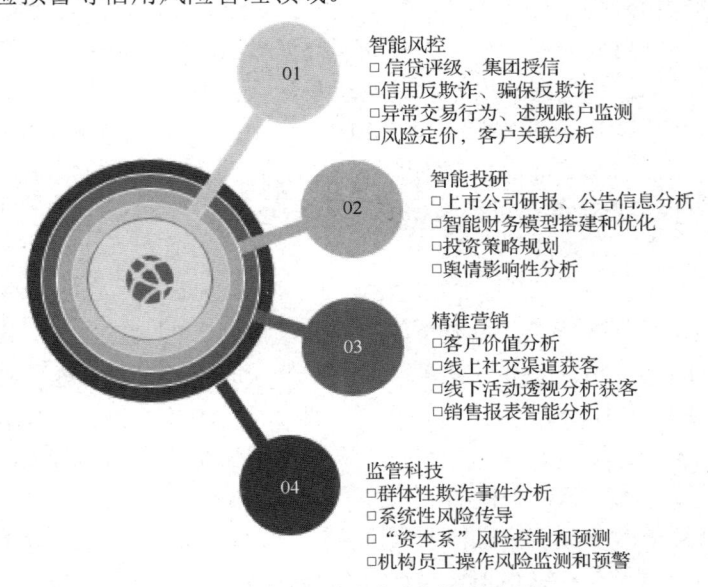

图 2　知识图谱在金融领域的应用

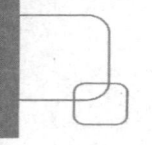

1.2 系统简介

图 3 为基于知识图谱平台的小微企业贷后风险识别路径。

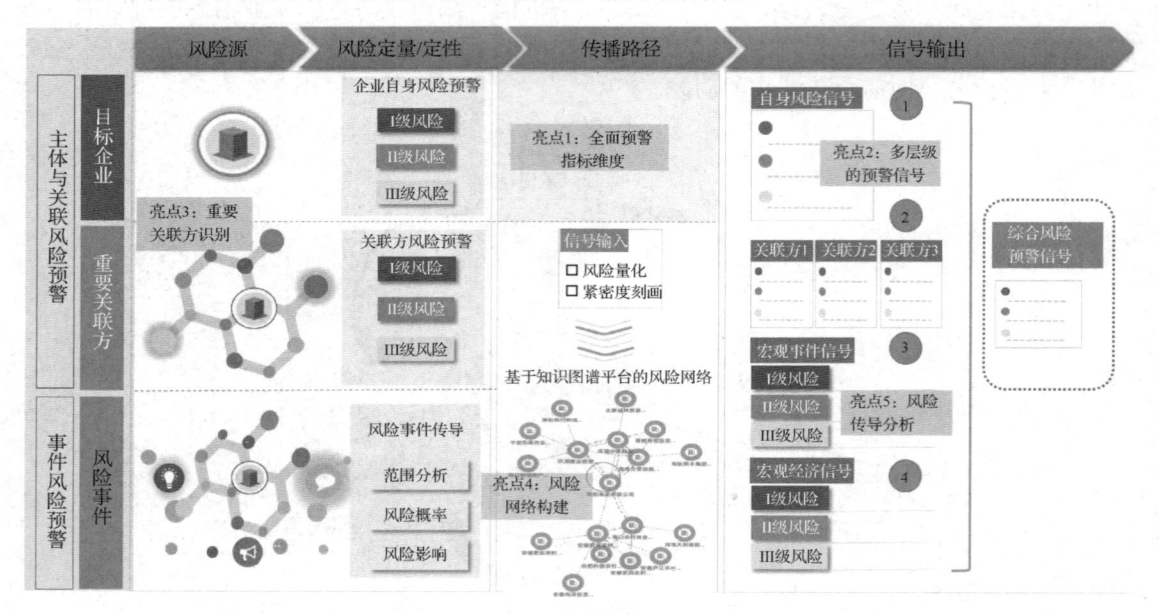

图 3　基于知识图谱平台的小微企业贷后风险识别路径

在功能上，BBD 知识图谱平台 KUNLUN 系列提供从本体建模、数据映射到图谱生成、可视化配置到 KPI 定义和关系推理等一整套图谱生成系统，提供复杂的自定义图计算和图挖掘功能。

基于 BBD 知识图谱平台 KUNLUN 系列的小微企业信贷知识图谱平台，集小微企业贷前、贷中、贷后影响信用的关联要素、关系与事件为小微企业信贷本体。该平台从业务上，改变了传统小微信贷的授信判别指标缺乏（相较于大中型企业）的现状；从信贷业务数据结构上，改变了传统信贷数据平台底层存储的二维关系型数据表结构。平台做到"所见即所得"，充分利用知识图谱数据存储，优化搜索引擎，并实现基于语义的检索和多种复杂推理。

在系统架构上，BBD 知识图谱平台 KUNLUN 系列重点在应用的横向拓展性上展开探索，主要表现为对原单节点的 Graph DB 增加了分布式的方案、对图谱提供了分布式解决方案、分布式 Cluster 模式提供了更全的高可用性保障。

1.3 业务逻辑

银行等金融机构在开展信贷业务或类信贷业务过程中，"大数据+知识图谱"对小微企业信贷主体关联关系的技术应用于贷前获客、贷中审查、贷后监测预警等风险管理领域。

传统方法中，因 A、B、C、D 全是近半年内新注册成立的企业，无法挖掘更多的信息，对企业及个人背景无法获知关联关系，导致关联网络维度小。因网络维度小，无法评估网络结构风险和无法进行关联方影响力排名。

基于知识图谱对小微企业信贷主体的"洞察"逻辑如图 4 所示。基于"大数据+知识图谱"的企业信息穿透式关联关系，以知识计算探寻在关联网络中增加考虑历史的关联关系，如历史投资、历史法人、历史董监高等,则使目标企业关联网络维度获得大幅扩展。对扩展后的网络中的关联方进行分析,可以发现,G、H、I、J、K、L 企业都曾发生较大风险,则可以推测:第一,实际控制人 E、F 企业经营经验或管理经验不足;第二,实际控制人 E、F 企业故意新注册成立"干净"的主体,撇清与以往"不干净"企业的关系等隐藏于基本面背后的"洞察"结果。

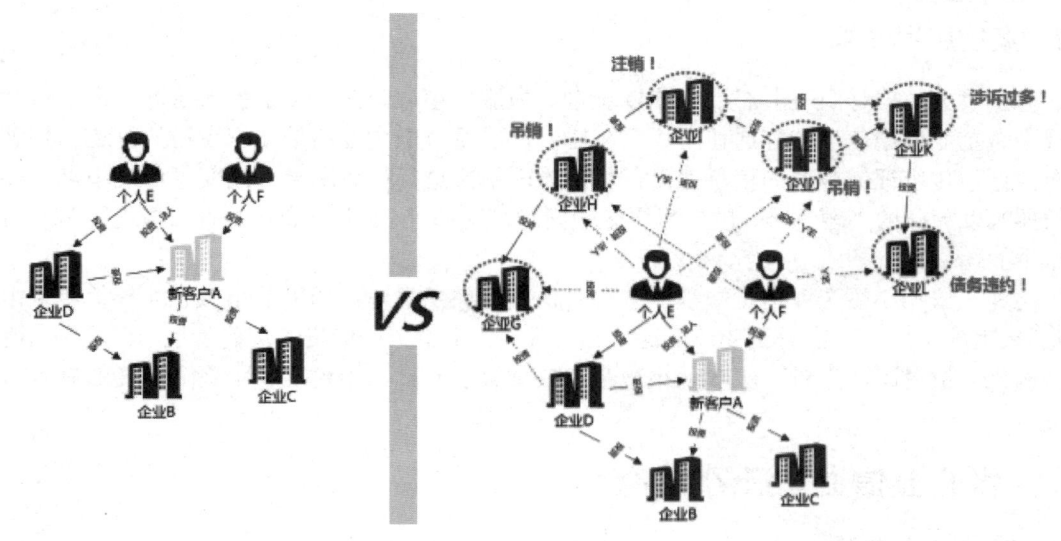

图 4 基于知识图谱对小微企业信贷主体的"洞察"逻辑

将企业视为"企业主+企业+关联关系"的结合体,以此为企业级客户提供更全面的风险评价体系,进一步降低融资成本。大数据风控技术降低了银行授信调研的时间成本、提高了对小微企业风险识别的精准度,通过场景数据(如税收、用水用电量)佐证小微企业的生产经营活动,增加了其征信属性与维度,以"大数据+知识图谱"技术破解了对小微企业信用识别难的问题。

2. 案例成效

2.1 系统关键绩效指标

"融资难、融资贵"一直是制约小微企业创新发展的难题,其症结在于小微企业的生命周期、生产经营活动与财务状况等信息很难获得,更难去评估与识别其风险。依托于大数据、开放的政务数据、行业数据等和互联网的数据进行交叉验证,建立小微企业贷后知识图谱,在贷后风险管理领域,可大大提高对小微企业违约对象的风险特征识别率,从而降低违约损失率。

基于"大数据+知识图谱"建立的小微信贷管理平台,主要实现的是小微企业"融资不难、融资不贵"的目标。其中,"融资不难"体现在"无担保、无抵押"改变小微信贷的传统模式,减少的抵押、担保环节通过大数据技术"增信"做到对小微企业经营活动的测度,实现对小微企业风险的识别,达到为小微企业征信服务的目的。此外,基于"大数据+知识图谱"的小微企业贷(见表 1)长期保持低于 1%的不良贷款率,在满足信贷监管基础条件、实现放款规模不断扩大的基础上,真正做到响应国家政策号召,促进小微企业贷的"普惠"。

表1 基于"大数据+知识图谱"的小微企业贷

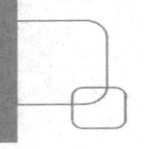

	融资不再难			风险指标
	是否有抵押	是否有担保	审批通过率	不良贷款率
普惠型小微贷①	有	有	低于10%	不高于2%
BBD金融科技服务小微贷	无	无	40%~50%	平均低于1%

2.2 案例应用效果

基于"大数据+知识图谱"的BBD金融科技服务小微企业信贷平台，通过"银行+市场"实现小微企业信用信息的打通使用、交叉比对，以及小微企业信贷知识图谱的打造，打破互联网数据与传统征信数据的信息孤岛，将两方面信息进行提炼融合，改变了传统小微企业信贷长期难以突破的"融资难、融资贵"瓶颈问题，服务了30多家商业银行，覆盖了150万家小微企业信贷。

此外，依据小微企业信贷知识图谱技术，发现在发生违约损失的小微企业授信对象中，同联②比重由平均11%上升到40%。这一结果说明，小微企业信贷的贷后管理，有了更为明确的结构化分析思路，为进一步实现小微企业信贷事前审批，平台准备了更多维度的有效审批指标。

3. 小微企业信贷知识图谱平台

3.1 平台技术路线

以BBD的KUNLUN知识图谱系统架构（见图5）建立的小微企业信贷"大数据+知识图谱"场景为例，基于小微企业的大数据，构建了灵活可变的小微企业动态本体模型，方便管理数据动态和集成多源异构数据。此外，小微企业信贷知识计算，帮助银行用户动态扩展了小微企业信贷业务场景的领域知识。

小微企业信贷知识图谱基于小微企业主体（法人、自然人及其之间关联关系）提供多节点路径探索、关联推理、子图匹配、图指标衍生及复杂网络指标等丰富的图分析组件，支持对小微企业信贷领域动态图谱的分析和探索，拓展了对关联关系全新的洞察维度。

3.1.1 数据层

数据层从国家市场监督管理总局、司法部门、国家知识产权局等网站进行采集，包括工商、司法、专利、招投标、招聘等信息和数据。多源异构数据层如图6所示。对采集的信息保持实时更新状态，对采集的多源异构数据进行数据清洗，形成实体库、事件库、关系库、本体中心，便于后期图谱数据的构建。严格来看，数据层包含但不限于数据更改、数据存储、数据管理等功能。

---

① 普惠型小微贷指单户授信500万元以下的小型微型企业法人贷款，以及小微企业主和个体工商户经营性贷款。自2019年起，为进一步扩大小微企业、民营企业支持范围，中国人民银行运用支小再贷款、定向降准等货币政策工具的考核口径从单户授信500万元以下扩至单户授信1000万元以下。

② 同联代表了企业间的紧密相关性，是进行"壳公司"调查的重要线索。BBD通过大数据算法对全国工商注册企业的联系方式进行匹配，精准识别强关联的企业团簇，并形成了小微企业信贷同联关系子图（知识图谱）。

第 9 章 智慧金融领域案例

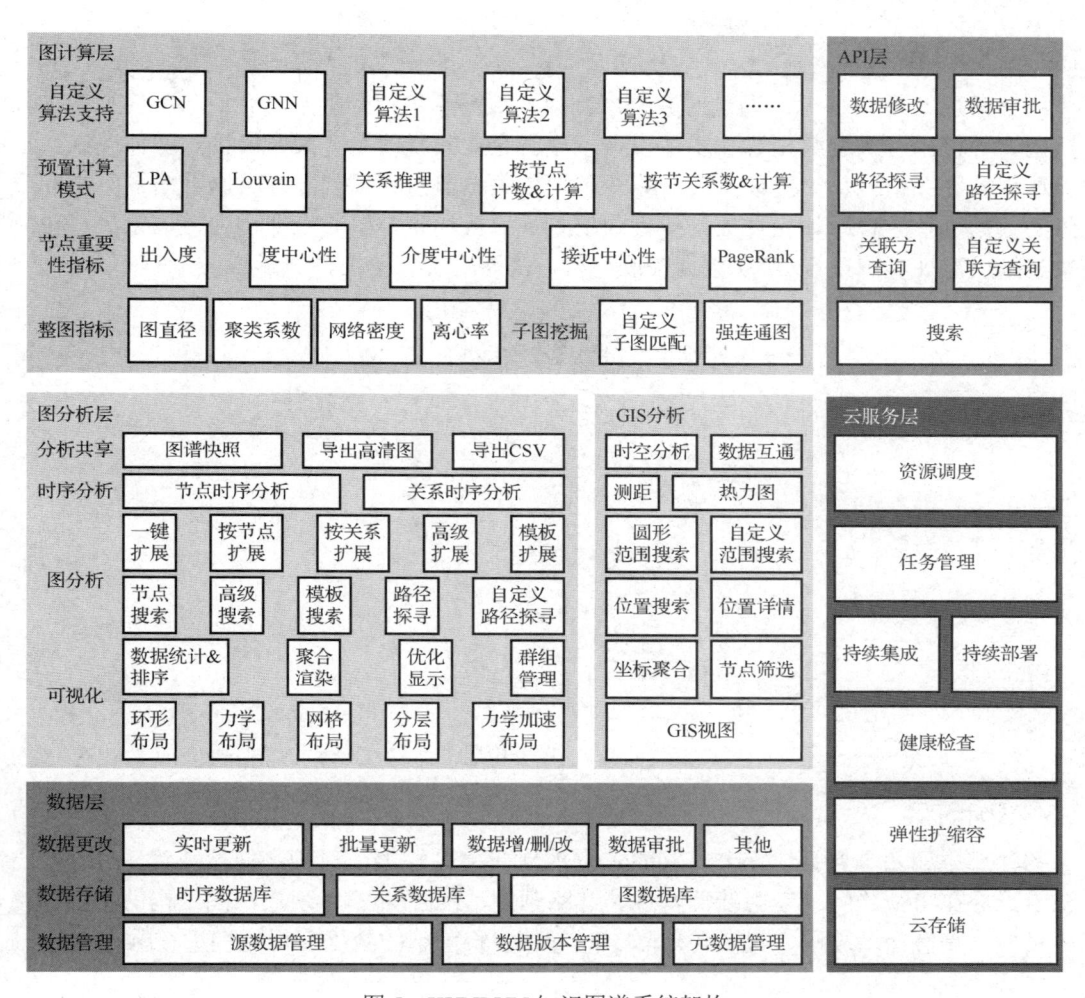

图 5 KUNLUN 知识图谱系统架构

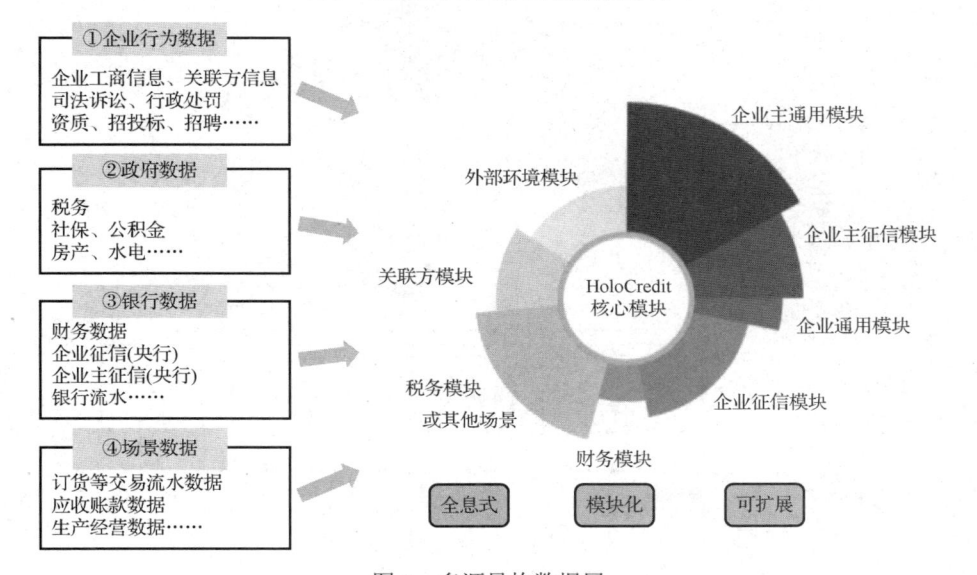

图 6 多源异构数据层

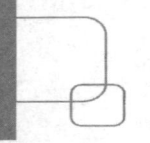

3.1.2 图分析层

图分析层如图 7 所示。通过对数据层构建的数据库进行分析，对企业各维度数据进行深度挖掘，并应用各维度数据源和本体设计，分析企业关联关系、关系属性、实体属性，形成企业通用关联图谱；从中提取重要的路径、识别关键节点和探究隐性关联网络，对不同应用场景的数据进行融合，如企业数据、行业场景、税务场景、核心企业供应链场景等；对应用场景进行层次性"洞察"，实现数据关联分析、链路查看、子图模式形成。

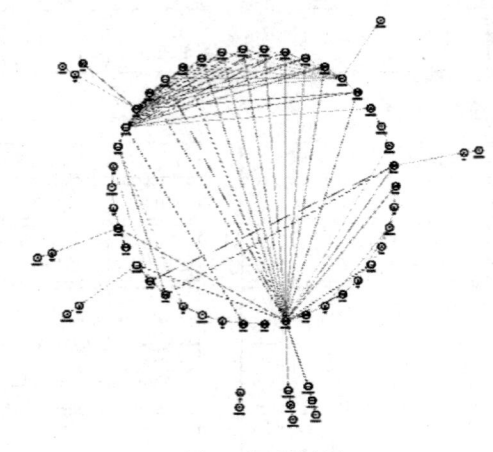

图 7 图分析层

3.1.3 图计算层

图计算层如图 8 所示。其接入 GCN、GNN 等复杂模型，可预测似然关系、分类节点、挖掘节点潜在特征趋势；运用社群发现、链路预测、Pagerank 发现局部图结构的特征和锁定核心目标，支持图谱编码、灵活转矩阵、向量，并将割裂的数据分析流程进行融合。

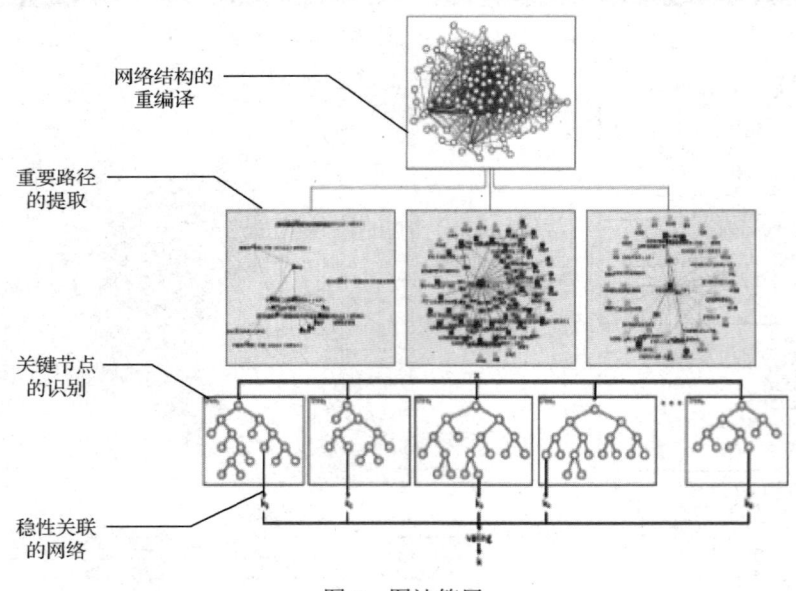

图 8 图计算层

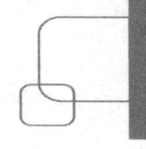

3.2 基于图平台的信贷业务实施步骤

小微企业信贷知识图谱平台通过知识图谱相关技术对企业的投资链、担保关系、隐性关系、控制关系，采用知识图谱图结构进行可视化展示；通过图计算、交互可视化等手段，预测企业链路；基于 ETL 或者 NLP 技术，抽取通用的节点和边形成面向图谱的数据供应方（包括但不限于数据采集、数据治理、数据融合等）。

3.2.1 企业信用信息海量数据获取

基于图平台的小微企业信贷业务实施步骤如图 9 所示。BBD 依托自身强大的数据采集整合能力，已掌握包括工商、诉讼、关联方等在内的互联网公开数据，以及包括征信、多方借贷在内的第三方数据。目前，该平台积累了超过 1.3 亿家企业信息，数据内容包含 150 余张数据表、3700 余个数据字段等。

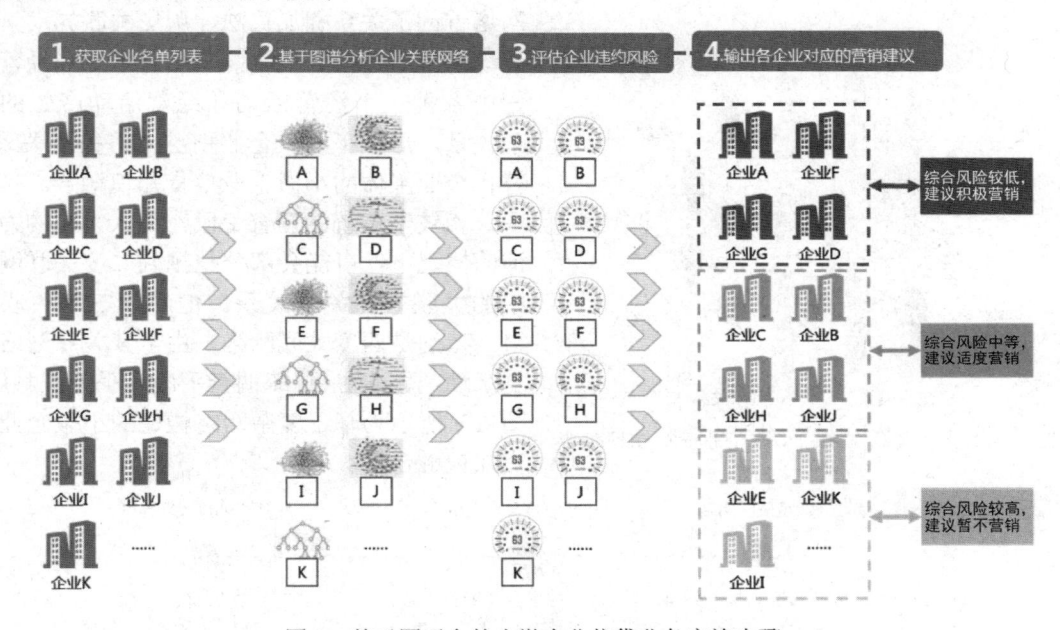

图 9　基于图平台的小微企业信贷业务实施步骤

小微企业信贷知识图谱平台输入的数据有来自互联网公开数据、银行数据以及场景数据（用水、用电、税收等），该平台也部署在银行内部，由银行提供的拟小微企业名单，由系统进行匹配、交叉验证，并进一步生成"企业+企业主+关联关系"的小微企业信贷知识图谱。

3.2.2 小微企业信贷知识建模

在"大数据+知识图谱"技术的支撑下，平台持续在关联网络算法领域推陈出新，积累了包括自然语言处理、机器学习、语义网络和图挖掘相关技术，聚焦小微企业信贷场景，解决实际业务需求。所有算法结果均通过有效样本学习过程，并融合了领域专家经验，反复验证，并持续优化。

小微企业信贷场景输出标准化如图 10 所示。区别于传统信贷业务中"企业资信"的"数据+模型"式评分，"大数据+知识图谱"聚焦于对企业关联风险探查领域中"隐性关联关系"的识别，弥补了小微企业经营数据因稀疏性难以识别风险的难题。

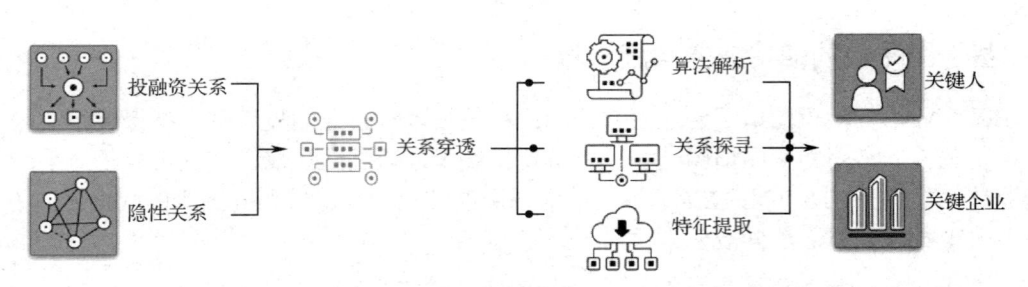

图 10　小微企业信贷场景输出标准化

3.2.3　基于复杂网络的小微企业信贷知识融合

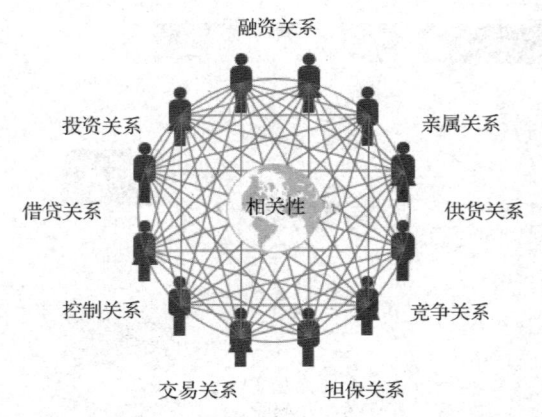

基于复杂关联网络的小微企业信贷知识融合如图 11 所示。将小微企业信贷场景置于普适性企业数据与信息的知识图谱平台，构建超过 20 亿条关联路径的深度复杂关联网络。该复杂网络首创了关系叠加算法、历史关联异动解析和动态本体建模等技术，其融合了企业经营过程中各种生产经营活动和经营活动产生的复杂关系，形成了以"企业+企业主+关联关系"替代企业主体的小微企业信贷知识融合。

相较于传统的调查手段，在人力、物力充沛的情况下，可能会部分挖掘到二度关联网络中的关联方和关联关系。但对于三度关联网络，特别是四度关联网络，由于其关系网络的复杂性、隐蔽性，传统调查手段几乎无法触达。图 12 所示为基于复杂网络构建的小微企业信贷知识融合。

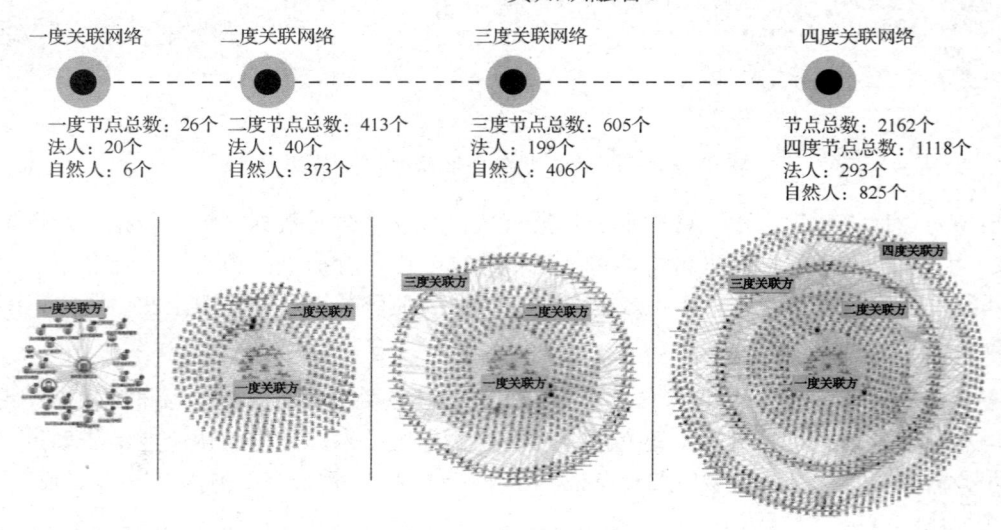

图 11　基于复杂关联网络的小微企业信贷知识融合

一度关联网络
一度节点总数：26个
法人：20个
自然人：6个

二度关联网络
二度节点总数：413个
法人：40个
自然人：373个

三度关联网络
三度节点总数：605个
法人：199个
自然人：406个

四度关联网络
节点总数：2162个
四度节点总数：1118个
法人：293个
自然人：825个

图 12　基于复杂网络构建的小微企业信贷知识融合

3.2.4　评估小微企业信用状况的知识存储

研究人员通过本体管理模块为小微企业信贷解决方案建立本体模型，将数据与本体模型进行映射。在图计算管理模块建立技术类、计算类指标，为小微企业信贷业务场景积累了丰富的领域知识，也为小微企业信贷业务的迅速发展，提供了可复用、可扩展的金融科技基础设施的支持。以"企业+企业主+关联关系"形成的小微企业信贷风险识别指标，实现小微企业信贷评估的指标类知识存储。小微企业信贷业务指标库如图13所示。

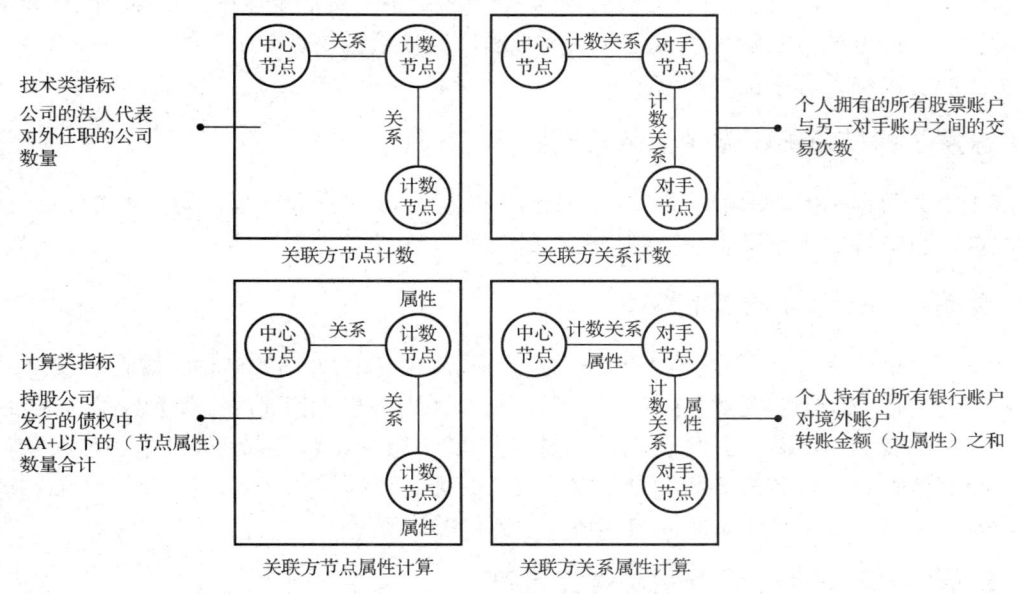

图13　小微企业信贷业务指标库

小微企业信贷的全生命周期形成的知识体系，都可以在过程中形成知识存储。例如，小微企业信贷可在贷后监测内部风险，在图谱平台挖掘到影响授信资金安全的信号时，以风险预警进行监测。基于信贷图谱平台的贷后监测知识存储与预警如图14所示。

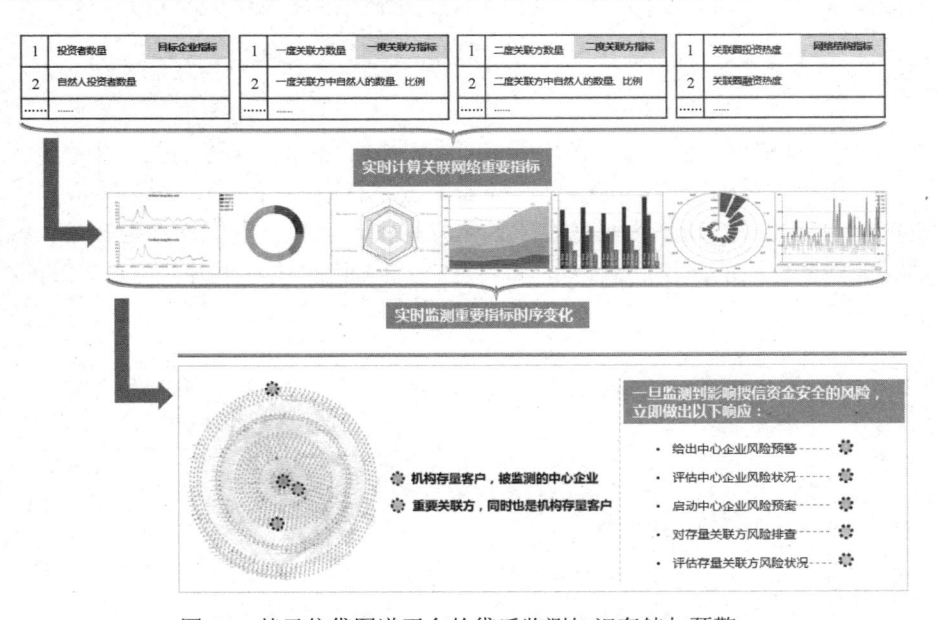

图14　基于信贷图谱平台的贷后监测知识存储与预警

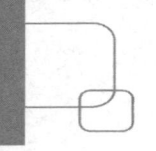

4. 案例意义

小微企业信贷知识图谱的应用在多维数据的采集、分析和研判基础上，通过核心算法建立风险模型，推出大数据小微信贷产品，覆盖贷前—贷中—贷后全流程。其实现了在线审批、智能秒批、自助放款，破解了小微企业融资难题，为金融科技"造血"数字经济、金融"输血"实体经济提供了有效的解决方案。

4.1 探索了科技赋能小微企业融资新路径

基于"大数据+知识图谱"技术，该平台服务超过 30 家商业银行，为小微企业提供信用贷款服务，有效解决了小微企业"融资难、融资贵"问题。

4.2 提高了小微企业信贷的效率

从重庆"好企贷"，到贵阳的"数谷 e 贷"，再到 BBD 和青岛农商银行联合研发"关税 e 贷"的落地。自 2015 年以来，依托"大数据+知识图谱"技术构建的小微企业信贷平台，放贷金额已达 102 亿元，提升了"无担保、无抵押"的小微企业信贷申请通过率（40%～50%），实现了自有数据、银行数据等和场景数据的交叉验证，形成了独有知识产权的小微企业信贷知识体系，可快速推出小微企业征信评估的一体化解决方案。

4.3 新冠疫情期间助力市场主体复工复产

基于大数据、算法、分析能力和征信服务能力，完成了新冠疫情期间信用贷款线上申请操作流程的编制，服务多家商业银行，为中小企业提供信用贷款服务，有效解决了中小企业"融资难、融资贵"问题。自 2020 年 1 月 25 日起两个月，基于"大数据+知识图谱"应用的中小微企业信贷产品，共为 5010 户小微企业发放小微信用贷款 13.59 亿元。

5. 展望

基于"大数据+知识图谱"技术的小微企业信贷知识图谱，伴随小微企业信贷应用场景越来越普及，拟集合小微信贷产品的综合信贷知识建立小微企业信贷的标准体系，一方面作为知识图谱在金融科技应用场景领域延展；另一方面作为小微企业信贷"融资难、融资贵"解决路径的业务标准体系的建设起点，为小微企业信贷全面推广和展开，奠定充分的技术基础。

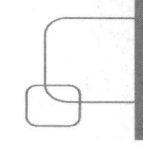

案例 11：渊海产业链图谱

在经济学和投资研究中，对基于一定经济联系的产业、企业之间，依据特定的结构、逻辑、价值或时空等关系进行分析研究的过程被称为产业链分析。渊海产业链图谱基于渊海知识图谱平台提供产业链分析过程中的建模与分析工具，实现全面、及时、多样和高效的建模和分析工作。渊海产业链图谱具有超大规模混合知识存储、丰富的数据对接方式、全面的知识获取和图谱构建工具、针对产业链分析领域的完整的建模分析工具链等特点。渊海产业链图谱在经济、社会、金融、投研、风控等行业和领域发挥着重要的价值，其应用包括但不限于知识问答、风险分析、预警、研判、辅助写作、交互分析等。未来，渊海知识图谱还将进一步完善工具链，致力于产业链图谱的标准化等各种工作；同时渊海知识图谱平台将提供更多前沿的算法、模型和工具，推进知识图谱在金融、监管、舆情、社会、军事等各领域全方位的应用。

1. 案例基本情况

1.1 企业简介

达观数据有限公司（以下简称"达观数据"）是一家专注于文本智能处理和知识图谱技术研发的国家高新技术企业，先后获得中国人工智能领域最高奖"吴文俊人工智能奖"、中国青年创新创业大赛总冠军、ACM CIKM 算法竞赛全球冠军、EMI Hackathon 数据竞赛全球冠军、全球三十大最佳创业公司、中国人工智能创新企业 50 强等众多荣誉资质。达观数据利用先进的自然语言处理（NLP）、光学字符识别（OCR）、知识图谱（Knowledge Graph）、机器人流程自动化（RPA）等技术，为大型企业和政府机构提供文档智能审阅、办公自动化机器人、智能制造失效模式知识图谱、金融智能投研平台等智能产品，让计算机协助人们完成业务流程自动化，大幅度提高企业效率。其中，渊海是达观数据的研发的一站式知识图谱构建与应用平台。

1.2 案例背景

产业链是经济学产业研究中关键的概念，也是投研分析中非常重要的分析维度、思路和方法。产业链通常指在有一定经济联系的产业、企业之间，依据特定的结构、逻辑、价值或时空等关系客观形成链式的关联形态。其以产业合作的形式实现了社会生产的价值规律。产业链中通常包含了技术、资金、产品等在上下游机构或企业中的流动，并将各自的优势进行整合，形成整体的竞争优势。通常，在产业经济学、投资研究、社会政策制定、金融风控等领域上，研究人员会从供需链、企业链、空间链、价值链、技术链、生态链等不同维度对产业链进行分析，从不同的角度着手，为特定的目标服务。

传统上靠耗费大量人力来获取数据、构建网络并进行产业链分析的方式，不仅成本巨大，而且存在数据收集少且不全、整理失误、时效性低、分析维度单一、效率不高等问题。近年来，随着 NLP 和知识图谱等各类人工智能技术的发展，采用知识图谱技术自动化提取产业链

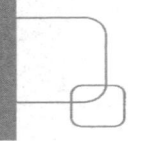

相关的知识与知识间的关系,并通过既定的结构、逻辑、价值或时空关系构建产业链图谱;同时采用图计算、知识推理、图表示学习和图神经网络等技术对产业链进行建模和分析,从而使产业链分析拥有数据更加全面、时效性更高、分析维度更加多样、效率更高、深度更深、延续性更强等优势。不论在产业决策、政策制定上,还是投资研究、金融风险分析与研判上,都能获得以往无法企及的效果。

1.3 系统简介

渊海产业链图谱(见图 1)是在渊海知识图谱平台的基础上,针对产业链图谱的特点所开发出适合于产业链建模、分析和应用的系统。该系统包括数据对接、图谱构造、大规模知识存储、产业链知识问答、可视化展示与分析、针对产业链图谱特点开发的画像引擎(如企业画像、产业画像、产品画像等)、产业链族群分析、产业链关键节点分析,以及事件传导链条分析等各类功能。

企业画像	产业画像	产品画像	产业链关键节点分析	产业链族群分析	事件传导链条分析	供应链分析	产业链知识问答	可视化展示与分析	应用层

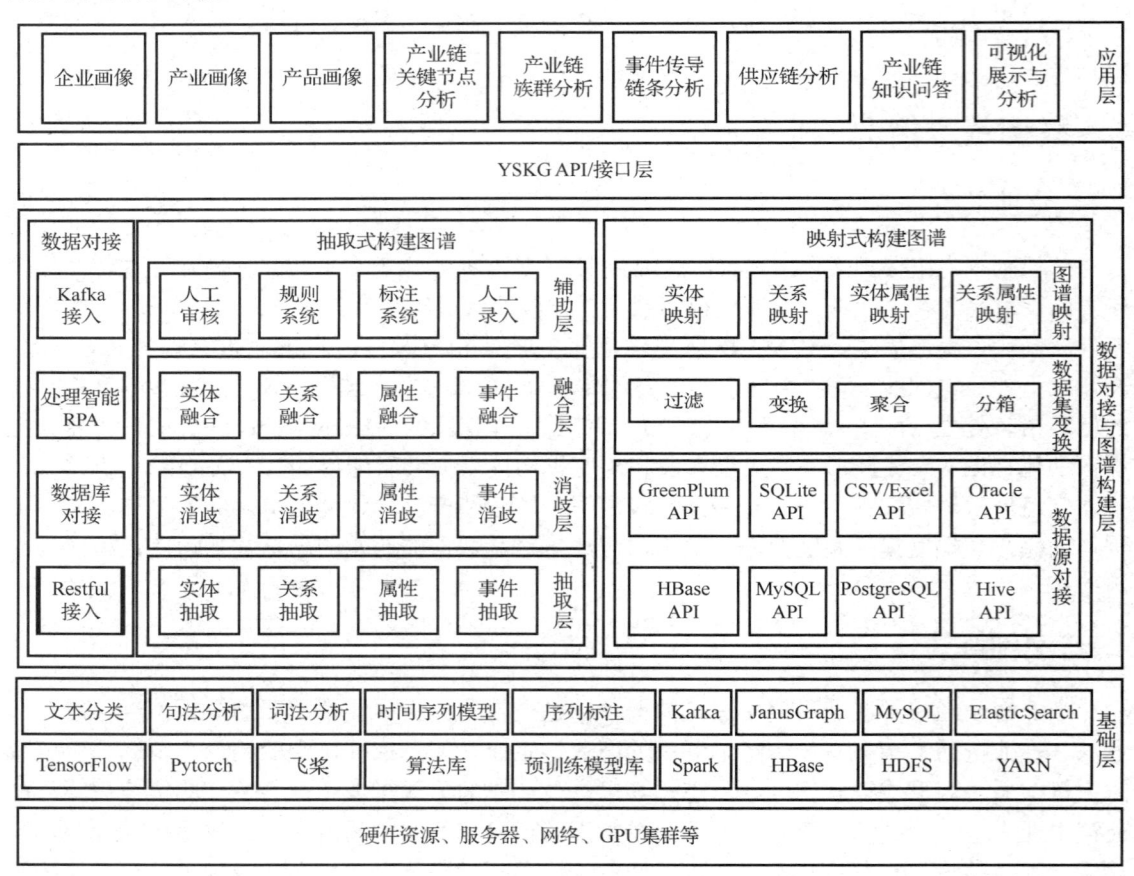

YSKG API/接口层

数据对接	抽取式构建图谱					映射式构建图谱					图谱映射
Kafka 接入	人工审核	规则系统	标注系统	人工录入	辅助层	实体映射	关系映射	实体属性映射	关系属性映射		数据对接与图谱构建层
处理智能 RPA	实体融合	关系融合	属性融合	事件融合	融合层	过滤	变换	聚合	分箱	数据集变换	
数据库对接	实体消歧	关系消歧	属性消歧	事件消歧	消歧层	GreenPlum API	SQLite API	CSV/Excel API	Oracle API	数据源对接	
Restful 接入	实体抽取	关系抽取	属性抽取	事件抽取	抽取层	HBase API	MySQL API	PostgreSQL API	Hive API		

文本分类	句法分析	词法分析	时间序列模型	序列标注	Kafka	JanusGraph	MySQL	ElasticSearch	基础层
TensorFlow	Pytorch	飞桨	算法库	预训练模型库	Spark	HBase	HDFS	YARN	

硬件资源、服务器、网络、GPU集群等

图 1 渊海产业链图谱

1.4 系统特点

1)超大规模的混合知识存储

基于 HBase、HDFS 和 JanusGraph 系统所开发的混合知识存储系统,能够支持超大规模

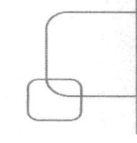

的多模态知识图谱数据和用以构建知识图谱的原始数据的存储，包括但不限于文本、图片、结构化数据、视频、多种文件类型（如 pdf、docx、xlsx、pptx、csv 等）的文档等。通常来说，产业链分析所涉及的数据包括各类网页数据、新闻数据、研究报告、公告、合同、证券研究报告、经济金融数据、上市公司数据、投融资数据、裁判诉讼数据、招聘数据等等不同类型的结构化、半结构化和非结构化的原始数据，以及从这些数据所构建来的产业链图谱。渊海产业链图谱支持高达 GB 级别的单个文件存储，支持超大规模的短文本存储，支持百亿级别的结构化数据存储，支持十亿级别实体和百亿级别关系的图数据存储。同时，基于产业链图谱的特点，研究人员开发出了支持在实体属性或关系属性中保存知识的原始来源数据的功能，实现了产业链图谱中的实体与关系的追溯，该产品在审核和验证原始数据以获得可靠性方面价值巨大。

2）丰富的数据对接方式

渊海产业链图谱支持多种数据对接方式，如通过 Restful API 直接推送数据，通过 Kafka 消息队列进行数据对接，通过达观智能 RPA 进行非侵入方式的数据对接；同时在映射式构建工具中内置多种数据源的对接，可直接将结构化或半结构化数据导入数据库并构建成图谱。

3）从结构化数据构建产业链图谱的映射式构建工具

映射式构建工具通过对接结构化数据源，并对数据进行过滤、变换、聚合和分箱操作，将原始数据转化为适合于构建图谱的数据。然后，通过实体映射、关系映射、实体属性映射和关系属性映射等映射式构建工具，将已有的结构化数据构建成产业链图谱。在数据源对接方面，支持包括 Oracle、MS SQL Server、PostgreSQL、Greenplum、MySQL、SQLite 等各种主流的关系式数据库，也支持包括 HBase、Hive、Redis 等各类 NoSQL 数据库，还支持包括 Excel、CSV 等在内的多种结构化数据文件。通过映射式构建工具可以充分利用已有的企业数据库或知识库，如可将存在 MySQL 中的企业工商信息数据构建成产业链图谱中的企业信息部分，从而充分利用已经结构化的企业数据库便捷地提升产业链图谱的覆盖率。

4）从非结构化数据构建图谱的抽取式构建工具

渊海产业链图谱的抽取式构建工具支持多种的从非结构化数据进行知识抽取并构建成产业链图谱的工具，可以从结构化或半结构化的文本中抽取产业链的知识、关系或者事件，主要包括基于算法或规则（正则、模板等）的方法、基于序列标注的方法、基于 Bootstrapping 的方法、基于远程监督或弱监督的方法，以及基于有监督学习的方法。

通过抽取式构建工具，能够从更广泛的产业链数据源中抽取知识，从而构建时效性更强、覆盖率更高的产业链图谱。例如，通过抽取式构建工具，可以从企业的最新产品发布的新闻中，抽取出企业信息、企业产品信息、企业产品的上下游的厂商信息等，并将其融合到已有的图谱中，从而提升产业链图谱的覆盖率和时效性。

5）画像引擎

渊海产业链图谱扩展了在搜索引擎或推荐引擎中常用的用户画像技术，将其应用到产业链图谱中的企业、产业和产品上，实现了对产业链分析中关注的内容进行指标化和标签化的功能。通过画像引擎对企业、产业和产品的深度描述，能够有效帮助用户对产业链中所涉及的方方面面进行分析，同时在研究报告写作、新闻资讯写作以及各类分析中提供有力的支撑。

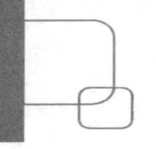

6）基于图计算的产业链分析

图计算是一门非常古老又前沿的学科，包含有丰富的算法，如路径分析、连通性分析、社区发现、各种中心性算法等。渊海产业链图谱针对产业链分析的特点，提供了多种算法的实现来帮助产业链进行建模和分析，实现数据的深度挖掘；如通过中介中心性算法可以实现对一条产业链的关键节点进行分析；如对产业链中的时空属性通过社区分类算法进行产业族群分析。

7）事件分析

在产业链分析中，事件可以被定义为一个企业或者机构发生的一些事情，如某企业发布了一个新的产品，或者某个工厂发生了事故等。事件对直接关联的企业或机构的影响分析相对简单，但一个事件的影响不仅仅是作用于企业自身，还会在产业链的上下游进行传导。事件分析技术能够有效帮助人们分析一个事件是如何在产业链上进行传导的，以及传导链上对不同机构或企业的影响是正面的还是负面的，等等。

8）产业链知识问答和可视化展示与分析

产业链知识问答融合了 NLP 技术和知识推理技术，实现了机器以类似人与人之间交流的方式来获取知识。渊海产业链图谱的问答系统利用 NLP 技术理解用户的输入文本，并通过知识检索和知识推理技术找到最合适的结果并返回用户。

可视化展示与分析是利用各类可视化的方法（如雷达图、曲线图、点边关系图等）来实现产业链的辅助分析。产业链分析方面的专家认为通过交互式的分析能够理顺逻辑、拓展思路，以人机协同的方式进行深入、创新型的分析。此外，可视化的知识为报告撰写也提供了便利，可以帮助用户节省大量的时间。

2. 案例成效

产业链图谱示意如图 2 所示。

1）基于产业链图谱的信用因子

在银行面向企业的贷款中，核心的一环是确定授信额度。传统上，评估授信额度的维度集中在企业自身的各种因子，包括企业运营情况（如资产、现金流等）、企业的产品情况、企业的品牌情况，以及企业的主要股东和高管的各类信息。然而，这些因子并没有全面考量企业，并因此存在偏差。究其原因是没有考虑企业在产业链中的位置。例如，企业与同类型企业的表现情况的比较，其产品是否存在比较优势。如果一个企业当前表现良好，但如果产品本身并没有比较优势的话，那非常可能是因为行业本身的景气所致，而行业本身能否持续景气则是该企业授信评估的关键指标。又如，企业在产业链中的关键性如何，该企业是否非常容易被替代。如果一家企业在行业中的不可替代性非常强，那么，该企业所面临的风险就会比较低，从而应该给予其更好的授信额度。

通过产业链图谱的建模和分析，在企业授信分析中可以从行业或者产业角度提供非常有效的因子。例如，利用中心性算法等计算企业在产业链中的关键性评分，利用空间位置分析企业在产品供需链中的物流成本因子，以及利用资金链分析企业现金流在同类企业中的健康性评分。

第 9 章　智慧金融领域案例

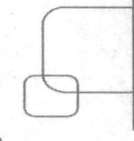

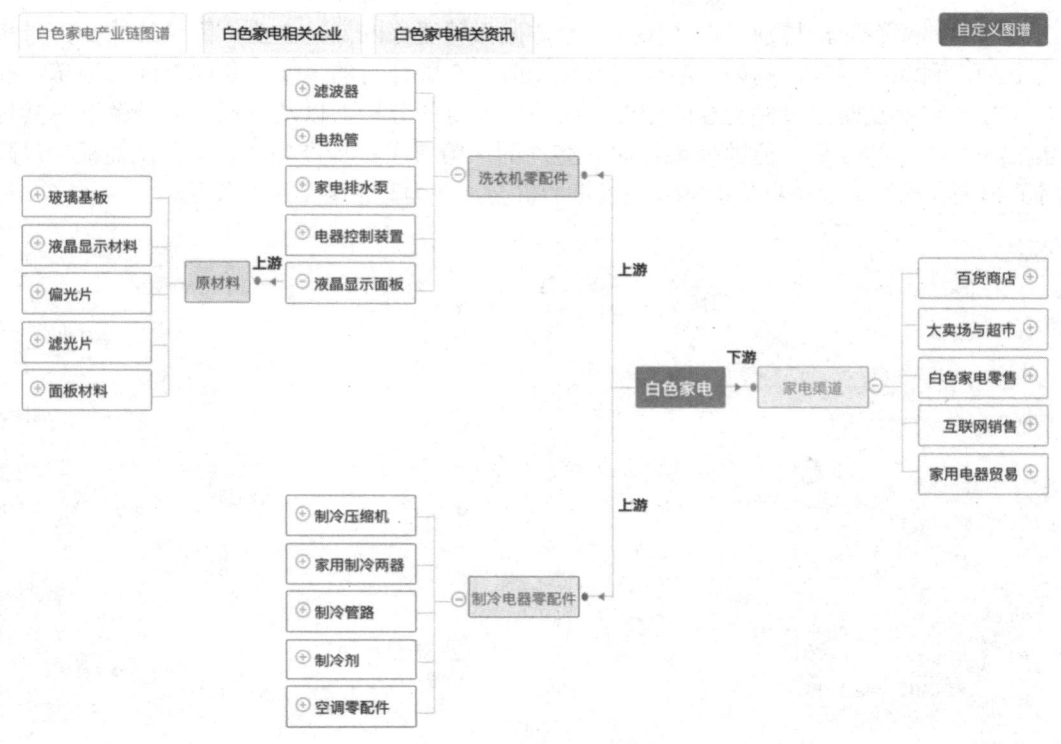

图 2　产业链图谱示意

将上述因子加入企业授信评估模型中，能够更加全面地评价企业的信用情况，从而更准确地确定授信额度。一方面，能够减少因评估不准导致给予过高额度的企业所带来的风险；另一方面，能够给予在产业链中有竞争力的中小微企业授予合理的授信额度，为其提供更好的资金支持，响应国家服务好中小微企业的号召，既做到了践行普惠金融，又做到了风险可控。

2）基于事件传导链条的风险和投资机会分析

在金融市场上，经常会有各种突发性或者偶发性的事件，这对关联企业的影响是非常大的，一方面带来了风险的变化，另一方面产生了投资机会。现实中，一个事件的发生，对于直接关联的企业的影响是直接、清晰的，但对于间接关联的企业的影响则是模糊、隐晦和潜在的。传统的方法对这种潜在的影响的分析往往力不从心甚至无能为力。基于产业链图谱的事件传导链条分析提供了有效的工具，使银行或投资机构能够更快识别出风险和投资机会，做好相应的处置方案，从而减少损失或者获得收益。

图 3 为基于产业链图谱的事件传导链条分析示意。2019 年"3·21"响水爆炸事件的主体为天嘉宜化工有限公司，该公司的主要产品为间苯二胺、邻苯二胺、对苯二胺、间羟基苯甲酸、对甲苯胺、均三甲基苯胺等，这些产品主要用于生产农药、染料、医药等，爆炸的地点为响水县生态化工园区。这次事件直接影响的是天嘉宜化工有限公司，带来的是其主要产品的减少，但也间接会导致相关的下游产品的原材料价格上涨，并且影响下游厂商的正常生产节奏，从而引起相应的现金流、利润等风险。同时，同样位于响水县生态化工园区的其他企业，也会因为爆炸事件而带来的停工、环保、安全等各种问题而遭受损失，引起或大或小的风险。该事件利好的因素是与天嘉宜化工有限公司生产相同产品的，并且不在响水县生态

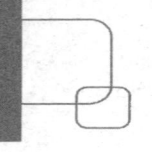

化工园区的那些企业，特别是在环保、安全方面做得更好的部分企业，因供给减少而带来了价格上涨、利润增加等。例如，浙江龙盛集团股份有限公司的主要产品就有间二甲苯，并且不在江苏，它就是此次事件受益的企业。对事件本身的分析，以及根据产业链图谱对其传导链条上各个环节的分析，能够使银行对其客户的风险有了更加准确的认识，从而减少风险发生时的损失；同时，投资机构能够发现投资的机会，并为其带来丰厚的收益。

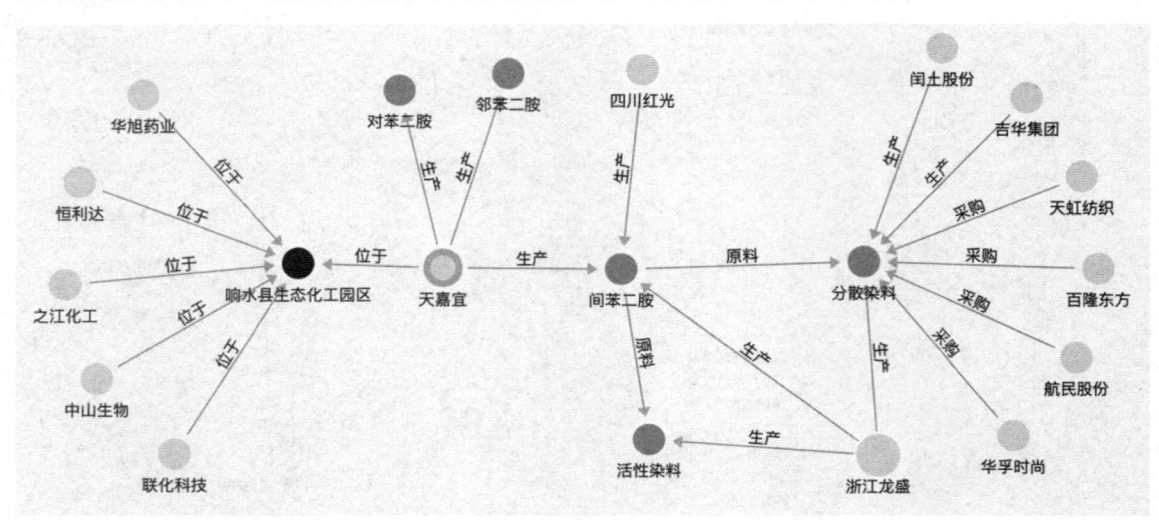

图 3　基于产业链图谱的事件传导链条分析示意

3）研究报告的辅助写作

基于产业链图谱的可视化展示和交互式分析，能够有效减少研究分析报告的数据获取和报告撰写的工作量。在数据收集阶段，通过产业链图谱能够帮助用户减少 80%以上的时间；在深度分析阶段，同样的时间下，人们能够获得更全面的竞品分析、供应链分析及资金流分析等，并且能够更加全面地提示相应的风险信息。

3.　技术实施路线

产业链图谱构建、存储与应用示意如图 4 所示。

1）知识建模

知识建模，也称知识图谱模式设计，这个过程通常是由业务专家对业务知识进行抽象来完成的。知识图谱模式设计一般可以通过"六韬法"来完成，如图 5 所示。

针对产业链图谱的模式，系统根据产业经济学及投研分析常用的内容，提供了基础版本的模式。在具体的业务应用中，利用"六韬法"，根据需要酌情增减设计步骤，基础版本的模式可作为共享与重用部分。产业链图谱模式简化示意如图 6 所示。

2）数据获取和图谱构建

产业链图谱的数据源一般都有多个，可以分为结构化数据源和非结构化数据源两类。

（1）结构化数据源

像企业工商信息、上市公司信息等数据都是结构化的数据，用户可以通过数据库对接的方式进行对接。使用渊海知识图谱平台的映射式构建工具，可以定时地从源数据库进行图谱构建。

图 4　产业链图谱构建、存储与应用示意

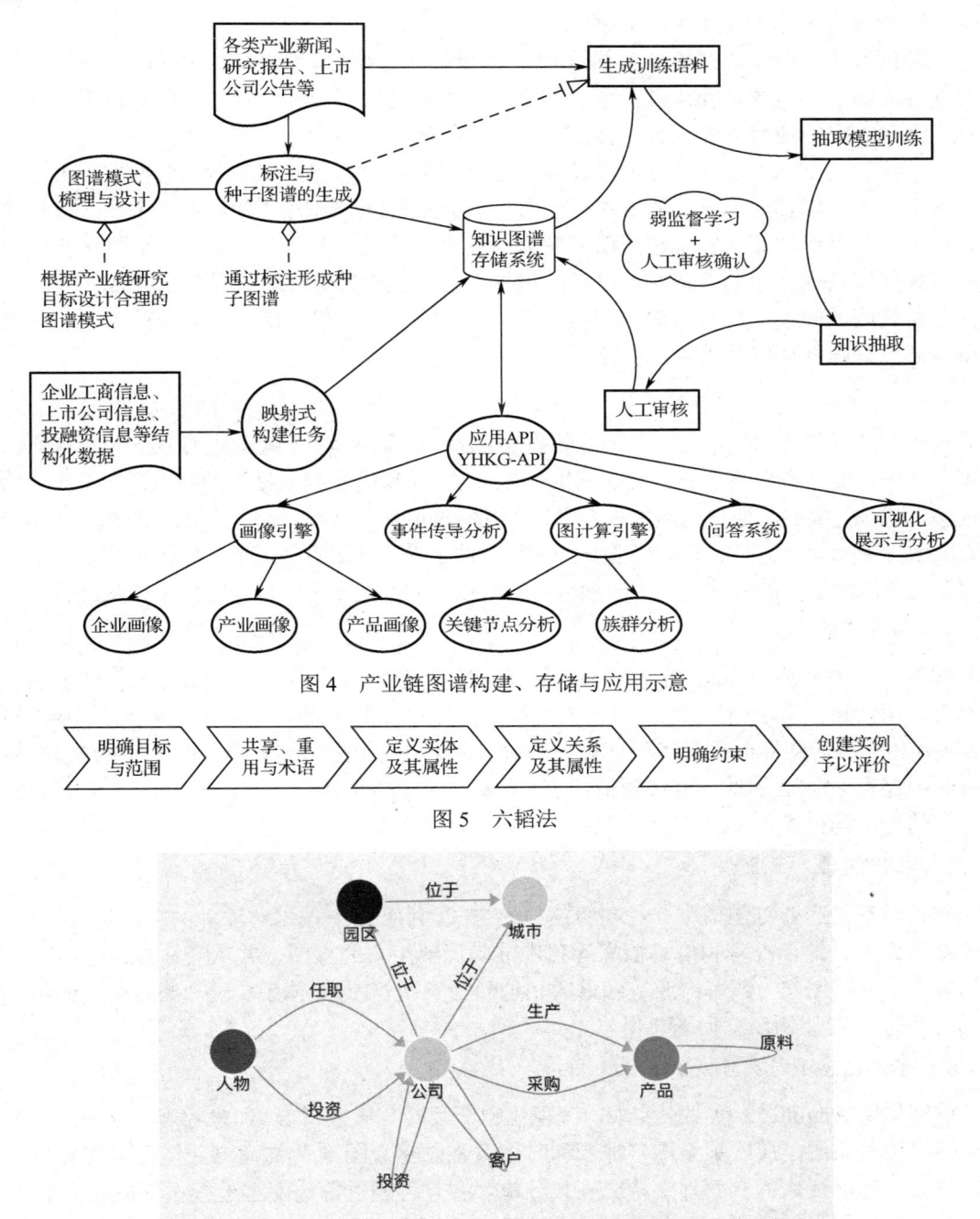

图 5　六韬法

图 6　产业链图谱模式简化示意

此外，部分场景对数据的实时性要求更高，可以通过 Kafka 等消息队列的方式，在源结构化数据更新的同时，通过分流将数据实时构建到图谱中。

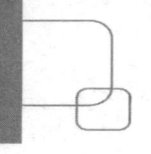

（2）非结构化数据源

系统提供了对非结构化数据的文本统一的管理，支持对纯文本、网页、word、pdf、ppt、excel 等文件的自动化或半自动化的抽取。

在数据源的对接和数据的导入方面，针对非结构化数据，系统提供了 RESTful API 和 Kafka 对接的方式，支持流式传输或者批量上传文件。如果已经有一些特定的文件管理系统或者网盘等，并且不方便使用 API 进行对接的话，也支持使用 RPA 进行对接。

由非结构化文本构建产业链图谱，需要进行实体、关系和事件等内容的抽取。考虑到产业链图谱的特点以及对准确性的要求，使用少量标注数据+弱监督学习+人工审核的方式来完成。少量的数据标注要求完全覆盖所有图谱的模式，然后通过弱监督学习，类似滚雪球的方式不断扩展图谱。在用弱监督学习进行知识抽取的过程中，必要时可以酌情增加一些标注数据来获得更好的效果，同时考虑到弱监督学习在精确度上可能无法达到业务的需要，需有人工审核环节来确保抽取结果的准确性。

3）知识融合

由于产业链图谱的数据来自多个不同的数据源，这会涉及如何融合其中的实体、关系、属性等。在产业链图谱系统中，采用规则和词表的方式来融合不同数据源的知识是一个简单的、可依赖的方法。同时，通过前沿的表示学习、图神经网络等深度学习的方法，能够对字面表述有较大差异的知识点进行融合。但鉴于当前技术的水平，如果业务需要非常高的精确性的话，则可以通过深度学习的方法召回需要融合的知识点，并通过专家审核的方法来确认融合。

4）知识存储

知识存储采用基于 JanusGraph+HBase+HDFS 的混合存储方式。JanusGraph 存储了知识图谱本身，HBase 保存了小于 10M 的各类文件以及各种文本，而 HDFS 保存了大于 10M 的文件。多媒体类型的文件也都存储在 HBase 或 HDFS 上。对于需要溯源的知识点，用户须在相应的属性中保存 HBase 的唯一 ID（身份标识）或者 HDFS 的文件路径，以"hbase://"和 "hdfs://" 标记存储于不同位置。

5）知识问答

知识问答是产业链图谱中一种高级的检索方式，利用 NLP 技术对输入的文本等进行理解，通过意图识别、知识推理和信息检索等技术准确理解用户的意图，并从产业链图谱中获取精准的答案并返回用户。渊海产业链图谱的知识问答采用 YHQA 体系实现。渊海产业链图谱的知识问答的 V 形架构示意如图 7 所示。

6）可视化展示与交互式分析

前端采用 AngularJS 框架来实现，可视化和交互式分析采用 D3.js 来实现。目前，系统构建支持点边关系图，层次关系图，地图和时序关系图等。图 8 为渊海产业链图谱交互分析配置示意。所有可视化的界面都支持交互式分析，并且可通过筛选配置进行更便捷的分析。

点边关系图是知识图谱自然的可视化方法，也适合对生态链的表达。层次关系图可以在产业链中快速地描绘产业链的上下游关系，在供需链、价值链、资金链等维度上表达更加清晰。而针对产业链的空间链维度表达，采用地图展示的方法显得更加直观。在存在事件或者事件演化等方面，则需要使用时序关系图来表达。

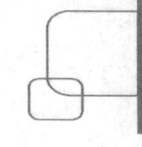

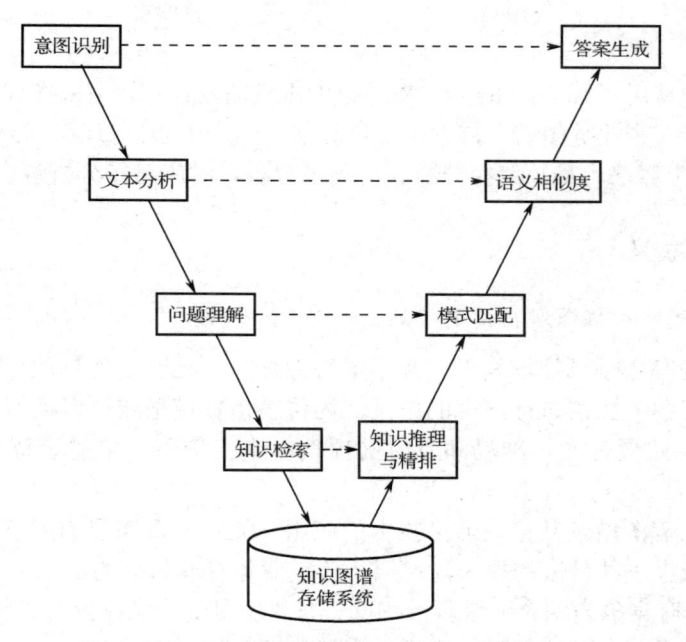

图 7　渊海产业链图谱的知识问答的 V 形架构示意

图 8　渊海产业链图谱交互分析配置示意

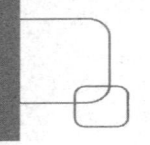

7）图计算引擎

产业链图谱中使用了 Spark GraphX 来进行大规模的图计算，用来挖掘关键节点或者进行社区分类等。目前，产业链图谱支持度中心性算法、中介中心性算法、PageRank 算法、基于 Louvain 的社区分类算法、最短路径分析、全路径分析、时序路径分析等多种算法。

4. 案例示范意义

1）面向金融领域挖掘深层信用因子

在信贷和投资等金融风控场景下，利用中心性算法、社区发现算法、图表示学习和图神经网络等算法对产业链图谱进行深度的挖掘，为传统信贷模型或投资模型提供额外的信用因子，从而实现对企业更全面、准确和及时的评估。本案例所带来的示范意义包括以下几个方面。

（1）通过产业链图谱及其相关前沿技术的应用，能够挖掘深层的因子，减少因评估不准导致的风险，并减少了其带来的损失，对银行信贷业务有非常大的示范意义。

（2）对潜在的有竞争力的企业进行准确的评估，使得资金能够流向成长型的中小微企业，从而响应国家的号召，在可控风险之下真正践行普惠金融。

（3）这种深层因子挖掘在任何需要对目标进行评估或评价的地方都是适用的，并能获得传统方法所无法企及的深层因子，带来更准确、更全面和更有深度的评价。

2）基于事件传导链条的风险和投资机会分析

事件的发生是无所不在的，基于事件传导链条的风险和投资机会的分析是其中很小的一环，但其更广泛的意义包括以下几个方面。

（1）在金融和投资领域，事件的发生对金融市场的影响分析，不仅对投资者、金融机构识别风险和投资机会有重大价值，对于监管机构实时监测市场性风险、监管金融市场的不当获利等都有重要的示范意义。

（2）在金融领域之外，像在社会舆情、军事情报等领域，基于事件传导链条的事件传播和影响分析具有重大的社会和军事价值。

3）研究报告的辅助写作

研究报告的辅助写作案例代表了当前的算法能够很好地理解用户的表达，通过基于知识图谱的知识问答能够为专业人员获取所需的知识提供便利，并帮助用户在专业文档的写作方面能够大幅减少时间，极大提升了工作效率。研究报告的辅助写作包括以下几个方面。

（1）为证券研究机构的各类研究报告的写作提供便利。

（2）为合同、法律文书、政府公文等的写作提供便利。

（3）为最广泛意义上的文档、文案写作人员都能够提供便利。

5. 展望

1）渊海产业链图谱方面

（1）产业链图谱模式设计方面能够实现标准化，为各个领域在产业链分析和建模方面提

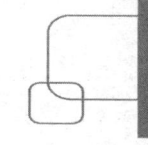

供标准化的数据、模型和分析方法。

（2）针对产业链分析提供更多的因子，为产业链的应用提供更大的便利。

（3）将最前沿的图表示学习和图神经网络等深度学习模型应用于产业链图谱的建模上，为基于产业链图谱的深度挖掘提供支撑。

（4）可解释性的人工智能技术落地到产业链图谱应用上，在经济学、金融风控、社会舆情等领域提供人们所能理解的分析结果。

（5）大规模产业链图谱的实时构建，在提升覆盖率和时效性等方面进一步发展。

2）渊海知识图谱平台方面

（1）知识建模工具的标准化，配合"六韬法"开发出相应的知识图谱模式设计工具，进一步推动知识图谱在各行各业的应用。

（2）知识融合方面的创新。

（3）在知识问答方面持续跟进 NLP、信息检索和知识推理等方面的前沿进展，持续改进知识问答的效果。

（4）基于知识图谱的可解释性人工智能的研究。

---

*专栏：产业链图谱标准化现状与需求

1. 现状

（1）尚未有针对产业链图谱模式方面的标准化工作。

（2）尚未有知识图谱模式设计工程方法等方面的标准化工作。

2. 需求

（1）提供标准化的产业链图谱模式（Schema）。

（2）提供产业链图谱模式设计工作标准化的工具或方法。

（3）提供标准化的产业链图谱服务接口。

（4）提供产业链图谱的评价指标。

（5）在产业链图谱领域提供标准化的数据运营工具或方法。

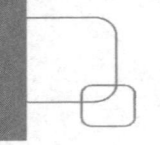

案例12：天眼查大数据知识图谱系统

天眼查聚焦信息关联属性，从公开数据中发现企业间的深度关联，通过对大规模数据的收集和清洗，应用实体和关系的解析技术、基于图的展示技术和面向图的交互技术，构建了大数据知识图谱系统，并研发推出了企业族谱、投资族谱、股权穿透等实用工具，从不同角度挖掘企业与企业、企业与个人、个人与个人间的投资关系、任职关系等多重关联关系，为社会中的商业决策者和参与者提供公平、高效的企业信息查询服务。

1. 案例基本情况

1.1 企业简介

天眼查是由柳超博士领衔开发的商业安全平台，在独有核心技术图数据库技术的基础上，构建了完备的数据采集、数据清洗、数据聚合、数据建模、数据产品化于一体的大数据解决方案。天眼查的核心功能为"查公司""查老板""查关系"，实现了从洞察风险到预警风险的全方位把控，针对个人、企业、政府都有相应的解决方案。

1.2 案例背景

随着信用的重要性越来越高，商事主体对企业信用信息的需求愈加迫切。传统的商业调查工具，只通过大数据手段实现了简单的信息查询作用，面对分散冗长的信息无法实现深入解析，对于数据深层次关系做不到深度挖掘。社会实体关系如图1所示，基于具有自主知识产权的核心技术可追溯社会实体关系的实时网络投影，天眼查构建了真实商业世界的"数字双胞胎"，真实世界中的商业实体，从成立、变更直至注销，其对应的数字化网络投影都会实时同步更新。

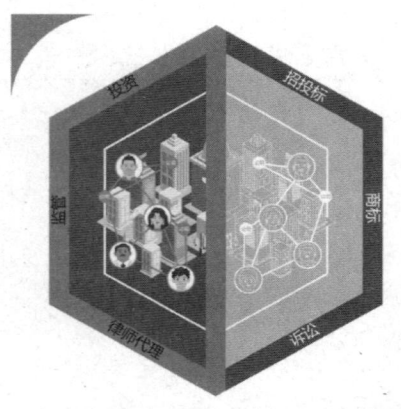

图1 社会实体关系

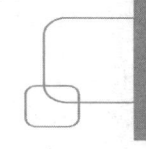

1.3 系统简介

利用天眼查，可以完成"查公司、查老板、查关系"三个维度的信息查询，独有的去重名技术能高效解决查询搜索中的"重名"问题，大大提高了搜索的准确度。在查关系层面上，天眼查支持多重组合搜索筛选，实现各种分类搜索功能，完成同地区同行业公司匹配。同时，独有的企业族谱功能，可一键展示所有关联企业，深度发现企业关联。可以说，天眼查让隐藏的商业关系浮出水面，高效便捷地解决了信息查询的难题，为大数据的应用提供了全新的视角。

1.3.1 关联关系精准发现

天眼查能发现群组内部隐藏在幕后的企业或人的深层次关系网络，包括投资关联关系企业、法人关联关系企业、高管兼职关联关系企业、集团母子关联企业、分支机构关联企业等，可按实体、关系等灵活过滤筛选，并能对图元素快速查找和定位，对关联关系进行可视化处理。可视化关联关系如图 2 所示。

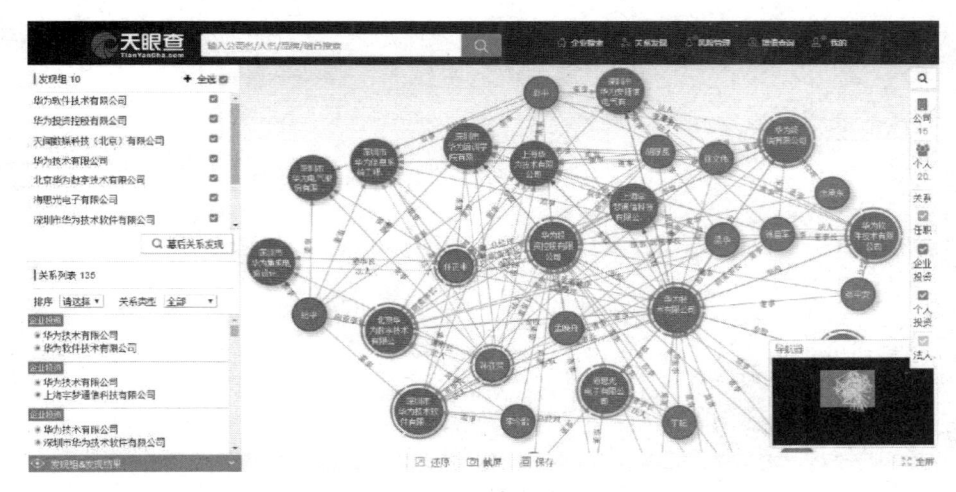

图 2　可视化关联关系

1.3.2 股权结构图谱明晰

基于自主研发的图数据库技术，天眼查可精准分析企业背后的股权结构。天眼查向上可穿透股东公司，向下可穿透子公司，清晰展示披露自然人、法人层级的企业全部合伙人情况。此外，天眼查还能以任一企业为中心，快速生成企业股权结构图，向投资方和被投资方两个方向逐级扩展，查看企业的股权投资结构关系，厘清企业的投资链条。企业股权结构如图 3 所示。

2．案例成效

由于不需要驻场实地调查，天眼查极大节约了调查时间和人力成本，解决了数据不全、平台上传数据积极性低、更新不及时、接入门槛高及人工采集信息耗费时间长等问题，同时丰富了来源维度，使参与商业交易过程的每个人都能及时获知信息。

目前，天眼查已经形成"一个底层数据为中心，三个产品系列为基本"的产品策略架构，在细分领域获得绝对市场第一的佳绩。截至 2020 年 9 月，天眼查已有超过 3 亿用户。B 端用

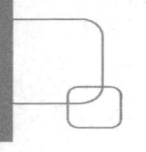

户既有 KPMG（毕马威）、广发银行这样的审计、金融机构，又有华为、京东这样的大型企业。同时，天眼查与 3700 多家大中型企业形成战略合作关系，覆盖金融、通信、法律、科技、制造、批发零售等各行各业。这些企业将天眼查嵌入其日常业务流程中，间接服务超过 1000 万家小微企业，解决了小微企业在贷款、融资、运营、法律协助、招聘等多方面的问题，优化了营商环境。

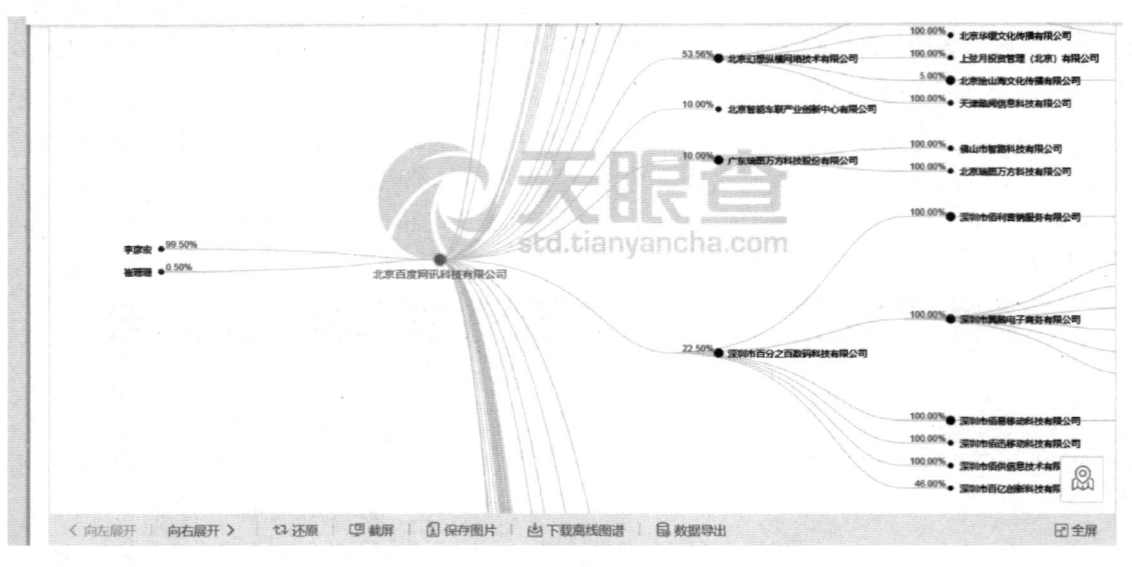

图 3　企业股权结构

3. 案例实施技术路线

3.1 技术架构

天眼查具有并且持续发展一整套自底向上的技术群，包括大规模数据收集和清洗技术、反数据收集技术、实体和关系的解析技术、实体关系消歧技术、超大规模分布式图存储技术、基于图的分析技术、基于图的展示技术和面向图的交互技术等，可以在此基础上建立大数据知识图谱系统。

系统架构如图 4 所示。整个系统从技术架构上分为数据源层、数据获取层、存储处理层、业务支撑层、应用平台层。从图 4 中可以看到各层和模块之间的调用关系及数据流向。

（1）最下方是数据源层，如工商信息、商标、专利、诉讼、失信、舆情等。

（2）数据获取层经过对数据的采集和清洗，将数据发送至数据存储平台。

（3）存储处理层将数据同步存储至传统的关系数据库和图引擎中，并且在进入关系数据库后，进行数据项的检查，若超过阈值，则发出报警；在进入图引擎的时候进行关系检查，看使用者关心的实体周边是否发生风险，如果判断出有周边风险蔓延的趋势，则发出报警。

（4）业务支撑层负责将关系型数据库及图引擎中的数据封装成为通用型、标准化、可扩展的数据服务，并提供用户登录和权限管理等服务。

（5）应用平台层负责将业务支撑层的通用型服务进行场景化抽象，封装成为用户操作使用用对应的服务。

图 4　系统架构

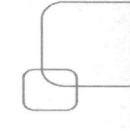

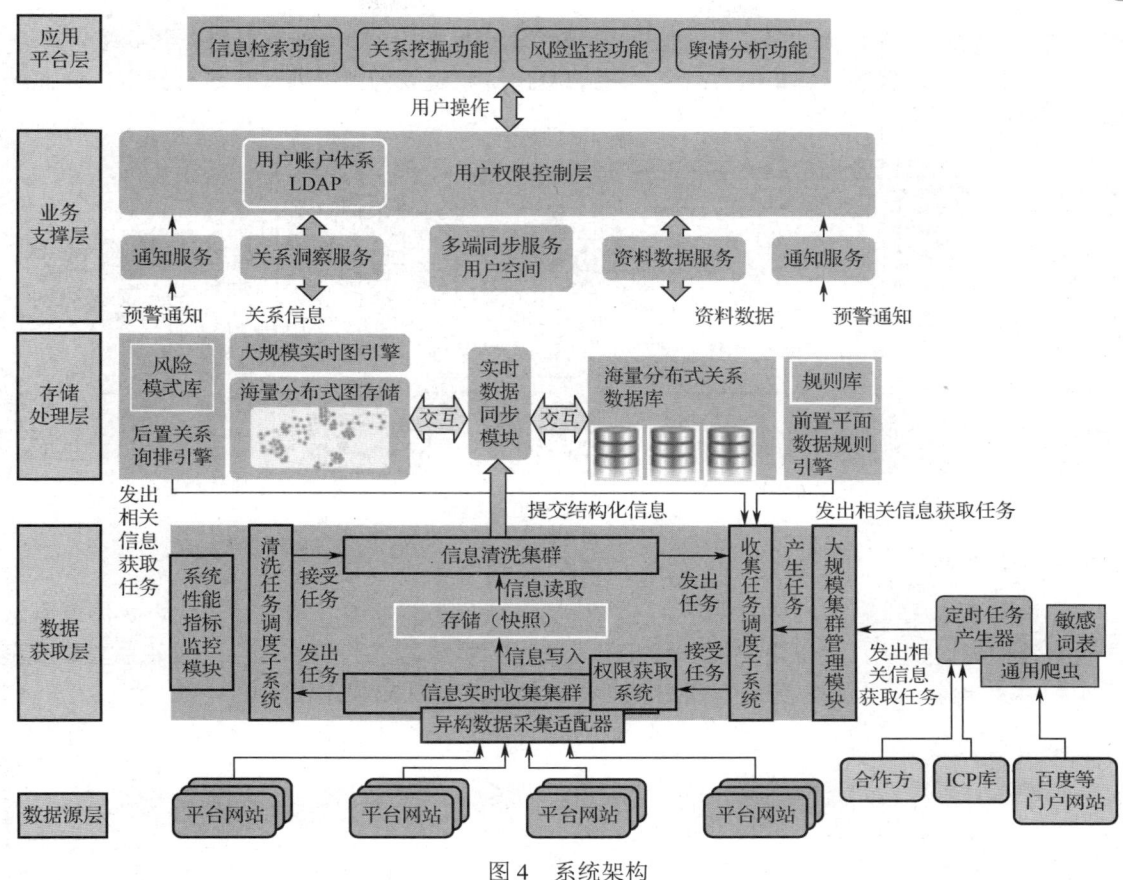

3.2　技术路线

3.2.1　数据获取

数据收集能力是大数据系统的立身之本，一个大数据系统若没有数据收集能力，其获取数据的成本会使数据分析服务成本急剧上升，并且数据的时效性、数据维度的可扩展性无法保证，只能提供"价高、质低"的没有市场竞争力的数据分析服务。数据清洗能力强意味着在同样的数据中，可以获取更多有价值的信息，能够从一篇诉讼、一篇招投标公告、一篇新闻等文本中解析提取公司、人员以及他们之间的关系，便于后续高附加值的关系挖掘。

天眼查拥有自主知识产权的"自循环自学习高并发企业信息收集/解析系统"，融入了隐马尔可夫模型、深度卷积神经网络等技术，能够有效地收集公开的企业信息，并将企业信息实时解析，将非结构化、半结构化数据转换成结构化数据。该系统包括基于通用爬虫的线索生成系统、基于深度学习的验证码自动识别系统、自循环并发数据收集解析系统等部分。数据获取基本流程如图 5 所示。

（1）线索生成系统定时发起全互联网的信息爬取、发现近期出现的热点名词或新名词（人名、企业名称、机构名称或其他信息）。

（2）新名词或者热点名词被分词，排列组合成为多个词根。

（3）自循环数据收集解析系统将词根包装成为数据抓取任务，使用垂直交互式爬虫，在

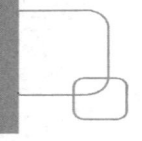

相应的公开数据网站上，提交基于这些关键词的查询请求，自动识别验证码并获取结果。

（4）对结果数据进行解析，发现其他新的名词，包装成为新抓取任务进行抓取，依此循环往复进行。

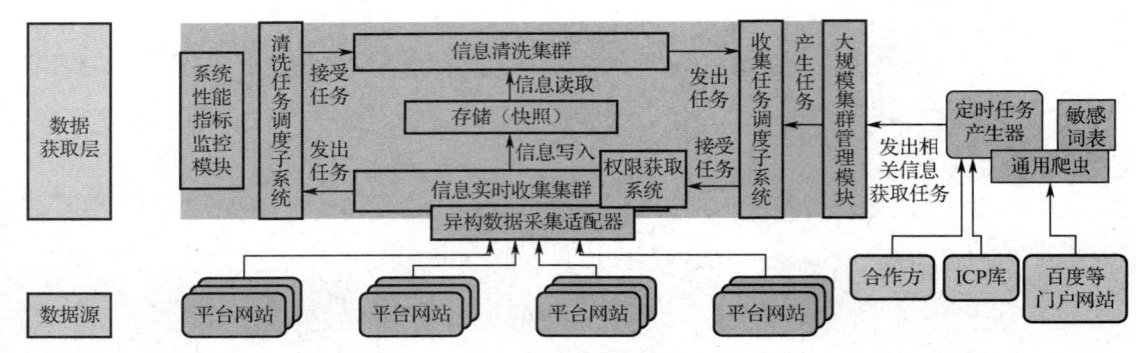

图 5　数据获取基本流程

3.2.2　知识建模

知识图谱本质上是一种语义网络，上图中的节点代表实体或者概念，边代表实体或概念之间的各种语义关系。知识图谱技术表征了大数据的本质语义关联，比传统的关系型数据库更加自由多样化，基于此，天眼查提出了对于实体信息的认知和建模理论。

1）实体

实体是具有一定独立信息的载体，主要分为两类。

（1）主体。例如个人、企业、机构等。

（2）行为事件。行为事件是指行为主体存续期间，在社会中会产生的各种事件，如诉讼案件、投资事件、招投标记录、失信记录等。

2）关系

关系是实体之间的联系，具有时间属性，主要分为两类。

（1）"主体—行为主体"关系。这类关系描述行为主体之间的联系，在关系发生后，维持该状态直到下次发生变化，如任职、股东出资等关系，在下次变更之前，该状态一直维持。行为主体的数量虽然庞大，但毕竟是有限的（约数十亿规模），它们之间的关系也是有限的。

（2）"行为主体—行为事件"关系。这类关系描述行为主体和行为事件之间的联系，理论上行为主体可以产生数量不可预期的行为事件，因此，这类关系的描述只在发生的时刻进行记录，不再随时间而维持。

"人的本质是一切社会关系的总和"，企业、机构等社会实体的本质也是一切社会关系的总和，整个社会关系网就是整个人类社会信息的投影。在金融、法律、投资、审计、经侦等领域，每当试图了解一个人、调查一个公司或者一个机构的时候，均是在"看清它做过什么事情"，实际上是调查他（它）的所有关系，以及向外延伸的关系，并且包含这些关系发生的来龙去脉。实体和关系来自数据，公开数据的收集是一种极其复杂且持续性的活动。从数据中提取实体和关系建立二者之间的关联和模型，并将其存储和处理成为便于用户"看清"的形式是学术界和业界一直研究的方向。

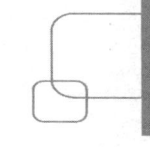

3.2.3 存储处理

存储处理层主要包括大规模分布式图数据库和关系数据库的存储、基于图的分析等技术。数据被同步存储至图引擎和关系数据库中，并维持两边信息的同步变动。知识存储如图6所示。

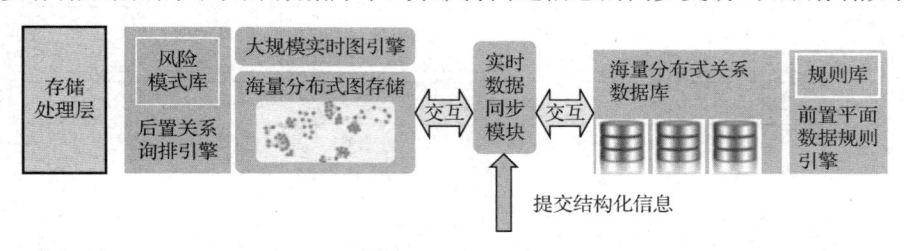

图6 知识存储

可追溯时空关系网络（TSTN）是天眼查的重要核心技术。TSTN是图存储和图分析技术的统一体。其存储的实体和关系的种类有数百种，实体和关系的数量有数十亿之多，实体和关系上的属性则有数百亿之多，并且这些数量还在快速增加。大规模图存储技术保障了这些信息的有效存储和基于图的快速关联查询。TSTN将实体、关系按照时间顺序组成一张庞大的时空网络，这张网络是整个人类社会发展的信息化投影。借助这个投影，我们可以在各时间粒度"回放"事物的发展过程，从微观角度看清来龙去脉；也可以从宏观角度出发，看到同类事物的共同发展共性，对未来进行预测。

关联分析算法是大数据中关系挖掘的主要手段，可以基于多种存储方案，包括以Oracle、MySQL为代表的传统型关系数据库，以Hadoop、HBase为代表的键值对的存储方案和本方案中的TSTN系统。数据存储系统性能比较如图7所示。由图7可知，基于TSTN的关联数据快速分析技术可以在极短时间内返回海量数据分析结果。

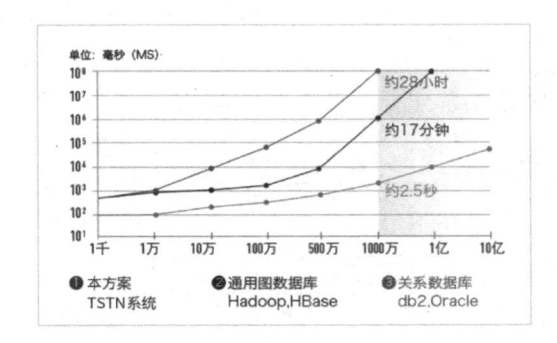

图7 数据存储系统性能比较

此外，在存储处理中还涉及一个很关键的环节，即图数据库和传统关系数据库之间的同步更新。Knitter是天眼查自主研发的对称实时更新系统，该系统可以使得所有信息的增、删、改实时同步地修改关系数据库和 TSTN。对称实时更新系统如图 8 所示。

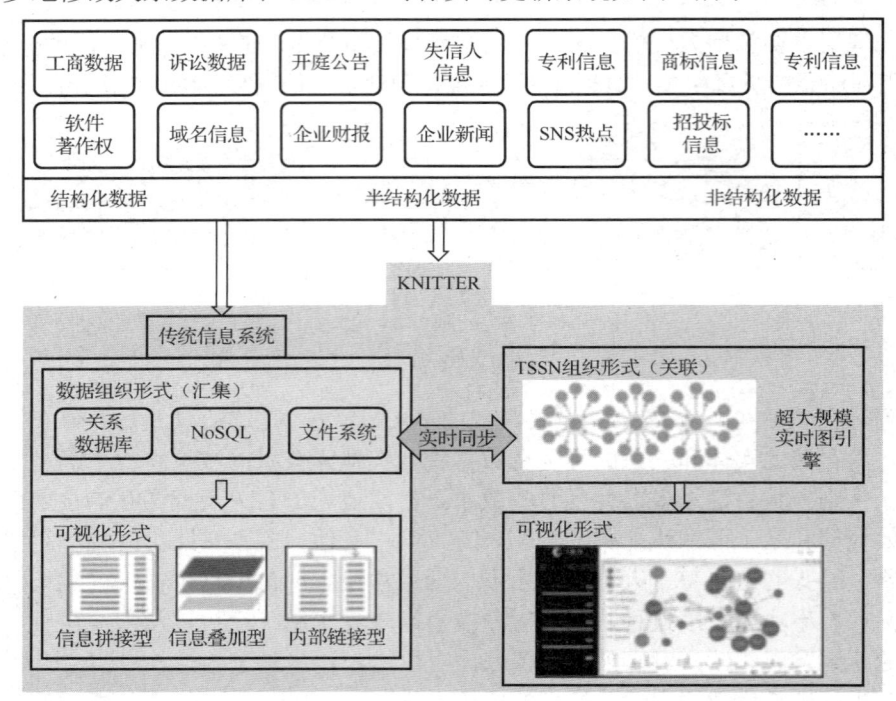

图 8　对称实时更新系统

3.2.4　业务应用

业务应用（见图 9）包含业务支撑层和应用平台层。业务支撑层是将来自关系数据库的资料数据和来自图引擎的关系信息进行封装的业务层，它向外提供大量标准化、成体系的基础支撑接口。应用平台层是以向最终使用者直接提供功能为目的的应用层，它由前端服务和对应的后端服务组成，后端服务又由若干个来自业务支撑层的基础服务按照具体业务逻辑构成。

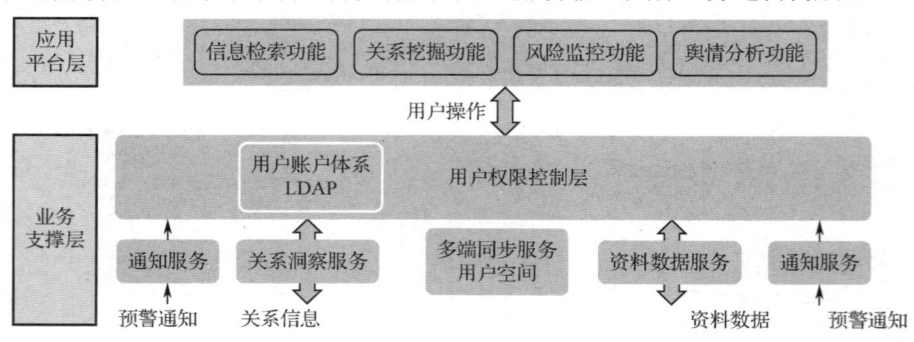

图 9　业务应用

基于上述技术，本案例结合用户的业务需求与应用场景，有针对性地开发了相应的大数据知识图谱产品解决方案。从企业基本工商信息、风险信息、经营信息、员工信息、舆情信息等多维度数据入手，深度分析、挖掘工商实体间错综复杂的关联关系链条。通过对经营状况、风险情况、网络舆情、投资融资等进行多维度动态抓取和监控预警，实现了全维度事前、事中审核和尽职调查，以及事后监管和风险预警。为政府及金融、法律、媒体、工商等行业

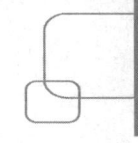

迫切需要解决的全面商业信息调查、深度关联线索发现及风险控制实时动态监控等痛点问题，提供了系统性的解决方案。

天眼查在数据收集、存储、分析算法上有深厚的积累。同时，天眼查在用户交互技术上也不断深入研究，一方面将关系信息"简单而深刻"地传递给用户，另一方面将业务人员的简单操作转化为图分析算法，使得业务人员能够充分享受到强大的数据分析处理能力给各种决策带来的便利。我们在网页端研发出了广泛兼容各种浏览器的图形交互框架，得到了政府及金融、法律、媒体、审计等行业用户的高度认可。其中涉及多关联边的力导向分布图技术、活动窗口 Stream（流）技术、多终端同步关联图操作技术。

4. 案例示范意义

4.1 信用建设数字化

数据难题被逐步破解，大数据得到更大程度应用，与此同时，整个商业环境也会发生变化。众所周知，企业的信用体系一直在其发展中扮演着重要角色，从建立商业关系到获取风险投资，企业信用都将成为重要的考量因素。天眼查等商业查询工具的出现，让信用不再依赖于企业公德和"良心"，而是靠真实的数据来体现，这种公平的方式将打造全新的商业环境。

4.2 产品模式多元化

天眼查具体的产品形态可根据市场和用户需求变化。对于个人用户而言，"随时随地都能用"是非常重要的体验，C 端产品可以同时支持电脑和移动设备访问，无论是 PC、App 还是各种嵌入式小程序，均可轻松访问。天眼查为 B 端企业用户则提供了多种服务模式，如 API 接口、数据本地化服务、App 接入、网站接入、微信接入等服务。B 端标准化的产品——专业版，应用最多的是金融行业，用做风控、审计；而定制版更多的是融合客户自有的数据，对很多行业的企业来说，它们最有价值的数据是自身的业务数据。天眼查把所有数据融合在一起，进而产生更大的价值。

5. 展望

未来，天眼查将继续在"低成本、高效率地优化营商环境，降低商业风险，减少商业不安全感"上发力，优化由于信息获取成本高、投资不便利等带来的营商环境问题，降低在商业行为过程中的法律、债务风险，减少由于信息不对称带来的商业不安全感。

此外，随着更多的中国企业走出国门，天眼查希望能够帮助中国企业安全"出海"，补全海外公司的商业信息，降低交易风险，发掘海外征信报告的更多应用场景。

研发层面上，天眼查将继续深入研究海量结构化/非结构化数据处理、行业/领域知识建模和知识图谱，构建更为丰富的知识图谱数据库。在此基础上，进一步提升精准搜索、自然语义分析、大规模深度关系挖掘、在线复杂图谱分析、人机可视化交互等大数据分析技术和手段，从中获取和展示更多有价值的知识和信息给客户，从产品功能覆盖的广度、深度，以及规模化、批量化、可定制化、场景化等方面入手，不断完善和优化产品，更好地为客户提供有效的解决方案，满足客户的实际需求。

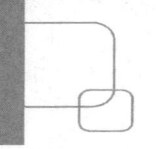

案例 13：渊亭金融舆情分析平台

金融舆情的产生、扩大和传播对金融业乃至宏观经济运行都会产生重要影响。基于维护金融市场、金融机构和宏观金融运行秩序的目标，金融舆情的监测与分析成为众多金融机构及企业的普遍需求。针对金融舆情扩散快、影响面广、传播链条复杂等特点，厦门渊亭信息科技有限公司（以下简称"渊亭科技"）利用知识图谱、自然语言处理等核心技术，以自主研发的知识图谱产品为内核打造了金融舆情分析平台。金融舆情分析平台提供万亿级节点的舆情主题知识图谱智能分析能力，可以实现舆情主题查询、舆情采集、舆情融合、模型管理、舆情统计、任务调度、监控及应用场景分析等功能，支撑趋势判断、违法违规线索分析、风险传导分析等多个智能舆情分析场景，提升了覆盖金融服务、金融监管与金融机构的全产业链智能舆情分析与风险监测能力，形成了 AI 驱动的金融舆情分析技术体系。

1. 案例概述

1.1 企业简介

渊亭科技成立于 2014 年，是国内一站式认知智能平台与服务厂商，在认知计算、知识图谱、机器学习等领域具备工程化能力。渊亭科技聚焦国防、金融、政务、工业互联网四大行业，为客户提供认知中台、AI 中台、数据中台三大中台产品与全栈 "AI+" 行业解决方案，以"认知智能"为核心技术攻关方向，产品涉及知识图谱平台、图数据库、人工智能中台、多智能体强化学习引擎、智能问答等方向，主要客户包括军委科技委、军委装备发展部、中国海军、中国陆军、战略支援部队、中国人民银行、建设银行、中国登记结算、广发证券、中国移动、中国铁塔等企业与政府机关。同时，渊亭科技在可解释、认知推理、自主学习等下一代人工智能技术领域有大量的研究和实践探索，已参与制定了近 10 项国际和国内人工智能标准（包括 IEEE 主办的《知识图谱架构》、中国电子技术标准化研究院主办的《知识图谱行业标准》等）。

1.2 案例背景

随着金融业务模式日趋多样的发展，舆情监控已成为众多企业的普遍需求。传统的金融舆情分析大多以监测为主要目的，通过大数据技术对舆情的走向趋势、传播影响、应对效果等进行追踪，分析方式较为被动，面对海量舆情数据的复杂计算及非结构化数据处理方面能力表现不足。同时，对舆情影响因素分析能力差、预警能力弱误报率高，具有较大的局限性。舆情分析的痛点与挑战如图 1 所示。

知识图谱为金融领域舆情分析提供了知识提取、融合、分析、推断、决策等能力，而以知识图谱为技术内核的舆情监测平台在舆情数据获取、大规模存储运算、风险识别等方面具有突出优势，逐渐成为金融领域舆情监控的主要手段。知识图谱应用于金融舆情分析，通过对多源异构领域舆情信息进行提取、存储、分析，发现关联线索及影响路径，可以有效捕捉舆情事件的风险传导路径、挖掘金融市场变动规律，从而能够及时预警，辅助决策。

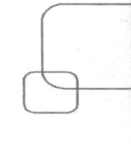

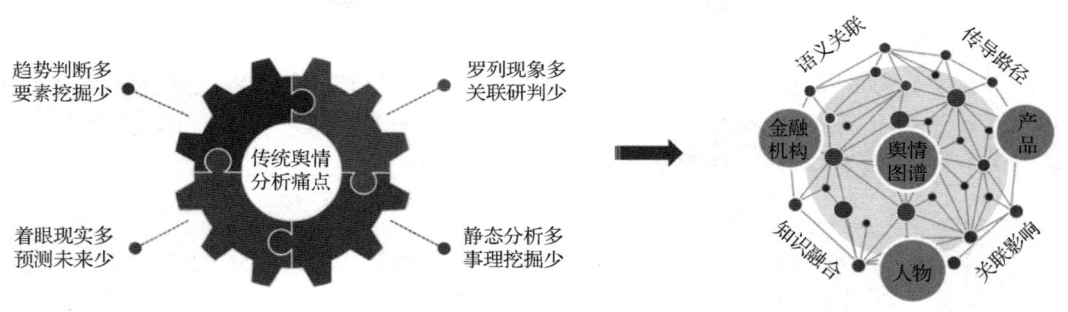

图 1　舆情分析的痛点与挑战

1.3　系统简介

针对金融舆情数据体量大、多样性、碎片化等特点，渊亭科技利用知识图谱、自然语言处理等核心技术，以自主研发的知识图谱产品为内核打造了金融舆情分析平台。金融舆情平台提供万亿级节点的舆情主题知识图谱智能分析能力，实现舆情主题查询、舆情采集、舆情融合、模型管理、舆情统计、任务调度、监控及应用场景分析等功能，支撑趋势判断、违法违规线索分析、风险传导分析等多个智能舆情分析场景，提升了覆盖金融服务、金融监管与金融机构的全产业链智能舆情分析与风险监测能力，形成了 AI 驱动的金融舆情分析技术体系。渊亭金融舆情分析平台利益相关方关系示意如图 2 所示。

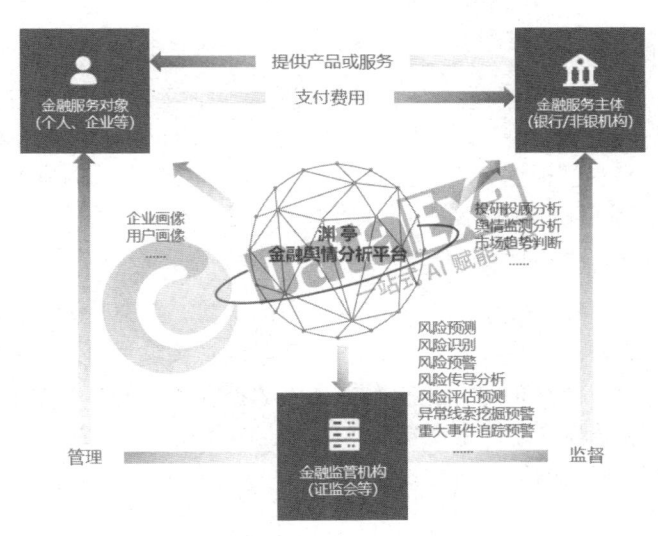

图 2　渊亭金融舆情分析平台利益相关方关系示意

1）金融监管

金融监管机构常常面临着违规取证线索匮乏的问题，对于交易主体的研判和市场风险预见缺少一定的辅助手段。渊亭科技通过聚合热门事件，抽取相关事件中涉及机构、产品及实体间的关系来定义风险标签及传导规则，以因果、条件等关系建立事理图谱，最终寻找出重大舆情事件对相关实体的影响路径及大小，计算出舆情的置信度（甄别虚假消息）等信息，从而实现对可能影响市场运行和公司运作的负面舆情进行及时预警，支持监管部门全面、准确地把握舆情动态，实施针对性监管。

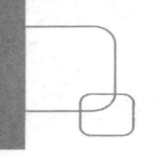

2）金融业务辅助

渊亭科技结合自身的金融领域因果事件库、风险标签库等内容，借助问答系统的各种语义问答模型，形成了一个可供检索、推荐的金融舆情事理图谱问答范式，帮助业务部门实时了解金融市场动态和机构相关的舆情风险因素。

3）投研分析

金融市场中的行情变化往往受某个宏观数据、行业指标、公司事件的影响较大，而金融舆情图谱恰好可以帮助投研人员对这些行情影响因素进行关联分析，通过追踪监控新闻、事件、舆情在产业链中的传导效应，形成具体的投研策略。渊亭科技通过构建舆情图谱，对传导路径上每个实体的风险影响因素进行计算，比如股权投资、事件的热度等，得出对实体影响的可解释性路径及大小，以及影响实体走势的因素分析与排序，从而实现对单一产品/多个产品，以及整体市场的行情关联预测。

2. 案例成效

通过引入动态事件、动态数据，渊亭金融舆情分析平台为某金融机构提供了从数据到业务的一套完整的智能舆情分析解决方案，支持机构内各项相关舆情场景分析的持续使用。

2.1 平台功能亮点

2.1.1 舆情处理标准化

在舆情数据处理方面，渊亭科技建立了金融类实体库、关联关系库、产业链知识库等，以及以宏观环境、产品、公司、关注对象为主的4大类舆情主体抽取与标准化体系。相较于通用的NLP抽取模型，渊亭科技根据客户业务需要，结合无监督学习、词典语料、少量标注数据、风险标签等多种方法，能够输出更高精度的抽取模型，可以执行对领域事件的规模化抽取任务。

2.1.2 舆情抽取模型优化及学习能力提升

渊亭科技的金融舆情抽取模型结合了多种算法的优势，可以针对不同抽取任务进行算法选用。技术实现包括多分类、小样本学习、弱监督学习、关键词处理、基于模型的算法等，可进行模型的快速调优。针对特定行业的舆情文本数据训练任务，渊亭科技在模型优化和迭代方面有着一定的实践经验，建立了包括实体关系、实体属性、关键词、摘要、主题、情感、事件、事理关系等抽取模型的优化方法。

2.1.3 人工任务量少

在对舆情抽取模型进行训练时，渊亭科技采用了基于大规模语料预训练的方法，能够有效提升模型效果，同时减少大量的人工标注任务量。例如，在舆情风险信息标注量较少、特定标签较少的情况下，采用小样本学习等算法来解决标注量少的分类问题，或是通过半监督技术扩大标注样本、利用BERT等模型微调分类模型，采用多任务学习增加分类效果等方式，解决诸如违规线索识别等特定舆情分析场景所面临的小样本问题。

2.1.4 处理流程自动化

舆情数据接入后，支持以流水线及多任务调度的方式来进行自动化舆情处理过程。以舆情内容要素的抽取为例，流水线处理包括分词、命名实体识别、关键词抽取、实体匹配、属

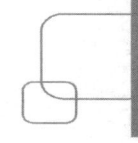

性抽取、关系抽取等步骤。我们将单篇舆情文本作为输入,按流水线中的顺序进行处理,即可得到所需的舆情内容要素。在多任务情况下,任务调度可以设置不同任务的定时触发顺序,包括从舆情采集到舆情处理的各个环节。

2.1.5 舆情子图融合

结合知识图谱和事理图谱的优势,渊亭科技根据特定业务场景,利用相似度等算法可以实现舆情子图融合,具备将产业链图谱、企业图谱、事件图谱等多类型子图进行融合的能力。

2.1.6 应用场景广泛

产业链图谱包含上下游/股权关系、公司、行业及产品等丰富信息,而事件图谱则可以描述实体传递的链条及逻辑,这两者的结合对于舆情背景下的关联分析十分重要,也可以打破动静态舆情信息分析的边界。

2.2 应用成效

(1)舆情实时处理速度达到"$T+1$",能够针对实时风险事件进行主动预警。

(2)增强了舆情监测分析的可解释性,以可视化的方式清晰展示舆情事态的发展脉络,支持深入挖掘舆情事件关联关系。

(3)帮助机构大大提升了风险事件的研判分析和主动预警能力,解决了舆情分析的难题,为业务人员提供了方便快捷的分析工具,为机构内客户异常行为识别提供了辅助验证线索。

3. 技术实施路线

3.1 系统架构

渊亭金融舆情分析平台系统框架如图 3 所示。该平台包括舆情采集模块、舆情存储模块、舆情数据处理模块、算法支持模块、舆情分析模型和业务应用六大部分。

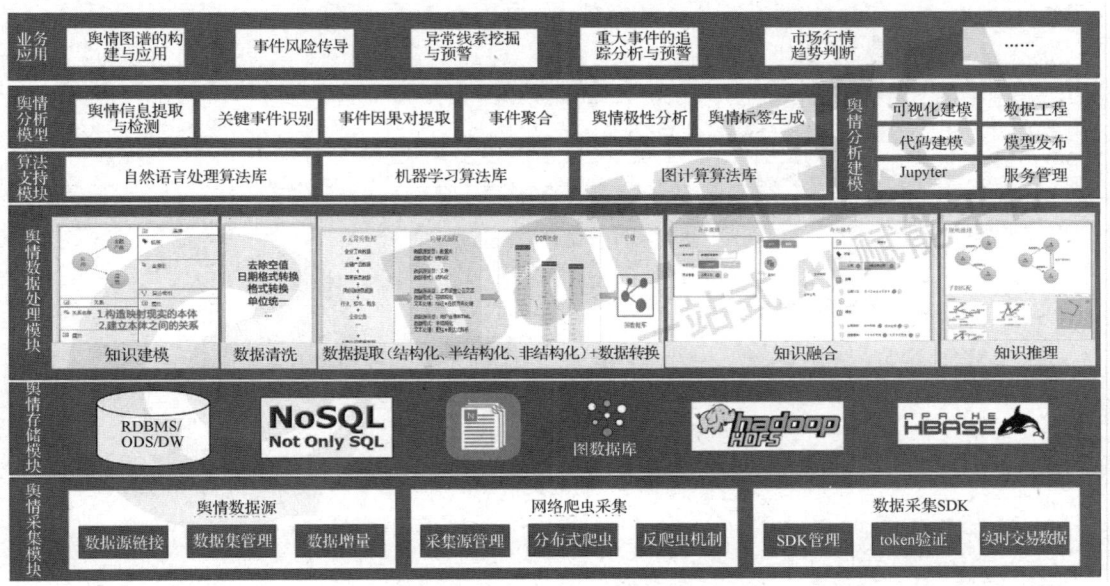

图 3 渊亭金融舆情分析平台系统框架

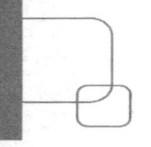

在数据层面，平台整合多源异构的舆情数据，建立金融类实体库、关联关系库、产业链知识库等，通过抽取和消歧等 NLP 手段完成知识抽取及融合，从而实现构建大规模舆情主题知识图谱。

在技术层面，渊亭科技基于过往项目沉淀的舆情分析模型（舆情抽取模型、事件因果对提取、事件聚合等）和算法库（自然语言处理算法库、机器学习算法库、图计算算法库），建立了以舆情知识/舆情事理图谱为核心的智能分析方法。

在应用层面，可以基于静态知识图谱形成企业画像，基于动态数据进行舆情事件分析，根据事件基于图谱的影响传导进行舆情深度分析，满足多种智能舆情分析场景。

3.2 技术路线

舆情分析平台关键技术包括知识建模、知识获取、知识存储、知识融合、知识搜索、知识问答、知识计算等，贯通舆情数据获取及融合、舆情知识可视化表达、舆情知识图谱构建等全流程。该平台以接收的多源异构的舆情数据为输入，通过系列抽取和消歧等自然语言处理手段及人工协助，完成从数据到知识的转化。不同类型的数据可以完全融合，实现快速构建舆情知识图谱，并基于构建的舆情知识图谱进行业务分析挖掘、知识应用及应用结果输出。

3.2.1 获取舆情知识

获取舆情知识是指从结构化、半结构化、非结构化的舆情数据源中，抽取以宏观环境、产品、公司、关注对象为主的四大类舆情主体，以及其属性和相关关联关系，形成知识存入知识图谱，实现自动化构建大规模舆情知识图谱。针对不同的数据源，采取不同的知识获取方法。在数据抽取方式上，舆情分析平台提供向导式抽取方式，该方式简单易用，且具备多种实体关系映射方式，可满足多样化需求。获取舆情知识如图 4 所示。

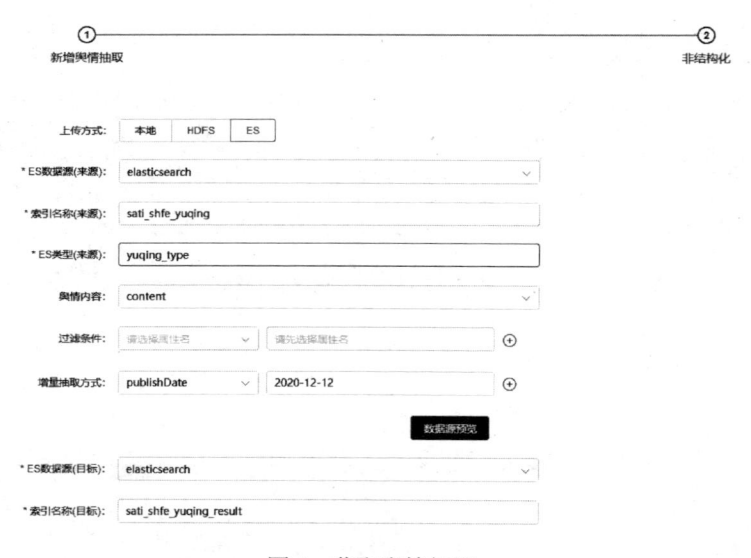

图 4　获取舆情知识

3.2.2 融合舆情知识

融合舆情知识是指对从各源头获取的知识进行融合、统一，包括本体融合、实体融合、

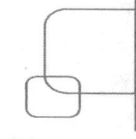

冲突消解。本体融合是对多个知识库或者信息源在概念层进行模式对齐的过程。实体融合是在数据层对来自多源的不同表达进行实体对齐的过程。冲突消解是解决不同实例间冲突的过程。该平台可实现 30 多种融合策略（实体对齐、冲突解决、属性归一等）；在合并方式上，支持人工合并和批量合并。融合舆情知识如图 5 所示。

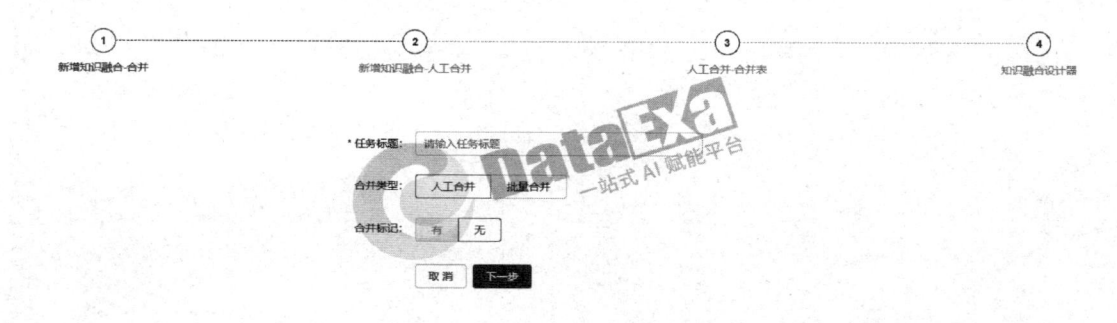

图 5　融合舆情知识

3.2.3　存储舆情知识

存储的舆情知识包括基本属性知识、关联知识、事件知识、时序知识和资源类知识等。舆情知识存储方式的质量直接影响知识图谱中知识查询、知识计算及知识更新的效率。该平台采用基于图结构的存储方式，即使用图模型描述和存储知识图谱数据。这种方式能直接反应知识图谱的内部结构，有利于舆情知识的查询。同时，该平台支持知识图谱存储的横向扩展，在硬件足够的情况下，可达到万亿级别的知识图谱存储及应用。

3.2.4　搜索与问答舆情信息

舆情分析平台的智能搜索提供数据的快速检索、内容的语义理解等能力，使人们能够快速找到想要的信息，让搜索更有深度和广度。该平台支持知识图谱的基本查询、自然语言查询、专业图查询语句（Cypher、Gremlin、SPARQL）等方式，并支持图谱问答、模糊问答等功能。同时，该平台支持多种问答逻辑的组合配置，提供了问答策略、问答数据集及元素模板等功能。用户可以在问答策略模块，根据需求自定义逻辑管道和问答响应策略，以满足用户多样化的搜索与问答需求。

渊亭科技通过结合自身的金融领域因果事件库、风险标签库等内容，借助问答系统的各种语义问答模型，形成了一个可供检索、推荐的金融舆情事理图谱问答范式。

3.2.5　舆情分析知识

该平台拥有 50 多种场景的分析算法，包括路径分析、群体分析、统计分析、中心度分析、关系分析等。其中，路径分析可深度挖掘舆情事件对相关实体的影响路径、风险传导路径等；群体分析可加强对群体性舆情事件的分析；统计分析可实现舆情正负面信息的统计；中心度分析能够深度挖掘实体间复杂的网络关系。风险传导、事件预警、舆情因素统计和舆情正负力量碰撞对比功能分别如图 6、图 7、图 8 和图 9 所示。结合知识图谱可视化分析功能，提供和展现了直观丰富的舆情网络及布局方式，实现了对舆情影响因素、舆情关注对象与事件的动态、可视化舆情监测分析及应用。

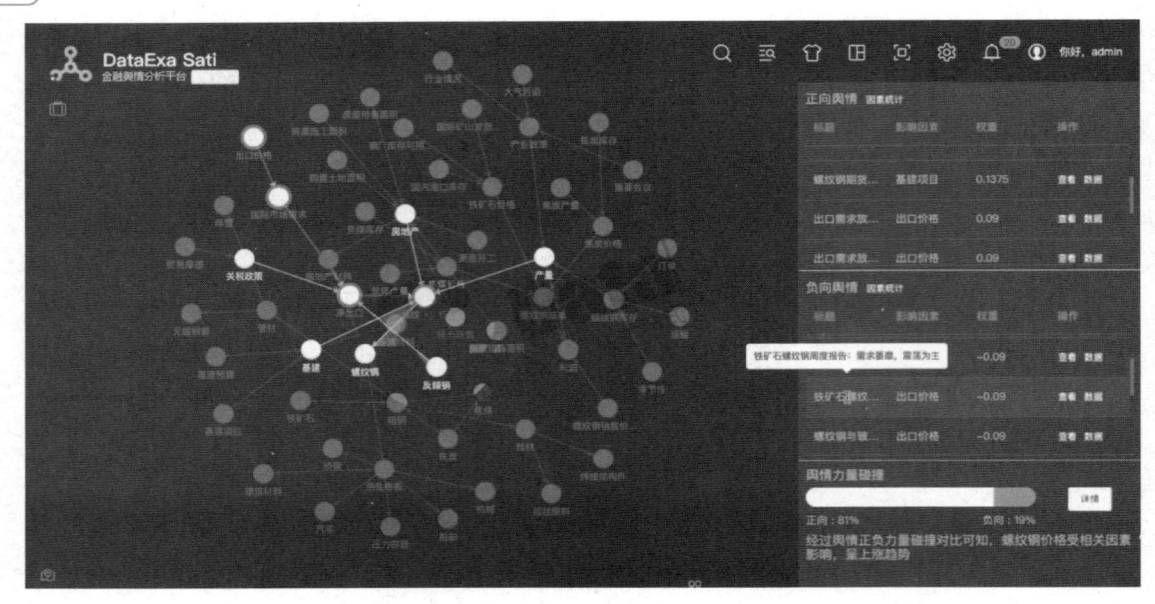

图6 风险传导

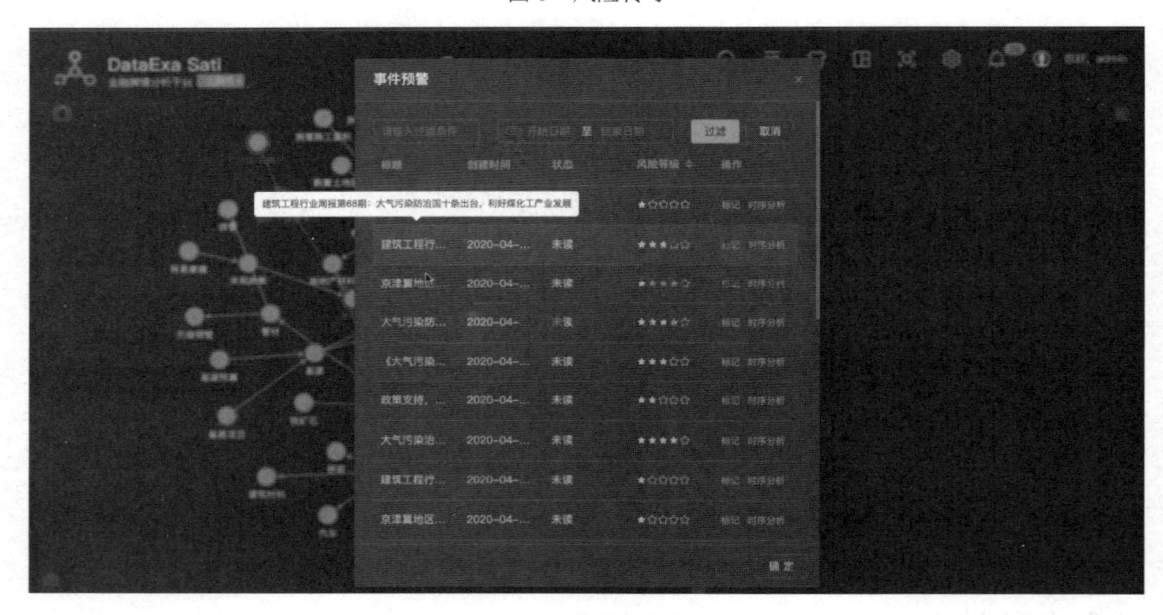

图7 事件预警

4. 案例示范意义

金融舆情涉及的企业、机构人员众多，且其间关系种类复杂，传统的监管手段一方面难以全面搜集多维信息，另一方面难以清晰地梳理关联关系。渊亭科技将知识图谱技术引入金融监管，基于全量数据挖掘舆情信息和风险信息，利用知识图谱在可视化、穿透、关联和传导等方面的优势，能够更有效地分析复杂关系中存在的特定潜在风险，提升了风险识别的效率，解决了可解释性和关联性难题。

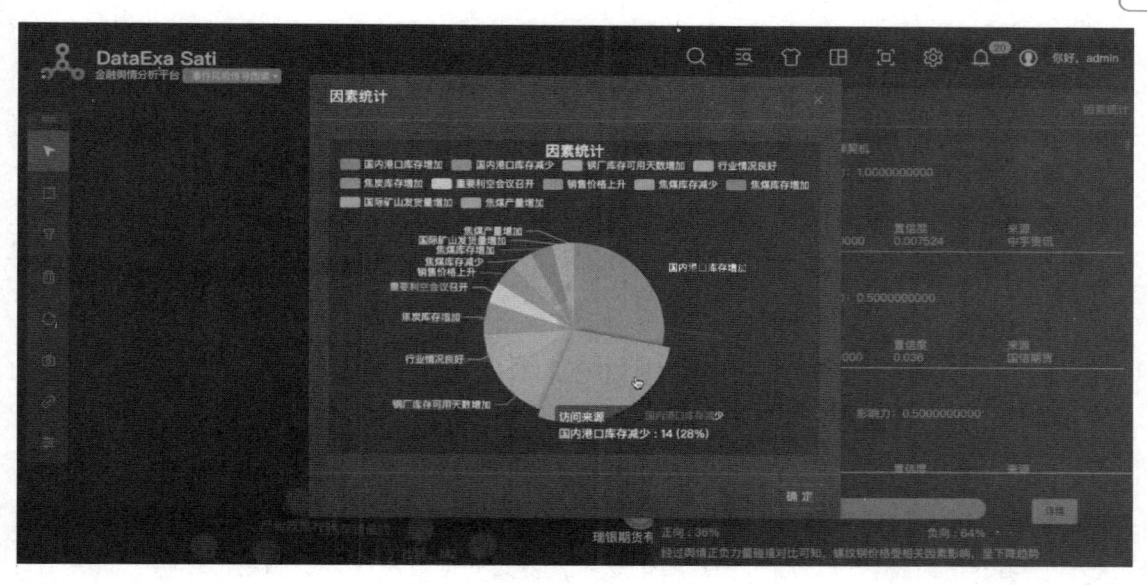

图 8 舆情因素统计

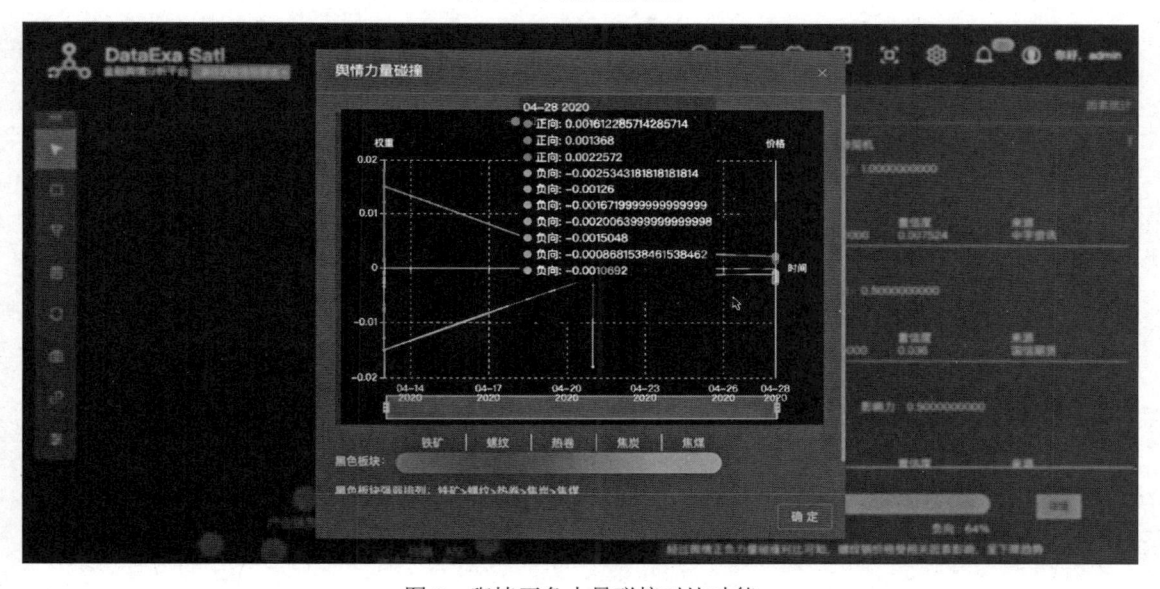

图 9 舆情正负力量碰撞对比功能

5. 展望

在金融舆情分析中,人工智能技术的应用还处在初期阶段,对于复杂业务场景的落地还有一定距离,特别是针对舆情大事件的灵敏预警,仍需进一步深耕。

5.1 技术展望

一是优化可疑监测标准,建立长效机制。金融机构的舆情监测体系可能包括数百个舆情特征、数十个风险模型,现有的模型和规则体系依赖于专家对过去工作经验的总结。但随着业务的不断创新,持续完善、有针对性地更新舆情监测标准,不断优化舆情监测模型,提高

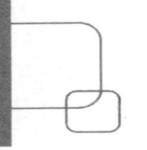

舆情监测覆盖的全面性、准确性和灵活性是十分必要的。

二是运用差异化监测，迈向精细化管理。针对全国性的金融机构，可对不同区域的分支机构设置不同的监测规则/模型，或者对相同规则/模型，对不同区域赋予不同参数。区域化的设定意味着形成差异，形成差异意味着监测标准更贴合区域内的经济特点、客群特征、交易习惯，使监测效果更具针对性。

三是综合各种检测方法发现可疑线索。由于金融业务的多样性，以及金融服务主体行为的不确定性和时变性，在违法违规线索识别领域，单一检测方法往往存在适用性、效率不高及条件约束多等问题，难以对可疑度进行判断。因此，须研究多种策略、多种模型的融合，使之相较于单一模型，具有更高的准确率和更强的稳定性。

5.2 产业展望

金融舆情领域将朝着生态融合型、平台开放型、工具赋能型形态发展。基于金融舆情现有的智能风控、智能识别、智能分析等产品，未来将持续探索及融合辅助投资投研、辅助决策管理、声誉风险管理等方向，为金融机构快速健康发展提供强有力的舆论保障，同时为投资者把握更多机会。

渊亨科技将继续在金融舆情分析的多个业务场景中深度探索，运用舆情知识图谱提供具有前瞻性和推荐性的知识服务，推动认知智能在金融业数字化转型中发挥更大的价值。

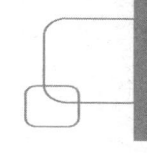

案例 14：海信经济领域知识图谱

作为数据驱动的研究领域，经济学研究通常需要对数据间的关系及其影响进行深入分析，从而预判经济趋势并做出正确决策。而知识图谱可以有效、直观地表达实体间的关系，在经济指标关系推理方面具备得天独厚的优势。因此，本案例将知识图谱应用在经济领域，构建了经济知识图谱，并基于经济知识图谱构建了经济知识问答系统，面向用户提供指标搜索、指标对比、指标关系搜索、专业问题解答和通用问题解答五大经济问答服务。该系统可以更加直观地反映经济指标间的关系，显著提高经济数据的检索效率，有效辅助专家学者、政府机构对经济形势的研判与决策。

1. 案例基本情况

1.1 企业简介

海信集团成立于 1969 年，总部位于山东青岛，是国有独资企业。海信集团拥有海信视像和海信家电两家上市公司，持有海信、东芝电视、gorenje、科龙和容声等多个商标，主要业务涵盖多媒体、家电、通信、IT 智能信息系统和现代服务业等多个领域。在以彩电为核心的 B2C 产业，海信集团始终处在全球行业前列。在图像处理和显示技术领域，海信集团积累深厚并形成了 ULED、OLED 和激光电视三大技术路线。在新兴的智能科技领域，海信城市智能交通产品和解决方案应用于全国 100 多个城市。海信集团在智慧客厅、智能卫浴、智能厨房等智慧家居解决方案，以及从家庭到社区的"用即购""信我家"等智慧社区场景均有丰富的产业积累，且具备成熟的产业化经验。此外，智慧城市、公安安全、轨道交通、智慧建筑等多个智能科技产业模块，为青岛、长沙、贵阳等城市带来了新的智能解决方案。智慧交通、精准医疗和光模块等新动能 B2B 产业对海信集团的利润贡献已占据近 50%。家电板块与科技板块相得益彰，海信集团正在实现由传统家电公司向高科技公司的产业转型。

1.2 案例背景

经济数据检索系统已广泛应用于经济学领域，其主要功能在于帮助使用者对指标数据进行高效检索，在经济学领域中发挥着重要作用。当前，经济数据检索系统的优点在于数据全面，可提供绝大部分经济数据，但是缺点主要有以下两点。一是当前经济数据检索系统多采用传统数据库，仅能独立地存储指标数据，无法描述和推理指标间的关联关系。二是经济数据检索系统仅能对指标数据进行检索，无法对用户提出的具体问题进行解答，当用户需要解决经济学问题时仍需进行复杂的指标分析。由于经济指标间关系复杂且同一经济问题会对应多个指标，导致经济学工作者对问题的分析耗时较长、难以发掘指标数据之间的潜在关系、难以准确定位问题根源。基于以上两点可以得出以下结论：当前经济指标检索系统在数据相关性的解释方面仍存在不足，经济学工作者在分析经济数据时仍需全面分析数据的相关性，数据分析效率低下。

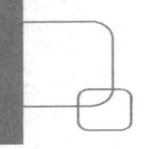

为解决以上问题，本案例将经济指标的所有相关信息总结并抽象成多个属性并赋予各个指标实体，将各个指标之间的关系抽象成与对应指标相连接的边，建立了基于经济指标的经济知识图谱，并基于经济知识图谱建立了经济知识问答系统。通过语音识别及文本语义识别，精准理解用户提出的问题，并针对用户提出的问题进行指标数据的检索及处理；通过建立指标实体并赋予其经济学属性，解决了传统经济指标查询系统无法对指标内容进行精准检索的问题；通过建立指标间的关系，解决了传统经济指标查询系统只能搜索指定指标，无法获取指标间关系信息的问题，并且解决了传统经济指标查询系统无法进行指标间逻辑推理的问题；通过设计逻辑运算模块，解决了传统指标查询系统只能展示指标内容却无法对指标进行推理及计算的问题；通过设计可视化界面，可让用户更加直观地捕捉指标信息，更加清晰地理解指标间的关系及数据变化。经济知识问答系统利益相关方关系示意如图 1 所示。

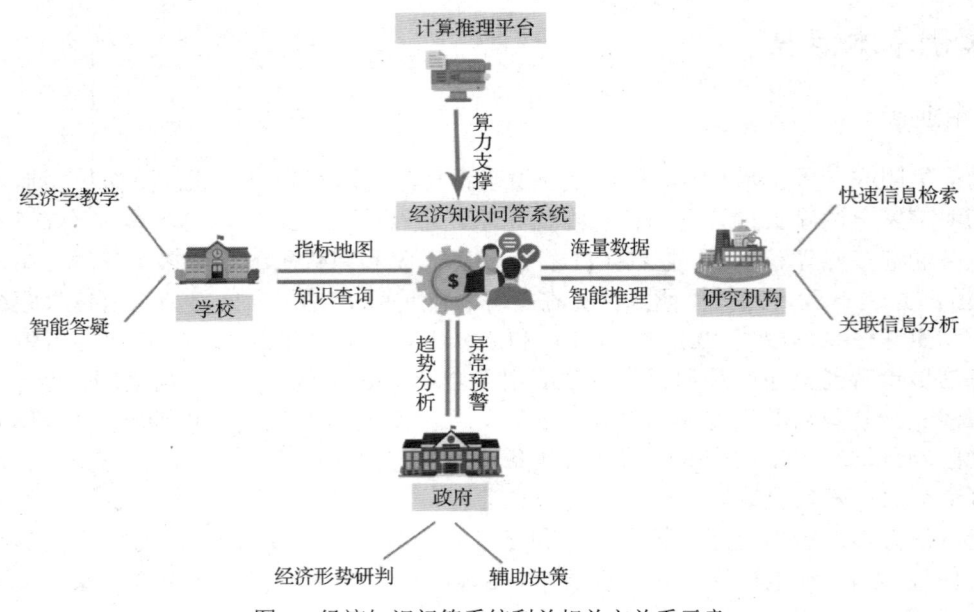

图 1　经济知识问答系统利益相关方关系示意

1.3　系统简介

经济知识问答系统如图 2 所示。指标搜索、指标对比、指标关系搜索、专业问题解答和通用问题解答五大经济知识问答服务分别对应该系统中的五大模块，分别是指标搜索模块、指标对比模块、指标关系搜索模块、专业问题解答模块和通用问题解答模块。

指标搜索模块功能有全属性搜索、指定属性搜索和关联指标搜索，目的是让用户了解指标的相关信息。其中，全属性搜索指的是输出某指标的所有属性值，提问的形式如"全市生产总值的所有信息"等；指定属性搜索指的是输出某指标的指定属性值，提问的形式如"全市生产总值的指标简介是什么"等；关联指标搜索指的是输出与该指标相关的其他指标，并给出当前指标与相关指标之间的关系，提问的形式如"与全市生产总值直接相关的指标是什么"等。

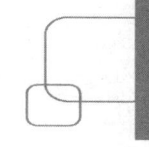

指标对比模块的功能是给出需要进行对比的两个指标的数值,并给出这两个指标的差值,目的是让用户了解指标间的差距和增减趋势,提问的形式有"青岛市的全市生产总值在 2010 年和 2011 年数据对比""青岛市 2013 年和 2014 年教育产业支出的数据对比"等。

指标关系搜索模块的功能是给出以指定的两个指标为端点、两个指标之间所有相关指标和相关关系为路径组成的关系链路,如指标 A 与指标 C 和指标 D 组成了 A-C-D 链路,指标 B 与指标 D 和 E 组成了 D-E-B 链路,"-"代表两个指标间的关系,则搜索指标 A 和指标 B 之间的关系时给出的关系链路即为 A-C-D-E-B。该模块目的是让用户了解指标之间相关联的信息,提问的形式有"全市生产总值与社会就业人数有什么关系"等。

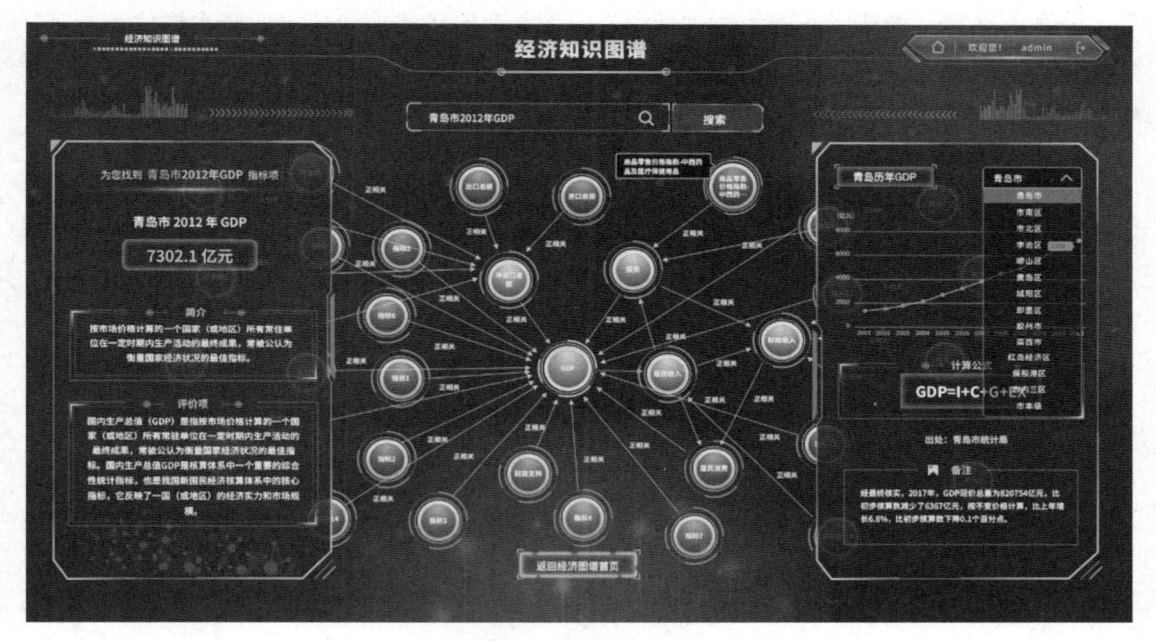

图 2 经济知识问答系统

专业问题解答模块的功能是有针对性地解决用户提出的专业经济学问题,并提供有参考价值的答案。该模块对每个经济学问题都有针对性地设计了与其相适应的算法,目的是专业地解答用户提出的经济学问题。提问的形式有"在提高青岛市一般公共预算收入方面有什么建议""2019 年青岛市的新旧动能转换项目的整体情况怎么样""青岛市政府的债务偿还压力大不大"等。

通用问题解答模块的功能是与用户闲聊和提供智能问答系统中统计数据相关问题的解答,目的是满足用户多方面的需求,让专业智能问答系统更加人性化,提问的形式有"一共有多少个相关指标""今天的天气怎么样""你的名字是什么"等。

2. 案例成效

2.1 数据权威

为保障数据的权威性,本案例中,经济知识图谱所需经济数据均来自政府向全社会公开的官方数据,数据来源包括青岛市统计年鉴、青岛市国民经济和社会发展统计公报、中经网

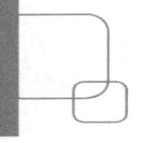

统计数据库，数据准确且无涉密风险，可最大程度地为用户提供真实有效的经济数据。本案例在实施过程中与国内知名高校经济学教授合作，知识图谱中经济指标间的经济学关系梳理均由高校团队完成，保障了经济知识图谱关系构建的权威性。

2.2 更加真实地反映指标间的经济学关系

在传统的经济数据库中，指标间的关系多以指标树的形式表达，即一个上层指标包含多个下层指标，以此类推，构成一个庞大的指标树。这种表达方式可以清楚地了解指标间的构成关系，但是存在的缺点也显而易见，主要集中在以下两个方面。

一是无法得知指标间准确的经济学关系。例如，污染排放包含工业废水排放等多个指标，且工业废水排放和污染排放成正比关系，用树状图表示只能了解工业废水排放和污染排放相关，但无法了解准确的经济学关系。二是当两个经济指标属于不同的指标树分支时，即使存在关系也无法表达，导致指标间关系检索出现遗漏且无法得知两个指标间的关系。以节能环保支出为例，节能环保支出属于公共预算支出分支，但是节能环保支出会降低污染排放，二者之间存在反向关联的关系，若用传统指标树表达，则无法获取相关关系（见图3）。

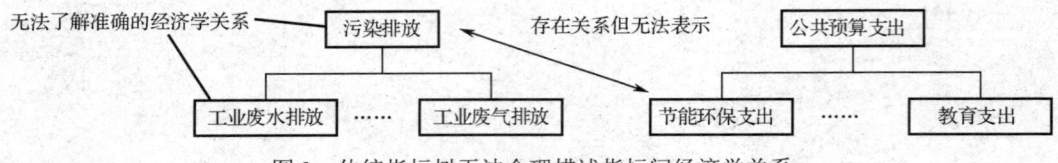

图3 传统指标树无法合理描述指标间经济学关系

本案例以真实的经济学关系构建知识图谱，丰富了同分支下指标间关系的描述，并且有效解决了跨分支无法描述指标间经济学关系的问题，使经济学指标间的关系表达更加完整，如图4所示。

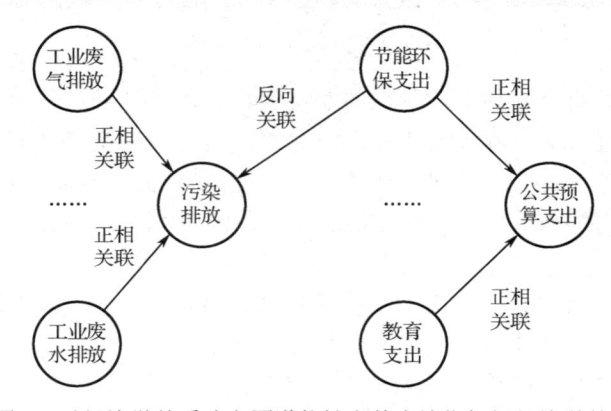

图4 以经济学关系建立图谱能够完整表达指标间经济学关系

2.3 以指标关系网的形式细致地反映指标间的经济学关系

本案例是基于经济指标构建的经济知识图谱及经济知识问答系统，能够在指标层面根据用户提出的经济学问题做出反馈。经济知识图谱将经济指标的所有相关信息总结并抽象成多个属性赋予每个经济指标实体，将各个经济指标之间的关系抽象成边并与对应指标相连接。

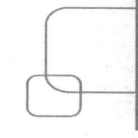

用户可通过经济知识图谱准确查找经济指标的相关信息并发现指标之间的逻辑关系，帮助使用者准确完成决策。通过构建经济知识图谱，建立指标间的经济学关系，解决了传统经济指标查询系统只能搜索指定指标，无法获取指标间逻辑关系信息的问题，并且可让用户通过知识图谱的关系推理功能，深入挖掘经济指标间的潜在关系，节省了用户进行经济指标之间逻辑关系推理的时间，并防止关键指标的遗漏，便于用户高效准确地定位关键指标，全面获取经济指标信息。

2.4 量化指标

经济知识问答系统关键量化指标（见表 1）有 7 个，分别为实体数量、关系数量、指标数据时间跨度、指标信息维度、地区层级、功能模块个数和问法数量。经济知识图谱中共包含经济指标 1219 个，每个经济指标均单独作为实体存储在知识图谱中；共包含 35 种关系，均可准确表达各个经济指标间的经济学关系；每个实体中均包含了经济指标对应的近 10 年经济数据，并将经济数据作为属性存储在知识图谱中；共选择了指标名称、指标层级、英文名称、同义名称、数据来源、相关公式、指标简介、评价项、单位、备注和地区数据 11 个维度来评价每个经济指标。本案例涉及的经济知识图谱以青岛市经济数据为基础构建，该图谱包含青岛市及下属 14 个区（包括市本级）的经济数据；经济知识问答系统共实现指标搜索、指标对比、指标关系搜索、专业问题解答和通用问题解答 5 个功能；经济知识问答系统包含不少于 6000 种问法，以准确识别用户提出的经济问题并正确反馈指标数据。

表 1 经济知识问答系统关键量化指标

指 标 项	指 标 值
实体数量	1219 个
关系数量	35 种
指标数据时间跨度	近 10 年
指标信息维度	11 个
地区层级	区级
功能模块个数	5 个
问法数量	不少于 6000 种

3. 技术路线

3.1 系统架构

经济知识问答系统架构如图 5 所示。该系统架构共分为知识图谱存储、知识图谱推理搜索引擎和经济问答服务。在知识图谱存储方面，经济知识图谱的数据以结构化的形式存储在 Cassandra 与 MySQL 数据库中，经济知识问答系统可根据数据检索指令在数据库中定向抽取数据。在知识图谱推理搜索引擎方面，经济知识图谱以图数据库引擎存储实体关系网，配合经济知识图谱索引加速搜索，可实现经济知识图谱数据与关系的高效检索。在经济问答服务方面，经济知识图谱面向经济领域向用户提供指标搜索、指标对比、指标关系搜索、专业问题解答和通用问题解答五大经济问答服务。经济知识问答系统支持语音和文本两种检索方式。通过语音和文本输入问题，经济知识问答系统对问题进行解析，形成检索指令查询对应数据，并通过可视化界面向用户呈现。

图 5 经济知识问答系统架构

3.2 技术路线

3.2.1 分析经济指标，梳理数据关系

1）根据现有需求收集并确定图谱中所需的经济指标

经济知识图谱采用多级分层、层层细化的指标收集方式。首先分析构建的经济知识图谱所涉及的经济领域，其次找出该领域中最上层的各个经济指标，最后在最上层指标的基础上层层细化，找到与当前指标直接相关的下层指标，建立层级关系并绘制指标树。以财政板块为例，该板块的最上层指标为财政收支，财政收支由公共预算收入和公共预算支出直接构成，公共预算收入由增值税、企业所得税、个人所得税、城市维护建设税、营业税和基金预算收入直接构成；公共预算支出由一般公共服务支出、教育支出、科技支出、社会保障和就业支出、公共安全支出、节能环保支出、农村水务支出、文化教育与传媒支出、医疗卫生支出、基金预算支出和城乡社区事务支出直接构成，根据上述指标间的层级关系建立指标树如图 6 所示。指标树中的全部指标形成的集合即为指标库。

2）确定指标属性的种类并构建表格

经济知识图谱以经济指标作为实体，与经济指标相关的所有数据均作为实体的属性。为全面描述经济指标的特征，本案例选择指标名称、代号、指标层级、英文名称、同义名称、数据来源、相关公式、指标简介、评价项、单位、备注和地区数据作为指标属性，建立实体基本属性表和地区数据表，分别如表 2 和表 3 所示。

```
                            ┌── 增值税
                            ├── 企业所得税
                ┌── 公共预算收入 ──┼── 个人所得税
                │                ├── 城市维护建设税
                │                ├── 营业税
                │                └── 基金预算收入
   财政收支 ──┤
                │                ┌── 一般公共服务支出
                │                ├── 教育支出
                │                ├── 科技支出
                │                ├── 社会保障和就业支出
                │                ├── 公共安全支出
                └── 公共预算支出 ──┼── 节能环保支出
                                 ├── 农村水务支出
                                 ├── 文化教育与传媒支出
                                 ├── 医疗卫生支出
                                 ├── 基金预算支出
                                 └── 城乡社区事务支出
```

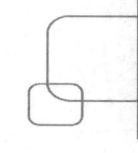

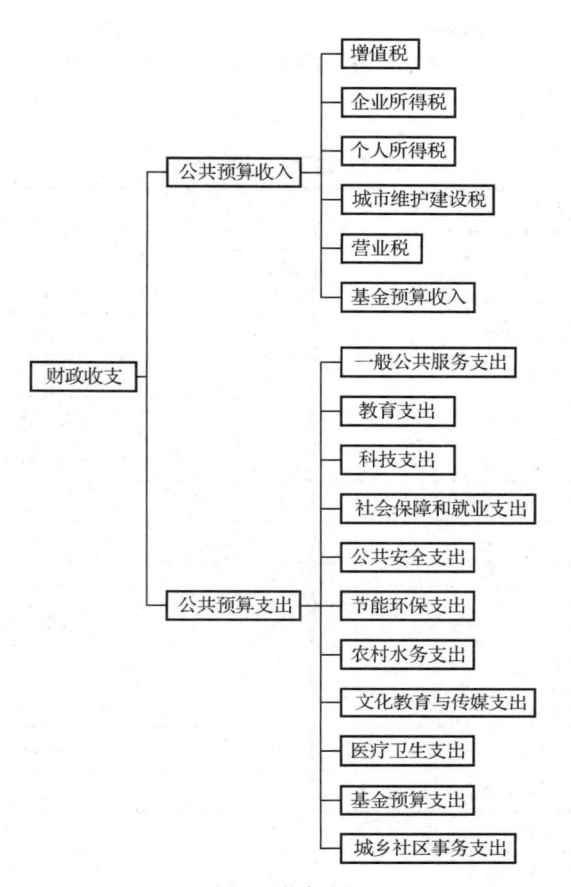

图 6　指标树

表 2　实体基本属性表

指标名称	代号	指标层级	英文名称	同义名称	数据来源	相关公式	指标简介	评价项	单位	备注
常住人口	××	××	××	××	××	××	××	××	××	××
……										

表 3　地区数据表

地区名称	年　份									
	2008 年	2009 年	2010 年	2011 年	2012 年	2013 年	2014 年	2015 年	2016 年	2017 年
青岛市	××	××	××	××	××	××	××	××	××	××
……										

3.2.2　表示指标关系，建模经济知识图谱

经济知识图谱的知识表示方式采用的是 RDF 三元组的形式，其基本结构为（vertex，edge，vertex），其中，vertex 为经济指标实体，edge 为两经济指标之间的边。该结构在经济知识图谱中的含义为两个经济指标通过经济学关系进行相互关联。

首先，在当前指标库的基础上，分析每个指标与其他指标之间的经济学关系，关系建立的原则是两个指标之间的直接相关。通过对当前指标库中指标的经济学分析，本案例总结出

35种指标间的经济学关系（见表4）。这样就建立了以当前指标为中心点、以相关指标为辐射点，向外辐射的图谱网络。

表4 经济学关系列表

序号	经济学关系名称	序号	经济学关系名称
1	总量=平均量×人数	19	进口总额（按大类商品分）
2	进出口=进口+出口	20	单位就业人员（按单位性质分）
3	分类价格指数	21	工资总额（按单位性质分）
4	收入构成	22	单位就业人员（按行业分）
5	消费支出构成	23	平均工资（按单位性质分）
6	社会就业人数（按三次产业分）	24	城镇化率=城镇常住人口/常住人口
7	全市生产总值（按三次产业分）	25	正向关联
8	固定资产投资（按三次产业分）	26	反向关联
9	固定资产投资=生产性投资+非生产性投资	27	正比
10	全市生产总值（按支出法计算）	28	财政收支=公共预算收入-公共预算支出
11	居民消费=城镇居民消费+农村居民消费	29	全社会用电总量=工业用电总量+生活用电总量
12	最终消费=居民消费+政府消费	30	生活用电总量=城镇居民用电总量+乡镇居民用电总量
13	资本形成总额=固定资本形成总额+存货增加额	31	收入=成本+利润总额
14	出口总额（按企业性质分）	32	存贷比=年末存款/年末贷款
15	出口总额（按贸易方式分）	33	年末存款=储蓄存款+企业存款
16	出口总额（按大类商品分）	34	资产=流动资产+固定资产净值
17	进口总额（按企业性质分）	35	构成
18	进口总额（按贸易方式分）		

其次，寻找网络间是否存在重合的辐射点。若存在重合的辐射点，则将两个网络通过该辐射点相连接。

最后，每个图谱网络合并成的图谱网络即为经济知识图谱关系网。以公共预算支出和污染排放两个指标为例，公共预算支出和污染排放均与节能环保支出存在直接关系，因此，两个指标所属的关系网可通过节能环保支出建立关系（见图7）。

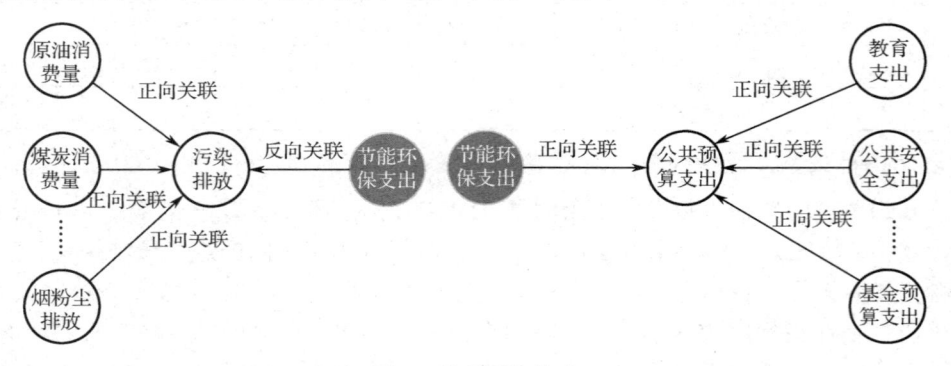

图7 关系网络构建

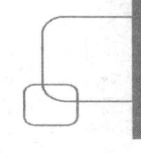

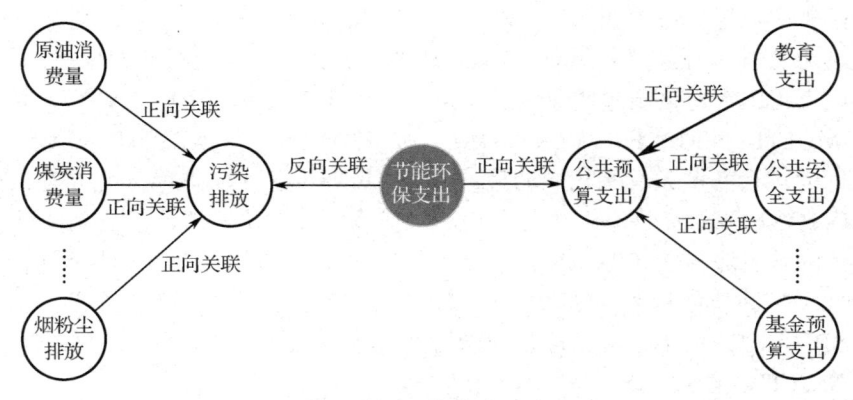

图 7　关系网络构建（续）

3.2.3　知识存储

本案例以图数据库存储经济知识图谱的指标关系网络，编程实现主要分为 2 个步骤：知识图谱建模预定义和知识导入与关系构建。编程实现流程如图 8 所示。

1）知识图谱建模预定义

知识图谱建模预定义分为 4 个步骤。首先，定义实体 Label；其次，定义实体和边的属性；再次，定义边 Label；最后，设置索引。知识图谱建模预定义流程如图 9 所示。

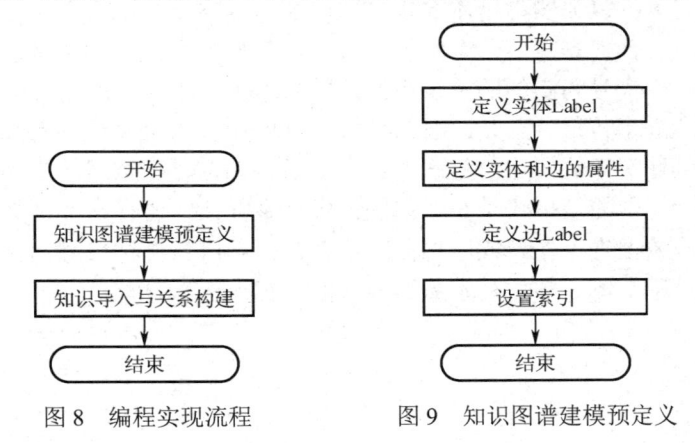

图 8　编程实现流程　　图 9　知识图谱建模预定义

（1）定义实体 Label。实体 Label，即该实体对应的标签，定义了实体的类型。对于每个实体，其 Label 是唯一的，因此，可将 Label 用于实体的分类。

（2）定义实体和边的属性。属性定义了每个实体和边包含的信息类型，对实体和边的样貌进行了详细描述。在图数据库中，属性包含 3 种数据类型，分别为 SET 类型、LIST 类型和 SINGLE 类型。其中，SET 类型表示该属性可由多个值构成，且每个值不能重复出现；LIST 类型表示该属性可由多个值构成，且每个值可以重复出现；SINGLE 类型表示该属性只能由一个值构成。实体属性的数据类型需根据属性的特点决定。例如，每个指标覆盖的地区可以有多个，但是地区名称不能相同，因此，指标覆盖地区需选择 SET 类型；地区年度数据的数量多且有可能相同，因此，地区年度数据需选择 LIST 类型；对于每个实体有且只能有一个指标名称，因此，指标名称需选择 SINGLE 类型。由于经济知识图谱涉及多种数据类型（如指

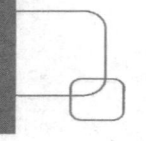

标名称、地区年度数据和覆盖地区等）的属性，因此，本案例使用了上述全部数据类型。

（3）定义边 Label。与实体 Label 类似，边的 Label 为每条边对应的标签；与实体 Label 不同的是，边 Label 需对这条边的对应性做出定义。在图数据库中，主要有 5 种边的对应类型，分别为 MULTI、SIMPLE、MANY2ONE、ONE2MANY、ONE2ONE。其中，MULTI 表示 2 个实体间允许存在多条标签相同的边；SIMPLE 表示 2 个实体间只允许有 1 条标签相同的边；MANY2ONE 表示允许有多个此类型的边作为实体的输入边，但只允许有 1 个此类型的边作为实体的输出边；ONE2MANY 表示允许有多个此类型的边作为实体的输出边，但只允许有 1 个此类型的边作为实体的输入边；ONE2ONE 表示只允许有 1 个此类型的边作为实体的输出边和输入边。由于经济指标之间均可通过多条边相连接，因此，本方案在边的构建方面均使用 MULTI 类型。

（4）设置索引。索引的作用在于当执行查询命令时，可根据索引缩小搜索范围，避免每次查询都要遍历全图的情况发生，从而有效提升知识图谱的信息查询效率。本方案采用了基于属性的指标检索方式，因此，所有属性均设置索引。

2）知识导入与关系构建

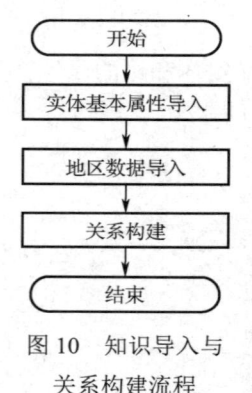

知识导入与关系构建流程主要分为 3 个步骤。首先，进行实体基本属性导入；然后，进行地区数据导入；最后，进行关系构建。知识导入与关系构建流程如图 10 所示。

（1）实体基本属性导入。实体基本属性如表 2 所示，除第一行外，每一行数据对应一个唯一的实体，数据的行数即为实体的个数。其中，以指标代号为实体的标识属性，指标的代号即为实体的 ID，具有唯一性。初次进行数据导入时，只需根据表格中所示内容逐行导入知识图谱即可完成指标实体的构建。初次导入完成后，如需进行数据的更新，则须先判断新数据中的指标代号在知识图谱中是否存在，若存在，则对除指标代号之外的数据进行更新或添加；若不存在，则以该指标代号为实体 ID 创建新的指标实体。实体基本属性导入的流程如图 11 所示。

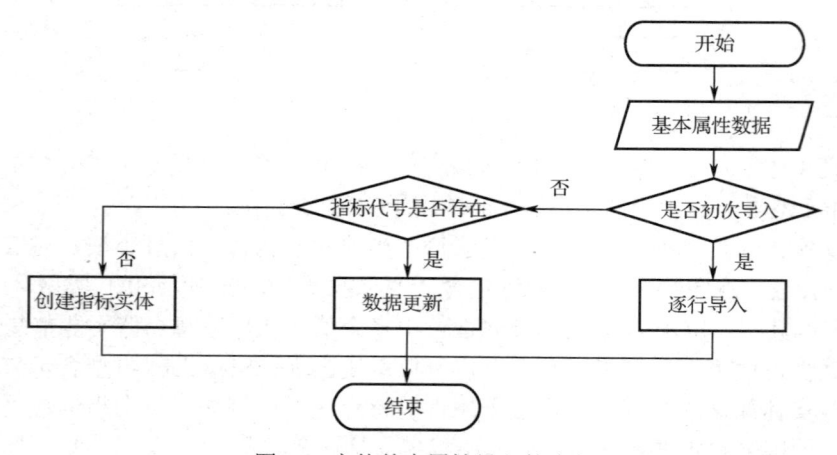

图 10　知识导入与关系构建流程

图 11　实体基本属性导入的流程

（2）地区数据导入。地区数据如表 3 所示，表中左侧第一列为实体覆盖的地区，导入时

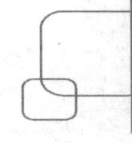

首先统计左侧地区的名称，其次根据地区构建实体的地区属性，最后将除第一行和第一列外所有地区数据对应导入地区属性中。实体地区数据导入的流程如图 12 所示。

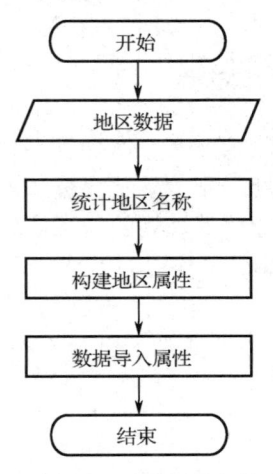

图 12　实体地区数据导入的流程

（3）关系构建。当图谱框架搭建完成及数据导入完毕后，即可开始进行关系构建。关系构建就是使用边将具有关系的两个或多个实体进行连接，最终形成知识图谱。

4．案例示范意义

本案例将经济指标的所有相关信息总结并抽象成多个经济学属性，随后赋予每个指标实体，并将各个指标之间的相关关系抽象成边，并将对应指标相连接。通过使用知识图谱技术对经济指标的经济学属性及相关关系进行建模，可允许用户对经济指标的经济学属性进行精准检索、对经济指标之间的关系进行有效推理；通过设计逻辑运算模块，结合经济知识图谱的精准搜索及推理能力，能够有效辅助使用者进行经济指标分析并进行决策；通过设计图形化展示界面，可让用户更加直观地理解指标信息，提高数据分析及决策效率。因此，本案例在以下 3 个方面具有示范意义。

4.1　为经济学研究的智能化提供新思路

广大专家、学者在经济学研究领域中所使用的基本数据即为经济指标数据，且在研究某一经济指标变化对社会的影响时需要找到其他指标的对应变化。当专家、学者无法确定某一指标变化会影响哪些指标，或者想了解两个指标之间的变化存在哪些中间指标参与时，可通过经济知识图谱确定有哪些指标会受到影响。经济知识图谱可帮助专家、学者减少确定指标所占用的时间，将更多的精力分配在科学研究中。本案例可为经济学研究的智能化提供新思路，在经济学研究的智能化方面有着重要的示范意义。

4.2　为经济领域辅助教学提供新方法

对于经济学领域的初学者而言，掌握指标间的关系并基于指标数据进行经济学分析可能较为困难。经济知识问答系统可通过图形化的界面向用户展示指标间经济学关系及各种指标

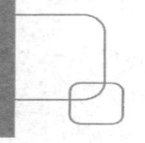

属性，当初学者无法专业地检索经济指标时，可通过该问答系统直接输入问题，该问答系统根据用户问题反馈相应答案。本案例为经济领域的教学提供了便利，在经济领域辅助教学方面有着重要的示范意义。

4.3　为政府部门的经济决策提供有力支撑

政府部门在做经济分析与经济决策时并非像经济学者一样深入经济学领域内部，而是根据经济指标和经济现象进行统筹规划工作。基于经济知识图谱的经济知识问答系统可在统筹规划的层面为政府部门提供足以支撑统筹规划的经济信息。例如，当工作者想了解某一区域交通状况从而决定是否要改善交通时，只需提问"××地区交通状况如何"，经济知识问答系统就会反馈该地区的交通状况指标及走势，政府部门通过指标和走势判断是否需要改善交通状况。本案例为政府部门的经济决策提供了有力支撑，在智慧政务领域有着重要的示范意义。

5. 展望

5.1　丰富经济指标和指标间关系网络

本案例构建的经济知识图谱目前涉及的经济指标有 1219 个、经济学关系 35 个，涉及多个经济领域，但是由于经济指标种类较多、关系复杂，本案例构建的经济知识图谱远远无法将经济指标和关系全部覆盖。在今后的工作中，仍需在保证数据权威性的基础上，继续在深度和广度上丰富经济指标，继续挖掘指标间的经济学关系，争取做到指标覆盖经济领域的各个方面，切实体现指标间所有的相关性。

5.2　提高实体和关系抽取的智能化程度

为保证数据的权威性与准确性，本案例进行的经济知识图谱实体数据填充与关系构建均在与高校经济学教授的沟通探讨中完成。该方法可以最大限度地保证数据的权威与准确，但是其缺点也非常明显，即图谱构建耗时过长、人力成本过高。因此，在今后的工作中，仍需在保证数据权威性与准确性的基础上，研究如何降低对人的依赖性，提高实体和关系抽取的智能化程度，实现实体和关系的自动抽取，并且实现实体属性的自动填充。

5.3　完善经济学问题

经济知识问答系统的核心功能为根据用户提出的问题做出专业的解答，即基于图谱中的经济指标实体和关系，根据用户提出的经济学问题进行分析和推理，最终为用户反馈能够解决对应问题的正确结果。因此，需要继续丰富和完善问题类型，并针对每个问题设计解决方案，确保当用户提出经济学问题时，该问答系统能够向用户提供准确且权威的答案，做到"有问必有答，有答必权威"。

5.4　实现数据的自动更新

由于经济指标会不断进行更新，数据均由相关政府部门官方发布，且发布时间较为固定，数据发布格式和措辞也基本固定，因此，经济指标数据的发布呈现周期性、源头确定性、原

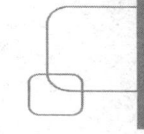

数据结构的相对确定性。因此,在经济知识图谱数据(此处专指指标数据)更新时,可通过命名实体识别、关系抽取等深度学习算法实现数据的自动更新。

> ***专栏:经济学领域标准化现状与需求**
>
> 1. 经济学领域标准化现状
>
> 当前,我国在经济领域暂无现行的知识图谱标准,在经济知识图谱标准方面尚属空白,但是为保证经济知识图谱类产品质量,应开展相应的标准化工作。
>
> 2. 经济学领域知识图谱标准化需求
>
> 通过对本案例的设计和实施过程中的经验进行总结,经济知识图谱类产品应制定包括但不限于以下标准。经济学领域知识图谱标准化需求如表5所示。
>
> 表5 经济学领域知识图谱标准化需求
>
> | 序号 | 标准化需求 |
> | --- | --- |
> | 1 | 保密分级 |
> | 2 | 可以公开/禁止公开的指标 |
> | 3 | 实体应包含的属性 |
> | 4 | 数据的细化程度 |
> | 5 | 系统应具备的功能 |
> | 6 | 查询响应时间和反馈准确率 |
> | 7 | 关系类型 |
>
> 对每个标准类型的具体解释如下。
>
> 1)保密分级
>
> 在经济知识图谱构建过程中,指标选择是非常重要的环节,关系到知识图谱在经济领域能够覆盖到的范围。然而经济指标属于政府及企业运行中的关键数据,有些指标可以公开,有些指标则属于敏感数据无法公开,因此,经济知识图谱应该将面向的对象进行归类,并进行保密分级,定义各个密级下可开放的数据,针对敏感数据进行选择性屏蔽,避免造成泄密。
>
> 2)可以公开/禁止公开的指标
>
> 针对每个保密分级,须规定在每个保密分级下有哪些指标不能使用、哪些指标可以使用。建立指标权限库,定义各个密级下图谱可开放的数据,针对敏感数据进行选择性屏蔽,避免造成泄密。
>
> 3)实体应包含的属性
>
> 对于基于经济指标的经济知识图谱而言,每个指标对应一个实体,每个实体属性反映了经济指标所包含的信息,并决定了对每个指标描述的详细程度。因此,应将经济指标实体属性进行标准化分类,规定每个指标必须包含哪几种属性,以保证对指标基本信息进行了详尽的描述。此外,还可根据对用户需求的分析添加属性,以满足用户的特殊需求。

4）数据的细化程度

该项标准主要是指知识图谱中指标数据地域范围的细化程度，即指标数据细化到城市级、区级、县级、乡级或其他层级，每一层级涉及的指标种类和数据的完整性都有所不同。例如，在乡级很少存在进出口指标，而在城市级则会出现进出口指标。因此，须在知识图谱中确定数据的精细化程度，并根据精细化程度确定有哪些指标必须存在、哪些指标可以没有。

5）系统应具备的功能

基于经济知识图谱的数据查询系统应制定标准，规定必须具备哪几个基本功能，以保证系统的完整性。在标准外，可根据用户需求分析添加功能，以满足用户的特殊需求。应扩大数据容量，由于经济知识谱图中的指标和数据会不断更新与扩展，因此，须保证经济知识图谱在服务器部署上指定数据容量标准，以满足该图谱及系统的扩展性要求。

6）查询响应时间和反馈准确率

该项标准主要体现了知识图谱的性能和系统解析用户查询需求及准确反馈数据的能力。查询响应时间过长会影响检索效率，因此，须制定标准，将系统的查询响应时间控制在一定阈值以下，以保证经济知识图谱高速、准确的查询性能。

7）关系类型

由于同一种经济学关系可能有多种表达方式，如"正相关"与"正相关联"重复，因此，针对每种关系类型，应制定标准对相应术语进行规范，以防止不同构建者建立相同关系时出现不同的关系名称。该项标准的制定可保证知识图谱建立的用词统一性。

第 10 章 智慧医疗领域案例

案例 15：海洋药物大数据信息检索

在医药领域，药物研发一直是药企及相关科研机构的关键研究方向，但是由于药品研发属于试验性科学，药品研发周期长，相关科研机构及药品研发企业往往背负了巨大的经济压力。药物研发大数据的知识图谱通过有效的大数据处理技术，完成了海量药物研发论文的关键信息抽取、结构化处理及知识图谱构建，进而实现了药物研发中相关化合物信息的关联性搜索。同时，基于该知识图谱，利用深度生成网络模型，可以实现化合物关联性预测，有利于科研人员对新产品的调研和研发，进而提高相关产品研发的效率，缩短药物研发周期。总之，药物研发大数据的知识图谱构建，旨在利用信息处理的手段，实现信息的快速检索、知识的快速学习和结果的有效预测，进而全方位加快药物研发进程，提高企业及科研机构的效率。

1. 案例基本情况

1.1 案例背景

天津大学多媒体信息处理中心（前身为天津大学电视与图像信息研究所），是经教育部批准设立的专门从事电视及图像视频领域研究的科研单位。该研究团队长期从事大数据处理、信息检索、知识图谱构建与多媒体技术、高清晰度电视技术研究，取得了一系列具有国际水平、国内领先的研究成果；先后承担了国家重大科技计划、"973"计划、"863"计划、工业和信息化部专项、国家安全部专项、国家自然科学基金，以及天津市自然科学基金等各类课题，多次获得国家安全部、教育部各类奖项及天津市科技进步奖。该团队与国家知识产权局联合开发的 AI 智能专利审查系统，以及与中国汽车技术研究中心联合开发的汽车标准知识图谱智能检索系统等，都得到了使用方的高度评价。

药品是影响国民生活质量水平的重要因素之一，药品质量的高低直接关系到病人的治疗情况和制药企业的营业收入。因此，相关研究机构及制药企业每年都会在药品研发领域投入大量的研发经费，也产生了海量的研究论文。图 1 为 2012—2019 年 PubMed 数据库论文发表数量统计。从图 1 可以发现，仅 2019 年全年，相关的论文发表数量就达到了 1000 万篇。如果扩大药品研发的定义范围，相关论文的发表数量将接近 1 亿篇。科研工作者已经无法通过增加科研时间来获取相关论文的内容和关键信息，那么，如何从海量的论文中提取有效的信息来助力药物研发、提高药物研发的效率、缩短药物研制的周期，成为摆在科研工作者及药物研发机构面前亟待解决的问题。

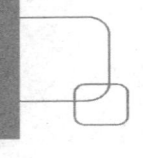

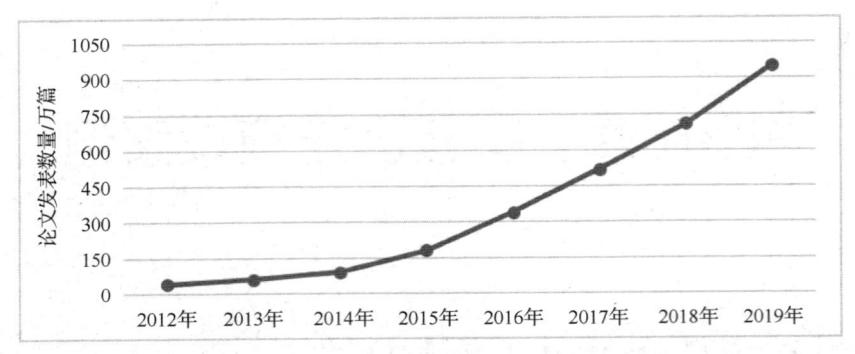

图 1　2012—2019 年 PubMed 数据库论文发表数量统计

与传统大数据平台不同，知识图谱侧重于构建面向图模型的结构化知识，这在处理复杂关系结构时游刃有余。药物研发大数据的知识图谱构建，旨在利用信息处理的手段，实现信息的快速检索、知识的快速学习和结果的有效预测，进而全方位地加快药物研发进程。海洋药物大数据产品业务如图 2 所示。科研工作者可利用该知识图谱平台发表论文，系统爬取文章信息入库，丰富知识图谱；同时，科研工作者通过客户端利用知识图谱平台寻找蛋白质及化合物间关联，探索成药的可能；制药企业及相关研发机构可通过客户端利用知识图谱的关联信息，缩短药物研发周期，提高企业效率。

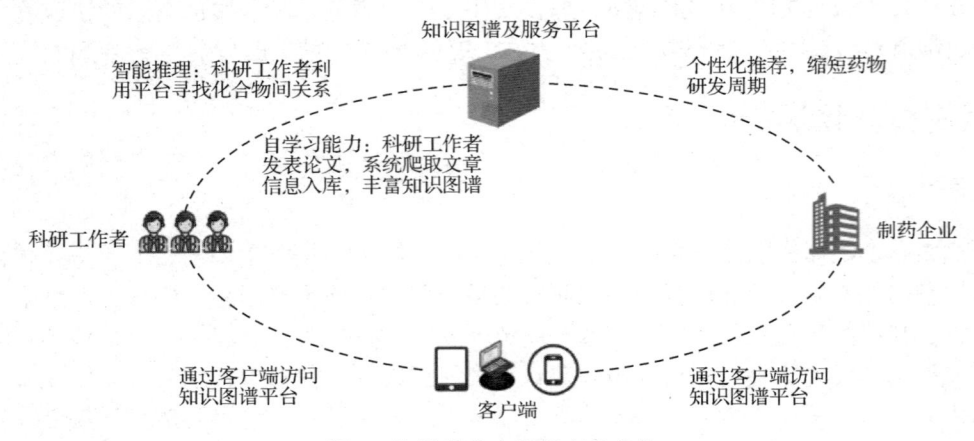

图 2　海洋药物大数据产品业务

1.2　系统简介

海洋药物大数据系统的开发建立在对海量的药物研发论文进行结构化处理的基础上，主要的服务对象是与药物研发相关的科研人员及科研机构。通过该系统，研究人员可以快速发现与自身研究相关的研究成果，并发现两种化合物间已有研究的进展情况。同时该系统可以针对研究人员的搜索记录，定期推荐新的研究成果，便于研究人员实时掌握最新的研究成果，在提高信息检索效率的同时，加快信息交流的效率，提升工作效率。

该系统具有以下两个功能亮点。

（1）知识自学习能力。本案例利用自然语言处理技术从海量文献数据中提取与药品研发相关的知识信息，如蛋白质、小分子、化合物信息或蛋白质靶点信息等。同时，从文献中抽取彼此的关联信息及成药信息，构建知识图谱，并通过不断处理数据来丰富知识图谱信息，

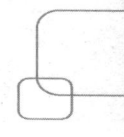

最终形成时序性演化的药物研发知识图谱。与传统文献搜索引擎的不同就在于，系统可以自动地从飞速增多的文献中不断抽取知识信息，丰富并完善药物研发知识图谱信息，知识图谱也会随着文献的增多而更加丰富。同时，由于知识图谱的加持，该系统不单单是简单的关键词检索，基于知识图谱的知识信息，可以预测与关键词相关的内容信息，进而引导用户的思维进行更深层次的知识搜索。

（2）智能推理功能。由于知识图谱构建的化合物及蛋白质之间具有关联关系，利用知识图谱的推理算法，可以预测实体之间可能存在的关联信息或者是成药的可能，为科研工作指引方向，提高研发的效率。同时，利用深度生成网络模型，可以根据实体的关联关系，生成可能产生的实验结果，帮助科研工作者提出研究思路，给予研究人员更多的启发，帮助科研工作高效率开展。

海洋药物大数据系统主要收录了海洋类药物研发相关领域的文章，同时推荐生物医学领域的论文、知名学者及学术活动。该平台主要有以下功能。

（1）论文搜索：可根据特定关键词、学者、机构来搜索相关论文。

（2）推荐功能：除了推荐搜索频率较高的关键词，还可根据用户的行为习惯个性化地推荐生物医学相关学者及机构。

（3）思维导图式的检索结果可视化：基于知识图谱进行关联性检索，并采用思维导图的方式展示检索结果。

（4）关联性预测：利用知识图谱实体间的关联性，预测潜在化合物之间成药的可能性，为科研工作者提供更多的研究思路，加快研发进度。

（5）附加功能：研发趋势预测、人才关系推导、相关论文推荐、相关学者推荐、相关机构排名、学术活动预告等。

2. 案例成效

2.1 系统关键绩效指标

在数据量方面，本案例的系统数据量为 9000 万篇，通过数据分析构建的知识图谱中有 42000 个实体、36 万余种关系。从中可知，该系统的数据量较大，且随着时间演化呈现逐渐递增的趋势，其检索结果、知识图谱展示出的实体间关系也是有说服力的。

在系统测试方面，使用 JMeter 进行测试，从系统性能和系统压力两个方面进行测试。在 100、200、300 线程进行并发访问测试，分别模拟 100、200、300 个用户同时访问，对系统进行常规性能测试。测试结果表明，在访问时，服务器均能正常处理，错误率为 0.0%，平均响应时间小于 300ms，响应时间远低于 3~5s 的一般原则，系统常规性能良好。

在 300、500、1000、2000、4000、6000、8000、10000 线程进行并发访问测试，测试系统压力和多人同时访问时系统的性能。系统压力测试错误率曲线如图 3 所示。在 300、500、1000 线程并发条件下，错误率为 0，服务器均能正常处理；在 2000 线程并发条件下，系统开始出现个别请求错误超时，错误率为 0.9%，且测试量越多，错误率越高；在 10000 线程并发条件下，错误率低于 16%。综合来看，海洋药物大数据系统的系统性能较好。

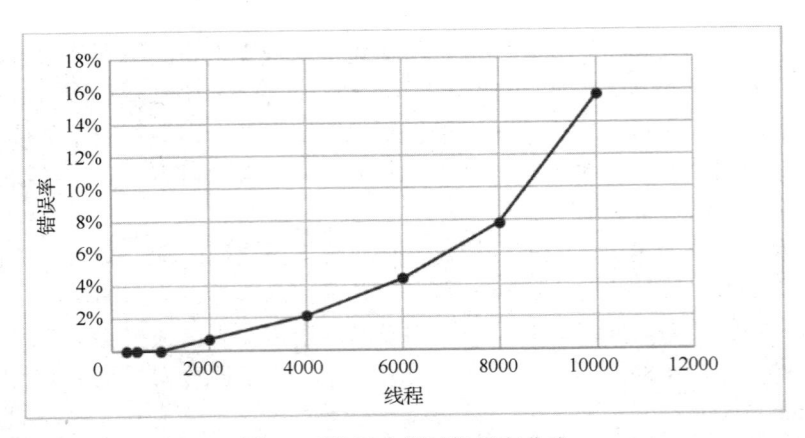

图 3　系统压力测试错误率曲线

在系统适用性方面，海洋药物大数据系统服务于青岛海洋重点实验室及相关药物研发机构 20 余家。通过从药物研发相关文献中抽取彼此的关联信息及成药信息，构建知识图谱，再通过数据的不断处理丰富知识图谱信息，最终形成时序性演化的药物研发知识图谱。该系统助力药物研发，提高药物研发效率，缩短药物研发周期，获得了相关药物研发机构的认可。从已有的应用效果统计来看，研究人员平均检索时间缩短了 60%，信息检索的准确性提高了 30%，研发效率提升了 20 个百分点。

2.2　案例应用效果

依托药物研发大数据的知识图谱，该系统极力把药物研发中的经验性发现转变为数据统计分析性的发现。通过该系统不断的自我学习、知识图谱规模的不断扩大，实现从发现、验证、研发到测试的全产业链智能化规划和引导，让科研工作者更加关注科研本身而忽略其中的信息构建部分，进而提升全产业链的研发、制造效率。

2.2.1　搜索展示模型创新：图结构

海洋药物大数据系统采用知识图谱相关技术进行数据的存储和处理，并绘制、分析和显示相关文献与蛋白质之间的相互联系，展示生物医学知识发展进程与结构关系。在多数情况下，知识图谱采用图结构进行可视化表示，使用节点代表作者、学术机构、科学文献或关键词，使用连线代表节点间的关系。

在数据可视化中，为了充分体现知识图谱这一关键点，本系统通过线状知识图谱、思维导图式知识图谱等多种图结构生动地表示数据之间的关系。图 4 为线状知识图谱，其形象地展示了搜索关键词与相关论文及相关蛋白质之间的关系。与线状知识图谱相比，在思维导图式知识图谱中，用户可与之互动，增加了趣味性，更重要的是其可以引导用户进行相关蛋白质的进一步搜索，即智能搜索功能。

图 5 为人才关系推导图。利用 Neo4J 图数据库进行该功能的知识图谱构建，将结构化数据存储在网络上而不是表中。其中，学者的名字为实体，同一篇论文的所有作者之间被认定为有关系且关系相同。先将实体导入 Neo4J 图数据库，再建立关系，将实体与实体间的关系存储在数据库中。

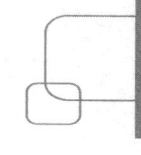

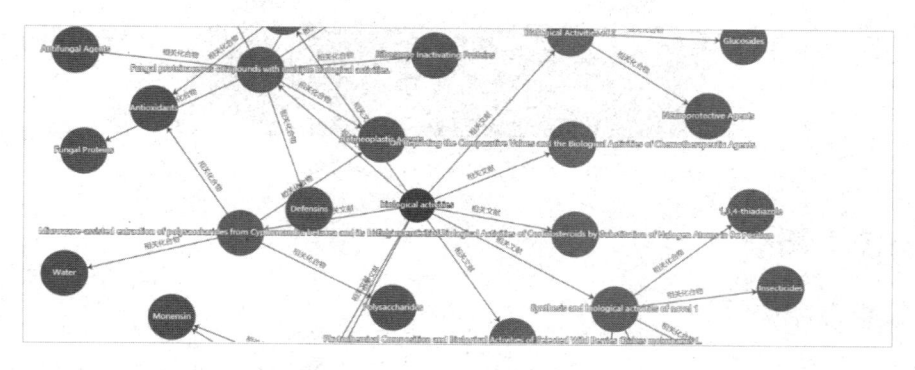

图 4　线状知识图谱①

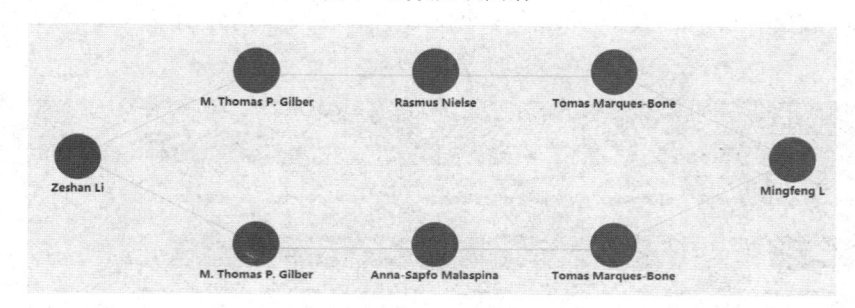

图 5　人才关系推导图

2.2.2　研发模式的创新：经验分析模式到数据驱动模式

该系统利用深度增强学习算法进行信息的智能推理及分析，可以实现以下功能。

（1）知识信息结构化：该系统可以深入理解目标领域中大量的文献信息，构建全面的研究背景知识图谱。

（2）关系预测：通过预测背景知识图谱中的关系来产生新的思想（Idea），这里主要采用了图注意力模型（Graph Attention）和上下文文本注意力模型（Contextual Text Attention）进行结合的方式，发现实体间潜在的相关性，进而预测实体间新的关联关系。

（3）观点描述：该系统可以基于记忆-注意力网络（Memory-Attention Networks）模型，结合新观点，利用深度学习算法生成相关的描述性语句，实现文本信息的自动编撰。

基于以上 3 点，研究人员可以从该系统源源不断地获取研究的灵感，从原始的经验分析模式，转换为数据驱动模式，有效提高了科研的效率。

在该系统的深度增强学习算法中，很重要的一点是阅读现有论文，现在文献量大且数量逐年增长。例如，在生物医学领域，平均每年发表论文 50 万篇，仅 2016 年就发表了 120 多万篇新论文，论文总数超过 2600 万篇。然而，人类的阅读能力在过去很长时间没有明显提高。2012 年，美国科学家估计，人们平均每年只阅读 264 篇论文（5000 篇可用论文中的一篇），这与他们在 2005 年进行的统计几乎相同。该算法可以自动读取现有的文件以建立背景知识图谱，通过建立背景知识图谱来发现潜在的关系，然后利用这些潜在的关系训练模型来生成文字。学习功能页面展示效果如图 6 所示。通过该算法可阅读论文、构建知识图谱、发现潜在关系，以及通过训练提取关键字。

---

① 本图为系统自动生成的线状图谱截屏图，读者通过其了解图形结构即可，不用分辨图中文字。下同。

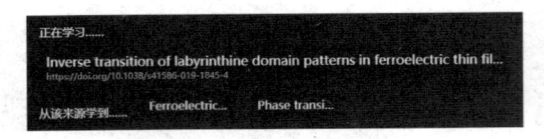

图 6　学习功能页面展示效果

3. 系统技术路线

3.1 系统整体架构

海洋药物大数据系统总体设计框图如图 7 所示。海洋药物大数据系统主要由数据来源层、数据存储层、数据分析层、数据应用层 4 个部分组成。接下来分别对这几个部分内容进行详细介绍。

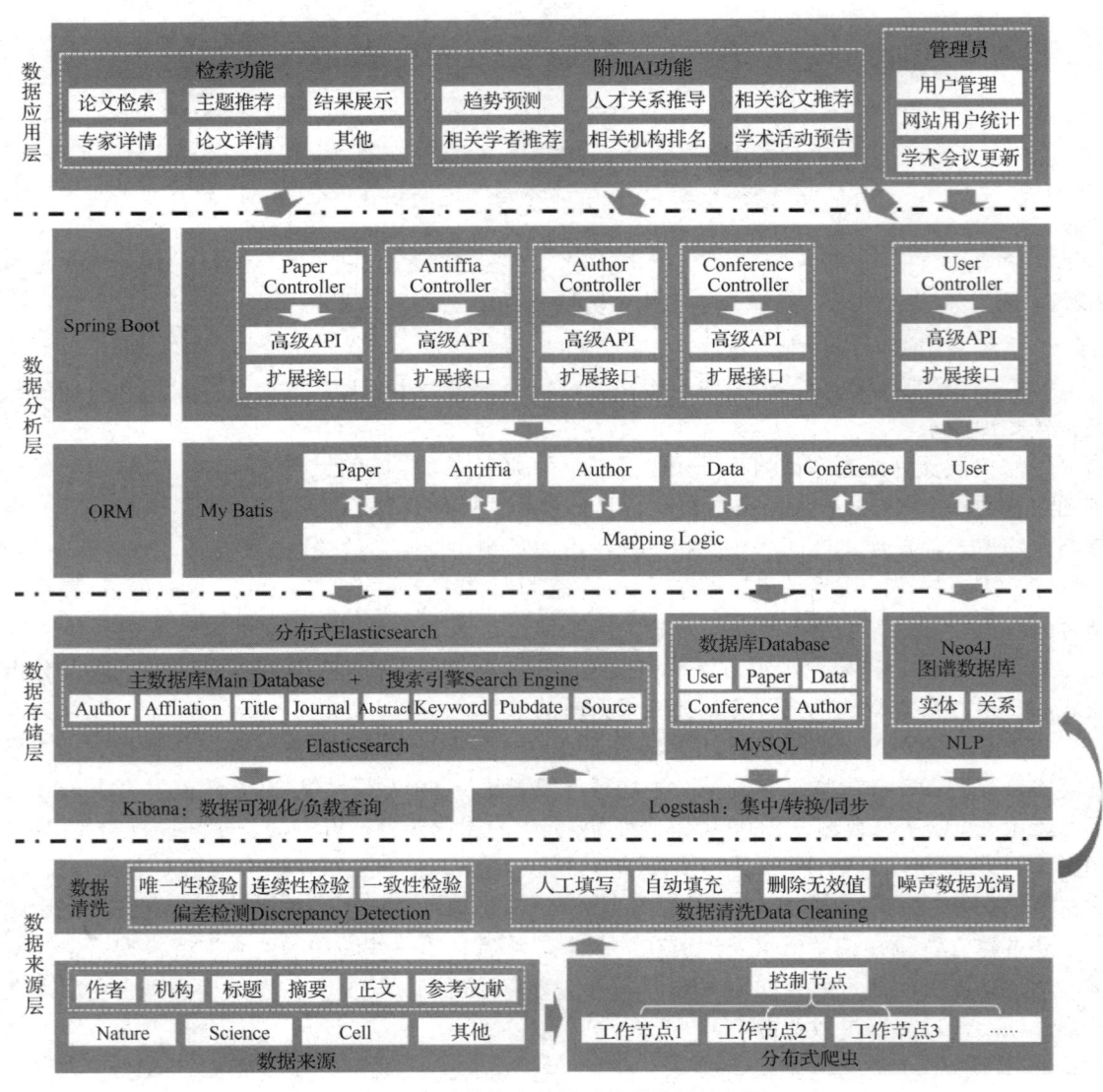

图 7　海洋药物大数据系统总体设计框图

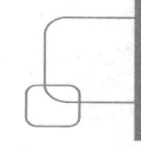

3.1.1 数据来源层

首先，系统从 Nature、Science、Cell、PubMed 和其他一些医学领域主流数据库上获取论文信息，包括作者、机构、标题、摘要、正文和参考文献等信息，对这些信息通过控制节点的方法进行分布式爬取，目的是保证文献信息具有实时性，以及数据的及时更新。其次，对爬取到的数据进行偏差检测，主要采用唯一性检验、连续性检验、一致性检验等方法，目的是保证数据格式的一致性，便于后期知识图谱数据的构建。最后，通过人工填写、自动填充、删除无效值、噪声数据光滑等操作，对爬取到的数据进行数据清洗，目的在于删除重复信息、纠正数据存在的错误，并提供数据一致性。

3.1.2 数据存储层

将清洗完的数据放入数据库中，以表的形式存储，包括用户表（User）、论文表（Paper）、作者表（Author）、学术会议表（Conference）及数据统计表（Data）等论文或其他信息，利用 MySQL 结构化查询语言进行数据存取/查询、更新和数据库系统的管理。为了保证数据的安全性，该系统采用了主从数据库结构，使用读写分离的方式减轻数据库服务器的压力，在保证系统稳定的同时，确保数据的安全。

为保证信息查询的高并发低延迟，该系统采用搜索引擎 Elasticsearch 进行数据的搜索查询。以 Paper 表为例，分布式 Elasticsearch 中除了搜索引擎，还有用于查询的主数据库 Main Database，存储作者、机构、标题、所属期刊、摘要、关键词等论文相关信息，利用 Logstash 数据收集引擎，将数据从 MySQL 中导入 Elasticsearch 数据库。与 Database 里的数据相比，Elasticsearch 数据库中存储的数据为被搜索频率较高的信息，如关键词、作者等；Database 中存储的是用来展示的信息，如论文的正文、摘要信息等。利用 Kibana 数据分析和可视化平台进行数据可视化和负载查询。

同时，采用自然语言处理（NLP）技术，实现论文的实体及关系搜索，生成相关的三元组，并利用 Neo4J 图数据库构建相关的药物研发知识图谱，实现药物相关化合物潜在关联信息的预测和检索。此外，利用论文的作者及机构信息，构建人才信息知识图谱，实现人才关系推导、知名学者推荐等功能。

3.1.3 数据分析层

通过对药品研发相关论文的数据分析，该系统将论文分成 13 个主题。在该系统中，论文推荐、学者推荐、专家详情、机构详情等都可以根据主题分别进行个性化的推荐。同时，用户也可以自己定义个性化主题。

对 13 个主题的点击量和搜索量进行统计，选取搜索量最多的关键词组成热点词汇，用于该系统首页上的热门搜索词推荐，因此，这些热门搜索词会随着领域事件的发展而不断更新，用户可以直接点击推荐的热门搜索词进行搜索（见图 8）。该系统从 13 个主题中选择较为热门的 10 个主题进行 2003—2019 年发文数量统计，画出趋势统计预测图（见图 9）。从图 9 中可以直观地展示医药研发领域的研究趋势和发展方向。同时，该系统对论文数量和论文影响因子等数据进行了分析排名，实现了热门学者推荐功能和相关机构排名功能。

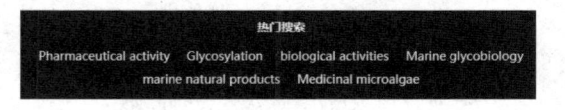

图 8 热门搜索

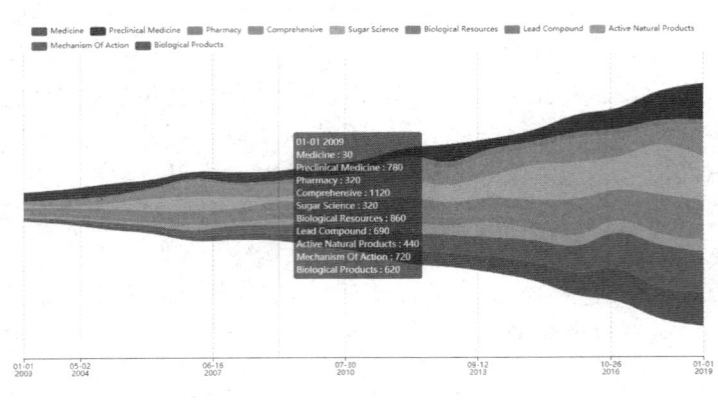

图 9　趋势统计预测图

3.1.4　数据应用层

数据应用层主要由检索功能与附加 AI 功能两个部分组成，重点是了解用户的需求，利用知识图谱和大数据技术实现信息的挖掘和预测，让用户更快地得到需要的数据信息，进而间接地加快相关研究的进展，提高研发效率。

1）检索功能

检索功能主要由以下 5 个部分组成。

（1）论文检索。可通过关键词、学者名字、机构名称进行论文检索，信息检索中充分利用知识图谱相关技术，实现信息的关联检索和潜在关联信息预测，实现更精确的信息检索。

（2）主题推荐。根据关键词搜索次数，取一段时间内搜索频率较高的关键词作为推荐主题。

（3）结果展示。除了展示搜索到的相关论文，还以知识图谱的形式生动地展示了相关信息，最大限度地保证检索结果的可用性。

（4）专家详情。展示专家在相关领域的学术成果，可切换研究方向查看相应领域学术论文，以知识图谱的形式展示与该专家相关的学者。

（5）论文详情。展示论文名称、作者及论文全文等信息，用户可直接下载相关论文。

2）附加 AI 功能

该系统除了最基本的检索功能，还有一些使系统内容更加丰富的附加 AI 功能。

（1）趋势预测。趋势图可以直观地展示医药研发领域的研究趋势和发展方向。

（2）人才关系推导。通过学者之间论文的合作情况构建人才知识图谱，进而可以利用知识图谱的关系预测功能实现学者间关系的推导功能。

（3）相关论文推荐。论文推荐系统可推荐各个领域 Top10 的论文，还可推荐 13 个领域总体 Top10 的论文。

（4）相关学者推荐。学者推荐也可分别进行各个领域学者及综合学者推荐，并采用图谱形式展示学者与发表论文的关系网络。

（5）相关机构排名。根据统计的各机构发文数量及论文影响因子，结合作者的领域影响力构建算法，进而推荐不同研究领域的知名机构。

（6）学术活动预告。对相关领域重要的学术活动进行预告，由管理员定时更新。

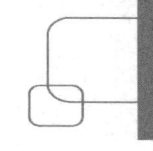

3.2 系统实施步骤

整体系统实施过程中根据数据处理、算法研究和功能实现的主要步骤逐步进行。其中，数据处理包括数据采集、数据清洗、检索系统构建和图谱构建等；算法研究主要包括基于 MultiR 模型优化的实体关系抽取算法和跨媒体知识图谱推理算法；功能实现则主要关注关键技术的实现，采用微服务架构及分布式处理方式，实现系统的高并发低延迟，提升用户的使用体验。具体的说明如下。

3.2.1 数据处理

数据处理部分包含以下几个步骤。

（1）该系统的数据来源于两个方面，一是通过 PubMed 数据库中得到的 xml 格式文件，使用 Dom4j 将 xml 格式文件内容的信息解析出来，得到需要的字段信息，将这些信息放入数据库中；二是通过爬虫获得想要的数据，爬取到的数据通过 Request 和 Beautiful Soup4 这两个模块进行处理，将全部这些可能需要的信息放入数据库，并添加一些备用字段以供功能实现，包含文章编号、作者、机构、文章 DOI 编号、题目、所属期刊、全文内容等字段信息。

（2）将上述文章表通过人工填充、删除无效值、噪声光滑处理等操作进行数据清洗，清洗出作者表和机构表。其中，作者表包含作者编号、作者姓名、发表文章数量、作者影响力等字段信息，机构表包含机构编号、机构名称、机构发表文章数量等字段信息。

（3）将所有用于网站检索查询的字段放入 Elasticsearch 中，所有用于显示到页面的字段保留在数据库中。此外，还有会议表和用户表，会议表包含会议编号、会议主页网址、会议名称等信息，用户表包含编号、用户名、密码、邮箱、用户浏览的文章所含标签。

（4）图谱构建。采用自然语言处理技术，实现论文的实体及关系搜索，生成相关的三元组，并利用 Neo4J 图数据库构建相关的药物研发知识图谱，实现药物相关化合物潜在关联信息的预测和检索。此外，利用论文的作者及机构信息，构建人才信息知识图谱，实现人才关系推导、知名学者推荐等功能。

3.2.2 算法研究

1) 基于 MultiR 模型优化的实体关系抽取

实体关系抽取是知识图谱构建过程中的关键步骤，其目的是从海量自然语言文本中抽取实体间关系。本系统采用基于多实例多标签（Multi-Instance Multi-Label）模型的 MultiR 算法作为基本框架，通过引入关系权重矩阵和基于状态压缩的动态规划算法，分别进行实体关系建模和获取图匹配最优解。关系权重矩阵使其在抽取过程中将实体对已知的关系转换为权重向量，对打分进行干预，以此减少对个别文本特征的干扰，提高关系抽取准确率。在概率图匹配过程中，以基于状态压缩的动态规划算法代替经典的贪心算法来获取图匹配全局最优值。应用的方法包括如下 3 个关键步骤。

（1）构建 MultiR 模型。该模型使用条件概率模型来定义所有待抽取的随机变量的联合分布。从本质上来说，MultiR 主要训练一个从文本特征到关系的参数矩阵。在每一次训练迭代中，通过对每一个实体对（e_1, e_2）中的每个句子（提取成文本特征向量）x_i 抽取出一个隐含变量 $z_i = r \in \{r \cup None\}$，代表这个句子表达的关系。通过对所有的 z_i 进行去重统计，得到一个布尔型数组 Y'，其中 Y'' 表示关系 r 是否被实体对（e_1, e_2）表达。通过对关系库中该实体对已知的关系集合 Y 的对比，MultiR 在每一次迭代中对该句子中的文本特征参数进行梯度修

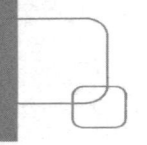

正，直至模型收敛。

（2）构建关系权重矩阵。关系权重矩阵可以表示为 $W^{|R|\times|R|}$，其第 i 行表示了关系 i 与其他关系的权重向量，则有：

$$W_{i,j} = W_{j,i} = 1 + \delta \sum_{i=1}^{N}(R_i \in E_t \ \& \ R_j \in E_t), \ i,j \in |R|$$

对实体对（e_1，e_2）的某个句子 s 进行关系抽取时，先按照 MultiR 模型算法中的维特比算法对关系进行打分，获取打分向量 Score，其长度大小为 $|R|$。权重向量就可以确定为：$\text{Weight}_i = \sum_{j \in |Y|} W_{i,j}$。则句子 s 抽取出的关系 r 的编号 s_r 可以由下式计算：

$$S_r = \arg_i \max(\text{Weight}_i \times \text{Score}), \ i \in |R|$$

在关系权重矩阵模型中，关系可以分为 3 类：非独立关系、独立关系和 NA 关系。通过以上模型可知，独立关系和 NA 关系会被判定为同等权重大小（值均为 1）。显然这是不合理的，因此拟进行如下修改：针对 NA 关系的 Weight，将其乘以一个新的超参数 $a \in [0,1]$，以平衡知识库的不完备性带来的影响。

（3）基于状态压缩的动态规划。拟采用基于状态压缩的动态规划算法来获取最优解，其转移方程为 $f(x, y)$，代表在 x 状态下是否要把第 y 个句子迁移到第 k 个关系。如果匹配，总权重就要加上它们两者之间的边权；如果不匹配，那么加入与第 y 个句子点权重最大的边即可。

$$f(x,y) = \max\{f(x, y-1) + \max \text{Weight}\{y\}, f(x-2k-1, y-1) + \text{Weight}\{k,y\}\}, \ k \in [1...m]$$

2）跨媒体知识图谱推理

受信息抽取技术发展水平的限制及现有数据源中信息缺失的影响，知识的不完备性已经成为制约知识图谱应用和发展的主要瓶颈。知识图谱推理技术则为该问题提供了有效的解决方案，并且是目前知识图谱扩容的主要技术手段。关系推理技术的主要思路是利用知识图谱中存在的知识，自动推理获得实体对之间的缺失关系，其已经成为推动知识图谱发展的核心技术之一。

多模协同感知的非概率知识图谱推理方法包括如下 3 个关键步骤。

（1）构建基于多模态张量协同分解的非概率知识推理目标函数。由于单模态下实体和实体间的关系信息被表示成一个<实体-关系-实体>三阶张量 X，因此，可以将视觉、语音和文本多模态下实体和实体间关系表示成张量集 $\{X,Y,Z\}$。接下来，对张量 X、张量 Y 和张量 Z 进行协同分解。同时，张量 X、张量 Y 和张量 Z 中的每个元素都可以通过相应实体和关系的潜在因子表示按照特定的方式进行近似。最后，对于各张量中的每个未知元素，利用相应实体和关系的潜在因子表示进行推断，实现知识推理。

（2）定义潜在因子表示和数据近似方式。多张量协同分解提供了一套知识推理的通用框架。在这一框架下，只需定义不同的潜在因子表示方式和数据近似方式就可以得到多种实例化方法。

（3）优化目标函数。采用交替最小化算法（Alternative Minimization Algorithm）进行求解，即每次固定一组模型参数，优化剩下一组，如此交替进行，直至收敛。

3.2.3 功能实现

系统功能实现主要包括以下实现过程。

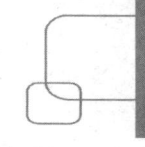

（1）实现搜索词与论文、蛋白质关系。点击热门搜索词"Pharmaceutical activity"，前端通过接口将搜索词传入后端，后端将前端发送的关键词放入 Elasticsearch 进行检索得到具体文章。通过 Elasticsearch 中各个文章的编号 UUID，到数据库里的文章表中找到具体文章的全部信息，取出该表中的化合物列表这一字段的信息"chemicallist"，按照文章来返回前端。前端接收到搜索词、相关论文、相关蛋白质后以图的形式进行数据可视化。

（2）实现作者表、论文表图谱化。在作者表中，根据前端发来的检索信息，放入 Elasticsearch 进行检索得到发表文章含有该标签且发表文章数量最多的 20 位作者，以及各个作者的编号 ID。通过 Elasticsearch 中各个作者的编号，到数据库里的作者表中找到具体作者的全部信息，取出该表中的"paperUUID"这一字段的信息，得到该作者属于该类别的全部文章编号，通过编号，得到发表文章的具体题目，返回前端。论文表同理。

4．案例示范意义

海洋药物大数据系统利用自然语言处理技术，从海量文献数据中提取跟药品研发相关的知识信息，构建知识图谱，并通过数据的不断处理丰富知识图谱信息，最终形成时序性演化的药物研发知识图谱，可有效提升医药行业科研人员信息检索的效率，缩减药物研发的周期。

该案例的示范意义主要体现在以下几个方面。

（1）系统的自学习与智能检索能力。该系统采用深度学习算法从海量增长的文献中不断抽取知识信息，深入理解目标领域中的大量文献信息，构建全面的研究背景知识图谱，丰富并完善图谱信息；同时，该系统不单单是简单的关键词检索，而是基于知识图谱的关联信息，可以预测与关键词相关的内容信息，包括文献及相关蛋白质等，引导用户进行更深层次的知识搜索。

（2）系统的人才关系推导能力。以作者名字为实体，同一篇文章的作者之间即具有相同关系，通过一定算法处理后生成相关的三元组，利用 Neo4J 图数据库构建人才信息知识图谱，实现人才关系推导功能。科研工作者可以利用该功能探寻领域内相关专家的共同论文，节省时间，助力药物研究工作。同时，在页面的展示上，该系统以多种知识图谱的形式直观生动地展示数据及其关系，如线状知识图谱、思维导图式知识图谱、人才关系路径图等，从而更加吸引用户。

（3）系统的智能推理与分析能力。海洋药物大数据系统采用自然语言处理（NLP）技术，实现论文的实体及关系搜索，生成相关的三元组，并利用 Neo4J 图数据库构建相关的药物研发知识图谱，实现药物相关化合物潜在关联信息的预测和检索。通过深度学习增强算法自动读取现有的相关论文信息，建立背景知识图谱，通过建立背景知识图谱发现潜在的关系，然后利用这些潜在的关系训练模型来生成文字。该功能对于没有充足时间和精力阅读海量学术论文的科研工作者有重要意义。

（4）系统助力缩短药物研发周期，提高医药行业科研工作者效率。系统通过有效的大数据处理技术，实现了海量药物研发论文的关键信息抽取、结构化处理及知识图谱构建，进而实现了药物研发中相关化合物信息的关联性搜索，有效提升了医药行业科研人员信息检索的效率，缩短了药物研发的周期。

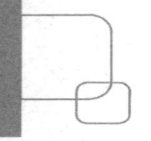

5. 下一步工作计划

海洋药物大数据系统拥有论文检索、论文推荐、学术活动预告、人才关系推导等功能，内容充实，画面丰富，药物研发领域科研工作者可以在该系统进行信息检索和会议查询等活动，节约学者们的宝贵时间，为缩短药物研发周期助力。但该系统还有一些可以优化和添加的功能，在接下来的工作中，将从以下几个方面进行优化。

（1）加载速度。该系统收录的生物医学行业几乎所有研究方向的学术成果，虽然数据量较大，但用户页面总体体验比较流畅；搜索页面时间线和思维导图式知识图谱要处理的数据比较多，数据返回时间稍长，根据搜索关键词对应相关论文的数量多少有所区别。在接下来的优化工作中，将提升数据返回速度，进一步提升用户体验。

（2）与用户的互动性。在数据展示过程中，为了更加生动直观地展示数据，海洋药物大数据系统多处采用图的形式进行展示。然而，现在该系统中的图大多只用来展示数据，与用户的交互体验不够好。在接下来的工作中，将增强与用户的互动，用户鼠标点击或者滚轮滚动可以对数据可视化的图形进行操作。

（3）数据展示方式。海洋药物大数据系统现有的数据可视化图形包括线状知识图谱、思维导图式知识图谱、趋势图、人才关系路径图、历史演进时间线等。由于该系统以知识图谱为依托，在接下来的工作中，将对知识图谱图形展示形式进行进一步调研，对图形进行总结融合，以期能够实现更多维度的展示数据信息。

（4）系统自学习与智能搜索。目前，该系统利用深度学习增强算法进行智能推理与分析，从而实现自学习功能。在接下来的工作中，将进行算法优化，继续开发这方面的其他功能，以便给用户带来更好的体验。

（5）数据清洗和定时更新。学术成果的时效性很强，在该系统的日常维护中，管理人员将定时更新学术论文及会议信息，确保用户可以第一时间了解学术信息。同时，还将定时清洗现有数据中的少许其他学术成果，确保用户看到的是高质量、高水平的学术论文。

*专栏：药物研发行业标准化现状及需求

1. 药物研发行业标准化现状

药品标准是根据药物自身的性质、来源与制备工艺、储存等各个环节制定的，用以检测其药品质量是否达到规定标准。国家药品标准主要由《中华人民共和国药典》、相关部（局）颁发标准、注册标准组成。其主要内容包括药品质量的指标、检验方法及生产工艺等技术要求。政府在对药品的生产、流通、使用过程实施管理中，必须以国家药品标准作为技术标准，以确保各环节的操作具有严肃性、权威性、公正性和可靠性。

目前，我国药品标准管理还没有形成体系，多是单纯就药品标准而谈标准，致使药品标准的责任主体不甚明确、药品标准与"药品监管链"各环节断裂、缺乏药品标准的保障机制、促进药品标准发展的措施不配套等等。主要集中在以下几个方面：

（1）药品标准的制定。现行药品标准种类多而乱，除《中华人民共和国药典》外，还有国家卫生健康委颁布的药品标准，包括中药材标准、中药成方制剂标准、化学药品及制剂标准（二部一至六册）、新药试行标准（未成册）、新药转正标准，以及国家市场监督管理总局颁布的药品标准。据统计，我国已上市药品的品种约为 15000 余种，而《中华人民共和国药典》（2010 年版）仅收载其中 4600 余种。《中华人民共和国药典》品种每 5 年更新改版一次，而其他标准则多年甚至数十年得不到更新、提高或废止，标准老化现象十分严重。

（2）药品标准的发布。药品标准发布程序上存在的问题主要是药品标准的实施时间不明确、药品标准的发布管理不明确。药品标准修订发布送达不及时，不能保证各方使用现行有效标准。药品标准的增补、修订是正常的。但是标准变动后的发布渠道不一，信息发布量及发布范围有限，使基层药品监督检验单位难以将资料收集齐全。

（3）药品标准的执行。药品标准的作用是否发挥得当在很大程度上取决于标准的执行情况。目前，药品标准的执行还存在问题。一是使用已经失效或修改前的药品标准，片面使用药品标准或者错误使用药品标准中的检验方法。二是执行药品标准的时间界限不明确，试行标准超期使用，中药饮片质量标准尚待规范化。众多企业对药品标准管理工作尚未真正重视，药品标准执行的监管仍存在空白。

2. 药物研发行业标准化需求

通过分析现阶段我国药品标准化的问题，药物研发行业对标准化需求有以下几点：

（1）加强药品标准管理配套体系建设。建立药品标准检索系统，制定统一的药品标准编码，促进药品信息的标准化，标签说明书上应注明检验执行标准和监督电话，建立健全药品标准档案管理，建立中药药品标准动态管理机制。

（2）构建药品标准管理体系。建议国家市场监督管理总局设立国家药品质量标准管理职能部门，制定国家药品质量标准起草、修订、勘误、转正及发布程序，加强对药品质量标准统一的管理；药品标准体系可由分类、制定、实施、协调、监督、保障、责任七大系统构成。

（3）明晰各类国家标准的定位。进一步明晰《中华人民共和国药典》、注册标准的定位。《中华人民共和国药典》体现了我国药品标准研究及检测方法的整体水平，应视为某一药品的最基本要求。注册标准是针对特定申请人的质量标准，能够更有针对性地控制药品质量。注册标准应高于（至少不低于）《中华人民共和国药典》的要求。

（4）完善药品标准的提高机制。药品标准的完善与提高应贯穿药品的全生命周期，以保障药品质量。建议从以下两个方面入手完善药品标准的提高机制：一方面，强化注册申请人对上市后药品的安全性、有效性、质量可控性进行全面研究的职责，并要求申请人根据研究结果，适时提高产品的注册标准，同时将标准提高的研究内容作为药品再注册时必须提交的资料；另一方面，继续强化药品监管力度，将同品种的评价性抽验与标准提高行动计划紧密结合起来，不断提高质量标准水平、淘汰落后标准。在注册评价时，将质量标准提高的研究情况作为重要的评价内容。

（5）进一步建立完善药品注册标准数据库。基于注册标准在药品注册审批、生产，以及上市后监管等诸环节中的重要作用，应进一步建立完善药品注册标准数据库并强化对该数据库的维护，为药品注册审评、审批、生产、市场抽验监督等提供及时准确的注册标准，进而整体提高药品监管的质量和效率。

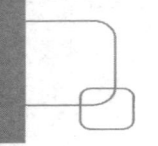

案例 16：基于知识图谱技术的 VTE 智能评估系统

随着智慧医疗智能服务应用的不断发展，基于知识图谱技术的疾病智能评估体系应运而生。静脉血栓栓塞症（VTE）智能评估系统是基于知识图谱技术中的知识存储、知识表示、知识计算、知识推理和知识融合技术，对 VTE 的致病风险进行评估，促进早期预防，早期及时、规范诊治，改善 VTE 患者的预后、降低疾病的死亡率。该系统通过提高 VTE 院内评估覆盖率和识别医护人员评估过程中评估项的错评和漏评来提供全方位的服务。

1. 案例基本情况

1.1 企业简介

东软集团股份有限公司（以下简称"东软"）创立于 1991 年，是中国第一家上市的软件公司，致力于以软件的创新赋能新生活，推动社会发展。目前，东软在全球拥有近 20000 名员工，在中国建立了覆盖 60 多个城市的研发、销售及服务网络，在美国、日本、欧洲等地设有子公司。东软以软件技术为核心，业务覆盖智慧城市、医疗健康、智能汽车互联，以及软件产品与服务领域。尤其在医疗健康领域，东软推动信息技术与医疗的融合，创新医疗新模式，面向居民及患者、医药服务支付方、政府监管方、医疗服务提供方及生态链各方，提供线上、线下相结合的全生命周期的产品与解决方案。未来，东软将以更敏捷、创新的方式，以客户为中心，用软件帮助个人、企业及众多行业应对万物互联时代的升级，用超越技术的创意改变生活、改变世界。

1.2 案例背景

VTE 是指包括深静脉血栓形成（DVT）和肺动脉血栓栓塞症（PTE）在内的一组疾病，在医院住院患者中发病率很高。相当数量的具有 VTE 高危因素的患者，由于没有采取恰当的预防措施，发展成为 VTE，严重时发生猝死，VTE 是医院内非预期死亡及围手术期死亡的重要原因之一。

早期预防，以及早期及时、规范地诊治，对于改善 VTE 患者的预后、降低疾病的死亡率至关重要。VIE 智能评估系统评估示例如图 1 所示。防治 VTE 的首要条件是对所有住院患者进行 VTE 的风险筛查。早期甄别高危人群，对其实施规范、有针对性的个体化防治策略，从而有效预防血栓或延缓其进展，降低其发病率和死亡率，改善患者预后。医疗业务长期以来被业内广泛认为是知识密集型行业，是结合知识图谱技术构建智能应用的典型行业。如何通过知识图谱技术帮助医生及患者及时发现、预警 VTE，并利用信息化手段极大地预防 VTE 对患者带来的危险成为新一代医疗信息系统构建中的关键。

1.3 系统简介

该系统基于知识图谱技术构建了一套通过识别患者诊疗过程中产生的病历文本数据，精确预判患者是否可能成为 VTE 的高危人群，并提供个性化的防治策略。其中，构建用于计算

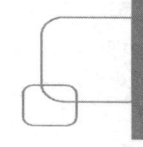

预防 VTE 的知识图谱网络成为该系统的核心。

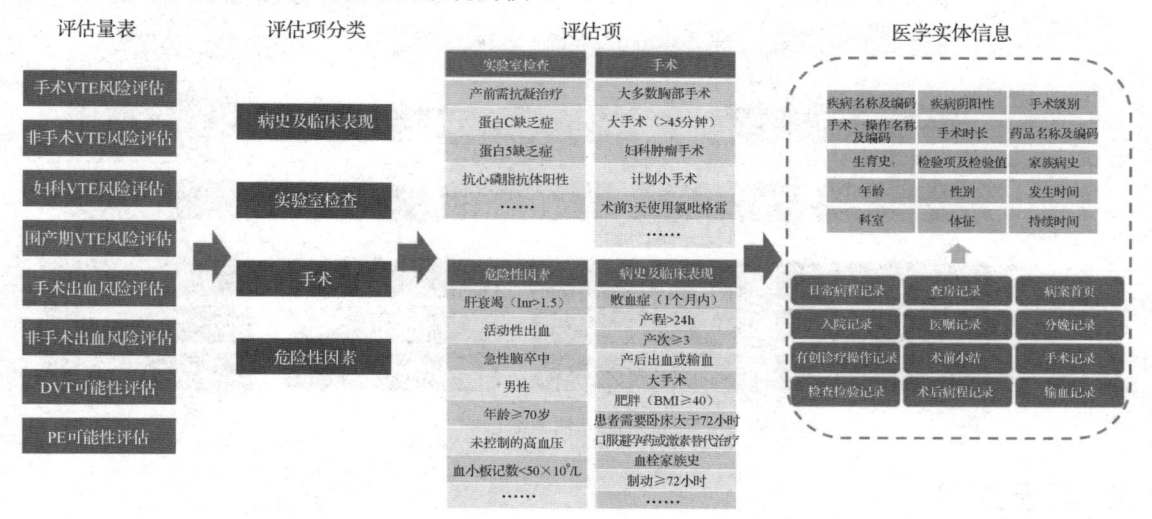

图 1　VTE 智能评估系统评估示例

目前，国内没有一个统一的业务知识库来确定患者 VTE 的患病风险，大多数医院仍采用评估量表的方式来对患者是否有可能存在 VTE 风险进行评估。而在这种情况下，单纯通过评估量表没办法构建具有足够业务知识的知识图谱，这也成为构建基于智能推理的 VTE 智能评估应用的一个难题。

在产品团队和医生进行了多次交流后，决定将被医生判定存在 VTE 患病风险患者的病例作为数据切入点，并将评估量表中患者各项评估指标作为实体的属性标签。通过电子病历结构化计算并结合医学数据项特征共现算法，以及基于量化标签的回归模型构建自动提取 VTE 高风险患者病例中有可能起到评估 VTE 风险的医学实体，随后将这些数据项通过医学专家的确认整理，通过 Schema 对数据进行建模，最终构建用于评估患者 VTE 风险的知识图谱。

1.3.1　功能特点

该系统摒弃了原有的基于评估量表对患者 VTE 患病风险评估的方式，完全通过基于知识图谱推理计算的方式实现更加客观精准的 VTE 风险评估计算，以达到尽早预警、改善 VTE 患者的预后、降低疾病的死亡率。

1.3.2　数据来源真实可靠

基于评估量表的 VTE 评估通常通过医生对于患者的一些实际情况给予主观评分，不同于这种数据来源方式，用于计算的知识图谱完全来自一线临床病例数据，具有业务精准、真实客观等特点。VTE 智能评估系统数据与功能如图 2 所示。

1.3.3　基于提前预防及实时计算的 VTE 风险评估

一般基于评估量表的 VTE 风险评估通常由护士在查房时对患者情况进行了解，并完成评估量表的填写，无法进行诊疗前的预先评估及根据患者身体指标进行实时评估。而基于知识图谱的 VTE 风险评估系统，可以根据医疗业务中的先验知识及患者当前情况，预判有可能引起 VTE 风险的医疗行为或者数据指标项，并根据患者诊疗过程实时对 VTE 风险进行预警。

风险评估引擎	手术VTE风险评估	非手术VTE风险评估	妇科VTE风险评估	围产期VTE风险评估
	手术出血风险评估	非手术出血风险评估	DVT可能性评估	PE可能性评估

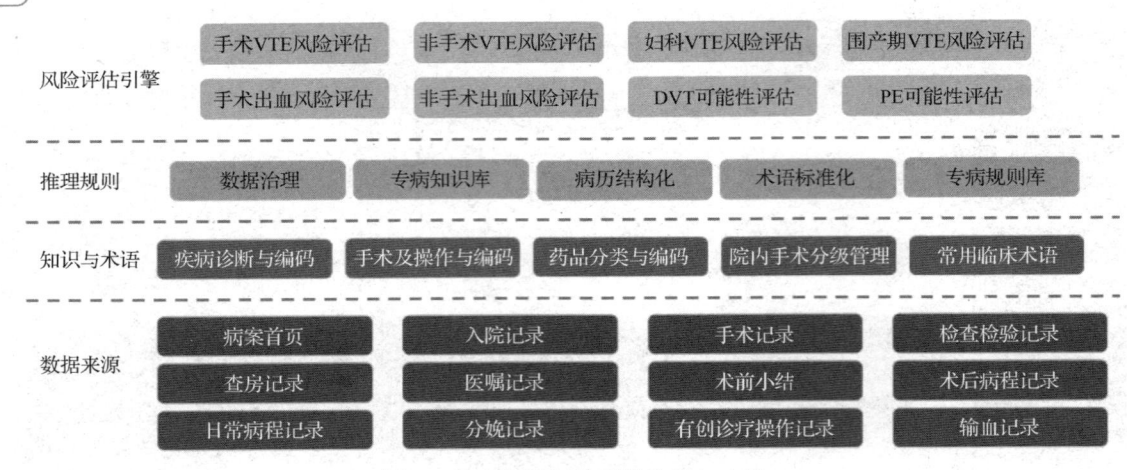

推理规则	数据治理	专病知识库	病历结构化	术语标准化	专病规则库

知识与术语	疾病诊断与编码	手术及操作与编码	药品分类与编码	院内手术分级管理	常用临床术语

数据来源	病案首页	入院记录	手术记录	检查检验记录
	查房记录	医嘱记录	术前小结	术后病程记录
	日常病程记录	分娩记录	有创诊疗操作记录	输血记录

图 2 VTE 智能评估系统数据与功能

2. 案例成效

目前，基于知识图谱技术的 VTE 智能评估系统在某知名三甲医院已经上线运行了一段时间，从反馈情况来看，有以下几点成效。

2.1 该系统大幅提高了院内 VTE 评估覆盖率

原先基于评估量表的模式完全依赖医生与护士在诊疗过程对有可能存在VTE风险的患者进行跟踪评估，但是由于三甲医院住院患者众多，医生和护士长期处于满负荷的工作状态，对于患者的 VTE 风险评估经常存在不及时的全员覆盖评估。VTE 智能评估系统不仅减轻了医生/护士关于这项工作的负担，并且可以实时自动提取患者的相关信息进行风险评估及预警，大幅提升了院内患者的 VTE 评估覆盖度。

2.2 避免医护人员在评估过程中对评估项的错评、漏评

基于评估量表的VTE风险评估需要医生和护士在一份长达160项左右的评估量表上进行逐项确认并给予评估分数，这对于医务工作者来说是一项非常庞大的工作。这也导致医生和护士在对评估量表中的评估项进行评分时，不可避免地出现一些评估项的错评和漏评。而基于 VTE 智能评估系统对患者是否存在 VTE 风险进行评估时，所有评估计算完全基于医疗业务系统中患者的各项指标数据项来计算，这就避免了人工主观对患者风险项进行评估时有可能发生的错评、漏评。VIE 质控工作站如图 3 所示。

2.3 提升医院内深静脉血栓的医疗治疗和管理水平

VTE 智能评估系统可实现对院内每个科室进行实时监控，主要展示全院患者在院状况，并着重于当前在院患者中高危患者数、在院患者 VTE 已发生数及当前在院患者总人数的一个实时数字展现功能。全面监控全院所有在院患者的 VTE 风险处理情况，并动态实时监测每个科室的详情，掌握全院的防控情况，提升医院内深静脉血栓医疗治疗管理水平。图 4 是手术 VTE 风险评估结果示意。

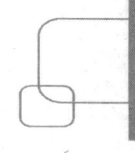

图 3 VTE 质控工作站

手术VTE风险评估(ZY070000654934)

医生评估结果	机器评估	核对结果
年龄61~74岁	年龄61~74岁	
膝关节置换术或髋关节、骨盆⋯	口服避孕药或激素替代治疗	需要评估时间以核对是否口服激素治疗
	严重的肺部疾病,含肺炎(1个月内)	
	大手术(1个月内)	需要评估时间以核对是否在1个月内有大手术
	大手术(>45分钟)	
	骨科大手术(髋、膝关节置换术或髋关节、骨盆或下肢骨折手术)	大手术与其他手术不可同时勾选

手术VTE风险评估(ZY010000672798),辅助医生进行评估结果质控

医生评估结果	机器评估	核对结果
腹腔镜手术(>45分钟)	关节镜手术	医生评估错误,系统评估正确

PE可能性评估(Geneva) (ZY010000672798),辅助医生进行遗漏项补充

医生评估结果	机器评估	核对结果
(心率)75~94次/分钟	心率75~94次/分钟	
	咯血	系统评估正确
	过去一月内手术或骨折	患者入院前无手术史

图 4 手术 VTE 风险评估结果示意

3. 案例实施技术路线

VTE 智能评估系统在实际医疗信息服务系统中以独立功能模块的形式存在,在实际医疗系统的数据交付完全基于 Restful 接口,以保证与业务系统的松耦合,并且方便集成。

因此,该系统的系统架构相对简单,底层由 VTE 知识图谱作为核心知识库,上层通过基于路径推理的临床辅助决策引擎和下层知识库对上层智能应用提供计算服务。

VTE 智能评估系统架构见图 5。

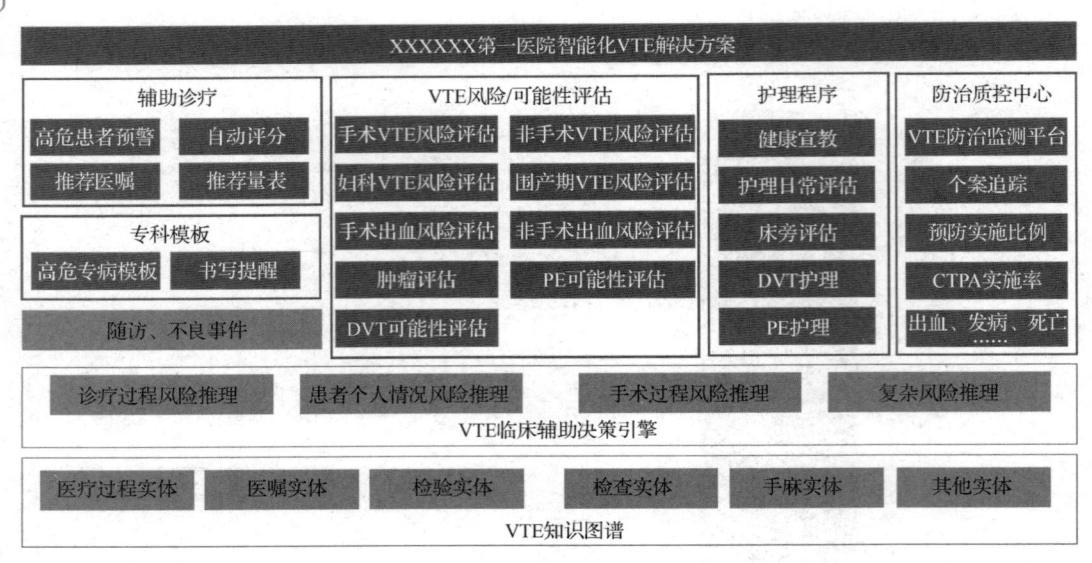

```
┌─────────────────────────────────────────────────────────────────────┐
│                    XXXXXX第一医院智能化VTE解决方案                      │
├──────────────┬────────────────────────┬────────────┬────────────────┤
│   辅助诊疗    │    VTE风险/可能性评估    │  护理程序   │  防治质控中心   │
│ 高危患者预警  │ 手术VTE风险评估 非手术VTE风险评估│ 健康宣教   │ VTE防治监测平台 │
│   自动评分    │ 妇科VTE风险评估 围产期VTE风险评估│ 护理日常评估│   个案追踪     │
│ 推荐医嘱 推荐量表│ 手术出血风险评估 非手术出血风险评估│ 床旁评估  │  预防实施比例   │
│   专科模板    │ 肿瘤评估      PE可能性评估│ DVT护理    │   CTPA实施率   │
│ 高危专病模板 书写提醒│  DVT可能性评估        │ PE护理    │ 出血、发病、死亡 │
│ 随访、不良事件│                        │            │                │
├──────────────┴────────────────────────┴────────────┴────────────────┤
│ 诊疗过程风险推理  患者个人情况风险推理  手术过程风险推理  复杂风险推理   │
│                    VTE临床辅助决策引擎                                │
├─────────────────────────────────────────────────────────────────────┤
│ 医疗过程实体  医嘱实体  检验实体  检查实体  手麻实体  其他实体           │
│                        VTE知识图谱                                   │
└─────────────────────────────────────────────────────────────────────┘
```

图 5　VTE 智能评估系统架构

4．案例示范意义

　　VTE 智能评估系统是用于 VTE 风险评估、预警和干预防控的疾病风险预测与分析系统，可用于临床辅助决策和医疗质量管理。利用自然语言处理、数据挖掘和机器学习技术，对电子病历、检查诊断单等患者数据进行文本挖掘和语言分析，挖掘相关高危致病因素和信息，构建 VTE 防控数据统计、深度分析和智能检索一体化动态监控系统。为医院实现 VTE 防治的早期评估、早期预防、早期诊断和早期治疗目标提供有力支持。建立基于临床路径方法的规范化干预诊疗路径，实现患者评估、预防、诊断和治疗全过程的全面质量控制、质量控制专题报告的智能化生成，进一步丰富和完善了医院疾病质量综合管理体系。

　　医疗场景作为典型的知识密集型业务场景，一直以来被认为是构建基于知识图谱技术智能应用非常合适的行业。但是由于医学领域业务的智能应用需要非常严谨的医学知识来支撑，而医学领域知识过于博大精深，很难通过一个典型场景来验证一个医疗业务场景中小而美的知识图谱智能应用。基于知识图谱技术的 VTE 智能评估系统就是通过静脉血栓这么一个非常小的业务场景，证明了基于知识图谱的智能评估应用可以在医疗过程中发挥应有价值。

5．展望

　　由于医疗领域对于数据精度及隐私保护等有着极为苛刻的要求以保证医疗过程的严谨性，构建医疗知识图谱的过程通常存在种种困难。这也让医院及医疗信息厂商往往很难把握尺度，因此，医疗知识图谱的制定及应用标准就显得尤其重要。并且由于这是一个信息技术在另一个实际业务场景中的深入落地过程，再加上医疗业务的特殊性，医疗知识图谱的构建标准需要医院、医疗信息厂商、政府监管部门等组织一同制定相关标准规范，以保证知识图谱技术能够在医疗业务场景中得以广泛应用、发挥价值。

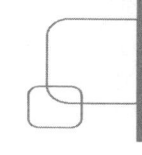

案例 17：基于医疗知识图谱的临床决策支持系统

医疗领域是一个知识密集型的领域，每年新发表的文献和指南数以百万计。对医生而言，需要临床决策支持系统来整理知识、消化知识，为其提供诊疗决策的辅助。知识图谱是人工智能的大脑，是医生专业化知识和思维模式的组合，包含了知识内容、知识与知识之间的专业逻辑关联。只有将医学知识表示成知识图谱的形式，在此基础上的算法才能可靠地解释，并达到循证医学的客观要求，进而辅助医生更快更好地做出诊疗决策；而知识图谱实体及关系的构建也决定了智能化的程度。因此，平安国际智慧城市科技股份有限公司（以下简称"平安智慧城市"）基于平安集团领先的五大医疗知识库，构建了中文领域医疗知识图谱，覆盖 150 万个医学概念、2000 万个医学关系。基于医疗知识图谱，平安智慧城市研发了覆盖医生诊疗中及诊疗旁的临床决策支持系统。在诊疗中，该系统为医生提供诊断推荐及个性化的治疗推荐；在诊疗旁，该系统为医生提供基于语义匹配的中英文文献查询，科研动态分析及专家团队追踪等功能。目前，该系统已经落地 1.6 万家以上医疗机构，累计医生用户 50 万名，调用次数 3000 万次以上。

医疗知识图谱是实现智慧医疗的基础，它能带来更高效精准的医疗服务。平安智慧城市基于在医疗领域内积累的医学知识库，利用自然语言处理技术及领域专家审核相结合的模式，构建的高质量的医疗知识图谱覆盖疾病、药品、检查检验、症状、医学文献等核心医学知识。基于此研发的融合知识及数据的个性化临床决策支持系统可帮助医生、患者解决日常医疗活动的难点和痛点。

1. 案例基本情况

1.1 企业简介

平安智慧城市是平安集团旗下专注于新型智慧城市建设的科技公司。在新基建浪潮下，平安集团积极响应国家号召，运用大数据、云计算、区块链、人工智能等前沿技术推动城市管理手段、管理模式、管理理念创新；快速布局 5G、大数据、人工智能等领域，打造"1+N+1"一体化平台；全面推动新时代城市管理从数字化到智能化再到智慧化转型，让城市更聪明、更智慧。至今，平安智慧城市已与全国超过 100 个城市，以及多个"一带一路"共建国家和地区展开合作。

在 2019 年，平安智慧城市正式推出了中文医疗知识图谱，集成了数百万个医学概念、千万个医学关系、千万个医学证据，覆盖了核心医学概念，实现了医疗生态圈内全方位知识数据的聚合。平安智慧城市基于医疗知识图谱的智能辅助诊疗系统，为医生提供诊断和治疗推荐。

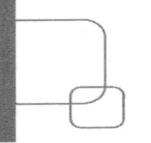

1.2 案例背景

知识图谱是知识服务的核心，是学术界和工业界广泛关注的研究热点之一。医疗作为高水平知识密集型行业，对知识图谱的需求旺盛，同时知识图谱对医疗服务的主要参与者（医生和患者）意义重大。对医生而言，在临床决策中，需要潜心研读权威机构发布的指南，寻求高质量的循证医学依据以支持决策；在科研工作中，需要阅读和整理大量的文献，通过纷繁复杂的科研现象进行选题、立项并完成。对患者而言，在质量良莠不齐、信任程度低的信息海洋中，搜寻专业化程度高、满足个性化需求的知识，显得无所适从。因此，无论对于医生还是对于患者而言，均需要人工智能技术，特别是精准的医学知识服务平台，来满足各自在特定场景下的需求。精准的医学知识服务平台需要构建高质量、广覆盖的医疗知识图谱，研发基于医疗知识图谱的推理，从而实现智能化服务。

1.3 系统简介

平安智慧城市作为一家保险公司，本来就是医疗生态圈中重要的一员，多年来在医疗领域积累的五大医疗知识库，包括药品库、疾病库、治疗库、健康因子库和医生/医疗机构库。医疗领域五大知识库主要的内容和数据量如图1所示。

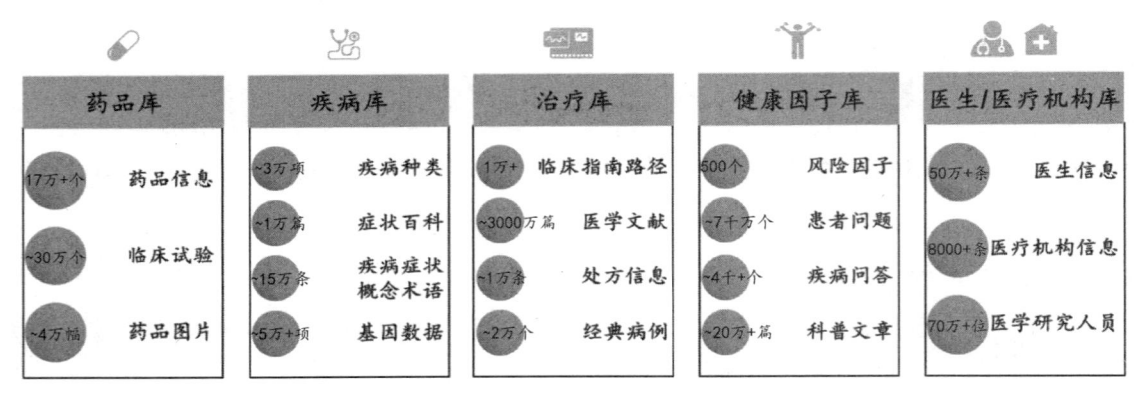

药品库	疾病库	治疗库	健康因子库	医生/医疗机构库
17万+个 药品信息	~3万项 疾病种类	1万+ 临床指南路径	500个 风险因子	50万+条 医生信息
~30万个 临床试验	~1万篇 症状百科	~3000万篇 医学文献	~7千万个 患者问题	8000+条 医疗机构信息
~4万幅 药品图片	~15万条 疾病症状概念术语	~1万条 处方信息	~4千+个 疾病问答	70万+位 医学研究人员
	~5万+项 基因数据	~2万条 经典病例	~20万+篇 科普文章	

图1 医疗领域五大知识库主要的内容和数据量

医疗知识图谱构建的整体架构如图2所示。首先，获取与医学相关的知识，并进行数据预处理，形成医学知识库。其次，进行实体识别及关系抽取，从非结构化的医学知识库中提取医学实体和关系，形成知识图谱上初步的节点和边。最后，对于从不同数据源中抽取的医学实体和关系，利用知识图谱的融合技术将相同的实体关系进行归并，形成统一的医学知识图谱。该知识图谱需要利用图数据库对其进行存储，并构建相应的索引以支持应用层的高效查询需求；在数据存储之上，需要实现知识图谱的数据查询和浏览接口，来支持上层不同的应用；在服务层，提供了基于知识图谱的术语标准化接口、图谱导览接口、实体查询接口等。

第 10 章 智慧医疗领域案例

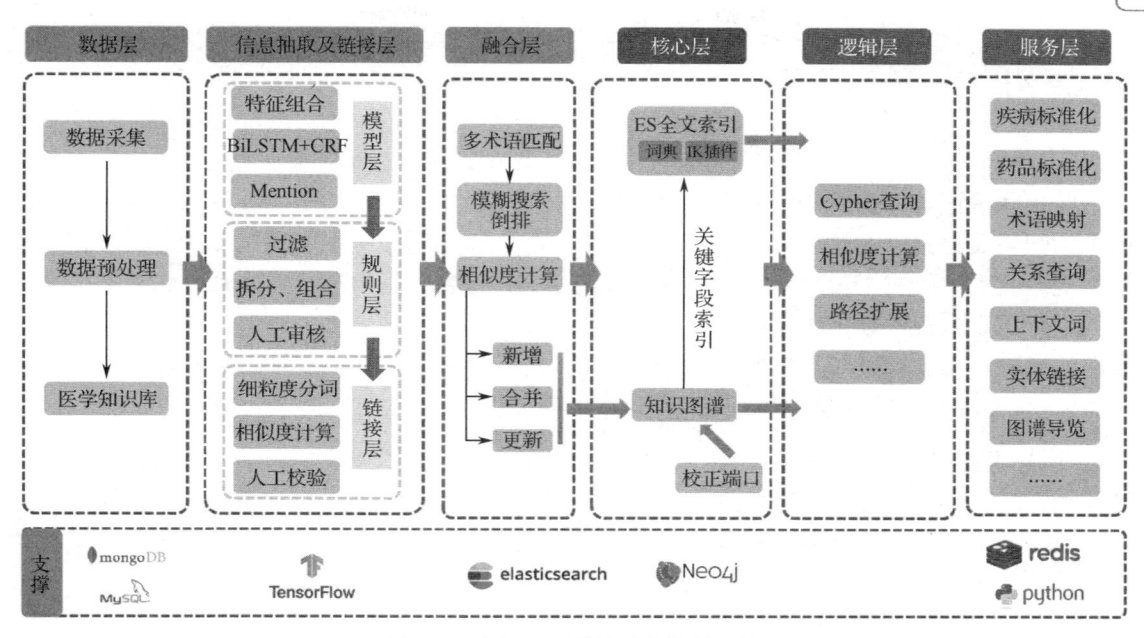

图 2 医疗知识图谱构建的整体架构

2. 案例成效

平安智慧城市的医疗知识图谱覆盖 3 万多种疾病、17 万种药品及 4000 多种常见检查/检验、1 万多项临床指南及 3000 万篇医学文献。知识图谱规模达到 150 万个医学实体、2000 万个医学关系。图 3 是以糖尿病为样例的医疗知识图谱样例，其关联了相关疾病、症状、药物等。

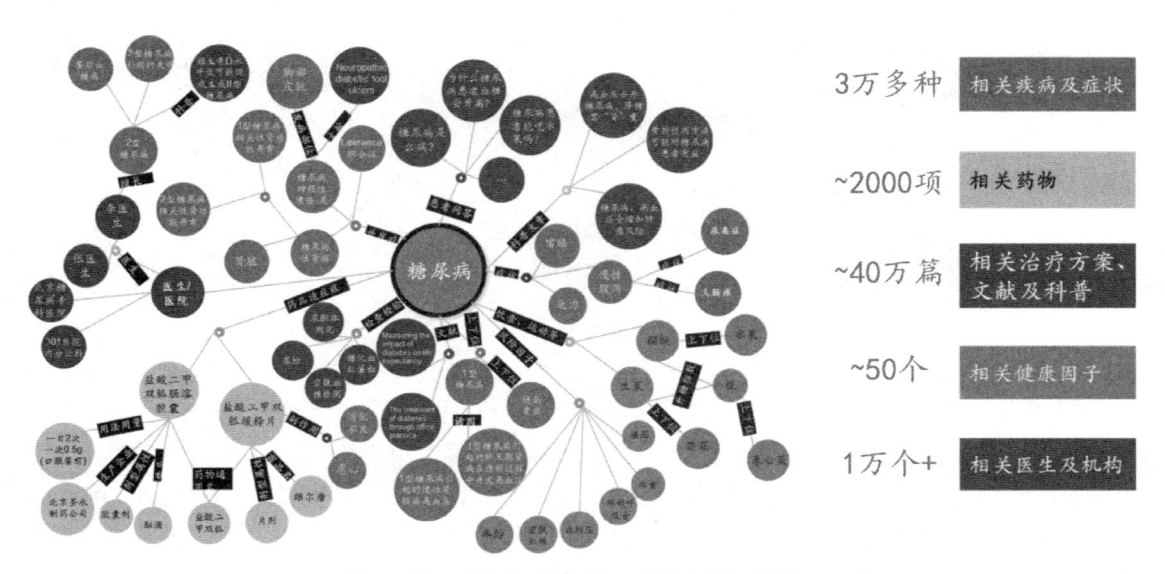

图 3 医疗知识图谱样例（以糖尿病为样例）

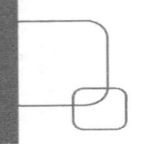

3. 案例实施技术路线

1）数据源获取

医疗知识图谱的构建是以应用为驱动的。根据应用所需提供的功能，我们需要收集相应的医学知识及数据。在该项目中，目标是探索医疗知识图谱在医生的决策支持上及患者的个性化健康教育中的应用效果，因此，需要收集的数据源包括医学书籍、文献、临床指南等为医生提供医学知识的数据源，以及相关的临床数据，如电子病历等为医生提供临床证据的数据源；同时，需要收集与患者教育相关的科普文章、疾病百科、患者问答等相关的数据源。

2）医学知识图谱框架构建

非结构化的医学知识是无法被计算机理解应用的，因此，需要把医学知识构建成知识图谱的形式。医疗知识图谱框架如图 4 所示。针对应用的需求，该医疗知识图谱将关注疾病、药品、手术、基因、检查/检验、文献等相关医学概念，并构建这些医学概念之间的关系。例如，药品及药品间的相互作用关系，以及药品和疾病间的适应症禁忌关系，等等。

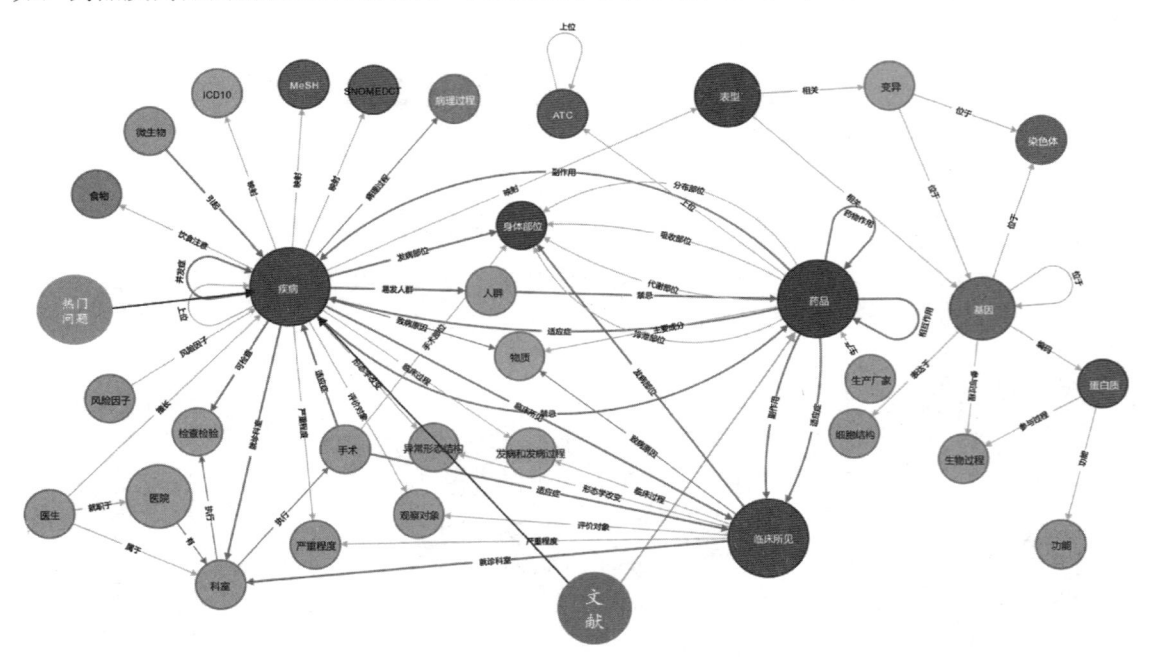

图 4 医疗知识图谱框架

3）医学实体抽取

医学信息主要是无结构文本的形式，为了获取机器易于处理的结构化数据，需要从文本中抽取医学概念。将概念抽取看成序列标注问题，利用命名实体识别技术，从文本中找出医学概念并判别其所属的类型。针对医学领域命名实体识别的数据标注成本高、识别难度大的问题，在此探索了基于大规模弱监督学习和主动学习标注的医学命名实体识别的技术框架（见图 5）。

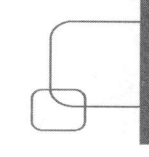

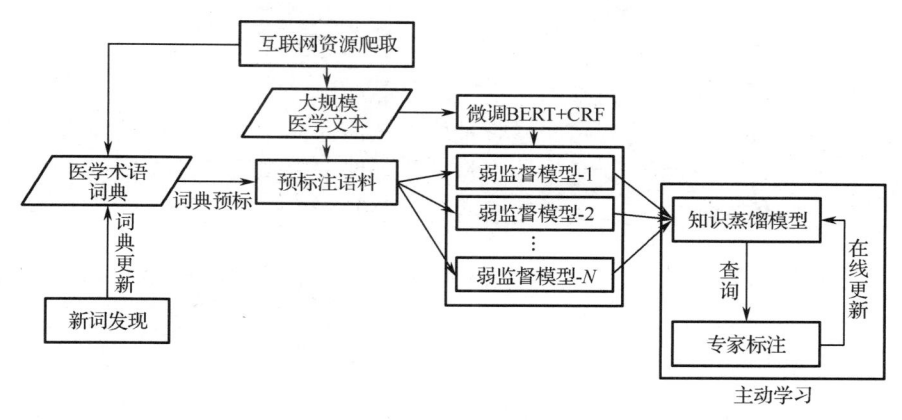

图 5　基于大规模弱监督学习和主动学习标注的医学命名实体识别框架

第一步，考虑基于数据驱动结合无监督语言模型预训练的方法，从互联网中爬取海量医学文本及医学术语词典，利用新词发现、词典匹配、网页锚点、实体正则规则等弱监督方式进行预标注语料。然后对每种预标注方式获得的语料分别使用在医学文本上微调的 BERT+CRF 的基本模型架构进行训练，得到若干弱监督的模型。考虑到弱监督的方式带来的噪声数据问题，使得每种弱监督模型都存在不同程度的偏差，采用知识蒸馏方法对弱监督模型进行集成学习。具体地，对每个样本得到的不同弱监督模型的预测分布进行加权平均，将这个分布作为最终的目标，重新训练得到知识蒸馏后的模型。

第二步，在大规模弱监督学习获得的知识蒸馏模型的基础上，采用主动学习的方法，利用专家知识进一步提升模型的效果。每轮迭代都会由模型从语料库中找到一些最不确定的样本，并主动询问医学专家。当医学专家给出标注后，模型会增量更新，并在此基础上开始下一轮的迭代，直至模型效果基本收敛。

4）医学新词发现

相同的医学实体在现实世界中往往会有多个别名，因此，需要完善知识图谱来支持更智能的语义分析。这项技术就是新词挖掘技术。Liu 等人定义了短语挖掘的工作流和特征挖掘框架，其中，特征提取主要基于统计特征，且依据挖掘的新词结果对句子切分的好坏进行重新计算和迭代，但其依赖于专家给出的短语集进行训练。Shang 等人引入无监督学习机制，原始的短语集来自已有的知识库，训练分类器也通过弱监督的序列标注数据完成。

在该项目中，基于以上的工作，有两个方面的改进措施，旨在提升新词挖掘的准确率和召回率。一方面，在候选新词的生成方面，Shang 等人只关注了频率大于 30 的候选短语。但是在医学文本中大量存在低频的实体名称。为了解决低频候选短语的召回问题，将基于弱监督的实体标注数据，训练一个序列标注模型，如将 LSTM+CRF 网络模型识别的短语加入候选短语集中。另一方面，在分类器的特征提取方面，已有方案过度依赖统计特征，对于长尾的候选短语表现并不理想，更多地引入语义和句法特征将使得分类器稳健性更加明显。于是，训练一个基于深度神经网络的文本分类模型，以此来识别短语是否有独立的语义。这里的分类模型可以是 Text-CNN 这样的小型网络，也可以是类似于 BERT 的大规模预训练模型。分类器的正样本即为知识库的短语，负样本由知识库短语与其邻近的上下文拼接得到，或者是从语料库随机采样得到的短语。分类模型最后输出的概率值将会输入上层分类器中做集成。此外，将短语的邻近上下文的句法词性标注作为特征，放入分类器中，以增加对上下文性质的理解。

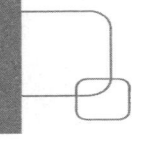

5）医学关系抽取

医学关系抽取最重要的任务是从海量的医学文献中自动抽取医学关系知识，具体来说可以分为两个步骤：给定医学概念对信息进行抽取，从而对应句子集合；根据概念对及文本信息判断给定概念对的关系类型。这里采用医学关系抽取方案综合了基于知识、基于传统机器学习、基于深度学习的多个方案。医学关系抽取方案框架如图6所示。

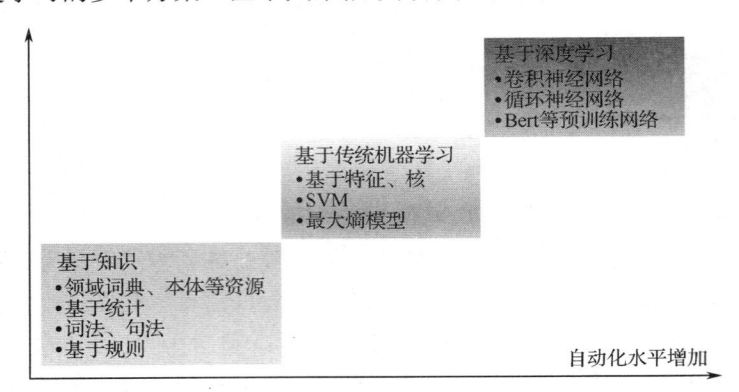

图6 医学关系抽取方案框架

基于规则的医学关系抽取框架如图7所示，具体包含以下几个模块。

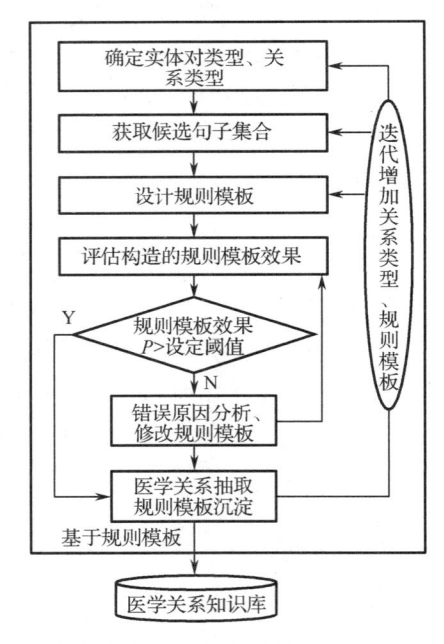

图7 基于规则的医学关系抽取框架

（1）确定实体对类型（如基因-疾病）、关系类型（如治疗、致病、良性等）。

（2）获取候选句子集合，主要有通过3种方式获取候选句子集合。①基于远程监督思想获取候选数据。②通过专业资料调研、初步分析数据总结特定关键词抽取数据，如治疗关系可以选定treat、therapy等关键词。③选取高频实体对的数据。

（3）设计规则模板，结合医学领域知识、观察候选句子集合并从中总结医学关系抽取规

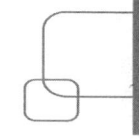

则模板。这里主要使用句子的句法依存、词性、实体对位置距离、关键词等一个或多个有效构造可用的规则模板。

（4）评估构造的规则模板效果。如果规则模板效果超过设定阈值，则保留该规则模板；如果规则模板效果未超过设定阈值，分析错误案例并总结错误原因以便修正规则模板。

（5）使用高质量的规则模板库进行医学关系抽取。

在整个抽取过程中，关系类型、规则模板都是不断迭代累积的过程。基于规则模板的方案抽取的医学关系知识质量较高，获取知识的规模取决于规则模板的数量和质量。

基于网络模型的医学关系抽取技术细节如下：

这里设计的关系抽取模型是基于 PCNN 的网络模型架构，如图 8 所示，模型输入是一个句子，输入层是词向量拼接位置向量，后面接卷积操作。之后的池化层使用的是局部的最大池化。模型将一个句子分为三个部分，以两个实体为边界把句子分为三段，然后卷积之后对每一段进行最大池化，这样可以得到三个值，相较传统的最大池化，每个卷积核只能得到一个值，因此可以更加充分有效地得到句子特征信息。

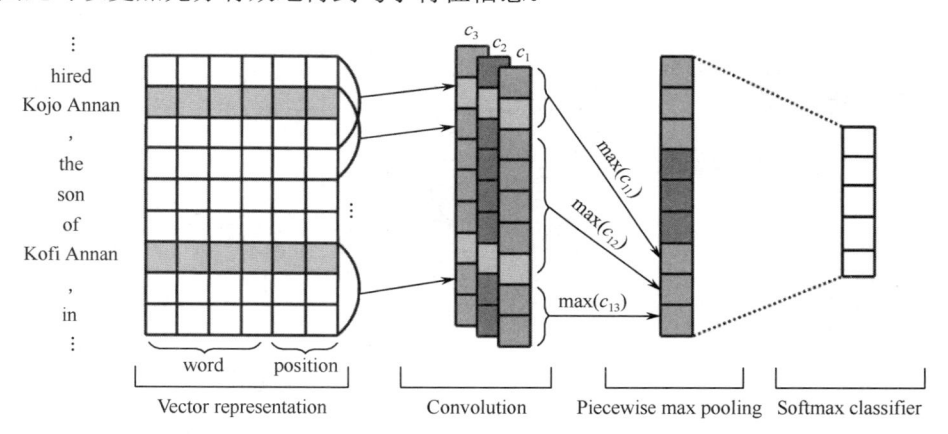

图 8　PCNN 模型架构

6）医学术语标准化

临床医学术语是医学知识图谱不可或缺的一部分。临床医学术语标准及术语集有助于解决术语重复、内涵不清、语义表达和理解不一致等问题。统一的临床医学术语不仅可以促进医疗行业与人工智能技术的融合，而且是医疗知识图谱建立的基础。医学术语存在多种同义词和共同指代的问题。医学术语标准化问题其实就是医学术语实体链接问题。将从其他来源（如文本挖掘、实体识别、关系抽取等）的词语提及（Mention）链接到知识图谱中标准的概念上，根据经过专家审校的、专业的、高质量的医学术语集作为核心术语集来构建知识图谱。医学术语标准化任务就是将各来源的医学术语标准化为图谱里的标准术语，如将"糖尿病二型"标准化为"2 型糖尿病"。以往，医学术语标准化主要基于词典和编辑距离、传统机器学习及神经网络的方法。然而，医学术语的编辑距离相似性有时候很难客观地评价医学术语间的相似性，而神经网络模型又需要大量的标准数据且缺乏可解释性而应用不佳。医学术语具有独特的领域特点，每个准确的 Mention，其实是由很多不同类别的语义单元组合而成。在该项目中，结合医学术语文本的特点和平安集团的术语库，使用了基于多词元加权相似度的医学术语标准化方法。细粒度多词元分词方法示例如图 9 所示。

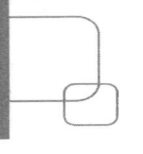

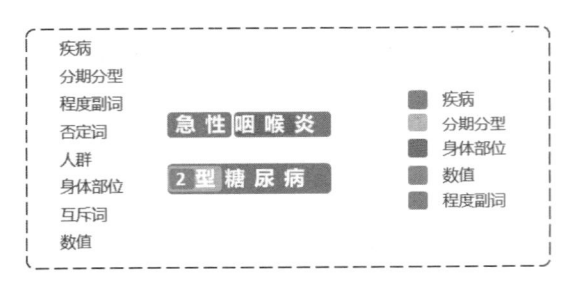

图 9　细粒度多词元分词方法示例

以 ICD-10 标准化为例，医学术语标准化技术流程框架如图 10 所示。

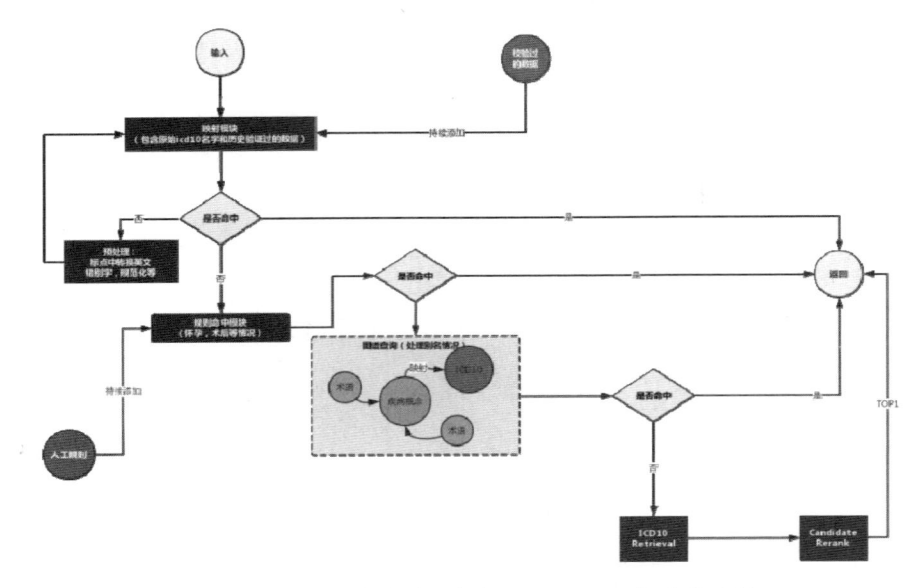

图 10　医学术语标准化技术流程框架（以 ICD-10 标准化为例）

7）医学知识图谱的归并和融合

医学知识图谱的归并融合主要目的是对不同数据源中的实体信息进行整合，从而形成更加全面的实体信息。判断两个实体是否可以归并融合是知识图谱的基本问题。假设两个知识图谱所包含的实体数目分别为 n_1 和 n_2，那么，需要判断的实体对数量为 $n_1 \times n_2$。当两个知识图谱实体数量过大时，在有限的时间里无法对所有可能的实体对进行计算。例如，两个体系的医学疾病术语在 30 万次级，那么，须进行 30 万次乘以 30 万次（约 900 亿次）计算。因此，应先对所有的实体进行分块（Blocking）操作，然后对每个 Blocking 内的每一对实体进行判断，这是典型的 MapReduce 架构。Blocking 技术框架如图 11 所示。针对不同实体数量任务，可以采用不同的 Block 方法。在归并融合任务中，当实体数量较少时，采用笛卡儿乘积 Block 方法（不分块）；当实体数量较大时，采用倒排索引 Block 方法。

根据不同的策略，实体归并融合可以分为基于规则的实体融合方法（Deterministic Record Linkage）和基于概率的实体融合方法（Probabilistic Record Linkage）。基于规则的实体融合方法主要是根据一个或多个特征来判断是否进行融合。在特定领域内，基于规则的实体融合方法往往会得到不错的效果。例如，在疾病实体融合任务中，可以认为疾病标准概念名相同时

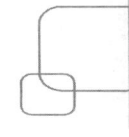

它们就是同一实体,即可以融合的。基于概率的实体融合方法基本流程是先进行相似度的计算生成特征,随后将该特征放入分类器进行训练,是一个二分类问题。特征的提取主要依赖于相似度,包括编辑距离、图路径距离、长文本的 Simhash 相似性、加权词元相似度等,需根据特定任务来选取一个或者多个特征进行计算。

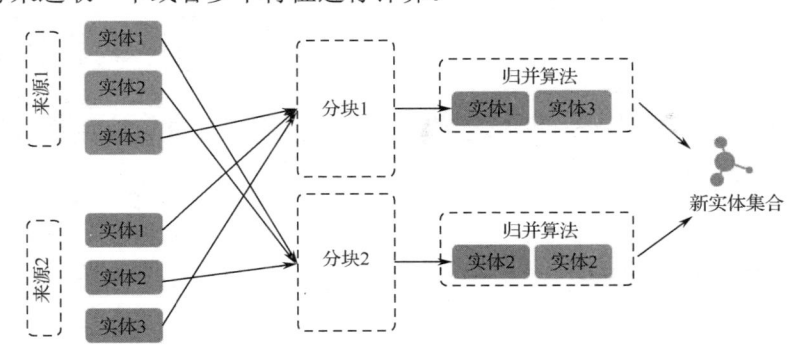

图 11　Blocking 技术框架

4．案例示范意义

图 12 为医疗知识图谱应用平台的整体架构。基于五大医疗知识库,平安集团构建了统一的医疗知识图谱平台。在该平台上,平安集团提供了三大类技术引擎,包括意图解析、语义搜索,以及结构化分析与可视化。该平台针对四大类用户类型,包括专科医生、基层医生、乡村医生及大众人群提供三大类应用服务。

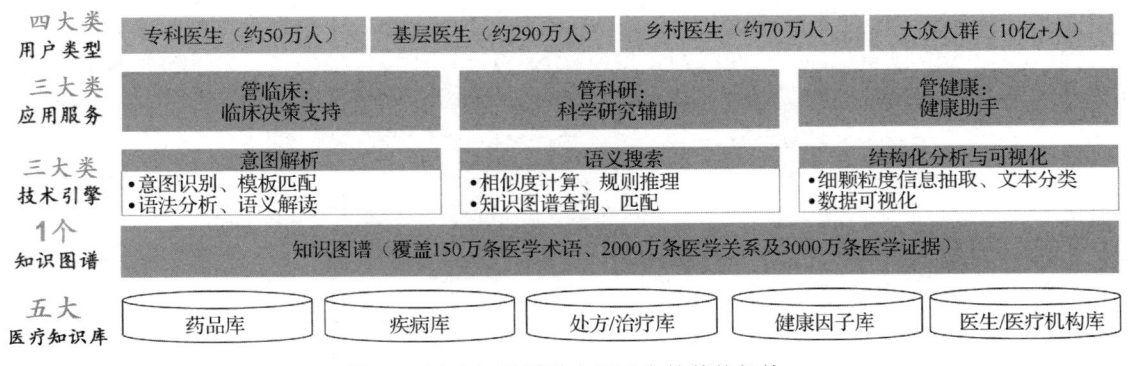

图 12　医疗知识图谱应用平台的整体架构

知识图谱是智能应用的基石,医疗知识图谱为医生和患者的医学决策提供智能的大脑。针对医生,该知识图谱将临床决策分为诊疗中和诊疗旁。诊疗中和诊疗旁的临床决策支持如图 13 所示。在诊疗中,医生需要根据患者的主诉,进行多轮问诊,并根据问诊结果开具相应的检查/化验单,最终确认临床诊断。同时,根据临床诊断来选择合理的治疗方案。在这种场景下,该知识图谱利用医疗知识图谱来辅助医生进行精准诊断,避免漏诊和误诊;并利用知识图谱中的临床指南,为医生提供个性化的治疗方案。在诊疗后,当医生遇到复杂的案例,以及有临床科研的需求时,需要查询及阅读大量的医学文献来进行临床决策。该知识图谱利用 3000万个的医学文献进行挖掘分析,抽取主题疾病及治疗方案,为医生提供精准的循证查找及科研趋势分析。具体的方法将在后面介绍。

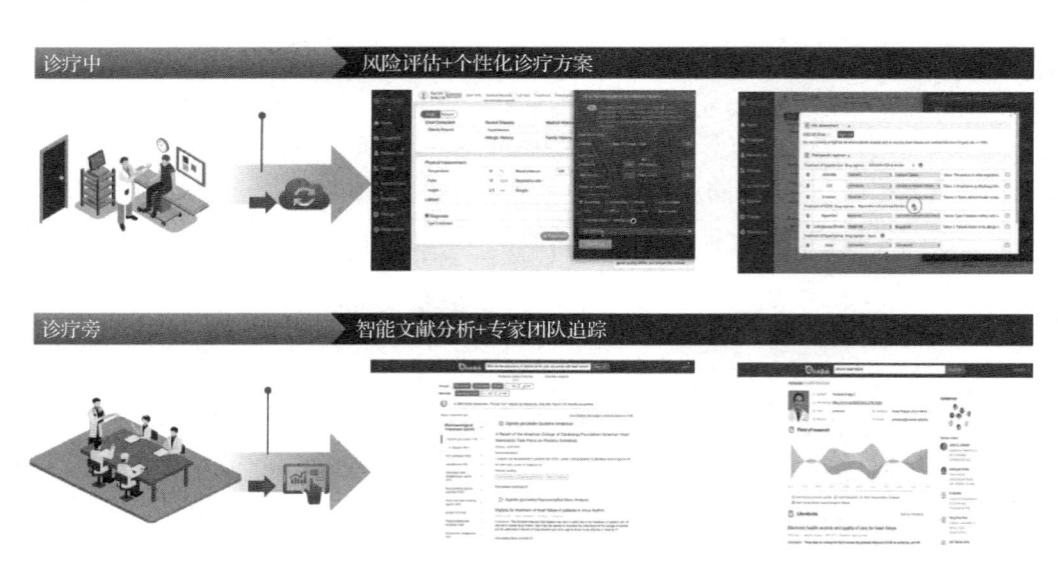

图 13 诊疗中和诊疗旁的临床决策支持

针对大众人群，该知识图谱可以作为健康助手，提供基于医疗知识图谱的智能问答，覆盖日常多种疾病、健康知识及用药指导。

1）医生端的临床决策支持

（1）辅助诊断。辅助诊断模型采取"知识+数据驱动"的模型融合策略，主要包括的模型有基于医学知识图谱的规则模型、融合知识的深度学习网络模型和基于文献和病历数据构建的贝叶斯概率模型。从诊断流程角度看，辅助诊断系统首先捕获到患者的主诉信息，从患者主诉信息中抽取有效症状信息，然后将抽取到的有效症状信息映射为医学意义上的标准症状。按照每种模型的症状体系不同，需要将标准症状分别映射到各个模型下。辅助诊断模型技术框架如图 14 所示。

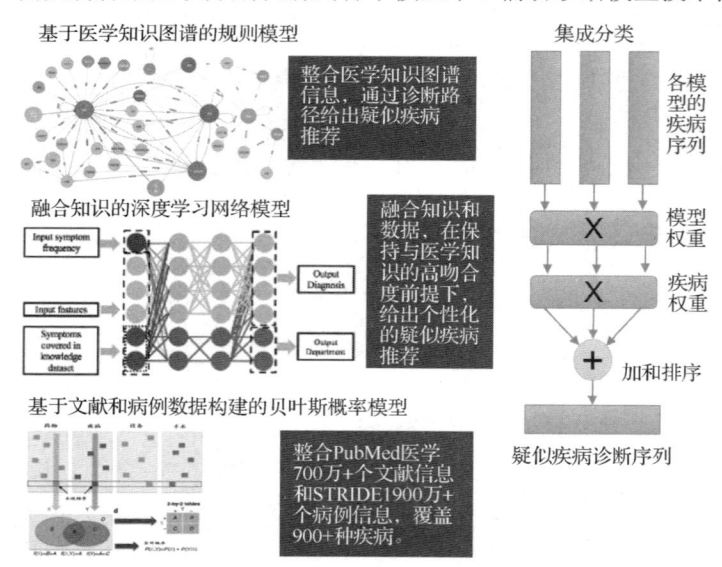

图 14 辅助诊断模型技术框架

输入症状组合，各子模型会给出相应的疑似诊断及其置信度。为了提升诊断模型的效果，将各子模型的疑似诊断结果进行融合和排序。在融合时，为每个子模型分配权重。对每种疑

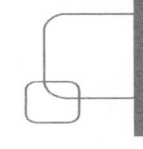

似诊断 d 而言,其最终置信度得分 s_d 计算公式为

$$s_d = \sum_{i=1}^{n} w_i \times p(d|m_i) \qquad (17\text{-}1)$$

$$p(d|m_i) = \begin{cases} s_i, & \text{if } d \text{ in } m_i \\ 0, & \text{if } d \text{ not in } m_i \end{cases} \qquad (17\text{-}2)$$

式中,n 代表子模型的数量;w_i 代表当前子模型的权重;$p(d|m_i)$ 表示该疑似诊断在各模型下的置信度;s_i 表示当疑似诊断出现在当前子模型 m_i 时,其对应的置信度。

最后,计算所有子模型涉及的所有疑似诊断的融合模型置信度,按照融合模型置信度从高到低的方法对疑似诊断进行排序,将排序完的结果进行展示。

(2)用药推荐。该模块需要根据医生的诊断及患者的数据,给出推荐的用药方案。通过梳理临床知识指南,将其表示为可执行的规则,并形成知识决策树,将知识决策树应用到患者数据中,生成治疗方案。用药推荐如图 15 所示。首先,在知识表征部分,临床知识(如非 ST 段抬高性急性冠状动脉综合征的治疗指南)被转化成图示化的知识表征,如图中所示的决策树形式,路径表示条件,叶子节点表示用药推荐。其次,在产生式规则部分,基于知识转化,系统的产生式规则被用于知识表示,使知识转化为计算机能够理解的语言。最后,在知识推理部分,使用知识推理引擎生成诊疗推荐。规则引擎将规则应用在病人数据上,以生成最终的用药推荐。

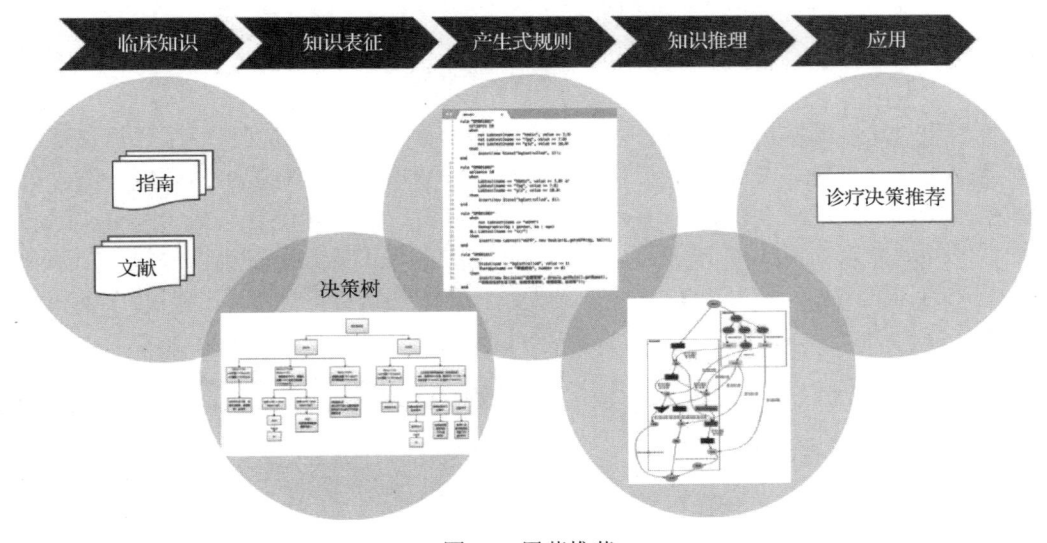

图 15 用药推荐

2)医生端的科研辅助分析

(1)循证查找。医生在碰到复杂的病例时,往往需要从文献中寻找相应的诊断方法和治疗方法。现阶段医生在 PubMed 上进行文献查找大多数依赖于对关键词的搜索,其搜索结果的准确度和召回率需要进一步提升。在该案例中,平安集团针对医学文献构建了更细粒度的文献知识图谱。文献知识图谱示例如图 16 所示。从医学文献中结构化地提取相关文献的研究主题,包括疾病、治疗方案、基因、物质及微生物等,并和已有的医疗知识图谱相关联。同时,该文献知识图谱结构化了文献的作者、机构等信息,并针对作者和机构进行消歧。针对用户的查找需求,该文献知识图谱提供了基于语义理解的医学文献匹配。例如,用户想要查询磺脲类

药物对于糖尿病治疗效果的相关研究,基于知识图谱可以知道磺脲类的药物包含格列苯脲和格列齐特,因此,基于知识图谱进行问题展开,以提升搜索结果的召回率。

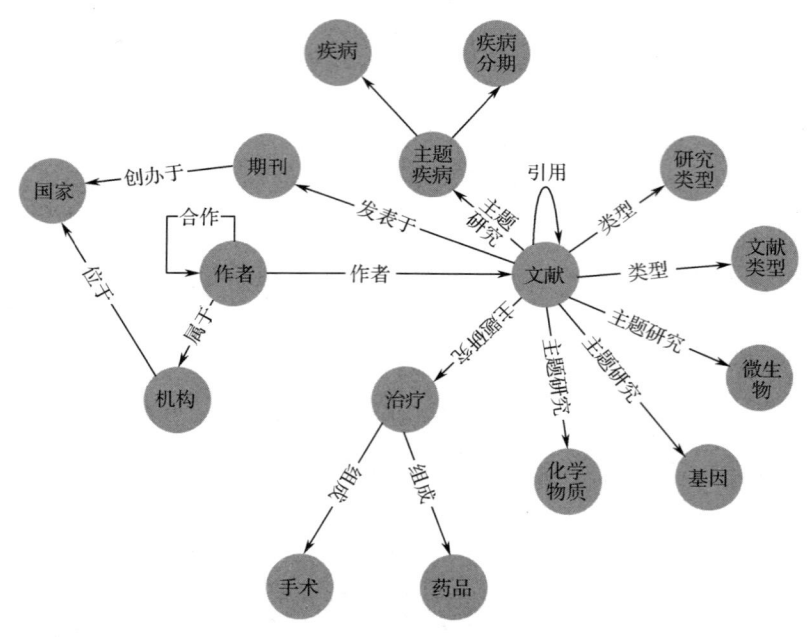

图 16　文献知识图谱示例

（2）科研分析。除临床工作外,医生还需要有大量的时间来进行科研工作,追踪研究领域最新的热点研究主题、文献及领域专家。基于医疗知识图谱,对于疾病领域,医生可以关联与该疾病领域相关的研究热点,包括基因、治疗方案、诊断方法等。基于医学文献的研究热点图谱及领域专家详情如图 17 所示。同时,针对某领域专家,医生可以从医疗知识图谱中获得该专家的详细信息,包括专家发表的文章、研究的热点方向,以及合作的作者和相似的作者。该功能模块可以帮助医生尽快了解所关注的疾病领域内的热点和动态。

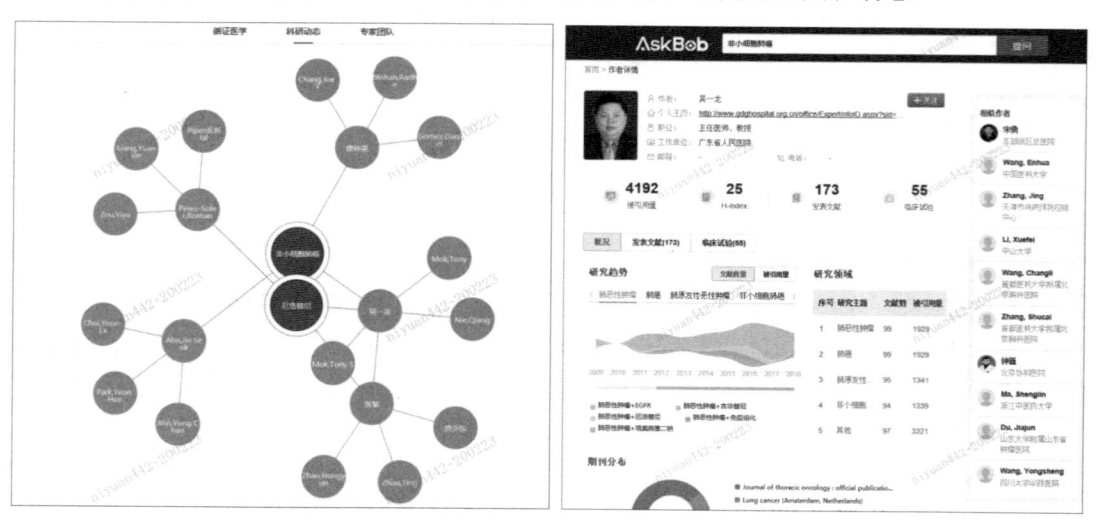

图 17　基于医学文献的研究热点图谱及领域专家详情

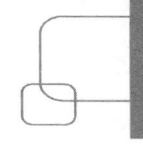

3）大众人群的健康助手

大众人群在进行健康管理时，经常会遇到有关疾病知识及药品知识的问题。这类问题是对于医学知识的事实类的问答，可以从医疗知识图谱中获得答案。因此，平安集团利用基于知识图谱的智能问答技术，研发了针对大众人群端的医疗助手功能。

基于知识图谱的问答主要用于回答一些事实类的问题，如"阿托伐他汀的用法用量""孕妇是否可以服用阿托伐他汀"。该医疗知识图谱对于用户用自然语言提出的问题，智能问答引擎需要从中识别出问句中提到的医学概念，以及对应的医学关系，将自然语言的问题转化成知识图谱上的逻辑表达式，然后基于医疗知识图谱进行推理和演绎，从而获得精准的回答。基于知识图谱的事实类问答技术算法的结构如图18所示。该问答系统利用对话中上下文相同的实体，在对话结构和流程的设计中支持实体间的上下文对话与推理。例如，用户在第一轮问题中咨询了"阿托伐他汀的用法用量"，该问答系统判断出用户的提问实体是"阿托伐他汀"，然后用户紧接着问"孕妇是否可以服用阿托伐他汀"，利用上文的实体，该问答系统可以判断是用户询问的是"阿托伐他汀的孕妇用药禁忌"，并返回用户。另一个需要处理的问题是用户往往不会输入一个精准的药名。例如，用户输入"阿托伐他汀"，算法无法通过上下文来进行歧义消除，具体确认是哪一种阿托伐他汀及相应的规格。因此，算法需要基于医疗知识图谱，通过多轮对话来进一步和患者确认。例如，算法如果识别出阿托伐他汀是一种通用名，然后进一步通过医疗知识图谱，确认有两种阿托伐他汀，即立普妥和阿乐，那么，会让用户确认具体的商品名。如果用户确认是立普妥，该问答系统进一步发现立普妥的规格有40mg和80mg两种，那么，该问答系统会进一步让用户确认，直至对应到精准的药品名。

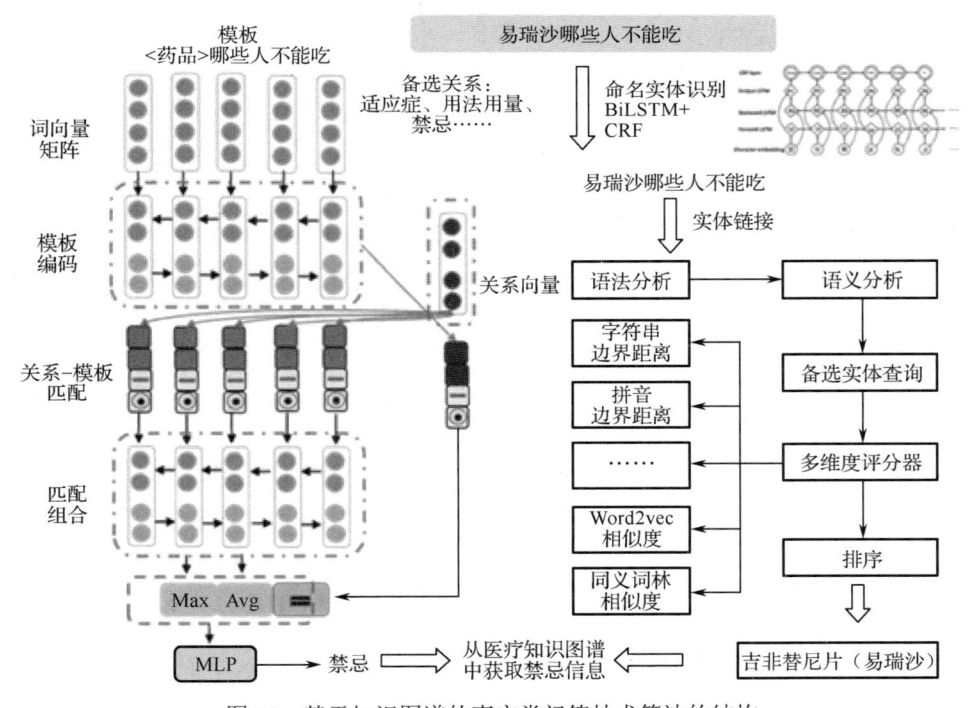

图18 基于知识图谱的事实类问答技术算法的结构

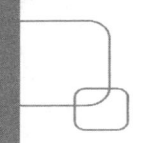

5. 展望

平安智慧城市的医疗知识图谱应用已经形成了初步的规模，并且基于知识图谱的决策支持应用也获得了临床的验证。在下一步工作中，平安智慧城市将聚焦以下两个方面，进一步深化医疗知识图谱的工作。

一方面，扩大医疗知识图谱的覆盖度，完善医疗知识图谱的更新演化功能。现有的医疗知识图谱主要集中在核心的医学诊疗领域。在整个医疗生态圈中，除了医院，还有药企、保险公司等。平安智慧城市的医疗知识图谱将逐步覆盖药企中新药研发及临床试验部分的知识内容，同时也逐步覆盖和保险相关的智能核保/核赔相关领域。医学领域的知识是在不停地迭代更新的，因此，医疗知识图谱也需要相应的更新机制。平安集团将探索自动的新知识发现及自动的图谱迭代演进功能，以加快医疗知识图谱的更新速度。

另一方面，深化现有基于医疗知识图谱的应用，并探索更多落地场景。现阶段，医生的诊疗决策更多地聚焦在基层医生，即利用医疗知识图谱来提升基层医生的能力。未来，平安集团将继续探索针对专科医生，对与医学文献需求相关的医疗知识图谱的应用场景。同时，基于平安集团将扩展的药物研发及保险相关的知识，探索医疗知识图谱在更广泛的医疗生态圈的落地应用。

---

*专栏：医疗行业/领域标准化现状与需求

1. 医疗行业/领域标准化现状

医疗行业在多个领域推出了标准化编码集，如疾病领域的 ICD 编码、手术操作领域的 ICD-9-CM3 等。但其存在多个版本，不同省市会采用不同的版本，并且各个医院也会自行定制化。因此，需要从国家层面推动统一的编码体系。

2. 医疗行业/领域知识图谱标准化需求

如今，各个企业都在各自构建医疗知识图谱，各自构建的医疗知识图谱之间存在着无法对齐映射的问题。因此，需要推动行业的标准，从医疗知识图谱的表示方式、医学术语体系、知识图谱的质量评估标准等方面进行规范。

第 11 章　智慧教育领域案例

案例 18：少儿百科知识图谱问答应用案例

阿尔法蛋系列机器人将人工智能与儿童教育相结合，致力于为每个儿童提供人工智能学习助手，为儿童拓展学习方式，提高儿童的学习兴趣和效率。基于知识图谱的少儿百科知识问答系统为阿尔法蛋系列机器人赋予了强大的"知识大脑"，可以轻松应对各种少儿百科知识类问题，并通过少儿百科知识图谱特有的关联知识点推理功能，为儿童推荐更加有趣的内容。该系统采用知识图谱构建技术，构建了少儿百科知识图谱，并基于知识图谱问答技术，开发了少儿百科知识问答系统。最终，该系统的应用使得阿尔法蛋系列机器人百科知识类问题回答覆盖率达到 90%以上。

1. 案例基本情况

1.1 企业简介

科大讯飞股份有限公司（以下简称"科大讯飞"）成立于 1999 年，是亚太地区知名的智能语音和人工智能上市企业。自成立以来，科大讯飞长期从事语音及语言、自然语言理解、机器学习推理及自主学习等核心技术研究并保持了国际前沿技术水平；积极推动人工智能产品研发和行业应用落地，致力于让机器"能听会说，能理解会思考"，用人工智能建设美好世界。作为技术创新型企业，科大讯飞坚持源头核心技术创新，多次在机器翻译、自然语言理解、图像识别、图像理解、知识图谱、知识发现、机器推理等各项国际评测中取得佳绩；两次荣获"国家科学技术进步奖"，以及中国信息产业自主创新荣誉"信息产业重大技术发明奖"，被任命为中文语音交互技术标准工作组组长单位，牵头制定中文语音技术标准。同时，科大讯飞还获得了以下荣誉：首批国家新一代人工智能开放创新平台、首个认知智能国家重点实验室、首个语音及语言信息处理国家工程实验室、国家 863 计划成果产业化基地、国家智能语音高新技术产业化基地、国家规划布局内重点软件企业、国家高技术产业化示范工程等。

1.2 案例背景

儿童的成长需要高质量的陪伴，儿童大脑发育的黄金时期是奠定其一生身心发展的重要阶段。知识传授、心理发育、智力开发、性格塑造及良好生活习惯的培养，父母不能随意忽略任何一项。随着科技的进步，人工智能的快速发展为儿童提供了各种各样的"儿童伴侣"。阿尔法蛋系列机器人（见图1）是一款专注于儿童人工智能的产品品牌。"阿尔法"是希腊字

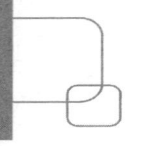

母的首字母，意为事物的开端。而"蛋"，则是孕育生命的结晶、新生命的载体，象征新事物强大的生命力。阿尔法蛋系列儿童机器人将人工智能与儿童教育深度结合，旨在为每个儿童提供人工智能学习助手。

智能百科问答：启赋未来
满足孩子的好奇心和求知欲

天空为什么是蓝色的　　离地球最近的行星是哪一个
为什么会有彩虹　　　　美国的首都是哪里
蛋蛋，我从哪里来　　　中国第一位皇帝是谁

孩子的人工智能学习助手

图 1　阿尔法蛋系列机器人

阿尔法蛋系列机器人对儿童生活、学习等大数据进行深度挖掘，构建了包含合成、识别、语义、内容服务和 App 应用的全能力儿童人工智能服务平台。其中，数据深度挖掘、语义分析、知识串联等都需要以知识图谱为支撑。有了知识图谱，只需要收集少儿百科领域的知识点，并将其关联起来，利用知识图谱中大量关联节点的关系，提高少儿百科知识问答系统的语义理解能力，进而可以回答更加复杂的问题，避免花费大量人工成本无休止地穷举儿童可能会问到的问题集。基于知识图谱的交互探索分析，可以模拟人类的思考过程去发现、求证、推理，使阿尔法蛋系列机器人真正拥有"聪明的大脑"，让其真正成为儿童的学习和陪伴助手。

1.3　系统简介

阿尔法蛋系列机器人是集学习伴读、知识问答、娱乐点播、闲聊陪伴等多功能、全方位的少儿陪伴智能机器人。其采用的智能交互系统提供了影音娱乐点播、诗词对答、字词释义、算术、中英翻译、百科知识问答、查天气、闲聊陪伴等多项技能。基于知识图谱的少儿百科知识问答系统全面升级了阿尔法蛋系列机器人的知识储备，使其变得更加"聪明"，大大提升了交互体验，激发儿童的学习兴趣。

少儿百科知识图谱可以让儿童更加方便地了解书本以外的知识，包括天文、地理、古今中外的历史名人轶事等，丰富儿童的知识面，培养儿童的创新思维。为了迎合儿童与生俱来的好奇心，少儿百科知识图谱收集了上万种事物现象和产生原因，可以很好地为儿童"解惑答疑"。阿尔法蛋系列机器人系统流程架构如图 2 所示。

阿尔法蛋系列机器人采用的少儿百科知识问答系统主要有以下 3 个特点。

1）知识覆盖面广

采用知识图谱构建技术，针对少儿领域构建了包含 300 多万个实体、约 5000 万个三元组规模的少儿百科知识图谱，以及 10 万个数量级与少儿相关的"Why"和"How"类常见问题解答（FAQ）知识问答库。当前，少儿百科知识图谱数据基本涵盖了儿童常见的问题和知识点，覆盖率在 95% 以上。

2）多样性回复

针对少儿领域，对少儿百科知识图谱中知识点进行了一定的"儿童化处理"，使得对少儿

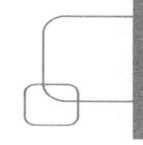

百科知识问答的回复更加儿童化，从而提高儿童的兴趣。对于一些敏感、少儿不宜的问题，通过数据清洗和转化等方式，进行正确引导，使儿童树立正确的价值观。

3）定时定点更新

针对少儿领域新出的热门歌曲、动画、书籍等，该系统会定期地自动从相关网站上获取数据资源，将其更新到少儿百科知识图谱中，并与其他知识点相关联。同时提升少儿领域热门知识点的权重，确保在知识问答中优先答复儿童最关心的知识点。

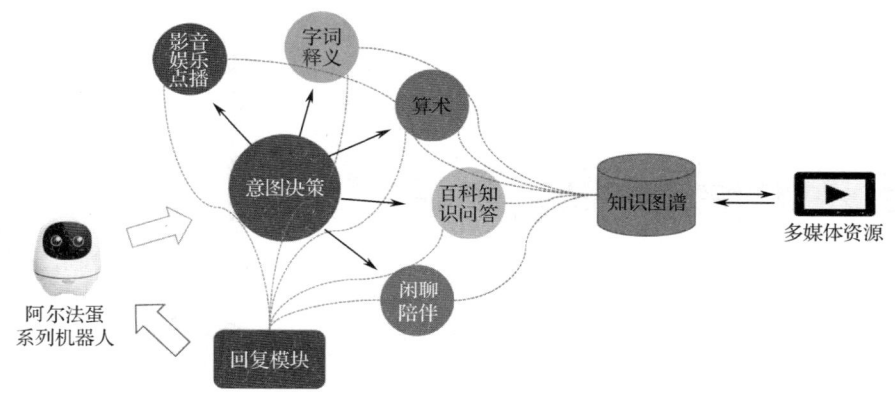

图 2　阿尔法蛋系列机器人系统流程架构

2．案例成效

基于知识图谱的少儿百科知识问答系统解决了传统的基于问答库的知识问答系统问答覆盖率低的问题。该系统不需要事先准备大量的问答对，只需正确理解用户问题的语义信息，然后从知识图谱中找到对应知识点，最后进行多样性回复。基于知识图谱的少儿百科知识问答系统从知识面广度和深度两个方面都有绝对优势，它不仅可以回答简单的一阶问题，而且处理多阶的推理问题也游刃有余。

少儿百科知识问答系统的接入，让阿尔法蛋系列机器人真正拥有了"知识大脑"，可以轻松应对儿童各种千奇百怪的问题，既可以回答儿童的"十万个为什么"，也可以为儿童普及天文、地理、历史等各类知识。少儿百科问答系统使得阿尔法蛋系列机器人对百科知识类问题回答的覆盖率从原来的不到 20% 提升至 90% 以上，间接提升了整个系统的用户体验，增加了儿童的求知欲。

3．案例实施技术路线

3.1　系统架构

基于知识图谱的少儿百科知识问答系统主要分为少儿百科知识图谱构建体系和少儿百科知识问答系统两大部分。各模块详细介绍参见技术路线。

少儿百科知识图谱构建体系架构如图 3 所示。少儿百科知识图谱构建主要分为 8 个步骤：概念本体树构建、实体及三元组抽取、数据清洗、三元组头实体挂载、三元组尾实体链接、多源知识融合、图谱补全和更新、图谱存储。

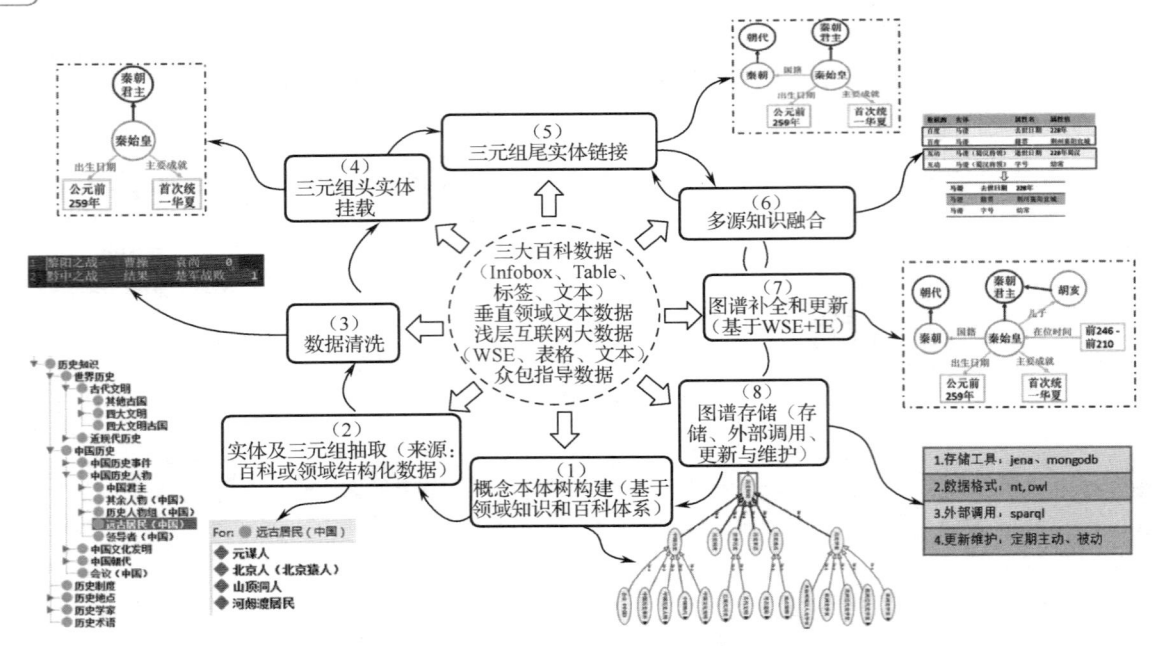

图 3　少儿百科知识图谱架构

少儿百科知识问答系统架构如图 4 所示，其包括问题分类模块、NLU 模块（问句理解）、KGQA 模块（知识图谱问答）、其他 QA 模块（由抽取式 QA 和生成式 QA 兜底）等。

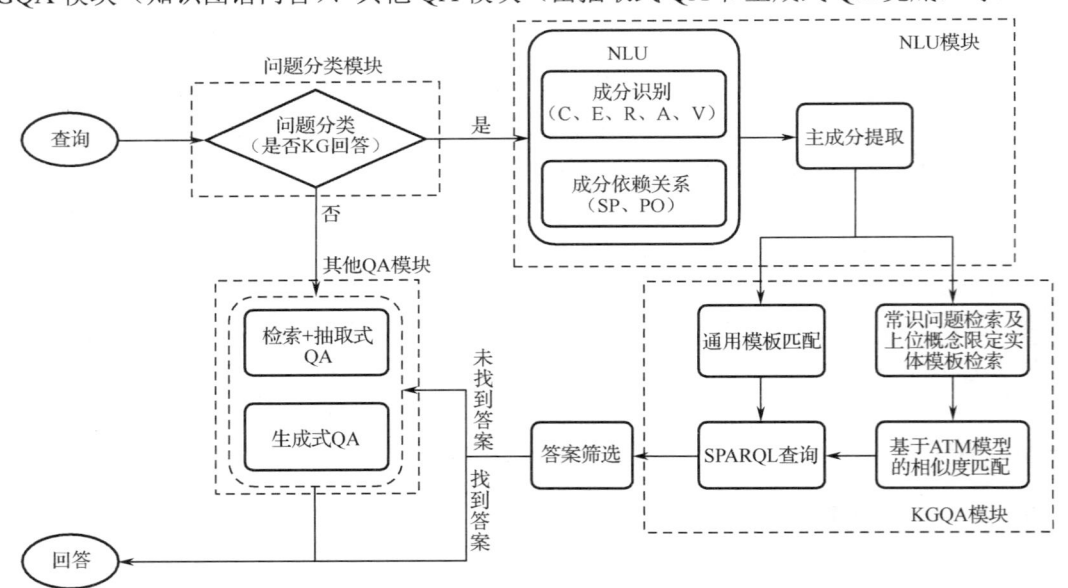

图 4　少儿百科知识问答系统架构

3.2　技术路线

3.2.1　概念本体树设计

概念本体树设计流程如图 5 所示。概念本体树设计的具体步骤如下。

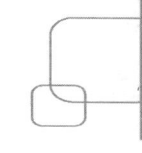

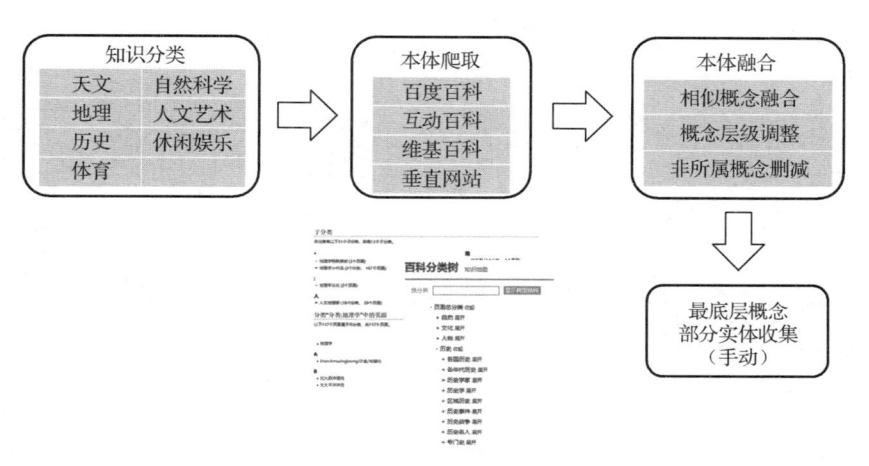

图 5　概念本体树设计流程

（1）概念本体树主要以人工构建为主，人工调研少儿相关知识，并制定 7 个知识分类。

（2）在 7 个知识分类的基础上，爬取三大百科等相关类别的概念。

（3）使用 Protégé 软件，手动将相似的概念融合，并按层级依次添加到对应概念中。

（4）根据上一步的概念树，人工查找相关概念的部分实体，将其添加到底层的概念，至此完成初步的概念树。后续在实体挂载中，若发现不合理的地方，手动修改概念树。

3.2.2　实体及三元组数据抽取

实体和三元组数据抽取主要有两种方式。一种是基于三大百科页面（百度百科、互动百科、维基百科）等结构化、半结构化数据，抓取实体三元组信息。另一种是针对垂直网站，采取文本迭代方式抽取三元组，其流程如图 6 所示，具体步骤如下。

（1）设置初始化种子集合。

（2）获取摘要数据中包含种子对及关系的摘要集合。

（3）利用种子对加上关系对，抽取摘要中的三元组 Pattern。Pattern 可以根据不同关系的文本规律设置 Pattern 窗口大小。Pattern 由截取实体对周围的窗口长度的字符加上关系生成。

（4）初始种子获得 Pattern 集合之后，利用 Pattern 对所有包含该关系的摘要文本进行三元组抽取。只要含有 Pattern，则可以抽取出实体对。

（5）利用知识图谱中的知识和初始的种子，对抽取出来的实体对进行质量判断。Pattern 抽取出来的正确实体对数量越多，则该 Pattern 的质量越好。

（6）加入人力观察抽取出来的实体对，设置清洗规则，得到较高质量的三元组集合。

（7）利用抽取到的新的三元组，扩大种子集合迭代并进行抽取。

3.2.3　头实体挂载

头实体挂载即将三元组的实体挂载到概念本体树上，其主要技术路线如图 7 所示，具体步骤如下。

（1）使用规则加人工的方式，将所有实体挂载到概念树的前两层。

（2）选定第二层的某个大类，为所有子类别训练一个二分类器。由于数据稀疏，可以针对多个二分类使用多层神经网络，上层网络共享权重，每个分类器各自拥有最后一层低维度隐层及输出层。

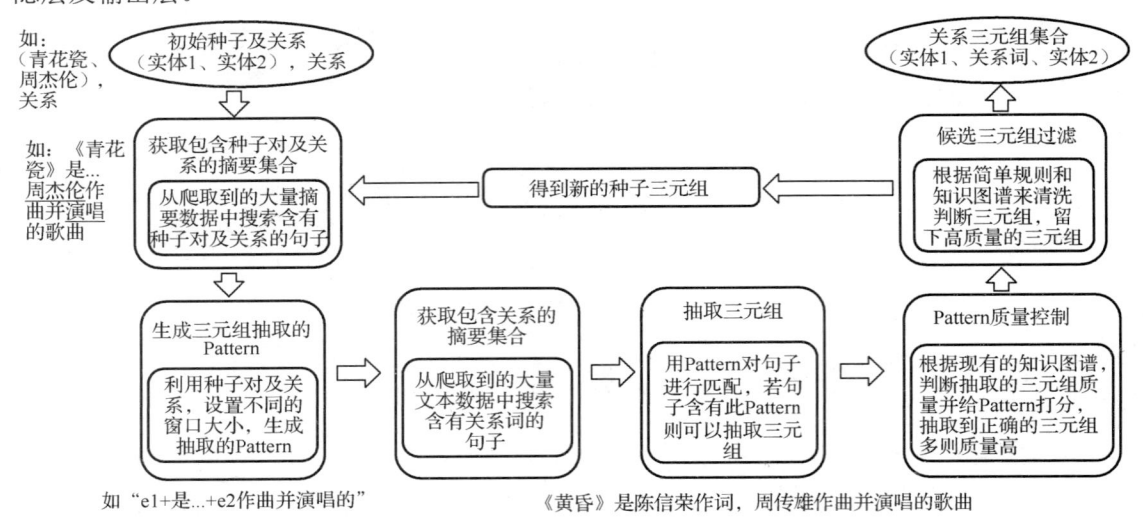

图 6 文本迭代方式抽取三元组流程

（3）输出层采用 sigmod 函数，每个实体可以得到多个标签。
（4）根据多标签之间的相似性及上下位关系，对于大于阈值的实体，确定相应类别。
（5）对于小于阈值的实体，进行人工分类。

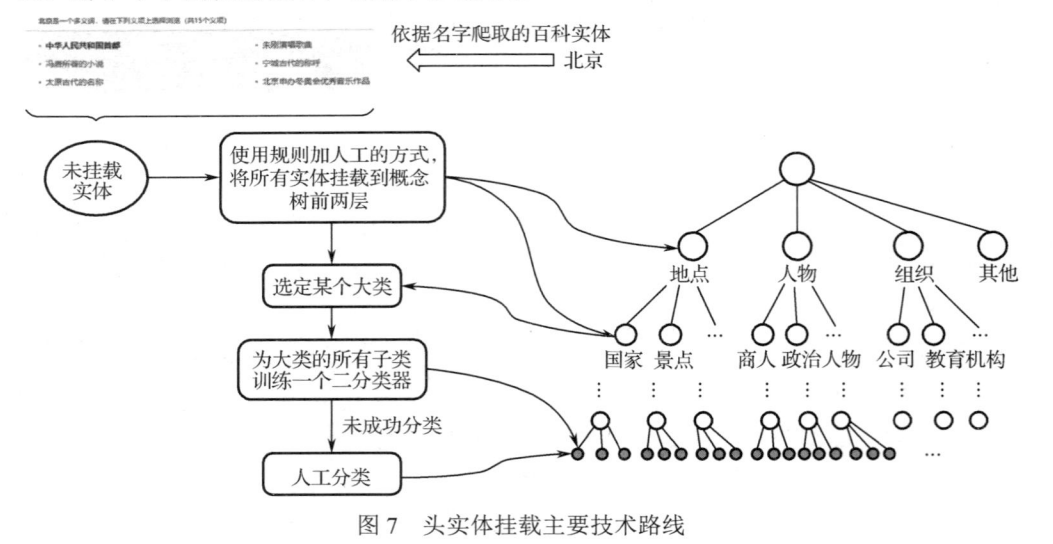

图 7 头实体挂载主要技术路线

3.2.4 尾实体链接

尾实体链接即将三元组的尾实体链接到对应的实体上，其主要技术路线如图 8 所示，具体步骤如下。

（1）对于三元组尾实体链接，使用概念相似匹配、属性相似匹配和关键词匹配来进行消歧。
（2）在上位概念相似匹配中，获取相同关系的三元组的尾实体所属概念，然后获取候选尾实体的所属概念。

（3）在下位属性相似匹配中，同样获取相同关系的三元组，并对这些三元组尾实体和候选尾实体所具有的属性进行词嵌入。

（4）在关键词匹配中，首先通过百科获取头实体和所有候选尾实体的百科描述，然后对得到的百科描述进行分词，利用分词的结果得到头实体与候选尾实体的交集，最后推断头实体与每个候选实体的相关性。

（5）定义整体相似度，即 1-（1-概念相似度）×（1-关键词相似度）×（1-属性相似度）。

（6）在链接中，先判断单个相似度是否超过阈值，从而决定是否链接，没链上的再用整体相似度判断阈值是否要链接。

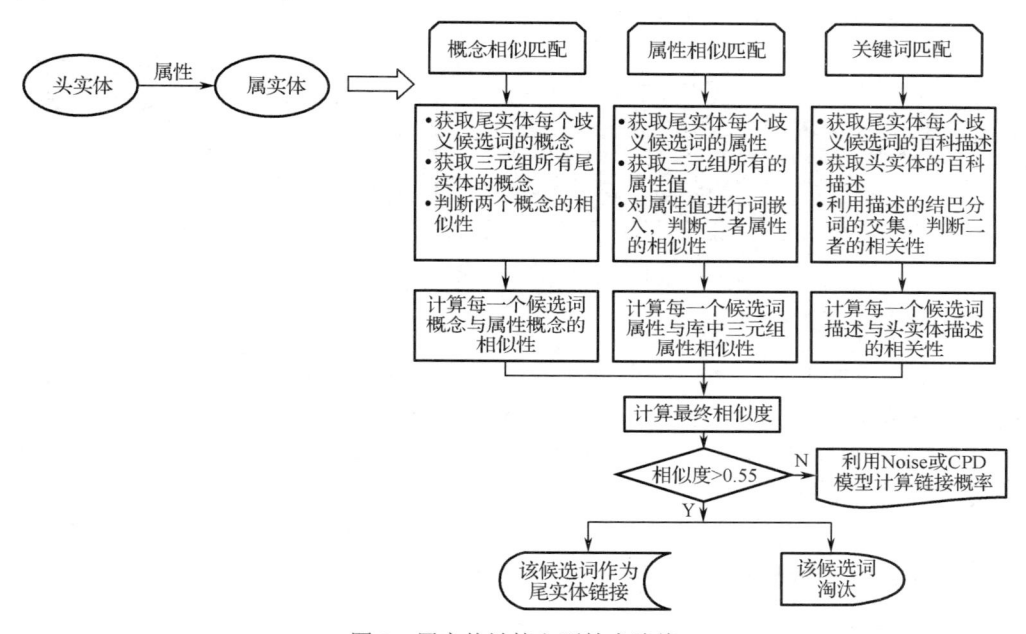

图 8　尾实体链接主要技术路线

3.2.5　知识融合

知识融合即将不同来源的数据融合到同一个知识图谱中，其主要技术路线如图 9 所示，具体步骤如下。

（1）对知识图谱中的实体数据进行预处理。按照宾语的类型，将知识图谱中的三元组分成关系三元组和属性三元组两类；然后针对属性三元组，制定规则进行属性值的标准化。

（2）利用属性三元组进行实体对齐。通过计算两个实体间相同属性的属性值相似度（可以使用编辑距离和余弦距离等），对所有相同属性下的值进行加和平均，得到的平均相似度用来衡量两个实体的相似度。

（3）利用关系三元组进行实体对齐。设置阈值，从迭代模型产生的结果中筛选高质量的实体对齐结果，作为利用关系三元组的 Embedding 模型的训练数据，得到另一部分的实体对齐结果。

（4）利用回归模型合并两个部分的结果。将迭代模型的结果作为训练数据，利用回归模型将两个部分的结果合并起来，得到最终的实体对齐结果，而不是直接人工指定权重，直接合并两个结果集。

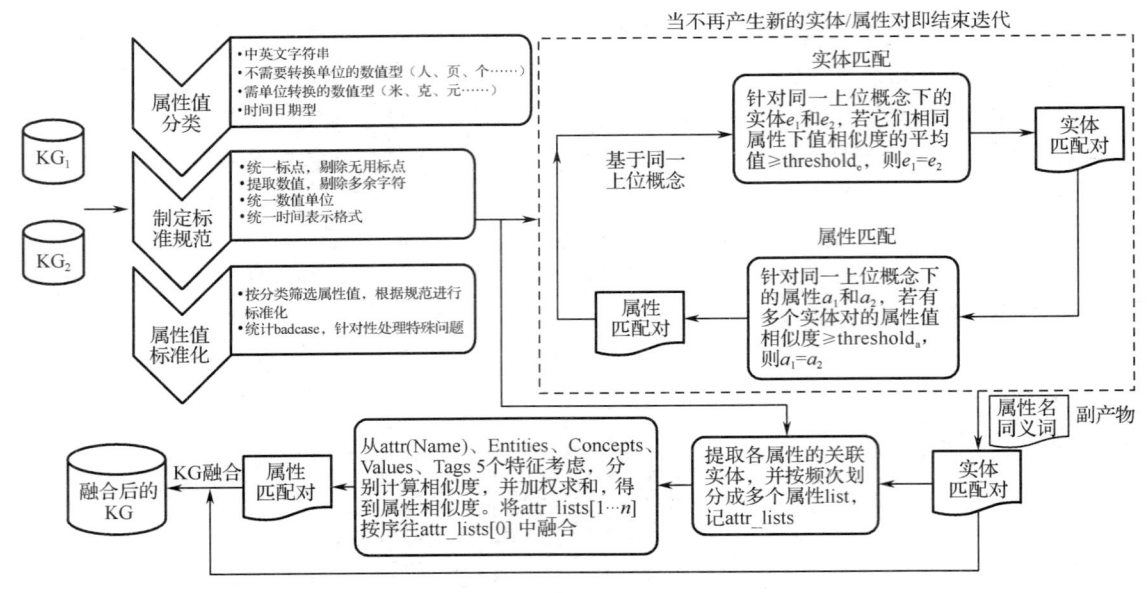

图 9 知识融合主要技术路线

3.2.6 图谱更新

图谱更新即定期定时自动更新图谱数据，其主要技术路线如图 10 所示，具体步骤如下。

（1）从热搜新闻中抽取热点信息，对这些信息进行预处理，作为更新的种子实体。

（2）获取这些种子实体并更新到数据库中，然后通过种子实体的百科页面的超链接获取与其相关联的实体作为扩展实体。

（3）在扩展实体的百科页面中，抽取实体存在时长、编辑次数、浏览次数、关联实体数目、周更新频率等 8 个特征并计算其优先级，按照由高到低的顺序放入更新列表中。

（4）每次选择优先级最高的实体并更新到知识库中，然后获取与此实体相关联的扩展实体。

（5）抽取扩展实体的特征计算优先级并插入候选列表中。

（6）不断重复步骤（4）和步骤（5），直到每日更新次数达到上限或更新列表为空。

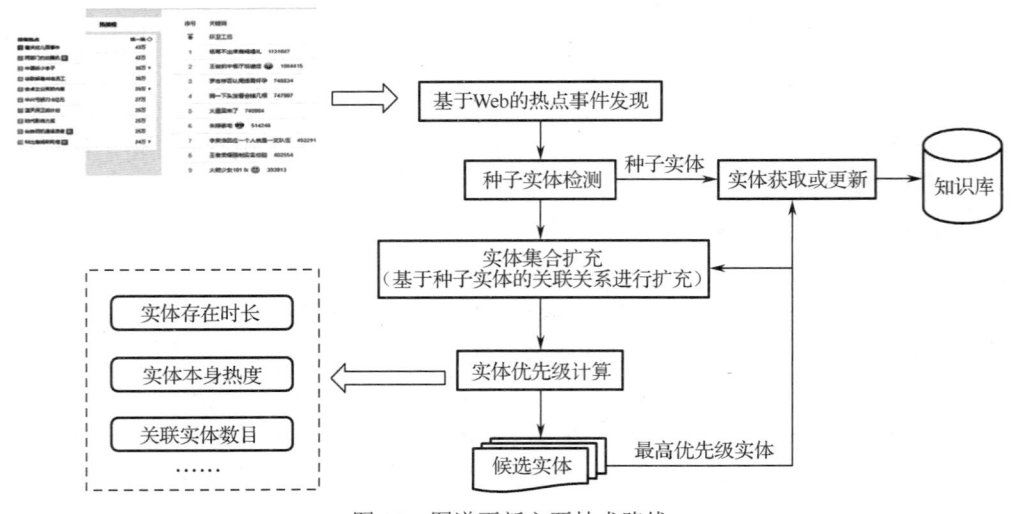

图 10 图谱更新主要技术路线

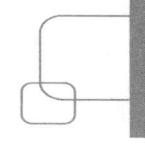

3.2.7 问题理解 NLU

问题理解 NLU 模块的主要技术路线如图 11 所示。用户问题首先经过问题过滤模块，屏蔽非知识类问题、敏感问题等；然后经过 NLP 预处理模块，得到问句分词结果和词性标注结果；接着经过主成分识别模块，包括实体识别、属性关系识别、实体链接和属性链接等；最后通过句法结构分析模块，得到各个主成分之间的依赖关系，最终得到一个结构化的表达。

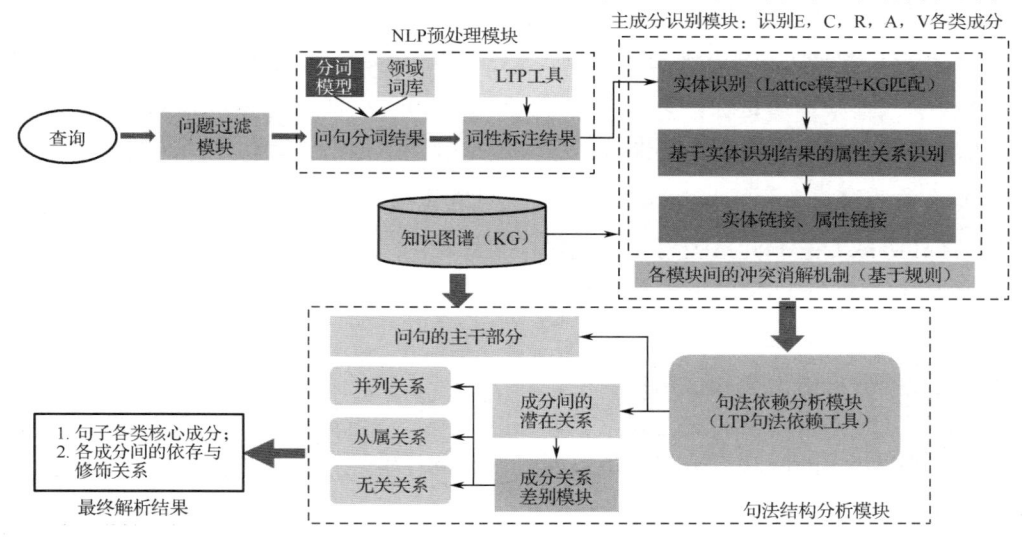

图 11 问题理解 NLU 模块的主要技术路线

3.2.8 KGQA

KGQA 模块主要是将用户问题转化成查询语句，然后从知识图谱中获取答案。KGQA 具体技术流程如图 12 所示。问题经过 NLU 模块后，得到主成分之间的依赖关系，然后提取问题的主实体，进行问题的简化和降阶处理。如果问题中只包括一个主实体和一个属性或关系，会优先使用一阶常见属性模板，采用语义相似度模型 ATM 进行相似度匹配。若匹配不上，会继续匹配正则通用模板。最后，将语义模板对应的 SPARQL 查询模板实例化为一个 SPARQL 查询语句，从数据库中得到最终结果。

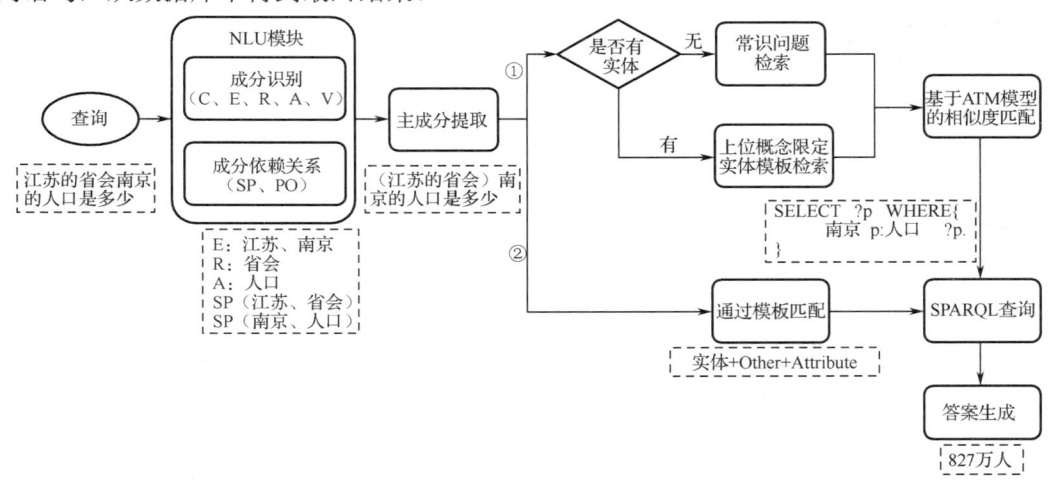

图 12 KGQA 具体技术流程

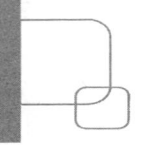

4. 案例示范意义

1）独有的儿童语音识别模型让机器更能"听清"儿童说的话

针对儿童的发音特点和说话方式，经过 10 余年的儿童语音数据收集，并不断打磨和优化，阿尔法蛋系列机器人的儿童吐字识别准确率超过 95%，儿童语句识别准确率超过 85%。

2）独有的儿童语义理解模型让机器能"听懂"儿童各种有趣的话语

儿童每天与阿尔法蛋系列机器人对话超过数千万次，在人工专家的指导下，阿尔法蛋系列机器人独有的儿童语义模型不断进步，成为最理解儿童说话方式和表达习惯的语义模型。

3）独有的儿童声音合成模型使阿尔法蛋系列机器人可以像儿童的小伙伴一样说话

通过声音合成专家和儿童教育专家的精心设计，阿尔法蛋系列机器人不仅可以用儿童的声音回答问题，还能用儿童的语言方式回答问题。

4）自学习、共成长

借助大数据分析能力和知识图谱应用，阿尔法蛋系列机器人能够不断发现儿童感兴趣的新主题，通过互联网自动学习加上儿童专家帮助，阿尔法蛋系列机器人将新学到的知识再告诉儿童，在帮助儿童的同时，阿尔法蛋系列机器人的理解能力、表达能力、知识储备量等也与儿童共成长。

5. 展望

随着互联网、大数据、人工智能等技术的快速发展，近几年，儿童智能设备发生了翻天覆地的变化，从最初的语音点读机、家教机发展到现在利用人工智能技术服务的智能陪伴机器人，儿童智能设备正在从单一功能服务向综合多功能服务发展。儿童智能陪伴机器人作为家庭服务机器人的重要部分，在儿童教育、儿童场景式陪伴及儿童安全监控领域起到了非常重要的作用。

但面对同质化严重的市场，构建品牌壁垒，开发具有创新性、差异性的产品是各企业需要仔细思考的问题。现有的儿童智能陪伴机器人的智能水平还不够，因此，还需努力提高各方面的技术水平及其综合应用。如何提高自主性和适应性是儿童智能陪伴机器人发展的关键。未来，科大讯飞将进一步深入研究如何在交互过程中引导和培养儿童对某个领域的兴趣。例如，在问答过程中，从以往对话中提取相关主题，儿童智能伴读机器人可自动挑选其中一个主题，如"恐龙"，并将话题逐渐深入，引导儿童深层次的思考。此外，科大讯飞将重点解决交互体验差的问题，更好地利用情感模拟系统准确捕捉到儿童情绪的转变，并采用恰当的语音、语调、语气给予回应和引导陪伴，让儿童智能伴读机器人能真正成为儿童成长道路上的心灵伙伴和指引者。

第 12 章　智慧营销领域案例

案例 19：汽车消费行业知识图谱构建及应用实践

针对汽车消费行业数据的模式变化快、语义理解难、数据关联弱导致的用户信息筛选困难、厂商需求反馈滞后、经销商获客渠道不畅等问题，本案例充分挖掘汽车消费行业数据潜力，构建了面向汽车消费行业的知识图谱，研制了知识图谱服务平台，充分满足了用户、厂商和经销商的业务需求。本案例提出了汽车消费行业知识图谱构建方法，构建了汽车领域较为丰富和全面的知识图谱，其中，实体数超过 1200 万个、关系数超过 5600 万个、三元组数超过 3 亿个；实现了汽车用户意图划分和高效识别，能够涵盖选车、买车和用车领域的 15 类大意图、93 个小意图的识别，准确率超过 90%；研发了汽车消费行业智能聊天机器人，涉及超过 532 个车系、36 万个手册知识点及近 100 个多轮汽车服务对话场景；搭建了基于服务化架构的知识图谱服务平台。本案例提供了一套针对汽车消费行业的知识图谱建模标准和构建流程，并对汽车消费行业基于知识图谱的智能化应用的落地进行了有益探索。

1. 案例基本情况

1.1 企业简介

汽车之家作为中国汽车互联网平台，成立于 2005 年，于 2013 年在纽约证券交易所上市，于 2016 年加入世界 500 强平安集团。该公司始终致力于为消费者提供优质的汽车消费和生活服务，助力中国汽车产业蓬勃发展。该公司通过产品服务、数据技术、生态规则和资源为用户和客户赋能，建设"车内容、车交易、车金融、车生活"，建立以数据和技术为核心的智能汽车生态圈，正式迈向"智能 3.0"时代，实现为消费者提供选车、买车、用车、换车等环节全面、准确、快捷的"一站式"服务。

基于内容优势，该公司构建了汽车消费行业知识图谱，打造认知智能中台，为各业务线赋能，同时为厂商和经销商提供汽车问答、智能客服及智能推荐等应用服务。该公司一直非常重视人工智能方面的投入和产出，获得国际语义评测比赛"SemEval 2019 任务 8"的子任务 B 第一名，并在 2019 年获得了由中国人工智能学会主办"AI+创新创业大赛"特等奖，以及"2019 年人民网内容科技创新创业大赛"的创意潜力奖和"2019 年雷锋网最佳 AI 内容"应用创新奖。

1.2 案例背景

随着用户流量和业务规模的不断增长，汽车消费行业累积了海量的用户消费数据，覆盖

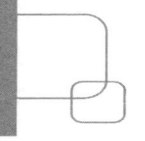

看车、买车和用车等应用场景。汽车消费类数据主要包括产品配置信息、VR 数据、资讯、百科、自媒体、视频、论坛、问答、经销商、二手车、口碑、金融、电商、保养、手册、车友圈和车友会等。汽车消费类数据现状与需求如图 1 所示。这些数据来源多、规模大、格式杂，对数据的应用造成了很大困难，具体体现在以下 3 个方面。

（1）模式变化快。业务需求和认知的不断变化导致数据结构变动频繁。

（2）语义理解难。非结构化数据（文本、图片和视频）所占比重较大，机器自动理解较为困难。

（3）数据关联弱。各业务繁杂、孤立、分散，造成数据间普遍缺乏联系。

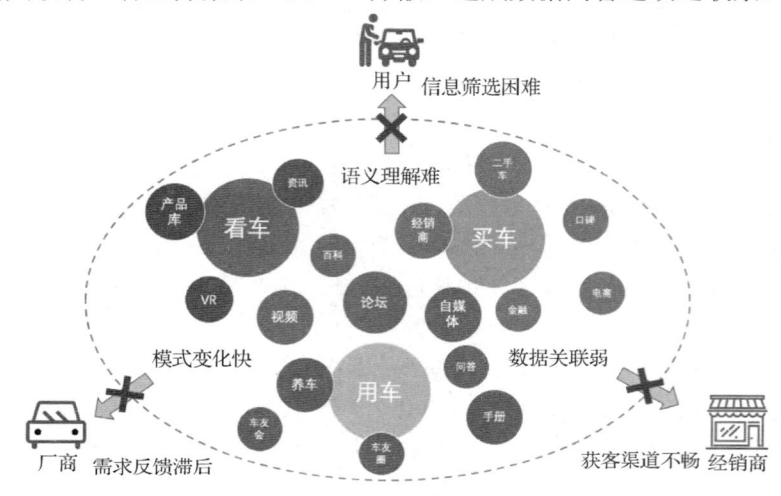

图 1 汽车消费类数据现状与需求

由于数据间缺乏有效的整合，极大地制约了平台受众（用户、厂商和经销商）对数据的应用需求。用户会迷失在海量的汽车消费行业数据中，无法及时筛选和获取所需信息，如定位汽车故障、依据偏好筛选意向车型等；厂商难以从丰富的消费行为数据中洞察潜在的价值需求，导致获取市场反馈滞后；经销商无法摸清消费者喜好、选型等细致需求，难以拓宽获客渠道、获得更多高质量客源，以及提升客户转化率。针对上述汽车消费行业的数据现状和应用需求，迫切需要引入知识图谱技术，整合多源异构的行业数据，以此为基础对外提供应用服务，满足广大用户、厂商和经销商的需求。

1.3 系统简介

本案例针对汽车消费领域的看车、买车和用车全场景数据，构建了汽车消费行业知识图谱（见图 2），解决了汽车消费数据模式变化快、语义理解难、数据关联弱的难题，极大地提升了数据利用效率。本案例以此为基础引擎，赋能一系列面向行业的智能化应用，保证用户能够快速获取高价值信息，厂商能够及时洞察市场需求反馈，经销商能够深入拓展获客渠道，实现用户价值、厂商价值和经销商价值的倍增。

1）获取高价值信息

针对海量多源异构的汽车消费数据，汽车消费行业知识图谱提供给用户智能助手、个性推荐、问答系统、语义搜索等应用，使用户能够以自然语言交互的方式快速筛选所需高价值信息，如车型配置、热点资讯、用车经验和购车指南等，极大地降低了信息获取门槛，满足

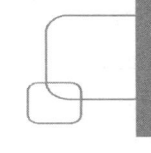

用户在看车、买车、用车时的消费需求。

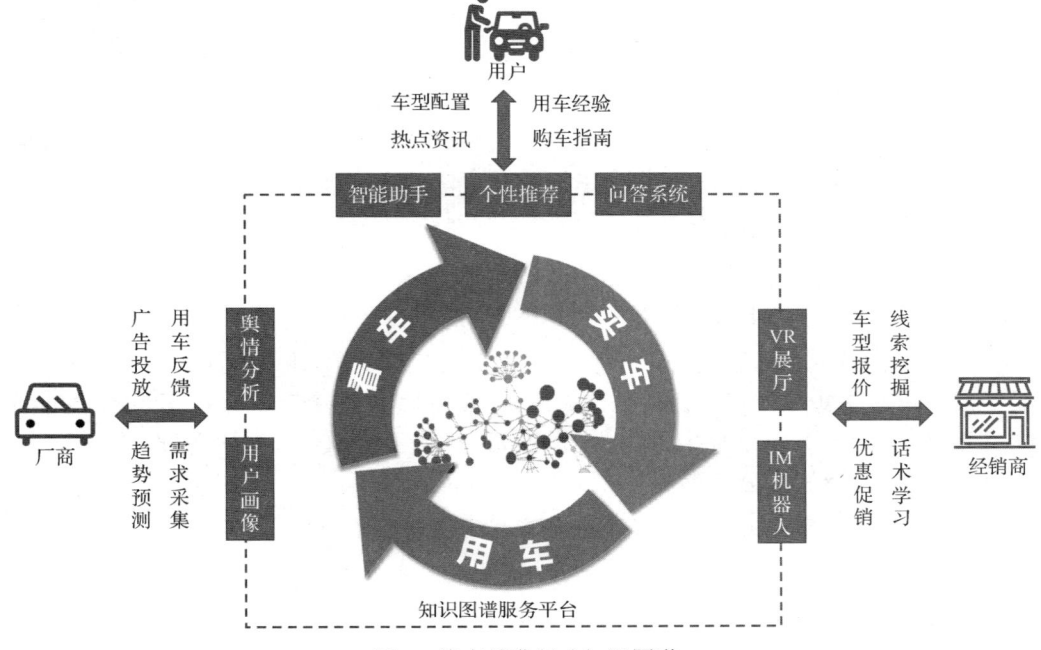

图 2　汽车消费行业知识图谱

2）洞察市场需求并反馈

因为用户的消费价值触点多且消费行为丰富，通过精细跟踪用户消费行为，构建年龄、职业、个人偏好、支付能力等画像特征，能够采集不同人群的真实消费需求，更好地指导厂商的产品设计、生产和宣传。通过对舆情进行监控分析，及时获取消费者的各类用车反馈、与竞品的优劣对比信息，并对趋势进行预测，辅助厂商进行经营决策。

3）拓展获客渠道

顾客的进店购车体验对于促成订单具有非常重要的作用。VR 展厅可以模拟真实的看车场景，让用户在出门不便时仍能够足不出户看车、选车，获取高质量客源。IM 机器人可以回复用户在购车环节的相关疑问，如车型报价、优惠促销活动规则等；同时进一步学习优秀的销售话术，挖掘潜在的购车线索，从而解决经销商人力不足、培训成本高的难题，提升汽车零售的效率和质量，进而提升汽车消费者的满意度。

2．案例成效

案例成效如图 3 所示。本案例通过充分挖掘汽车消费行业的需求和数据，构建了与汽车消费行业语料适配的信息抽取和语义分析模型，解决汽车消费行业知识图谱知识专而深、构建成本高的难题；构建了面向汽车消费行业的知识图谱，并实现了一系列汽车消费行业知识图谱应用，显著提升了用户、厂商和经销商的满意度，主要表现在以下 4 个方面。

1）构建了汽车消费行业较为全面的知识图谱

基于汽车之家的行业数据优势，利用知识图谱相关技术，构建了汽车消费行业大规模知

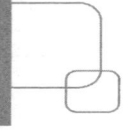

识网络，涵盖汽车配置、口碑、报价、百科、资讯、故障、保养、汽车金融等各类汽车知识。该知识图谱实现了汽车消费行业多源异构数据的语义集成，显著提升了数据应用效率，是认知智能的中控台，并发挥着基础支撑作用。

2）实现了汽车用户意图划分和高效识别

通过引入多意图识别模式与意图沙箱机制，解决了由于汽车消费行业不同意图类别数据分布不均匀导致的已有深度学习模型容易遗忘稀疏意图类别特征的问题，以及不同类别之间的文字差别小导致的意图识别模型准确度低等问题。其意图判别方法能够涵盖选车、买车和用车领域的 15 类大意图、93 个小意图的识别，准确率超过 90%。

3）研发了汽车消费行业智能聊天机器人

基于汽车消费行业知识图谱，通过引入语义识别及深度学习网络等技术，实现了汽车消费行业智能问答，缩短了用户行为路径，即说即得，涵盖 532 个车系、36 万个手册知识点，包含大意图的 184 个模板和小意图的 171 个模板，构建了近 100 个多轮场景，同时为腾讯、三星、OPPO、华为等知名公司提供基础服务。

4）搭建了基于服务化架构的汽车消费行业知识图谱服务平台

该平台采用服务化设计，针对汽车消费行业不同业务场景的需求和特征，通过组装下层技术引擎的各服务化模块，实现一系列面向汽车消费行业的服务，同时满足不同受众（用户、厂商、经销商）的应用需求。

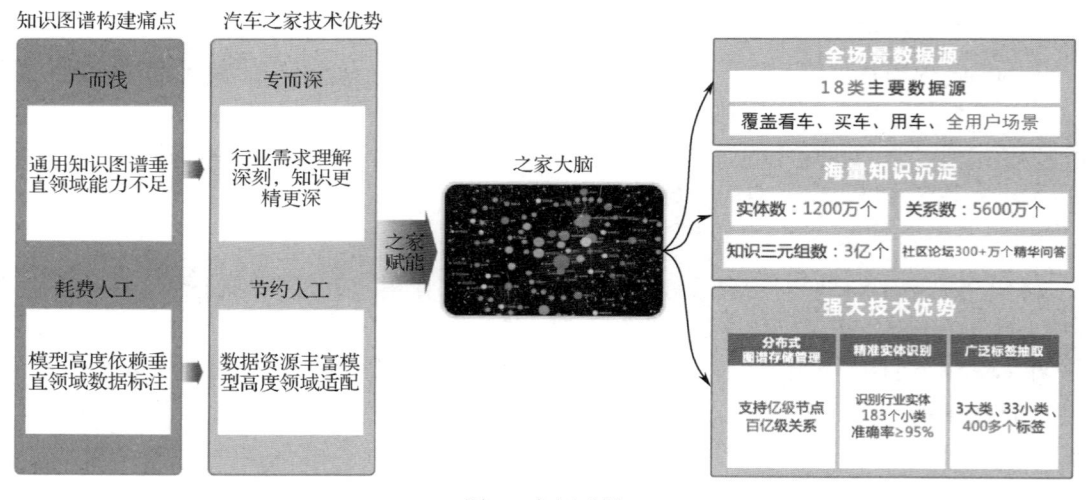

图 3 案例成效

3. 案例实施技术路线

3.1 系统架构

基于本案例在汽车消费行业知识图谱方面的实践经验，设计的系统架构（见图 4）分为数据池、知识图谱构建、知识图谱生成、技术引擎、应用服务和应用对象 6 个部分，具体描述如下。

第12章 智慧营销领域案例

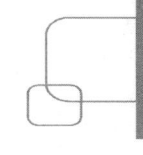

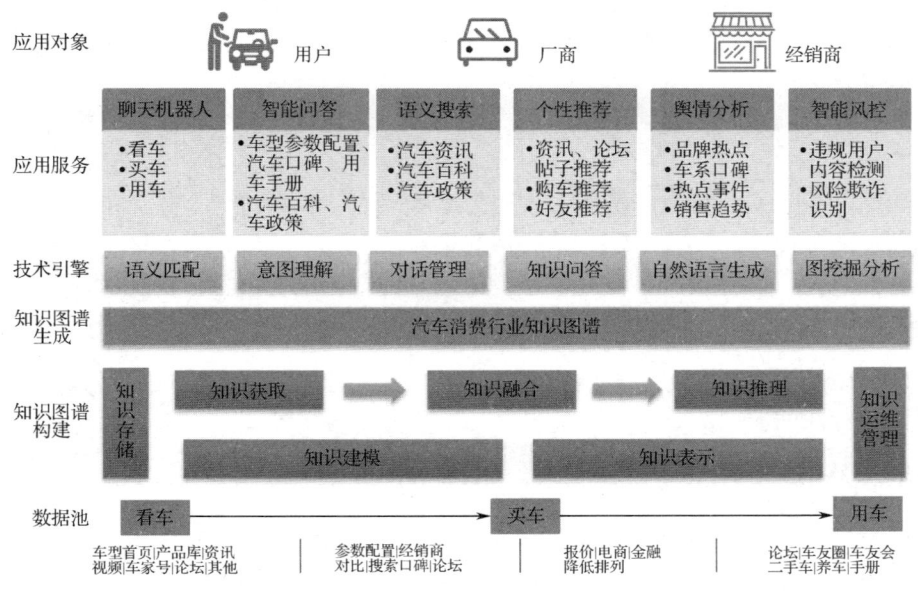

图4 系统架构

1）数据池

针对汽车消费行业应用需整合的各类型汽车消费行业多源异构数据，基于汽车之家丰富的数据资源优势，数据池覆盖了看车、买车、用车产生的各类数据，具体包括产品库、资讯、视频、论坛、参数配置、经销商、口碑、报价、金融、车友圈、用车手册等。

2）知识图谱构建

基于数据池的数据，构建了汽车消费行业知识图谱，以支撑上层应用服务。该知识图谱构建主要运用知识图谱全周期相关技术，包括知识建模、表示、获取、融合、推理、存储和运维管理等各环节。

3）知识图谱生成

基于下层的知识图谱构建部分，形成汽车消费行业知识图谱，为上层应用提供数据支撑。该部分将多源异构的汽车消费行业数据进行语义集成，沉淀形成汽车消费行业知识，可以视为整个系统的认知中台"汽车大脑"，为上层各业务应用赋能。

4）技术引擎

以知识图谱为技术支撑，研制一系列 NLP 核心技术模块，供上层应用服务组装和集成。这些核心技术模块包括语义匹配、意图理解、对话管理、知识问答、自然语言生成和图挖掘分析等。

5）应用服务

通过组装下层技术引擎的各模块，针对汽车消费行业特点，开发一系列面向汽车消费行业特点的服务。针对汽车消费行业，本案例研制了以下应用服务。

（1）聊天机器人：解决用户看车、买车、用车方面的各种需求。

（2）智能问答：回答用户在看车、买车、用车各阶段可能遇到的问题，包括车型参数配置、汽车口碑、用车手册、汽车百科和汽车政策等方面。

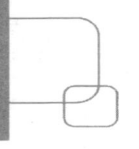

（3）语义搜索：理解用户查询需求，从汽车资讯、汽车百科和汽车政策等来源，直接返回用户所需答案。

（4）个性推荐：基于构建的用户画像，对用户进行资讯推荐、论坛帖子推荐、购车推荐和好友推荐等。

（5）舆情分析：从海量汽车资源中，挖掘品牌热点、车系口碑、热点事件和销售趋势，为广告投放、新车设计、政策制定等提供决策支持。

（6）智能风控：从海量汽车信息中，检测违规用户和违规内容，识别潜在的风险欺诈等异常行为。

6）应用对象

汽车消费行业的应用对象主要包括用户、厂商和经销商等。

3.2 技术路线

汽车消费行业知识图谱应用方案的实施主要围绕知识图谱构建和应用服务展开。其中，应用服务是在知识图谱构建的基础上实现的。这两个环节分别具体描述如下。

3.2.1 知识图谱构建

随着信息技术和业务规模的不断发展，汽车之家积累了丰富的汽车消费行业数据。这些数据来源多样、格式不统一、特点各异、用途和使用方式也存在较大差异，存在模式变化快、语义理解难、数据融合难的痛点，这就给数据的应用带来了较大困难。因此，需要构建汽车消费行业知识库，实现行业多元异构数据的语义集成，保证关联数据的高效存储、查询和可视化分析/应用，实现汽车消费数据的应用价值最大化（知识图谱构建流程如图5所示）。

为此，本案例采用以下技术解决思路。

针对模式变化快的问题，本案例采用动态本体技术和图模型技术解决。通过梳理和构建汽车消费行业本体，以图模型存储和整合业务数据，实现基于属性图结构的形式进行分布式存储管理，以支撑亿级节点、千亿级关系规模的图数据存储；通过构建节点和关系索引，实现关联数据的实时更新，从而适应数据的动态变化和模式扩展。

针对语义理解难的问题，本案例采用信息抽取技术和情感分析技术予以解决。利用信息抽取技术（实体抽取、关系抽取、属性抽取和事件抽取等），抽取汽车消费行业相关的实体、属性、关系及重要事件；利用情感分析技术，抽取用户口碑、情感和观点，从分散、无结构化数据中抽取结构化知识。

针对数据融合难的问题，本案例采用本体对齐技术和实体消歧技术予以解决。针对不同来源的数据，利用对齐本体技术，实现数据间行业类别层次、实体属性名称、关系名称的对齐，为数据融合打下基础；利用实体消歧技术，解决实体间存在的别名、简称和共指等问题，丰富实体属性和关系。

综上所述，上述3个解决途径分别对应知识图谱构建过程中的知识建模、知识获取和知识融合3个环节，将在下面分别进行重点描述。

1）知识建模

汽车消费行业的应用对知识的准确性、专业性和完备性要求较高，因此，汽车消费行业知识图谱的本体主要采用行业专家指导的自上而下构建方式。本案例的汽车消费行业数据覆盖看车、买车、用车流程,根据车型、车系参数配置和报价信息,得到较为重要的实体类型,主要包括车系、车型、厂商、品牌、经销商等;相关的关系类型主要包括车系到品牌隶属关系、车系到厂商被生产关系、车型到车系的从属关系、经销商到车型的销售关系等。同时,车型类实体具有相关配置、版型、保养、口碑等属性信息,车系类型实体包括标签、口碑等属性信息,经销商实体包括报价信息。知识图谱的部分 Schema 示意如图 6 所示。

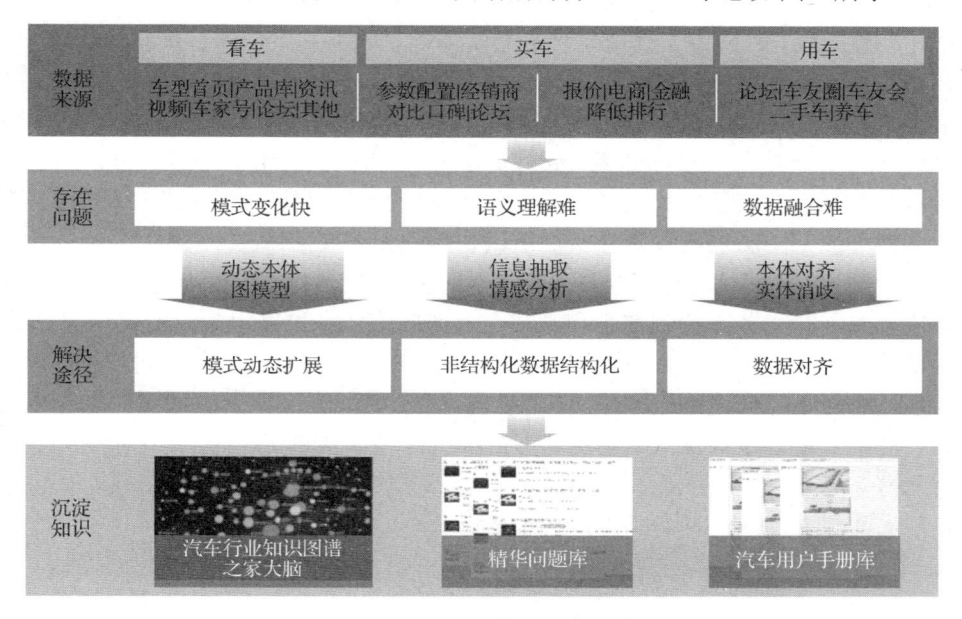

图 5　知识图谱构建流程

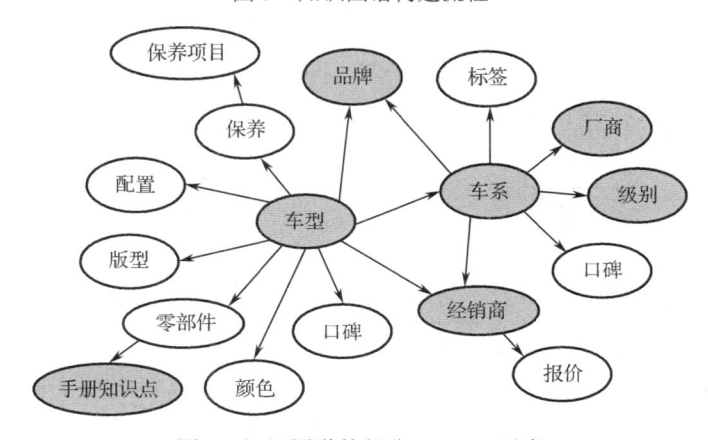

图 6　知识图谱的部分 Schema 示意

在上述构建的本体指导下,本案例采用图模型方式来组织和集成多源异构汽车消费行业数据。由于图模型具有扩展灵活的特点,基于动态本体的思想,本案例的本体结构无须事先完整定义,可根据未来需要进行动态扩展。同时,实体按需增加、无限扩展,允许任何人根据需要进行动态扩展。因此,基于图模型和动态本体技术,能够适应业务需求的频繁变更,保证业务的正常需求。

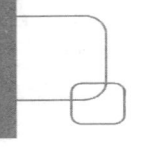

2）知识获取

（1）实体识别

基于汽车领域语料的行业特点，汽车消费行业实体识别的挑战主要体现在以下方面。①实体词多义现象较多。例如，"北京"既可以指代城市实体，也可以指代汽车品牌实体，容易引起混淆，在很多上下文环境中区分较为困难。②实体间嵌套较为普遍。例如，车型实体词"宝马三系 2017 款 318Li 时尚型"嵌套包含车系实体词"宝马三系"和品牌实体词"宝马"，因此，实体词边界和类型较难确定。③实体词规范性较差，实体词存在大量拼写和顺序错误，如拼写"宝妈三系""三系宝马"应为"宝马三系"；实体词存在大量的数字、英文、汉字混排，如"宝马叉三"应为"宝马 X3"；此外，实体词存在大量简写，歧义性较大，如"X5"可能指代多个不同实体"宝马 X5""汉腾 X5""景逸 X5""大迈 X5""北斗星 X5"等，这使得仅依靠模型可能无法满足所有需求。实体识别流程如图 7 所示。

基于上述挑战，本案例提出了融合规则、字典树和 BiLSTM+CRF 模型的汽车消费行业实体识别解决方案。首先，本案例基于规则和字典树匹配所有可能出现的实体情况；其次，对实体识别结果进行冲突检测，如果不存在冲突情况，则直接返回结果，否则转入下一步；最后，针对存在冲突的情况，利用规则和 BiLSTM+CRF 模型进行冲突信息的仲裁，返回最终的仲裁结果。基于上述方法，目前本案例能够处理汽车领域 183 小类实体识别，实体识别的准确率超过 95%。

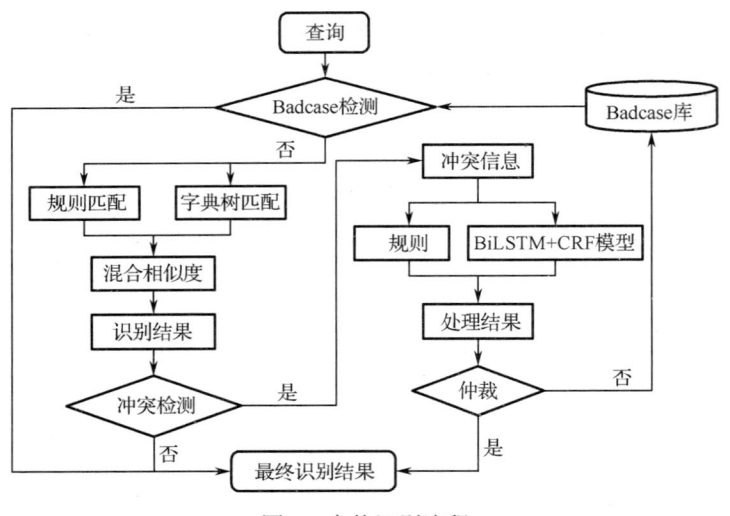

图 7　实体识别流程

（2）汽车手册知识点抽取

汽车手册作为厂家提供的一类丰富、权威知识源，具有非结构化、内容繁杂等特点。当前行业应用主要把汽车手册看作一类重要的数据源，服务于问答系统。采取的整合汽车手册知识思路主要有两种：一种是基于问题和答案相似度匹配的方式，直接从汽车手册中检索与问题语义相关的条目；另一种是基于问题与问题相似度匹配的方式，先拆解用户手册内容，构造潜在的问题答案对，然后匹配构造的问答对中与用户问题相似的问题，从而获取答案。

第一种方式存在的问题是准确性相对较差，获取的答案质量参差不齐，很难控制。第二种方式存在的问题是构建准确性高、覆盖率大的答案库的成本相对较高,能够回答用户的提问范围十分有限。针对上述问题,本案例提出了一种汽车手册知识组织方法,抽取车系、零部件、语义标签和知识点等信息,构建相应的知识图谱。因此,本案例能够利用该知识图谱强大的知识表达和推理能力,支持获取更加准确且与语义相关的答案。由于汽车手册知识点在很大程度上是按照零部件组织的,其具体方法流程描述如下。

首先,分析用户常见查询,按零部件分类,确定知识图谱构建重点;其次,设计一套可扩展的标签体系,针对各零部件的操作、保养、故障等,利用标签来表示知识;再次,解析知识点相关的零部件、标签,以部件、标签、知识点的方式来表达知识;最终,将抽取的知识添加到知识图谱中。汽车手册知识抽取结果示意如图 8 所示。

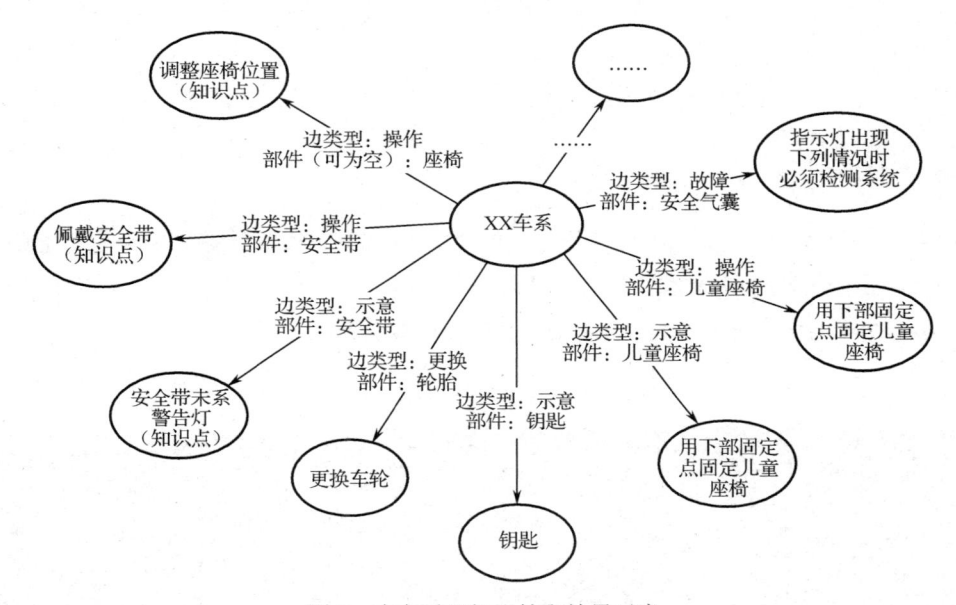

图 8　汽车手册知识抽取结果示意

（3）其他信息抽取

① 标签抽取

标签抽取任务对于理解用户评论,以及挖掘用户的情感和观点具有非常重要的意义。利用汽车论坛的用户言论进行标签抽取,可以获取用户对于特定车系的观点和情感。

为了增强标签抽取的可解释性,本案例除了获取标签类型,也同时获取该标签对应的文本片段。本案例采用预训练 BERT 模型,联合判断标签类型和对应文本数据位置,提供直观的可视化效果,辅助评估标签抽取的准确性。这种方法能够同时抽取最符合语义的多个标签,并显著提高各标签对应文本跨度的准确性。目前,本案例抽取的标签涵盖口碑、故障、场景三大类,33 小类,共计 400 多个。标签抽取部分结果展示如图 9 所示。

② 情感分析

针对汽车的用户评论,用户可能从不同方面表示不同的情感倾向,仅了解情感极性（正面、负面、中立）是不够的。此外,很多站点通过综合用户评分来了解车系各个方面的评价,但由于缺乏统一的评分标准,很难获得较为客观的分数。因此,直接从论坛用户评论文本出发,提取用户对车系的各方面情感倾向（情感细粒度分析）就显得非常必要。

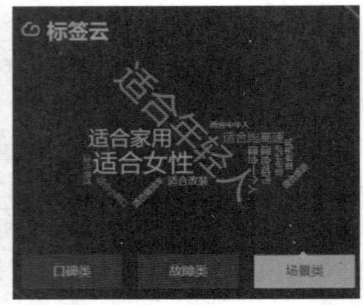

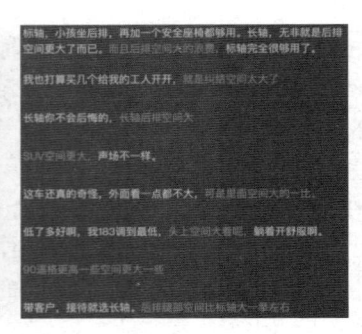

图 9　标签抽取部分结果展示

本案例主要从动力、外观、油耗、操控、空间等 10 个方面来评估用户对某车系或车型的看法。在此利用预训练 BERT 模型抽取上下文特征，并添加 Self-attention（自注意力）机制，对各个方面的情感极性进行分类。情感细粒度分析和 Attention（注意力）识别结果示意如图 10 所示。从句子的识别结果来看，模型对于分类结果具有较好的解释性。针对某车系动力的用户情感细粒度分类实例如图 11 所示。

图 10　情感细粒度分析和 Attention 识别结果示意

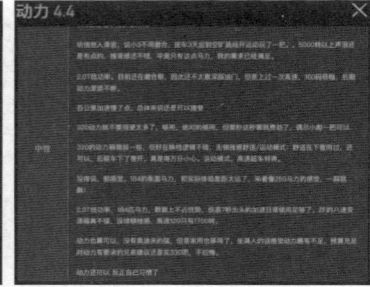

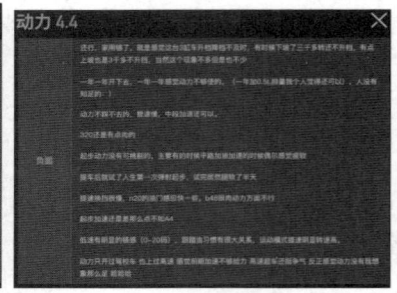

图 11　针对某车系动力的用户情感细粒度分类实例

③ 事件抽取

针对汽车消费行业的事件抽取问题，本案例先定义了感兴趣的事件类型和相关事件要素，之后通过触发词从海量文本中自动识别事件类型，并利用模板和规则来抽取相应的事件要素。

此外，尽管每天产生大量的非结构化文本数据，但本案例能够抽取包含某些特定类型事件的文本，如新车上市事件（上市时间、上市车型、上市地点等）、车辆召回事件（召回实施时间、召回车型、召回原因等）和促销活动规则（活动时间、活动对象、优惠措施等）等，具有规范性好、歧义性小的特点。因此，各事件要素也可表现为某些文本片段，适合转化为机器阅读理解问题。本案例尝试通过机器阅读理解技术，让机器直接阅读文档，发现特定类型事件，并抽取相关事件要素。图 12 是利用机器阅读理解技术抽取的汽车召回事件结果示意。

第 12 章　智慧营销领域案例

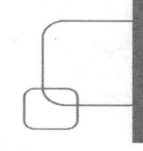

长城汽车召回部分哈弗H2s车型

日前，长城汽车股份有限公司根据《缺陷汽车产品召回管理条例》和《缺陷汽车产品召回管理条例实施办法》的要求，向国家市场监督管理总局备案了召回计划。决定自2019年12月15日起，召回2016年1月4日至2017年10月11日期间生产的哈弗H2s汽车，共计62655辆。召回范围内车辆由于供应商涂装工艺温度设定偏差，外后视镜片长期使用后涂层附着力降低，可能导致涂层局部剥离，极端情况下外后视镜片可能发生脱落，存在安全隐患。长城汽车股份有限公司将对召回范围内的车辆免费更换左/右外后视镜片总成，以消除安全隐患。

图 12　利用机器阅读理解技术抽取的汽车召回事件结果示意

3）知识融合

知识融合是通过冲突检测、真值发现等技术消解知识集成过程中的冲突，再对知识进行关联与合并，最终形成一个一致的结果。本案例在实践过程中，知识融合的场景主要是汽车之家自有数据和外部数据的集成合并，主要包括数据模式层融合和数据层融合。

（1）数据模式层融合包括概念合并、概念上下位关系合并和概念的属性定义合并 3 个方面。本案例主要通过构造行业词典和同义词表，使得各数据源在数据模式层进行对齐。由于行业本体的专业性和严格性，数据模式层的对齐同时需要人工的监督和纠正。

（2）数据层融合包括实体合并、实体属性融合、冲突检测与解决等。本案例主要通过综合考虑实体名称、描述、属性值的相似度，实现实体数据的合并。针对不同来源、相同实体的属性值存在冲突的问题，本案例主要根据数据源的可信度、数据的最近更新时间等因素来确定采信的数据源，从而解决冲突。

通过上述图谱构建的知识建模、知识获取、知识融合环节，本案例沉淀了汽车消费行业知识，最终形成了汽车消费行业知识库，主要包括汽车消费行业知识图谱、汽车消费行业精华问答库和汽车手册库 3 个部分。

（1）汽车消费行业知识图谱：结合汽车之家的内容优势，构建了面向汽车消费行业应用的全面知识网络，实现了多源异构数据的语义集成。

（2）汽车消费行业精华问答库：基于业务常见问题和论坛信息，整理了历史精华问答对，对问题语义信息进行编码和索引，能够快速匹配用户可能遇到的各类问题。

（3）汽车手册库：解析非结构化的各车系汽车手册，自动抽取潜在的用车问题知识点，能够实现快速检索匹配，解决用户在用车过程中遇到的各种问题。

3.2.2　应用服务

1）家家小秘

汽车之家智能聊天机器人（家家小秘）主要包括语义理解、语义因子解析平台、对话管理和答案生成等模块。汽车之家智能聊天机器人技术框架如图 13 所示，其可满足用户在看车、买车、用车各个阶段的需求。家家小秘的核心语义理解模型可触达 113 个汽车领域意图，基本覆盖常用范围，也是当前覆盖最全面、最专业的汽车意图网络之一，更懂用户所想；在图谱构建方面，自建汽车消费行业最大的知识图谱之一，覆盖 3 亿个知识三元组，形成可靠的知识网络；在问答的智能生成方面，实现阅读理解"从文章中直接获取答案"，实现文本生成"从简单知识点生成最终答案"，结合知识图谱和问答库，构成了整个汽车领域最大、最全的答案系统之一。

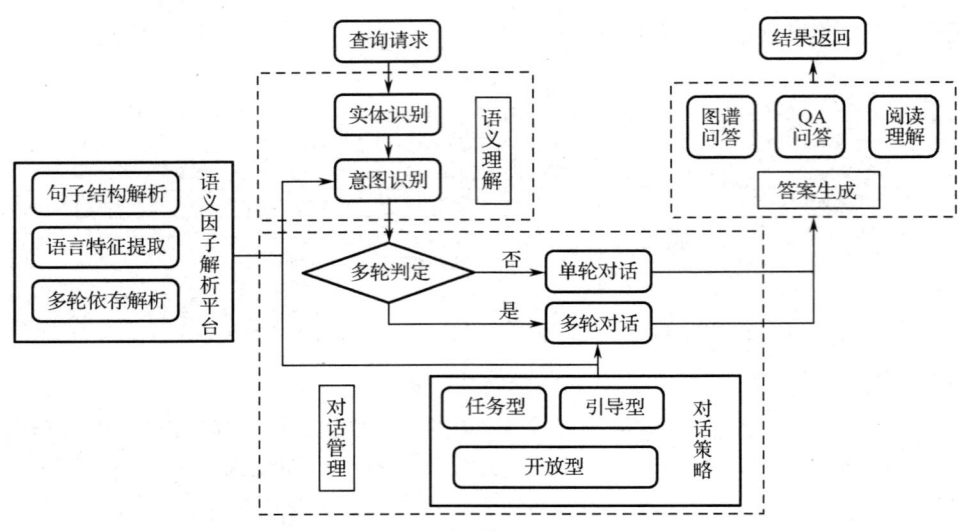

图 13 汽车之家智能聊天机器人技术框架

语义理解主要包含实体识别和意图识别。其中，实体识别主要采用字典树匹配和 BERT+BiLSTM+CRF 模型识别。字典树匹配将人工构建汽车领域的实体按照拼音构建成一个字典树，之后将用户查询转为拼音与字典树匹配，得到初步的实体。BERT+BiLSTM+CRF 模型识别首先利用 BERT 模型得到查询的语义表示，然后将语义表示输入 BiLSTM 模型中得到实体类型的概率，最后用 CRF 模型确定实体。当两种方法的识别结果一样时，就确定为最终结果；当字典树匹配结果有矛盾时，结合 BERT+BiLSTM+CRF 模型识别结果得到最终的结果。实体管理界面如图 14 所示。

图 14 实体管理界面

意图识别主要采用快识别和慢识别两种模式，以模板识别为快识别模式，以模型识别为慢识别模式。对所述查询语句先采用模板识别，如果识别结果置信度大于或等于预设值 n，

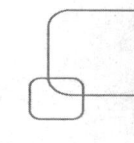

直接输出第一意图；如果识别结果置信度小于预设值 n，将第一意图和所述查询语句同时代入模型识别形成第二意图，输出第二意图，并用第二意图替换模板识别中基于同一查询语句形成的第一意图。在识别过程中，典型的查询语句只经过快识别模式即可完成，非典型的查询语句在快识别模式输出的第一意图置信度小于预设值 n 时，转入慢识别模式，由慢识别模式输出更准确的第二意图；同时，还可以用慢识别模式输出的最终结果自动替换基于同一查询语句的快识别模式输出的第一意图，从而不断升级快识别的准确度和广泛度，提升意图识别的整体速度。意图管理界面如图 15 所示。

意图

名称	编号	操作
保险	16	查看子意图 修改 删除
引导语	15	查看子意图 修改 删除
闲聊	14	查看子意图 修改 删除
业务咨询	13	查看子意图 修改 删除
指令	12	查看子意图 修改 删除
单个实体	11	查看子意图 修改 删除
媒介看车	10	查看子意图 修改 删除

图 15　意图管理界面

对话管理根据与用户交互的连续性，分为单轮对话和多轮对话。单轮对话根据用户单轮的查询提供答案，并结束对话；多轮对话利用跟用户的连续对话，完成用户的需求或完成系统设置的目标，其中上下轮之间是有关联的。本案例主要将多轮对话分为任务型、引导型和开放型 3 种类型。任务型多轮对话是指根据用户潜在的需求，系统不断反问用户直到给出用户想要的答案；引导型多轮对话主要指根据系统设置的目标，引导用户完成对话；开放型多轮对话是指用户根据当前对话衍生发问，系统根据用户发散的问题并结合历史信息给出答案。本案例通过分析对话语料，制定了多轮对话的基本方式——滤网，即结合用户当前信息和历史信息，拆解语句中的实体，预测用户下一轮的意图，从而得到更加贴合语境的回复方式，有效提高了与用户交流时的信息量，缩短了对话流程的同时提高了智能语言处理系统的效率。

语义因子解析平台主要实现意图和多轮对话的可配置，利用依存分析、语言模型和多轮对话，分解得到语句结构、语义特征和多轮的解析结果，同时设置配置的主要逻辑，即制定各模块之间的组合规则。为简化配置过程，本案例主要采用"and""or"作为主要逻辑，以槽位为最基本单位，即每个槽位包含条件（可以是实体、模型结果、限制函数等），用"set"组合槽位，每个"set"设置一个逻辑，用于表示"set"内部槽位的关系；同时，"set"可以嵌套使用，主要用于意图的配置。此外，设置 4 个滤网，用于表示的多轮对话的基本形式，每一个多轮对话都由这 4 个滤网（可以不满 4 个）组合而成，结合意图识别的配置实现所有的多轮对话。语义因子解析平台界面如图 16 所示。

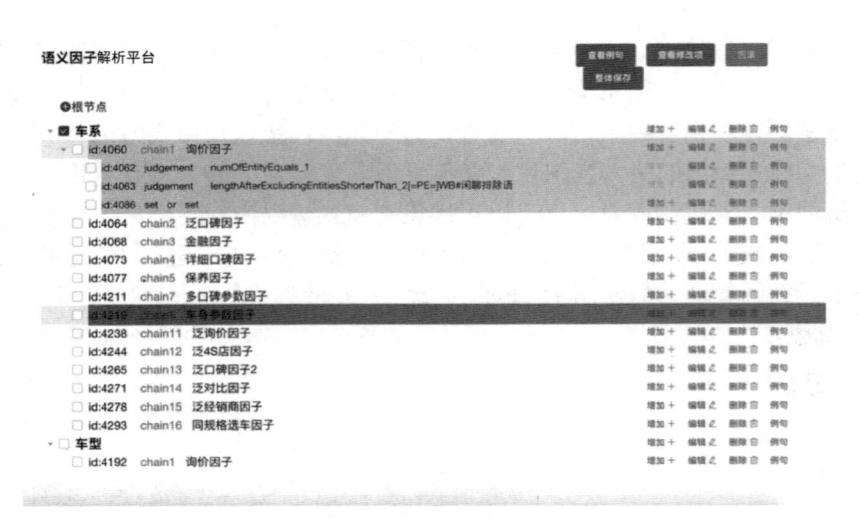

图 16　语义因子解析平台界面

汽车之家拥有汽车领域较为全面和完整的相关数据，其答案生成根据来源不同，可以分为图谱问答、QA 问答和阅读理解 3 类。图谱问答首先将知识点依据其关联的部件及语义标签构建到汽车消费行业知识图谱中；然后采集相关的用户历史问题库，解析该问题库中问题的知识，并通过将问题泛化为模板，构建问题模板标签库；最后对用户问题进行语义解析，确定问题相关的知识，在图谱中检索推理相关知识点，并综合问题和知识点的语义标签匹配度，以及知识点标题和用户问题的相关度排序，最后获取问题答案。QA 问答是利用汽车之家积累的汽车精华问答为用户提供答案。本案例中，首先利用语言模型（如 BERT 模型）将问答对中的问题和用户的查询转化为语义向量；其次通过相似度的计算匹配出相似的 question，并根据相似度高低依次排序；最后将对应的回答返回用户。文本相似度计算展示界面如图 17。阅读理解主要是根据用户的查询信息，从汽车的文章数据中截取相关的内容作为答案返回用户。本案例中，首先根据关键词和文档向量的相似度，搜索最为相近的 10 篇文章；其次利用语言模型将文章进行语义表示，再结合查询的语义信息，通过指针网络定位相关内容在文章中的起止位置，截取这部分内容作为备选答案；最后将所有备选答案按照得分高低放入列表中，并将整个列表返回用户作为答案。阅读理解管理展示界面如图 18 所示。

图 17　文本相似度计算展示界面

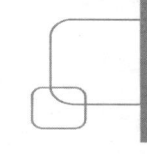

图 18　阅读理解管理展示界面

智能问答展示界面如图 19 所示，系统将用户的语音输入转化为文字后提交给语义理解模块，以实现意图识别和实体识别，同时通过对话管理控制，从答案系统中提取答案返回用户。

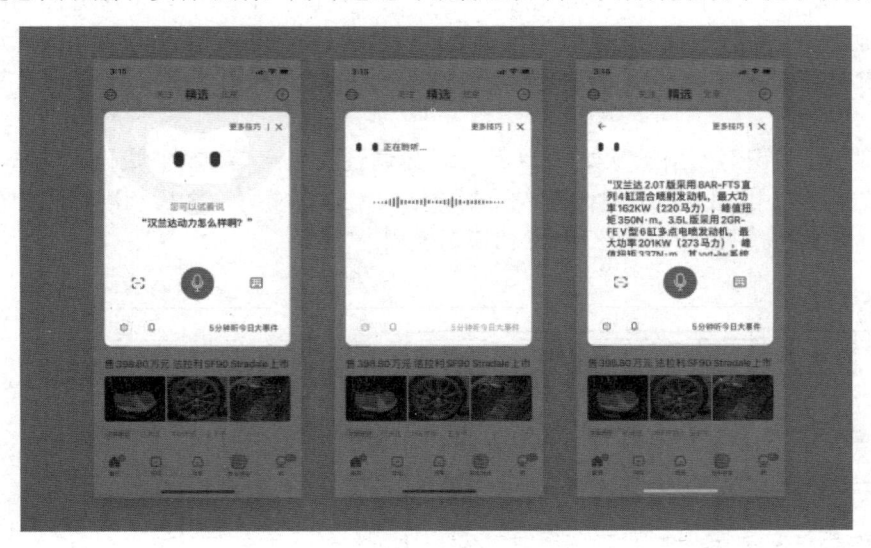

图 19　智能问答展示界面

2）车机问答

车机问答是汽车之家针对传统车机偏娱乐，而汽车知识性不足的问题开发的一款产品。车机问答车内场景示意如图 20 所示。目前，以车载设备为载体的车内问答场景主要包括外接设备和车机系统。其中，外接设备包含硬件和软件，其优点是可以在任何车辆上安装，缺点是成本极高；车机系统是在车辆本身的控制系统之上，其优点是该系统与车辆控制系统强耦合，与用户的交互体验较好，缺点是比较注重娱乐性，在车机问答方面表现较弱。此外，上

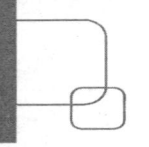

述两种方式都主要提供娱乐和车辆控制方面的服务，不能为用户提供深度的用车知识问答服务。基于此，本案例提出了基于汽车消费行业知识图谱的"轻、快、广"的车机应用场景。该应用是针对某款特定车型定制的，可以安装在车机系统或者外接设备上，实现低成本、高效率、高用户体验的深度汽车知识问答。

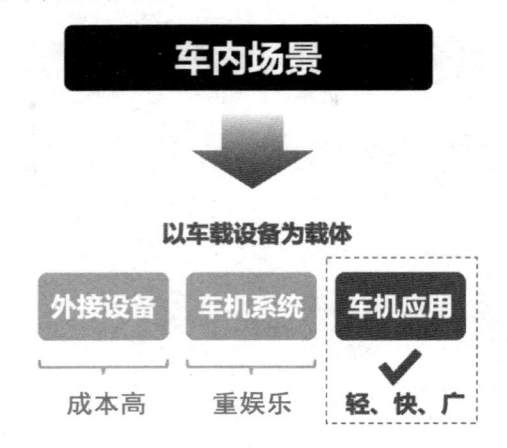

图 20　车机问答车内场景示意

在本案例的汽车消费行业知识图谱中，车机问答通过实体识别、意图识别、对话管理和答案生成，为用户提供了故障查询、功能使用、保养查询和车友社交 4 个方面的服务。与家家小秘不同，车机问答的问题相对集中，对象以特定车型为主，因此，在意图识别和对话管理上的要求更高，本案例利用 BERT 模型实现意图识别，利用 Self-attention 机制实现多轮对话。

车机问答意图识别模型示意如图 21 所示。先通过收集汽车口碑、资讯、论坛、百科等海量的汽车数据，利用 BERT 模型训练本行业的预训练语言模型，之后利用标注的车机问答数据在预训练模型上微调，得到最终的意图识别模型。

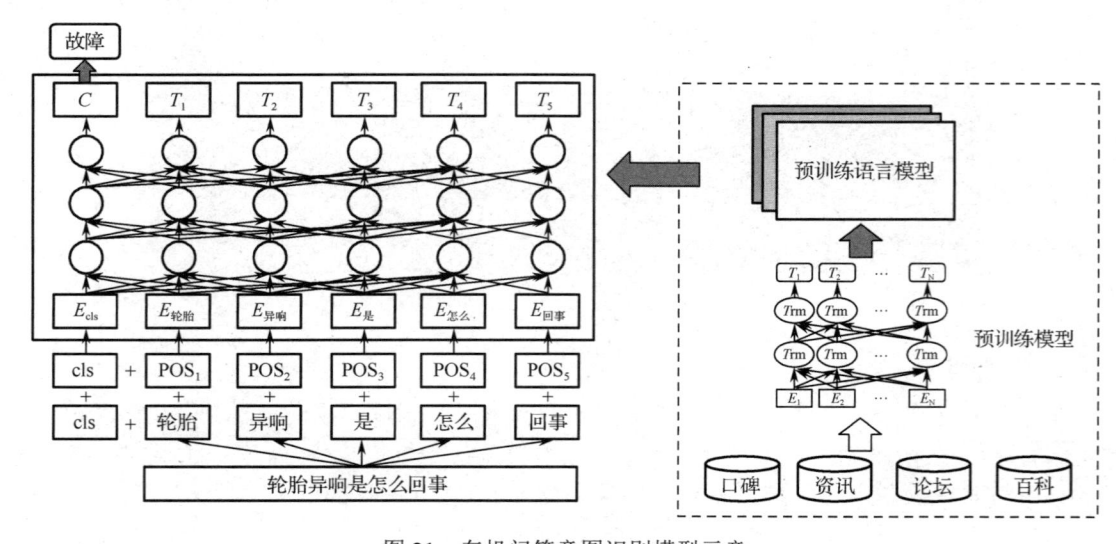

图 21　车机问答意图识别模型示意

车机问答的多轮对话与聊天机器人不同之处在于车机问答的多轮对话目标相对集中,但对答案的要求更高。为此,本案例中主要实现的是任务型问答,主要包含车身控制、车身知识问答和社交娱乐控制 3 个方面,其中,车身控制和社交娱乐控制主要是指令类动作,需要跟车身控制系统或外部应用相连接;车身知识问答依赖于车辆使用手册、车辆保养手册和在线车型相关问答数据,围绕车辆本身实现车机知识多轮问答,解决用户在用车过程中遇到的困难。

车机问答轮胎更换图解示意如图 22 所示。当用户(以沃尔沃 XC90 为例)询问如何更换轮胎时,车机问答系统从汽车消费行业知识图谱中匹配出相关知识,之后将得分最高的答案返回用户;作为补充,车机问答系统提供了视频以帮助用户更好地理解,如当用户继续说"我要看视频版",该系统会将更换轮胎的视频提供给用户(见图 23)。此外,对于用户不满意车机问答系统提供的答案或想询问车友相似问题时,用户可以直接在车机问答系统中与相同车型的车友进行在线交互,询问和讨论相关问题。车机问答社交示意如图 24 所示。

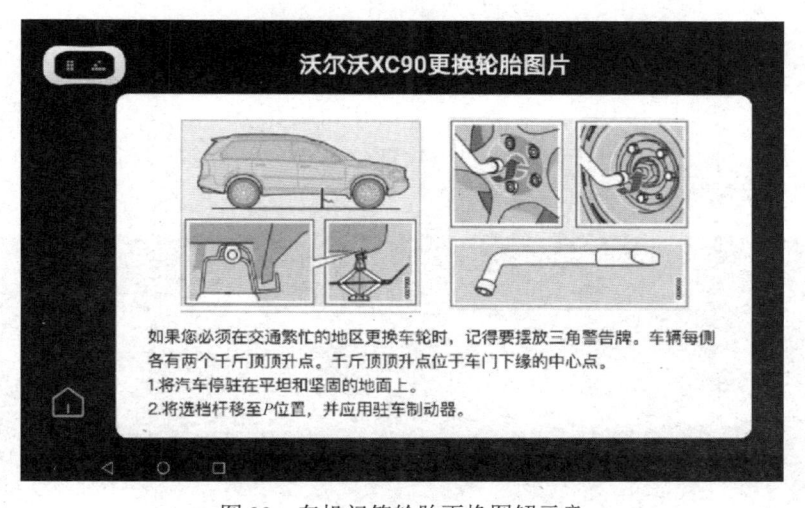

图 22 车机问答轮胎更换图解示意

图 23 更换轮胎视频

知识图谱应用实践指南

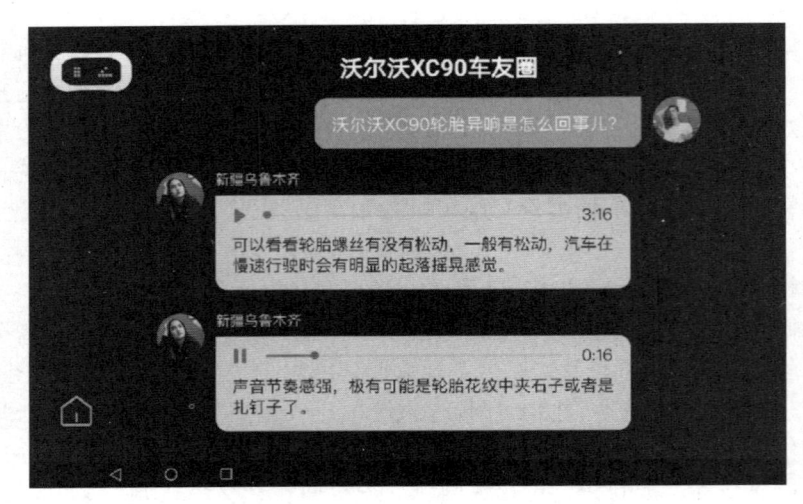

图 24　车机问答社交示意

3）行业数据可视化分析

在此基础上，本案例开发了汽车消费行业数据可视化分析应用，能够以实体为中心进行多维度展示，并分析汽车消费行业趋势、用户评价和潜在关联等。汽车消费行业数据可视化分析示意如图 25 所示。

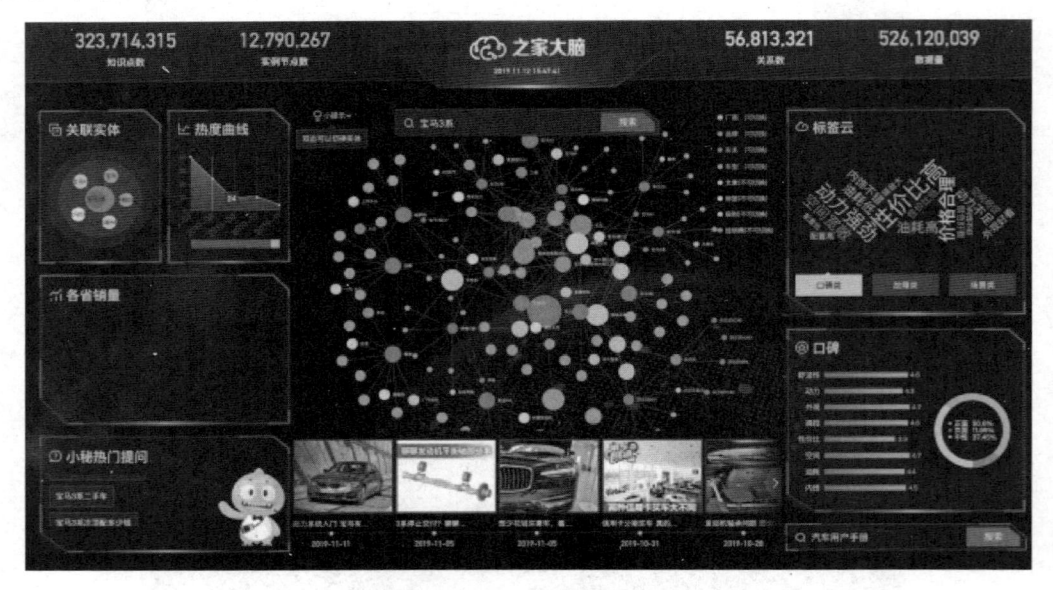

图 25　汽车消费行业数据可视化分析示意

首先，基于汽车消费行业知识图谱丰富的关联信息，可以提供图数据的可视化探索，对实体路径、关联关系进行分析解读。实体关联关系如图 26 所示。由图 26 左图可以看出，后备厢大的相关车系包括汉兰达、大指挥官等；图 26 右图展示了汉兰达的关联实体，包括厂商广汽丰田、品牌丰田、级别中型 SUV 等。

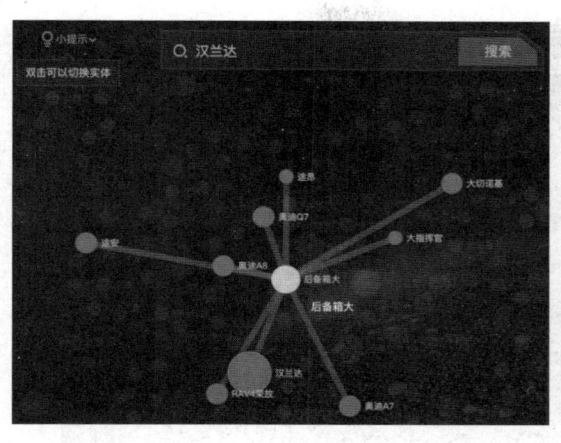

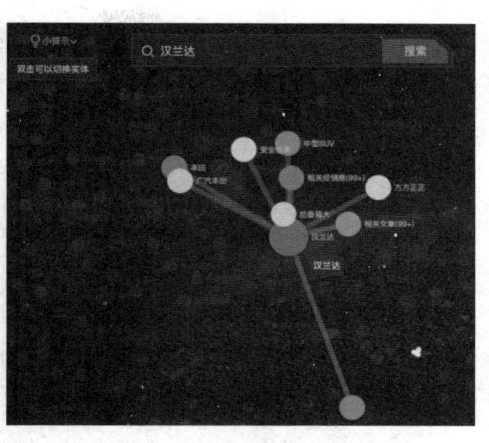

图 26 实体关联关系

其次，由于汽车消费行业知识图谱实现了实体和资讯新闻的关联，可以分析实体近期趋势，监测热度变化。实体热度和趋势如图 27 所示。图 27 左图展示了汉兰达近期的热度曲线变化，图 27 右图展示了汉兰达的相关资讯信息。

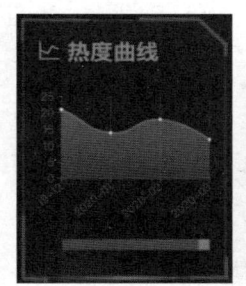

图 27 实体热度和趋势

再次，基于汽车消费行业知识图谱强大的知识表达和推理能力，能够挖掘与语义更为相关的实体，可用于实体推荐、竞品发现等场景。关联实体根据实体对在资讯新闻出现的次数来确定，表现出实体的语义相关性。与汉兰达相关的语义关联实体如图 28 所示，从中可以发现汉兰达的竞品车系，如锐界、途观 L 等。

图 28 语义关联实体

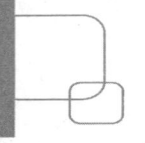

最后，以实体为中心，分析用户的观点、情感和口碑，实现对舆情的监管。实体标签云和口碑如图29所示，图29左图展示了根据用户论坛评论抽取的汉兰达相关标签，反映出用户对该车的评价特点，右图展示了用户在各方面的评分和情感倾向。

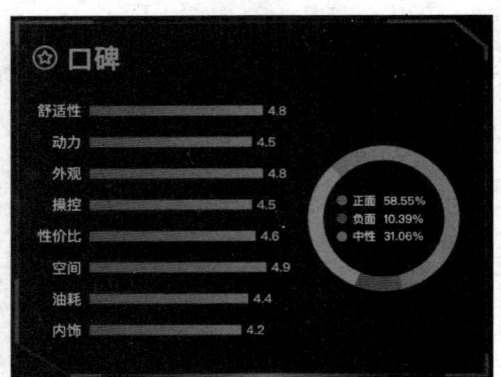

图29 实体标签云和口碑

4. 案例示范意义

为解决汽车消费行业数据模式变换快、语义理解难、数据融合难、应用受局限等问题，本案例基于汽车之家的内容优势，构建了汽车消费行业知识图谱，实现了汽车消费行业多源异构数据的融合；并在此基础之上，形成了一系列智能化应用，充分发挥了数据价值，获得了较好的应用效果，其示范意义主要体现在以下两个方面。

4.1 汽车消费行业多源异构数据的融合方法和标准

本案例涉及用户看车、买车、用车各阶段产生的数据，这些数据格式多源异构、孤立分散，大大限制了数据的利用效率。本案例提出了汽车消费行业数据的本体建模方法，并基于NLP的信息抽取和语义分析技术，构建了涵盖汽车配置、口碑、报价、百科、资讯、故障、保养、汽车金融、经销商信息、用户手册等各类汽车消费行业知识的知识图谱，实现了汽车消费行业数据的组织关联，极大地提升了数据的应用价值。实践表明，本案例采用的知识图谱建模方法是实现汽车消费行业数据融合的有效途径。同时，由于涉及汽车消费行业各个方面的数据内容，本案例的知识图谱本体建模方法也可作为汽车消费行业知识图谱建模标准的一个有益参考。

4.2 汽车消费行业数据的智能化应用

本案例从汽车消费行业的应用需求出发，基于汽车消费行业知识图谱，构建了一套面向用户、厂商和经销商的应用生态。具体的应用包括行业数据可视化分析（之家大脑）、聊天机器人（家家小秘）、车机问答和汽车百科搜索等。

其中，之家大脑以汽车消费行业知识图谱的数据和功能为核心，支持以实体为中心的关联探索分析，从而实现热度、用户情感、口碑等多维度展示，同时支持数据分析展示，为厂商和经销商提供数据分析服务；家家小秘是汽车之家研发的人工智能语音助手，以汽车消费行业知识图谱作为后台背景知识，通过语音交互的方式，满足用户在看车、选车、用车各个

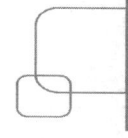

阶段的需求，已经成为用户首选的汽车工具；车机问答旨在弥补传统车机汽车知识性不足的缺陷，针对特定车型而研发，通过理解汽车专业领域意图，提供该车型的专业知识，涵盖看车、买车、用车中的常见问题；汽车百科搜索主要依赖于汽车消费行业知识图谱中的汽车百科知识，为用户提供常见的汽车知识。

本案例对汽车消费行业数据的智能化应用进行了有益探索，实现了在数据分析、搜索、推荐和问答等业务场景的落地，为整个汽车消费行业的数据处理和应用提供了重要的参考，为知识图谱在汽车消费行业赋能方面提供了一套完整的解决思路和方案。

5. 展望

本案例中的汽车消费行业知识图谱是整个汽车数据服务应用生态的核心，下一步工作从技术更新和商业应用两个方面进行，并以此来提高该知识图谱本身的服务能力，并完善该知识图谱的服务应用生态。

从技术更新来说，下一步工作主要面向多元异构数据融合和更新，以及基于知识图谱的文本生成等，逐步完善和提高与该知识图谱相关的技术。在汽车消费行业多元异构数据融合和更新方面，针对汽车信息来源多、数据分散和数据格式不统一等问题，设计可扩展的汽车领域本体，重点突破实体消歧、实体聚类、图挖掘等技术，实现数据的大规模语义集成和知识的更新，支撑智能问答、推荐和搜索等业务需求。在基于图谱的文本生成方面，在对话系统的设计过程中，文本生成的内容需要考虑适当性、流畅性、可读性和变化性，尤其是对话机器人需要兼顾常识知识，将这些汽车消费行业知识图谱中的相关知识融入对话结果是一项非常具有挑战的技术。而目前大多数文本生成主要依赖于模板和人工规则，导致其缺乏常识、灵活性不足、回答内容过于生硬，影响了用户体验，因此，融入知识信息的"端到端"对话生成技术是提高汽车消费行业知识图谱应用水平的关键技术之一。

从商业应用来说，下一步工作主要是与主机厂和4S店的合作，拓展汽车消费行业知识图谱的服务边界，完善汽车消费行业知识图谱的服务生态。其合作内容主要是实现特定品牌下的知识问答、直播买车等。目前，主机厂和4S店的问答系统主要依赖于普通规则和人工，这就导致服务响应时间长、转化率低下等问题；而依赖于本案例中的汽车消费行业知识图谱可以有效地实现特定品牌的深度知识问答，在提升服务效率和转化率的同时，还可以挖掘潜在客户。而在互联网高速发展的今天，网络销售已成为一个重要的手段，直播卖车是目前最受欢迎的形式之一，依赖于汽车消费行业知识图谱，厂商可以在直播过程中快速响应用户问题，并完成对用户的画像，快速完成对潜在用户的挖掘，提升在线销售的效率。

*专栏：汽车消费行业标准化现状与需求

1. 汽车消费行业标准化现状

随着汽车用户规模的不断扩大，用户对汽车资讯、问答、口碑及后市场等需求日益增长；同时主机厂、4S店、汽车金融公司及汽车互联网也亟须解决风险控制和智能营销等问题，特别是当前追求极致的客户体验，对于整体汽车的服务市场提出了更高的要求。

随着信息技术和业务规模的快速发展，汽车消费行业相关企业积累了丰富的汽车消费行业数据，涵盖品牌、车系、配置、口碑、报价、百科、资讯、故障、保养、汽车金融、经销商信息、汽车手册等各种类型。在实际应用中，不仅用户看车、买车和用车方面需要相关的数据服务，而且汽车主机厂、4S店、汽车金融公司、汽车互联网公司需要数据分析、智能营销、风险控制等服务。而汽车数据来源多样、数据格式不统一、数据特点各异、数据用途和使用方式也存在较大差异，这就给数据的应用带来较大困难，主要包括：

（1）数据模式变化快，导致动态变迁困难。针对客户新需求、业务新认知的情况，须不断修改数据结构及业务逻辑，造成扩展性差、对客户响应慢、维护成本高等不良情况。

（2）语义理解难，机器难以理解非结构化的文本。当前，汽车消费行业非结构化数据所占比重越来越大，为了使得机器自动理解非结构化数据的语义信息，迫切需要将非结构化数据结构化。

（3）数据融合难，数据间关联整合面临巨大挑战。当前，数据分散在各个业务平台，结构化数据和非结构化数据并存。如果无法将跨业务平台的大量非结构化数据与结构化数据进行统一和整合，那么，就无法发掘数据中的价值。

因此，构建汽车消费行业知识库，能够实现多元异构数据的语义集成，保证关联数据的高效存储、查询和可视化分析应用，具有重要的应用价值。

在海量的数据、强大硬件计算能力及层出不穷的自然语言处理模型的支持下，数据驱动的大规模自动化知识获取已能够实现。而成功开启这些数据应用的工具便是知识图谱。目前，部分汽车相关企业根据各自业务需求，构建了相对应的知识库。车300平台借助知识图谱，通过知识推理，能够识别申请资料真实性和建立潜在关联，帮助企业全面且精准地衡量个人借贷风险；通过社群发现算法，能够挖掘潜在欺诈团伙，过滤高危社群，降低车贷中团伙欺诈带来的巨大资金资产损失；通过时间序列分析，能够快速发现异常行为和异常点，帮助企业在资产监控中及时预测借款人的高危行为。此外，汽车之家基于NLP的信息抽取和语义分析技术，结合汽车之家的内容优势，集成各类汽车消费行业多源异构数据，构建了汽车消费行业最大最全的知识图谱，并以此为核心构建了一个应用该知识图谱的生态，实现知识问答、知识搜索、逻辑推理、数据分析、产品和用户画像、情感分析等应用功能。

2. 汽车消费行业知识图谱的标准化需求

尽管部分汽车相关企业已经构建了相应的知识图谱，但对比金融、医疗、制造、管理等行业，汽车消费行业知识图谱的应用才刚刚起步。汽车消费行业覆盖了汽车设计、制造、销售、后市场等整个产业链，而且拥有庞大的用户群体，这就意味着从车企、经销商、汽车互联网企业、汽车金融企业、汽车媒体等到用户都需要知识图谱提供知识服务。而目前各企业有各自的知识库，但侧重点不一样，如车企和经销商主要提供自己品牌的相关知识，汽车金融企业主要提供金融和风控方面的知识，汽车媒体主要提供汽车热点和测评方面的内容，这些不同的知识库有着不同表述，这就需要有一个统一的标准来连接从主机厂、经销商、互联网企业、金融保险企业到用户的自有知识库，实现汽车消费行业知识的有机融合。因此，汽车消费行业亟须制定汽车消费行业知识图谱标准。

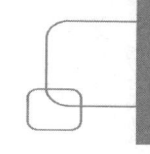

案例 20：基于 KBQA 的经纪人咨询助手——小贝咨询助手

房产经纪人行业流动性大，部分经纪人从业年限短，导致经纪人服务水平参差不齐，在一定程度上拉低了服务体验。为了缩小经纪人之间的服务水平，辅助经纪人作业，贝壳找房开发了一款经纪人咨询助手。本案例提出了房产行业知识图谱构建方法，采用"自顶向下"和"自底向上"构建有业务应用价值的 Schema 体系，基于 Schema 体系构建对应意图理解体系和知识库。当用户有问题咨询经纪人时，小贝咨询助手能够帮助经纪人精准洞察用户的深层需求，并辅助经纪人就房屋、小区等基本信息进行解答，高效地提升了经纪人的服务水平。目前，小贝咨询助手已覆盖 40 万+名经纪人，累计为经纪人提供了上亿次帮助，其中 50%被采纳，领先业内其他对话辅助类产品。

1. 案例基本情况

1）企业简介

贝壳找房是定位于科技驱动的新居住服务平台，提供包括二手房、新房、租赁、装修、社区服务等全方位的居住服务类目。贝壳找房作为国内领先的线上线下房产交易与服务综合平台，将 ACN（经纪人合作网络）作为平台底层操作系统，构建了数据与技术驱动的线上运营网络和以社区为中心的线下门店网络；通过对数据、交易流程和服务品质的数字化、标准化改造，搭建行业基础设施，重塑人、房、客、数据之间的交互，促进交易效率和服务体验的提升。

贝壳找房依托于积累十多年的楼盘字典和房产行业内容，引入知识图谱技术，打造了覆盖百类实体、数千种属性关系的百亿级房产行业知识图谱，并将该知识图谱与自然语言理解、对话管理、深度学习、强化学习等技术结合，开发出"小贝咨询助手 2.0"（包含对话助手、培训助手、带看助手、营销助手等能力），提升经纪人作业能力，推动服务标准化。同时，借助贝壳·如视 VR 技术，完成对数百万房源 VR 建模，推出了 VR 看房、VR 带看、AI 讲房等产品，重塑了线上看房体验。

2）案例背景

随着互联网技术的不断发展，互联网逐渐地渗透到各行各业，尤其在国民经济七大关键行业（制造、金融、零售、物流、文娱、教育、医疗）得到很好的应用。互联网带来的信息联通、流程优化、效率提升释放了各个行业的潜能，为行业带来很多红利。

伴随着行业发展的深入，浅层基础建设基本完成，互联网正加速向房产这个线下场景渗透，并逐步实现"由轻到重"的角色转变。链家作为中国地产中介的龙头企业，基于特有的平台优势及稳固庞大的经纪人资源，一反行业常规从线下到线上、从低频到高频，开始对互联网端口进行再造，正逐步由一家传统的房地产企业向数据驱动的科技平台型企业转型。

2018 年 4 月 23 日，贝壳找房平台诞生，伴随着该平台的发展，越来越多优秀中介品牌不断加入，经纪人的规模达到了 45 万个之多。因职业年限、个人能力、学历等方面的差异，经纪人服务水平参差不齐，如何平衡经纪人的差距，成为当前亟待解决的任务。基于此，本案例选择当前一个经纪人和用户线上交互比较多的 IM 对话场景进行改造，学习优秀经纪人的聊天技巧，实现了一款基于 KBQA 的经纪人咨询助手——小贝咨询助手。小贝咨询助手可以辅助经纪人和用户的对话，提高经纪人的服务水平。开发小贝咨询助手前后经纪人服务情况对比如图 1 所示。

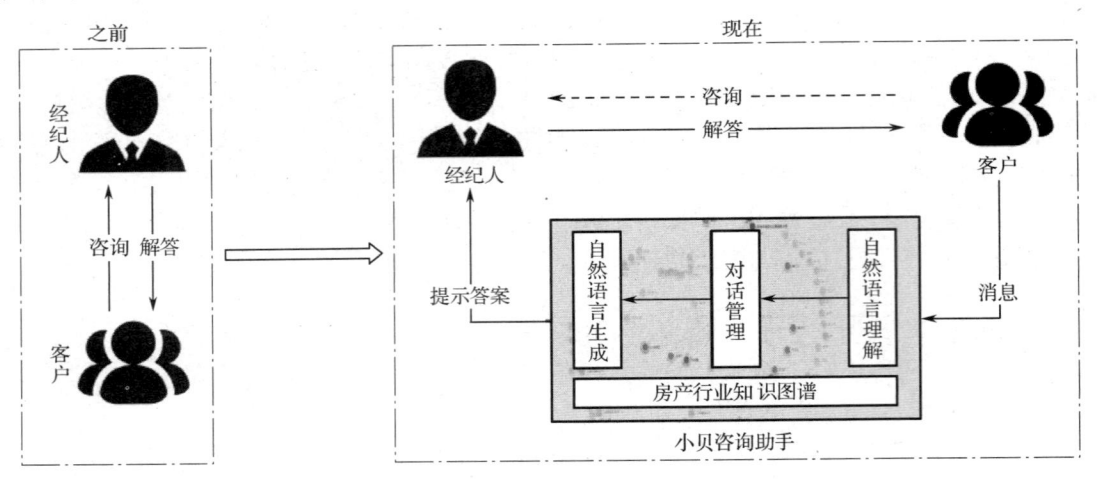

图 1　开发小贝咨询助手前后经纪人服务情况对比

3）系统简介

图 2 为小贝咨询助手效果样例，该样例展示了在 IM 场景下经纪人与用户对话的过程。小贝咨询助手可以辅助经纪人回答用户的问题。

当用户咨询经纪人房源或者小区信息时，消息会通过消费端和对话中控传给自然语言理解（Natural Language Understanding，NLU）模块，该模块会对用户意图进行深度分析，包含情感分析、句式识别、意图识别和槽位抽取；然后 NLU 模块会将理解结果传给对话管理（Dialog Management，DM）模块，DM 模块会记录和管理当前和历史的对话状态信息，基于对话策略决策出相应的动作。

如果动作是找房类型，对话中控会调用 SBot（找房引擎），SBot 会基于对话过程记录的槽位信息，帮助用户查找合适的房子，同时会根据情况询问用户相关的信息。如果动作是详情问答类型，对话中控会调用 QBot（问答引擎），QBot 会基于句式和槽位信息，判断问题意图，查询房产行业知识图谱、获取意图对应的回答模板信息，然后基于查询到的三元组和模板拼接生成答案返回经纪人，之后由经纪人采纳后发送用户。小贝咨询助手有如下 3 个方面特点。

（1）全方位理解用户意图。根据大量的经纪人用户对话数据，小贝咨询助手总结归纳了 15 项技能、200 多个用户意图体系。经过长期的算法迭代，小贝咨询助手意图理解的准确率达 90%以上，能准确地帮助经纪人理解用户的意图，为下游任务提供精准决策打下基础。

（2）缩小经纪人的服务水平差距。小贝咨询助手运用机器学习技术，基于优秀经纪人的回答话术来生成回答，能帮助水平中等偏下的经纪人提升服务水平，缩小经纪人服务水平差距。

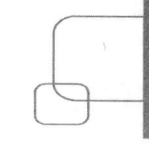

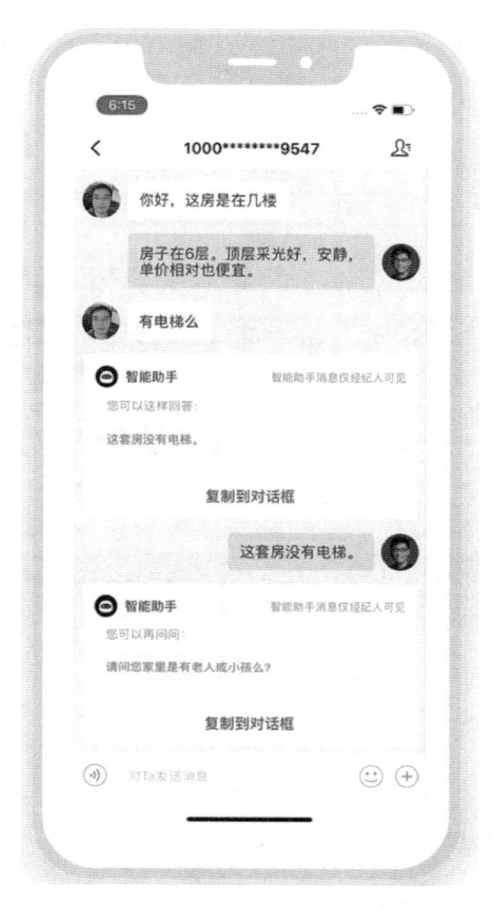

图 2　小贝咨询助手效果样例

（3）提升经纪人的作业效率。基于机器的辅助回答，经纪人可以快速地回复用户消息，在提升了自身工作效率同时，也提升了用户体验。

2．案例成效

高质量的问答体现在经纪人较高的采纳率上。通过不断提升"NLU-DM-QBot"能力，从而提升小贝咨询助手房源详情问答的能力。从 2018 年小贝咨询助手上线到现在，经纪人对详情回答的采纳率提升近两倍，当前的采纳率约为 50%。

3．案例实施技术路线

3.1　系统架构

小贝咨询助手系统架构（见图 3）的底层有房产行业知识图谱和对话平台作为支撑，对话中控主要包括 NLU、DM、SBot、QBot。

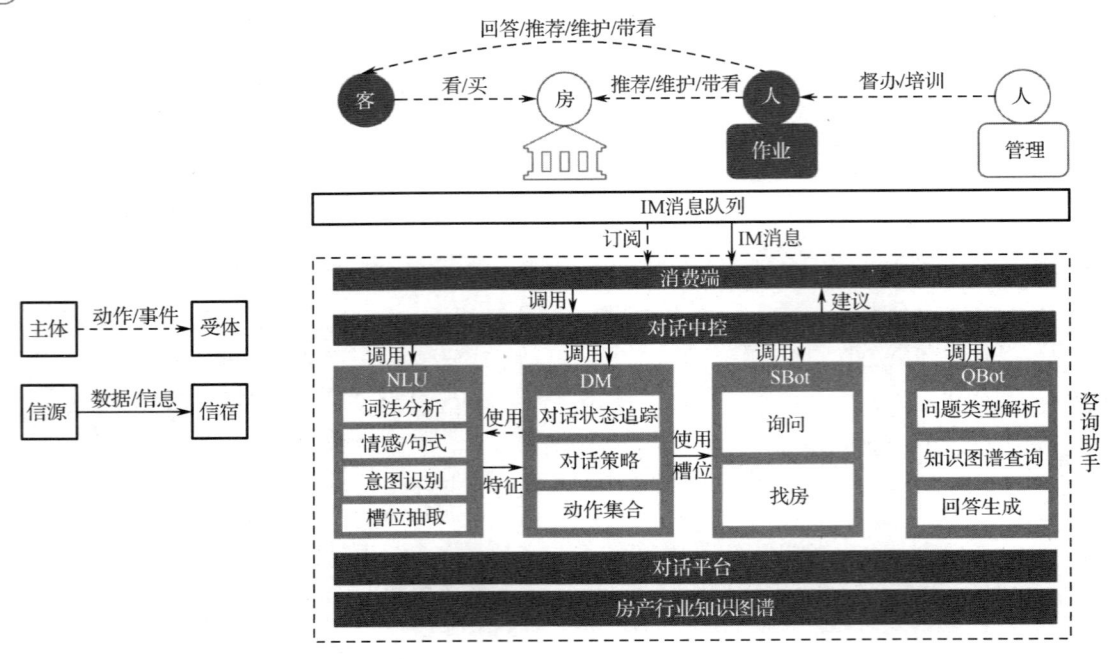

图 3　小贝咨询助手系统架构

3.2　技术路线

QBot 的整体功能架构如图 4 所示。

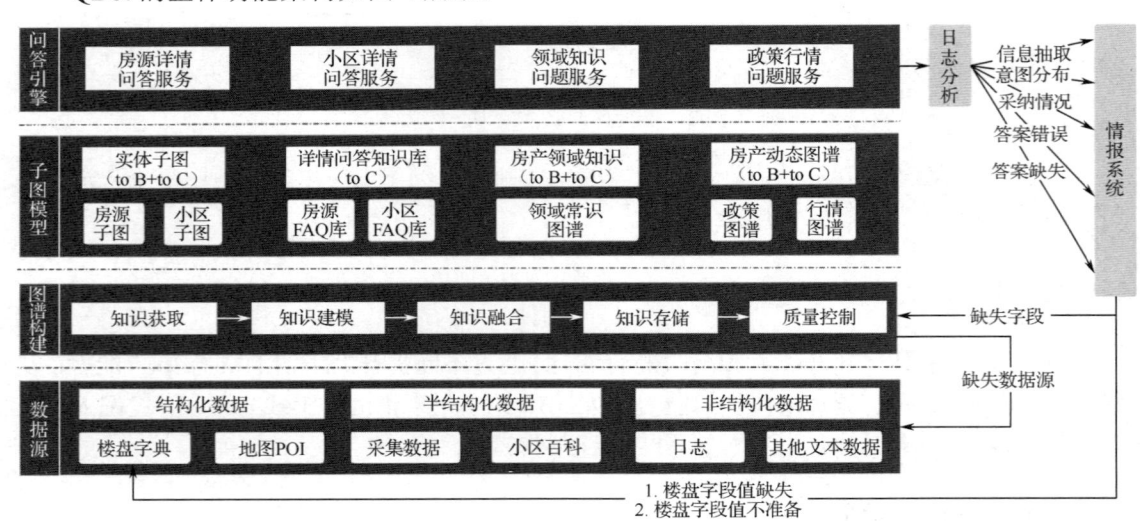

图 4　QBot 的整体功能架构

下面对房产行业知识图谱构建中的知识获取、知识建模、知识融合和知识存储等方面进行详细说明。

1）知识获取

知识图谱中的数据来源于结构化、半结构化及非结构化的数据。知识获取即通过知识抽取

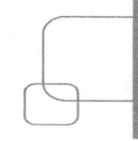

技术从这些不同结构和类型的数据中提取计算机可理解和计算的结构化数据,并存入知识图谱中。知识获取作为构建知识图谱的关键步骤,通常包含爬取、机器学习、专家标注法等。

对于贝壳找房来说,得益于链家积累了 10 余年的房产行业结构化楼盘字典,以及通过采买的方式获取的大量地图 POI 数据,为房产行业知识图谱构建提供了高质量的数据来源。这也是房产行业知识图谱区别于其他产业或者通用领域知识图谱的一个巨大优势,为房产行业知识图谱的建设提供了有力的数据支持。

机器学习越发成为知识提取的重要手段,尤其是在处理非结构文本数据时,通过机器学习可以有效地发现知识及知识之间的关联。例如,在构建实体子图的过程中,利用现在较为成熟的实体识别和关系抽取技术,从经纪人的回答文本信息中可以抽取出高质量的房源信息。

除了结构化楼盘字典、基于机器学习的信息抽取技术,本案例还依赖于专家的经验,这是构建通用领域知识图谱的常用手段。事理知识图谱及事件知识图谱通常是由专家的经验形成的。例如,在构建税费事理知识图谱的过程中,需要大量的专家经验来拆解相关的购房税收政策。

2)知识建模

知识建模是指建立知识图谱的数据模型,是知识的逻辑体系化过程,即构建一个模型对知识进行描述。知识建模的过程是知识图谱构建的基础,高质量的数据模型能避免不必要、重复性的知识获取工作,有效提高知识图谱构建的效率,降低领域数据融合的成本。不同领域的知识具有不同的数据特点,需要分别构建不同的知识模型。

知识建模一般有自顶向下和自底向上两种途径。自顶向下的方法是指在构建知识图谱时首先定义数据模式,即本体。一般通过领域专家人工参与,从最顶层的概念开始定义,之后逐步细化,形成具有领域特色的分类层次结构。自底向上的方法则相反,先对现有实体进行归纳总结,形成底层的概念,再逐步往上抽象形成上层的概念。房产行业知识建模过程充分结合了自顶向下和自底向上两种方法。本体建模流程如图 5 所示。

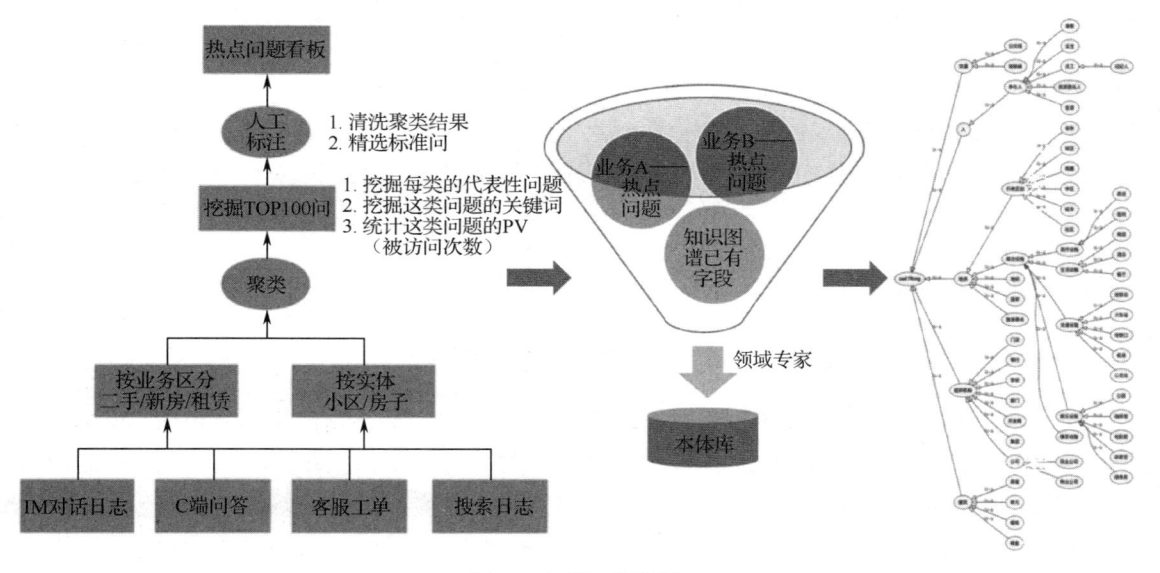

图 5 本体建模流程

3）知识融合

知识图谱构建的过程中数据来源广泛、质量参差不齐，导致它们之间存在多样性和异构性。例如，相似领域通常会存在多个不同的概念或实体指称相同的事物。知识融合是指对来自多源的不同概念、上下文和不同表达等信息进行融合对齐的过程。

构建房产行业知识图谱的过程中遇到了不同房源、小区实体对齐问题，以及基于实体的文本信息的实体链接问题。在解决实体对齐和实体链接问题后，本案例对实体进行了知识融合，抽象出实体对齐融合流程（见图6）。

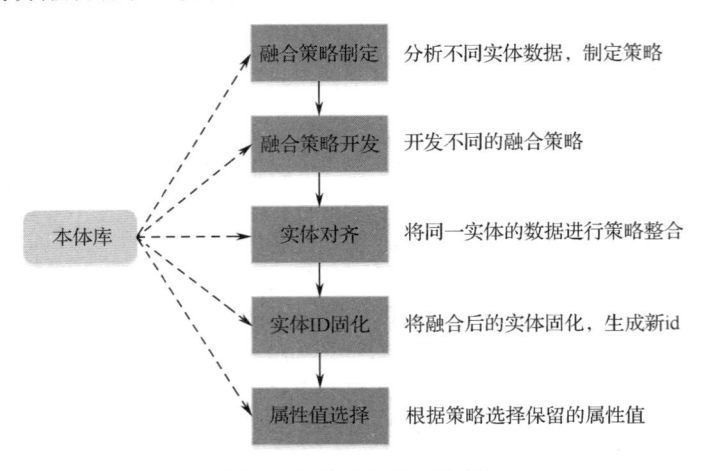

图 6 实体对齐融合流程

4）知识存储

知识存储是针对知识图谱的知识表示形式，设计底层存储方式，以支持对大规模图谱化数据的有效管理和计算。知识存储的对象包括基本实体知识、属性知识、事件知识及多态资源类知识等。知识存储的方式直接影响知识图谱中数据的查询、更新及计算效率。

在实际应用的过程中，要综合考虑数据的特点和规模，以及场景的需求、性能要求等，最终选择一个合适的数据库。例如，针对问答场景需求，选择 Key-value 型数据库，如 Redis；针对检索实体类场景需求，选择 ES 或者 MySQL，数据量大时会优先选择 ES；针对关系挖掘或者可视化场景需求，则选择 Neo4j、JanusGraph、Dgraph 这几种图数据库，对存在关系挖掘需求的支持比较好。

4. 案例示范意义

4.1 形成房产行业知识图谱产业应用数据建设闭环

产业数据和产业应用在知识图谱技术的加持下，可以实现数据闭环，知识图谱在其中起到桥梁作用。基于知识建模，由基础数据构建知识图谱，然后以子图应用支撑到智能应用中，通过智能应用反馈知识质量，最后通过知识图谱反哺基础数据建设。这样，借助知识图谱技术，企业可以实现更标准的数据生产流程、更高质量的数据生成、更高效的数据利用。房产行业知识图谱数据建设及应用闭环如图 7 所示。

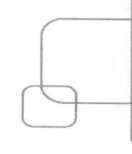

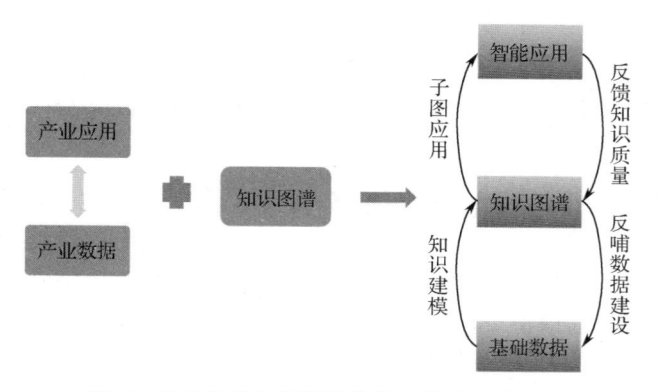

图 7　房产行业知识图谱数据建设及应用闭环

4.2　垂直领域智能助手的可行方案

垂直领域相较于通用领域的问答有以下优势。

（1）数据优势。垂直领域一般都有积累的数据，通常为高质量的结构化数据。

（2）限定场景优势。问题的范围是有限空间，这样意图识别范围可以聚焦，识别难度相对较低，识别准确性相对较高。

（3）领域专家指导优势。一般各个领域都会有领域专家，这样不论是在问题的建模上，还是在场景分析上都可以给予一定的指导。特别当进行知识建模时，可以结合专家经验；同时专家也可以帮助进行复杂业务知识的拆解，以构建事理知识图谱。

5．展望

当前，链家已成为行业头部企业，有责任承担和主导房产行业知识图谱标准化的工作。未来，链家旨在推动房产行业知识图谱标准的制定，并开源一些数据和沉淀技术，以健全房产行业数字生态体系。链家未来展望如图 8 所示。

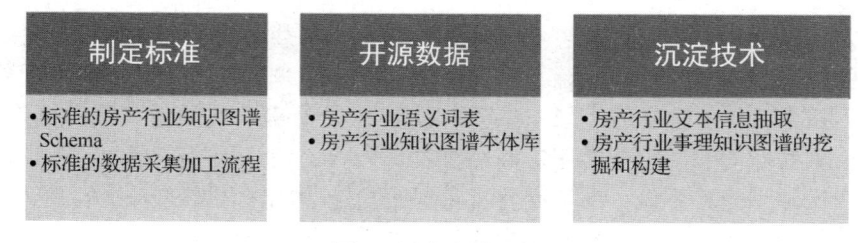

制定标准	开源数据	沉淀技术
• 标准的房产行业知识图谱 Schema • 标准的数据采集加工流程	• 房产行业语义词表 • 房产行业知识图谱本体库	• 房产行业文本信息抽取 • 房产行业事理知识图谱的挖掘和构建

图 8　链家未来展望

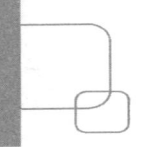

案例 21：知识图谱助力小米商城场景化推荐

面对日新月异的互联网时代和人们日趋多样化的需求，知识引擎不断推动着越来越多的智能商业应用的落地，因此，小米知识图谱和电商平台联合，针对用户在搜索商品时平台推荐的内容与用户搜索词不符等问题，基于知识图谱技术，对商品的标签、场景、主商品词、属性词、同义词等实体及关联，构建实时的知识图谱网络，挖掘同义词及场景概念词，自动化构建商品的知识图谱；同时根据用户喜好、浏览足迹、用户购买率等推荐用户可能感兴趣的商品，为用户搜索推荐和提供相关内容，快速满足用户需求，实现了对用户意图深度理解和商品购买率提升的双赢。本案例中，小米商城的商品转化率提高了 33%，用户购买转化率提高了 27.8%，显著提升了商业应用价值。

1. 案例概述

1.1 企业简介

小米科技有限责任公司（以下简称"小米公司"）成立于 2010 年 4 月，是一家以手机、智能硬件和 IoT 平台为核心的互联网公司。小米公司始终坚持做"感动人心、价格厚道"的产品，专注于智能手机、智能家居、互联网电视等产品的科技创新。通过独特的生态链模式，小米公司投资、带动了更多志同道合的创业者，同时建成了连接超过 1.3 亿台智能设备的 IoT 平台。2019 年 1 月 11 日，雷军宣布小米公司正式启动"手机+AIoT"双引擎战略。

人工智能部是小米公司的核心平台技术部门，由小爱团队、AI 实验室、AI 生态、AI 虚拟助手等团队组成。为小米公司相关业务提供 AI 技术支撑，打造 AI 产品。人工智能部目前拥有计算机视觉、声学、语音、NLP、知识图谱、机器学习六大技术方向。小爱同学是小米公司推出的虚拟人工智能助理，是小米公司在小米知识图谱上落地的代表产品，适用于小米公司的智能音箱、手机、电视、手表及手环等设备上。搭载小爱同学的智能硬件，可满足用户获取准确的知识和信息的需求。除了开发小爱同学，小米知识图谱团队主要研究知识图谱的构建和应用技术。目前建立的小米知识图谱包含 13 个行业，高质量关系的数量超百亿条，已经广泛应用到智能问答、智能客服、商品推荐、广告、信息流等产品中。该团队还开发了通用域和专业域知识问答系统。前者回答了每天来自小爱同学用户的海量问题，后者在小米公司的智能客服和销售助手等场景应用中取得了非常好的效果。未来，小米公司将不断把小米知识图谱相关技术广泛应用到各行各业，助力企业和人们更智能地获取知识。

1.2 案例背景

在日新月异的互联网时代，人们的需求也日益多样化，小米电商平台每天接收着不同用户的搜索请求，通过搜索引擎或筛选器，可以快速定位到目标商品，同时可以根据客户喜好、浏览足迹、用户购买率等推荐用户可能感兴趣的商品。对比传统方式，小米知识图谱以用户需求为节点，为用户搜索推荐和提供相关内容，快速满足用户需求，从而提升商品购买转化率，助力企业、用户的共赢。传统方式与小米知识图谱对比如图 1 所示。

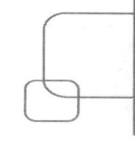

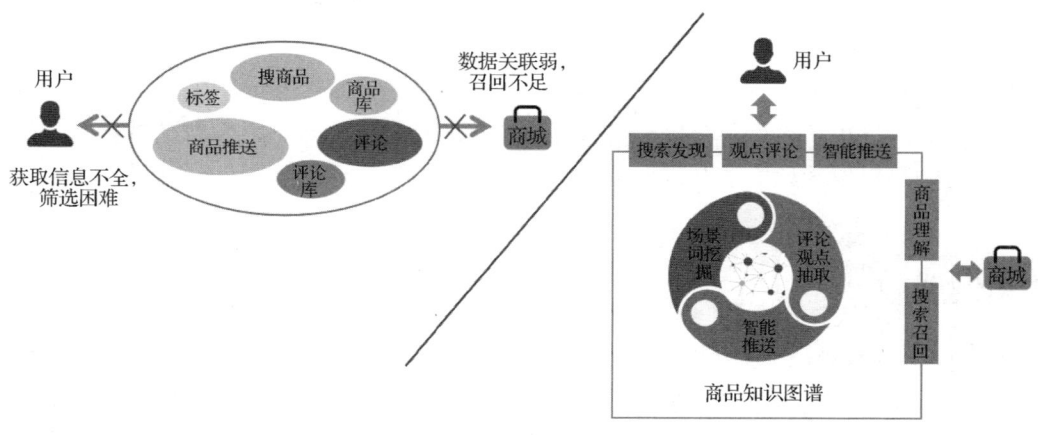

图 1　传统方式与小米知识图谱对比

1.3　系统简介

基于小米知识图谱的能力，结合商品相关的场景进行小米知识图谱构建。小米知识图谱框架如图 2 所示。小米知识图谱能将用户需求显式地表达成图中的节点，构建一个以用户需求节点为中心的概念图谱，链接用户需求、知识、常识、商品和内容的大规模语义网络。同时方便后续在此基础上进行扩展、推理，并挖掘一些潜在的用户需求。通过小米知识图谱挖掘的同义词、上位词、场景概念词，可以扩展搜索的结果。评论观点抽取归纳的主要任务是从评论中将用户的观点抽取出来，汇集成简短有效的信息，辅助用户快速筛选有效信息，指导购物行为。同时，这些信息反映出来的用户观点可以帮助商家进行产品优化、舆情分析，升级营销策略等。

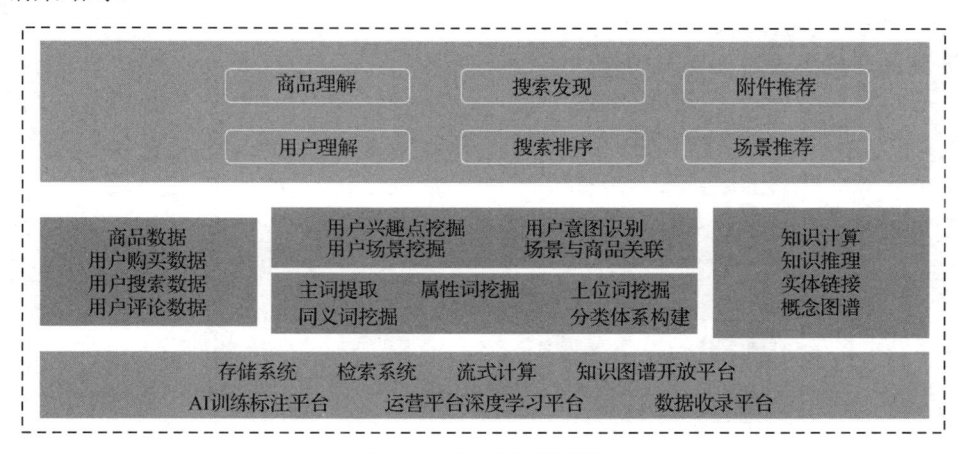

图 2　小米知识图谱框架

小米知识图谱具有以下两个特点。

1）以用户的需求为中心，是对用户需求的显式表达

小米知识图谱是以用户的需求为出发点，将用户需求显式表达成图中的节点，构建以用户需求节点为中心的概念图谱，链接用户需求、知识、常识、商品和内容的大规模语义网络，对用户需求进行显式表达。

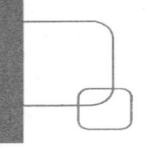

2）自动化构建

自动化构建，实现了小米知识图谱的自动化数据收录流程，每天更新数据，能够及时感知到用户需求的变更。例如，新冠疫情暴发伊始，防疫装备就是用户当前最需要的，从用户的行为日志中可以发现该需求并自动更新到小米知识图谱的数据库中，辅助提升搜索召回的效果。

2. 案例成效

自动化地构建小米知识图谱实现了理解用户意图深度和提升商品购买率的双赢。准确、有效的用户搜索推荐使得小米知识图谱在用户兴趣发现、用户习惯培养、用户需求满足等方面更友好。小米知识图谱通过搜索推荐算法将用户和商品联系起来，能够在信息过载的环境中帮助用户找到感兴趣的信息（用户要买），也能够推送信息给感兴趣的用户（推荐用户买）。在用户需求推荐上形成了用户、兴趣点、商品、场景的闭环生态。这种闭环生态对小米商城理解用户需求、最大化满足用户需求奠定了基石。

实时有效地对商品新品的 SPU（标准化产品单元）和 SKU（最小存货单元）的标签、场景、主商品词、属性词、同义词等进行计算及关联，构建实时的小米知识图谱可以给小米商城赋能，并以此提升订单转化率。小米商城中除了热销的商品，还有很多冷门的商品，而这些商品一般是为了满足小众消费者的个性需求，小米知识图谱把冷门的商品与用户兴趣和应用场景关联，可以最大化地将长尾的冷门商品精确地推给用户，来提升用户点击率和购买率。

2019—2020 年，小米知识图谱的应用使小米有品商城的订单转化率提升了 10%，商品转化率提升了 20%；小米商城的订单转化率提高了 27.8%，商品转化率提高了 33%。小米知识图谱提升商品转化率表现如图 3 所示。

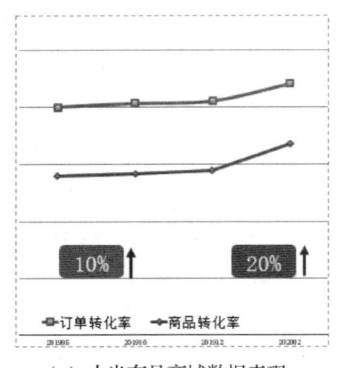

（a）小米有品商城数据表现　　（b）小米商城数据表现

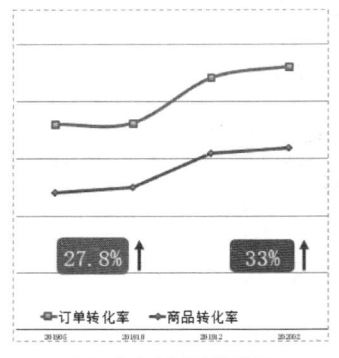

图 3　小米知识图谱提升商品转化率表现

3. 技术实施路线

小米知识图谱构建步骤和架构如图 4 所示。小米知识图谱架构主要分 4 个层次，即数据层、数据构建层、知识存储层和应用层。

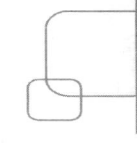

（1）数据层包括内部商品数据、用户历史行为数据、外部网站上抓取的一些商品数据、标注数据等。

（2）数据构建层包括基础的抽取算法和工具，以及场景概念词挖掘、属性挖掘、上/下位概念体系构建、同义词挖掘等。

（3）知识存储层主要将构建好的小米知识图谱数据输入 MongoDB、ElasticSearch、HDFS 等数据仓库进行持久化存储。

（4）应用层为小米知识图谱支持的对外应用，主要应用到商品推荐和搜索相关的业务。对于用户的搜索查询或者用户的历史行为，利用小米知识图谱对用户意图进行理解，链接到小米知识图谱中的一些概念节点或商品节点，再通过小米知识图谱之间的概念、商品关系、所属场景概念等推荐符合用户意图的商品。

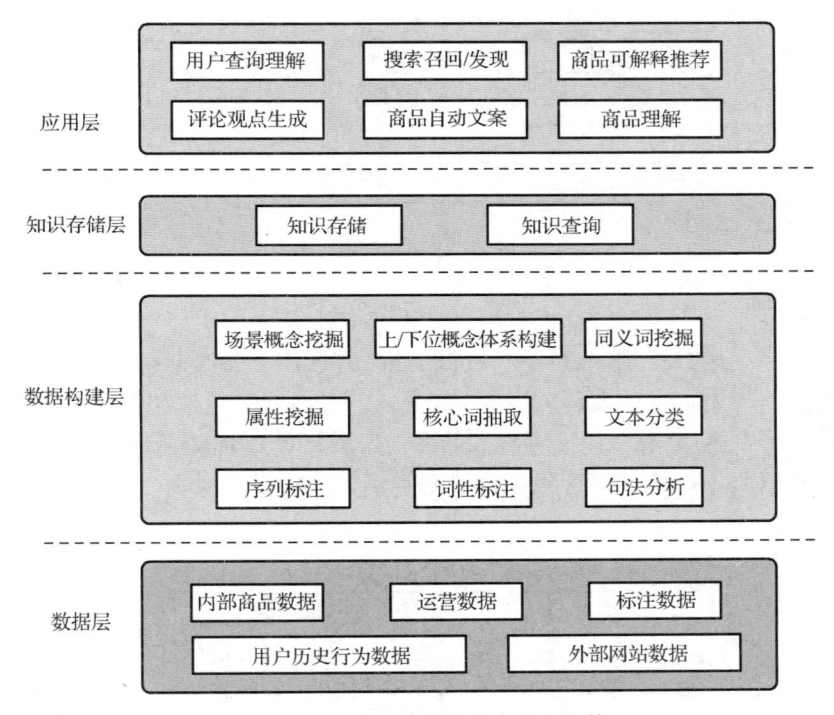

图 4　小米知识图谱构建步骤和架构

3.1　同义词挖掘

同义词挖掘即从商品标题中抽取同义词。基于商家在商品标题中写到的同义商品词，利用序列标注的方式挖掘同义词，然后基于词相似度等模型对结果进行过滤。同义词挖掘模型如图 5 所示。例如，"babycare 妈咪包母婴包多功能大容量双肩包手提外出妈妈包莫夫绿"中，"妈咪包""母婴包""妈妈包"互为同义词。

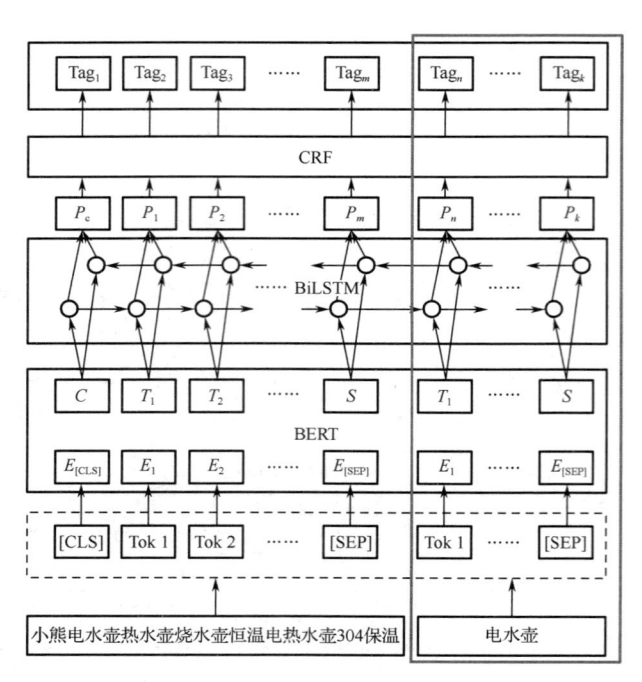

图 5 同义词挖掘模型

3.2 属性词挖掘

为了更好地识别用户意图，返回更精准的商品数据，需要挖掘商品的核心商品词和属性标签，包括商品的材质、使用人群、适用季节等。

这可以看作一个 NLP 领域的序列标注问题，使用基于"BERT+BiLSTM+CRF"的序列标注模型进行商品核心词、属性词挖掘，构建小米知识图谱中的概念节点。主商品词抽取模型如图 6 所示。

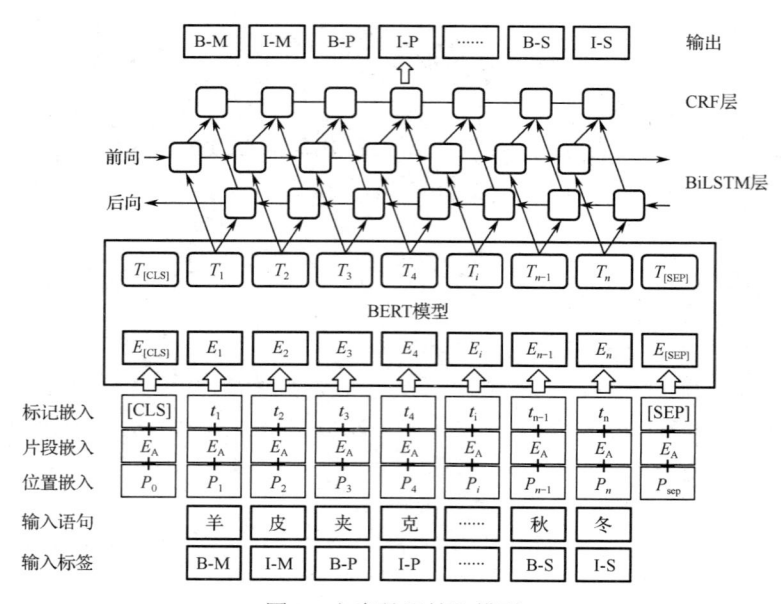

图 6 主商品词抽取模型

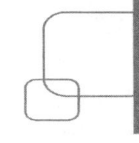

首先，处理商品库中的商品标题和商品描述数据，抽取部分数据并人工标注出句子中待识别的核心商品词（B-P/I-P）、商品材质（B-M/I-M）、使用人群（B-A/I-A）、适用季节（B-S/I-S）等数据。其次，将原始的标注训练数据输入 BERT 模型，得到字符级的 Word Embedding。再次，通过一个双向的 LSTM 网络，得到字符的前向特征输出和后向特征输出，并将其拼接到一起。最后，通过 CRF 层，得到一个全局最优的结果。

3.3 上位词挖掘

上位词挖掘步骤如下：

（1）基于 BERT 的分类模型，以及基于规则和词性的过滤算法，识别词是否是上位词。

（2）与分类树关联，分类树叶子节点有 1 万余个，单纯的分类模型效果不好，本案例训练了基于 BERT+HMC 的分层分类模型，将识别出的上位词与分类树做关联，准确率可提升 3%。

这里的 HMC 分类器是基于类别不匹配的多目标损失函数，具体公式见式（21-1）～式（21-3）。损失函数 L 由 3 个部分构成，分别是一级类目损失 L_1、二级类目损失 L_2，以及一、二级类目不匹配损失 L_H。一级类目损失和二级类目损失是一、二级类目的交叉熵损失，能够使网络同时学习多模态特征与一、二级类目的条件概率分布，同时能够隐式地学习一、二级类目之间的依赖关系。

然而，仅仅使用一、二级类目损失无法保证一、二级类目之间的依赖关系，为了解决这个问题，本案例加入了类别不匹配损失，用于惩罚一、二级类目不匹配的情况。参数 λ 用来控制一级类目损失和二级类目损失之间的重要性相对程度，因为二级类目数量更多，学习更加困难，需要添加更大的权重去学习。参数 β 用来调节类别不匹配损失对于总体损失函数的重要性。添加类别不匹配损失之后，一、二级类目不匹配的情况大幅度下降，同时分类准确率也获得了提升。

$$L = L_1 + L_2 + \beta L_H \tag{21-1}$$

$$L_1, L_2 = -\frac{1}{N}\sum_{i=1}^{N}[\log(\hat{Y}_{ij})] \tag{21-2}$$

$$L_H = \max(0, Y_{class2} - Y_{class1}) \tag{21-3}$$

（3）商品与上位词做关联。使用基于 AC 自动机的文本匹配方式，从评论中和点击日志中抽取出叶子节点下对应的上位词，然后使用基于 BERT 的二分类模型判断抽取的上位词是否适合当前的商品。

3.4 场景概念挖掘

场景概念挖掘利用基于 BERT 的分类模型，以及基于规则和词性的过滤算法，识别某词是否是场景概念词。场景概念词抽取模型如图 7 所示。

首先，从评论数据中使用基于 AC 自动机的文本匹配方式，抽取出评论中的场景概念词。其次，使用基于 BERT 的二分类模型，判断抽取的场景概念词是否适合当前的商品，这里的特征包括商品名、评论及场景概念词。最后，从点击日志中抽取场景概念词，将场景

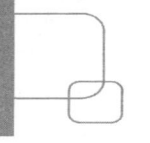

概念词对应的用户点击/购买/的商品的 ID 作为候选 ID，利用上面的判别模型判断是否是正确的场景词。

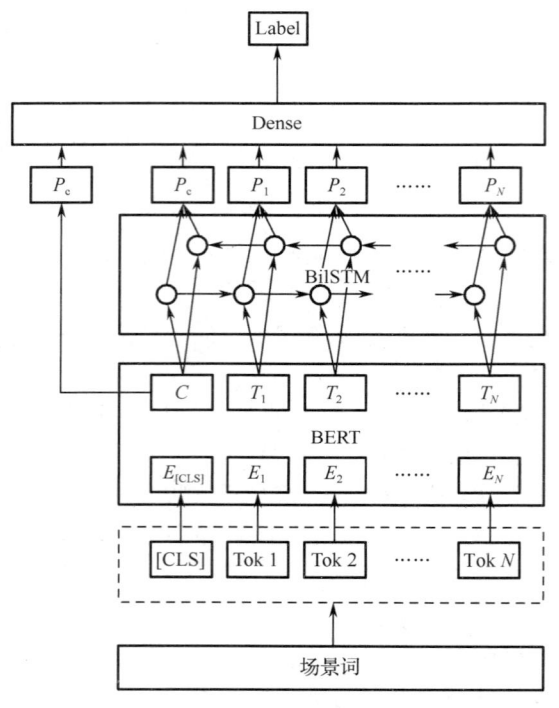

图 7　场景概念词抽取模型

3.5　评论观点抽取归纳

（1）利用 BERT+CRF 的序列标注模型标注评论中的特征词和观点词，同时标注几种标签的类别以便对标签进行聚类。

（2）对邻近的特征词和观点词进行组合，利用这两种词的相关特征及所在句子的上下文，使用基于 BERT 的分类模型，判断当前的组合是否能组成一个正确的标签。

（3）细粒度情感分类：利用 BERT 模型得到评论文本的上下文表征、标签的特征词、观点词的首尾特征向量及上下文表征向量，将其连接在一起做分类，得到情感的概率得分。

（4）标签聚类有两种方式。第一种方式是根据标签的类别进行聚类，适用于类别比较单一的情况。例如，"物流很慢""快递太慢了"的标签分类都是"物流"且情感都是负向的，这种可以直接聚类。第二种方式是利用词向量及根据评论数据训练的词向量加权来判断是否可以聚类。

总体而言，基于以上知识构建的能力，小米有品商城和小米商城通过小米知识图谱落地搜索，发现场景词推荐，提升搜索召回结果，智能推荐用户关于场景的需求，提升用户搜索体验；应用标签的聚合帮助用户更直观地获取商品评价信息，提升用户购买判断力。这些在小米有品商城和小米商城上的推荐落地，都为平台和用户带来了双赢效果。小米有品商城和小米商城场景展示如图 8 所示。

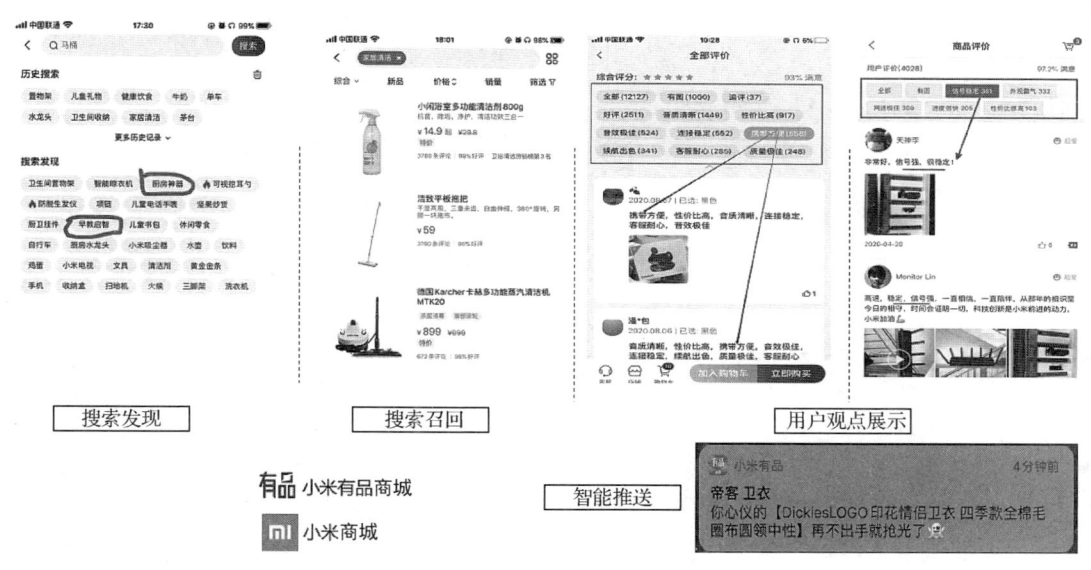

图 8　小米有品商城和小米商城场景展示

4．案例示范意义

（1）小米知识图谱能够在用户需求多样化的今天更好地理解用户。多年来，搜索引擎一直在引导用户如何输入关键字才能更快地找到需要的商品，而这种基于关键字的搜索，适用于明确具体商品的用户。但很多时候，用户面临的往往是一些问题或场景，如"举办一场户外烧烤需要哪些工具""在小米有品商城上购买什么商品能有效预防家里的老人走失"，他们需要更多的"知识"来帮助他们决策。

（2）小米知识图谱能将用户需求显式表达成图中的节点，构建以用户需求节点为中心的概念图谱，即一个链接用户需求、知识、常识、商品和内容的大规模语义网络；同时方便后续在此基础上进行扩展、推理，挖掘潜在的用户需求。

（3）本案例为知识图谱的建设提供了一定的技术参考，为后续想要进行这一方面研究的人员提供了一些思路。

5．展望

基于小米知识图谱的商品推荐取得了初步的一些成果，但是依然还有很大的提升空间，后续需要从以下几个方面提升。

（1）继续丰富对商品周边特征的挖掘，丰富商品描述，提升对商品特征的刻画。
（2）继续丰富对用户个性化应用场景的挖掘，提升商品的场景密度。
（3）加强用户理解的深度，深度理解用户的购买意图。

除了商品应用场景，后续小米公司也计划将小米知识图谱的应用场景推广至游戏商城和应用商城，以进一步提升用户体验和变现能力。

第 13 章 智能制造领域案例

案例 22：机电产品可持续智能设计系统

由于发展模式质的转变、温室效应的巨大挑战及人们对高品质生活的追求，可持续这种包含发展理念、自然和谐模式和未来生活品质的新概念名词迅速走上历史舞台。目前的产品可持续设计方法主要是对产品全生命周期的各个阶段进行独立研究，但这种方法会使产品全生命周期的信息没有得到充分利用，不能有效地建立生命周期各个阶段的可持续设计之间的关系，并且没有在整体上综合考虑产品可持续设计的过程。本案例从海量数据中提取与产品可持续设计相关的知识信息，如材料密度、运输工具的单位质量每百公里能耗、加工设备型号信息等，同时抽取彼此的关联信息及产品生命周期中的阶段方案组建信息，构建并获得产品可持续设计知识图谱。通过对知识图谱的应用，形成综合考虑产品生命周期各个阶段的产品可持续设计方法。该方法具有智能检索与推理能力，通过多目标优化特征并基于知识图谱的关联信息，为产品生命周期的每个阶段推荐对应的设计方案，最终得到符合设计要求的产品可持续设计方案。

1. 案例基本情况

1.1 团队简介

上海大学是国家"211 工程"重点建设的综合性大学，是教育部与上海市人民政府共建高校、上海市首批高水平地方高校建设试点、教育部一流学科建设高校。上海市智能制造及机器人重点实验室是一所依托于上海大学的上海市属重点实验室，自 20 世纪 80 年代开始从事机器人、智能制造技术的研究，是我国最早开展机器人相关研究的科研机构之一，曾承担"上海二号""上海四号""上海五号"机器人的研发；是上海大学"机械工程"国家一流学科、"机械工程"一级学科博士点和博士后流动站、"机械电子工程"国家重点学科、上海市"机械工程高原学科"的重要支撑；同时也是智能制造与机器人领域在基础理论研究、应用技术研究、人才培养、科技成果转化的集聚地。本研究团队针对基于知识图谱的智能设计、智能制造等领域开展了深入研究，并将研究成果应用在基于工业互联网的可持续智能制造系统和基于碳足迹的可持续智能设计系统中。

1.2 案例背景

产品设计决策将影响产品生命周期的可持续性，所以可持续设计会对产品的可持续性产生决定性的影响。产品可持续设计方面的研究正在不断发展。当前，可持续设计研究在将可持续约束融入设计方面还有欠缺，而且并不能够用明确的数值来进行可持续约束。此外，目前的产品可持续设计方法主要是对产品全生命周期的各个阶段进行独立研究，但该方法会使产品全生命周期的信息得不到充分利用，不能有效地建立生命周期各个阶段与可持续设计之间的关系，并且没有在整体上综合考虑产品可持续设计的过程。知识图谱在数据挖掘与信息处理中的优势可以有效解决上述问题。本案例主要研究如何利用知识图谱在产品概念设计阶段融入可持续约束，并对产品全生命周期碳足迹进行预测，为用户提供多目标优化的综合可持续设计方案。研究成果将会在产品源头上降低产品能耗、减少温室气体的排放，有助于我国绿色设计与可持续设计的进一步发展。案例主要研究内容与环境可持续的利益关系如图 1 所示。

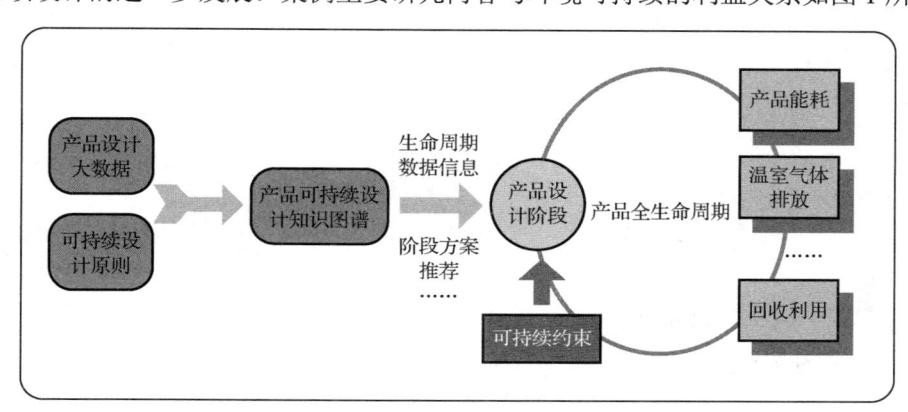

图 1　案例主要研究内容与环境可持续的利益关系

1.3　系统简介

本系统具有以下 3 个功能亮点。

1）检索功能

检索功能在产品可持续设计行业专家经验的基础上，为用户提供满足需求的解决方案。

（1）核心检索。以材料、运输方式、循环利用程度为中心检索词，根据不同检索词的关键属性与其他对象的关联，给出与中心检索词有关的数据信息。例如，以运输方式为中心检索词，则显示所检索的运输方式中碳足迹最低的前 10 项设计方案，并可通过图谱展示的方式，直观显示这些设计方案的关联信息，使用户快速、便捷地浏览自己关心的信息。同时用户可以通过每个关键词节点跳转至关键词的完整信息，并可查看检索的完整设计方案。

（2）自定义搜索。通过组合定义多检索词，完成与用户检索期望相关度最大的设计方案检索。

2）智能推荐

除了基本搜索功能，知识图谱还利用知识关系的计算能力，对用户可能感兴趣的设计做出智能推荐。当用户使用智能推荐时，通过对用户的多次关键词检索和搜索历史中的各类信息进行关系分析与知识计算，为用户推荐更合适、更精准的搜索结果。

3）产品可持续设计和多目标优化

先进的可持续设计不再是单纯的单目标设计，往往根据实际需求会衍生出多个设计目标。通过精确建模完成此类设计优化往往较为耗时，知识图谱利用知识关系的计算能力，为用户推荐可靠的设计优化方向，从而提高用户设计效率。

2. 案例成效

2.1 系统关键绩效指标

可持续智能设计系统使用 MVC 架构[①]进行设计和搭建。在数据方面，系统的前期核心数据来自行业经验积累与专家、从业者的贡献。虽然数据的总体数量有限，但是数据质量高，这是系统前期可靠性的保障。后期通过网络爬虫不断获取数据，系统数据量将快速增长，所建立知识图谱的质量也将不断提高。在系统测试方面，主要对系统的性能与系统压力进行测试。通过多线程高并发测试，模拟多用户同时访问场景，要求服务器能够正常处理该问题。在系统的实用性方面，可持续智能设计系统面向各高校智能设计实验室、行业领先公司、机构及各重点研究所，旨在推动行业信息互通融合，建设高标准、高质量的行业知识图谱系统，有效提升可持续智能设计效率，加快行业的发展。

2.2 案例应用效果

2.2.1 产品全生命周期可持续设计

目前，产品可持续设计方法主要是对产品全生命周期各个阶段进行独立研究，产品全生命周期的信息没有得到充分利用，没有有效地建立全生命周期各个阶段可持续设计之间的关系，并且没有综合考虑产品可持续设计的过程。本案例以图论为基础，首先通过分析原材料获取、制造、运输、使用和回收与处理等产品全生命周期的五个阶段信息，分别获取产品在各阶段的可选方案及相应的碳足迹，并将各阶段的可选方案作为节点，如图 2 中的 S_{11}、S_{12}、S_{13} 等。其次，根据产品全生命周期的顺序，建立相邻上下游节点之间的连线。最后，以标注的碳足迹信息作为权重，建立基于上述五阶段的加权有向图的产品可持续设计空间（见图 2）。利用图论中相关 K 短路径算法求解 K 短路径，前 K 条最短路径所对应的方案集合则为产品全生命周期碳足迹值较小的综合设计方案。

2.2.2 知识图谱

在产品可持续设计空间中，代表全生命周期各个阶段的可选方案的每个节点都对应有具体的知识图谱，并且采用图结构进行可视化表示。运用知识图谱的意义在于对上述基于图论的产品可持续设计方法所获得的综合设计进行多目标优化，即实现产品在环境、经济、社会三方面的可持续发展。从产品可持续设计空间中获得的前 K 个产品综合设计方案具有唯一的评价指标——碳足迹，是实现环境可持续的一个重要指标。同时，需要对这些设计方案进行下一步的综合评判，例如时间成本、经济成本、人机工程等。因此，为每个方案节点构建知识图谱可以解决多目标优化问题。

图 3 为原材料获取阶段的方案 A 所对应的特征属性知识图谱，其中的节点代表该原材料获取方案中材料的物理属性、化学属性、使用场景、材料类别等特征信息及其具体值与单位等。若一个综合方案的价格成本远超预期，经济效益太差，则需要对其进行经济可持续优化。例如，通过查看该综合方案内每个节点的属性后，发现原材料方案 A 的成本过高，需要选择合适的替代材料以优化成本。原材料获取阶段方案 A 的对象属性知识图谱如图 4 所示，其中

[①] MVC 架构是分层模式中最常用的架构，通过将软件应用程序分解成 3 个核心部分来实现，分别是模型（Model）、视图（View）和控制器（Controller）。

应用的材料具有优秀的特性 m，但是由于该材料的价格成本过高，设计较难实现，故从材料本身出发，借助知识图谱中的关系即可快速找到同样具有特性 m 且成本较低的材料 S，使该设计在既保持原有硬性要求的情况下，又优化了经济指标。

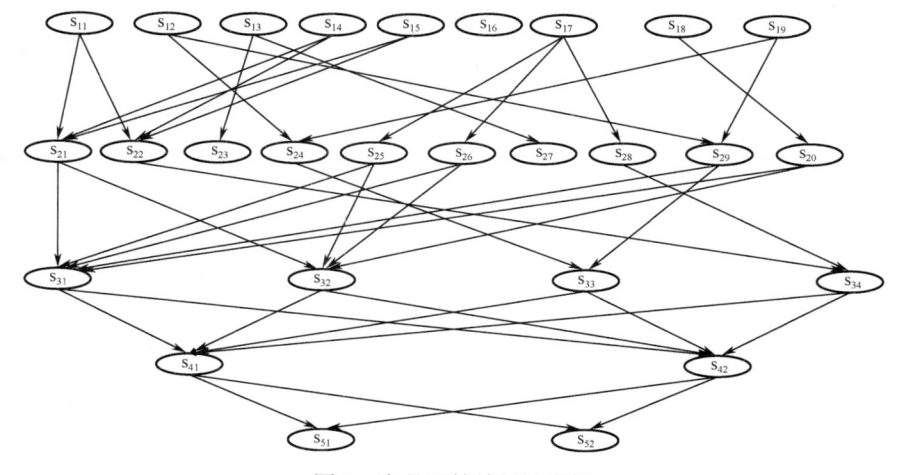

图 2　产品可持续设计空间

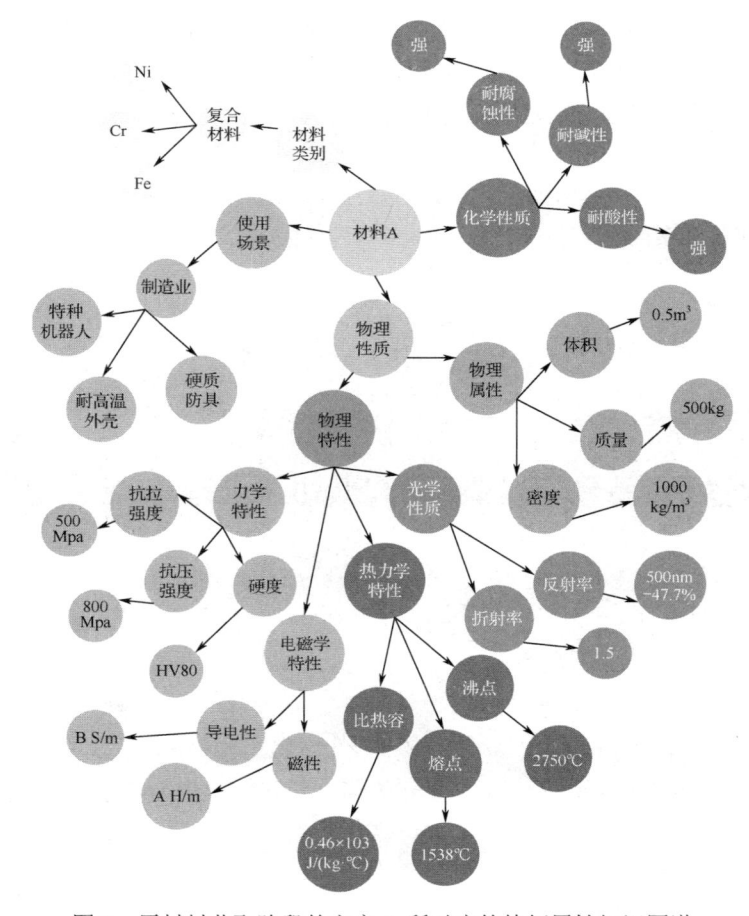

图 3　原材料获取阶段的方案 A 所对应的特征属性知识图谱

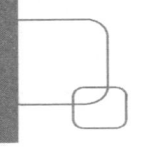

图谱的绘制过程主要包括以下 4 个环节。

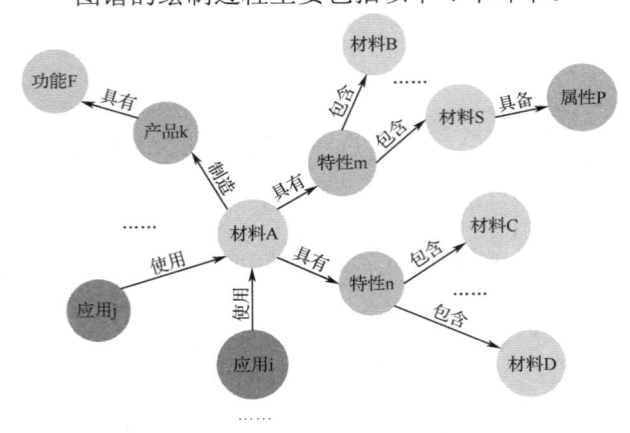

图 4　原材料获取阶段方案 A 的对象属性知识图谱

（1）数据准备阶段：确定和获取原始数据，形成原始数据空间。一般是在网络或某些权威机构中下载相关主题的数据库，在本系统中主要从 IPCC[①] 的 EFDB[②] 和其他材料、交通、环境数据库中获取。

（2）数据提取阶段：从原始数据中提取需要可视化的数据，形成可视化数据空间。

（3）可视化映射：采用一定的映射算法把可视化数据空间映射到可视化对象中。在本系统中体现为利用图、表等形式将处理过的数据展示到用户界面上。

（4）借助于相关学科的背景知识，对形成的科学知识图谱进行深入解读。

2.2.3　可持续智能设计应用

　　产品可持续智能设计软件是基于知识图谱与图论可持续设计空间所开发的一款软件，其目的是辅助产品设计人员完成可持续产品的概念设计，得到多目标优化的设计方案。该软件具有较高的用户友好度，用户可在丰富的基础信息数据库中自由地添加产品生命周期中每个阶段的方案。同时，为了保证计算结果的正确性和客观性，该软件在数据方面拥有强大的支撑，数据库中包括了碳排放计算所需的各类碳排放因子数据、各种加工工艺与运输方式的基础数据等，并且这些数据可及时更新。该软件最终通过权衡环境指标、经济指标与社会指标，以综合评分降序的方式排列推荐的产品综合设计方案，用户可结合实际情况对所推荐的方案进行选择。产品可持续智能设计软件展示界面如图 5 所示。

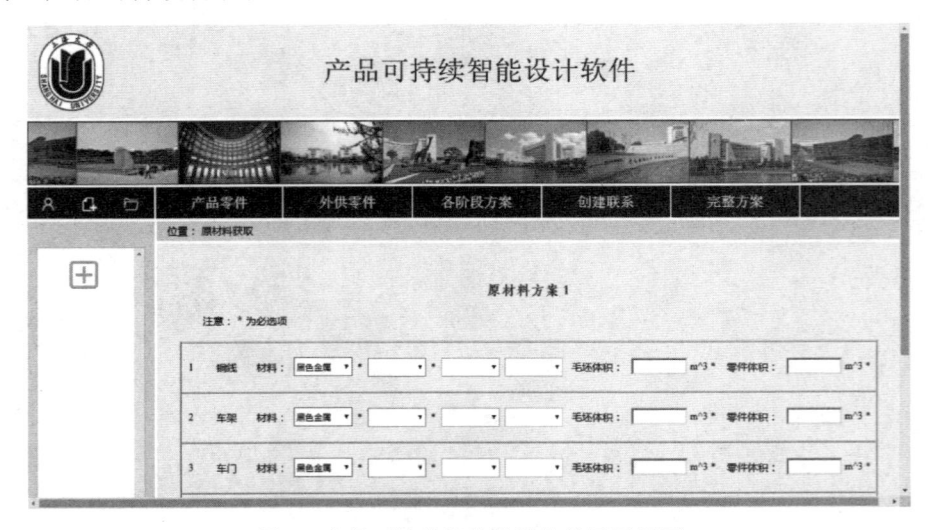

图 5　产品可持续智能设计软件展示界面

---

① IPCC 是政府间气候变化专门委员会的简称。
② EFDB 是 Emission Factor Data Base 的简称，是 IPCC 的排放因子数据库。

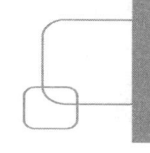

3. 系统技术路线

3.1 系统整体架构

可持续智能设计系统（本案例以下简称"系统"）总体框架如图 6 所示。系统通过知识获取、知识存储、知识融合等知识图谱主要技术，对可持续智能设计相关数据进行处理、分析，构建该行业的专业知识数据库。并通过该数据库建立可持续智能设计平台，提供行业的检索功能、推荐功能、设计多目标优化等核心功能。以下从数据获取、数据存储、数据处理和数据应用模块做详细介绍。

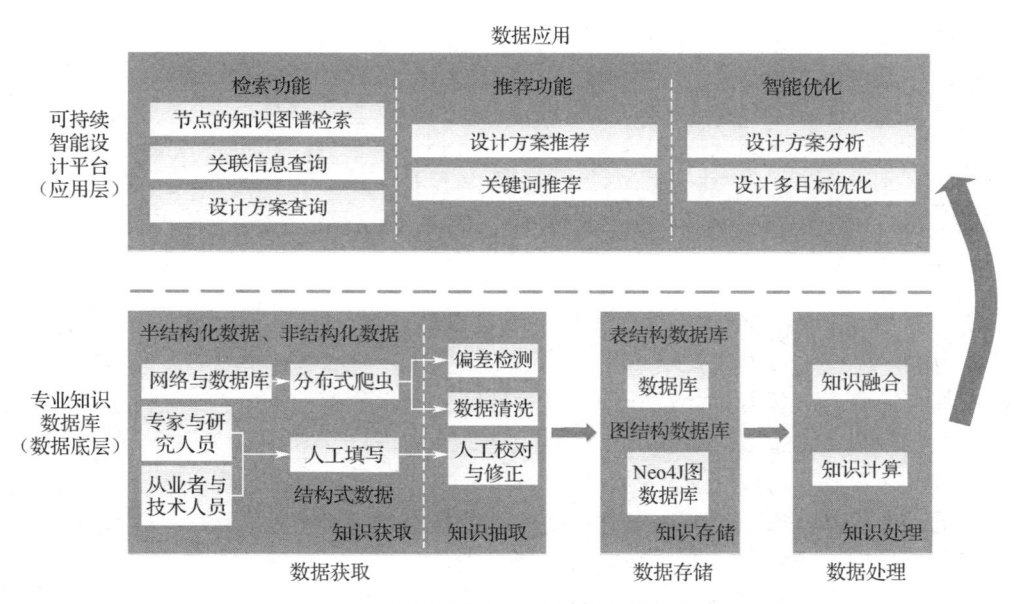

图 6　可持续智能设计系统总体框架

3.1.1 数据获取

系统通过向可持续设计行业专家和从业人士收集专业的设计信息，获取部分可信度较高的结构化数据，并构建爬虫从智能设计、可持续设计等行业专业的主流网站与数据库上获取需要的设计信息。对于从专家和从业人士处收集的可靠信息，采用人工校对与修正的方式，进行数据的清洗、验证；对于爬虫获得的信息，通过人工填写、自动填充、删除无效化值、噪声数据光滑等操作完成数据清洗，保证数据的可靠性与一致性。

3.1.2 数据存储

系统基于表结构与图结构两种不同方式对数据进行存储。首先将经过人工校对和清洗的数据放入 DataBase 数据库中，以表的形式进行存储，主要包括设计方案表（Design）、材料表（Materials）、运输方式表（Transportation）、加工制造表（Manufacturing）、使用方式表（Using）和回收与处理表（Recycle）等可持续设计的关键信息，利用 SQL 结构化查询语言进行数据的查询、更新等基本操作及数据系统的管理。其次为实现可持续智能设计对象的关系关联、数据分析，通过使用自然语言处理技术，建立各数据对象的关系，生成相关的三元组。在此基础上，利用 Neo4J 图形数据库，将数据存储于网络图中，构建可持续智能设计方案各对象、

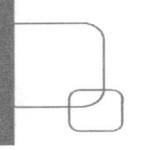

属性的知识图谱，实现可持续智能设计中关系的可视化，并通过各关键要素的知识图谱，为设计方案的智能优化、推荐等功能提供了可靠的信息基础。

3.1.3 数据处理

对于完成存储的可持续智能设计相关数据信息，通过知识融合、知识计算技术，提升图谱质量，挖掘潜在关系。知识计算作为知识图谱能力输出的关键步骤，通过对数据库中的数据进行知识补全、知识纠错、知识更新、知识链接等操作，完成数据处理。在系统中，通过建立的 Neo4J 图形数据库及知识图谱，通过图查询检索、图特征统计，可完成检索对象的关系查询和关联分析；通过知识推理可以完成可持续智能设计的智能搜索和智能推荐等功能。

3.1.4 数据应用

数据应用是根据上层应用设计的需求，将数据处理的结果以功能块的模式开放给用户，让用户通过使用知识图谱构建的可持续智能设计服务，快速查询所需的设计内容，并通过智能推荐等功能辅助用户完成新的方案设计，提升研发效率，加快行业的发展。

3.2 系统实施步骤

3.2.1 数据处理

系统数据来源于两个方面，由人工填写的结构化数据，经校核后直接放入数据库；从爬虫获得的数据，经过语义模块处理和验证后存入数据库。数据库的字段由专家设计以供使用，并可以在收集、分析大量数据后，增添关联度较高的新数据字段。

对存入数据库的数据表，通过人工填写、删除无效值、降噪光滑处理等操作进行数据清洗，清洗出可持续设计的核心表格，如在基于图论的可持续设计空间中，清洗出原材料获取、制造、运输、使用和回收处理五张表格，每张表格中包含每个产品生命周期阶段的重要信息字段。同时，将用户检索的主要字段放入检索分表作为索引，提升用户查询效率。

通过使用自然语言处理技术，实现知识模型的实体对象及关系搜索，生成相关三元组，并利用 Neo4J 图形数据库构建相关核心实体对象信息的知识图谱，实现可持续设计潜在关联信息的预测与检索。并通过知识计算，实现后续用户智能设计与优化的信息储备。

系统将用于图论模型的节点信息按图的层次依次存入对应的数据库表格中，因为产品可持续设计包含原材料获取、制造、运输、使用和回收处理五个环节，所以在数据库中分别建立了用于存储这五个环节的五张表，再根据可持续性评价计算参数以设立每张表的字段属性。

3.2.2 系统功能实现

系统的检索与可视化功能实现过程大致如下：用户在前端界面输入感兴趣的关键词，或直接点击前端图形界面的对象，系统通过接口将对象对应的关键词传入后端，后端将前端发送的关键词在检索表中进行搜索匹配，并将检索到关键词所关联的核心表信息返回至前端，而与发送关键词相匹配的可视化知识图谱也被传回前端，待用户操作后即可显示。

基于图论的产品可持续设计实现基本流程如下：用户在前端界面，根据设计需求，为全生命周期各个阶段挑选备选方案节点，完成选择后开始进行可持续指标评价计算，系统将用于提交的节点信息根据分类传回后端数据库进行查询匹配，将匹配成功的节点属性导入算法功能模块进行计算，计算完成后，根据用户的设计需求，将计算结果返回前端界面显示。

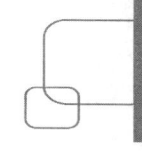

4. 关联技术与系统

4.1 基于半监督学习的实体关系抽取

实体关系抽取是构建知识图谱过程中的关键步骤,目的是从海量的自然语言文本中抽取实体间关系。对于表关系库中的结构化数据,可以通过映射语言转换成知识库内容。针对占比更大的半结构化数据及非结构化数据,使用基于 Bootstrapping 的半监督实体关系抽取方法进行处理。

Bootstrapping 过程形式化描述:对于给定的自然语言处理任务,选取特定的有指导的训练分类模型的方法。该方法需要两个数据集,一般是少量的标注数据集和未标注的数据集。然后逐步通过未标注的数据集来扩大标注的数据集,训练出最终的分类器以实现具体的自然语言处理任务。

通过未标注数据集扩大标注数据集的过程如下。

(1)使用已经标注的数据集(可能是非常少量的数据集),应用选择的分类方法训练分类器,其中,分类器的作用主要是用于标注未标注数据集中的标注分类。

(2)使用分类器对未标注的数据集进行标注分类,目的是从未标注的数据集中获取标注的数据。

(3)从步骤(2)获取的标注数据中,选择置信度较高的数据作为标注数据加入标注数据集。

(4)重复上述过程直到满足迭代结束条件。

4.2 基于符号逻辑的知识推理

随着知识图谱技术及应用的不断发展,图谱质量和知识完备性成为影响知识图谱应用的两大重要因素。知识统计与图挖掘技术可以提升知识图谱的质量。知识推理通过对图谱进行逻辑推理,可以更深层次地挖掘知识数据的关联性,以提高知识完备性。因此,知识图谱推理技术能有效解决知识图谱面临的难题,同时其也是知识图谱扩容的主要技术手段。基于描述逻辑的本体推理可以有效地起到知识推理的作用。本体推理使用 OWL 本体语言,具有语义理解的结构基础,可定义丰富的语义词汇,促进了统一词汇表的使用。

4.3 基于图论的产品可持续设计方案

为满足产品设计的绿色可持续性,使用一种基于图论的产品可持续设计方法,该方法通过分析原材料获取、制造、运输、使用和回收处理等产品全生命周期五个阶段。分别获取产品全生命周期各个阶段的可选方案及相应的碳足迹,将各阶段的每个可选方案作为节点,根据产品生命周期的顺序,建立相邻上下游节点之间的连线,并标注相应的碳足迹信息作为权重,从而建立基于上述五阶段的加权有向图的产品可持续设计空间。利用图论中相关最短路径算法求解最短路径,该最短路径所对应的方案集合则为产品全生命周期碳足迹最低的综合设计方案。产品可持续设计方法包括以下步骤。

1)建立有向图

给定加权五层有向图 $G(V,E)$,其中,G 表示加权有向图,V 表示加权有向图 G 中的节点集合，E 表示加权有向图 G 中的有向边集合。在原材料获取阶段，产品原材料的选择从相应的原材料方案集合中获得，表示为 $S_1=\{s_{11}, s_{12}, s_{13}, \cdots, s_{1m}\}$，其中 $s_{1i}(i=1, 2, \cdots, m)$ 是集合 S_1 的一个元素；每个原料可选子方案又对应于多种制造方案，将制造方案集合表示为 $S_2=\{s_{21}, s_{22}, s_{23}, \cdots, s_{2m}\}$，其中 $s_{2i}(i=1, 2, \cdots, m)$ 是集合 S_2 中的一个元素；在制造阶段之后，对应有一系列的运输方案，表示为 $S_3=\{s_{31}, s_{32}, s_{33}, \cdots, s_{3m}\}$，其中 $s_{3i}(i=1, 2, \cdots, m)$ 是集合 S_3 的一个元素；在运输阶段之后，各种运输可选子方案对应多种使用方案，表示为集合 $S_4=\{s_{41}, s_{42}, s_{43}, \cdots, s_{4m}\}$，其中 $s_{4i}(i=1, 2, \cdots, m)$ 是集合 S_4 的一个元素；在使用阶段之后，各种使用可选方案对应多种回收处理方案，表示为集合 $S_5=\{s_{51}, s_{52}, s_{53}, \cdots, s_{5m}\}$，其中 $s_{5i}(i=1, 2, \cdots, m)$ 是集合 S_5 的一个元素；并通过计算上述各阶段方案对应的产品全生命周期碳足迹，得到加权有向图的节点集合、有向边集合及相应的权重，形成基于产品可持续设计空间的加权有向图（见图7）。

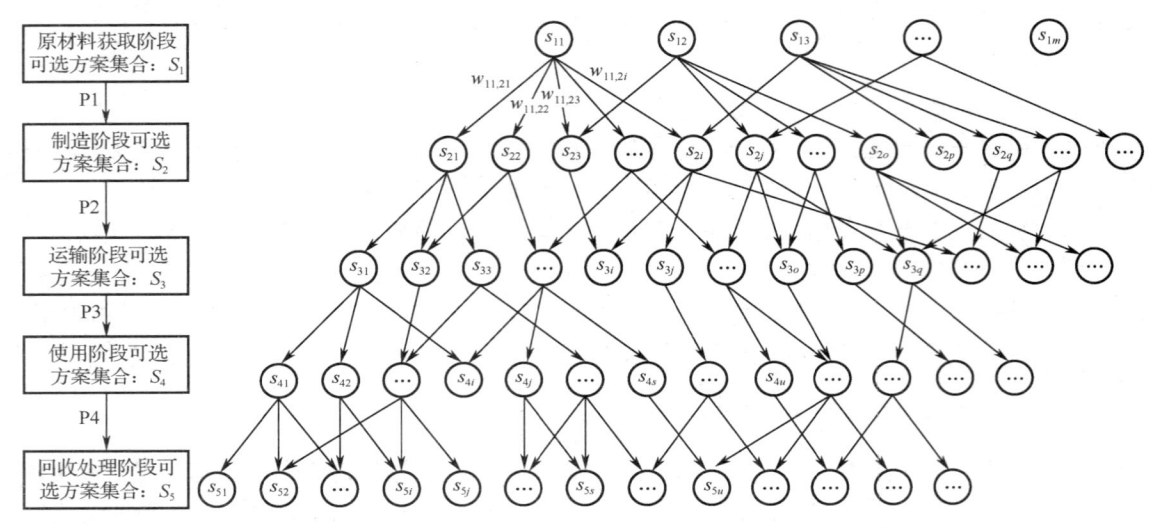

图 7 基于产品可持续设计空间的加权有向图

2）利用上述有向图求解最短路径

在上述建立的有向图中，设置权重函数 $w_{(ij)(pq)}$，用来表达每一条有向边的权重，即在产品全生命周期各阶段中相应方案的碳足迹；因产品全生命周期具有连续性，产品全生命周期的各阶段中可选方案同样要有连续性，这意味着在以图 $G(V, E)$ 表达的产品全生命周期中，邻近阶段具有加权有向边；在 $G(V, E)$ 中，s_{ij}, $s_{pq} \in V$，从节点 $s_{ij}(i=1, 2, 3, 4, 5)$ 到节点 $s_{pq}(p=2, 3, 4, 5$ 且 $p<i)$ 的最短加权路径代表这一对顶点的最优可持续设计，每一对顶点路径的权值等于其所有成员有向边的权值总和。利用上述有向图与动态规划算法，即可获得碳足迹最优的产品设计方案。

5. 案例示范意义

基于知识图谱与图论的产品可持续设计方法通过从海量数据中提取与产品可持续设计相关的知识信息，如材料密度、运输工具的单位质量百公里能耗、加工设备型号信息等，同时抽取彼此的关联信息及产品生命周期阶段方案组建信息来构建知识图谱，并通过不断处理数据来丰富图谱信息。它是一种综合考虑产品全生命周期各个阶段的产品可持续设计方法。这个案例中可持续设计模块的示范意义主要体现在以下 3 个方面。

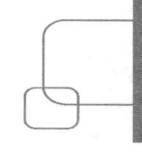

1）充分利用产品全生命周期信息

对比着眼于单生命周期阶段的产品可持续设计，本案例从全生命周期角度出发，充分利用产品全生命周期信息，考虑了产品全生命周期各个阶段之间的联系与影响，通过基于图论的产品可持续设计空间，可以更快速、更全面地得到产品的综合可持续设计方案。

2）全面的可持续性评价

一些研究中的产品可持续设计方法是片面的，评价指标往往只局限于环境可持续，如碳足迹和水足迹等。产品可持续的定义更为广泛，只着眼于环境可持续的产品设计严格意义上不是一个优秀的综合设计方案，同样成本、耐用度、舒适度等方面都是提高产品竞争力的重要因素。本案例在保证产品环境可持续的基础上，通过构建的知识图谱，协助设计人员对产品进行多目标优化。

3）智能检索与推理能力

通过三个方面的可持续优化并基于知识图谱的关联信息，系统以多种图谱的形式直观、生动地展示数据及其关系，包括每个方案节点详细的特征属性与对象属性，为目标方案节点推荐对应的优化设计，协助设计人员轻松、直观地进行方案改进。

6. 展望

目前的产品可持续设计方法主要是对全生命周期各个阶段进行独立研究，产品全生命周期的信息没有得到充分利用，没有有效地建立全生命周期各个阶段的可持续设计之间的关系，并且没有在整体上综合考虑产品可持续设计的过程。我国的产品可持续设计还未形成体系，可持续设计仍旧是最复杂的设计之一，其焦点在于满足社会需求的时候，把那些负面影响最小化。本案例的下一步工作计划如下。

1）技术展望

建立全面的产品可持续性评价体系。产品可持续性评价需基于经济、环境、社会三方面。可持续性设计并不是为了减少对环境的坏影响，而是让大家与生态有更多的关联。可持续性设计的焦点在于在满足社会需求的时候，把那些负面影响最小化。因此，建立一个合理的综合的产品可持续性评价体系可为产品可持续设计提供持续的参考准则，提高产品的竞争力。

进一步建立完善产品可持续设计数据库，完善产品可持续设计知识图谱。大数据在产品可持续设计中的应用可以协助产品设计者更加便捷、快速地进行产品开发与可持续设计，同时使用标准化的产品可持续设计数据库为后续产品的可持续性评价提供可靠的评价依据。

2）产业展望

可持续是绿色低碳循环发展经济体系建设的必然要求。进入 21 世纪，保护地球环境、构建循环经济、保持社会经济可持续发展已成为世界各国共同关心的话题。产品可持续设计以减小环境影响、节约资源为特色，以综合利用信息技术为核心，高度契合了国家可持续发展的战略需求。知识图谱在产品可持续设计中的使用，推动了可持续设计行业信息的互通融合。建设高标准、高质量的可持续设计行业知识图谱系统，可有效提升可持续智能设计效率，加快行业的发展。

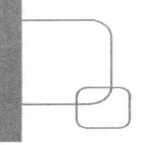

案例 23：可持续智能制造系统

我国作为制造业大国，国民经济正处于结构调整和发展方式转变的关键时期。现代智能装备制造亟须利用包括工业互联网、智能制造等技术在内的高新技术改造传统的智能装备制造业，推动互联网与制造业融合，提升智能装备制造业水平，加强产业链协作，发展基于工业互联网的智能装备协同制造新模式。可持续智能制造系统根据互联网+、智能制造等领域的技术现状和发展趋势，将工业互联网、云计算和大数据技术作为新一轮产业技术变革的主要方向，推动工业互联网与智能装备制造业融合；通过创造支持智能制造、大规模个性化定制、网络化协同制造和制造业服务化转型的数字化协同制造环境，建立符合智能装备制造业生产特点的协同制造系统，提升制造业数字化、网络化、智能化水平，加快形成制造业网络化产业生态体系，发展基于互联网的智能装备协同制造新模式。

1. 案例基本情况

1.1 团队简介

上海大学是国家"211 工程"重点建设的综合性大学，是教育部与上海市人民政府共建高校、上海市首批高水平地方高校建设试点、教育部一流学科建设高校。上海市智能制造及机器人重点实验室是一所依托于上海大学的上海市属重点实验室，是上海大学"机械工程"国家一流学科、"机械工程"一级学科博士点和博士后流动站、"机械电子工程"国家重点学科、上海市"机械工程高原学科"的重要支撑；同时也是智能制造与机器人领域在基础理论研究、应用技术研发、人才培养、科技成果转化的集聚地。本研究团队针对基于知识图谱的智能设计、智能制造等展开了深入研究，并将研究成果应用在基于工业互联网的可持续智能制造系统和基于碳足迹的可持续智能设计系统中。

1.2 案例背景

在全球新一轮科技革命和产业变革中，互联网与智能制造领域的融合发展具有广阔前景，已得到国家和上海市的高度重视。

在"互联网+"协同制造模式下，制造业企业从顾客需求开始，到接受产品订单、寻求合作生产、采购原材料或零部件、共同进行产品设计、生产组装，整个环节都通过互联网联结起来并进行实时通信，从而确保最终产品满足大规模的客户个性化定制需求。在这种定制模式下需要能够快速制定制造方案，知识图谱相关技术可以满足上述需求。

可持续智能制造系统为适应企业快速发展的需要，进一步提升在生产制造现场的管理和控制水平，提出了实现敏捷制造、精益生产的本项目建设需求。该系统充分利用生产制造的资源，通过对生产环节进行信息采集和控制记录，降低生产成本，提高生产效率，保证完工计划，实现敏捷制造。图 1 为当前存在的痛点，图 2 为本系统的优势，图 3 为可持续智能制造网络架构，图 4 为可持续智能制造系统工程实施架构。

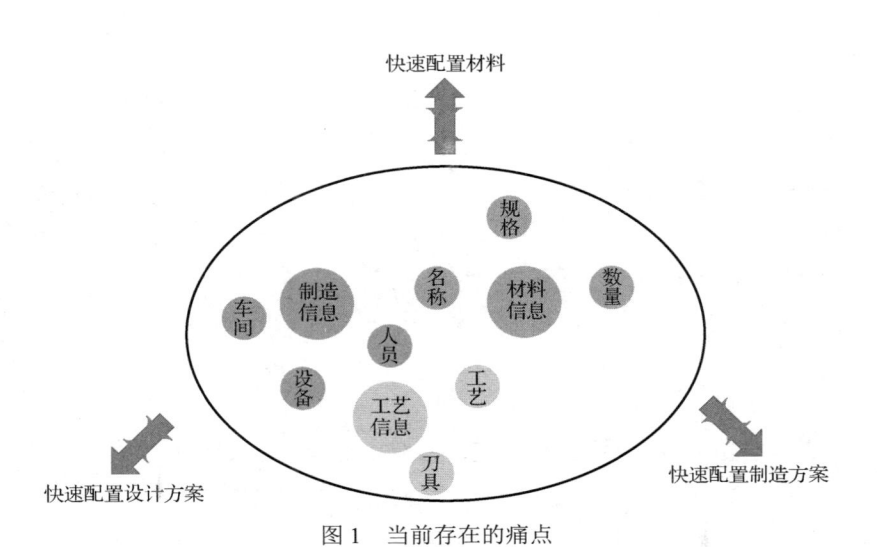

第 13 章 智能制造领域案例

图 1 当前存在的痛点

图 2 本系统的优势

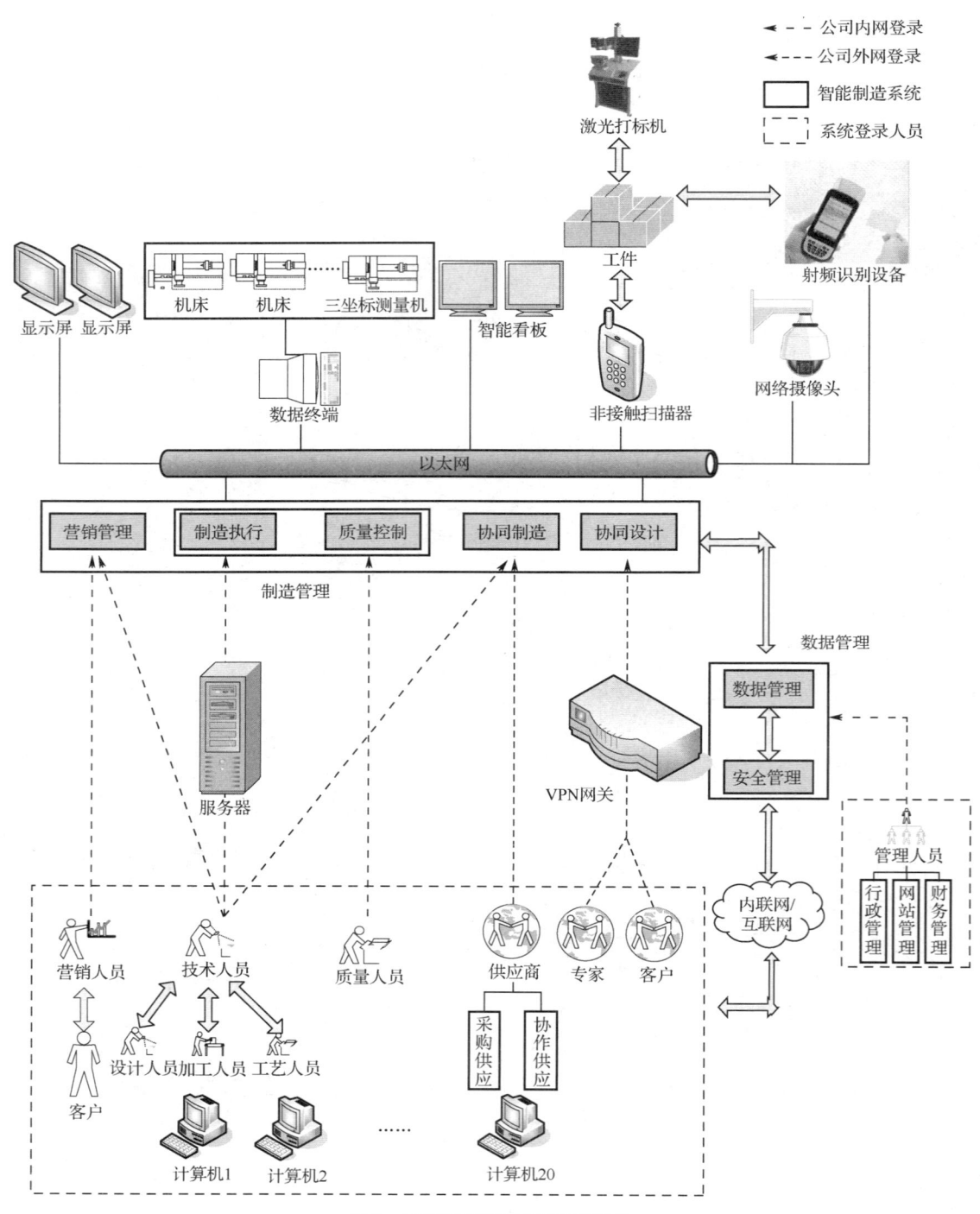

图 3 可持续智能制造网络架构

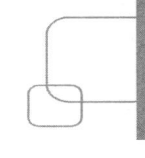

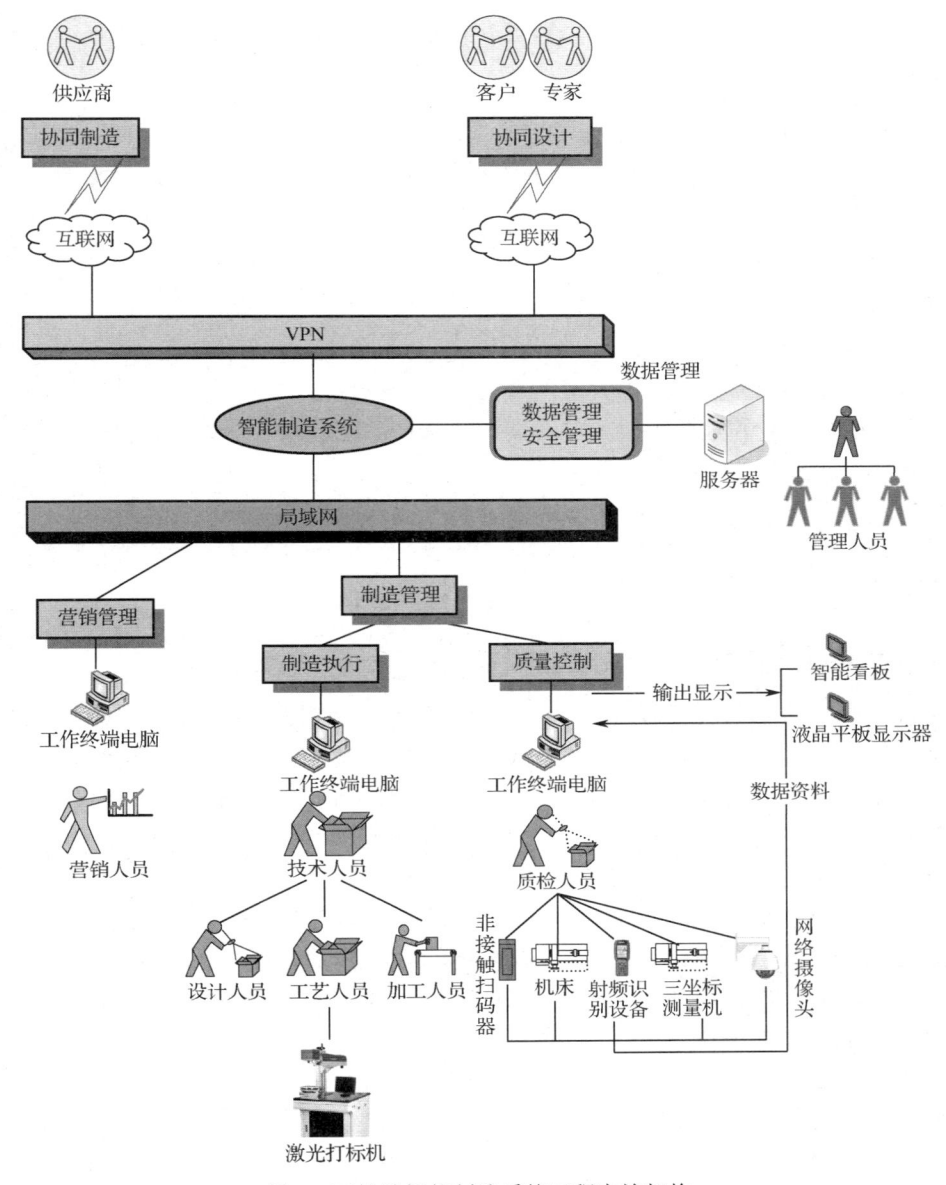

图 4 可持续智能制造系统工程实施架构

1.3 系统简介

可持续智能制造系统利用自然语言处理技术从众多数据中提取跟产品相关的知识信息，并不断对数据进行处理以丰富图谱信息，最后构建制造业产品知识图谱。可持续智能制造系统平台主要包含企业资源计划（ERP）、制造执行系统（MES）和生产现场的数据。主要有以下 3 个功能。

（1）产品信息搜索：可根据特定产品的关键词、制造方案、客户等搜索相关产品信息。

（2）个性化推送：给用户推送高频搜索词以及结合用户习惯个性化推送产品信息。

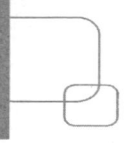

（3）检索结果创新性可视化：对用户搜索信息利用知识图谱进行关联性检索，以思维导图的方式展示。本系统具有以下功能亮点。

1.3.1 系统自主学习能力

可持续智能制造系统应用于离散制造业，因为行业的特性每天都会产生海量的生产相关的数据，可持续智能制造系统通过从快速增长的制造数据中抽取产品知识信息，丰富并完善产品图谱信息；还可以根据正常情况下的产品数据，不断增强系统对于正常情况的认知，提高系统判断能力，更准确地预测、识别异常，持续增强系统稳定性、健壮性。

1.3.2 智能检索和推理功能

离散制造企业每天都会生产出大量的产品，其中有良品也有次品，准确定位次品原因并改进预防是提高良品率的重要手段。可持续智能制造系统提供智能检索和推理功能，系统以海量的良品数据和大量的次品数据为基础，分析良次品特点，根据次品特征分析推理可能的故障原因并根据相关性将故障原因展示给系统使用者。

2. 案例成效

2.1 系统关键绩效指标

可持续智能制造系统知识图谱使用"模型-视图-控制器（MVC）"架构，该系统的关键绩效指标体现在系统数据量、系统测试和系统适用性三个方面。在数据量方面，本案例的系统数据量为900万条，构建的知识图谱中有4200个实体，3万余种关系。由此可知，本案例中系统的数据量较为充足，且有逐渐递增的趋势，系统的检索结果和图谱展示出的实体间关系也是比较合理且有说服力的。在系统测试方面，本案例从系统性能和系统压力两方面进行测试。在100、200、300线程分别模拟100、200、300个用户进行并发访问测试。测试结果显示，在访问时服务器均能正常处理，错误率为0，平均响应时间小于300ms，响应时间远低于一般原则的3～5s，系统常规性能良好。在系统适用性方面，可持续智能制造系统由上海市智能制造及机器人重点实验室研制，并在一批制造业企业得到示范应用。通过减少产品零部件的试制与实验，为企业减少材料、人力等生产资源运营成本。通过缩短产品研发周期、加快产品上市周期，在装备协同制造系统软件平台上推广到多个行业。通过从产品设计、制造中抽取彼此的关联信息，构建知识图谱，不断对数据进行处理以丰富图谱信息，最后构建制造业产品知识图谱。该系统可以助力海洋装备产品研发，提高了产品研发的效率，缩短了产品研发周期，得到了相关研发机构的认可。

2.2 案例应用效果

可持续智能制造系统正在改变着离散制造企业的生产制造模式，系统依托企业海量的制造数据，构建完善的产品模型和评价体系，并据此来跟踪企业的研发、设计、制造和营销等，为制造企业提供了一种新的发展方式，提升企业的市场竞争力。

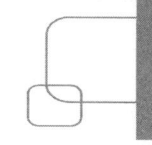

2.2.1 制造模式的改变

可持续智能制造系统采用知识图谱相关技术进行数据的存储和处理，绘制、分析和显示产品相关信息的相互联系。在多数情况下，知识图谱采用图结构进行可视化表示，使用节点代表产品信息、设计信息和制造信息，使用连线代表节点间关系。

图谱的绘制过程包括以下3个环节。

（1）数据准备。数据准备是指收集原始产品数据，整理成原始数据空间。数据的获取一般是从数据库中获取，本系统从 ERP[①]、MES[②]、生产现场获取包括产品图纸、材料、工艺、程序和计划等信息。

（2）数据提取。数据提取是指从收集的原始数据中提取数据，转化为可视化数据空间，使用软件形成共客户、共类型等计量单元构成的共现矩阵。

（3）映射。映射的目的是使用映射算法把可视化数据空间映射到可视化对象中。本系统中使用图、表等将经过处理的数据显示给用户。

可持续智能制造系统利用自然语言处理技术从众多数据中提取跟产品相关的知识信息，并不断对数据进行处理以丰富图谱信息，最后构建制造业产品知识图谱。可持续智能制造系统从产品知识图谱的构建、推理到数据的可视化都是用适配性较高的算法。在进行实体关系抽取时使用基于 MultiR 模型进行优化，在耦合时使用基于图卷积神经网络的多知识图谱，在进行知识图谱推理时使用多模协同感知的非概率模型。

在知识图谱的数据可视化方面，本系统使用线状图谱、思维导图式图谱等方式生动、形象地展现出数据之间的关系。思维导图式图谱展示产品信息关系如图5所示。图5以思维导图式图谱展示搜索词与产品之间关系，可以引导用户进行智能搜索。

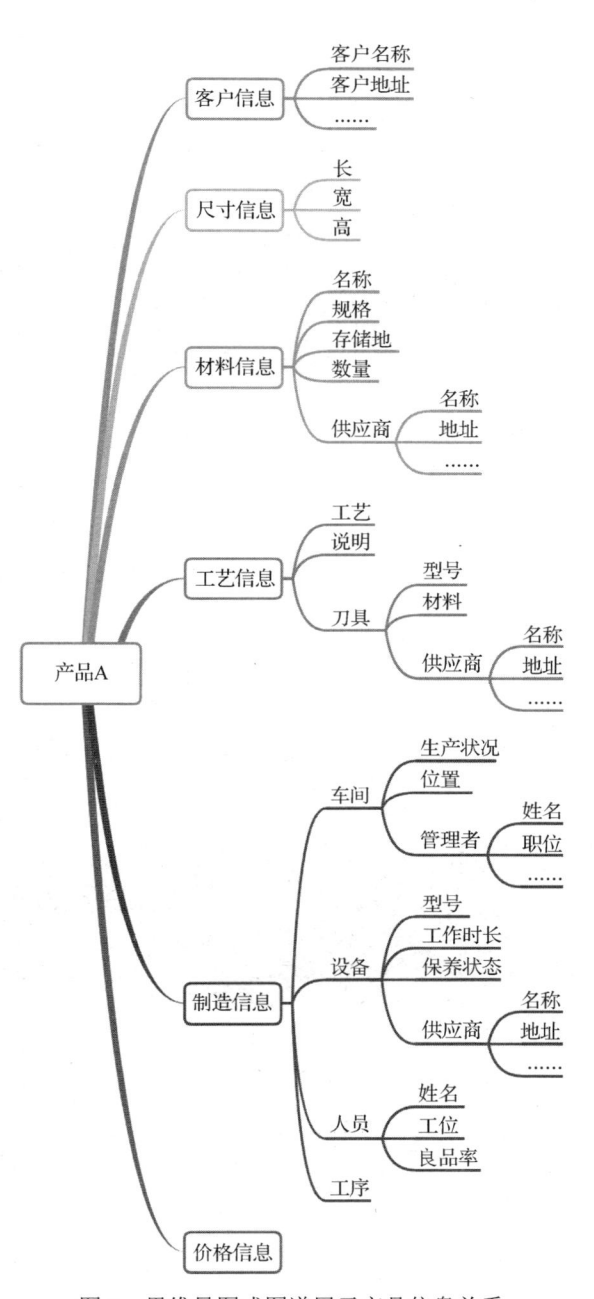

图 5　思维导图式图谱展示产品信息关系

[①] ERP（Enterprise Resource Planning），企业资源计划，是指建立在信息技术基础上，以系统化的管理思想，为企业决策层及员工提供决策运行手段的管理平台。

[②] MES（Manufacturing Execution System），制造执行系统，是面向车间生产的管理系统。

2.2.2 解决问题方式的改变

本系统基于学习算法进行产品信息的智能推理和分析，具有结构化存储知识信息和实体关联关系智能预测两个功能。图 6、图 7 和图 8 分别为可持续智能制造系统中的产品信息查询、产品状态查询和制造方案查询。可持续智能制造系统提供了多种搜索功能，为不同身份用户提供个性化的解决方法，如营销人员可根据系统提供的功能查询企业的产能以决定是否承接订单，研发人员查询产品在制造过程中曾出现的问题调整设计方案等。

图 6　产品信息查询

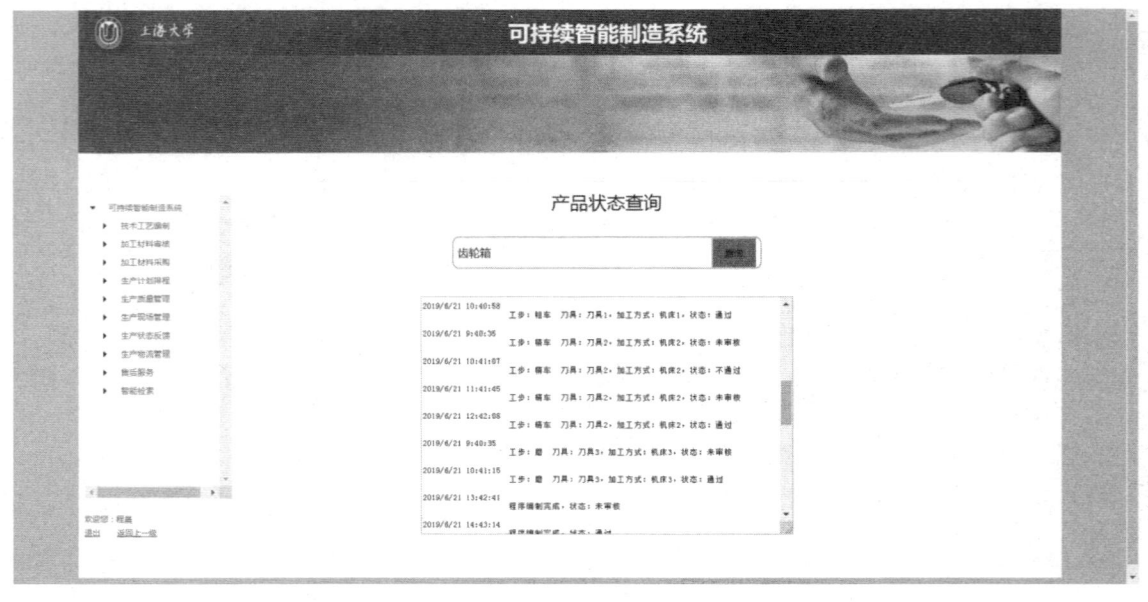

图 7　产品状态查询

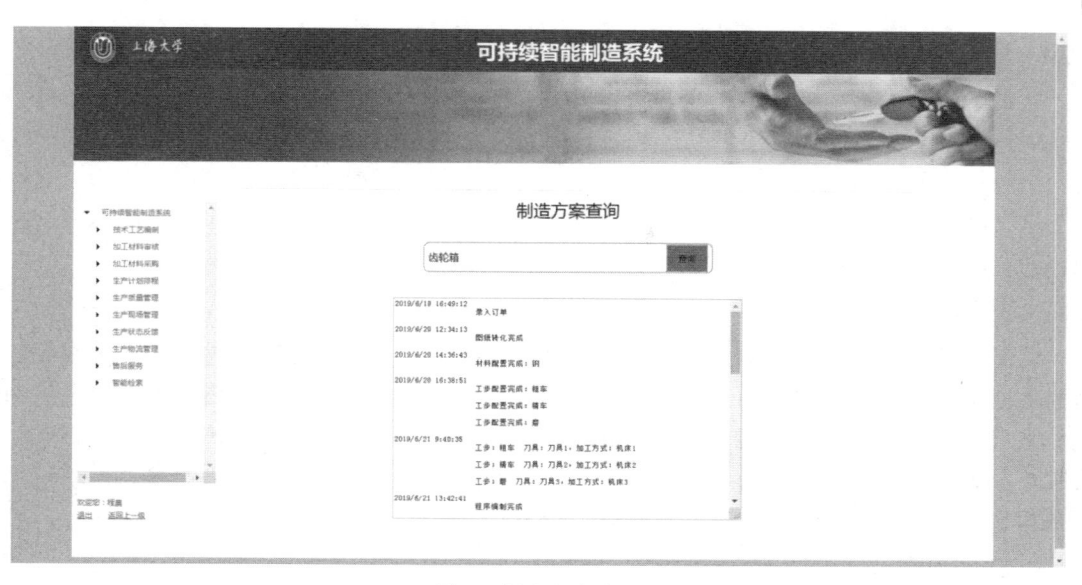

图 8　制造方案查询

3. 系统技术路线

3.1 系统整体架构

可持续智能制造系统框架（见图 9）主要由数据底层和应用层组成，其中数据底层分为数据获取、数据存储和数据处理。

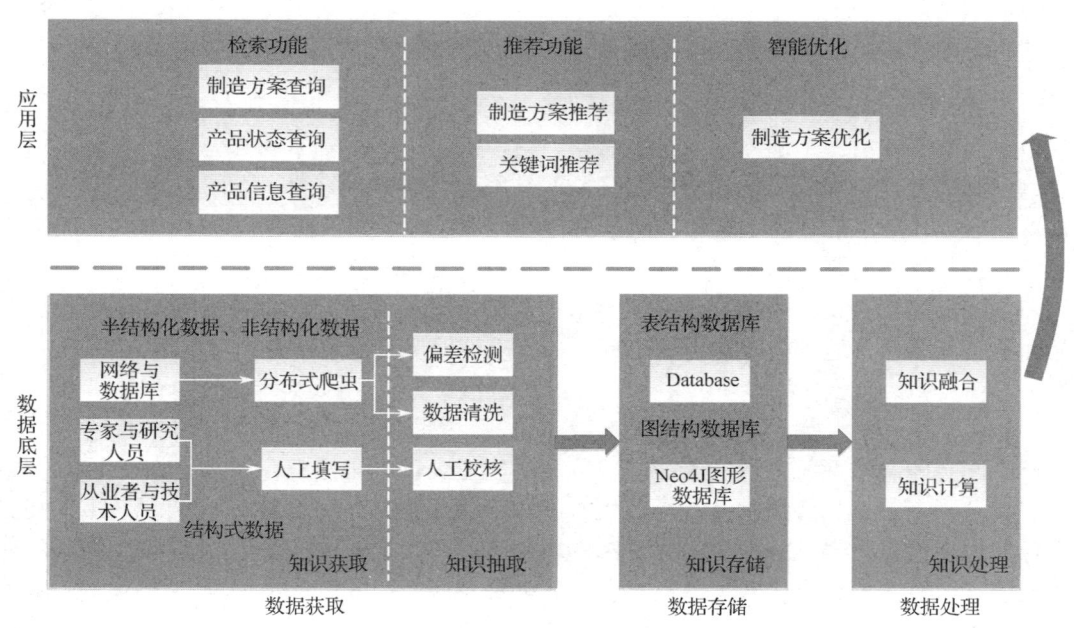

图 9　可持续智能制造系统框架

3.1.1 数据获取

系统数据包含产品的订单信息、设计方案、工艺方案和制造方案等信息，首先通过多种方式对这些信息进行实时动态获取，保证产品信息能够得到及时更新。然后对获取到的数据采用一致性检验、唯一性检验、连续性检验等方法进行偏差检测以保证数据格式的一致性，便于构建知识图谱。最后对无效数据进行删除、对噪声数据进行光滑操作等，达到数据清洗的目的。

3.1.2 数据存储

将经过数据清洗的数据存入数据库的表中，包括订单表、产品信息表、制造方案表等产品相关信息，使用 SQL Server 结构化查询语言进行数据的增、删、改、查和数据库系统的管理。系统采用主从数据库结构来保证数据安全性；基于自然语言处理（NLP）技术完成产品的实体及关系搜索；使用 Neo4J 图数据库构建制造业产品知识图谱，实现产品间关联信息的预测和检索。

3.1.3 数据处理

经过对产品数据的分析，本系统将产品分成 7 个主题，分别是产品名称、产品类别、客户、材料、设计方案、工艺方案、制造方案。系统中制造方案推荐、客户详情等都可以根据主题进行个性化推荐。通过对 7 个主题的搜索量和点击量进行统计分析，选取搜索量最多的主题词汇组成热点词汇，在系统内展示为热门搜索推荐，且热门搜索词是动态变化的，随着用户搜索行为的转变不断更新。

3.1.4 数据应用

数据应用层由智能检索组成。主要是分析用户需求，基于知识图谱和大数据技术完成信息挖掘和智能预测，使用户更快得到需要的数据，提高效率。

3.1.5 检索功能

检索功能主要由三个部分组成。

（1）制造方案查询。可通过产品名称、产品类别、客户、材料等不同主题进行检索，基于知识图谱完成信息的智能检索和智能预测，使得信息检索更加精确。

（2）产品状态查询。根据产品名称检索产品的加工状态及进度等相关信息。

（3）产品信息查询。系统除了能够显示搜索到的相关信息，还能用图谱的形式显示相关产品间的相互联系，这种方式能更加直观、最大限度地保证检索结果的可用性。

3.2 系统实施步骤

可持续智能制造系统为适应企业快速发展的需要，进一步提升管理水平，在生产制造现场管理和控制上，达到敏捷制造、精益生产的目标。系统充分利用生产制造的资源，通过对生产环节进行信息采集，降低生产成本，提高生产效率，保证完工计划，实现敏捷制造。可持续智能制造系统框架包含数据获取、存储、处理及应用，需要解决的核心技术包括数据处理、实体关系抽取、智能推理等。开发完成后的可持续智能制造系统在大型装备协同设计与制造领域得到示范应用，为制造业向智能化制造转型创造社会效益。

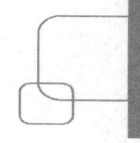

4. 关联技术与系统

4.1 基于 MultiR 算法的无监督学习结合的属性抽取

在知识图谱的构建中，属性识别问题通常有两种做法：一是从大量的结构化、半结构化文本中提取；二是将属性抽取问题转化为关系抽取问题。关系抽取是指在实体识别的基础上，抽取出实体之间的关系。关系抽取通常的做法是需要专家利用先验知识等提前定义好关系的类别，对文本中抽取的实体进行组成，形成候选实体对，再对此实体对进行分类。

关系抽取是构建知识图谱的关键步骤。本系统采用 MultiR 算法作为基本框架，通过引入关系权重矩阵进行实体关系建模，通过基于状态压缩的动态规划算法获取概率图匹配最优解，通过关系权重矩阵对打分进行干预，减少个别文本特征的干扰，提高关系抽取准确率。

4.2 跨媒体知识图谱推理

知识图谱推理技术能够有效解决由知识的不完备性导致知识图谱应用和发展的制约问题，而且知识图谱推理技术是当前知识图谱扩容的主要技术手段。知识图谱推理技术基于知识图谱中存在的知识，自动推理获得实体之间的缺失关系。知识图谱推理方法包括如下步骤：

（1）构建知识推理目标函数。知识推理需要将知识图谱中的实体和实体间关系集成到一个统一的框架。

（2）表示潜在因子和定义数据近似方式。

（3）优化目标函数。

5. 案例示范意义

该系统除了可以通过关键词、客户、制造方案等进行产品检索外，还包含了制造方案推荐、制造方案优化等附加功能。本案例的示范意义体现在以下两个方面。

（1）智能化推理。可持续智能制造系统基于知识图谱进行数据处理，包括知识获取、知识表示、知识存储、知识建模、知识融合、知识理解、知识运维 7 个方面。采用自然语言处理技术，实现产品的实体及关系搜索，使用 Neo4J 图数据库构建相关的产品知识图谱，实现产品间关联信息的智能预测和检索。

（2）智能化检索。该系统基于 MultiR 算法从众多数据中抽取知识信息，构建全面的研究背景知识图谱。

6. 展望

本系统的实施推动传统产业融合互联网思维，以敏捷制造、柔性制造、可持续制造、云制造为核心，集成各类制造资源和能力，共享设计、生产、经营等信息，快速响应客户需求，缩短生产周期，推动传统产业从要素驱动、投资驱动向创新驱动转变，做强实体经济，带动产业升级，形成经济发展新动力。

本案例的下一步工作：

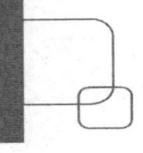

1）技术展望

一方面，建立双向通信的可持续智能制造系统。基于三维建模仿真技术，建立生产车间实体模型，并基于数字孪生技术建立模型与实体的联系，实现双向通信，进一步开展可持续制造的应用。

另一方面，健全可持续智能制造评价体系。加强可持续智能制造理论研究，在现有基础上深化评价指标，健全评价体系，为可持续智能制造提供更精确的理论支撑。

2）展业展望

按照创新驱动发展、经济转型升级的总体要求，顺应互联网发展趋势，对接国家战略。通过本项目的实施，以创新、开放和包容的"互联网+"思维改革创新，打造"互联网+"产业融合新模式，实现经济提质增效和转型升级，增强对长三角乃至全国的智能装备产业辐射带动能力。以计算机和互联网为主的信息技术革命已对制造业产生了深刻的影响，其中包括使制造业的资源配置向信息、知识密集的方向发展，知识与信息的生产和应用已成为当今社会人类创造财富的主要形式。我国作为制造业大国，国民经济正处于结构调整和发展方式转变的关键时期，亟须利用包括信息技术在内的高新技术改造传统制造业，实现"两化"的深度融合，走向绿色制造和智能制造。

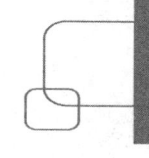

案例 24：邑通知识图谱在智能制造领域的应用——设备智慧运行管理平台 ETOM IE

1. 案例概述

我国企业经历了几十年的快速发展，安全生产事故的频发已引起各方高度重视，政府虽不断在完善安全生产的监管机制，但仍无法保证所有企业进行百分之百的安全生产。同时，利用物联网、大数据、人工智能等技术驱动社会生产方式变革，推动中国制造向中国智造和中国创造转型升级是现阶段的重要方向。因此，无论是国家还是企业都需要充分利用好人工智能技术，守住安全生产底线，加速转型升级，抢占科技领域制高点。基于此，厦门邑通软件科技有限公司利用人工智能的思维和技术，创新性地研发出适应工业需求的设备智慧运行管理平台 ETOM IE，对设备运行状态进行实时监测，自主识别异常波动趋势，及时提供设备的故障预测和警示；对设备运行进行优化控制，识别并积累最优设备控制方案，在保证设备安全可控运行的前提下，实现生产过程的节能降耗、良品率提升、智慧排产；切实解决企业生产制造过程中的实际痛点，支撑企业增强核心竞争力、赋能企业智慧化转型升级。

1.1 企业简介

厦门邑通软件科技有限公司成立于 2008 年，总部设立在福建省厦门市，是一家运用大数据、人工智能等先进思维和技术，专注为用户提供智慧节能整体解决方案和智慧化能源管理平台的高新技术企业。该公司始终坚持技术创新路线，研究人工智能知识图谱技术在智能制造领域的应用，并在 2017 年首次发布了适应工业需求的基于新型知识图谱技术的设备智慧运行管理平台 ETOM IE（以下简称"ETOM IE"）。该平台被工业和信息化部授予"国家级服务型制造示范平台"荣誉称号，被院士专家评审团给予"国际领先水平"的评价。目前，ETOM IE 已广泛应用于火电、钢铁、环保、建材、化工等十多个行业，在安全运行的情况下实现生产的节能降耗和产品的良品率提升。

1.2 案例背景

在工业领域，随着数据采集技术、物联网技术的发展，数据利用越来越受到重视，出现了一批专家经验型、大数据分析型、人工智能型数据应用系统。专家经验型数据应用系统起步较早，属于信息化阶段，未来发展空间有限。以数据挖掘为代表的大数据分析型数据应用系统和以深度学习为代表的人工智能型数据应用系统发展迅速、各具特色。三大系统对比分析如图 1 所示。但由于工业领域普遍存在差异大、安全要求高等问题，高新技术在工业领域落地并向纵深发展，成为业界的共同难题。

该公司跟踪高新技术的发展，提炼了适用于智能制造领域的知识图谱技术（见图 2）。这项技术实现了专家操作经验、工人劳动技能的实时在线积累、归纳和再利用，实现了技能与经验在人与系统、机器与系统、系统与人、系统与机器之间的转移，在实现节能降耗、品质控制、提升效率、安全运行、资源优化等目标的同时，解决了企业高技能工人培养难、流失率高、工人技能不平衡的难题。

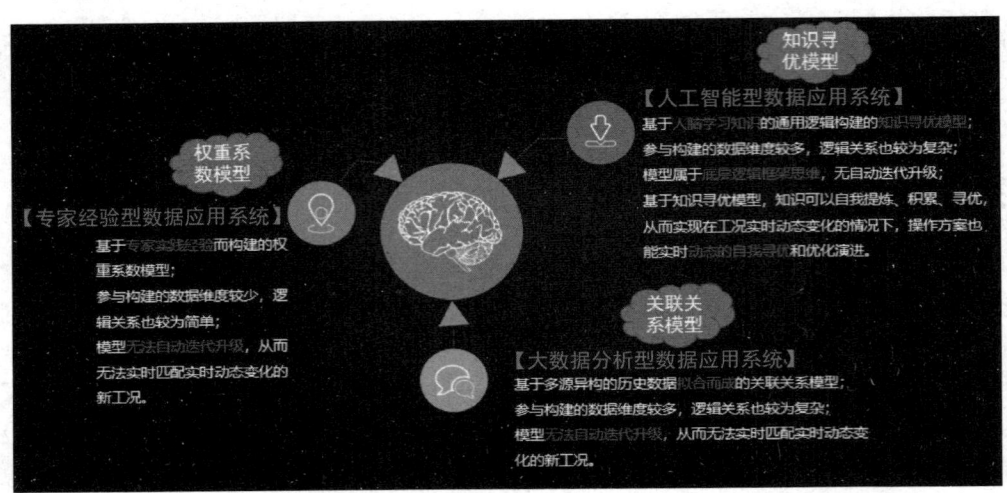

图 1　三大系统对比分析

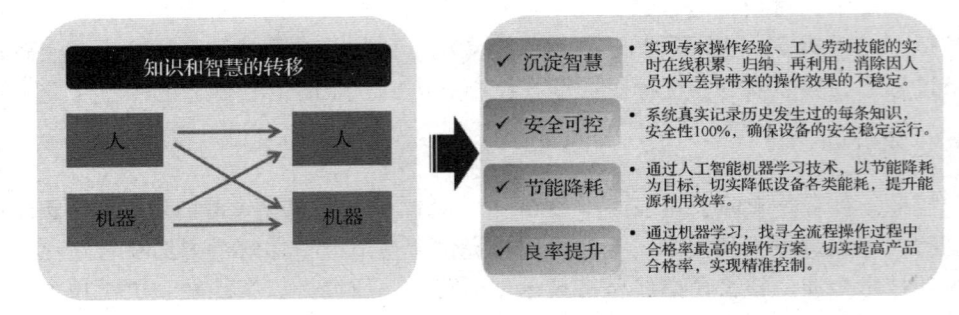

图 2　智能制造领域的知识图谱技术

1.3　平台简介

1.3.1　平台功能

1）设备运行优化

ETOM IE 运用人工智能知识图谱技术，在各应用场景下，建立与基础工况、操作建议和评价数据一一对应的事件图谱库，在线学习一线工程师或专家在各工况条件下的操作动作组合，并对评价数据进行价值排序，找寻并推荐最优操作建议。为设备控制者提供辅助决策或智能控制，保证设备在日常运作时的效果实时达到历史最高水平，从而实现生产环节的降本增效、良品率提升和精准控制。

2）设备健康监测

ETOM IE 运用人工智能知识图谱技术，学习归纳设备正常运行规律，自主发现异常波动趋势，自动建立故障专家库和设备的个性化预警模型。通过对同类设备跨机组、跨车间故障类型、检修方案的关联学习，提高学习效率，为检修维护人员提供精准的维护和检修建议。

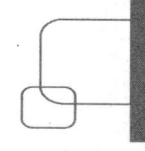

1.3.2 平台的优势

1）实现设备操作的安全控制

对于设备操作来讲，安全性是第一位的。ETOM IE 利用人工智能知识图谱技术，将现实中人类对于设备操作的整个决策过程以知识的形式进行学习、存储、识别、寻优、调用。通过如实记录设备操作中人类决策的全过程，形成针对设备的决策建议库。当某工况再现时，从知识库中调取历史上同等工况或者近似工况下，评价指标值最优的操作动作，将其推送给操作者或设备自动化控制系统。该过程属于历史再现，这样可以充分保证设备操作的安全性。

2）实现具有自评价功能的应用

ETOM IE 将每个操作动作与这个动作对应产生的结果的评价指标一一挂钩并实时反馈，从而保证对于每次操作都可以进行价值排序，保证推送建议的实时最优。当客户目标变化的时候，可以针对评价指标自动调整操作建议。例如，当客户目标从"提升合格率"改为"在合格率高于98%的情况下要求能耗最低"，ETOM IE 只需要将评价指标做对应改动，即可实现目标变化下操作建议的推送。

3）实现具有自我演进功能的应用

由于 ETOM IE 带有自评价功能，所以它可以围绕评价目标不断地进行自我演进。例如，历史上同等工况下的若干次操作，对应的目标值（假设为合格率）最高为95%，当有人创造了新的操作且合格率达到96%时，ETOM IE 自动将96%对应的知识更新为最佳知识，之后将优先推送本条知识，从而实现了系统知识的自演进。通过知识的不断更新，可以实现操作中决策不断逼近设备可以产生的最佳操作。

4）实现人工智能仿真式技术、试探式机器学习技术的应用

针对操作数据和评价数据之间存在可计算的逻辑关系的情况，采取仿真式技术对同种工况下的操作和评价进行遍历，记录遍历过程中所有知识形成知识库。通过离线仿真式训练的模式，实现操作行为知识集的快速积累，走出在线训练周期长、成本高的困境。通过试探式机器学习技术，对操作动作在有效值范围内进行微调试探，遍历所有操作动作，从而找出最佳操作，实现操作行为自主学习，解决自动化产线、无人值守设备的操作行为积累问题。

1.3.3 平台的创新能力

1）创新的工业知识构建能力

基于对工业领域操作经验的创新认识，ETOM IE 将智能制造领域中的生产、操控、运行、运维问题归结为工况数据、操作数据、价值标定数据这三类数据及其之间的关系问题，使知识图谱技术可以在这些领域中得到具体应用。特别是价值标定数据的提出，从技术上解决了工业知识的安全性问题和优化效果的评价问题。

2）独特知识寻优计算能力

ETOM IE 使用价值标定数据解决操作知识优化效果的计算问题，价值标定数据包括优化方向和价值标定值的计算公式，它使 ETOM IE 具备了价值标定值的实时计算能力。通过价值标定值对知识做出实时评价，即实时计算"在当前工况数据或指定工况数据条件下，哪组可操作数据具有最优的价值标定值"，从而使 ETOM IE 具备了知识寻优能力。

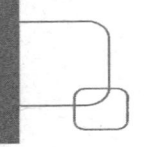

3）多重约束规则实现保障安全生产的能力

ETOM IE 提供了多重约束规则，如负面清单规则、稳态工况规则、安全边界规则等多重约束规则的管理功能，保障了其推荐的优化知识是安全的、可靠的，解决了安全生产问题。

（4）具备知识在线迭代升级的能力

ETOM IE 具备监控数据实时变化的能力，提供了知识的溯源功能。每条知识都可以查询产生知识的系统、设备、时间、当时的背景工况、执行的具体效果，使知识具备可信性和可分析性。ETOM IE 同时具备主动学习、自我更新、迭代发展的能力。

2. 案例成效

设备智慧运行管理平台如图 3 所示。

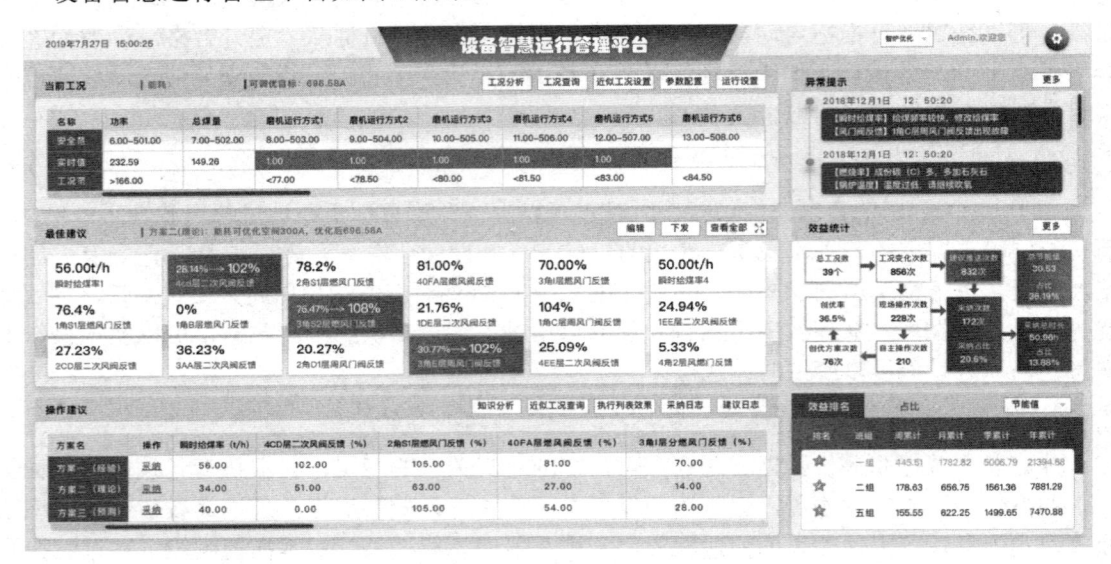

图 3 设备智慧运行管理平台

2.1 经济价值

经济价值如表 1 所示。

表 1 经济价值

行 业	应 用 场 景	优 化 目 标	经 济 价 值
钢铁行业	转炉操作优化	在保证钢水成分和出钢温度达标的前提下，实现钢铁料消耗率最低	2250 万元/年
火电行业	智慧锅炉燃烧优化	在不影响汽机运行的前提下，实现锅炉燃烧效率最优	2178 万元/年
环保行业	脱硫运行优化	在 SO_2 排放达标的前提下，实现脱硫环节总能耗最低	216 万元/年
	电除尘运行优化	在粉尘排放达标的前提下，实现电除尘的总能耗最低	210 万元/年

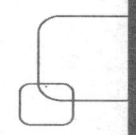

续表

行 业	应 用 场 景	优 化 目 标	经 济 价 值
建材行业	水泥立磨操作优化	在满足出口粉尘颗粒度达标的前提下，实现设备的能耗降低	97万元/年
烟草行业	制丝含水率控制	精准控制烘丝含水率	精准度提高30%

2.2 管理和社会价值

1）真正意义上的人工智能系统

ETOM IE 实现了数据自感知、自分析、自决策、自执行及自优化。该系统可根据执行后的效果自我评判执行效果的好坏，实时记录并学习执行效果最好的操作，从而实现系统的不断自我迭代和提升，而无须重复进行系统二次开发以升级模型。

2）知识沉淀及传承

对操作人员操作经验的积累，将原来在经验人员（老师傅）脑子里的无形知识有形化，形成完整的经验知识库。借助 ETOM IE 对有价值的知识进行再利用，以此提升所有操作人员的整体操作水平，真正实现知识的有效传承，形成制造企业"老师傅带徒弟"的新模式；最大限度地减少人才流动带来的知识散失、消除人员状态波动及水平差异带来的操作效果不稳定、减少新员工培训不足及业务不熟练导致成本及风险的增高。

3）人员操作的规范及提升

将工艺指导书等工艺操作规范性文件通过 ETOM IE 进行固化，如将需要操作的参数、动作等均在系统中进行直观的固化、展现及提示，指导人员提升操作规范性。同时，ETOM IE 可对人员操作的规范性进行在线实时检核，即提前在系统中设置各参数操作安全阈值，超出安全阈值的操作将不被执行。

4）设备安全稳定运行

基于设备状态监测及故障预警，实现故障的预警、报警及故障处理，减少非故障停机及对现场操作人员的依赖，节省操作人员的成本，实现生产设备的安全、稳定运行。

5）提升品牌影响力

智能制造项目的引进可帮助企业在行业内树立典型案例，有助于企业品牌价值推广，提升市场竞争力及品牌知名度，为企业申报与智能制造相关的奖项、荣誉提供有力支撑。

6）提升企业竞争力

ETOM IE 利用知识图谱技术使企业获得了对生产经验的自动收集能力，并实时在线训练机器学习系统，实现知识在工程师与该系统之间的转移与赋能，完成了生产技能在机器与机器、机器与人之间的传递和对设备操作技能的迭代优化与升级，达到了降本增效的目的，提升了企业的综合竞争能力。

3. 系统框架与技术路线

3.1 系统框架

该系统架构基于自动化控制、物联网、大数据及人工智能技术，综合考虑未来扩展需要，从数据源层、数据采集层、数据平台层、算法平台层和业务应用层5个层面进行设计，并遵循统一的标准规范体系和安全保障体系。图4为设备智慧运行管理平台架构。

第一层是数据源层。数据来源除设备、传感器、PLC等设备和网关数据外，还包括对MES、DCS、SCADA等系统数据的整合。

第二层是数据采集层。数据采集层通过各类通信手段接入不同设备、系统和产品，对数据源进行采集、处理并汇聚至数据平台。

第三层是数据平台层。基于系统框架和各类通用能力如离线计算、流式计算、实时计算、分布式消息队列、时序数据库、内存数据库、关系数据库等组件构建可扩展的数据平台，为智慧化场景提供存储能力和算力支撑。

第四层是算法平台层。在数据平台之上，综合考虑生产工艺流程、机理模型和全链路大数据等因素，利用机器学习、事件图谱和人工智能算法等为不同行业的应用场景提供智能算法服务。

第五层是业务应用层。该层基于算法平台和数据平台，构建满足不同行业场景的业务应用模型，如通过设备运行优化来指导人员生产作业，以达到生产环节降本增效的优化目的。

图4 设备智慧运行管理平台架构

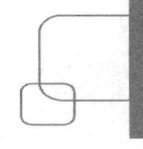

3.2 系统技术实施路径

ETOM IE 基于人工智能知识图谱技术获取工业系统的工况数据、操作数据、价值标定数据构建操作知识，通过价值标定值的计算获取知识寻优能力。在辅助决策模式中，通过人机交互界面把当前最优操作推荐给生成者；在自动执行模式中，通过接口向工控系统推送最优操作方案。

技术实施路线分为数据获取、知识建模、知识融合、知识存储、知识演化、知识表示、知识计算、知识溯源、ETOM BRAIN 技术支持等。图 5 为设备智慧运行管理平台技术逻辑。

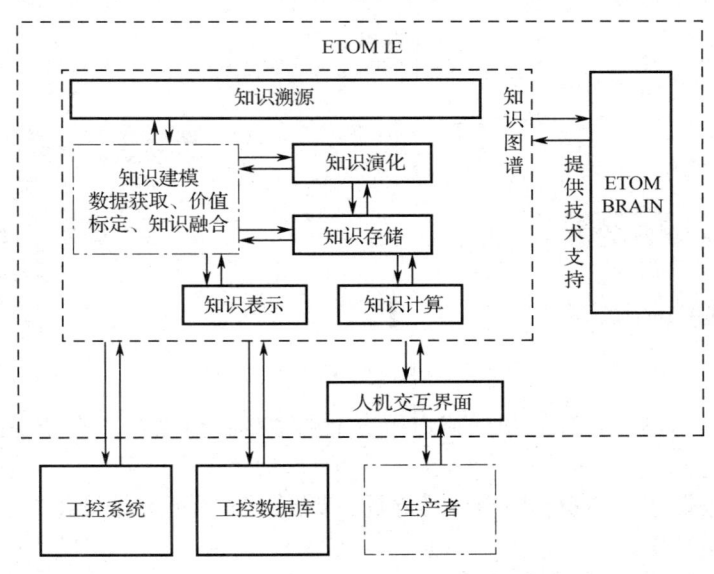

图 5　设备智慧运行管理平台技术逻辑

（1）数据获取：知识图谱的数据获取模块支持接入多来源数据，如通过工控系统接口、工控系统数据库获取测点数据，也可以通过人机交互界面获取人工数据。

（2）知识建模：根据预配置信息，将获取的各维度数据转化为结构化的知识，并计算价值标定值。

（3）知识融合：执行相同操作时知识的自动识别与合并。

（4）知识存储：提供常用数据库及数据库集群存储方案。

（5）知识演化：支持知识的迭代升级及操作知识的共同特征提取，解决相近工况的知识缺失问题。

（6）知识表示：在辅助建议的模式下，在人机交互界面，显示当前工况、前 5 种操作方案，每种方案对应的价值标定值（表示当时的操作效果）、预计的优化效果，以及其他可供操作者参考的实时值。在自动执行模式下，优化建议为当前工况条件下的最优操作方案，以设定值或实际值形式把操作数据发送到工况系统接口。

（7）知识计算：通过价值标定值对知识做优劣排序，整体优化空间计算，历史最优操作记录查询，班组绩效查询。

（8）知识溯源：对每一条知识提供溯源查询，包括知识产生的工业系统名称、设备名称、操作班组、操作时间、工况数据、操作数据、操作影响数据、价值标定值等。

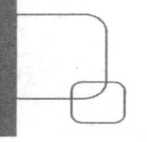

（9）ETOM BRAIN 技术支持：ETOM BRAIN 是人工智能模块，为知识图谱提供各类算法支持和试探式学习支持等。

3.3 系统 ETOM BRAIN 的实现路径

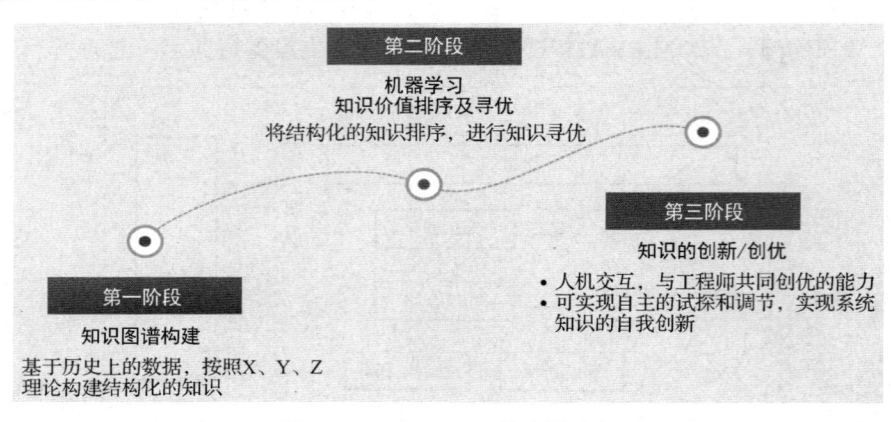

ETOM BRAIN 的实施路径如图 6 所示。分三个阶段构建一个客户信得过的知识图谱模型，而客户信得过的就是自己的知识和经验。

图 6 ETOM BRAIN 的实施路径

第一阶段：知识图谱构建。基于客户历史上的数据，按照 X、Y、Z 理论构建结构化的知识。

第二阶段：机器学习知识价值排序及寻优。针对形成的所有结构化知识进行排序，基于评价指标进行知识寻优。

第三阶段：知识的创新/创优。平台可以实现人机交互，具有与工程师共同创优的能力；同时，可实现自主的试探和调节，实现系统知识的自我创新。

4. 案例示范意义

1）对智慧企业的转型升级具有示范意义

ETOM IE 的创新应用很好地解决了设备生产者及设备使用者两个不同角色在生产过程中共同存在的问题，保证了设备的安全操作、运行优化，同时实现了设备能耗降低。对设备生产者来说，ETOM IE 能为设备生产企业提供设备智能化升级的能力，如在工控系统中嵌入知识图谱模块，使其成为智能化设备，提升产品的竞争力，从而促进企业转型升级。同时，还为设备生产企业提供服务型制造的能力，如帮助环保设备生产企业从"卖设备"向"提供环保设备智慧运维服务"转型，助力其开拓从"卖设备"到"卖服务"的新市场，从而对企业向智慧企业转型升级具有示范意义。

2）对人工智能技术在智能制造领域的应用具有示范意义

ETOM IE 是人"工智能 2.0"阶段的创新产品，是人工智能在智能制造领域应用的一个新方向。ETOM IE 采用人工智能知识图谱技术，将现实中人类对于设备操作的整个决策过程以知识的形式进行学习、存储、识别、寻优、调用。通过如实记录设备操作决策的全过程，

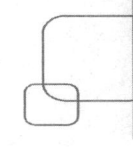

形成针对设备的决策建议库。当工况出现时，先从知识库中调取历史上同等工况或者近似工况下评价指标值最优的操作动作，再将本操作动作推送给操作者或设备自动化控制系统。对于设备操作来讲，安全性是第一位。ETOM IE 能实现安全可控、节能降耗、良品率提升、智慧排产的生产目标，提升企业的综合竞争能力，在智能制造领域具有创新性的示范意义。

5. 展望

1）深挖落地场景，扩大行业应用范围

目前，ETOM IE 已广泛应用于火电、钢铁、环保、建材、化工等行业，在安全运行的情况下达到节能降耗、产品良品率提升的目的。未来，需要对各行业的应用场景进行深度挖掘，向工业领域纵深发展，扩大行业适用范围，为企业降本增效赋能，将已落地的应用场景打造成为各行业的标杆。

2）帮助企业实现服务型制造转型

对设备生产者来说，各设备公司希望优化升级现有的经营模式，由"卖设备"向"运维"发展，通过运维提高设备的能耗利用率和设备稳定性，增强客户黏性。ETOM IE 能够帮助企业实现组织结构转型，全面提高组织运行效率，获得新的业务增长点，有效提升市场竞争力，从而促进企业转型升级。

3）智慧赋能，支撑企业战略转型

ETOM IE 可实现生产环节的降本增效和精准控制，可为检修维护人员提供精准的预防性维护和故障报警指导建议、检修操作与检修资源智能调度，提升企业的综合竞争能力，从而帮助企业实现智慧化战略转型升级。

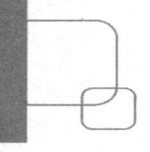

案例25：航天质量知识图谱

航天产品在生产研制过程中会产生海量的质量数据，但目前这些质量数据分散在不同的业务系统中，无法实现对质量数据价值的深度挖掘。本案例研究知识建模、知识抽取、知识加工和知识重用等技术，构建航天质量知识图谱，整合零散、单一、庞杂的质量数据，实现图谱建模与存储、智能检索、故障关联分析、协同分析、质量画像、智能问答、专题大屏等功能。航天质量知识图谱通过可视化的界面协助用户进行质量管理，减少和避免了航天产品在设计、生产、试验中出现的事故、故障或缺陷，对航天产品的设计、生产、归零及管理等工作具有借鉴和指导作用。

1. 案例基本情况

1.1 企业简介

北京京航计算通讯研究所（以下简称"京航所"）成立于1987年，前身是1957年组建的国防部五院通信站和1984年成立的航天三院计算站，隶属于中国航天科工集团第三研究院。京航所作为中国航天科工集团应用数学中心、质量与可靠性中心的挂靠单位，长期开展知识图谱及标准化研究工作。近年来，京航所积极探索知识图谱领域相关理论和实践研究工作。例如，京航所联合中国电子技术标准化研究院等单位发布了《知识图谱标准化白皮书》，参与了《信息技术 人工智能 知识图谱技术框架》国家标准、《人工智能 知识图谱 分类分级规范》团体标准等相关标准研制，完成了中国航天科工集团研究课题《质量知识图谱知识抽取工具研究》等多项研究，形成了航天质量知识图谱系统、知识图谱抽取工具等产品，并已在多个单位进行广泛推广和应用。

1.2 案例背景

随着互联网技术和大数据技术的兴起和日趋成熟，京航所不断打造具有繁荣发展生态体系的航天质量知识图谱产品，整合零散的质量数据以构建智慧质量管理平台，汇聚各承研单位数据，深度挖掘存在于各个单位和型号研制的共性问题，为型号产品的质量提供数据支撑。

在生产研制过程中产生的各类质量数据信息量大，但由于现阶段缺乏统一的质量数据管理，各类质量信息还以电子或纸质文档的方式散落在业务系统中，在相关的统计和分析业务方面缺乏有效的信息化支撑，导致缺乏对数据价值的挖掘，因此，数据管理仍面临着巨大的挑战。与传统大数据平台不同，知识图谱侧重于构建面向图模型的结构化知识，即构建三元组，实现对实体、关系、属性的建模。在航天质量管理领域，装备的设计、生产、试验中出现的质量问题与各承研单位存在着千丝万缕的关系，这类关系模型的本质就是一张互联互通的图，然而传统数据库或大数据平台的底层存储是二维表结构，在面对大规模数据时无法快速追踪实体间的多重关系。数据现状与需求如图1所示。

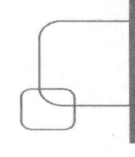

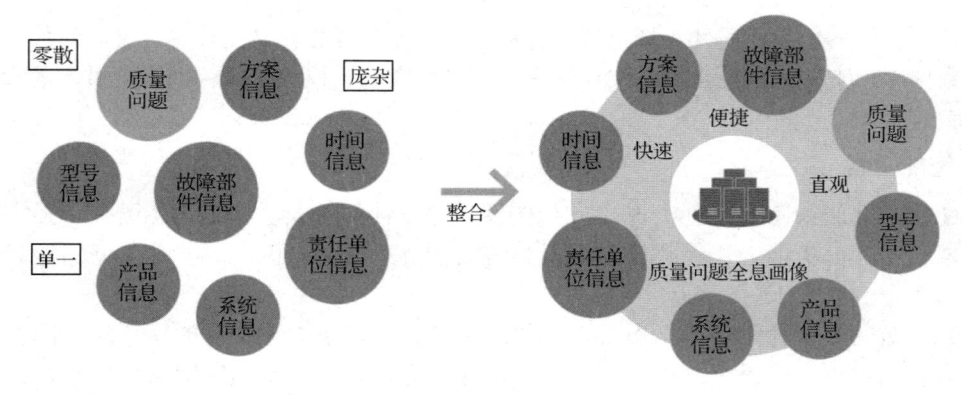

图 1　数据现状与需求

1.3　系统简介

航天产品通常是复杂的大系统，属于高精尖产品，产品生产周期长、技术难度大，至少要经历十几个主要工作环节。这意味着当装备的可靠性指标一定时，系统越复杂，工作环节越多，每个工作环节的工作质量要求就越高、越细。由于涉及单位较多，在生产研制管理过程中，极易出现因交流不畅导致同类问题在不同的单位、不同的型号上重复出现，不仅影响研制进度，而且严重浪费经费。

为解决型号研制过程中存在的质量和交流不畅的问题，并且对相关单位的质量问题、质量标准进行系统管理，利用知识图谱智能搜索技术，能够快速有效地查询出其他型号或单位是否存在类似的设计、生产、试验问题；同时，能够系统、深度地挖掘各个单位和型号研制过程中存在的共性问题，为产品的质量提供数据支撑。航天质量知识图谱平台功能如图 2 所示。航天质量知识图谱平台涵盖了图谱建模与存储、智能检索、故障关联分析、协同分析、质量画像、智能问答、专题大屏等从原始数据到机器智能感知的一体化应用，真正实现"数据活化+多维关联"的智能化服务。

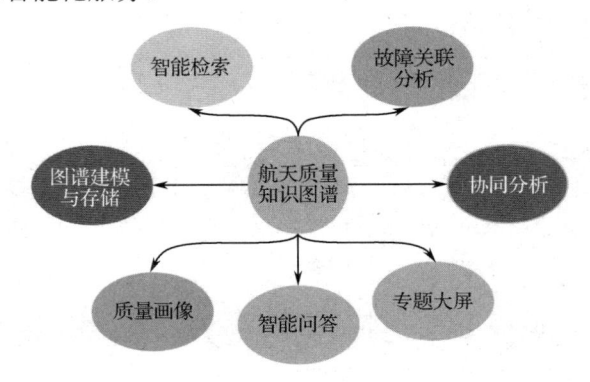

图 2　航天质量知识图谱平台功能

1.3.1　图谱建模与存储

首先，针对质量管理的行业特点和业务逻辑，基于质量归零报告和型号、产品主数据建立质量管理图谱模型；其次，分别以质量问题和产品、型号为主线，建立型号、系统、产品、质量问题、原因定位等实体，并通过建立关系表示产品结构组成及质量问题等实体的定位逻

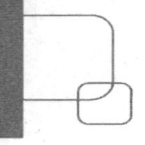

辑，构建可扩展的航天质量知识图谱模型；最后，并通过混合存储模式将建模后的数据存入知识图谱数据库，支持可视化建模、知识管理、存储和查询、权限管理、倒排索引、逻辑运算和容灾机制等操作。

1.3.2 智能检索

智能检索界面如图 3 所示。基于知识图谱理念设计的航天质量知识图谱拥有强大的智能搜索引擎和语义分析能力，能充分理解人类的语言及意图，出色完成各种类型的检索任务。该图谱的 3 个特点如下。

（1）高效的复杂检索。根据质量管理的应用场景，基于知识图谱的理念对不同类型的图进行检索，同时将自然语言分析能力、意图识别能力与航天质量知识图谱深度结合，不仅能快速分析用户输入内容和准确判断用户意图，而且能快速检索大量用户所需的内容，满足定制化检索需求，实现复杂检索。

（2）智能的意图识别。系统提供的检索功能将根据用户输入的内容判断搜索意图，根据用户的使用习惯进行特定训练，使检索功能准确理解用户意图并提供符合用户期望的搜索结果，帮助用户智能化处理简单的分析工作。

（3）智能推荐与关联检索。基于核心检索引擎和自然语言处理技术，系统拥有强大的文本处理和分析探查能力，底层依赖于自主研发的自然语言处理组件，包括中文分词、命名实体识别、拼音转换、实体链接、字段关联、关系探查等组件。这些组件提供了稳定高效的分词、型号识别、质量问题识别、机构识别、数据融合等自动识别能力，自动化构建关键字段的多表关联，实现跨表多维检索、实体构成部件汇聚展示等能力。通过对数据构建知识结构的索引，可实现快速获取信息与知识的智能检索。

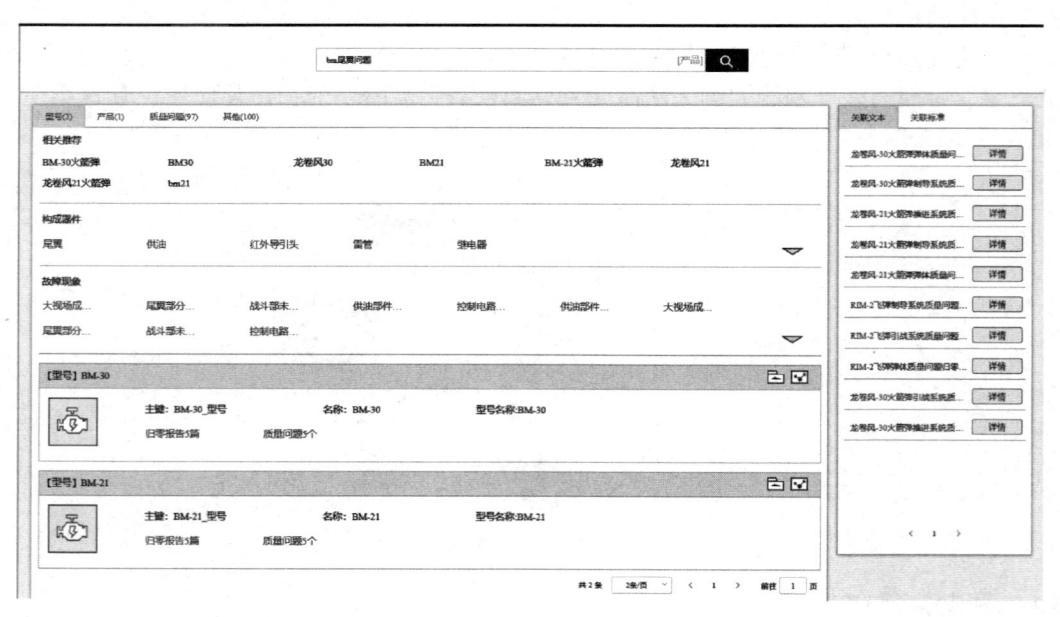

图 3　智能检索界面

1.3.3 故障关联分析

在航天质量知识图谱中，通过可视化的数据关联技术将实体和关系抽象成便于理解的点

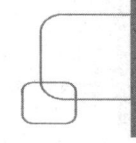

和线。实体库不仅可以根据用户的业务需求自行添加和定义，而且可以随时动态调整，通过高度抽象的数据表达方式最大限度地还原数据的本来面目。该图谱提供的各种工具可以协助用户在复杂环境中捕捉到蛛丝马迹，帮助用户在数据分析时从海量的型号、产品与质量问题中快速查找、追踪线索，并自由添加便签，辅助用户厘清思路，找到数据背后的逻辑关系。

故障关联分析界面如图 4 所示。针对航天质量管理的行业场景，图谱的关联分析功能可以根据用户需求定制产品结构树，直观地进行型号质量管理。该图谱针对质量管理的文本提供相似度计算，帮助用户寻找关联度最高且既有质量问题的文本，辅助其进行故障关联分析和归零管理。

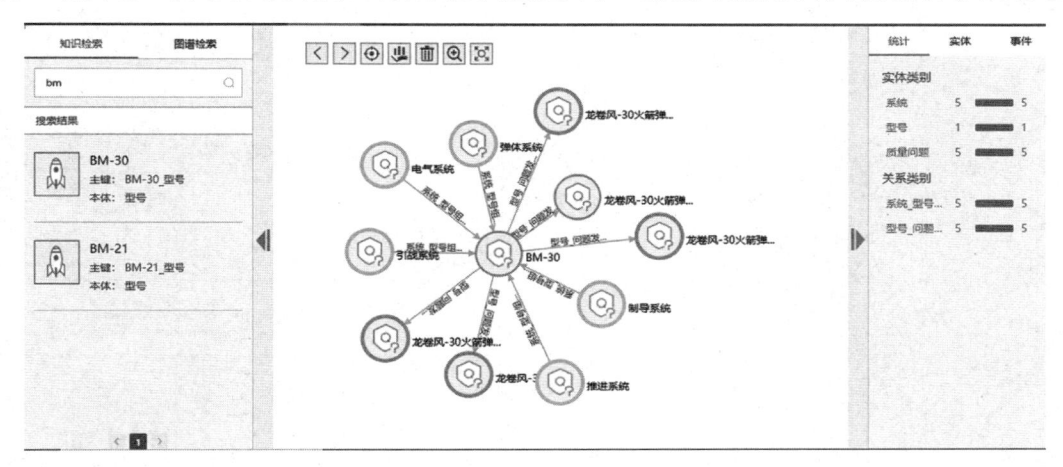

图 4　故障关联分析界面

1.3.4　协同分析

协同分析界面如图 5 所示。航天质量知识图谱为用户提供了共享知识的平台，用户可将自己质量管理和问题排查分析的过程与结果以快照和文档图片的形式分享给指定用户群或全体用户。该平台提供了符合行业标准的权限管理机制，在数据共享的基础上保障数据安全。

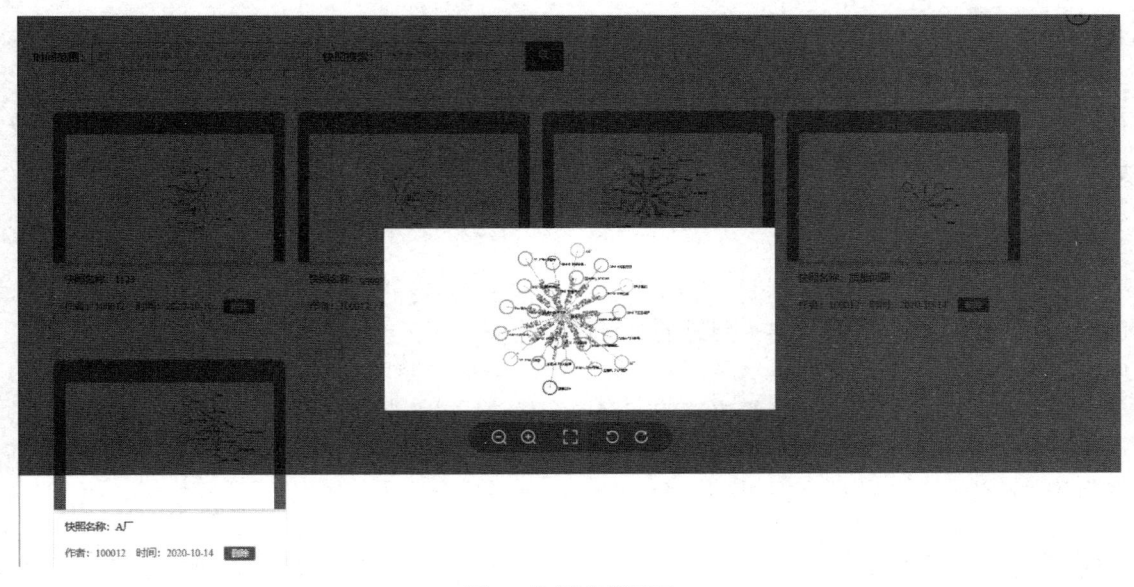

图 5　协同分析界面

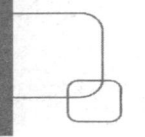

1.3.5 质量画像

质量画像是针对产品、质量问题等行业对象的一个多维信息全景画像展示。质量画像界面如图 6 所示。质量画像以知识图谱为依托，紧密结合业务需求，对知识进行深度、专业的呈现，做到关键信息的一目了然、行业信息的自动挖掘、相关信息的自动推荐。该图谱会全面展现"这是什么""有什么特点""由哪些部件构成""跟什么相关""都发生了什么故障""故障各维度分布情况""有哪些相似的问题或器件"等问题。

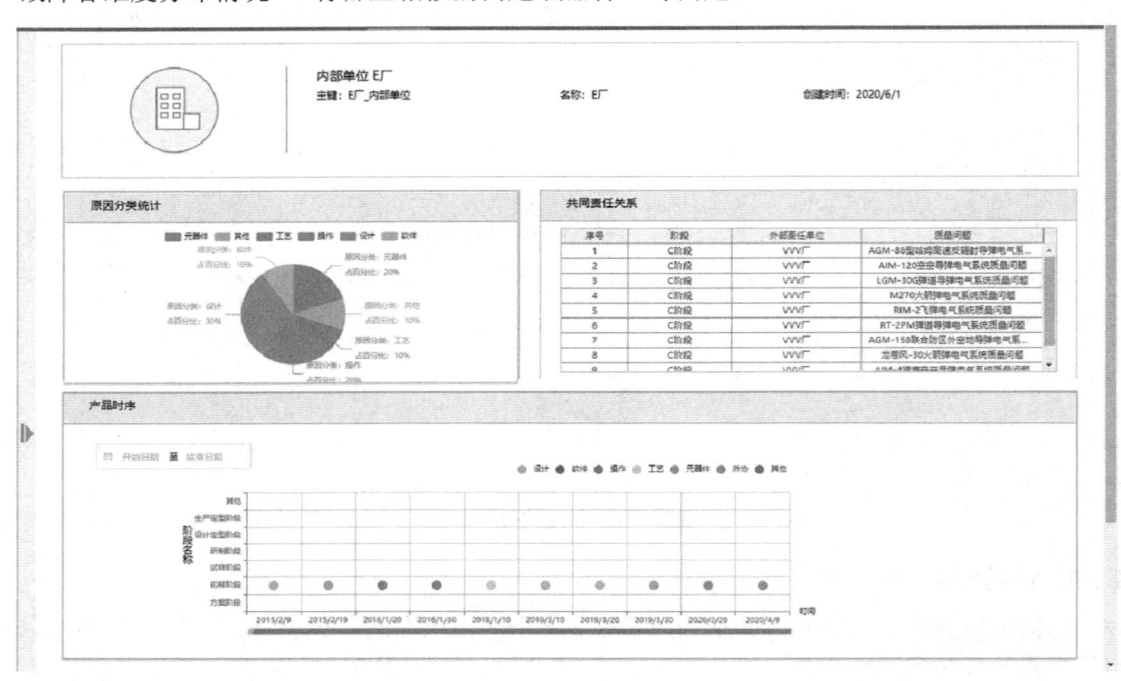

图 6　质量画像界面

1.3.6 智能问答

结合航天质量管理的行业知识，航天质量知识图谱内置多个语境意图模型，能够智能地理解航天质量专业领域的复杂查询表述，将非结构化的语义表述准确地转化为结构化的语义表述，让人类和机器进行交互，通过多轮追问逐渐逼近用户意图，做到有问必答、有错必纠，降低了现有企业级服务的使用门槛，提高了知识共享的自动化程度，实现了智能应用面向人类的适配目标。

智能问答界面如图 7 所示。智能问答主要包含问答内容的输入模块、场景切换功能模块、问答内容的交互内容模块及热点问题的排行展示模块。问答内容的输入模块主要用于客户提问问题内容的输入；场景切换功能模块主要包含 4 类场景的切换，分别为故障现象、器件组成、归零报告、统计查询；问答内容的交互内容模块用于人机交互的内容展示，用户输入的内容及机器人响应的内容均在该模块进行展示；热点问题的排行模块为所有用户展示通过智能问答系统进行提问的所有问题次数 TOP10。

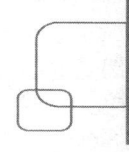

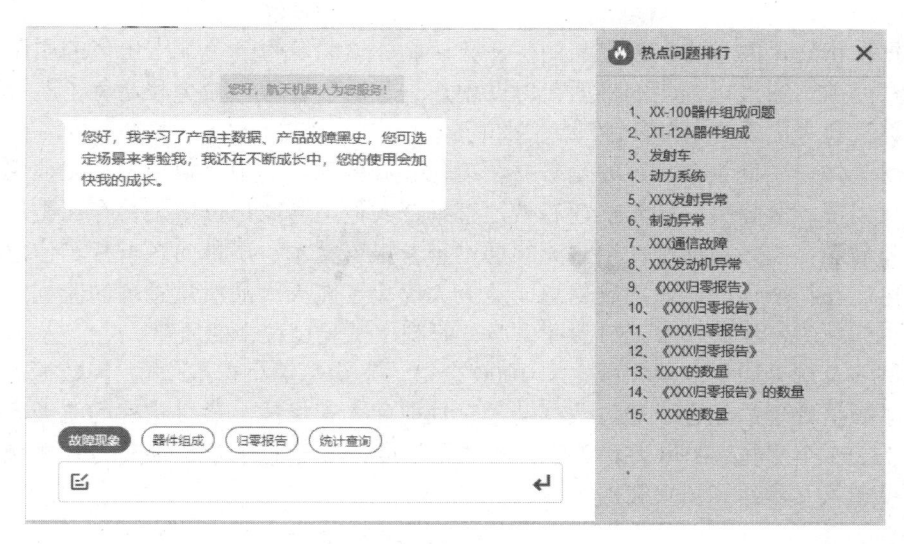

图 7　智能问答界面

1.3.7　专题大屏

专题大屏界面如图 8 所示。专题大屏中统计、显示了质量知识图谱中的事件统计数据，包括异常类型、质量问题、归零报告等实体的数量统计，不同单位、型号、系统发生问题的数量统计及近一段时间的时序统计，以及不同类型的质量问题在系统中所占比重的变化等。

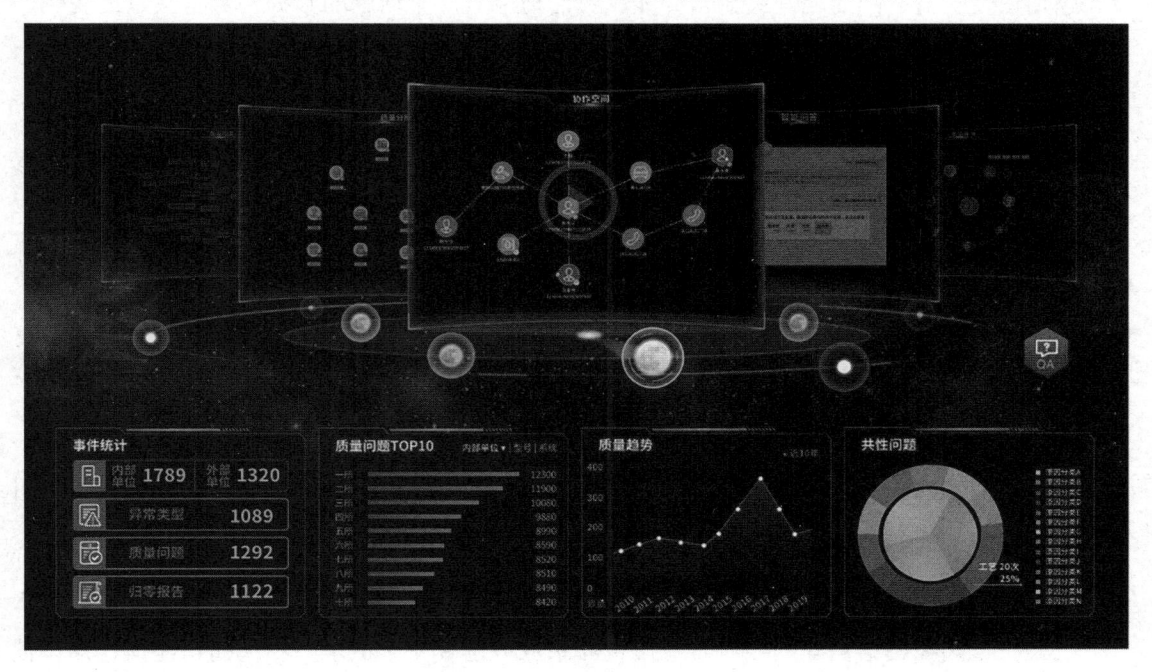

图 8　专题大屏界面

2. 案例成效

航天质量知识图谱解决了产品研制过程中存在的质量问题和交流不畅的问题，实现了航

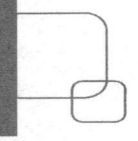

天质量数据知识化，并且将航天产品的生产、研制、试验等每一个节点出现的质量问题完全呈现于用户面前；通过可视化的界面，协助用户进行质量管理，减少和避免了航天产品在设计、生产、试验中出现的事故、故障或缺陷。

航天质量知识图谱主要实现的是数据图谱化和高效率。其中，数据图谱化体现在用户可以通过全息档案、故障关联图等快速有效地查询在其他型号或单位中是否存在类似的设计、生产、试验问题；高效率体现在用户无须通过查看报告文本、质量问题卡片等信息，相关工作人员就可以获得所需的质量问题信息，这大大简化了航天产品质量管理的流程，加快了不同节点的工作效率，保证了航天产品在生产、研制、试验过程中的质量。

本案例涉及航天质量专业领域文本 1000 余篇，平均每篇报告 62 页，因数据涉密，本案例中省略了数据处理的流程。通过数据清理、抽取和人工标注，最终构建的航天质量知识图谱中包含 13782 个实体、31.6 万种关系，实体平均度为 23。随着航天质量专业领域的范围延伸，会逐步加入元器件等相关数据。

3. 案例实施技术路线

在结合质量业务特点和人工智能技术实用性的基础上，航天质量知识图谱面向应用业务、数据业务进行了深度需求分析，梳理了业务逻辑，将现有的质量数据连接起来，通过可视化技术描述质量问题的数据结构及其要素间的关联关系。该图谱可以挖掘、分析、构建质量问题知识及它们之间的相互关系，并能够灵活地应对质量问题的数据种类与数量的变化，实现质量问题向知识转化，支撑"知识自生长、问题自挖掘、决策智能化"。

3.1 系统架构

航天质量知识图谱系统架构如图 9 所示。航天质量知识图谱系统采用多层次体系结构，分为数据源层、数据管理层、计算引擎层和应用服务层。数据源层获取报告文本、标准规范文本、质量问题卡片、结构化数据等结构化或非结构化的业务数据。数据管理层通过建模、抽取、转化等方法将实体、关系和事件数据、实体链接、篇章结构数据等数据进行图存储、全文存储，并对上层提供统一入口导入计算引擎层。计算引擎层是质量图谱平台的核心模块，可以采用集群模式部署，通过动态增加计算节点以提高整体性能。其以实时计算平台和批处理计算平台为基础，完成浅层分析、条件解析、多轮机制、关联计算、反馈机制等核心功能，并且不断更新知识库。应用服务层用于实现细粒度的负载均衡，提供智能检索、超级图析、质量画像、智能问答等功能，帮助用户进行故障分析和产品设计，同时通过可视化界面为用户提供交互。

3.2 技术路线

航天质量知识图谱搭建的核心是对质量体系业务进行充分梳理，利用知识建模、知识抽取、知识加工和知识重用等技术，构建航天质量知识图谱模型，开展基于航天质量知识图谱的典型应用。

3.2.1 知识建模

在构建航天质量知识图谱时，首先，通过分析集团装备典型领域的质量数据的特点，进

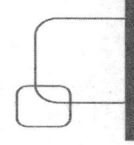

行知识建模；其次，根据知识模型，针对质量归零报告、标准规范等数据进行手工标注、知识抽取和智能分析，形成质量知识体系，从而形成质量知识库；最后，对质量知识中的型号、系统、产品、责任单位、质量问题、问题部件等要素进行图谱化组织，建立航天质量知识图谱模型（见图10）。

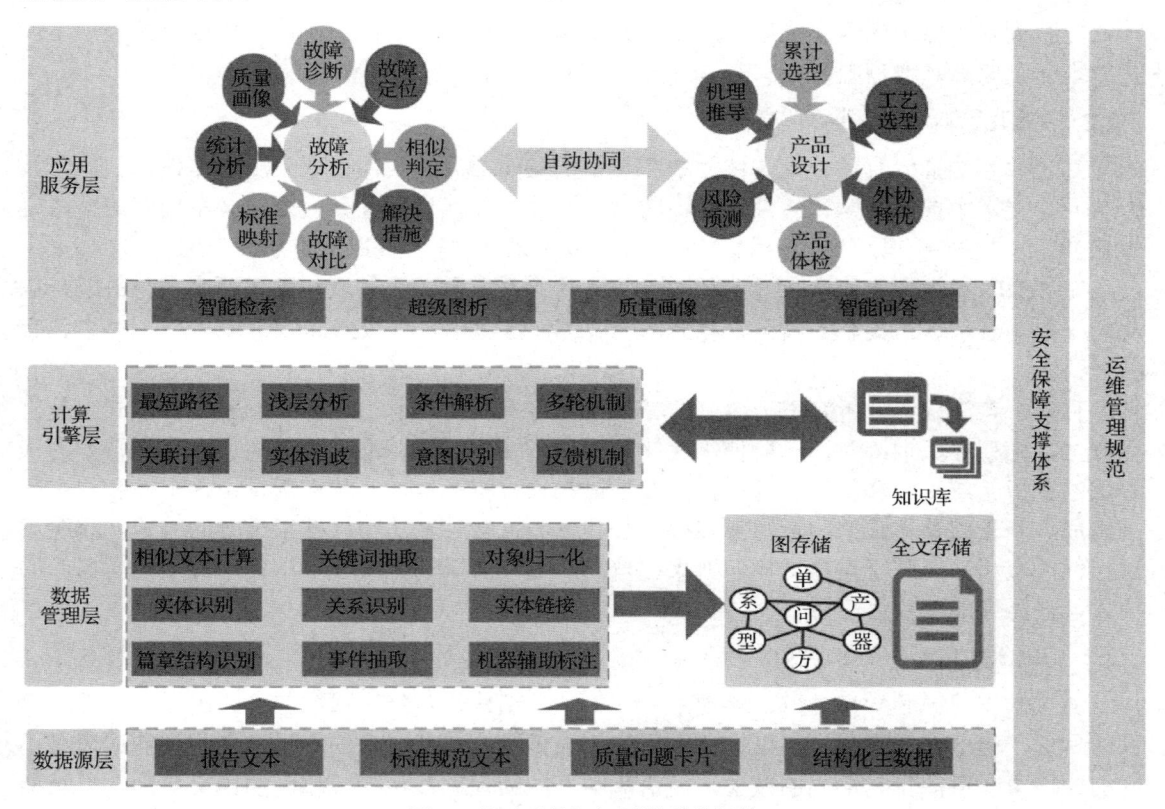

图9　航天质量知识图谱系统架构

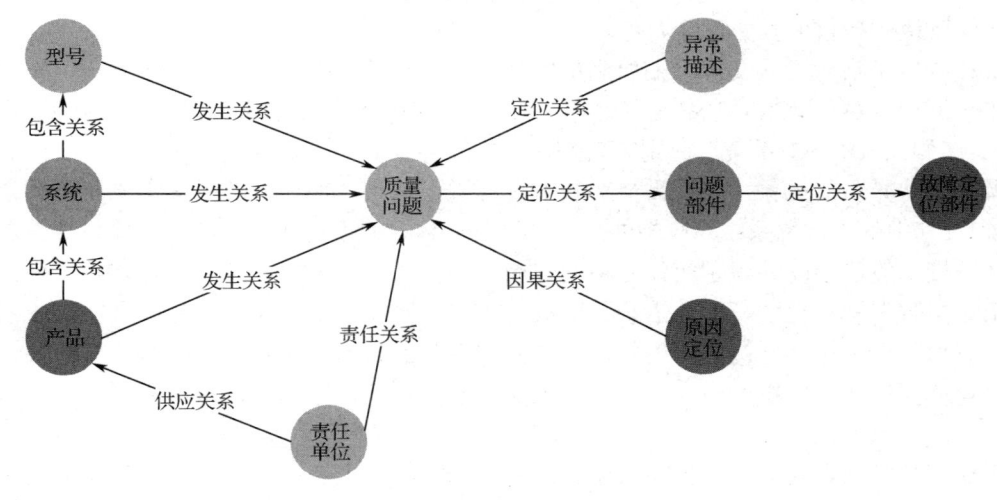

图10　航天质量知识图谱模型

质量知识体系建模属于本体层的建模，模型构建工程需要知识图谱工程师和领域专家会

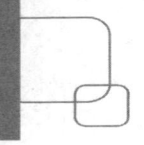

议后共同完成,一般需要进行多次迭代,构建过程通常需要达成以下几个目的。

(1)确定本体的领域和范围。需要明确一些基本问题,如本体针对的领域、用途,描述什么信息,回答哪一类问题,由谁使用和维护本体,等等。

(2)考虑重用现有本体。精练、扩充、修改现有的本体,或从中得到启发和帮助。

(3)列出本体中的重要术语。主要是列出建模过程中所必需的实体、属性、关系,使创建的本体不偏离领域范围。

3.2.2 知识抽取

知识的智能抽取具体分为实体抽取和关系抽取两部分。实体抽取采用实体识别的命名技术从专业文本中提取与知识体系建模中的对应实体,并标注位置和类型。关系抽取采用深度学习 PCNN 模型和句法依存分析集成的方式,通过语义理解,提取文本想要表达的词组关系。

在 PCNN 模型中,两个实体如果在知识库中存在某种关系,则包含该两个实体的非结构化句子均能表示这种关系的假设。对池化层做进一步优化,将数据拆分成 T 个包,每个包有 qT 个示例。

目前,句法依存分析有基于图算法、基于转移算法、基于短语结构句法 3 种方式。基于图算法在模型参数训练时,一般使用在线的平均感知器算法,准确率较高。在基于转移的依存句法分析系统中,和分词、词性标注及短语句法分析类似,其状态都是由一个栈和一个队列组成。基于转移算法采用标准弧转移算法和贪心弧转移算法与柱搜索结合的方式,和图算法在性能上相当。基于短语结构句法采用自动的规则编码的方式和直接使用宾州中文树库的方式,最终性能与图算法持平。

3.2.3 知识加工

通过知识建模和知识抽取,实现了从异构、非结构化数据中提取实体、关系、属性、事件的目标,但这些知识并不足以构建高质量的知识库。自然语言的复杂性使同样的词语在不同的语境下有可能指代不同的概念,而语境中不同的代词往往指代相同的语义范围,要想增加每一条知识的精确度,还需要进行进一步的知识加工,也称之为知识融合。知识加工通常包括实体链接和指代消歧两部分内容。

实体链接是指对于从文本中抽取到的实体对象,将其链接到知识库对应的正确实体对象的操作。例如,对于文本"产品长江采用 CAB-333 系统提高定位准确度",就应当将字符串"产品长江""CAB-333 系统"分别映射到对应的实体上。然而,在很多时候,存在同名异实体或者同实体异名的现象,因此需要对映射过程进行消歧。例如,对于文本"我正在学习定位系统",其中的"定位系统"应指的是图书这一实体,而不是定位系统这一模块实体。当前的实体链接一般已经能够识别实体名称的范围,需要做的主要工作是实体消歧。此外,也有一些工作同时做实体识别和实体消歧,变成一个"端到端"的任务。给定一个富含一系列实体的知识库与已经标注好范围的语料,实体链接任务的目标是将每一个范围匹配到知识库中对应的实体上,如果知识库中没有某一范围对应的实体项,则认为该范围不可链接到当前知识库,标记为 NIL。

指代消歧是指在文本数据处理时遇见一些代词,根据上下文去判断指代的实体范围。在航天质量知识图谱中,通常采用基于知识的算法,依赖从词典中获取的词义信息。例如,在航天质量知识词库的基础上,训练不同的表示模型,将词语在语义空间生成一定维度的表示

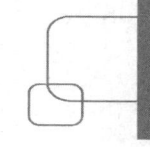

（通常设为 300），使用词语的向量表示计算相似度，从而判断是否能够合并词语。

3.2.4 知识重用

知识图谱模型重用在具体实践中，可以将知识重用分为两种类型。第一种是将单一领域、单一专业知识模型重用到相近领域和专业上。第二种是将已经构建好的成熟知识图谱中的部分知识按照新的知识模型融入新的领域、新的专业。航天质量知识图谱的知识重用为第二种类型，具体如下。

首先，由于不同领域数据结构的差异性，以及数据侧重点的差异性。构建知识图谱的初始化数据分析过程往往需要重新调整数据要素的权重。其次，在质量知识体系模型重用过程中，涉及不同型号、不同部件结构的质量归零报告、质量标准规范、故障现象等数据往往相差极大。虽然在构建模型时，已经充分考虑了现有航天质量知识图谱的可重用性，并做了相关的扩展，模型基础框架可重用，但为了实现工业级迁移，需要进一步细化深度知识体系结构。涉及不同装备领域、不同专业的数据时，需要利用迁移学习从现有知识体系的基础框架中抽取可重用的质量知识，然后由知识图谱工程师和新领域的专家重新确定新领域知识体系中具体的边界和范围。最后，在知识的智能抽取部分，现有的 PCNN 模型和句法依存分析在质量大数据上经过多轮调参和优化后，已经达到可适用性。

4．案例示范意义

本案例是知识图谱技术和人工智能技术在质量大数据上的运用，采用云计算与大数据挖掘功能，实现对海量的质量问题、质量归零及各种行业标准等异构数据进行采集、分析、决策，提高对质量数据运用能力，对现有设计、生产、归零及管理等工作具有借鉴和指导作用。

（1）航天产品质量数据具有满足信息化可追溯性和可借鉴性要求特点，通过利用质量数据知识图谱智能技术，对现有的质量问题进行系统归纳，分析在"人、机、料、法、环"各个环节产生质量问题的原因，挖掘不同型号、不同单位产生质量问题的内在原因，为质量问题的整改提供针对性的依据。

（2）航天产品加工和装配工艺复杂，流程环节较多，往往会存在不同因素引起的质量问题，需要对相关的质量问题进行归零，通过利用质量归零数据知识图谱智能技术，能够了解各个企业在型号研制及管理上存在的问题。

（3）航天产品属于高精度的产品，为了满足其高可靠性、高安全性的设计要求，在质量管理方面的要求比较高，在加工和装配方面也有着自己的行业标准和企业标准。标准数据知识图谱智能技术可以使各个标准数据在行业中非常有效地运用。

5．展望

航天质量知识图谱的目标定位是对内服务于决策与管理层、产品研制队伍及三级单位的全面质量管理，对外服务于产品上级管理部门机构和客户。该图谱致力于建立基于数据驱动、实现"事前预警、事中控制、事后追溯、持续改进"的质量治理体系，支持包括平台、产品、数据、组件、咨询、集成实施及云服务的、行业领先的系统解决方案，实现质量管理的四个转变。

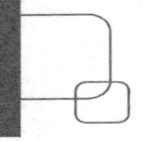

航天质量知识图谱属于特定行业的领域知识图谱，用于辅助各种复杂的分析应用或决策支持，其图谱模型对准确度要求非常高，因此，通常不同领域、不同专业的装备航天质量知识图谱模型可重用的部分较少。航天质量知识图谱只有精细化地调整数据要素、知识体系、智能抽取模型，才能呈现最符合业务逻辑结构的行业知识图谱，进而指导行业应用。目前，在基础管理工具知识图谱的基础上，逐步构建了元器件、软件等多个专业的知识图谱，以组建完整的装备知识图谱，最终形成了型号系列知识图谱。通过新一代信息技术的应用，持续深化质量数据的实时采集、在线传递、动态可视、智能应用、协同共享，从而实现基于数据驱动的质量管控，逐步实现"管理精细化、业务自动化、决策智能化"。

*专栏：航天质量知识图谱行业标准化现状与需求

1. 航天质量知识图谱行业标准化现状

依托于航天质量知识图谱数据库提供的基础 AI 能力，如实体识别、问题理解、推理执行、假设预测、因果分析等，充分利用航天质量知识图谱分析平台提供的基础业务组件，率先在航天、军工领域实现了解决实际业务问题的行业人工智能解决方案。

系统将质量问题、型号、产品、原因定位等数据关联起来，构建航天质量管理的知识图谱，以质量归零问题与归零报告作为切入点，搭建历史问题与报告深度检索、故障关联分析、质量问题与型号产品的全景档案展示、质量问题智能问答交互等场景、帮助用户实现以下目标。

（1）辅助质量归零。

（2）故障风险分析。

（3）协助产品设计。

同时，航天质量知识图谱的构建方法将辅助形成元器件知识图谱。例如，试点重用航天质量知识图谱的部分工具、模型和知识，以达到缩短工期、节约成本、吸取经验、提高质量的目的，其具体途径如下。

（1）充分调研元器件领域科研生产过程、信息化水平、质量管理现状等，和质量领域的调研做比对，具体分析元器件检测和质量管理共有的标准规范及关键业务需求，明确图谱本体层和实例层的重用范围，形成适用于元器件的知识体系模型。

（2）研究从质量大数据、元器件大数据中，结构化数据和非结构化数据的比例，评价智能抽取的难度，以及元器件知识图谱中需要重用质量知识的比例等方面展开。

（3）按照质量知识建模的构建路线，使用航天质量知识图谱知识抽取工具，进行人工和智能双重知识标注和知识抽取，并根据需求实现建模、标注、抽取等流程的优化迭代。

在可靠性专家、知识图谱工程师、质量管理人员等多方面人员的共同努力下，航天质量知识图谱已具备全文检索、图谱检索、知识图谱分析、关联查询等功能。并储备了实体抽取、知识抽取、图谱构建、知识建模等图谱相关技术。由于航天质量知识图谱与元器件知识图谱维度不一致，航天质量知识图谱领域更广，包含型号质量问题等方面知识，而元器件知识图谱只考虑元器件信息，其可参考的模型架构与知识体系较少，目前模型的重用性不高，基本处于独立研发的状态。

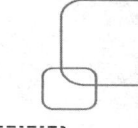

2. 航天质量知识图谱行业标准化需求

随着数据智能技术的快速发展和知识图谱应用的落地，质量知识图谱建模与重用技术在复杂装备领域的不同专业知识的快速积累、图谱的敏捷研发等工作中，具有重要指导意义和广阔的应用前景。

知识图谱在航空航天、复杂装备领域的意义在于构建全局知识库，支撑在航天武器装备全生命周期领域实现故障发现、智能搜索等智能应用；还在于它是一把打开航天航空知识宝库的钥匙，能够推进航天装备领域质量数据自动化和智能化处理，为行业带来新的发展契机。

第 14 章　智慧交通领域案例

案例 26：以全网搜索为目标的交通知识图谱实践

在大数据技术时代背景下，与日俱增的交通信息量带来的信息过载问题一直困扰着交通管理部门。本系统是对某省交通厅的各部门、各系统数据进行体系化汇聚、治理，从而指标化、标准化地构建动态知识图谱，以满足决策者、业务人员及普通群众的智能化搜索、智能化推荐、智能化挖掘、智能化问答、智能化分析、智能化呈现等核心功能需求。本系统的实施可以提升交通管理部门治理能力，实现交通管理部门决策科学化、社会治理精准化、公共服务高效化；可以促进交通管理部门政务公开，实现信息资源共享，提高信息管理效率，提升资源管理水平，提高政府管理和服务水平，推进厅内电子政务建设，为交通强国赋能。

1. 案例基本情况

1.1 公司介绍

中国知网（CNKI）以实现全社会知识资源传播共享与增值利用为目标，开发并运营着全球最大的中文知识资源总库平台，20 多年来，探索和实践了知识库构建、知识管理、知识服务、大数据相关的各项核心技术攻关和研发，积累了大量成熟、实用、成体系的核心技术，并研制了拥有自主知识产权的软件平台，得到了用户好评。

大数据研究院隶属于中国知网大数据知识管理本部，研究方向主要包括自然语言处理技术、文本挖掘技术、知识图谱构建技术等。该团队经过几年的努力，申请了中国知网表格数据抽取与加工系统、中国知网大数据机器学习建模分析系统、中国知网动态知识图谱构建系统等 21 项软件著作权，以及一种基于视觉深度学习的文档信息碎片化抽取方法、另一种基于自动样本标注的闭环实体抽取方法等 16 项专利；参与了信息技术—人工智能—知识图谱技术框架、信息技术—人工智能知识图谱性能评估与测试规范两项国家标准，以及 IEEE P2807 *Framework of Knowledge Graph*、IEEE P2807.1 *Standard for Technical Requirements and Evaluation of Knowledge Graph* 两项国际标准的制定；获得 2019 数博会[①]领先科技成果奖、2019 年大数据领军企业，以及 2019 年和 2020 年"中国大数据企业 50 强"等荣誉。

---

① 2019 数博会：2019 中国国际大数据产业博览会的简称。

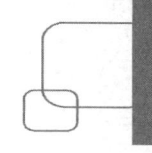

1.2 案例背景

大数据为各行各业的发展带来了新的机遇和挑战。对于交通管理而言，在物联网、移动通信技术、GPS 技术等的应用下，交通数据的采集和处理能力得到空前提高。目前，困扰交通管理的主要问题不是交通数据匮乏，而是与日俱增的交通信息量带来的信息过载问题。在海量、异构的交通大数据中，信息价值分布密度较低，完成信息检索和有用信息提取的时间周期较长，严重影响了交通管理工作的正常开展。作为人工智能的重要组成部分，构建知识图谱为解决以下问题提供了新途径。例如，海量、异构交通数据处理，信息资源分布与用户有限知识获取、处理能力间矛盾日益凸显，信息过载、知识迷航的问题日趋严重，基于语义 Web、新兴 IT 技术、领域知识为用户主动提供智能、高效知识服务等。

该案例以交通规划设计阶段为试点，利用深度学习、多维人机协同等技术辅助交通规划设计阶段各业务部门、业务系统的数据（半）自动采集、自动处理，对用户（基本、行为、兴趣等）信息进行智能理解，预测用户的信息需求。首先，将采集到的数据通过知识建模、知识融合等方法结构化（实体化）、知识化，并且关联基础词典、交通领域词典和交通专业词典；其次，用知识推理挖掘发现其隐含知识，整合后构建交通规划设计领域的优质大规模知识库（富含实体、关系）；最后，基于 Web 实现分布式、多模态亿级信息资源的共享。结合新兴 IT 技术，基于知识库进行关系映射以动态获取、精准匹配、智能推荐、可视化展示用户感兴趣的信息，达到丰富用户知识框架、提升用户体验、实现、资源合理配置，提升大数据时代知识服务质量和效率的目的，最终实现全网交通知识的语义搜索、智能问答、智能排序和智能推荐等应用效果。

1.3 系统简介

1.3.1 系统相关方关系

该系统是对某省交通厅的各部门项目资料、路网、造价监督等相关数据进行体系化汇聚、治理，指标化、标准化地构建动态知识图谱，以满足决策者、业务人员及普通群众的智能化搜索、智能化推荐、智能化挖掘、智能化问答、智能化分析、智能化展示等核心功能需求。系统相关方关系如图 1 所示。

1.3.2 知识图谱构建与管理功能架构

知识图谱构建与管理主要提供知识图谱创建、知识建模、知识获取、知识融合、知识存储，知识推理和知识图谱运维等功能，以支撑省交通厅及下属单位各系统数据的集成、治理、共享、分析和可视化展示。通过知识图谱引擎驱

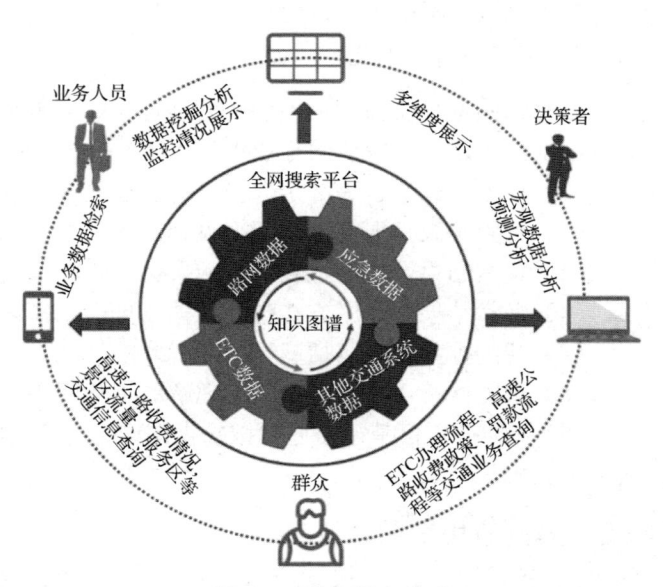

图 1 系统相关方关系

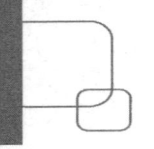

动对多元异构数据的整合，实现统一的数据标准，严格的质量管理，清晰的数据血缘关系，简易、快速的数据建模，交互性的数据展示。

本系统具有以下功能亮点：

（1）从自动化构建知识图谱的角度出发，以某省交通厅各业务系统数据为数据来源，将概念设计、词典管理、语料管理、模型训练、知识元素抽取、实体消歧等多个知识图谱构建模块有机结合，通过更新迭代、不断优化知识图谱和训练的准确性，从而形成闭环，真正实现智能化循环更新迭代知识图谱。

（2）本案例同时采用自顶向下和自底向上的两种构建方法。自顶向下指的是先设计知识图谱知识体系，再通过向知识体系添加数据和关系的方式构建知识图谱。该构建方式需要利用一些现有的结构化知识库作为其基础知识库。自底向上指的是基于已有数据，抽取实体、关系和属性，再对其进行知识融合、本体构建和知识推理。

（3）基于深度学习样本在线标注，训练云服务平台。

2. 案例成效

2.1 系统关键绩效指标

1）知识图谱

第一阶段实现交通规划设计阶段各部门、业务系统的数据汇聚及治理，并以此数据为基础构建交通规划设计阶段数据图谱和项目图谱。第二阶段实现某省交通厅 5 个二级局级单位、5 个直属单位的 362 个可共享系统数据的汇聚和治理，构建以交通建设、行政管理、交通运输全领域流程数据为基础的交通知识图谱。

2）数据标准与规范

在国家数据标准及交通信息化标准基础上，形成交通数据治理的标准与规范文档。

3）知识图谱应用性

该知识图谱可支撑智能检索、智能问答、智能分析、智能推荐、可视化展示等功能，其通过测试，并达到国内交通行业领先水平。

（1）检索方式包含 362 个数据的目录检索、指标检索和模型检索。
（2）搜索结果呈现类型包括列表型、图表型、地图型、图片型、摘要型和混合型。
（3）搜索结果聚类分组包括主题聚类、时间聚类和地域聚类。
（4）搜索结果的排序方式包括相关度排序、知识图谱推荐排序和多字段排序。
（5）智能推荐类别包括基于用户行为的智能推荐和基于知识图谱的智能推荐。
（6）智能问答可实现基于语义理解的智能问答。
（7）智能分析可基于交通领域知识图谱、交叉领域知识图谱构建分析模型，实现"交通+"的关联分析。

2.2 案例应用效果

1）以交通业务系统数据为基础，覆盖交通行业全流程，智能应用多样

目前，在交通领域研究知识图谱多以中国知网知识文献、维基百科、虚拟数据等为基础，

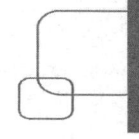

构建特定领域知识图谱,如空中管理、城市拥堵、危化品运输等,且构建方式(自顶向下或自底向上)及知识图谱应用方式单一。

本案例以某省交通厅真实数据为基础,采用自顶向下和自底向上两种构建方式,构建范围扩展至交通规划设计全流程,下一步计划构建覆盖交通全行业的交通智库图谱。通过交通知识图谱的构建,最终实现交通知识的智能检索、智能问答、智能分析、智能推荐、可视化展示及智能报告等多种智能应用。以此来提高信息管理效率,提升资源管理水平,促进和规范交通产业链的发展,提高政府管理和服务水平,推进交通厅内电子政务建设。

2)关联分析初具雏形

通过构建的交通知识图谱,已初步探索出"交通+旅游""交通+危化品运输""交通+经济""交通+农业"等多个关联分析模型。

以"交通+危化品运输"为例,甲醇知识图谱如图2所示。

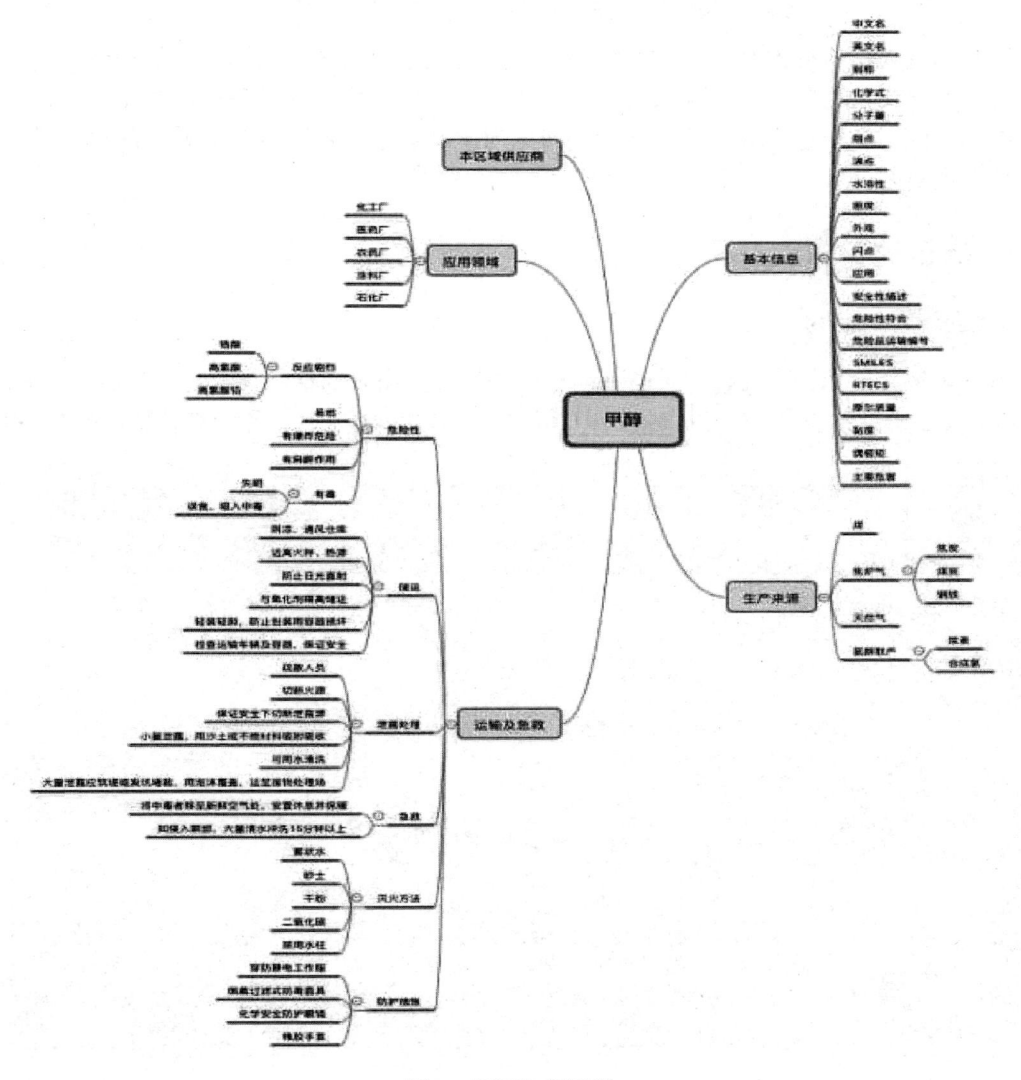

图2 甲醇知识图谱

近年来，危化品运输事故频发引起了社会各方重视，按照"互联网+监管"的体系建设思路，依托大数据技术，通过数据收集、多学科知识图谱创建、量化分析等环节，实现事故精准查询、事故应急救援决策支持等功能，具体应用如下。

（1）精准查询事故所处道路信息、事故干系单位信息、运输品信息、驾驶人员信息、驾驶车辆信息、运输环境信息等。

（2）追踪危险品运输车辆路线，自动标定事故发生范围内的救援物资分布，如消防、医院、其他可救援组织信息；自动标定和显示事故范围内城镇、居民、学校、工厂、道路流量信息。

（3）基于以危化品为中心的知识图谱，包括危化品类型、特征、储存要求、泄漏处理方式、急救方法、灭火方法、防护措施等，智能推荐不同类型危化品在发生紧急情况时的最佳预案。

3）基于深度学习的知识图谱自动生成技术

本案例从人机协同的视角出发，提出了在自适应学习系统中知识图谱的构建方法，具体包括知识图谱模式设计、资源获取与碎片化预处理、知识图谱知识获取、知识元素语义关系挖掘、知识图谱融合五大环节。本案例的研究对于开展基于自适应学习系统的大规模个性化学习具有重要意义。

3. 系统技术路线

3.1 系统整体架构

整个系统按层设计，每层之间通过松散耦合的方式相互通信，自下而上分别由数据源层、数据接入层、数据整合层、应用支撑层、业务应用层和访问层组成。系统整体架构如图 3 所示。

图 3 系统整体架构

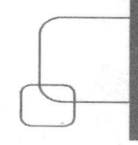

3.2 实施步骤

交通规划设计阶段知识图谱的构建过程是从原始数据出发，采用一系列自动或半自动的技术手段，从原始数据中提取知识要素，并将其存入知识库的数据层和模式层的过程。这是一个不断迭代更新的过程，每一轮迭代都包含数据整合、词表构建、知识建模、信息抽取、知识融合、监督学习和知识存储 7 个过程。

3.2.1 数据整合

该案例主要通过对某省交通厅内部数据进行规范化、指标化处理等，最终使数据入库形成规范化数据。下面详细介绍本案例的数据整合过程。

（1）确定有效系统和有效数据。根据业务需求和系统使用状态，对及时更新、系统稳定、调取频率高、业务需求强烈（通过调研确定）的系统数据进行汇聚。然而，对已停用系统、涉密系统暂不涉及。

（2）使用现有系统词典对原始数据字段项进行翻译。很多系统开发较早，字段翻译工作耗时较长，需专业人员协同完成。原始数据字段项翻译示例如图 4 所示。

A	B	C	D	E	F	G	H	I	J	K	L	M	N
ZBZJ	GCXM	BDBH	JLQC	XMBH	ZFXM	HTJE	BGJE	BGHJE	BQM_WCJE	SQM_WCJE	BQ_WCJE	BZ	XSSX
主键	工程项目	标段编号	期次	细目号	支付项目	合同金额	变更金额	变更后金额	到本期末完成金额	到上期末完成金额	本期完成金额	备注	顺序号

图 4　原始数据字段项翻译示例

（3）按照系统要求对所有表结构进行梳理。根据数据项的应用要求，对其字段进行标记，且对需要治理的字段提出要求。表结构的具体梳理示例如图 5 所示。

图 5　表结构的具体梳理示例

（4）表结构入库。将梳理完毕的表导入系统，系统自动匹配标记。系统自动标记示例如图 6 所示。

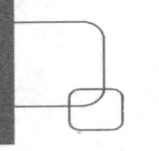

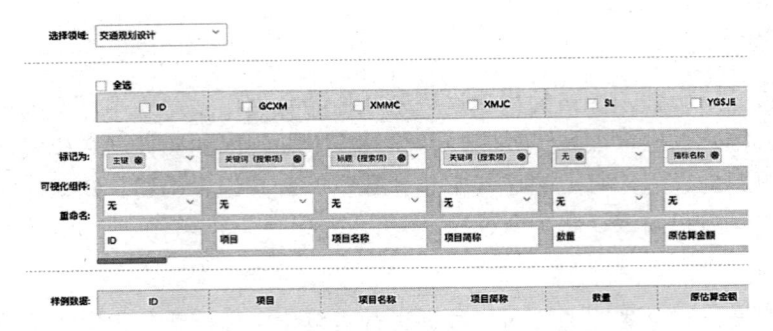

图 6　系统自动标记示例

（5）将所有表中的指标，按照概览、细览、排序、分组、跨库进行设置并保存发布。数据发布设置示例如图 7 所示。

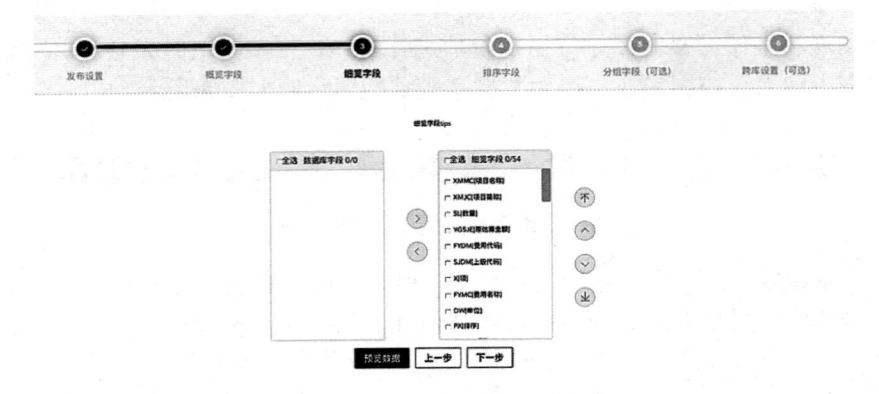

图 7　数据发布设置示例

3.2.2　词表构建

在该知识图谱的构建过程中，基础词典、专业词典、领域词典和通用词典是构建工具，词典的完善程度直接影响知识图谱的准确性。因此完善词典也是构建知识图谱过程中不可或缺的一部分。

（1）提取所有数据中非数字的指标及指标值，并通过人工审核的方式确定最终专业词典词条。专业词典示例如图 8 所示。

图 8　专业词典示例

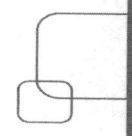

（2）构建基础词典和领域词典。中国知网基于 20 多年的探索和实践，已拥有非常庞大的知识储备空间，在此基础上，本案例构建了基础词典和交通领域词典。

（3）构建交通规划设计阶段主题词表。将设置的"关键词"作为主题词，采用自动和人工审核相结合的方式，补充其汉语拼音、英文名称、上位词、下位词、同义词、族首词等。具体主题词示例如图 9 所示。

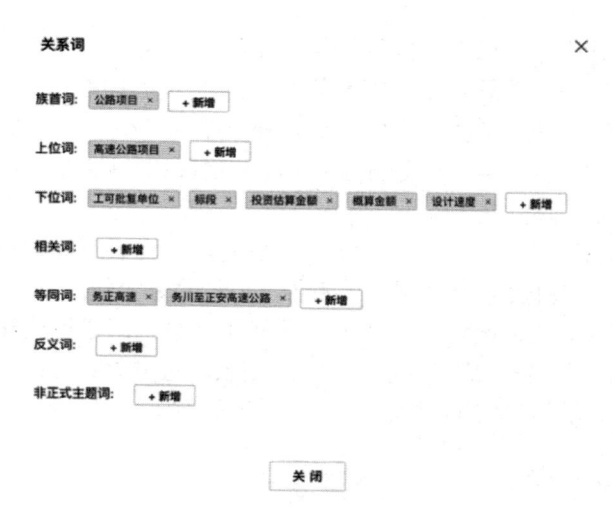

图 9 具体主题词示例

3.2.3 知识建模

知识本体建模可实现实体及实体属性、实体与实体之间的关系及关系属性的定义。

本系统通过手工（专家审核）构建、复用已有本体（半自动构建）及自动构建本体等方法来构建交通工程项目、经济数据本体，实现实体及实体属性、实体与实体之间的关系及关系属性的定义。交通知识本体建模如图 10 所示。

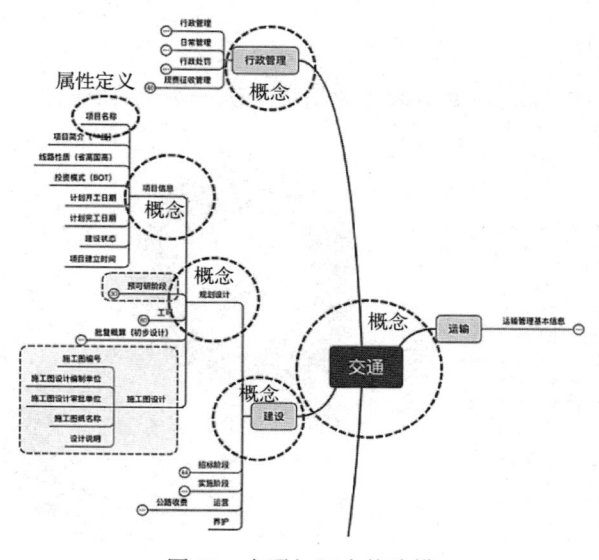

图 10 交通知识本体建模

3.2.4 信息抽取

信息抽取，即从不同来源、不同结构的数据中提取各种信息，并且将知识（结构化数据）存入知识图谱。信息抽取可按数据来源分为结构化数据抽取、非结构化数据抽取、半结构化数据抽取3种类型。本次案例主要以结构化数据为主。

1）信息抽取

实体抽取主要基于业务数据表，抽取特定类型的命名实体。例如，各高速项目名称，高速公路项目下各标段名称、桥梁名称、隧道名称、各合同段名称等。

属性抽取是指从领域知识中抽取特定实体的属性信息。属性抽取的是各数据列表项，如某条线路的项目名称、项目简称、计划开工日期、计划完工日期、工可批复单位、工可批复金额、桩号、设计速度、路基宽度等。

关系抽取是从领域知识中抽取出实体间的关系，以便将零散的知识联系起来。实体间的关系分为两类。一是相同概念下实体层级关系抽取，如"务正线—设计速度""务正线—路基宽度"之间的关系。这类关系比较单一，主要是从属关系。二是不同概念下实体关系抽取，如"桥梁—按材料分""桥梁—按结构分"之间的关系。这类关系抽取需要通过主题词表进行确定。结构化数据抽取示例如图11所示。

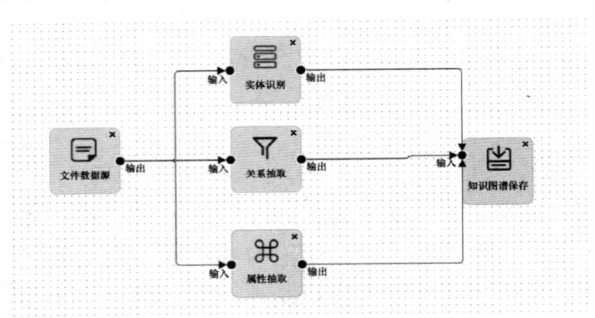

图11　结构化数据抽取示例

2）抽取结果可视化

知识图谱中实体属性抽取和关系抽取的结果示例如图12所示。

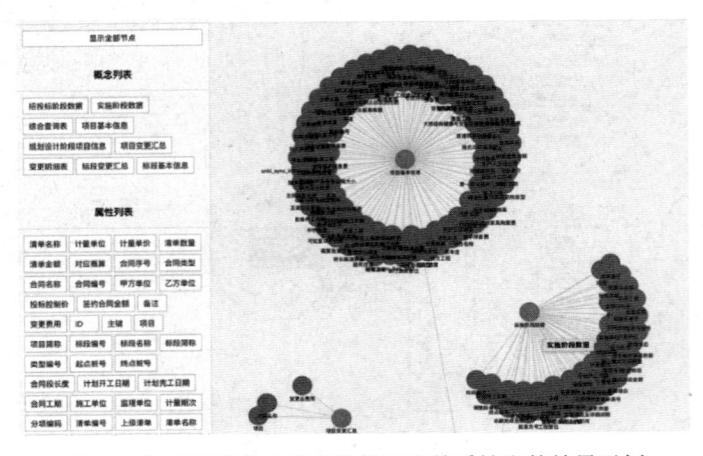

图12　知识图谱中实体属性抽取和关系抽取的结果示例

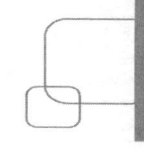

在抽取结果显示页面，人工进行结果矫正，矫正结果可反哺于模型优化训练。

3.2.5 知识融合

知识融合包括实体对齐、属性融合和意图融合。知识融合的目的是消除概念的歧义，剔除冗余和错误概念，从而保证知识的质量。

在该案例中，将所有从文本中抽取的实体链接到已构建的交通专业词典、领域词典中进行词条比对，以明确实体的正确指向，确定其语义。例如，不同系统中项目名称和项目简称会有不相同的情况，"北京到西藏高速公路项目"为一实体，其他表述为"京藏线"或"京藏高速"，但这3个名称均为同一实体，需要将其对齐处理。

属性融合方面，因本次案例数据均来自某省交通厅内部系统数据，数据专业度较高，因此，属性融合方面所做工作较多，主要集中于3个方面。一是属性提取，二是领域专家协同完成属性词条的主题词表构建，三是所提取属性词条与主题词表比对融合。例如，"设计速度""设计时速"均是公路项目中的相同属性，此时就需要将其合并。

意图融合是指从多个问句抽取出来的实体、属性、动作、关系中识别相同或相似意图。针对同一实体，不同意图通过相同的动作或相同的实体互相关联，每一条意图以单条路径形式表达，形成与之相关的意图知识图谱。例如，针对贵州高速公路集团有限公司这一实体，不同专业、不同工作背景的人员在检索时其意图不同。对于交通领域内管理人员，检索此实体时，可能目的是想检索该实体作为项目业主单位时所负责的所有项目情况，也有可能是想检索该实体的企业基本信息，抑或是与之相关企业的情况。意图的融合和意图知识图谱的构建，为智能问答和智能推荐提供支撑。与贵州高速公路集团有限公司相关的知识图谱示例如图13所示。

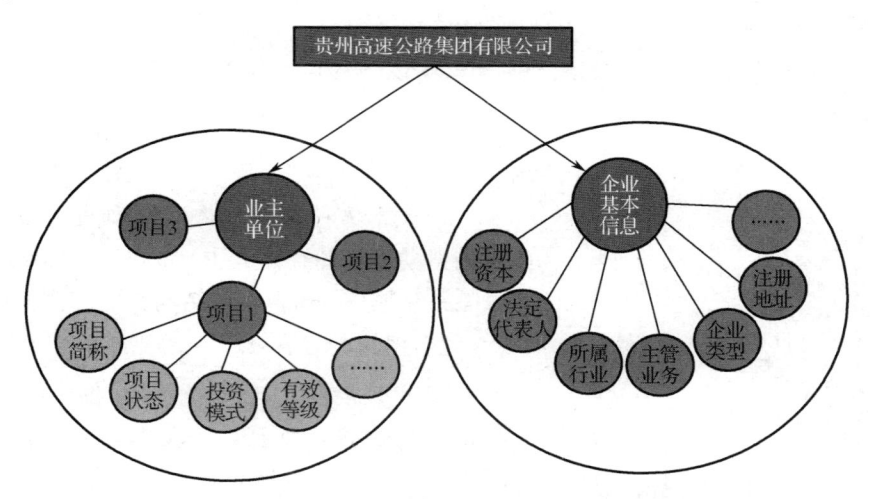

图13 与贵州高速公路集团有限公司相关的知识图谱示例

3.2.6 监督学习

人类所拥有的信息和知识量都是时间的单调递增函数，因此，知识图谱的内容也需要与时俱进，其构建过程是一个不断迭代更新的过程。只有对知识图谱进行纠错、补全和更新，才能不断完善知识图谱。在此过程中，专家的全程参与能够确保知识图谱的科学性和准确性。专家审核流程如图14所示。

图 14　专家审核流程

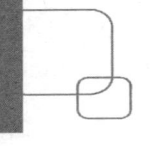

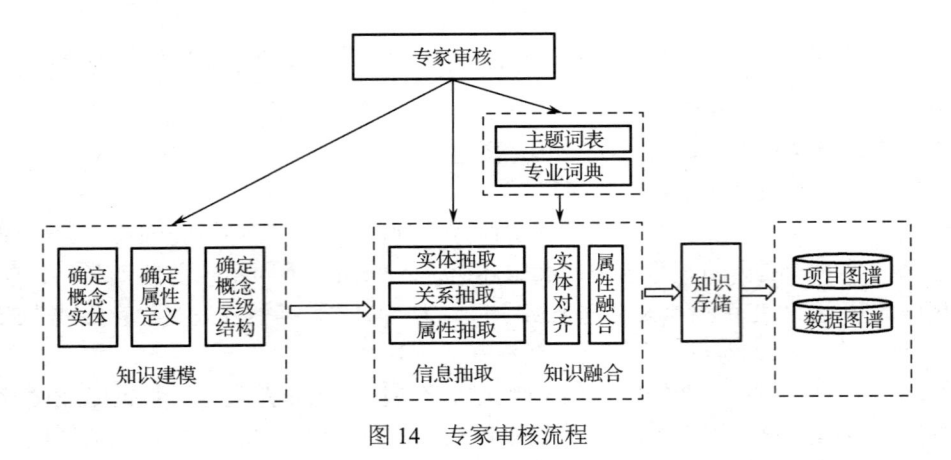

1）专家参与

在知识建模、信息提取和词表构建等过程中，均有领域专家给予指导和查校。

知识图谱有自顶向下和自底向上两种构建方法。自顶向下指的是先为知识图谱知识建模，再将实体加入知识库。知识建模的过程是专家全程参与的过程，从确定概念实体、确定属性定义、概念层级结构设计、行政管理等级设计等方面给予指导。

在专业词典和主题词表构建过程中，技术人员从文本中提取主题词词条，利用自然语言处理技术，基于基础词典及专业词典，对其上位词、下位词、同义词、反义词、族首词等进行补全，最后，专家需要对所有主题词进行校对、补充、审核。

在信息抽取和知识融合过程中，专家需对结果进行审核后才可进行存储。

2）知识更新

通过左右熵模型识别新词，新增数据可经专家审核后，融入相应词典中。

3.2.7　知识存储

1）知识本体存储

项目	项目名称	上位-下位
项目	项目简介	上位-下位
项目	线路性质	上位-下位
项目	投资模式	上位-下位
项目	计划开工日期	发生时间
项目	计划完工日期	发生时间
项目	建设状态	上位-下位
项目	项目建立时间	发生时间
项目	途径	所在地

图 15　知识本体结构存储示例

知识本体存储是指将抽取到的本体要素实时存储到自动创立的存储表中，将知识本体结构存储于关系型数据库中。知识本体结构存储示例如图 15 所示。

2）图谱数据存储

图数据库是以"图"这种数据结构存储和查询数据。其数据模型主要是以节点和关系（边）来体现的，也可以处理键值对。其优点是快速解决复杂的关系问题。

4．关联技术与系统

知识图谱是近年来随着大数据和信息技术的进步而诞生和快速发展起来的，并进一步拓展到各个专业领域。在本案例中，交通规划设计阶段知识图谱是利用中国知网自主研发的 CNKI 大数据融合应用平台而构建的。该平台依托知网海量数字资源，结合深度学习与知识图谱技术对数据进行知识化处理与融合，构建了智能化的数据基础知识图谱，并基于知识图谱实现了知识在各业务领域的应用。该平台是集自然语言处理、机器学习、大数据处理、智能搜索与智能推理应用于一体的综合性大型平台。

4.1 平台设计思路及核心功能

CNKI 大数据融合应用平台设计思路与理念是"以数据为基础，以数据治理为关键，以数据图谱化融合为核心"，围绕核心提供七大核心功能。CNKI 大数据融合应用平台功能架构如图 16 所示。

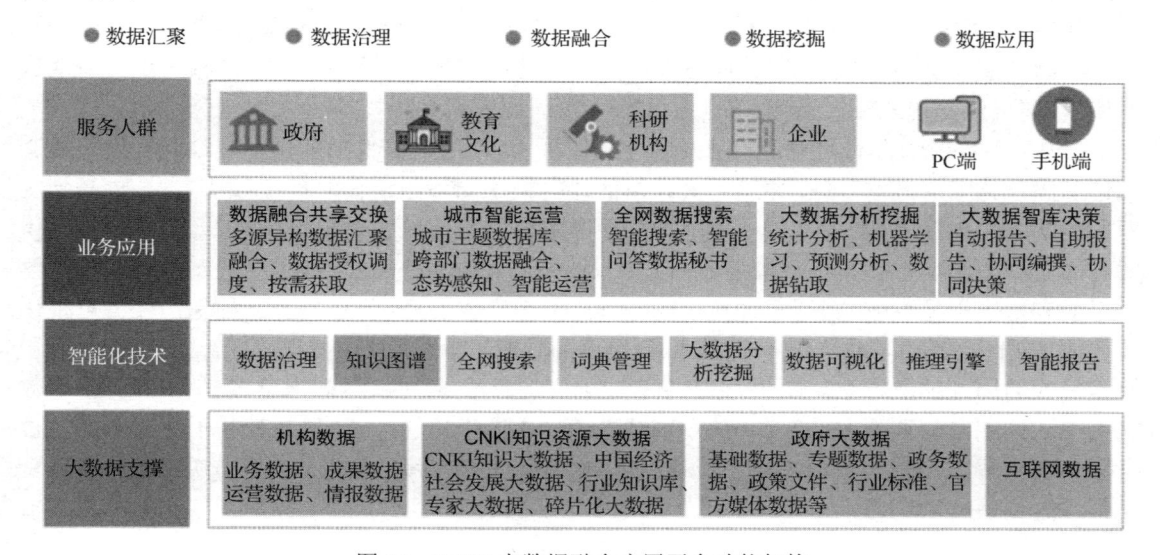

图 16　CNKI 大数据融合应用平台功能架构

（1）数据融合共享交换：解决多个部门数据汇聚的问题。

（2）数据治理：包含输入、输出、转换、查询、脚本等模块，支持多种数据源。通过可视化界面中对多种组件的搭配使用，实现数据的高效抽取、转换和导出。

（3）知识图谱：实现数据知识化融合，提供智能化基础。

（4）全网搜索：包含搜索引擎、交互引擎、智能分析引擎、知识图谱引擎四个核心引擎系统。

（5）大数据分析挖掘：数据分析挖掘提供比搜索更高级的一些应用，CNKI 大数据融合应用平台支持通用的机器学习算法和深度神经网络，除了机器学习和深度学习，还提供专家建模分析。

（6）数据可视化：数据可视化服务是面向用户展示度量信息和关键业务指标现状的数据虚拟化工具，以丰富和可交互的可视化界面为用户提供更好的数据使用体验。数据可视化根据该平台汇聚的大量信息资源，进行大数据分析，挖掘数据潜在价值，为政府部门、企事业单位提供科学、及时、专业、特有的决策分析。

（7）智能报告：为政府领导、经济专家、政府决策提供智能报告生成服务，提高研究效率，提高智库报告的科学性，辅助用户进行决策。

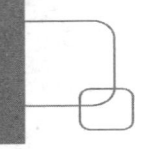

4.2 技术优势

CNKI 大数据融合应用平台申请软件著作权 21 项，具体包括《同方知网表格数据抽取与加工系统》《同方知网 HFS 分布式云存储系统》《同方知网词典管理系统》《同方知网大数据机器学习建模分析系统》《同方知网动态数据驾驶舱构建系统》《同方知网动态知识图谱构建系统》《同方知网非结构化文本信息挖掘系统》《同方知网机器学习语料标注系统》《同方知网机器学习在线训练系统》《同方知网基于流程可视化的数据挖掘系统》《同方知网基于知识图谱的推荐系统》《同方知网数据交换共享系统》《同方知网数据治理监控系统》《同方知网数据治理系统》《同方知网文献碎片化系统》《同方知网知识图谱可视化知识编辑系统》《同方知网知识图谱意图识别与管理系统》《同方知网知识图谱智能搜索系统》《同方知网知识图谱众包系统》《同方知网智能报告系统》《同方知网主题词表管理系统》。

CNKI 大数据融合应用平台申请发明专利成果 17 项，具体包括《基于视觉深度学习的文档信息碎片化抽取方法》《一种基于贝叶斯估计的医疗知识图谱辅助推理方法》《一种基于主题词的文本相似度匹配方法》《一种基于自动样本标注的闭环实体抽取方法》《一种基于知识图谱的关联数据可视化数据驾驶舱系统》《一种基于文件的分布式存储方法》《一种基于机器学习的表格指标抽取方法》《一种基于图数据库的数字人文搜索算法》《一种基于任务可视化拖拽的 spark 机器学习系统》《一种基于流程可视化的自然语言分析挖掘系统》《一种基于句子检索模式的属性抽取方法》《一种循环更新迭代的期刊文献知识图谱构建方法研究》《一种数字人文知识图谱的构建方法》《一种军事装备的知识图谱构建方法》《一种基于指标本体的数据图表自动解读系统》《一种基于知识图谱的问答意图识别系统》《一种基于联盟链的数据交换共享追溯系统》。

5. 案例示范意义

1）助力交通强国建设

《交通强国建设纲要》中提到，交通线不仅仅是人流、物流、能流、资金流和信息流，还是民生线，更是生命线和经济大动脉。交通运输线建设不仅是单纯的基础设施建设，而且对沿线区域的资源开发、城镇建设、旅游兴旺、产业发展、工业振兴等一体化规划起巨大推动作用。不仅如此，交通对改造提升传统业态和城市形态的作用也十分显著，通过"交通+"产生拉动效应、乘数效应，释放交通红利，并成为经济发展的新引擎。

通过交通知识图谱的创建，促进跨部门的数据汇聚和融合，使用大数据相关技术实现交通、环境、气象、旅游、农业、经济等大数据相关性关联分析，通过数据分析、数据挖掘及机器学习等多种应用手段，探索数据创新应用领域，最大程度地发掘数据价值，助力交通强国建设。

2）提升交通管理部门治理能力，实现交通管理部门决策科学化、社会治理精准化、公共服务高效化

当前，对交通内部系统及相关行业各系统中异源数据进行整合，构建核心数据资产，利用人工智能技术在数据汇聚融通的前提下形成真正带有大数据智能化特征的智能应用，实现数据增值，提升交通管理部门的治理能力，实现管理部门决策科学化、社会治理精准化、为

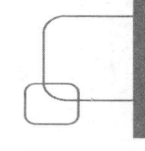

公共服务高效化提供一个切入点。

3）树立典型，全国推广

全国各交通管理部门其业务架构大致相同，以一省为试点构建一套较为完备的交通领域知识图谱，并以此知识图谱为基础，根据各省业务特点和业务需求搭建服务平台，可以促进其政务公开，实现信息资源共享；提高信息管理效率，提升资源管理水平；促进和规范各行产业链的发展；提高政府管理和服务水平，推进电子政务建设。

6．下一步工作计划

该案例旨在通过大数据技术，构建交通全领域及交叉领域知识图谱，并以此为基础构建应用平台，具备对交通异构数据的数据采集、元数据管理、数据目录管理、数据存储管理、数据质量管理、数据资产管理、数据标准与规范、数据共享与开放等功能，可以实现业务应用系统的互联互通，打通各独立业务系统之间横向联络，实现跨平台、跨区域运行。本案例有利于整合各地区现有交通管理平台的数据资源，提升数据共享程度，从而实现智能化交通、智慧化建设目标，初步实现交通系统的智能搜索、智能分析、语音交互、可视化呈现。因此，下一步工作计划包括以下4个方面。

（1）梳理交通项目建设相关部门和系统数据，包括项目招投标阶段、实施阶段、运营阶段、管理阶段。行政管理相关部门，通过自底向上及自顶向下方式构建交通全领域知识图谱，完善交通专业词典和交通领域主题词表。

（2）基于交互式自助统计、数据挖掘与建模、自然语言处理等多种分析方法，实现交通汇聚数据与经济、气象、安全应急数据等的可视化探索与深度分析，为决策提供支撑。

（3）基于知识图谱实现交通全领域的全网搜索，包括数据检索、指标检索、全文检索、主题检索、模型检索、地图可视化检索，并且检索结果可分组、聚类、排序及智能推荐。

（4）通过机器深度学习技术，配合权威专家进行交通领域知识的梳理，并以问答形式组织相关内容，导入图数据库形成领域知识图谱，最终实现语义理解的智能问答。

*专题：交通信息化标准化现状与需求

《交通运输信息化标准体系（2019）》于2019年正式发布。交通运输信息化标准是确保交通运输行业信息化建设规范有序，提升信息化服务效能，保障网络安全的基础技术手段。为加快交通强国建设，推动行业高质量发展，适应信息技术发展新形势，迫切需要修订《交通运输信息化标准体系》，以有效解决部分标准滞后、引领性不强等方面问题，进一步明确当前和今后一段时期标准制修订任务，为交通运输信息化发展提供标准支撑。

交通运输信息化标准是指交通运输行业在信息化咨询、设计、建设、实施、运行、维护等活动中，为满足管理需要和用户需求，结合行业特点，制定的可重复使用的规则、准则、规范或要求。《交通运输信息化标准体系（2019）》所确定的交通运输信息化标准体系框架，形成公路建设与管理、水路建设与管理、运输及物流、安全应急、综合事务共5个领域的信息基础设施、信息应用、信息资源、信息安全和信息工程等标准。

目前,各省交通管理部门长期建设的各种信息化系统,由于建设归口、管理归口不统一,以及技术架构与标准规范不一致,没有形成一个统一的数据资源目录,无法保障数据"一数一源"的基本要求,导致数据不一致、数据缺失、数据冲突和数据不准确等现象,形成"信息孤岛""信息碎片"。

以某省交通厅为例,其主要拥有5个二级局、5个直属单位。其梳理的共享目录12个、共享子目录67个、共享元目录共607个,其中,有条件共享362个,无条件共享245个。

经过分析,现有可共享数据中,各部门站在各自的立场生产、使用和管理数据,使得数据分散在不同的业务部门和信息系统中,缺乏统一的数据规划、可信的数据来源和数据标准,导致数据存在不规范、不一致、冗余、无法共享的问题。同时,各部门对数据的理解不一致,导致数据间相互割裂与独立。且各部门关注数据的角度不一样,缺少从全局角度对数据的管理,导致无法建立统一的数据管理规程、标准等,相应的数据管理监督无法得到落实。数据质量标准体系尚未完全建立,且无法保证有效执行,导致数据在交换共享过程中的流通不畅。数据的不可控性是传统数据平台建立之初就一直存在的问题,在大数据时代表现得更为明显。没有统一的数据标准,数据就难以集成和统一;没有质量控制,大数据就会因质量过低而难以被利用。

因此,对于交通信息化标准化而言,其需求主要集中在以下几个方面。

(1)有效解决项目前期汇集的数据标准不统一的问题,提升数据资源的管理水平。

(2)有效提升数据质量,解决制约数据治理的数据瓶颈问题。

(3)大幅度提升对于海量、异构数据资源的管理和开发利用能力。

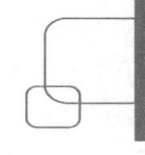

案例 27：海信交通领域知识图谱

本案例主要通过构建交通知识图谱形成了面向市民城市出行的智能服务引擎和面向交警的智能交通管理（子区划分）两大应用。面向城市出行的应用能够允许用户以自然语言查询的方式获知实时路况、出行规划、POI[①]信息。面向交通管理的应用，通过划分交通控制子区及计算路口平高峰，实现区域个性化管理。两大应用以知识图谱作为新式杠杆，深度理解交通行业的出行数据、POI 信息、地图数据的本质，从出行服务和交通管理两个方向为城市出行提供技术助力。多维度、多方面推动城市出行向全面智能化和自主优化的方向迈进。

1. 案例基本情况

1.1 企业简介

海信集团（以下简称"海信"）成立于 1969 年，总部位于中国青岛，是国有独资企业；拥有海信视像（600060）和海信家电（000921）两家在沪、深、港三地的上市公司，持有海信、东芝电视、Gorenje、科龙和容声等多个商标；主要业务涵盖多媒体、家电、通信、IT 智能信息系统和现代服务业等多个领域。在以彩电为核心的 B2C 产业，海信始终处在全球行业的前列；在图像处理和显示技术领域，海信积累深厚并拥有 ULED、OLED 和激光电视三大技术路线；在新兴的智能科技领域，海信城市智能交通产品和解决方案应用于全国 100 多个城市；在智慧客厅、智能卫浴、智能厨房等智慧家居解决方案上，以及从家庭到社区的"用即购""信我家"等智慧社区场景产业上，海信均有丰富的产业积累和成熟的产业化经验。此外，海信凭借智慧城市、公安安全、轨道交通、智慧建筑等多个智能科技产业模块，为青岛、长沙、贵阳等城市带来新的智能解决方案。智慧交通、精准医疗和光模块等新动能 B2B 产业，对海信的利润贡献 50%；家电板块与科技板块相得益彰，海信正在实现由传统家电公司向高科技公司的产业转型。

1.2 案例背景

电子地图的出现使得用户在出行方面的需求得到极大的满足。现在出行服务不仅能"认路"，而且能提供出行相关的服务，同时足够智能。在处理数据间的复杂关系时，传统交通大数据平台存在技术难点。在智能交通领域，路网、各类兴趣点（POI）、动态信息存在天然的关联关系，交通路网更是一张互联互通的图。因此，在数据规模较大的情况下使用传统数据库，存在搜索效率低、查询智能化程度低、计算复杂度高的问题。

海信从面向城市出行的需求和面向交通管理的需求两方面入手，利用知识图谱的特性，构建了从上到下解决出行问题的海信交通知识图谱。海信交通知识图谱利益相关方关系示意如图 1 所示。

[①] POI：Point of Interest，中文译为兴趣点，每个 POI 包含 4 个方面信息，分别为名称、类别、经度、纬度。

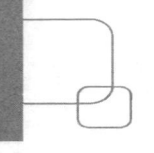

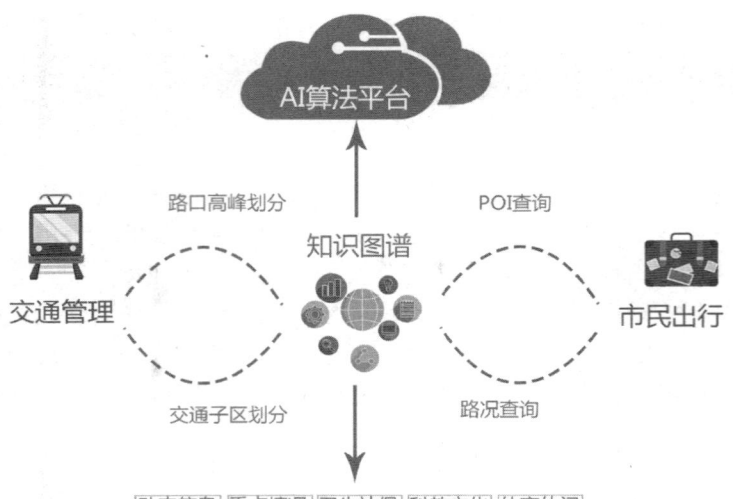

图 1　海信交通知识图谱利益相关方关系示意

1.3　系统简介

　　知识图谱是显示知识发展进程与结构关系的一系列不同的图形，用可视化技术描述知识资源及其载体，挖掘、分析、构建、绘制、显示知识及它们之间的相互联系，是人工智能技术的重要组成部分。随着人工智能、大数据技术的发展，知识图谱技术已成功应用在金融、农业、电商、医疗电子、交通等各个领域，其应用呈现更广泛深入的趋势。

　　该案例简述了海信针对智能交通的具体应用场景，以及提取其知识图谱的核心技术进行的研究与应用。本案例主要包括以下内容：对亿级规模交通实体的精细特征进行分析与知识抽取，并完成实体识别和系统建模；构建并支撑千万级规模的城市交通实体知识图谱；以此知识图谱为基础，形成面向市民城市出行的智能服务引擎和面向交警智能交通管理的子区划分两大应用。

　　面向市民城市出行的应用，能够允许用户以自然语言查询的方式直接获取青岛市实时路况、出行规划、POI 信息三大场景信息。该应用具有 51 类通用交通出行服务问题的推理算法，支持 4000 余种句式问法，能够以接口的形式支撑 Web 端或 App 端等服务产品。在该图谱的构建过程中，收集与整合了海信交通产业大数据共 921G，从中进行知识抽取，实现千万级规模城市交通实体知识图谱的构建、搜索、更新与并发批量操作，并支撑亿级规模交通实体的精细特征分析和实时实体识别方法与系统建模。

　　面向交警智能交通管理的应用，通过划分交通控制子区及计算路口平高峰，为城市交通事业部与青岛市交警部门提供城市区域划分依据，实现区域个性化管理。以知识图谱作为新式杠杆，深度理解交通数据的本质，实现提前预测和解决城市交通中的突发拥堵，提升城市道路的整体通行效率。从多维度、多方面推动城市交通信号产品向全面智能化和无人自主优化的方向进化。通过综合知识图谱中交通实体基础属性，提高对交通流中对象的识别准确度和时空关联能力，通过理解区域交通数据扩散规律，提前预测、疏散突发交通流等。海信交通知识图谱交通行业应用——智能出行服务引擎如图 2 所示。

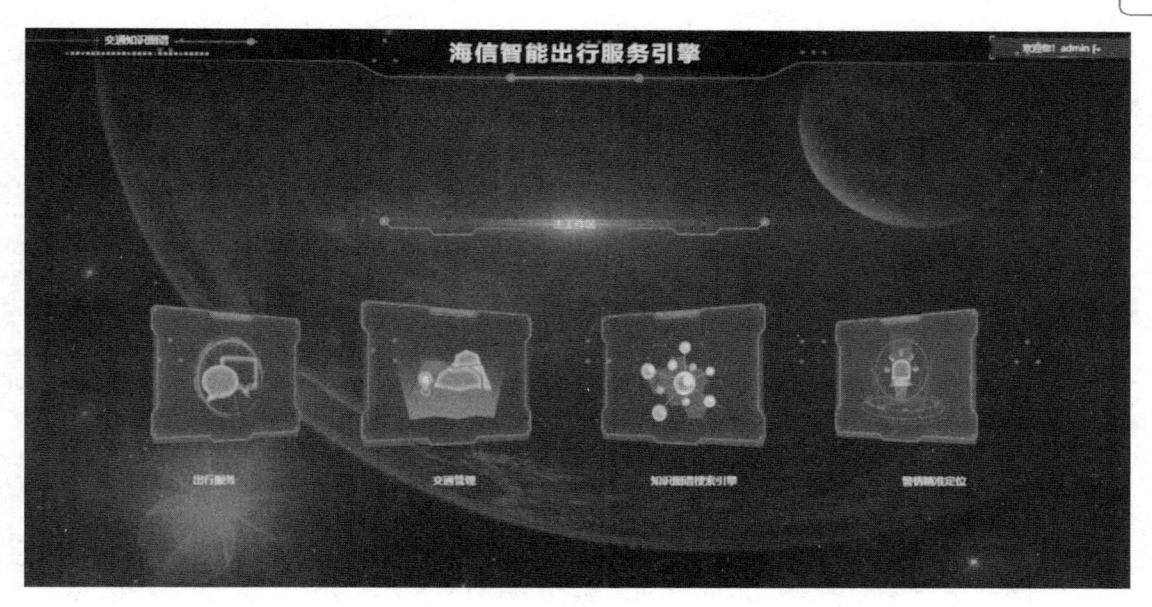

图 2　海信交通知识图谱交通行业应用——智能出行服务引擎

1）分布式全图及重点商圈子图构建，加快推理搜索速度

针对特定场景中小规模、精细化、场景化推理需求，构建子图推理搜索引擎。

2）出行推理全方位覆盖

通过提供 Web 接口的形式让用户可以直接通过问答的方式使用交通知识图谱。为市民提供出行方式推理搜索、地理位置推理搜索和实时路况推理搜索。

（1）出行方式推理搜索

① 多途经点的路径规划，如怎样乘坐公交车能经过中国海洋大学、石老人海水浴场和五四广场等。

② 目的地推理的路径规划，如海信大厦附近的饭店。

③ 路径规划结果的深层次挖掘，如从李村到海信大厦走万象城需要多久。

（2）地理位置推理搜索

① 公共交通查询，如 26 路车在哪站转 202 路。

② 限定条件的 POI（兴趣点）查询，如离海信大厦最近的药店。

③ 基本 POI 属性查询，如万象城的电话。

（3）实时路况推理搜索，如南京路是否拥堵。

3）多途经点的路线规划

多途经点查询除最基本的起点、终点、某出行方式路线规划方法外，还支持出行方式对比选择、途经某地、多目的地路线规划等。例如，"怎样乘坐公交游览中国海洋大学、石老人海水浴场和五四广场等？"采用交通知识图谱的面向城市出行的服务可以有效检测用户当前需求，结合出行方式，推理出最优的组合路线。

4）地理范围模糊推理

除支持指定位置范围内的 POI 查询外，该图谱还支持需要推理目的地的路径规划，如"骑行到海信新研发中心附近的饭店"。采用交通知识图谱的面向城市出行的服务能够识别用户出

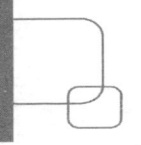

行目的为海信新研发中心附近的饭店,出行方式为骑行,为用户提供从当前所处位置到海信新研发中心最近的饭店路线规划。

5) 公共交通出行模糊推理

该图谱支持关于公交等交通出行工具信息的推理查询,如可查询公交的首末班次时间,站点位置等信息,更能查询公交地铁能否到达指定 POI。例如,输入"26 路车会经过五四广场吗?"26 路车并没有任何一个站点叫作五四广场,经过知识图谱推理能识别出 26 路车的市政府站点距离五四广场比较近,提示用户乘坐 26 路车在市政府站下车可以到达五四广场。

该图谱支持公交与地铁间换乘的混合查询,除基本的公交车、地铁的属性查询外,还支持公交与地铁间换乘关系的查询等。例如,"3 号线在哪里转 26 路车",采用交通知识图谱的面向城市出行的服务,可以采用知识图谱的范围推理,检测 3 号线站点和 26 路车站点的临近关系,基于临近关系给出最佳换乘地点。

6) 公共交通出行模糊推理

目前,交通控制的子区划分主要是靠人工统计交通数据后结合地形与行政区域主观判断划分,划分效果不够准确,且无法随交通路况(高峰与平峰)的变化而做出相应的改变,是一种静态的子区划分方式。采用谱聚类算法,以路网内各信号机检测到的全天候交通流量数据为基础,自动划分控制子区和每个路口的平高峰。谱聚类后获得的青岛某一路口的平高峰划分结果如图 3 所示。通过分析可以发现,目标路口实际的交通高峰期不是人们印象中的"早八晚六",而是"三高峰",且下班高峰从晚八点开始。通过对每个路口的平高峰时段预测,能够因地制宜地通过路口特性提供有针对性的道路管控。

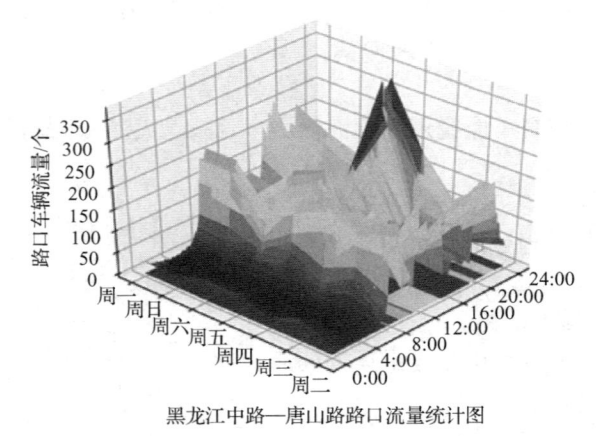

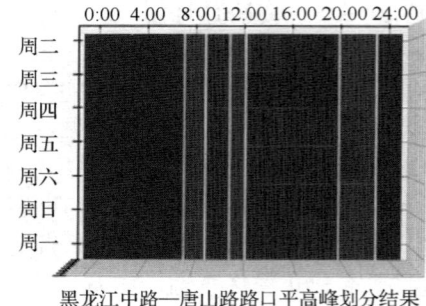

黑龙江中路—唐山路路口流量统计图　　黑龙江中路—唐山路路口平高峰划分结果

图 3　谱聚类后获得的青岛某一路口的平高峰划分结果

针对传统方法无法准确定义划分多少个子区及子区应该怎么划分的问题,海信交通知识图谱依托交通流量大数据的支持,对子区与波峰进行更加精准的划分,摆脱人为因素影响。在对青岛市辖区内进行子区划分的案例中,以路网内各信号机检测到的全天候交通流量数据为基础,自动划分路网控制子区,相比较传统划分方式,使用 Agglomerative Clustering 层次聚类方法来对特征向量矩阵进行聚类,避免了传统谱聚类方法对初值敏感导致的相同数据每次划分结果都不相同的问题,仅仅依托交通流量大数据的支持,进行更加精准的子区划分,摆脱人为主观因素的影响,减少参数冗余程度,加快划分速度。

以交通路网信号检测到的全天候的交通路口节点、各路段流量数据为基础,在一级交通

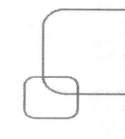

控制子区划分的基础上，深耕交通大数据与优化谱聚类算法，实现交通控制子区二级划分，解决了交通控制子区一级划分后部分子区节点数过多、影响交通控制的问题。相较于交通控制子区一级划分方式，在依据一级子区节点数量和路段流量的基础上，对多级子区进行更加精准的划分，摆脱了交通控制子区单级划分粗糙，划分不够准确等问题，提高交通控制质量。

2. 案例成效

本案例中的交通知识图谱技术指标有 4 个层面，分别是图谱规模、增删改查响应速度、自然语言处理泛化程度、城市交通子区划分数量。

（1）构建分布式交通知识图谱存储搜索引擎，以青岛市为例，实体规模达到 19013309 个。

（2）重点区域动态子图交通知识图谱的单节点搜索响应时间为 4.9ms。

（3）重点区域动态子图并发批量操作（添加、删除）1 万个节点的批量添加平均响应时间为 1.74755s；1 万个节点批量删除平均响应时间为 2.47s。

（4）支持千万级甚至亿级交通知识图谱节点分布式存储，批量并发存储和任意实体搜索（需要构建索引），并且任意实体搜索时间小于 200ms。

（5）面向城市出行的应用支持三大场景的用户意图识别，分别为实时路况、路径规划、信息查询；涵盖地铁线路 3 条、公交线路 318 条的换乘关系查询，以及 4000 个公交站点信息查询；涵盖 23.7 万个有属性建筑物、28.3 万个路口、4096 条道路、7 个商圈详细信息查询；实现 51 类通用交通出行服务问题的推理计算，支持 2000 种句式问法。

（6）面向交通管理的应用涵盖全青岛市路网拓扑整理 750 个道路路段、580 个路口节点，支持 30 天路段及路口流量数据处理，支持自动控制子区划分，支持数据自动补全功能。相比于青岛市原有人工划分的"五纵、六横、七商圈"，使用青岛市真实路网数据库测试，在该时段将市辖区内道路划分为 18 个一级子区、73 个二级子区，大幅提升了商圈精细程度。

3. 技术路线

3.1 系统架构

海信交通知识图谱系统主要由知识图谱推理计算层和推理服务层构成。在推理计算层，由新一代人工智能平台支撑，向上构建分布式交通知识图谱和动态子图。顶层推理服务层包含面向城市出行的服务推理引擎，以及面向城市交通管理的交通控制子区划分算法。海信交通知识图谱系统架构如图 4 所示。

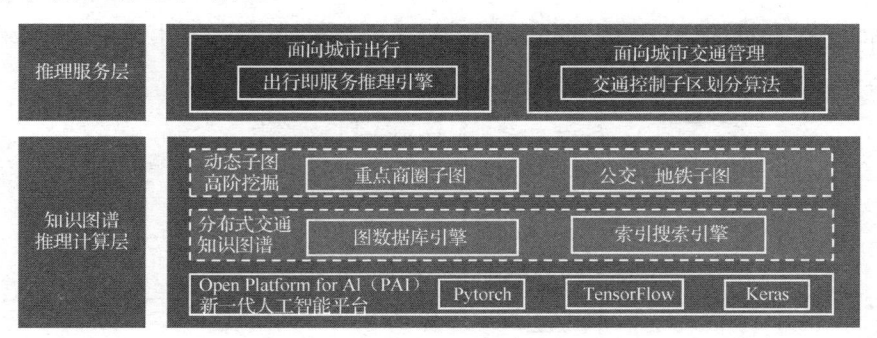

图 4 海信交通知识图谱系统架构

3.2 技术路线

3.2.1 融合城市多维异构数据，形成城市交通知识图谱基础信息支撑

海信交通知识图谱的基础数据集如图 5 所示。依托海信网络科技、国家城市道路交通装备智能化工程技术研究中心在公安、交管的业务与数据积累，该图谱获取了公共安全数据、城市交通数据、交通运输数据及电子地图数据共 1204.82GB，从中进行数据清洗、抽取、整合，形成了该图谱的数据基础。

来源部门	数据	大小
公共数据安全	录像视频数据、视频结构化标注数据集、人群密度数据集、人脸分类数据集、以图搜图数据集、人骑车数据集、车辆数据集等	119.2GB
城市交通数据	基本交通数据（包括路段表、点位表等）高德、过车、交通流、路况及交通视频数据	631.25GB
交通运输数据	道路基本信息、收费站、隧道、摄像机、事件、事件处置、应急调度、施工、交通管制等高速公路相关数据；公交、出租、船舶GPS数据、公交到离站数据、出租车运营数据、出租车辆信息等	161.37GB
电子地图数据	地图导航用数据、地铁数据	293GB

图 5 海信交通知识图谱的基础数据集

城市交通知识图谱的构建需要聚合以管控平台、信号控制平台，以及以交通云为主的地图数据（GIS）、路网数据、POI 数据、浮动车数据、过车原始数据、接警数据、信息服务数据（流量、速度、占有率、排队长度）、信号灯配时数据等多源异构时空数据。这些数据集由多个模态组成，每个模态具有不同的表示。对来自不同数据域的数据进行融合时，不能简单地通过模式映射和副本检测实现，而需要用不同的方法对各类数据进行时空匹配和预处理，然后把从不同数据集提取的信息有机地整合在一起，从而感知这一区域的有效信息。通过对多维的交通数据进行有规则的组合，进而推导出更精确的交通状态信息。

上述过程需要使用数据的时空匹配方法和多源异构轨迹数据融合方法，后者是数据处理中的核心难点。轨迹数据具有时空特征，是通过对一个或多个移动对象运动过程的采样所形成的信息数据，一般包括采样点位置信息、采样时间信息、速度等。多源异构数据融合方法如图 6 所示。在多源异构数据融合方法中，轨迹数据来源多样且复杂，可以通过 GPS 定位器、手机服务、通信基站、信用卡和公交卡等方式获取，也可以通过射频识别、图像识别技术、卫星遥感和社交媒体数据等方式获取，一般包括人类活动轨迹、交通工具活动轨迹和自然规律活动轨迹。

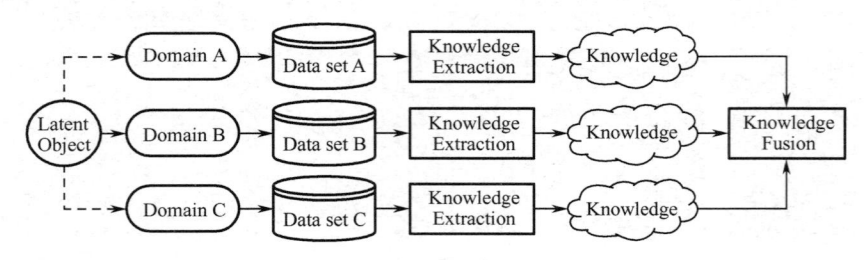

图 6 多源异构数据融合方法

轨迹数据如图 7 所示。轨迹数据包括 GPS 点信息、GPS 轨迹信息、地图匹配信息。轨迹数据的多源异构造成其管理的复杂性。城市轨迹数据管理的整体架构如图 8 所示。城市轨迹数据管理包括轨迹数据预处理、轨迹存储、轨迹时空索引及轨迹地图匹配等。多源异构时空数据库索引算法提供基于 ID 的时间查询、时空查询及轨道地图匹配结果,实现为更复杂的城市数据管理和为数据挖掘提供的搜索接口。轨迹数据预处理模块对原始轨迹数据做清晰、压缩、分段等处理。轨迹存储模块接收轨迹数据,初始是历史记录,同时也支持从网络获取实时更新数据。轨迹时空索引模块检索来自 Redis 服务器的轨迹数据,并基于其时空属性映射 GPS 点,基于云端存储表建立时空索引,这样就能有效支持时空范围的查询。轨迹地图匹配模块检索来自 Redis 服务器的轨迹数据,并映射每个 GPS 点在相应路段上的轨迹,为了提供有效且实时的服务,采用分布式计算的方式实现地图匹配算法。轨迹地图匹配模块还为每个路段设置一个反向索引来记录通过路段的轨迹 ID。通过构建时空混合索引,将信息空间、物理世界映射为数据关联,从而为知识图谱的构建提供实体关系基础。

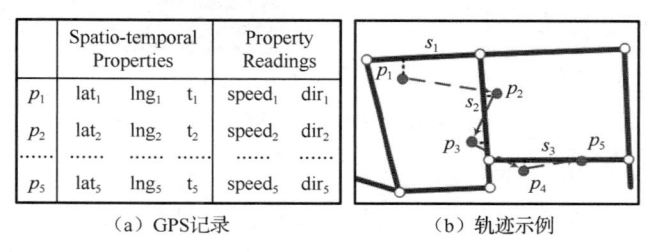

(a) GPS记录　　　　(b) 轨迹示例

图 7　轨迹数据

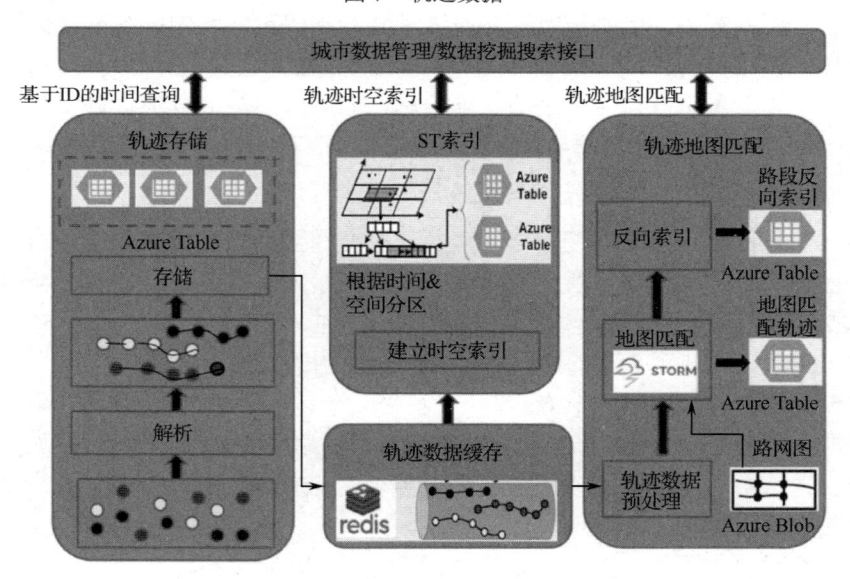

图 8　城市轨迹数据管理的整体架构

3.2.2　抽象路网信息拓扑结构,知识表示建模分层图谱

海信交通知识图谱经过物理交通网络实体抽象、分层实体连接构成。海信交通知识图谱实体抽象和分层实体连接示意如图 9 所示。由交通网络到交通知识图谱数据结构进行数据抽象时,将交通网络分成 5 层描述,包括由地铁路线、公交路线、道路网组成的交通路网层,

由地铁站台、公交站台和道路交叉口组成的交通节点层,由餐饮、住宿、购物等组成的兴趣点层;在这 3 层的基础上,添加描述区域的层,即区域网层,如重点区域、行政区等,以及添加描述道路拥堵、动态事件和动态路段的动态信息层。

分类	层拓扑
动态信息	道路拥堵、动态事件、动态路段
区域网	重点区域、行政区
兴趣点	餐饮、住宿、购物、卫生社保、科教文化、体育休闲、旅游景点、公司企业、地名等
交通节点	地铁站台、公交站台、道路交叉口
交通路网	地铁路线、公交路线、道路网

交通知识图谱抽象数据结构　　　　图谱表示

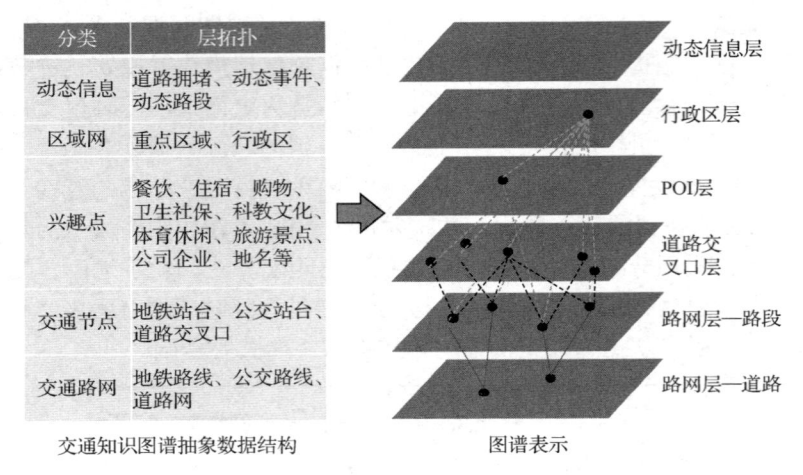

图 9　海信交通知识图谱实体抽象和分层实体连接示意

数据抽象后,采用知识图谱的实体间分层关联连接,构建交通知识图谱。其中,交通路网层由道路和路段组成,道路和路段之间通过道路交叉口层关联,由此实体间相互连接,构成交通知识图谱底层。POI 层、行政区层、动态信息层处于路网层和道路交叉口层之上,描述道路、路段、路口等关联的兴趣点、归属区域及动态信息等。知识图谱将数据实例化后,以 POI 和各路段、路口为实体。其中,POI 实体的属性为其包含的详细信息,如电话、地址、经度和纬度等,以及属于其自身类别的特殊信息,如酒店的星级级别、餐厅的风味类型、超市的营业时间等。

3.2.3　面向城市出行建立,关联技术与系统

面向城市出行的推理引擎深度整合了多源异构交通数据融合算法和交通知识图谱,构建多维动态子图的高阶关联挖掘算法、城市交通知识图谱人工智能平台、图神经网络计算和多层次多目标交通预测等算法,基于知识图谱特有的查询、推理、抓取子图、路径搜索等功能,围绕便民出行需求,构建了大型静态动态结合的知识图谱查询和推理。

推理引擎的服务包括以下几个方面。

(1)位置推理搜索(如地铁、公交、充电桩、加油站等 POI 数据查询),如支持提问"搜索附近的公交地铁站""从市政府到奥帆中心有哪几路公交车""最近的充电桩""哪些市南区的加油站今天加油有优惠"。

(2)实时路况感知预测,如支持提问"香港路半小时后堵不堵"。

(3)政务和医疗服务查询,如支持提问"我要办理出国护照""最近的办理点是在哪里""哪个办理点人最少"。

(4)正规疫苗接种点查询,包括位置、服务时间和交通导航信息。

构建能同时满足各种服务的大型城市知识图谱需要融合路网数据、地图数据、政务数据、天气数据、动态交通数据等多源异构数据。在构建知识图谱时,相同的数据也会因为不同的数据来源、不同的时间而产生较大的差异。针对不同的数据源和不同的服务需求,构建的面

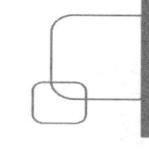

向城市出行的推理引擎算法架构如图 10 所示。

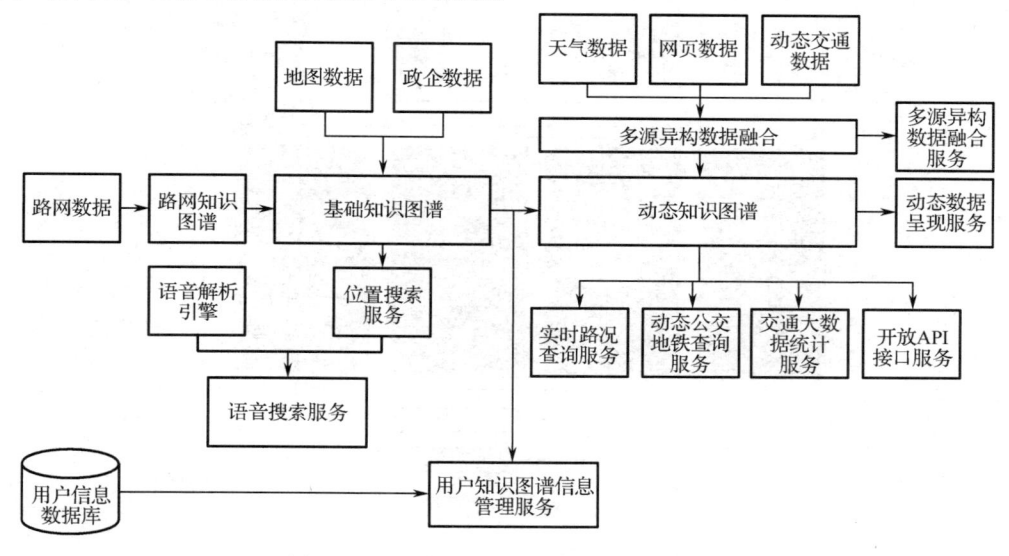

图 10　面向城市出行的推理引擎算法架构

面向交通管理的推理引擎基于深度多维时空残差网络，构建城市交通流量预测数学模型。城市区域车辆流入和流出如图 11 所示。城市级别预测车辆的流入和流出是非常具有挑战性的，受到以下 3 个复杂因素的影响。

（1）区域 r_2 的流入受到附近地区（如 r_1）及远距离地区的流出的影响。同样地，r_2 的流出也会影响其他区域的流入（如 r_3）。区域 r_2 的流入也会影响其自身的流出。

（2）时间依赖。一个地区人潮的流动受近期状况和近期时间间隔的影响。例如，上午 8 时发生的交通拥堵会影响上午 9 时。此外，早上高峰时段的交通情况在连续工作日可能相似，每 24h 重复一次。此外，冬天来临之后，早上高峰开始时间可能会逐渐延后。

（3）外部影响。一些外部因素（如天气）可能会改变一个城市不同地区车辆的流动。

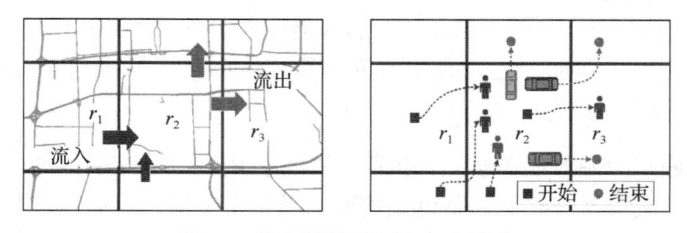

图 11　城市区域车辆流入和流出

为了解决这些挑战，本案例提出了采用深层多维残差网络（Multi-ResNet）来预测每个地区车辆的流入和流出。深层多维残差网络如图 12 所示。首先，Multi-ResNet 采用基于卷积的残差网络来模拟城市中任意两个地区之间的空间依赖关系，同时确保模型的预测精度不依赖于神经网络的深层结构。其次，将车辆流动的时间特征总结为 3 个类别，包括时间的邻近性、周期性和趋势性。Multi-ResNet 分别使用 3 个残差网络对这些属性进行建模。最后，Multi-ResNet 动态聚合上述 3 个网络的输出，为不同的分支和区域分配不同的权重，并且进一步与外部因素（如天气）组合，得到网络预测结果。

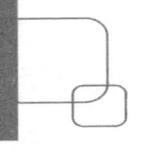

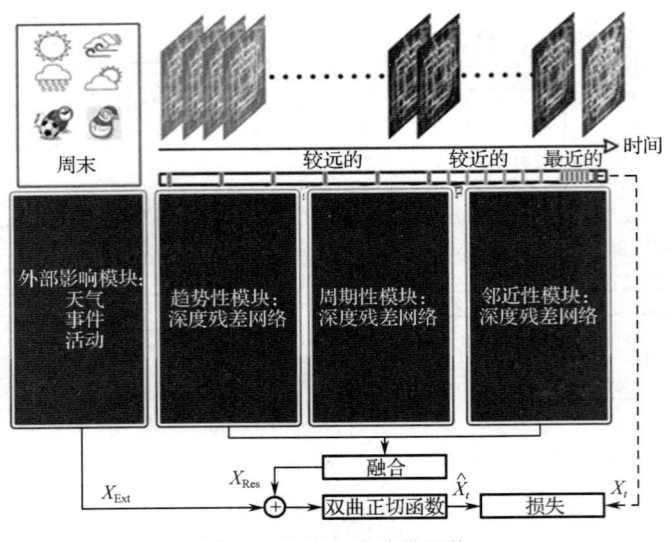

图 12　深层多维残差网络

4. 案例示范意义

本案例提供了海信交通知识图谱的构建与应用方案，对地图数据（GIS）、路网数据、POI数据、浮动车数据、过车原始数据、接警数据、信息服务数据（流量、速度、占有率、排队长度）、信号灯配时数据等多源异构时空数据进行时空匹配和多源异构轨迹数据融合，示范了一种多源异构数据融合、抽取、建模的完整图谱构建技术路线；同时，提供了一种知识图谱的应用思路，即如何利用图结构进行问答推理引擎和利用图算法解决实际问题。

5. 展望

交通知识图谱是结合交通主体、交通工具、交通设施、交通行为、交通环境等形成的高维动态交通系统，形成了面向市民城市出行的智能服务引擎和面向交警智能交通管理的子区划分两大应用，但仍有大量研究工作有待研究，具体体现在以下3个方面。

1）交通知识图谱动态演化

研究城市级交通知识图谱的动态演化机制，基于新增零散的交通数据，发现新实体及其关联关系，在保持上下文语义一致性的基础上更新交通知识图谱，克服新增数据样本量小、时空覆盖有限等难题，实现城市级交通知识图谱的动态演化。具体地，结合时空变化的交通大数据及交通知识图谱的全局—局部结构关系，推断交通实体共生概率，检测和发现适应于交通系统演进和交通知识演化的新增交通实体；研究基于非参数贝叶斯理论的小样本关联学习与强化方法，学习应急事件、突发事件等偶发情境下的交通知识，强化交通知识图谱中实体属性及实体关联；研究基于大图结构学习的交通实体关联关系动态建模方法，协同分析交通实体及其关联关系的语义一致性，实现亿级交通实体间关联关系的高效自动更新。

2）交通知识图谱挖掘

研究交通知识图谱中隐性交通知识的挖掘方法，探索超大规模交通知识图谱结构化知识

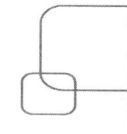

表示下的时空推理、深度学习等技术,克服交通知识碎片化、局部语义等难题,实现交通知识图谱的深度语义整合。研究交通知识图谱的动态网络拓扑特征及其度量分析方法,基于时空谱聚类挖掘动态网络子图模式,实现"人—事—地"多维时空动态高阶子图的有效挖掘;挖掘交通实体间的多阶语义关联,基于时空拓扑图关键节点识别模型,发现交通子区的关键路口。

3)交通知识图谱推理

研究高效精准的知识图谱推理,建立图示化的知识图谱推理过程解释机制,探索分布式图搜索、多模态推理、交互式可视化方法,克服亿级交通实体规模庞大导致的搜索低效、推理困难等问题,为知识图谱推理应用于城市交通治理提供技术支持;研究基于大图随机游走策略的复杂动态网络搜索方法,实现分布式交通知识图谱的高效搜索;研究基于语义解析的图谱搜索引擎,实现数据与交通知识联合驱动的多模态综合推理,为交通出行服务的多途径点路线规划、目的地推理、模糊公共交通工具的路线规划等行业难题提供推理工具;研究面向城市交通管理的研判推理引擎,基于时空图卷积神经网络实现多层子区的交通流量预测。

*专栏:交通与出行服务行业/领域标准化现状与需求

目前,与出行服务相关的标准基本与导航领域相关,规范的是数据格式、数据类型在服务器上相关联的操作方式和路径规划方式。交通与出行服务行业标准的制定时间较早,新一代人工智能出行服务领域缺乏标准。表1是现有交通与出行服务行业的标准化现状。

表1 现有交通与出行服务行业的标准化现状

标准号	标准名称
GB/T 19711—2021	导航地理数据模型与交换格式
GB 20263—2006	导航电子地图安全处理技术基本要求
GB/T 30321—2013	地理信息 基于位置服务 多模式路径规划与导航

语音识别、自然语言处理、知识图谱、大数据、机器视觉技术的发展对交通与出行起着重要的作用,能够支撑用户出行所需的信息查询、内容推荐、行程规划及控制管理等应用。然而该领域的国家标准尚处于空白状态,其需求增长也将推进该方向的标准工作。

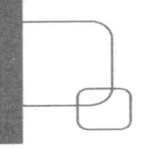

案例28：基于空管知识图谱的航班延误预测系统

目前，民航业发展迅速，然而由于天气、军事活动等原因会造成容量下降、航班延误增多等情况。影响航班延误的因素有多种，亟须一种有效的方式将多源异构的数据集有效地组织起来。空管知识图谱构建了航班、机场、航路点等实体间的关联，成为多源数据汇聚与统一表达的基础。基于空管知识图谱的航班延误预测系统（以下简称"系统"）从流控报文解析出发，分析影响航班延误的因素，并提出基于机器学习的航班延误预测方法，有效预测受影响航班的情况。

1. 案例基本情况

1.1 案例背景

中国电子科技集团公司第二十八研究所（以下简称"二十八所"）是我国军队和国民经济信息化建设的核心骨干研究所，在系统总体设计、软件开发和综合集成方面始终保持国内领先水平。二十八所建有空中交通管理系统与技术国家重点实验室、信息系统工程重点实验室等创新平台；先后主持完成"973"项目（面向栅格网发展的新一代信息系统构建基础问题研究）、重点研发计划（"一带一路"共建国家航空运输一体化信息协同环境支撑技术与应用示范）等重大项目；参与亚太、中日韩等 SWIM 系统[1]建设项目，在广域航空信息统一建模、知识抽取、多元信息融合、态势感知、智能决策等方面具有深入研究；是国内唯一能够承担 Ⅳ 级 A-SMGCS 系统[2]、大型主用空管自动化系统的研制单位；系列产品获"中国十大创新软件产品"等多个奖项，并在北京、厦门等机场及北上广等区管中心投入使用。

民航业是重要的战略产业，其中，空中交通管制系统是确保民航安全、顺畅的"神经中枢"。国务院印发了《新一代人工智能发展规划》，提出要培育智能经济，建设智能社会，维护国家安全。随后中国民用航空局在国际上率先提出了"智慧空管"理念，即融合新一代信息与智能技术，发展具有全面精准态势感知、智能分析决策和自主运行能力的空中交通管理系统。"智慧空管"理念契合国家战略要求，有利于民航跨越式发展，有助于中国民航提升国际影响力。

空管系统是高脆弱性的复杂系统，在天气、军事活动等突发事件影响下，空管态势动态多变且不确定性激增、航班运行的指挥与调度愈加复杂、自动化和智能化程度不足等问题容易导致航班大面积延误。航班延误不仅影响旅客的出行体验，而且会造成航空公司的经济损失。利用人工智能技术应对突发事件，从而有效缓解航班延误，是上述问题的解决思路之一。当航班延误不可避免时，提前预测延误情况有助于航空公司、旅客提前做好应对措施，减轻航班延误带来的影响。

---

[1] SWIM 系统：System Wide Information Management，意为广域信息管理。它是一种确保民航不同系统之间相互协作的基于信息技术的一系列项目组合，为不同单位、不同信息系统之间的数据交换提供基础平台。

[2] A-SMGCS 系统：高级场面活动引导与控制系统，它是一套对机场场面及附近空域内航空器和车辆的运行活动进行引导与控制的系统。

影响航班延误的因素有多种，包括航班起飞时间、飞行时长、流控等。由于这些数据来自不同的数据源，如起飞时间来自飞行计划数据，流控数据来自流控报文。因此，需要一种有效的方式将多源异构的数据集组织起来。目前，由于空管的信息系统由各部门独立建设，各类信息之间存在语义不一致的问题，同时缺少必要的关联，难以实现利用信息化的手段做出合理的决策。

空管知识图谱整合了飞行、航空、气象等各类信息，全面提升了基础设施间数据融合，旨在使空管运行信息关系更加明确、共享更加方便、决策更加合理、运行更加流畅、管理更加科学、服务更加高效，从而提升空管系统在复杂环境下的态势感知、推理、智能决策能力，推进空管系统与技术向智能化加速跃升。以知识图谱中的航班为核心，搜索相关的延误时长、起飞时间、经过的航路点、航路点的流控报文等信息，可构建航班延误预测的训练集；选择合适的机器学习模型并训练，可有效预测全局航班的延误情况。

1.2 系统简介

系统的利益相关方示意如图 1 所示。飞行流量管理向系统提供流控报文数据，经过分析，向空中交通管制、航空器、空域管理、机场运行提供分析结果。

系统具有以下功能亮点。

（1）实现流控报文解析。

（2）基于知识图谱实现多源异构数据的统一表示与汇聚。

（3）提出导致航班延误的因素。

（4）实现基于机器学习的航班延误预测方法。

基于知识图谱的航班延误预测系统如图 2 所示。针对当前空管知识图谱中的实体与非结构化报文缺少关联的现状，基于解析后的流控报文，采用模糊匹配的方法与当前的知识图谱进行实体链接，准确找出同义且不同名的实体，并生成三元组加入知识图谱。利用基于流控报文的延误预测程序计算受影响航班，并完成演示程序。

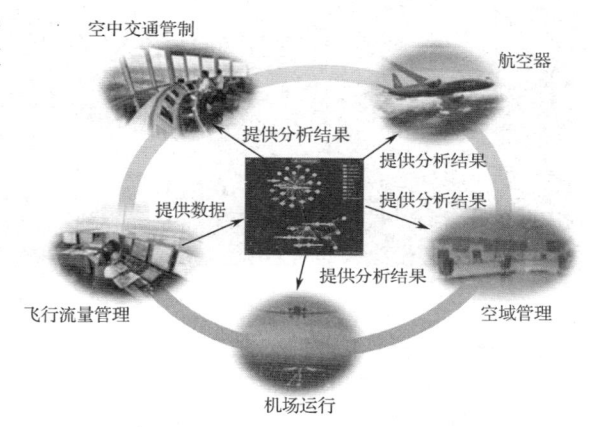

图 1　系统的利益相关方示意

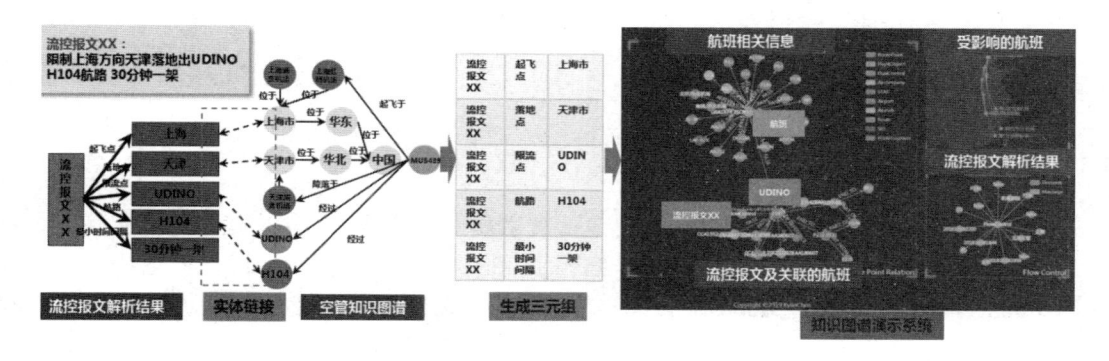

图 2　基于知识图谱的航班延误预测系统

2. 案例成效

2.1 实现效果

系统实现效果如图 3 所示。其左侧区域为流控报文输入区，中间区域为流控报文与空管知识图谱关联展示的效果，右上区域为受影响的航班分析结果，右下区域为报文解析结果。

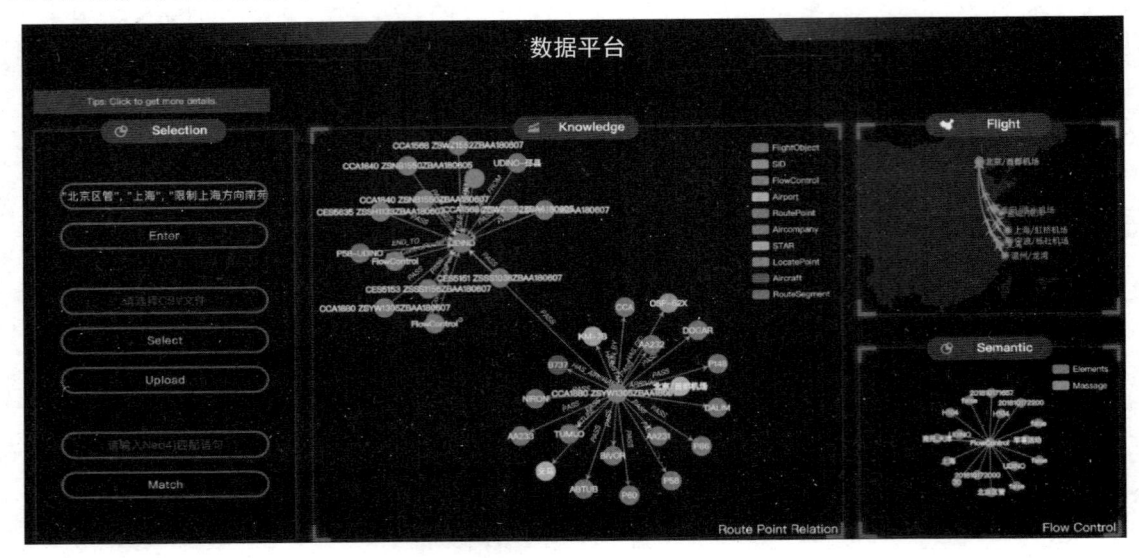

图 3 系统实现效果

2.2 技术指标

在多种传统机器学习方法与深度学习方法中，借助数值分析和实验比较后，可确定支持向量机（SVM）模型，选取高斯核并调制最优参数训练与测试模型，并得到较好预测结果。在系统运作时，航班在出港时间超出预计起飞时间 30min 时被认为出现延误；在以 30min 作为分类阈值的二分类问题中，本案例尝试了神经网络、随机森林、CART 等学习方法进行试验，其中 SVM 模型表现出最佳性能，在惩罚系数 C=50 参数设置下使用 OvO（OnevsOne）决策函数训练后，可以在 20%占比的测试集中达到 81.8%的准确率。该指标在训练数据集、全部数据集上分别可以达到 99.5%、96.0%的准确度。

3. 系统技术路线

3.1 系统整体架构

系统整体架构如图 4 所示。输入信息包括文字和指令按钮等，输出信息主要包括系统响应等。系统依赖 Python Flask 框架开发，依赖 Jquery 事件响应、Echarts 页面渲染，后端依赖 Python 实时计算（如用 Jieba 做分词、用 Sklearn 构建支持向量机）或调用局域网内的 Neo4j 数据库。

第 14 章 智慧交通领域案例

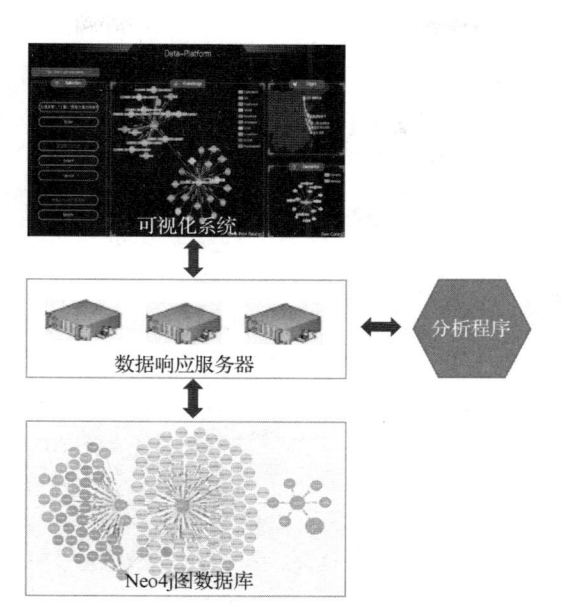

图 4 系统整体架构

3.2 实施步骤

3.2.1 数据获取

（1）获取同一批航班的飞行计划数据。飞行计划数据包括航班号、机型、起飞机场、降落机场、巡航高度、经过的航路点等。飞行计划数据结构如表 1 所示。

（2）获取流控报文数据。流控报文数据包括限流的航路点、每两架飞行的距离间隔、限流的高度层、生效时间、结束时间等。流控报文数据结构如表 2 所示。

表 1 飞行计划数据结构

航班号	机型	起飞机场	降落机场	巡航高度	预计起飞时间	预计降落时间	实际起飞时间	经过的航路点
CSN3124	A320	ZBAA	ZGHA	S0840	10:50	12:55	11:09	TTMA、TACB、OBLIK、RENOB……
CES2802	A320	ZBAA	ZSNJ	S0840	10:55	12:20	11:05	TACB、LADIX、PANKI、UDINO……
CCA661	B738	ZBAA	ZYCC	S0890	20:05	21:33	20:07	TTMA、YC、PIKOX、KAKAT……

表 2 流控报文数据结构

编号	报文	生效时间	结束时间
1	北京起飞出 OBLIK B458 航路使用 S0840，100km 一架	9:00	11:30
2	南京落地出 UDINO 30min 一架	9:30	11:30
3	南京落地出 PANKI S0810 含以上 600km 一架	10:00	11:30
4	长春落地出 KAKAT S0890 含以上，100km 一架	16:00	20:00

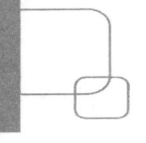

3.2.2 空管知识图谱构建

根据所有飞行计划，在知识图谱中为每个航班创建描述实体，实体的属性包括航班号、预计起飞时间、预计降落时间、实际起飞时间、巡航高度等。

在知识图谱中建立航班实体与机场、机型、航路点实体之间的关系。

根据第一条飞行计划，在知识图谱中为CSN3124航班创建描述实体，实体的属性包括航班号、预计起飞时间、预计降落时间、实际起飞时间等。在此以图数据库Neo4j为例说明，其他支撑知识图谱存储的数据库也采用类似的方法创建。基于Neo4j创建CSN3124实体的方法，如CREATE (n:FlightPlan{FlightPlanNo:"CSN3124", CLDT:"12：55",CTOT:"10：50"})。

以相同的方法创建机型、航空公司、机场、航路点等实体，如CREATE (n:Aircraft{yype:"A320"})，CREATE (n:Company{name:"南方航空"})，CREATE (n:Airport {name:"首都国际机场", ICAO:"ZBAA",IATA:"PEK"})。

将所有航路点信息加入知识图谱，航路点信息包括名称、经度、纬度等，如CREATE (n:RoutePoint{name:"TTMA"})。实际中，航路点包含经度和纬度信息。

构建飞行计划与机型、航空公司、机场等实体之间的关系。以飞行计划与机型的关系为例，MATCH (n:FlightPlan{FlightPlanNo:"CSN3124"}), (m:Aircraft{yype:"A320"}) CREATE (n)-[r:"hasAircraft"]-> (m) RETURN r。其他关系也采用同样的方法建立。

其他飞行计划也采用类似的方法创建。空管知识图谱创建的结果如图5所示。

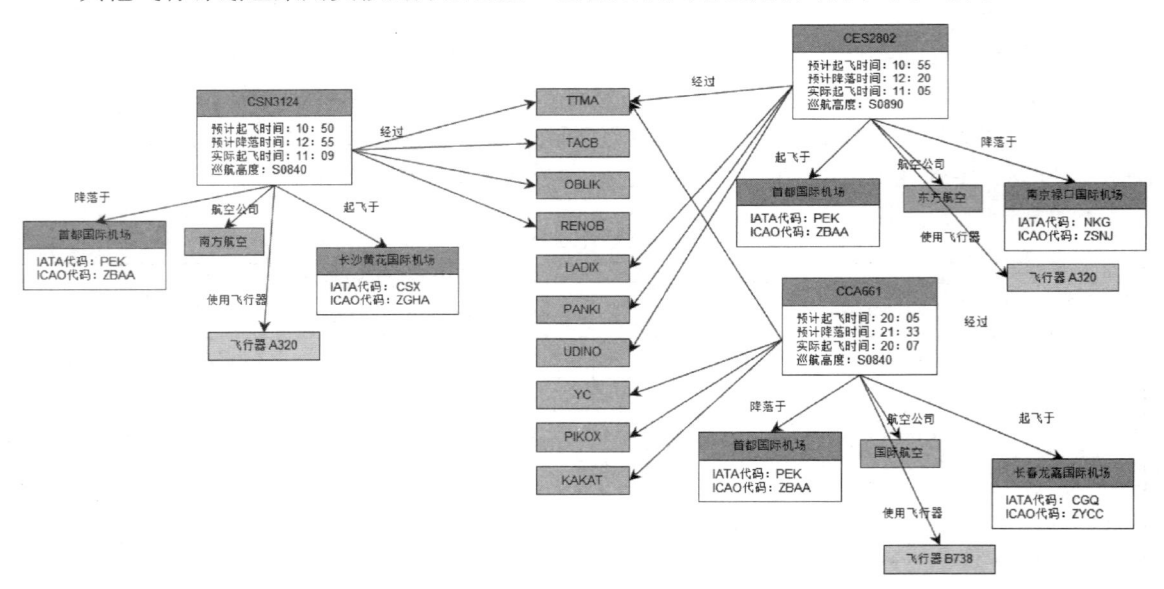

图 5 空管知识图谱创建的结果[①]

3.2.3 流控报文抽取及知识融合

流控报文为半结构化数据，其中生效时间为结构化数据，报文的文本为非结构化数据。当生效时间至结束时间与航班从起飞到降落的时间段有交叠时，系统认为航班会受这条报文影响。

---

① "巡航高度：S0840"表示以10m为单位，即8400m。

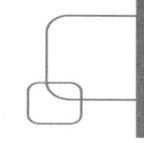

流控报文中包含的数据类型包括限流的航路点、每两架飞机飞行的距离间隔、限流的高度层等。基于正则表达式的方法解析成结构化报文时，"出"后面为航路点（限流点），"S"加数字为高度层，"一架"前为每两架飞机飞行的距离间隔。

在知识图谱中为每个流控报文创建描述实体，属性包括每两架飞机飞行的距离间隔、限流的高度层、生效时间、结束时间；匹配知识图谱中的航路点与流控报文中航路点的关系，将流控报文加入知识图谱。包含流控报文的知识图谱如图6所示。

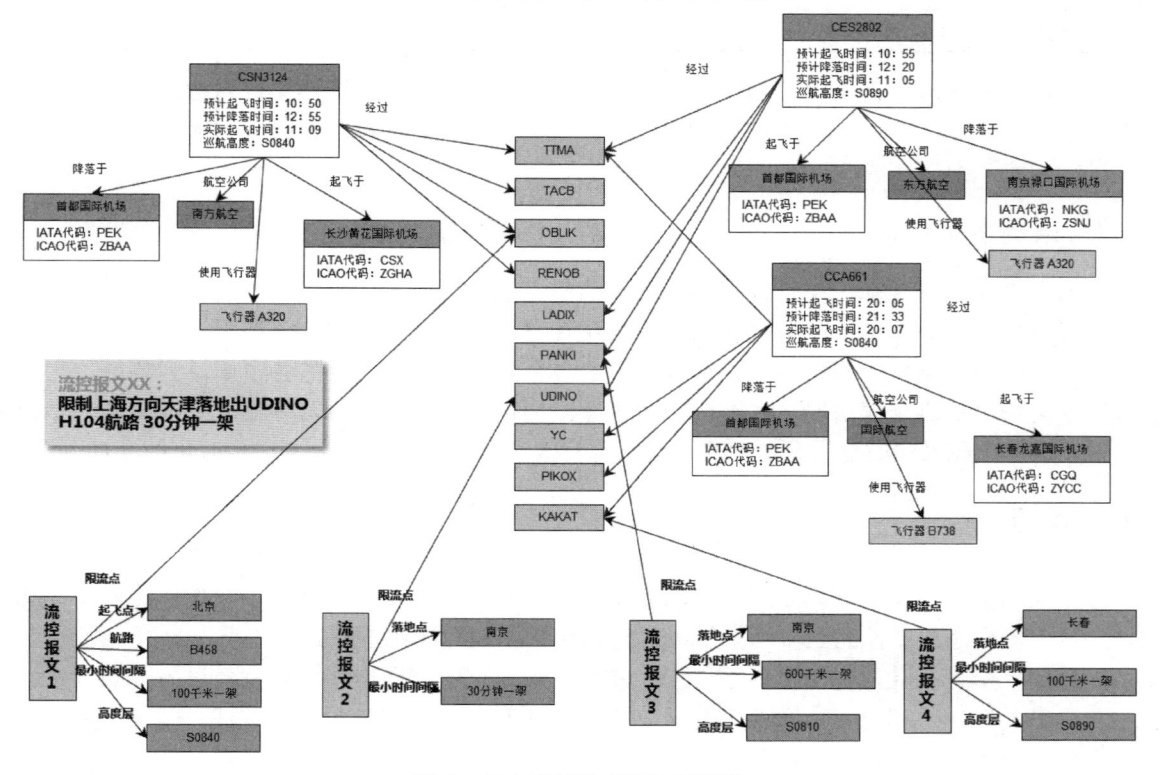

图 6　包含流控报文的知识图谱

3.2.4　训练集生成

搜索知识图谱中的航班实体，获得其属性，包括预计起飞时间、预计降落时间、实际起飞时间、所有经过的航路点、所有航路点竞争航班数量之和、所有航路点关联的流控报文数量。

用实际起飞时间减去预计起飞时间，可以得到延误时间，延误时间为训练集的标签。将预计起飞时间、预计飞行时长（预计降落时间减去预计起飞时间）、经过的航路点时刻生效的流控报文数量、航路点竞争航班数量之和、流控间隔大小作为训练集的特征生成训练集。若航班关联多个流控时，流控间隔采用最大值计算，飞行速度按 700km/h 计算。

其中，流控间隔 $n$min 一架飞机与 $m$km 一架飞机可以互相转换。例如，30min 一架飞机等于350km 一架飞机。训练集如表3所示。

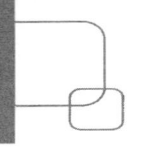

表 3　训练集

航班号	预计起飞时间	预计飞行时长/min	生效的流控报文数量/篇	航路点竞争航班数量之和/次	流控间隔/min	延误时间/min
CSN3124	10:50	125	1	2	8.6	19
CES2802	10:55	85	2	1	51.4	10
CCA661	20:05	88	1	1	8.6	2
……	……	……	……	……	……	……

根据场景需求，将延误时长转化为二分类或多分类问题，并选择支持向量机、决策树、或 k-近邻（KNN）等机器学习算法进行训练。最后用训练好的模型对某天的航班整体延误情况进行预测。

3.3　案例示范意义

该案例提出一种基于空管领域知识图谱的航班延误预测方法，对当前所有生效的流控报文进行解析，将非结构化的报文转换成结构化数据，并根据限流点将流控报文加入空管知识图谱。在知识图谱中，根据航班号搜索航班的各个属性，并以航班的各个属性为特征，利用机器学习预测航班延误情况。该案例完成了非结构化流控报文解析，并将流控报文加入知识图谱。基于流控报文的延误预测等技术，系统有效支撑了基于流控报文进行航班的全局预测。

4．展望

本案例下一步工作计划是精准提取多模态（图像、文本等）数据中空管事件的知识，此外，基于多模态数据，完整刻画空管事件间的相互影响与演化过程。

目前，空管行业内提出了利用人工智能协助解决空中交通拥堵、航班延误问题的设想，欧洲提出了"Fly AI"规划，阐明利用人工智能技术提升航空运输的实施路线，美国国家航空航天局（NASA）和法国泰雷兹分别提出利用人工智能协助解决空中交通拥堵、航班延误问题。因此，将人工智能技术应用于空管行业将是重要的发展趋势。

第 15 章 智慧运营商领域案例

案例 29：电信运营商资费信息系统

本系统综合运用自然语言处理、知识图谱、图计算、大数据等人工智能技术，将知识图谱整体解决方案应用于多个项目实践中。研究团队立足于电信运营商业务需求，利用"实体+关系"的知识图谱结构代替传统数据库表格进行资费信息的记录。通过爬虫、OCR[①]、自然语言处理等技术，对全国 31 个省（区、市）各运营商线上资费进行采集和特征提取，并以此为基础构建运营商资费信息系统，实现了运营商资费信息的自动采集、入库、分析和扩展，有效提升了企业竞争信息情报分析效率，为市场经营决策提供了数据支撑。

1．案例基本情况

1.1 企业简介

中国电信研究院是中国电信集团的核心研发机构，是中国电信集团各公司的企业决策智库、技术创新引擎和产品创新孵化器。其研究领域涉及电信技术发展趋势与战略研究、通信业务发展规划、技术体制标准以及决策软科学等方面，并且在知识图谱的设计、融合建构、应用、可视化等方面均有相关研究。

中国电信研究院基于自然语言处理、知识图谱、图计算等人工智能技术在智慧网络运营、IDC[②]节能、智能化数据处理、智能警察等方面做了大量研究工作。同时，除了本案例中的电信运营商资费信息系统，中国电信研究院将知识图谱数据驱动的思想应用于警务工作中，自主研发了智能警情分析、智能研判分析、情报推理分析等核心产品，应用于公安实战；打造了满足于公安不同业务需求的核心知识图谱产品模块，服务于公安的勤务指挥、刑事侦查、治安防控等多种典型业务场景。

中国电信研究院获得了《一种基于知识图谱的工单档案生成方法及系统》《一种基于图的通联关系人搜索和排序的方法》专利；获得了 2019 年工业和信息化部新一代人工智能产业创新重点任务潜力单位；基于知识图谱的"三重门快办体检模型"获得了 2019 年江苏省公安厅举办的"全省公安机关大数据部门数据战队建模大赛"二等奖。

---

① OCR：Optical Character Recognition，意为光学字符识别，是指电子设备（如扫描仪或数码相机）检查纸上打印的字符，然后用字符识别方法将形状翻译成计算机文字的过程。

② IDC：Internet Data Center，意为互联网数据中心。

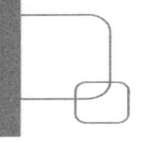

1.2 案例背景

人们的通信需求日益增长,通信行业也经历了一段飞速发展的黄金时期。2016 年,我国手机用户数已超过 13 亿人,手机普及率达每百人 95.5 部,通信行业市场已经呈现饱和状态。中国电信、中国移动和中国联通 3 家运营商的市场竞争越发激烈。由于各家运营商提供的产品和服务具有比较高的相似性,因此,通过差异化的产品资费吸引用户是企业经营的主要策略之一。3 家运营商都设计了纷繁复杂的资费套餐体系以适应各类用户不同的通信需求,并根据竞争对手的价格变化进行动态调整。于是出现了各省、各地市资费各不相同,甚至在同一地区的不同营业厅之间也会存在差异的情形。因此,对于运营商而言,及时、准确、全面地了解自身及竞争对手最新的资费信息是市场经营决策的关键。

在实际情况中,由于运营商的产品资费本身比较复杂,资费信息一直无法通过系统工具被有效地采集和分析,集团、省公司往往需要配备专门的人员进行处理。以手机流量为例,有包月、包天、阶梯定价、达量限速、逐年递增、多人共享等多种计费方式,在此基础上,用户还可以自由购买并叠加各种手机流量包,如闲时包(在特定使用时间优惠)、校园包(在特定使用地点优惠)、加餐包(根据有效期优惠)、定向流量包(使用特定的应用优惠)等。当资费真正推向市场时,运营商还会根据竞争需求进行各种打折促销,如存费送费、网龄优惠、首月免费等促销方式。运营商产品资费及促销方案示例如表 1 所示。这使得传统数据库、表格结构难以有效记录如此多变的计费规则和叠加组合。即使勉强记录下来,当资费模式改变或促销方案更新时,数据库也难以同步维护和扩展。

表 1 运营商产品资费及促销方案示例

套餐名称	月资费	基础内容				融合内容	包含内容		
		流量	流量使用范围	国内(不含港澳台)语音	国内(不含港澳台)短信	融合宽带	国际长途语音包	国际漫游放心用	
								包含国际流量	可转赠频次
全球通无限尊享计划套餐	588	100G	国内(含港澳台)	3000	3000	200M	1000	14 天/月	3 次/年
	388	60G		2000		200M	600	7 天/月	2 次/年
	288	40G		1200		200M	400		
全球通畅享套餐	238	40G	国内(不含港澳台)	800		200M	300		
	188	30G		500		200M	200		
	128	20G		300		200M	100		
	88	10G		200		100M	50		

套餐内流量用尽后按 5 元/GB 计费,用满 3GB 后按 3 元/GB 计费,不足部分按照 0.03 元/MB 收取,不使用不收费。

电信运营商资费信息系统如图 1 所示。该案例用以"实体+关系"为结构的运营商资费知识图谱代替传统数据库表格记录资费信息,并以此为基础构建运营商资费信息系统,实现运营商资费信息的自动采集、入库、分析和扩展,有效提升了企业竞争信息情报的分析效率,为市场经营决策提供了数据支撑。

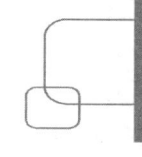

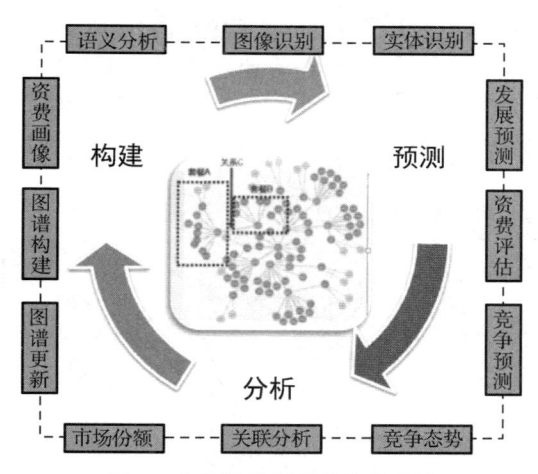

图 1 电信运营商资费信息系统

1.3 系统简介

中国电信研究院开发的电信运营商资费信息系统采用知识图谱技术进行资费信息的记录和处理,成功解决了由于运营商资费及促销方案复杂多变,传统数据库和数据表难以有效支撑资费信息存储和扩展的问题。通过对运营商各类资费内容的解构分析,系统地构建归属地、有效期、使用费等共性实体,以及宽带速率、套内流量、套内语音等专业性实体,并相应设置了差异化属性,最终形成运营商资费信息系统。

该系统具有以下功能亮点。

(1)与传统的数据库表格结构相比,利用知识图谱中的树形结构存储电信业务资费信息,大大提升了系统数据存储的扩展性。

(2)与传统的人工推理相比,利用图谱中的实体相似度进行竞品分析,减少了人为因素干扰,提高了推理的效率和客观性。基于准确真实的数据,通过人工智能模型结合相关领域专家共同分析的方式,可以得到更为客观准确的资费市场判断。电信运营商资费信息系统基于知识图谱技术特点,实现了资费信息的系统化存储、扩展和计算,有效提升了市场经营工作的效率。

运营商资费知识图谱结构如图 2 所示。在知识图谱中每个资费以树形结构存储,各资费之间又存在着同属、归并等多种关系映射,从而实现了资费记录的灵活扩展。例如,目前比较流行的"办理套餐赠送会员权益"促销活动,如果采用传统的表格结构进行记录,由于无法预知所有可能出现的会员权益类型和数量,表格的设计将成为不可能完成的任务。而使用树形结构的资费知识图谱,只需要在套餐实体下面根据需求增加相应会员权益类型的叶子节点就可以轻松完成。

再如,2018 年中国移动推出了"网龄送宽带"活动,即用户只要入网 2 年及以上即可免费使用一条家庭宽带。这个简单的促销活动如果用数据表格来记录,就需要找出全部在售资费和仍然生效的历史资费,分别加上一条宽带后再以新产品的形式存入数据库,工程量巨大。但在该系统中使用知识图谱来记录只需要创建一个使用费为 0 的宽带实体和一个"入网 2 年及以上"的关联关系便可完成。

市场经营决策除了要了解竞争对手的最新营销动作,还要判断竞争对手的营销目的。商

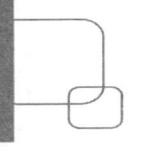

场如战场，有时候竞争对手推出新资费或促销方案的目的在于"防守"，旨在避免自身用户流失；有时候其目的则是"进攻"，目标是抢夺其他运营商的用户。因此，当发现新的竞争资费或促销方案时，都需要在本企业当前生效的资费中进行匹配分析，找到与竞争资费匹配度最高的自身资费，进而评估竞争对手对于这些用户的影响。

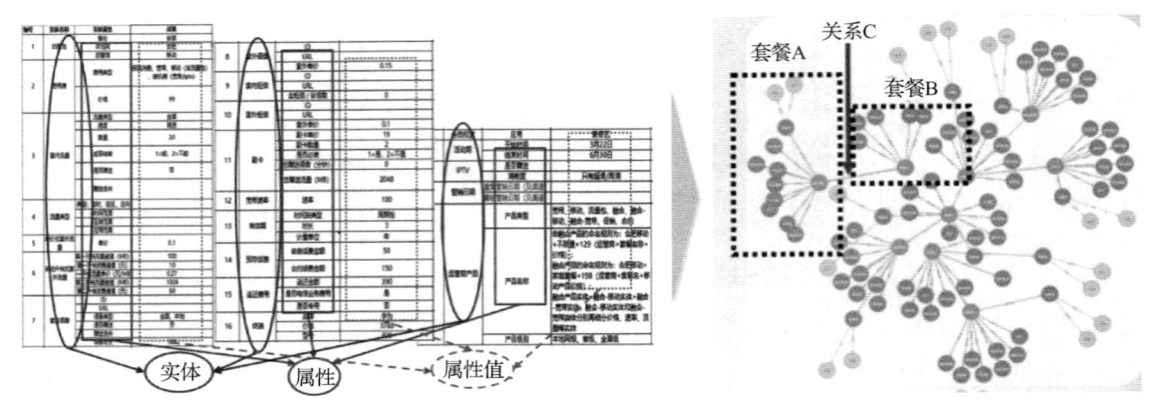

图 2　运营商资费知识图谱结构

该系统基于知识图谱图形化的结构特点，通过基于图的二阶相似性计算推理，进行竞争资费与自身资费的匹配度挖掘。基于图的二阶相似性计算是指通过度量两个实体的共有邻居节点或共有属性，得到这两个实体的相似性，如相似的通话时长、相似的数据流量、相似的促销费用等。对于不同类型的属性值，相似值计算方法也有所不同。在该系统中，对于数值型属性值采用 Levenshtein 距离模型计算；对于列表型属性值采用 Jaccard 系数计算；对于文本型属性值则可以采用余弦相似度或 TF-IDF 模型进行相似度计算。

通过知识图谱计算推理的方式进行竞争资费的匹配分析，可以辅助人工经验判断，减少人为操作失误，从而使决策者能够从烦琐的数据对比分析中解脱，并保障市场经营决策的客观性和科学性。

2．案例成效

电信运营商资费信息系统以动态本体建模技术为依托，以知识图谱技术为核心，以对象、属性、关系等核心要素为基础，通过图谱数据导入工具将多源异构数据融合、关联，并建立以对象为中心的索引。电信运营商资费信息系统平台架构如图 3 所示，该平台总体能力的核心主要体现在大数据处理性能和应用实现性能两个维度。

本案例的系统对全国 31 个省（区、市）、338 个地市公司的 3 家运营商的线上资费进行持续跟踪采集，数据量达到 2000 万条，通过数据分析构建的知识图谱中有 12000 个实体、8 万余个关系，检索结果在 500ms 左右返回。在压力测试中，2000 线程并发条件下，该系统开始出现个别请求错误超时，错误率为 0.5%，且测试量越多，错误率越高；但是在 10000 线程并发条件下的错误率低于 20%。在前端业务测试中，该系统展示的实体间关系呈现在用户 Web 界面的响应时间为 1～3s，性能良好。

第 15 章　智慧运营商领域案例

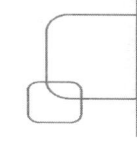

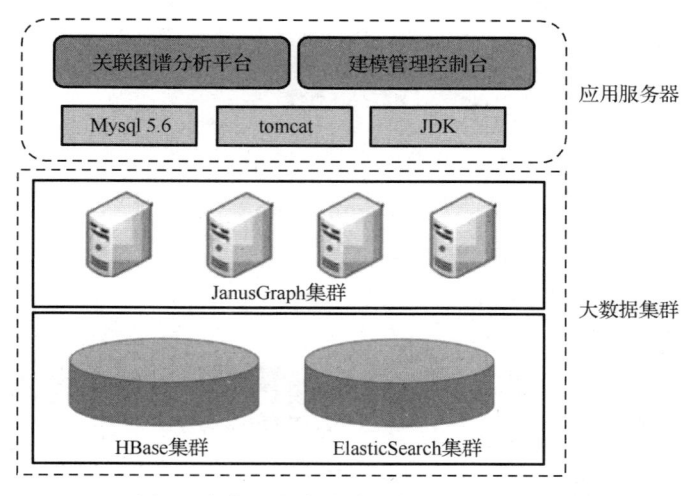

图 3　电信运营商资费信息系统平台架构

2.1　大数据处理性能

大数据处理性能体现在大数据集群的建设上，大数据集群用于搭载 HBase 集群、ElasticSearch 集群、JanusGraph 集群等大数据组件。

大数据处理包括系统支持多结构化数据兼容、多种数据接入方式等功能，不仅支持爬虫数据，而且支持中国电信各省企业级数据的接入、交换、离线/实时数据加载能力和异构平台间数据集成能力。这些都是获取域的指标项，其能力强弱直接影响数据获取的方法、效果和效率。

大量的数据爬取结果是套餐资费相关信息，其中包含套餐的数量、套餐的类型。在模型迭代开发的过程中，为了应对类型繁杂且不断更新的套餐资费，需要对全国 31 个省（区、市）、338 个地市公司和 3 家运营商的线上资费进行持续跟踪采集。在数据量方面，该案例的系统数据量为 2000 万个，通过数据分析构建的知识图谱中数据量较大，且随着时间演化呈现逐渐递增的趋势。

2.2　应用实现性能

应用服务层逻辑架构如图 4 所示。应用服务层由前端的视图层和后台的业务逻辑层构成，前端基于 BootStrap 架构，使用 AJAX 完成数据的异步获取，改善用户体验。整个后台采用 SpirngBoot 框架，完成整个业务实现。通过过滤器/拦截器进行 Token 验证和基本的访问过滤，在 Controller 中接收到数据并在 Service 层进行业务逻辑的实现。

应用实现层通过 Mybatis 对数据库进行访问，使用了数据库连接池，预定义了部分存储过程用于加快数据库的执行速度。采用 Spring Cron 机制实现了定时任务，对上传等过程中出现的异常进行定时监控，确保业务逻辑的正常运行。同时使用 Spring AOP 机制，确保所有操作的调用参数都记录到 AOPLog 中，为今后加快问题调查速度提供了便利。

实用性方面，该系统通过构建运营商市场资费知识图谱，完整准确地实现全生命周期的资费跟踪。该系统结合市场专业知识提供竞争态势、竞争速递、资费画像等功能，服务于中国电信集团、中国电信研究院和部分省公司，支持中国电信进行市场竞争分析和定价策略研究，受到了中国电信集团认可，具有很好的实用性。

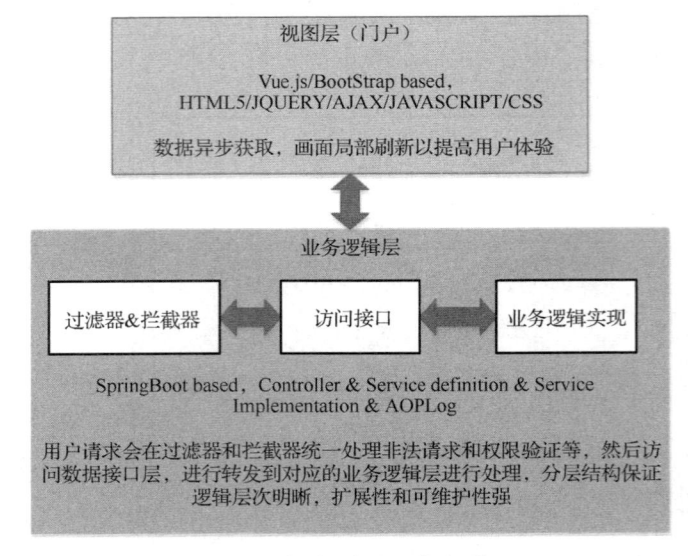

图4 应用服务层逻辑架构

3. 案例技术实施路线

3.1 系统整体架构

电信运营商资费信息系统主要由数据采集层、数据处理层、数据分析层和应用实现层4个部分组成。电信运营商资费信息系统总体架构如图5所示。

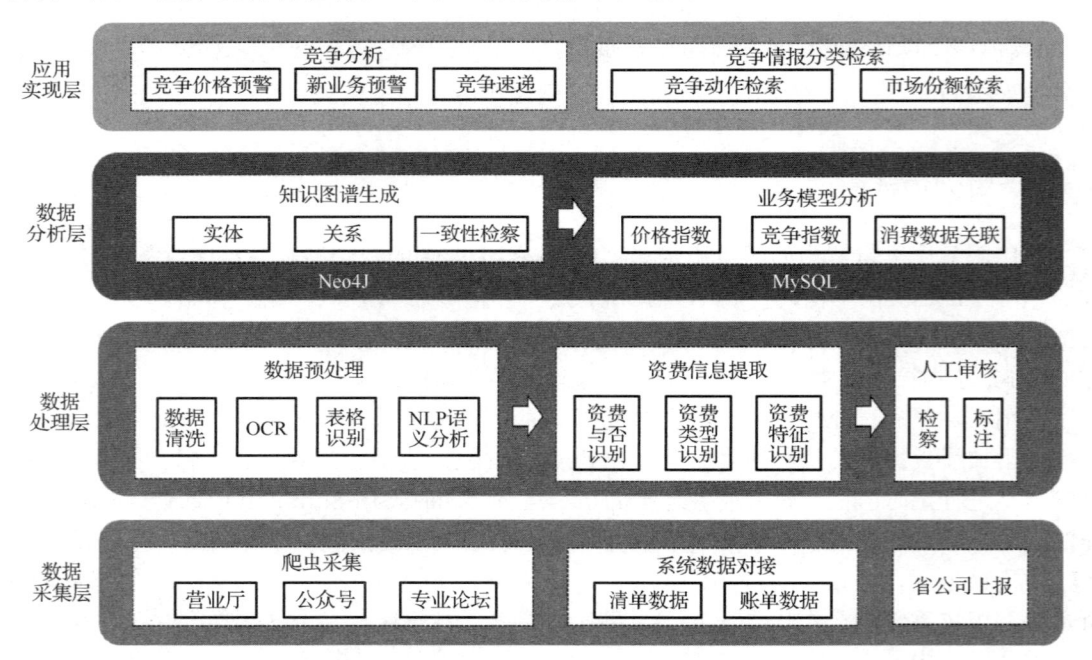

图5 电信运营商资费信息系统总体架构

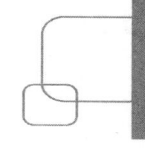

3.1.1 数据采集层

运营商资费信息采集是系统构建的第一步，主要分为爬虫采集、系统数据对接和省公司上报3个部分。

（1）爬虫采集。针对线上资费信息，构建爬虫系统逐日扫描全国 31 个省（区、市）、338 个地市公司和 3 家运营商的网上营业厅和微信公众号，采集发布的最新资费数据。考虑到资费重复宣传、下架、更新等情况，爬虫在爬取数据时需要进行类似 URL[①]生命周期管理的操作。

（2）系统数据对接。通过爬虫和上报，该系统基本覆盖了全国各地线上/线下的资费信息，但在进行竞争态势分析时，还需要结合当地用户的结构和行为特征。因此，电信运营商资费信息系统与中国电信集团数据中心对接，可以实现资费数据与用户数据的关联分析。

（3）省公司上报。除了线上资费信息，各营业厅、合作渠道也会在线下推出各种优惠促销活动，系统采集到的各类线下资费促销如图6所示。针对这种情况，系统提供通过 App 进行拍照上传的功能，中国电信员工可以在线下对资费信息进行拍照再上传到系统，以便进行后续处理。

图 6　系统采集到的各类线下资费促销

3.1.2 数据处理层

系统通过数据采集层所获得的基础数据需要在数据处理层完成资费特征的提取，包括资费类型、产品规模、价格、有效期等，以便进行知识图谱构建和资费计算分析。具体来说，数据处理分为数据预处理、资费信息提取、人工审核 3 个步骤。

（1）数据预处理。首先，进行重复信息过滤、无内容图标剔除等数据清洗工作。其次，由于资费的核心内容往往以图片或表格的形式呈现（省公司也是通过照片上报资费），在完成数据清洗后，就要通过 OCR 等计算机视觉技术进行图片、表格的文字识别。最后，利用自然语言处理技术，根据采集、识别的文字内容和位置关系进行语义分词及词向量计算。

（2）资费信息提取。通过 TF-IDF、CRF 等 AI 模型算法从预处理后的数据中提取各个套餐的具体参数，如手机包月流量、宽带速率等，这是系统实现自动化的重要环节。运营商在进行线上营销推广时，往往会随着资费发布一些本地热点内容以吸引用户关注。例如，微信公众号会将介绍资费的文章放在公积金政策解读文章之后。因此，首先，系统需要识别所采

---

① URL：统一资源定位器，是指在 Internet 上可以找到资源位置的文本字符串。

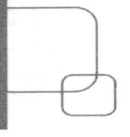

集信息是否为套餐资费，并过滤掉非资费的数据内容；其次，系统需要识别资费信息的类型；最后，系统按照相应的模板格式进行资费信息的特征提取。例如，宽带资费就不包含手机流量、月功能费等方面的内容；而融合资费既包含宽带产品资费，又包含手机产品资费。

（3）人工审核。在资费信息提取之后进行人工审核，一方面是为了在系统运行初期保障数据准确性，另一方面是由于人工智能模型训练需要大量的数据样本才能够不断优化提升，人工审核的过程也是数据标注的过程。

3.1.3 数据分析层

数据处理层所提取的资费特征以 Jason 文件格式输入数据分析层进行知识图谱的构建。在电信运营商资费知识图谱中，每项资费采用树形结构，通过 18 类实体、63 种属性组合形成运营商宽带产品、移动产品和融合产品的各类资费形态及促销方案，并按照地市公司、省公司和集团三级关系进行归并，从而实现对三大运营商套餐资费体系的全面记录。

在此基础上，该系统可以清楚地计算出每一个资费的实际价格水平（包括促销期内和促销期外），量化对比任意两个资费的价格优势，从而构建价格指数对同一地域的不同运营商的资费水平进行数据化描述。当另外两家运营商推出新的资费或促销方案时，结合资费知识图谱和企业用户结构数据，该系统就能够构建竞争指数，以量化分析竞争对手最新营销动作对本企业所带来的影响。这些指数分析工作也在数据分析层中完成，最终存入 SQL 数据库中。

3.1.4 应用实现层

应用实现层主要是由竞争分析功能和情报检索功能组成，重点是通过 App 或网页等图形化界面，为系统用户提供直观、准确、便捷的竞争态势分析和数据支撑，从而提升市场经营决策的效率。竞争分析主要基于价格指数和竞争指数，对各省公司或地市公司所面临的资费竞争进行量化分析。

情报检索功能主要是利用资费知识图谱的分类检索优势，为用户提供按照地域、产品类型/参数、促销类型/参数等多种维度的搜索服务。该系统还能够自动关联出与搜索目标资费形成竞争或替代关系的资费信息，从而提升工作效率。

3.2 系统技术路线

本案例中的电信运营商资费信息系统按照数据处理、知识表示、关系构建、决策分析 4 个关键步骤进行实现。

（1）利用爬虫工具采集清洗数据，利用 OCR 等提取资费数量，利用 LSTM-CRF 识别套餐实体。

（2）设计实体，利用"实体+属性值"的模式基于 Neo4J 构建电信运营商资费知识图谱。

（3）部署大数据集群，缩短响应时长，提升用户体验。

（4）基于 BootStrap 架构，使用 AJAX 完成数据的异步获取，实现用户体验的进一步提升。

3.2.1 数据处理

套餐资费数据是电信运营商资费知识图谱的基础，其主要来源是爬虫工具对网厅和微信公众号进行日常采集。为减少爬取结果中无关信息带来的系统和人力资源浪费，需要进行一系列数据处理流程，包括数据清洗、资费识别、资费数量识别、资费类型识别、套餐信息整合、套餐信息提取等。数据处理流程如图 7 所示。

图 7　数据处理流程

该系统构建了资费文档识别、数量识别、类型识别等多个 AI 模型，从而对原始数据源（爬取的页面、文字、上传的图片等）进行数据处理。为了在数据冷启动的系统运行初期保障数据的准确性，该系统在模型完成资费特征提取后，增加了人工审核的环节。根据一段时间的审核结果，扩展数据标注规模，优化之前构建的相关数据处理模型；不断迭代上述过程，直到模型达到可接受的准确率，最终释放人工审核。下面依次介绍相关模型的构建。

1）资费识别模型

资费识别模型基于人工积累的标注结果进行训练，对于给定的文档或记录，预测其是否包含套餐。该模块首先对爬虫爬取的页面文字进行数据清洗；其次进行文本分词拼接、特征提取；最后构建相关机器学习文本分类模型进行分类，判断该爬虫结果是否为套餐宣传。

2）资费数量识别

现实的宣传页面往往以表格形式描述多款套餐（系统将不同档位的套餐视为不同的独立套餐），因而如果文档或记录中包含套餐，则需要进一步识别出其中包含了几款套餐，由于资费数量往往在表格中体现，因此，资费数量识别模型主要分两步，一是提取套餐宣传页面中描述套餐详细内容的 Excel 表格，二是通过生成的表格提取资费信息并对资费数量进行判断。资费数量识别流程如图 8 所示。

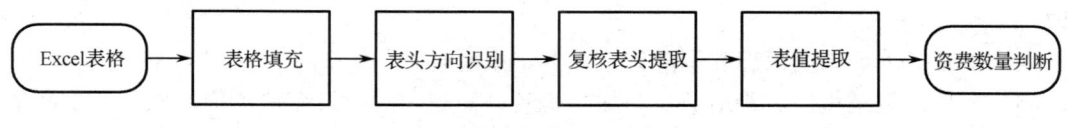

图 8　资费数量识别流程

3）资费类型识别及资费信息提取

对于包含套餐的文本或页面，还需要识别资费的类型，再按照相应的模板格式进行参数自动填写。该模块主要通过 NER 进行套餐实体识别，提取各类套餐中的实体信息，如套餐名称、包含流量、包含语音等。通过不同资费类型包含的不同实体类别（如宽带套餐不包含套内流量等），对页面信息提取的套餐实体进行分类，最终得到该资费的资费类型，从而根据不同的资费类型及提取的资费实体信息构建知识图谱。

3.2.2　知识表示

针对运营商资费业务复杂、层级较多的特点，该系统通过"节点+属性值"的方式构建知识图谱实体，并以"根节点+叶节点"树状结构进行知识表示。

基于 Neo4J 的资费知识图谱示例如图 9 所示，具体表示每一个套餐资费时，为了保证节点属性值的唯一性，系统遵循"广度优先分裂"原则。即如果节点和属性之间是一对一关系，如单个套餐只可能有一个对应省（区、市）、套餐名称等，则该属性放入根节点。如果节点和属性之间是一对多关系，如单个套餐可能包含多个绑定电话卡，则在根节点下生成多个子节点代表对应电话卡,每个电话卡可能包含多种流量(国内/国外),则再在电话卡节点下生成多个流量节点存放流量信息。

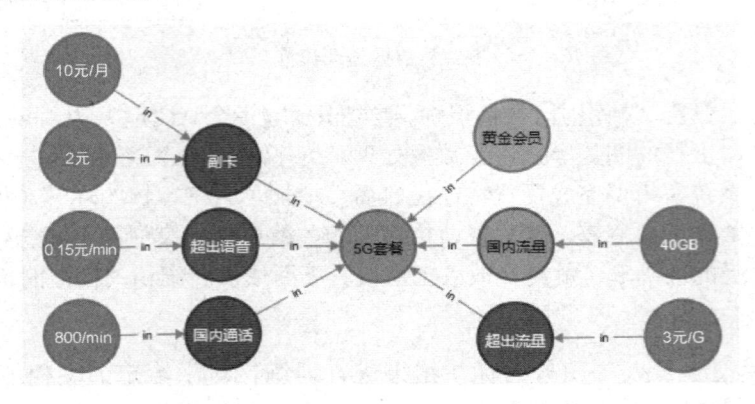

图 9　基于 Neo4J 的资费知识图谱示例

根据上述原则,通过对运营商资费进行解构分析,共设计了以下 18 种实体用于生成资费知识图谱。

(1) 套餐节点:用于记录套餐基本信息,如省(区、市)、入库时间、ID 等。

(2) 套内流量:记录套餐内所包含的手机流量节点,因为单个套餐可包含国内、国外多个流量,所以需单独分离出节点。流量内部又包含是否存在限速上限,如畅想套餐中 80G 是流量上限;如果套餐流量以单价形式存在,则流量上限不封顶。

(3) 升档流量:即流量不再以固定价格收取,如本套餐流量未满 1G 按照 0.2 元/100MB 收取,超过 1G 未满 10G 的部分按照 0.1 元/100MB 收取,超过 10G 的部分则按照 0.08 元/100MB 收取。

(4) 语音:分为国内语音和国际语音,并记录时长。

(5) 短信:记录短信、彩信数量。如果是套外短信,则记录短信单价,如 1 元/100 条。

(6) 副卡:记录副卡信息。副卡信息包括副卡单价、副卡数量、副卡最低消费等。

(7) 网速:记录宽带网速速率,以及是否赠送的信息标签。

(8) 套外宽带:区别于套内自带宽带,套外宽带是以单价式计算月费,包含封顶月费和套餐单价。

(9) IPTV:网络电视,包含是否赠送和清晰度等信息。

(10) 费用:因为套餐可以拆分成很多部分,每一部分都可以单独计费,所以费用需要单独分离处理。

(11) 有效期:套餐内部的每一部分都可以拆分出来单独计算有效期,如套餐期限为 24 个月,但赠送第二条宽带,有效期为 12 个月。这种情况就需要单独计费。

(12) 活动期:区别于有效期,活动期为某一个时间段,包含开始时间和结束时间,只有在此时间段内才可以办理套餐服务。

(13) 预存话费:部分套餐存在预存话费,内部又包含多种情况。信息包含自由话费金额、合约话费金额、合约返还周期等信息。

(14) 返还费用:此部分包括返还金额,折扣率等信息。

(15) 赠送条件:购买部分宽带、电话卡需要满足一定要求,如在网年限高于 3 年、最低

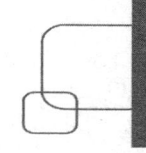

消费不低于 199 元等，此类为限制条件。

（16）终端：终端是满足某些条件的客户可以获得手机终端的服务，终端包括品牌型号、价格和数量。

（17）会员权益：近几年的套餐和部分互联网公司合作，部分 App 流量属于免流量服务，会员权益节点记录这些 App 的信息。

（18）自选业务：从 5G 开始，运营商陆续开始提供更自由的搭配服务，实体内部包括自选档位。

通过以上实体的灵活组合，能够有效支持各种资费信息的存储记录。即使面对一些条件化的促销方案，如某互联网公司绑定的套餐每月使用该公司 App 超过 100h 可以于次月提升该用户的宽带速率 100Mbit/s，也可以通过增加属性值或新实体的方式进行应对，具有很强的扩展性。

3.2.3 关系构建

该系统的资费信息是以地市为单位逐日进行采集，因此在资费知识图谱中主要存在着同属和归并两类关系。

（1）同属关系。当地市公司对已上市的套餐产品进行涨价或打折等价格变动时，新资费方案与知识图谱中已经记录的相同资费内容就形成了同属关系。

（2）归并关系。如果一个省公司的多个地市公司推出同样的套餐产品，那么，会在资费知识图谱中添加一个省级资费的节点，并将各地市资费"归并"成为它的子节点。同样地，各个省公司的相同资费内容也会归并为一个全国级资费。资费知识图谱归并关系示例如图 10 所示。广州、深圳、珠海等地市公司推出了相同的 5G 套餐，从而归并为广东省 5G 资费；而广东省和福建省的 5G 套餐内容相同，又归并为一个全国级资费。通过归并关系，能够清晰地展现各运营商的资费体系结构和推广力度。

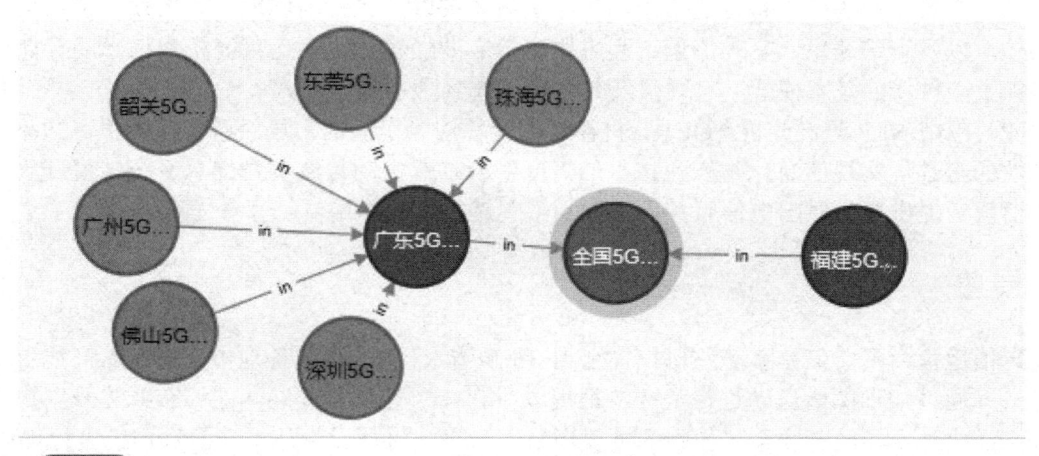

图 10　资费知识图谱归并关系示例

无论是构建同属关系还是归并关系，都需要判断两个资费内容是否相同。针对这一问题，系统将知识图谱中的各实体分为基本信息和附加信息两类。

（1）基本信息。指套餐的服务本体，在一个资费内容中必须存在也是与其他套餐区分的

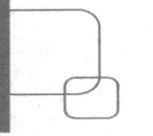

基本信息，包括价格、流量、通话时长、宽带速率等。其中，价格必须存在，剩余项中必须存在至少一项，否则不能称之为套餐。

（2）附加信息。指套餐的附加部分，多为促销信息，如预存话费、返还费用、会员权益、副卡等。即使所有的附加信息都不存在，套餐依然具有完整的产品和资费结构。

如果两个资费的基本信息一致，则认为它们的内容相同，可以构建同属或归并关系。如果一个新采集资费与知识图谱中已记录的在售资费的基本信息和附加信息都相同，则认为这是同一个资费重复采集，可不再入库。

3.2.4 决策分析

基于知识图谱，系统可以准确地计算各资费的价格水平、优惠力度。但在分析两个资费哪个更具有价格优势的时候，往往难以直接比较。例如，套餐 A 每月花费 50 元，包含 10GB 手机流量和 300min 国内语音；套餐 B 每月花费 55 元，包含 15GB 手机流量和 100min 国内语音。由于两个套餐的价格、流量、语音的数量各不相同，无法直接比较哪个更加优惠。

针对上述问题，系统采用公允价值分析方法。所谓公允价值是指综合考虑建设成本、用户心理价位、营销成本等因素，为每个单位产品设置一个量化价值，如每分钟国内语音通话价值 0.1 元、每 10 兆字节宽带价值 30 元等。这样就可以根据每个套餐所包含产品的公允价值总和进行横向比较，进而实现面向套餐的竞品分析和面向区域的竞争态势分析功能。

4．案例示范意义

随着互联网应用的普及，用户需求呈现越来越多样化、个性化的趋势，为适应这样的市场需求，电信运营商推出的套餐和促销方案与之相应地越来越复杂多变。

（1）运营商资费信息系统针对企业数据采集、数据存储、数据分析的自动化、智能化需求，通过图数据库的引入将资费信息的不同实体相关联，包括归属地、有效期、使用费等共性实体，以及宽带速率、套内流量、套内语音等专业性实体，为运营商资费信息的存储、统计提供了一种新的技术模式，对通信及其他行业起到了示范作用。

（2）应用 NLP 语义分析、OCR、机器学习等算法为企业的市场经营决策提供高效率、高可靠性的工具，实现信息化与产业技术的深度融合。在推动传统资费信息系统转型升级、为广大消费者提供更优质的电信服务上，起到了关键的引领作用。

5．展望

电信运营商资费信息系统逐日扫描全国 31 个省（区、市）、各地市公司运营商线上资费信息，并通过知识图谱自动进行资费特征提取、存储、计算和扩展，能够有效提升用户工作效率，已成为市场经营决策工作中的重要环节。未来，将从以下几个方面对系统进行优化。

（1）扩展线上信息采集范围。目前，该系统只在各运营商网上营业厅、微信公众号上对公众用户的资费信息进行采集。未来，该系统可以将爬取范围扩展到政企用户市场及用户舆情领域，以便更加全面地了解市场动态。其中，政企用户市场信息主要从科技论坛、门户网站上采集物联网、云计算、工业互联网等行业最新的产品动态、项目招标等内容；用户舆情信息主要从贴吧、微博等主流及当地论坛上获取用户对于运营商产品、服务方面的意见和

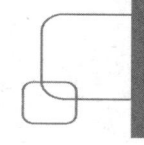

反馈。

（2）提高人工智能模型的精度。为了营销宣传的效果，运营商资费大多采用艺术字体进行标题展示或内容介绍，这给人工智能模型提取信息内容增加了不小的难度。目前，虽然该系统取得了一定的进展，但仍具有提升空间。一方面，可以尝试通过 BERT、XLNET 等更加复杂的模型进行文本分析处理；另一方面，随着系统的运营、数据标注样本的不断积累，可以为模型算法的迭代优化提供更为丰富的基础。

（3）全面的市场经营决策模型。运营商资费信息系统关联了竞争资费数据和用户行为数据，提供了价格指数分析和竞争态势分析等功能。然而，市场经营是一个复杂的决策过程，需要考虑各个方面的因素。未来，引入政企用户市场和用户舆情信息之后，该系统可以构建更为全面的市场经营决策模型，通过挖掘各数据指标间的关联关系，更加完整地判断竞争对手的营销目的、预测市场的发展变化。

*专栏：行业/领域标准化现状与需求

1. 行业/领域标准化现状

团队积极参与 IEEE P2807、IEEE P2807.1、国际电信联盟电信标准分局（ITU-T）的 SG11 和 SG13 工作组、欧洲电信标准化协会（ETSI）的 ISG ENI 工作组、中国通信标准化协会（CCSA）的标准研讨活动。2019—2020 年，团队提交并被接受的文稿有 60 余篇。其中，提交并通过的提案有 5 项，主导和联合主导的标准结项有 6 项，具体如下。

（1）DGS/ENI-0021 (GS ENI 011) Mapping between ENI architecture and operational systems。

（2）DGR/ENI-0013 (GR ENI 008) Intent Aware Network Autonomicity。

（3）Q.GDC-IoT-test Testing requirements and procedures for Internet of Things based green data centres。

（4）Q.IITSN "Proposal for initiating a new work item on protocol for IMT-2020 network integration with TSN (Time Sensitive Network)"。

（5）Q.BNG-PAC Procedures for vBNG acceleration with programmable acceleration card。

（6）Q.5020(ex Q.NS-LCMP)Protocol requirements and procedures for network slice lifecycle management。

（7）Q.5021(ex Q.CE-APIMP) Protocol for managing capability exposure APIs in IMT-2020 network。

（8）Y.3108 (ex Y.IMT2020-CEF) Capability exposure functions in the IMT-2020 networks。

（9）Y.3131 (ex Y.FMC-arch) Functional architecture for supporting fixed mobile convergence in IMT-2020 networks。

（10）Y.arse Service model for humanistic touring guide with AR based on future networks。

（11）Y.IMT2020-NSAA-reqts Requirements for network slicing with AI-assisted analysis in IMT-2020 networks。

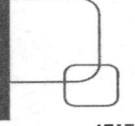

此外，团队在全球移动通信系统协会（GSMA）参加 AI in Network 工作组网络人工智能相关工作，主导及参与输出案例报告及白皮书。

2. 行业/领域知识图谱标准化需求

全球已步入 5G 时代，伴随着大数据技术和人工智能技术的飞速发展，以及其在产业界的应用，5G 通信已经对政府决策、企业发展和人们的生活方式产生深远的影响。

中国电信把握机遇，积极开展和推动网络人工智能领域的技术标准和产业发展。在网络智能化领域，中国电信联合华为等单位于 2017 年年初在 ETSI 成立了全球第一个网络人工智能标准工作组 ETSI ISG ENI，并于 2018 年年中主导发布了世界范围内第一个针对运营商网络智能化领域的系列国际标准-ENI 系列标准。中国电信领导的网络人工智能项目"海牛平台"荣获 2019 年 TMF 催化剂项目最佳商业影响奖，通过人工智能技术解决当前无线网运维中多个运维中心（OMC）指标一致性、关键指标异常诊断和 LTE 小区扩容预测等棘手问题。中国电信牵头的"5G 绿色通信"项目获得 2020 年 TMF "最佳社会影响力奖"，该项目将人工智能技术应用于 4G/5G 网络协同节能，在降本增效的原则下，构建绿色高效通信网络，服务社会。未来，中国电信将联合各方，在 5G 绿色通信和云网数字孪生知识图谱方面做更进一步的贡献。

随着新兴技术的进一步发展及在电信行业的深化应用，仍需进一步完善电信行业的标准体系建设，对于国内的产业标准，需要结合国内外产业现状、技术趋势、标准化需求，推动形成协调一致、布局合理的电信行业标准体系。加强标准研制与国家战略的对接，面向智能制造、工业互联网、大数据等重大战略规划标准研制方向，充分发挥标准在电信产业发展、与其他垂直行业融合应用方面的支撑引领作用。还要加强各相关标准组织间的对接，深度参与国际标准制定，提升中国标准的国际化水平，开展与联盟、协会等的标准化联系，建立行业标准、团体标准之间的有效衔接。

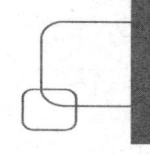

案例 30：电信运营商知识大脑

运营商知识大脑主要运用了实时图计算技术、语义识别与解析技术、搜索引擎与推荐技术、实体关系抽取和图谱可视化技术，实现了基于知识图谱的实时数据分析、搜索分析、语义识别和智能推荐等功能。系统旨在提升业务人员工作效率、让一线人员参与决策、降低知识获取的成本，实现降本增效的目标。在信息为王的时代，实现对知识与信息的灵活运用和对企业的"倒三角"支撑。

1. 案例基本情况

1.1 案例背景

北京欧拉认知智能科技有限公司（以下简称"欧拉智能"）是在 A 股上市的思特奇科技有限公司旗下的认知智能科技服务公司，基于其独创的新一代认知智能平台和"知识即服务"模式，利用语义化数据治理方式和计算框架，高效地实现知识发现、业务推理、探索发现、洞察和实时决策等应用。

运营商对知识与信息的利用有着大量的需求。面对海量的非结构化、半结构化、结构化数据，欧拉智能的运营商知识大脑旨在实现数据的语义化治理与整合，并通过知识推理与关联做到对数据的智能探索，进而支持对海量数据的实时索引、关联、融合及可视化展示。运营商知识大脑拥有强大的文本处理及数据推理、分析能力，通过对运营商业务线的梳理、业务语法 Schema 的构建、基于运营商业务的图谱的搭建与不断补充，赋能运营商各生产系统快速获取信息与知识，极大地提高了知识检索的效率，使业务人员的日常工作更加便捷并提高了客户满意率。

1.2 案例简介

运营商知识大脑图谱能力输出与其他系统关联如图 1 所示。运营商知识大脑是基于运营商知识构建的大型知识图谱，其与传统知识库相结合，在充分挖掘运营商各个业务场景里的知识、对话、数据、FAQ、操作经验等基础之上，利用强大的知识图谱技术充分挖掘这些元素之间的关联，构建一个智慧知识大脑，旨在更智慧地服务于运营商领域。

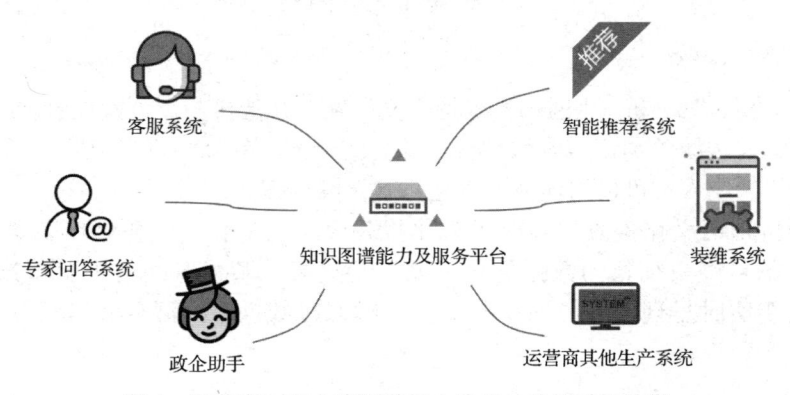

图 1 运营商知识大脑图谱能力输出与其他系统关联

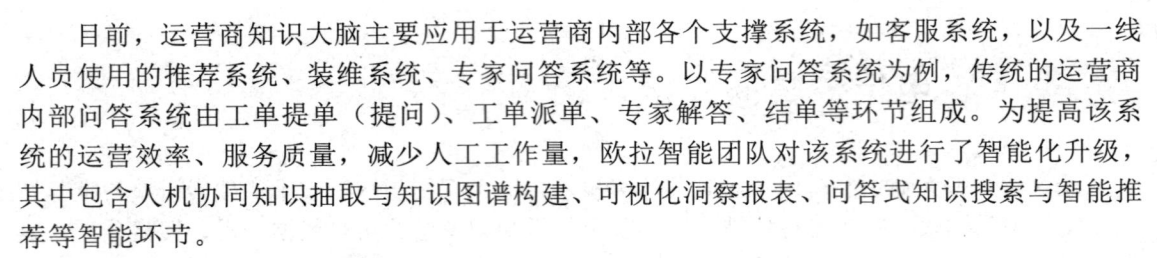

目前，运营商知识大脑主要应用于运营商内部各个支撑系统，如客服系统，以及一线人员使用的推荐系统、装维系统、专家问答系统等。以专家问答系统为例，传统的运营商内部问答系统由工单提单（提问）、工单派单、专家解答、结单等环节组成。为提高该系统的运营效率、服务质量，减少人工工作量，欧拉智能团队对该系统进行了智能化升级，其中包含人机协同知识抽取与知识图谱构建、可视化洞察报表、问答式知识搜索与智能推荐等智能环节。

该系统具有以下技术创新点。

1）可视化的图谱标注平台

基于可视化的系统界面，该系统可以帮助用户构建业务关系，从而对不同结构的数据进行综合管理，如 FAQ、文档、结构化知识等。可视化图谱标准如图 2 所示。该系统具备可视化图谱标注功能，可以支持图谱中实体、属性、关系的多分类标注，并且支持对用户的标注进行建议，使用户体验更便捷、友好，从而使非技术人员参与图谱标注中。

图谱标注平台与算法训练系统整合，支持图谱标注和算法模型训练系统整合在一起，用户可以即时看到机器学习、深度学习的效果，如机器学习训练模型的准确率等指标。

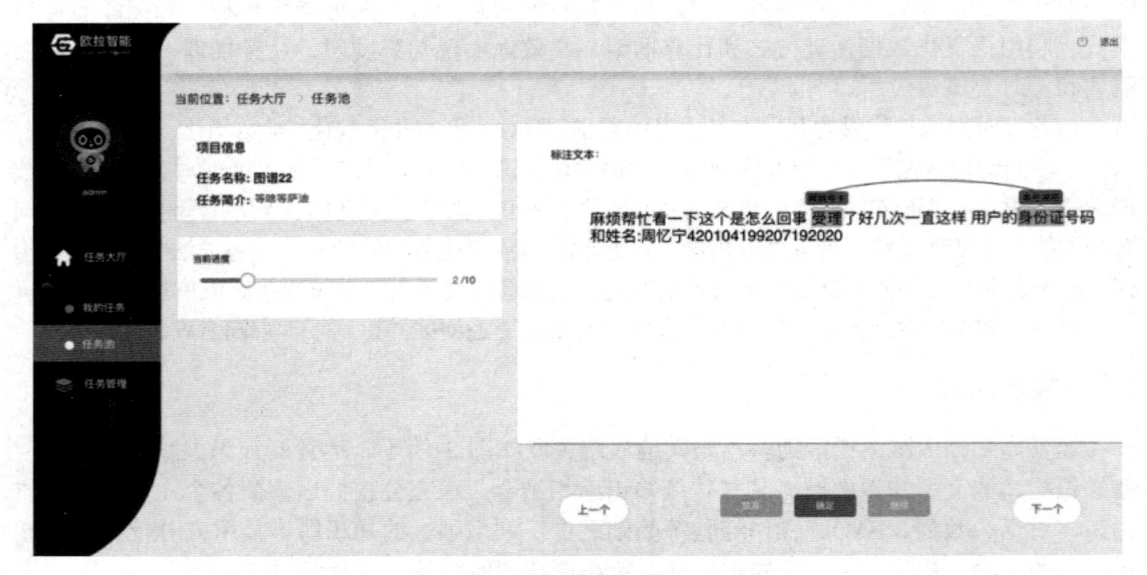

图 2　可视化图谱标注

2）问答式知识搜索与分析

问答式知识搜索与分析（见图 3）支持全文检索、智能排序、关键词管理、语义化搜索，实现了语义搜索与传统关键词搜索的融合，并且基于图谱的知识推理可实现新知识的组装，做到精准推荐。一线人员可以用通俗的表达方式，精准搜索结果。

搜索式分析是语义化搜索与实时可视化报表分析的融合。内容可按区域、按角色、按时间向下搜索颗粒度更细致的数据信息，如搜索"某地某段时间内工单量按月分布"，可视化统计图表会实时呈现，可帮助业务人员了解即时数据，也可帮助决策者制定科学决策依据。

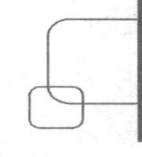

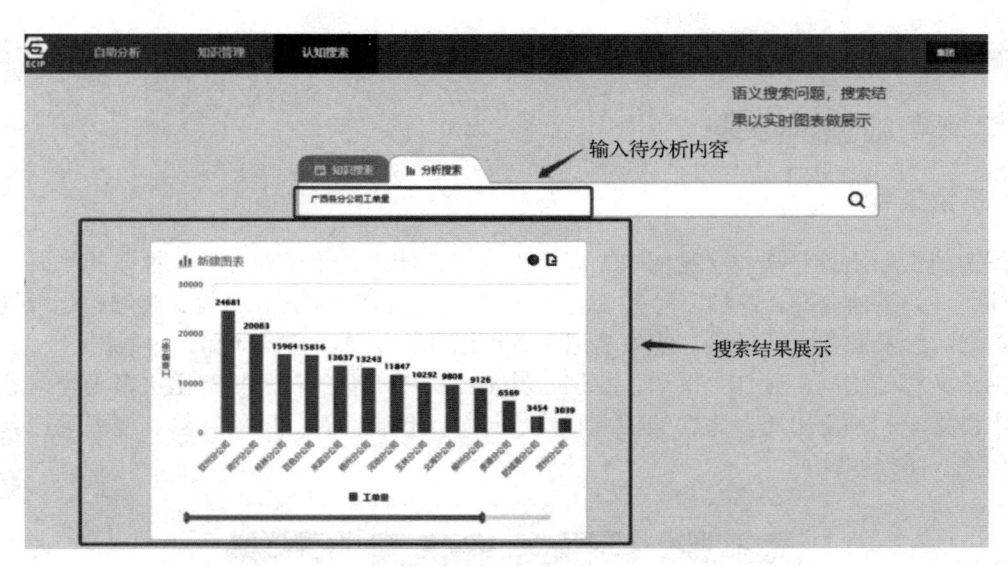

图 3　问答式知识搜索与分析

2. 案例成效

2.1　智能工单分析系统使用：每月每名业务人员节约数据处理 50 余个小时

智能工单分析系统上线前，业务人员、管理人员缺乏实时数据监测，数据提取周期较长。上线后，登录用户数、登录次数、创建仪表盘数量呈加速度式增长。企业管理人员可通过大屏展示查看当前系统工单的提问趋势，判断工单峰值，以便及时做好工单预警与井喷防控；可查看系统工单的问题组成，了解问题的主要来源，发现流程堵点；可查看各省地、各市县整体工单情况，也可按区域、按角色、按时间向下搜索颗粒度更细致的数据信息，深入发现问题起源，帮助决策者制定科学决策依据。每个运营人员每月通过智能工单分析系统可节省的工单数据处理时长约为 51.4h。

2.2　语义搜索与智能推荐：搜索准确度提升至 95%、客户满意度增加

在升级智能化搜索前，运营商问答系统中对知识库的搜索仍采用传统式搜索，以关键词全文检索的方式进行筛选，并且根据关键词出现数量进行推荐。在语义搜索与智能推荐上线后，搜索准确率大幅上升。升级前，一线人员需要进行 3~5 次搜索才能得到正确结果；升级后，一线人员用通俗的话语进行一次搜索即可得到准确结果。搜索准确度由原来的 60%提升至 95%以上，并且支持通俗化的语句搜索，大大地提高了业务人员在日常工作搜索环节中的效率，同时客户满意度也明显增加。

2.3　智能问答：压缩了 70%的工单量、节约了人力成本 260 元/（人·月）

在智能问答系统上线之前，重复问题会造成服务台/专家的人力资源浪费、效率较低。智能问答系统上线之后，以运营商集团为例，假设每月产生 25 万单数据，则其中 8.4 万单可通过知识问答方式解决，若初期解决效率不高（为 30%），每张工单平均解决时长为 5min，则每月通过智能问答方式可节省的工单处理时长为 2091.6h；假设专家为 8h 工作制，折合为人

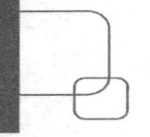

力成本约为 261.45 元/（人·月）。

3. 案例实施技术路线

3.1 系统架构

图谱能力输出系统架构（见图 4）底层为语义存储层，用于保存知识抽取的结果（包括实体抽取、关系抽取及属性抽取等）。底层数据广泛，包含非结构化数据、半结构化数据、结构化数据，涉及业务人员经验、业务笔记、流程记录、工单、富媒体知识等数据。

由语义存储层向上延伸至图谱计算层，其根据图谱包含的信息推算出更多隐含信息，如通过本体推理和预测出更多隐含的信息和信息计算，包含图神经网络计算、概率图计算、图游走计算、图挖掘计算。

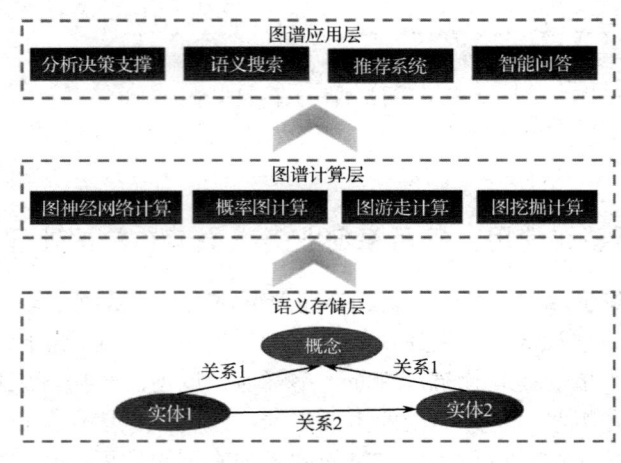

图 4 图谱能力输出系统架构

3.2 技术路线

1）数据处理

该系统数据主要包括非结构化数据、半结构化数据、结构化数据。其中，非结构化数据主要为业务人员经验、笔记及其他多媒体形式的文档，半结构化数据主要为业务 FAQ，结构化数据主要为结构化文档、结构化的业务知识、模板录入的知识等。其主要处理步骤如下。

（1）数据清洗。对于缺失值进行人工填报、常规替换、中位数替换、概率替换等。对于噪声进行模型回归，将噪声降至最小。对于重复数据进行删除处理。

（2）数据规约。对数据进行了维度、数量上的规约、数据压缩及抽样检验。

（3）数据变换。将数据规范化、离散化，进行分层。

2）知识表示

在文本表示方面，利用 CBOW 模型[①]将文本中的词向量简单相加作为文本表示，也利用

---

① CBOW 模型：连续词袋模型，它是一种用于生成词向量的神经网络模型，由 Tomas Mikolov 等人于 2013 年提出。

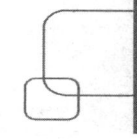

卷积神经网络 CNN（Convolutional Neural Network）考虑文本中的词序信息，用于知识图谱补全。同时，文本与知识库融合的知识表示学习是利用 Word2Vec[①]学习常见业务专业词表示，利用 TransE[②]学习知识库中的知识表示，让文本中实体对应的词表示与知识库中的实体表示尽可能接近，从而实现文本与知识库融合的知识表示学习模型。

3）知识建模

采用自底向上的方法，基于行业现有的标准并加以个性化需求、地方性需求等得到知识模型，然后进行专家检验。

4. 案例示范意义

利用知识图谱技术进行的智能化升级改造，对运营商的生产、管理等各个方面有着明显的改善。

在智能化改造前，企业的管理者及运营人员对业务的敏感度不够高，获取数据情况较慢，流程上有堵点但较难发现。常见问题包括一线人员都有哪些问题，影响问题解决的是哪些环节，企业管理中是否存在隐性障碍，一线当前的高频问题是什么，能否及时察觉到系统故障，是否可以避免工单井喷式爆发等。

针对如何从复杂的工单信息中整理各个角色需要的信息、如何将杂乱的信息转化为有价值的信息、如何实时获取运营现状，欧拉智能研发的智能工单分析系统，提供了实时的工单自主分析功能。结合知识图谱、机器学习等技术，对工单的关联信息进行建模分析，由信息生成知识，由知识生成应用，基于应用产生新的知识，不断对模型进行调整和训练，确保其适应最新的业务需要。该系统支持对智能工单分析结果进行统计分析、按不同角色、不同视角进行数据展示，支持对统计结果进行纵向挖掘等功能，极大地方便了业务人员对运营现状的数据分析工作。

该系统上线之前，在一线用户提出的问题中，有很多是重复的，服务台或专家不停地解答重复性问题会浪费人力资源，并且在一定程度上占用了发现与解决新问题的时间。只能通过工单提问寻求后端专家来解决问题，若专家回复不及时或专家资历不足，解决方案不够完整，一线用户再无其他问题的解决路径，严重拖延了问题的解决进度。针对重复问题造成的人工效率低下现状，该系统上线之后，通过语义化的搜索与推荐、语义化的问答流程，使业务人员回答客户问题的效率大大提高，增加了客户满意度与客户黏性。

以下展示 3 种具体业务中的新模式。

1）市场营销新模式

欧拉智能为传统知识库升级后，业务人员可以查看一手资讯，从知识库中提取市场营销信息并掌握一手最新营销信息；同时，业务专家可以将完成的专业营销方案上传至知识库，做到知识分享，连通各专家与业务员；对于新客户构想，可以用知识库查询有哪些套餐和产品与之匹配，不仅搜索便捷，一触即达，而且能高效、快速、有针对性地解答营销类问题。

---

① Word2Vec：它是语言模型中的一种，是从大量文本语料中以无监督方式学习语义知识的模型。
② TransE：是基于实体和关系的分布式向量表示，由 Bordes 等人于 2013 年提出。

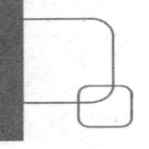

2）财务流程新模式

欧拉智能为传统知识库升级后，在业务政策与流程上都提供了辅助。例如，财务专员可以直接从知识库中提取报销政策与流程信息，同时可以快速查看上报的报销单，并及时核查。图谱技术的赋能能快速定位至所需知识的精准属性和内容，为业务人员节约了大量工作时长，极大提高了人工效率。

3）客服营业新模式

欧拉智能为传统知识库升级后，为客服人员带来了极大的便利。客服人员对于客户问题的反应速度极大地决定了客户满意率，升级后的知识库可直接用于查询客户询问的相关问题；同时，知识库改良版社区平台可以促进人员之间的内部互动，连通各营业员，实现知识经验共享。智能升级后的知识库为日常考核提供了重要衡量指标，如客服人员点击量、查询量和知识贡献量等，从根本上带动了企业内部人员积极性，带动了运营，促进了知识驱动运营模式。

5. 下一步工作计划

目前，欧拉智能已有非常成熟的知识图谱搭建经验与案例，现有工作内容为将知识图谱带来的智能化升级推广、部署到各大省（区、市）运营商知识库及其他系统。下一步计划从运营商领域扩展到金融、安防等领域，用知识图谱技术帮助更多企业、更多一线业务人员提高效率并降低成本，带来更便捷的工作模式。

*专栏：运营商行业标准化现状与需求

1. 知识管理有待优化

运营商的知识管理系统有全国的标准与规范，如知识保密性规范、知识采编流程规范、权限管理严格分级等现有规范。但是也存在一些知识管理的瓶颈及使用局限性，如知识库搜索仅靠关键词、同义词检索出推荐结果；知识采编没有全国统一的业务规范；富媒体知识以图片、视频、H5链接、表格等形式存储后却没有单独入库和分类体系，并且富媒体知识无法通过直接搜索获取。针对运营商知识库的这些现状与升级使用体验的需求，知识图谱技术可以很好地弥补这些不足，即知识图谱技术以搭建业务Schema、人机协同的打标方式帮助业务知识标注与采编。同时利用图谱技术做语义化的搜索与推荐，业务人员可以通过智能化推荐直接定位到所需实体的属性，也可以结合富媒体文件上下文关键词计算的结果，用来做索引、制定统一的富媒体文件标签、创建标签库，达到对富媒体标签进行文本搜索即可获取相应的富媒体知识的效果，使富媒体文件可以直接通过搜索获取。注入知识图谱技术后，知识搜索不仅增强了用户体验感，而且增加富媒体搜索模式，实现了知识的多模态检索、媒体知识和文本知识的同界面展示，便于用户更精准地获取多种所需信息。

2. 重视数字运营

国内著名运营商拥有数亿级的业务数据，运营商希望利用这些数据的量级和数据平台的优势，通过人工智能和知识图谱技术为企业做运营支撑。例如，利用数据画像为企业输

出数据解决方案，从而转型为数据、知识驱动运营。再如，采用精确的模型算法，从而有效地开展保险及相关产品的精准化营销。

3. 智能化升级

依托智能产品作为入口及窗口，在未来几年内，智能产业仍将处于爆发期，运营商可以在此时开展智能化转型，利用智能技术帮助到生产的各个环节。在产业智能升级阶段，运营商配合知识库为业务流程解答提供强大的知识存储，将业务流程同步沉淀成知识后入库，同时知识库提供强大的搜索解答功能，业务员可从知识库提取已解答方案。利用知识图谱强大的搜索与推荐技术，将知识入库，并存入强大的知识图谱网络，使得智能问答使用过程更流畅自然，智能化赋能产业一线生产。

第 16 章　智慧司法领域案例

案例 31：基于知识图谱的法律智能认知平台——元典睿核

元典睿核是以法律知识图谱为核心，具备法律智能认知能力和能够提供多种知识服务的法律人工智能平台。基于知识图谱构建技术、知识存储与管理技术，元典睿核完成了从数据到知识的转化。通过与各类业务场景下的具体应用相结合，元典睿核逐渐地具备了法律概念的认知能力、信息探索式搜索能力、裁判规律分析能力、案由推理能力等支撑能力，可为用户提供法律知识智能辅助。元典睿核支持跨载体、跨领域的数据融合，在感知技术加持下，实现了司法行业的内部数据与公开数据融合；同时，支持法检数据与其他行业（如公安、工商、仲裁等）的大数据资源相融合。该平台已在北京、广东、贵州、浙江、甘肃、青海、辽宁、内蒙古等省（区、市）的多家法、检机关成功部署，部署层级涵盖省、市、区、县各级。

1. 案例基本情况

1.1 企业简介

北京华宇软件股份有限公司（以下简称"华宇"）成立于 2001 年，秉承"自强不息，厚德载物"的企业精神，以"持续创新，成就客户"为使命，深入理解客户需求，运用软件、数据、安全等技术，在法律科技、智慧教育、信息技术应用创新、市场监管、智能数据、智慧协同等领域，为政府部门和企事业单位提供智慧的信息化服务。华宇旗下子公司北京华宇元典信息服务有限公司，投入数十名资深检察官、法官、律师等法律业务专家，以及研究自然语言处理、机器学习等领域的人工智能专家，打造了基于知识图谱的法律智能认知平台——元典睿核，该平台为法院、检察院、政法委、监察委、律师律协、企业法务、公证鉴定等构成的法律生态圈提供全流程、全方位的智能法律服务解决方案。

1.2 案例背景

随着法律行业信息化建设的不断深入、信息化能力的不断加强，法律工作在数据采集和数据治理方面取得了可观的成效，完成了海量数据的汇集。例如，裁判文书公开网的公开文书量已经达到上亿条，除审判相关的案件、文书和卷宗等数据外，还汇集了司法人事、司法政务、司法研究、信息化管理、外部数据等，其中，有结构化数据也有非结构化数据。然而，这些海量的数据资源却尚未被充分利用，发挥其应有的价值。在当前"案多人少"的现状下，法律人真正需要的是知识型辅助（思路、规律），而不仅仅是数据的检索。例如，办案法官迫切需要的是计算机自动将案情进行梳理，能够为其提供精确化的审判辅助和量刑建议等。元

第 16 章 智慧司法领域案例

典睿核正是为达到以上目标而研发的智能化法律认知平台。该平台充分利用法律大数据基础，通过构建法律知识图谱，完成从数据到知识的转化，为法律行业提供知识化、智能化服务。法律行业现状与需求示意如图 1 所示。

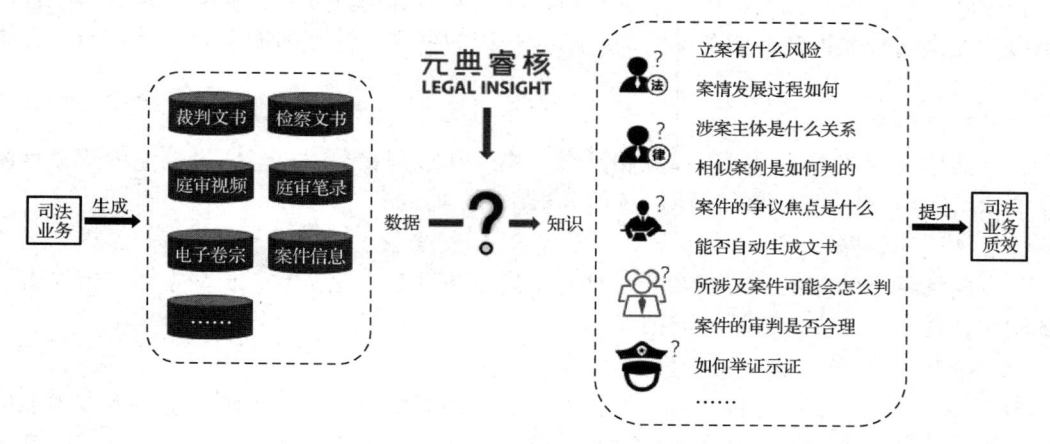

图 1 法律行业现状和需求示意

基于对行业现状和应用需求的梳理，本案例对元典睿核需要具备的能力及应当发挥的作用进行了分析，其应具备七大能力，分别是法律概念认知能力、法律知识探索能力、裁判规律分析能力、法律主体分析能力、案情推理分析能力、证据智能分析能力、文书智能服务能力。只有具备以上能力，元典睿核才能灵活地支持法院的智能审判、文书生成、智慧庭审等服务，检察院的证据可视化、文书生成、量刑辅助等服务，律师事务所的案件管理、知识管理、信息推送等服务，监察委的智能文书管理、定性量纪、卷宗管理等服务，政法委的案件智能分析、案件智能评查等服务，以及公安机关的案件可视化、刑事证据分析、行政处罚裁量等服务。元典睿核业务战略如图 2 所示。

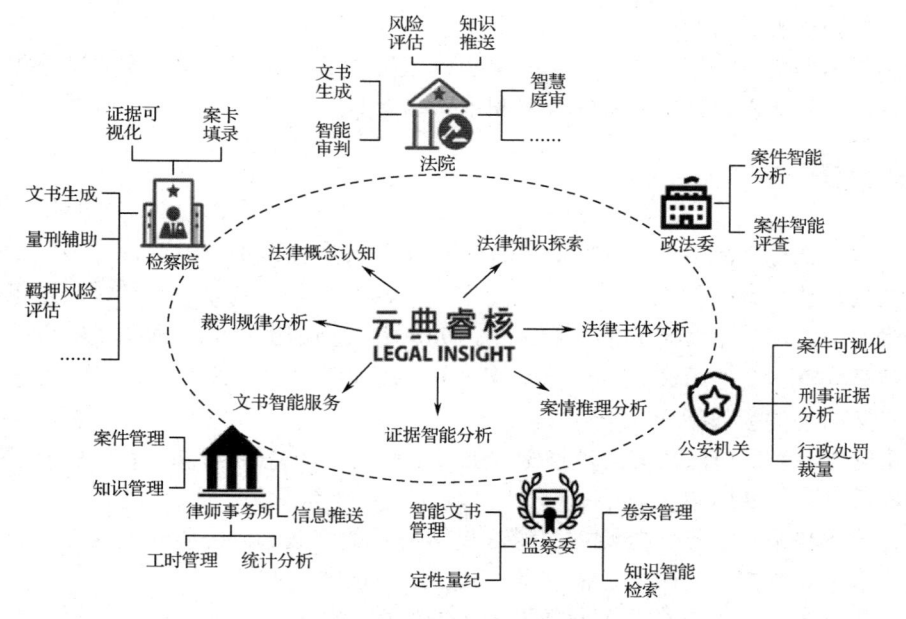

图 2 元典睿核业务战略

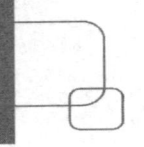

1.3 系统简介

元典睿核基于实体识别引擎和法律认知引擎两大自有技术，通过对法律文本中的法律知识动态关联抽取，并转化为具体的服务接口，与不同业务场景下的智能服务应用相结合，为各类用户提供法律知识辅助服务，实现对法律知识的生产、管理和输出。其具备的七大能力如下。

（1）法律概念认知

将自然语言理解与法律逻辑体系相结合，实现从裁判文书的自然语言描述中认知具体的法律概念，为用户提供具体的法律问题的分析服务。

（2）法律知识探索

与不同场景下的智能应用相结合，支持用户以关键字、短文本、长文本等方式检索，经过多轮探索式交互，实现知识精准推荐。

（3）裁判规律分析

为承办人办理当前案件提供案件分析及历史裁判规律分析，进而辅助承办人做出准确的裁判决策，满足法律知识（思路、规律）需求。

（4）法律主体分析

通过对关联信息的整合，建立起关系中心点与各方主体之间的联系，构建用户画像，将梳理、总结及扩展的知识精准推送给用户。

（5）案情推理分析

基于案件信息，自动识别影响案件法律性质判断的要素信息，做出正确的案由推定，为承办人提供案件定性分析的辅助服务。

（6）证据智能分析

基于证据知识图谱搭建论证案件事实的分析推理路径，结合案件事实、法律要素，为法官识别证据、审查证据、运用证据、整理证据链的证明逻辑、梳理案件事实提供智能化辅助。

（7）文书智能服务

支持在具体场景下为用户提供实体文书自动组装服务，对裁判文书实体部分提供自动校验审查服务，辅助法官提升文书制作效率和水平。

2. 案例成效

元典睿核可实现对海量的半结构化和非结构化数据进行识别和抽取，并与结构化数据相融合，形成具有法律意义的知识模型。当使用知识模型来分析具体的个案时，还可以建立历史裁判规律与当前案件事实之间的关联关系，为承办人当前案件的办理提供案件分析，以及历史裁判规律分析、文书组装、量刑辅助等服务，进而帮助法律人准确地办理业务。

元典睿核的关键绩效指标如下。

（1）元典睿核基于自然语言处理技术，实现了对刑事、民事案件的智能案由判断与推荐，总体准确率可以达到90%以上。

（2）元典睿核覆盖了七大类数据资源，包括公开裁判文书、公开检察文书、权威案例、工商数据、法官文章数据、图文直播数据、公开庭审视频数据等。

（3）元典睿核依托于以企业工商数据为主的法律主体数据，实现了对涉诉主体相关的关

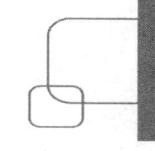

联信息的整合推荐服务。现阶段，元典睿核中已有公开工商数据约 1.4 亿余条。

（4）元典睿核可支持对法院、检察院、公安机关、政法委、监察委和律师事务所等机构中的 60 多类文书进行信息提取，可提取信息项数量约为 9600 项。

（5）元典睿核对刑事、民事和行政三大类案件均能提供法律概念（要素）认知服务。

3. 案例实施技术路线

3.1 系统架构

元典睿核通过将各类法律数据资源有效地融合并利用起来，转化为用户所需的知识，实现将法律大数据从数字转化为价值，辅助法律行业进行智能化建设，在数据层、知识层等层面上实现了知识中心服务体系。元典睿核系统架构如图 3 所示。

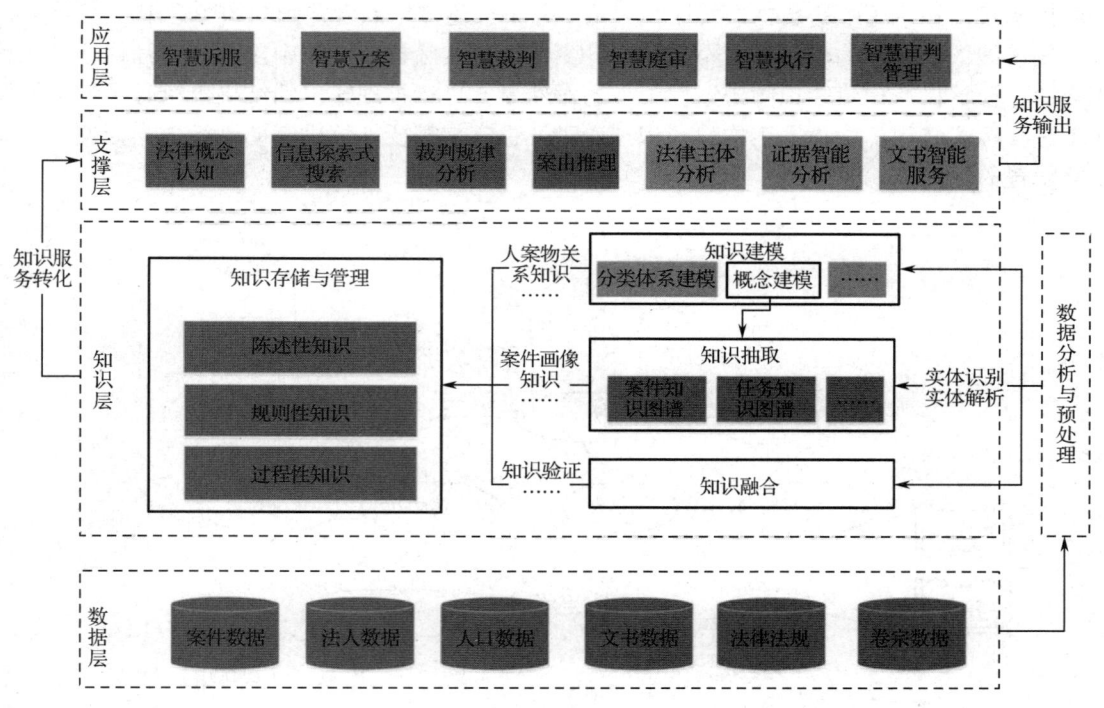

图 3　元典睿核系统架构

在数据层面，元典睿核支持跨载体、跨领域数据融合，在不同的业务场景下，根据匹配数据库的不同，支持数据库的外延和内容的自主扩充，支持将法检行业的数据和其他数据（如公安机关、工商、舆情、减刑假释等）相融合，增强了自身的数据基础完备性和知识洞察力。

在知识层面，元典睿核基于不同业务场景下的知识需求，通过法学专家和实务专家的业务实践，结合法律法规、司法解释等规范性文件的要求，构建了不同场景下的动态知识模型，并利用上述模型对融合后的多元数据进行抽取，能够提供法律知识服务。

在服务层面，元典睿核基于业务场景下的知识需求，提供以法律知识为轴线、贯穿于整条诉讼流程路径的服务，即提供一体化的法律知识服务。

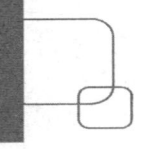

3.2 技术路线

知识图谱构建路径如图 4 所示。由于法律知识图谱强调知识的深度和整体的结构层次，在构建时常结合两种方式，一种是自顶向下的专家系统构建路径，另一种是自底向上的机器学习构建路径。

（1）专家系统构建路径。通过本体编辑或手工构建的方法，预先构建垂直知识图谱模式图并进一步构建数据图，依赖于法律专家，从顶层的概念结构、由抽象到具体地将每一层次的概念具体化，再将具体要件拆分为要素，对不同要素进行描述、定义，最后构成法律模式图。

（2）机器学习路径。计算机以大数据（非结构化数据、半结构化数据、机构化数据）为基础，从人类标注的训练数据中学习规则，再根据习得的规则通过知识挖掘技术，利用多种抽取技术获得知识源中的实体、属性和关系，并将上述知识点合并到知识图谱中。

知识图谱的两种构建路径并不是完全分离的，在实际构建过程中，两种路径往往是相辅相成的。计算机在构建知识图谱过程中，当对新事实进行推理输出的结果出错时，常常需要人工进行标注修正；而在人工构建知识图谱时，也常常需要计算机辅助进行数据挖掘，从而发现隐藏的知识点。

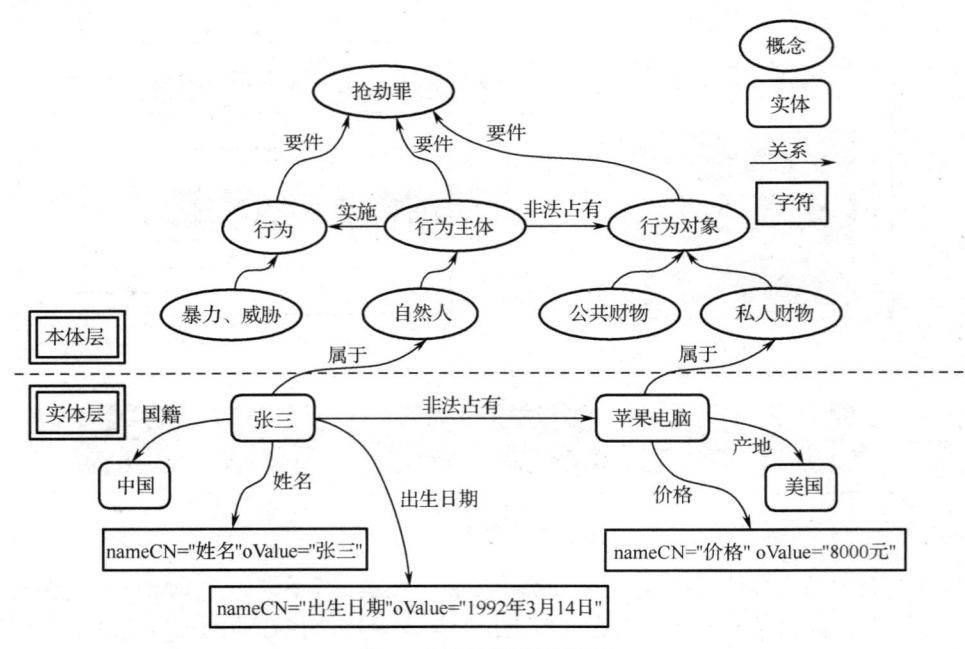

图 4 知识图谱构建路径

3.2.1 专家系统构建路径

首先，法律专家基于法律知识图谱构建基本法律逻辑和顶层概念框架；其次，通过法律法规的全面整合、司法实践的经验总结，对顶层概念框架进行精细的拆分；最后，绘制出以某个知识为核心，具有逻辑结构的实体集合，以及实体之间的关联的可视化知识集合。数据模式是知识图谱中最核心的部分，通过人工定义可以提高图谱的完整性和准确性。定义好数

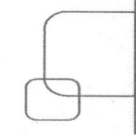

据模式以后，计算机可以从各种数据源中获取、填充数据。上述系统的构建有两个逻辑方向，从犯罪构成要件到案件全貌，从案件全貌反向推回犯罪构成要件。

3.2.2 机器学习构建路径

机器对于收集到的海量数据并不会自主学习，它们不像人类一样能智能地识别实体。例如，将"持械"直接放在抢劫罪的行为要件要素下。它需要人类对大数据文本进行标注，将部分抢劫罪裁判文书中的"持械威胁""拿刀恐吓""用枪指着被害人"等语料进行标签标注，主要是将这些具体对应为抢劫罪中的"暴力、胁迫或其他方式"要素对机器进行训练，并设定输出结果为上述行为要素。机器通过学习，总结出抢劫罪中行为要素的特征和规律，并最终根据该特征和规律从输出文书数据中提取要素。

1）法律知识获取

通过机器学习获得更多的信息并不是大数据真正的价值所在，寻求大数据背后深层次的规律和知识才能发挥其最大化价值。通过一系列信息处理技术对收集的信息进行有效处理是机器构建知识图谱的下一个步骤，它是一个动态的过程。通过不断地发现新的实体、新的实体属性和实体之间的关系，不断扩展知识图谱的覆盖率。信息处理过程实际上是从大数据中抽取知识的过程，尽管数据来源很丰富，但能直接利用的数据并不多，因此要对非结构化、半结构化数据进行结构化处理。

在非结构化数据处理方面，通过语音识别技术将音频文件转换为文字，再通过自然语言技术识别文本中的实体，自然语言抽取规则建立在词或者句法关系的基础上。步骤包括句法分析、语义标注、专有对象的识别和抽取，抽取规则可以从人工标注的语料库中自动学习获得，也可以由人工编制。但人工编制规则依赖于专家，覆盖的领域有限，难以适应知识更新的要求，因此监督学习方式更具优势。实体识别的方法主要有两种，如果用户本身有知识库，则可以将文本中的可能的候选实体链接到知识库上；如果用户没有知识库，则需要使用命名实体识别技术来识别文本中的实体。当机器获得实体之后，需要关注实体之间的关联，此时需要运用实体关系识别技术，如利用语义解析、句法结构等来帮助确定实体关系。

在半结构化数据处理方面，基于半结构化数据的重复性特征，对半结构化数据进行少量的标注，可以让机器学习一定的规则并使用该规则对同类数据进行批量处理，输出固定格式的信息点，以统一的形式集成在一起。

2）法律知识融合

知识融合是为了解决知识的复用和共享问题，它是高层次的知识组织，能使机器抽取出来的信息单元以清晰的结构组织起来，是机器构建知识图谱的最后步骤。因为数据在信息收集和信息处理阶段仅仅是被抽取出构建知识图谱所需的各种实体、实体属性及实体关联，从而形成了不同的信息单元，即一个个抽取图谱。这些抽取图谱包含大量的冗余、错误、不一致信息，抽取图谱之间的关系是扁平化的，缺乏层次性的逻辑。为了形成完整的知识图谱，必须通过整合异构数据、消除概念歧义、去除冗余和错误概念等技术将抽取图谱集成到知识图谱中。通过知识融合技术，将不同来源、不同属性的信息单元的顶层概念体系连接起来，使连接后的概念体系没有逻辑上的矛盾，形成一个由不同信息单元组成的庞大的知识库。此时，就形成了可复用的、高质量的知识图谱。

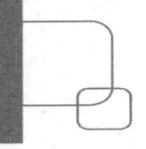

4. 案例示范意义

4.1 实现跨领域数据融合

元典睿核支持跨载体、跨领域数据融合,根据具体的业务需求,在感知技术的支持下,可以实现法检行业的内部数据与公开数据融合,同时也支持法检行业数据和其他行业(如公安、工商、仲裁等)的各类数据资源有效地融合。

4.2 实现数据服务向知识服务转化

当前,数据中心的建设多侧重于对数据的收集和存储。在数据中心建设阶段,结构化数据的特性决定了数据中心对大数据的利用方式,主要以商务智能、数据仓库为主,以及相对初级的文本挖掘技术,这些仍然无法满足用户在审判实务中的业务辅助需求。元典睿核基于机器学习,依靠多元数据融合、分布式存储和检索、法律的实体识别技术和法律认知技术,实现让计算机"读懂"法律数据,为用户提供法律知识服务。

4.3 实现法律行业多场景应用

元典睿核以法律知识为核心,打通了法律行业内不同业务场景的知识流转。其作为智能应用支撑服务,面向不同的法律业务场景提供了强大支持。

4.4 促进司法公正,提升司法效率

元典睿核是为司法办案提供智能服务的司法办案辅助系统、为案件监控提供数据分析的案件智能研判系统,以及为管理决策提供评审建议的数据分析服务系统。大数据与司法的深度融合,有效促进了司法公正,提升了司法效率,实现了法律行业的信息化转型升级。

5. 展望

元典睿核作为知识图谱在法律行业的应用案例,取得了一定成效,但后面仍有更长的路要走,主要集中在以下几个方面。

1)提升知识服务的精准度和智能化

依托权威、专业、资深的法律人员、产品人员和技术人员倾力打造的法律知识图谱,应用法律认知技术能力、大数据分析算法等技术,全面整合了各渠道的数据、信息,提高了对各用户的知识服务的精准性。同时,进一步借助高速发展的新技术、新算法,减少人工投入,使得知识图谱从构建到应用更加智能和高效。

2)实现可持续的知识增长

随着法制的日臻完善和社会经济的快速发展,各类诉讼急剧增加,法院收案数量持续上升,为了满足用户的需求,元典睿核也将融合更多的数据,并对数据进行更精细化的提炼,辅助用户实现业务能力的精进。

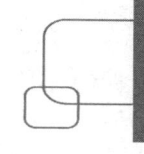

3）扩大支持的应用场景范围

基于元典睿核的服务能力不仅能够支持法院、检察院、监察委、政法委、公安等单位的业务，而且可以进一步扩展仲裁、监狱等领域的服务。根据用户的需求，针对多元化的服务场景提供技术支持，华宇致力于打造一个专业、精准、高效、智能的一体化的平台。

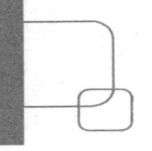

案例 32：国双智讼辅助办案平台

国双智讼辅助办案平台以信息化手段为司法改革助力，为提高法官工作质效提供知识内核。国双智讼辅助办案平台的技术底层为自然语言处理和知识图谱技术，是一套辅助全流程案件办理的智能辅助一体化系统。伴随法官办案流程的进阶，该平台会主动推送法律法规、典型案例、知识指引，并且推送的内容根据不同的案情和不同的办案场景会逐步进行更新和完善。该平台对法律知识的主动式推送、场景式推送，改变了法官办案过程中查找类案、典型案例、串案等费时费力、效率不高的办案现状。该平台在江西省内多家法院试用，初步测算为法官提升办案效率约 20%，基本解决了法院"案多人少"的主要矛盾。

1. 案例基本情况

1.1 企业简介

北京国双科技有限公司（以下简称"国双"）是中国领先的企业级大数据和人工智能解决方案提供商，基于其自主可控的分布式大数据平台和人工智能技术，在工业互联网、智慧城市等领域，提供了安全可靠的数字化、智能化解决方案和数据仓库等大型基础软件产品，助力相关企业和组织实现数字化、智能化转型。国双英文名称为 Gridsum（Grid 网格+Sum 求和），即分布式计算、网格（区块）计算，是创始人祁国晟先生于 2003 年编写计算框架软件时提出的，这一概念与主流的分布式计算和区块链思想不谋而合。

1.2 案例背景

近年来，司法改革的深入不断推进了智慧司法的建设。2019 年，我国地方各级人民法院审执结案件 2902.2 万件，司法工作"案多人少"造成工作人员压力大，人民群众要求规范裁判尺度、提升裁判效率的呼声越来越高。司法系统内部的原有信息化建设"重管理轻辅助""重流程轻知识"，各系统之间存在数据壁垒，不能帮助业务人员提高效率，甚至增加了额外的"填报负担"。因此，以知识图谱为基础的智能辅助系统是智慧司法的大势所趋。

国双以大数据、知识图谱、人工智能等相关技术为核心，全新定义司法数据应用，以"点线面体"四维模式凝练法律智慧，服务法治建设。以远程审判、语音办案、文书生成、类案推送、类案预警、量刑建议、审判规范化、决策支持、舆情监测等各项应用需求为"点"，以服务法院、检察院、监所等全体法律机构共同体为"线"，以服务人民群众、审判执行、司法管理、助力司法研究、司法改革、司法创新为"面"，以实现大数据与法律领域深度融合为"体"，多点串联为线，多线连接成面，多面整合为一体，构建一体化、立体化的解决方案。

1.3 系统简介

国双智讼辅助办案平台服务功能点及服务对象如图 1 所示。

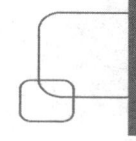

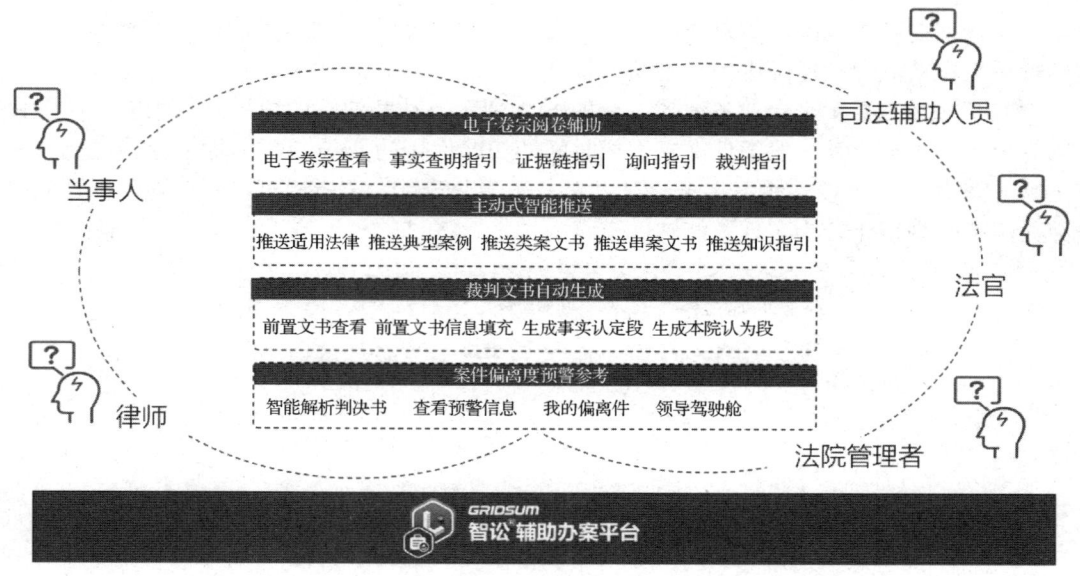

图 1 国双智讼辅助办案平台服务功能点及服务对象

该平台具有以下功能亮点。

（1）实现法官办案工具从功能型到智能型的升级，缓解"案多人少"压力

为法官提供办案全流程的智能辅助一体化服务，伴随法官办案流程的进阶，该平台会主动推送适用法律、典型案例、知识指引等信息，推送的内容根据不同的案情和不同的办案场景会逐步进行更新和完善。该平台对知识的主动式推送、场景式推送改变了法官办案过程中查找类案、典型案例、串案等费时费力、效率不高的问题。

（2）实现法官办案工具"千人千面"，提高知识检索效率

该平台全程记录使用者的行为数据和使用过程中产生和记录的文本内容，并以此作为训练推送模型的重要数据，训练并构建最适合该法官的个性化辅助办案方案，有效减少了法官检索知识的时间。

2. 案例成效

2.1 系统关键绩效指标

该平台为法官提供全流程智能辅助，提升办案质效，增强人民群众对司法工作的满意程度。该平台对接电子卷宗系统并对卷宗进行自动解析，根据解析的案件特征、争议事实，为法官推送所需的事实查明指引、开庭询问指引、证据审查指引、裁判指引、证据链指引，打造审判智能导航。同时，该平台根据案件办理的不同阶段，为法官提供主动式、针对性、场景化的法律、典型案例、裁判文书、串案文书及法信期刊/观点等信息。

在文书写作阶段，该平台应用自然语言处理技术对前置文书进行解析，实现一键生成文书的基本信息段落；同时，利用搭建的知识图谱和智能推送结果，生成事实认定段落和法院认为段落，快速生成裁判文书，把法官从重复性的劳动中解脱出来。在案件判决结果生成后，该平台通过搭建科学的预警模型，计算案件偏离度、类案平均值等指标，用可视化的方式为

法官呈现合理的判决范围，助力类案同判。领导驾驶舱[①]汇聚并展示可能产生偏离的案件，将审判管理工作从流程管理推进到审判结果管理。

国双智讼辅助办案平台业务绩效指标如图 2 所示。从某法院的适用效果来看，该平台提升阅卷效率 70%以上，一般案件文书生成时间从 30h 优化为 5min，类案检索报告生成效率提升 60%，案件文书审校从线下人工校对"文书三读"转化为智能校对，案件管理审查从原有的纯人工审查规范化转为实现智能辅助审查。

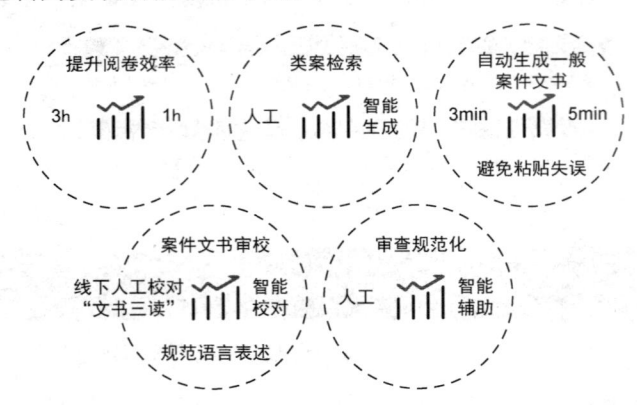

图 2 国双智讼辅助办案平台业务绩效指标

2.2 案例应用效果

国双智讼辅助办案平台以主动式、场景式、个性化知识推送为核心，为法官提供办案全流程的智能辅助办案一体化服务。该平台利用知识图谱和数据解析对案件情况进行深度加工，自动分析案件特征和类案争议焦点等关键信息，实现主动式智能推送、文书智能生成、类案文书预警、审判规范性管理以及针对当事人的案情分析、远程应诉、智能问答、知识检索等功能。上述系统功能可以全方面解决司法机关诉服、审判、监管的一系列痛点、难点。

在诉前阶段，该平台根据当事人输入的案情提示纠纷风险点、争议焦点等信息，帮助当事人提交证据；对于不适合诉讼的案件，可推荐合理维权渠道。在立案阶段，该平台为立案法官提供清晰的当事人画像、案件全景展示，将立案法官关注的人、案风险统一输出，预警重大敏感案件。在审判阶段，该平台提供全方面智库检索，主要包含法律知识库、法院内网数据智库、法院信息智库等，帮助法官实现同案同判。在文书写作过程中，该平台利用知识图谱和智能推送结果有针对性地生成事实认定段落和法院认为段落，快速生成裁判文书，把法官从重复性的劳动中解脱出来。在判后阶段，审判管理部门可通过类似案情的历史进行裁判尺度的审查与监督。该平台目前在多家法院适用，被评为智慧法院典型应用。

3. 系统技术路线

3.1 系统整体架构

国双智讼辅助办案平台的总体架构按数据、知识、服务和智能划分为数据采集层、图谱

[①] 领导驾驶舱：一个为管理层提供"一站式"决策分析支持的平台，侧重于对战略规划的分解和细化，通过一系列量化指标使企业高层管理职能及时、准确把握和调整企业的发展方向。

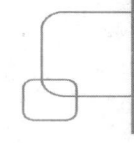

构建层、知识服务层和智能应用层 4 个层面。国双智讼辅助办案平台总体架构如图 3 所示。

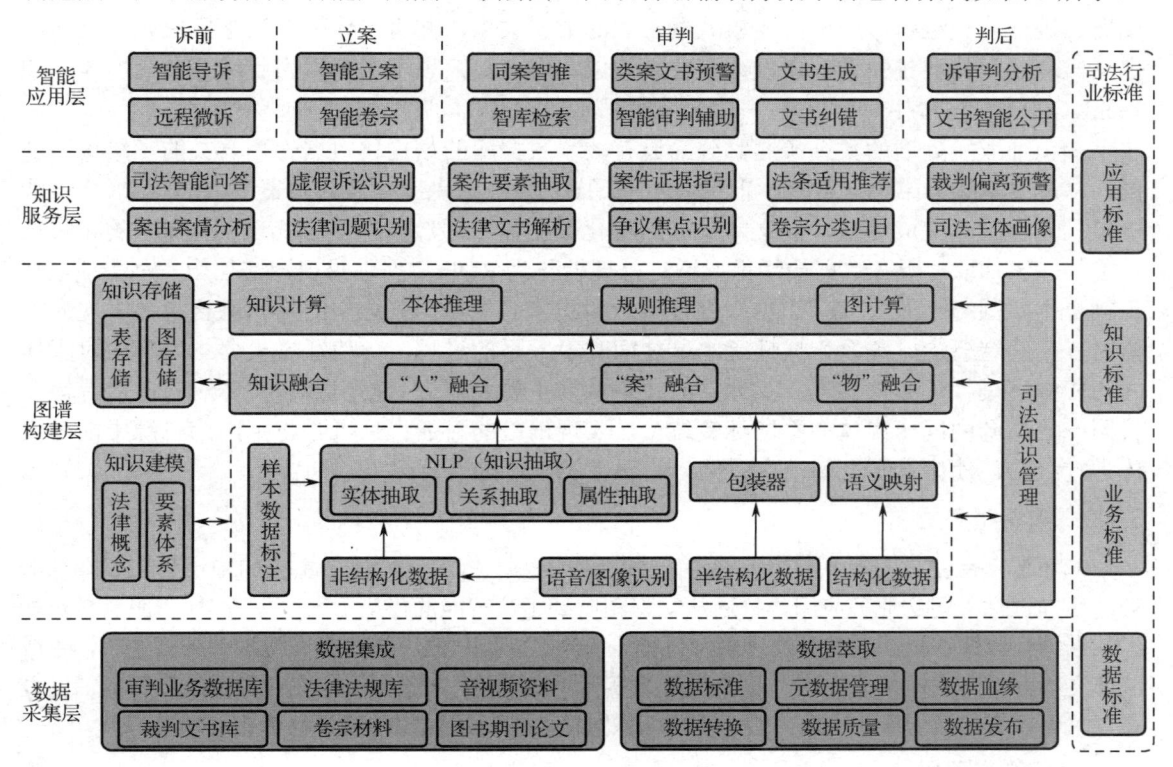

	诉前	立案	审判		判后	司法行业标准
智能应用层	智能导诉	智能立案	同案智推	类案文书预警	文书生成	诉审判分析
	远程微诉	智能卷宗	智库检索	智能审判辅助	文书纠错	文书智能公开

						应用标准
知识服务层	司法智能问答	虚假诉认识别	案件要素抽取	案件证据指引	法条适用推荐	裁判偏离预警
	案由案情分析	法律问题识别	法律文书解析	争议焦点识别	卷宗分类归目	司法主体画像

图谱构建层：知识存储（表存储、图存储）、知识计算（本体推理、规则推理、图计算）、知识融合（"人"融合、"案"融合、"物"融合）、知识建模（法律概念、要素体系）、样本数据标注、NLP（知识抽取）（实体抽取、关系抽取、属性抽取）、包装器、语义映射、非结构化数据、语音/图像识别、半结构化数据、结构化数据、司法知识管理

知识标准、业务标准

数据采集层：数据集成（审判业务数据库、法律法规库、音视频资料、裁判文书库、卷宗材料、图书期刊论文）、数据萃取（数据标准、元数据管理、数据血缘、数据转换、数据质量、数据发布）

数据标准

图 3 国双智讼辅助办案平台总体架构

3.1.1 数据采集层

数据采集层主要包括数据集成和数据萃取两个部分，为司法行业多源异构数据采集与治理提供基础支撑，实现结构化、半结构化、非结构化数据的集成和可利用，为司法知识图谱的构建提供可用的高质量数据来源。司法数据来源主要是司法机关的办案系统，如立案系统、审判流程管理系统、裁判文书库等。其中，部分数据是由案件当事人提供的涉案材料，如起诉状、答辩状、证据等；部分数据是办案过程中产生的材料，如卷宗、笔录、庭审同步录音录像等音视频资料；还有一部分数据属于司法行业的标准指引文件，如法律法规、内部工作规定、工作指导文件、请示答复批复等；此外，为了应对法官知识检索需求的增多，法学专业图书、期刊、论文、专家观点等也作为该平台的数据来源。

3.1.2 图谱构建层

国双图谱构建是指利用自然语言处理、机器学习技术，对获取的司法领域知识进行知识建模、知识抽取、知识融合、知识计算、知识存储，从而将司法数据加工为可用的司法知识。一方面形成标准的知识表示，另一方面通过知识推理形成新的知识形态，与原有知识共同经过质量评估，完成知识融合，最终形成可指导司法实践的司法知识图谱。司法知识建模的难点是对专业知识进行合理的组织，更好地描述知识本身与知识之间的关联，通常采用先定义本体和数据规范、再抽取数据的"自顶向下型"的知识图谱构建方式。首先，在建立本体前必须先确定本体将覆盖的专业领域、范围和应用目标，如智慧审判；其次，列举该领域中所

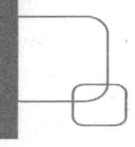

有的概念术语、概念释义，以及概念可能的属性及属性值；再次，定义概念分类层次，将领域概念进行分类组织，用于描述领域概念间的类属关系，并将本体中的概念模块化；最后，定义概念之间的业务关系。在设计和建立领域本体之前，也可考虑重用已经存在的本体，如 TechKG 开放知识图谱。

知识抽取所处理的数据源通常分为已有关联数据库的结构化数据、列表类的半结构化数据，以及文本类非结构化数据，前二者可以通过 D2R（DRF 格式转换器）、包装器（格式解析工具）等工具完成处理，而文本类非结构化数据需要通过自然语言处理（NLP）的相关技术进行知识抽取，所有数据最终都要通过处理转化为 RDF 数据供知识图谱使用。司法领域知识融合主要围绕"人""案""物"进行概念和实体的融合。概念层的知识融合主要表现为本体对齐，确定概念、关系、属性等本体之间映射关系的过程，一般通过机器学习算法对本体间的相似度进行计算来实现。实体层的知识融合主要表现为共指消解和实体对齐，前者旨在将同一信息源中同一实体的不同标签统一，实现消歧的目的；后者是将不同信息源中同一实体进行统一，使信息源之间产生联结。

3.1.3 知识服务层

知识服务层主要是把司法知识变为一种服务能力，将图谱构建层生成的知识封装成知识服务，让知识融入司法业务应用，打通从知识图谱到司法智能的"最后一公里"。知识服务是对知识数据进行计算逻辑的封装，通过多维过滤、协同推荐、关联分析、算法推理等计算逻辑，生成法律文书解析、案件要素提取、法条适用推荐等知识服务 API。司法办案业务系统和智能辅助办案工具可以直接调用服务 API，快速实现知识赋能，让司法知识应用到办案业务场景中。

3.1.4 智能应用层

1）法律知识主动智能推送

法律知识主动智能推送以服务司法办案为目标，以知识图谱和自然语言处理技术为核心，结合技术服务商的人工建模标注，可以达到一定程度的自动推送和检索，辅助法官实现"一键查找类案"，提供全流程辅助服务。在要素分析基础上，结合"两高"（最高人民法院、最高人民检察院）及各地量刑指导规范，以知识图谱为支撑，通过实体识别、语义联想、模式匹配、句法解析、摘要抽取等方法进行解析，并结合海量语料训练法律语言概率模型，提高实体解析的准确程度，向法官推送类似案件的典型案例和裁判文书。

法律知识主动智能推送（见图 4）运用语义分析、知识图谱，结合各地的法律法规与工作文件，对案件要素进行本地化处理，通过比对文本及要素相似性，进行类似案件（以下简称"类案"）的精准化推送。支持自动推送和自主检索双渠道的方式，为法官查找类案提供多元化推送途径，同时实现本案和类案要素的准确度对比和可视化展示，为法官办案提供高效且智能化的参考。

2）裁判文书智能生成

裁判文书智能生成是面向法官的法律文书写作及资源共享的智能化辅助工具。以司法机关颁布的裁判文书样式、法律法规和相关司法解释为基础，通过知识图谱、自然语言处理、机器学习、序列标注等技术手段对电子文件进行解析，学习不同类型文书中针对法律事实的常用表述规则。经由法律专家校准并结合知识图谱，形成专业的文书表述逻辑和规则库，并将其应用到智能文书自动生成的模板中。

第 16 章　智慧司法领域案例

图 4　法律知识主动智能推送

裁判文书智能生成（见图 5，图中内容虚化处理）着眼于法官的实际需求，根据选中的电子文书自动分析其文书制作需求，自动推荐模板，同时支持自动选择模板，自动生成法律文书。基于法律知识图谱，在文书制作过程中，实现智能推送相关知识库，向法官推荐案件相关争议焦点、裁判要旨、适用法律；也实现事实认定、法官判理、裁判结果等段落的模板推送或类案段落推送；还提供前置文书与裁判文书左右对照的功能，实现划词复制，以避免大量文书在撰写制作上的重复劳动，为法官减负，提高办案工作效率，同时，还具备文书自动纠错的能力，大幅提升文书的写作质量。

图 5　裁判文书智能生成

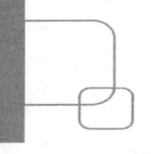

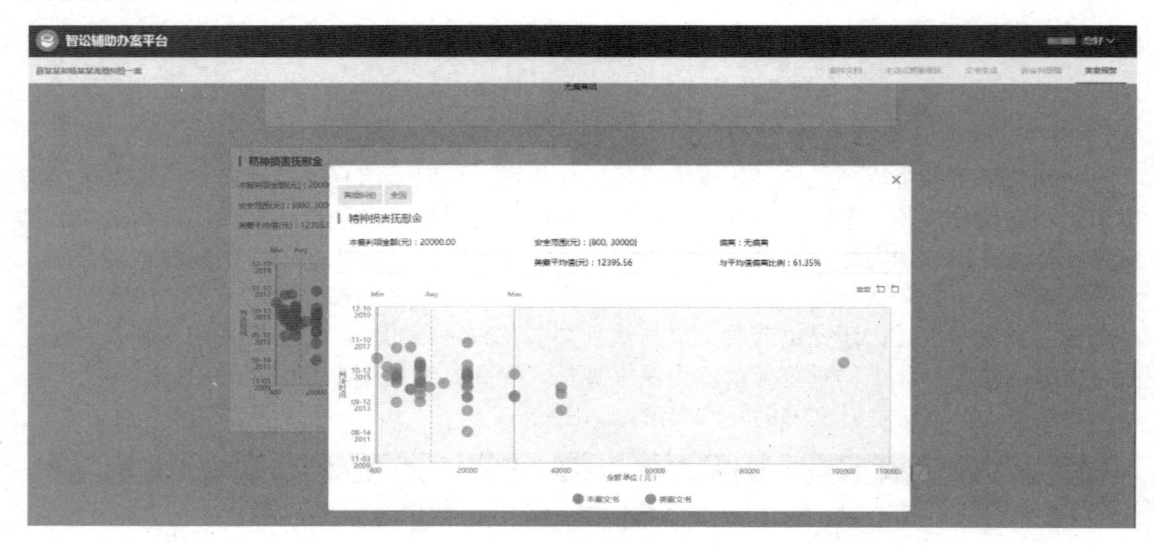

3）类案文书预警

类案文书预警以智能辅助为定位，以知识图谱和大数据为依托，以类案同判为首要目标，覆盖民事、刑事领域，实现判决预警参考。做到类似案件类似处理，是"法律面前人人平等"原则对司法的基本要求。类案文书预警以辅助法官实现案件的类案同判为目标，对海量裁判文书进行分析、挖掘，对用户输入的案情文本，通过实体识别、语义联想、模式匹配、句法解析、摘要抽取等方法进行解析，并结合海量语料训练法律语言概率模型，从而提高解析的准确程度。

类案文书预警（见图 6）运用知识图谱、自然语言处理、数据挖掘和机器学习等技术，对法官输入的整篇格式化的判决书进行解析；根据解析结果及法官的需求挖掘案件相关度，寻找和比对偏离值，实现类案判决的智能匹配与推送；以灵活交互的可视化展现形式为载体，实现对类案判决信息的视觉化预警展示，并支持信息下钻至类案文书详情，符合"知其然，知其所以然"的用户需求。

图 6　类案文书预警

4）审判规范化管理

"凡诉必审、凡审必判、未审勿判"是诉、审、判一致性的要求，在案件的审结阶段，该平台自动地从起诉状、答辩状、裁判文书等文书中识别事实，实现诉辩双方主张事实、法官审理及认定的事实、裁判事实之间的科学对比分析，对诉、审、判一致性案件进行聚类统计，帮助法官从整体上掌握案件审理情况，能够有效地辅助审判规范化管理工作。审判规范化管理如图 7 所示。

3.2 系统实施步骤

国双智诉辅助办案平台的实施路径（见图 8）包括 6 个主要步骤：需求理解、数据集成、数据建模、知识建模、图谱构建和智能应用，实施步骤又可划分为业务阶段、数据阶段、知识阶段和智能阶段 4 个阶段。在业务阶段，以满足业务功能需求为目标，随着数据库技术的日益成熟，手工办案逐渐转化为电子办案，实现了司法办案过程的流程化、规范化及数字化。

第 16 章 智慧司法领域案例

在数据阶段,以萃取可用数据为目标,基于数据采集、数据萃取等技术,将来自不同数据源的杂乱的数据进行口径统一与规范表示,构成司法数据中心,建立司法管理指标体系,以辅助领导决策管理。在知识阶段,以构建适用于实体办案业务场景的知识体系为目标,通过对智慧法院行业领域的深度理解,利用知识工程、算法建模等技术,将业务专家的经验知识、业务过程中的规律特征,转化为案件要素标签体系等智慧法院司法知识体系。在智能阶段,以挖掘数据价值、实现业务增值为目标,针对司法体制改革和政法智能化的痛点和难点,将知识模型和场景算法融入办案过程中的各个流程和节点,智能辅助司法办案,实现"机器助人力、智能增效能"。

图 7 审判规范化管理

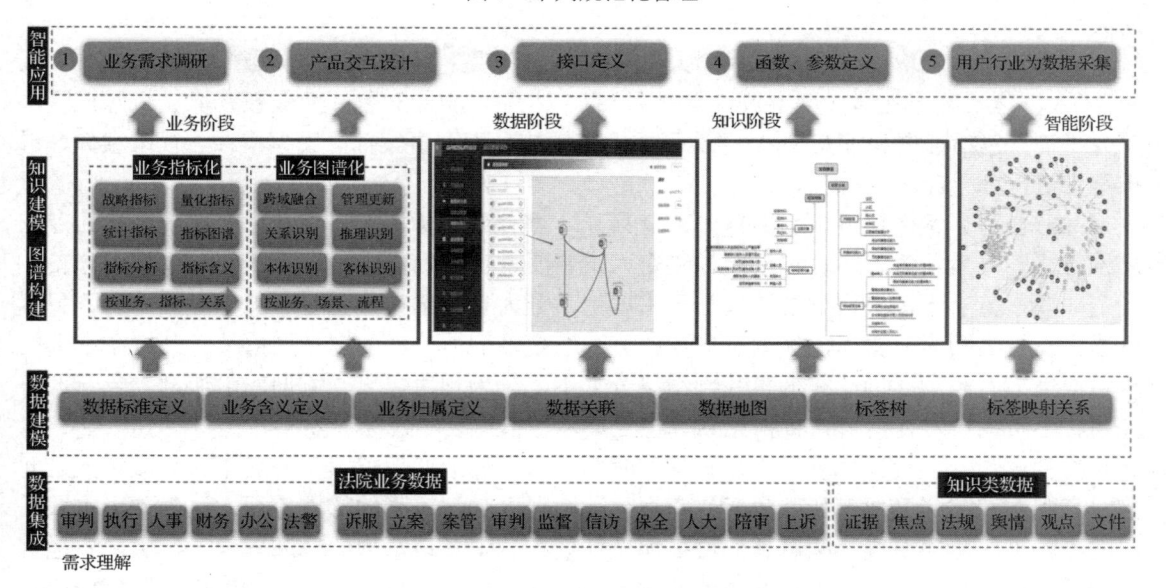

图 8 国双智讼辅助办案平台的实施路径

1)需求理解

需求理解目标是与业务专家交流,特别是业务部门,明确对数据的需求,确定主数据维度、属性、数据粒度、指标等。

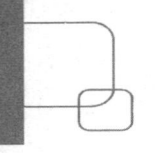

2）数据集成

数据集成目标是采集司法办案智能化升级所需的全量数据并集中存储，形成原始数据资源池。数据来源既有审判业务系统数据、内部工作资料，又有音视频数据、纸质材料数据，还包括互联网端的法律法规、司法观点、第三方图书期刊、专家观点、社会舆情等数据。根据数据形态不同，采用不同的数据集成方式。结构化数据通常采用在线或离线数据同步的方式，半结构化数据通常采用包装器解析的方式，非结构化数据通常采用信息抽取的方式。

3）数据建模

数据建模目标是通过数据治理与清洗技术形成标准、规范、直接可用的主题数据或指标数据（事实表）。一方面，对缺失数据、格式/内容错误数据、逻辑错误数据、口径不一致数据等进行清洗与治理。另一方面，通过维度建模的方法，建设面向司法办案的主题数据库，主要分为4个步骤。第一步选取业务过程，基于前期业务流程分析，选取关键的业务步骤，确定数据域；第二步定义业务统计粒度，粒度精确定义业务事实表中每一条记录的业务含义，通常是原子粒度；第三步选定维度，选择能够清楚描述业务过程所处的环境信息（描述角度）；第四步确定事实，事实是业务过程产生的事实度量的计算结果（指标）。

4）知识建模

司法知识体系也称司法领域本体，是指司法办案实务中普遍存在的司法概念及概念间关系的规范化描述。司法知识建模的核心是构建一套司法领域本体对司法知识进行描述。该平台按照智慧法院的业务分类将司法知识体系分为诉讼服务类、审判类、执行类、管理类和通用类。

从标签对象选取上，该平台以"人""案""物"为主对象，进行司法标签类目设计。其中，"人"包括犯罪主体（刑事被告人/犯罪嫌疑人等）、犯罪对象（一般被害人、特殊被害人等）；"物"包括证据和涉案物品；"案"按诉讼领域分为刑事案件、民事案件、行政案件，再按案由进行细分。

故意伤害罪案件要素标签类目如图9所示。案件要素标签类目设计贴合法院用户的专业思维方式与办案业务习惯，将一级标签定为定罪要素、量刑要素与刑事裁判结果三大分支。在定罪要素分支下，根据刑法法条与学术理论，分为犯罪主体、犯罪对象、犯罪故意、犯罪手段；在量刑要素分支下，根据量刑依据分为法定量刑情节、酌定量刑情节、升格法定刑的事由或情节、限制死刑；在刑事裁判结果分支下，分为判决罪名、主刑、附加刑、免予刑事处罚、不负刑事责任情形、宣告无罪。在二级标签下挂载三级标签项。

案件要素标签设计体现在定罪与量刑时既要有一般故意伤害案件的成年人与成年人之间的殴打犯罪情节，又要有特殊故意伤害案件上被告人与被害人的特殊关系、被告人犯本罪采取的不常见的犯罪手段。标签项的可扩展性体现在全国各地量刑的地域差异上，由于各地有不同的量刑指导意见，如果照搬各地的规定，会带来标签体量的冗余。此处可凝练相似业务要点的交集，将具体的数字抽象为一个标签项，如对被告人年龄段的划分、致人重伤人数和致人死亡人数等。故意伤害罪案件要素标签示例如图10所示。

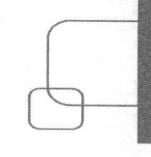

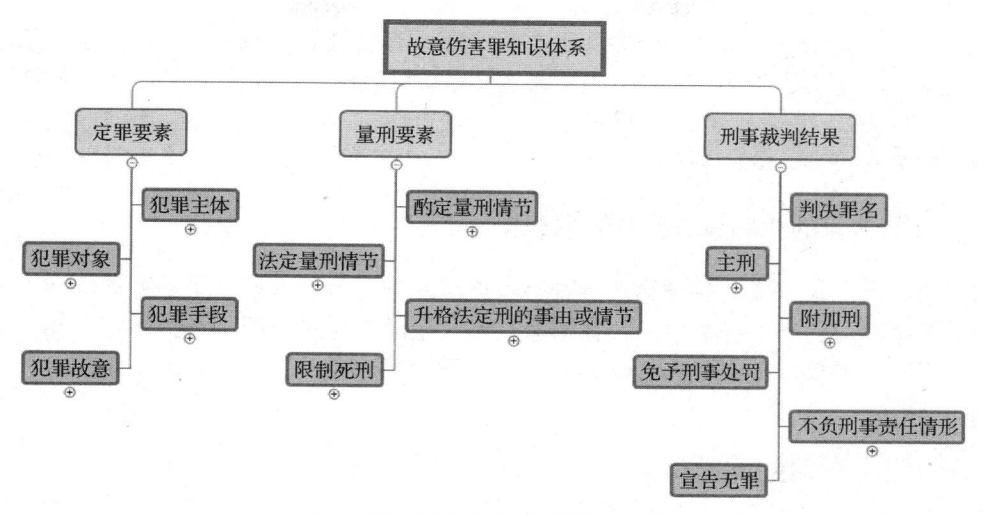

图 9 故意伤害罪案件要素标签类目

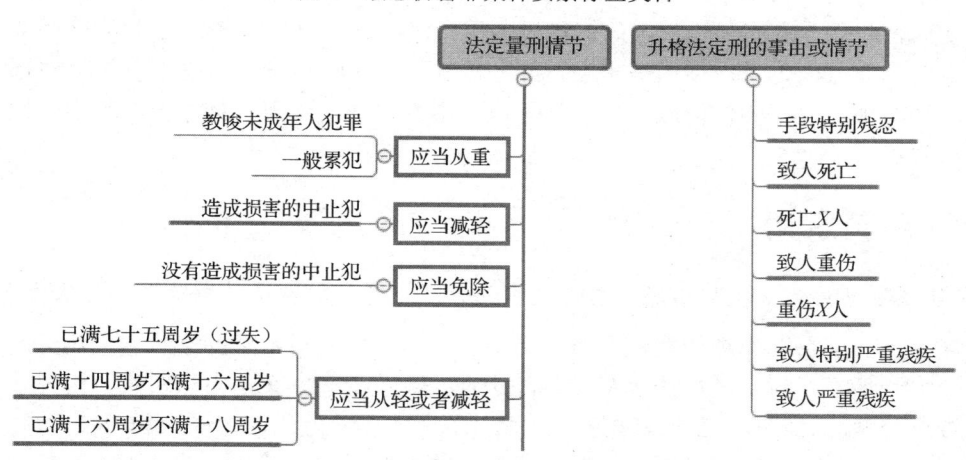

图 10 故意伤害罪案件要素标签示例

5）图谱构建

根据知识建模构建领域本体。第一步将对接的数据库进行信息配置，按照数据库类型、链接、库名、端口等进行信息完善，连接国双智讼辅助办案平台后实现不同库表之间映射规则构建，完成库表关联；自动实现本体、关系构建，实现数据归集、统一；第二步在图谱中完成数据名称映射、格式类型统一、关联元数据归一、技术定义完善；第三步基于图谱进行一定规则的推理和计算。

6）智能应用

基于司法知识图谱，通过技术手段可实现司法业务场景的智能应用，解决"案多人少""同案不同判"等现实问题。目前，司法领域存在"信息过载、知识匮乏"的现状，在司法工作中涌现了法律法规、指导案例、法律文书、电子卷宗、诉讼信息等对于公众、当事人、司法机关具有实质意义的海量司法资料。目前，司法办案、判案等工作主要依靠司法人员掌握的法律知识和积累的工作经验等。为了解决上述问题，司法智能化建设提出从以数据为中心到以知识为中心的转型升级。就此而言，司法知识体系的构建是智慧法院应用的先决性问题。

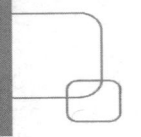

从知识工程的一般理论出发，运用要件事实论，形成有效且可行的司法知识体系，从而构建司法知识图谱，这既是智慧法院的核心要素，又是破解我国智慧法院应用难题之必需。

4. 关联技术与系统

4.1 基于元学习的少样本知识推理技术

知识图谱嵌入是完成链接预测的一种有效方法，其有效性依赖于足够的训练样本。在常见的基于表示学习的推理模型中，往往都会利用大量的数据对模型进行训练，但在司法实例中，少量样本的现象广泛存在。元学习通过少量样本迅速完成学习，目的是解决"学习如何学习"的问题。

4.2 基于深度学习的问答优化

深度学习可被直接用于改进传统问答系统的各个模块，包括语义解析、实体识别、意图分类和实体消歧等。在实体识别方面，可以使用"LSTM+CRF"及BERT提升实体识别正确率；在意图分类方面，可以使用基于字符级别的文本分类深度学习方法，甚至针对语言和领域提供预训练模型；在实体消歧方面，也可以使用基于深度学习的排序方法判定一组概念的语义融洽度。

5. 案例示范意义

1）实现法官办案工具从功能型到智能型的升级，有效缓解了"案多人少"压力

近年来，各地法院受理的案件数量不断增多，而办案人员数量的增长速度远远赶不上案件数量的增长速度，特别是司法改革以后，法官人数较少，办案压力非常大，因此，各地法院积极推进智慧法院建设。在信息化建设过程中，尚未充分运用法律知识和司法大数据资源，在法官办案过程中使用的工具更多是偏功能型而非智能型，因此，法院工作仍然面临案件数量多、审判任务压力大、烦琐工作大量耗费法官办案精力的情况。在这种背景和面临的挑战下，迫切需要以知识图谱、大数据技术和人工智能为技术核心，推动法院信息化建设转型升级，充分开发、利用、结合法律知识和司法大数据资源，着眼于法院全业务、全流程，以审判规范化为指导，将法官从大量烦琐重复的工作中解放出来的智能辅助办案工具。

2）为法官提供一体化智能辅助解决方案，极大地提升了法官办案的质量和效率

国双智诉辅助办案平台在江西省高级人民法院进行了大规模应用。目前，法院内大多建有案件电子卷宗随案生成系统，该系统对电子卷宗进行智能解析，具有主动式智能推送、文书生成、类案预警及审判规范化等一体化服务功能，为法官提供一整套智能辅助解决方案。实践证明，该平台有效减少了法官检索知识的时间，大大提升了法官办案质效，实现了法官对产品价值的认可。

经过在江西省内多家法院试用，初步测算能够为法官提升办案效率约20%，相当于额外充实了20%的办案人员。例如，该平台在全国推广使用，相当于在全国12万办案人员的基础上增加了2.4万名办案人员。在提升了法官办案效率的同时，也可使大量案件能够更加及时地得到审理，明显提升社会经济效益。

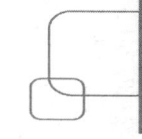

3）系统在实践应用中持续更新迭代，通过技术与业务的深度融合提升了法院工作现代化水平

目前，全国各地法院正致力于建设具有中国特色的"智慧法院3.0版"。针对理念思维、均衡发展、规划实施、应用水平、管理机制、人才队伍等方面不相适应的问题，运用大数据蕴藏的巨大潜能进行解决，实现透明便民的公共服务、公正高效的审判执行、全面科学的司法管理，从而促进提升人民法院工作现代化水平。在智慧法院建设过程中，应综合应用各种人工智能技术，实现智能审判、智能诉讼等司法辅助功能；积极推动人民法院信息化建设转型升级，加快建设"智慧法院"，推进人民法院审判体系和审判能力现代化。在这一进程中，国双智讼辅助办案平台作为显著提升司法能力，成为实现司法为民和公平正义目标的有力抓手，为推进深化司法体制改革贡献力量。

6．展望

国双智讼辅助办案平台拥有远程审判、语音办案、文书生成、类案推送、类案预警、量刑建议、审判规范化、决策支持等功能，在服务人民群众，以及助力审判执行、司法管理、司法研究、司法改革、司法创新等方面已有不少成果。未来，结合司法领域业务专家和一线司法工作人员的专业能力和实践经验，优化方向在于以下几个方面。

（1）构建司法知识图谱应用评价体系。知识图谱评价对其质量评估非常重要，但目前对评价方法缺乏全面、系统、深入的研究，没有成熟、统一的评价标准和评价工具，缺乏司法知识图谱评价方法理论体系和实证研究。因此，对于司法知识图谱构建及应用的评价方法和评价标准仍需进一步研究。

（2）持续和及时更新司法知识图谱。司法知识图谱中的规则性知识、描述性知识均需要根据法律法规修订、内设机构改革、业务调整等而及时地更新。目前，司法领域知识体系更新以人工更新为主，如何做到低成本地更新和维护司法知识图谱是后续优化的一个重点。

此外，国双智讼辅助办案平台将知识图谱能力在专业化智能辅助工具上进行释放。国双总结经验，尝试将司法知识图谱的工作方法、工作平台和相应知识推送工具集应用到审计、税务等专业领域中。以税务智能协查辅助系统为例，该系统作为协查案件全流程智能辅助工具，可以实现流程自动化技术在税务稽查工作领域的初步应用，能大幅减少稽查人员以往需要在多个信息系统模块之间反复跳转、复制黏贴的机械性人工劳动，促进协查流程的智能化和自动化。工作人员可以以一个协查案件为例开始操作，实现信息填报事项由电脑自动完成抽取和填充，以及自动生成表格、自动截图存证、推送相关规范性文件等，减轻相关岗位人员的工作量。

由此可见，图谱与智能化流程辅助系统的结合在富文本、专业化的业务领域大有前景，可以为上述领域实现知识的精准推送与办案效率的提升助力。

*专栏：法院司法标准化现状与需求

1．法院司法标准化现状

法院司法标准化分为法院业务标准化和法院信息化技术标准化。法院业务标准化的结构体系主要包括六个方面的内容：一是建立司法权力配置标准，要求对各审判组织的构成及内外部关系进行标准化设计，对审判委员会、合议庭、独任法官等审判组织的职责分工、相互联系做出明确规定，构建依法有序、分工明晰的审判权力运行机制；二是建立司法行为检验标准，要求对各类司法责任主体的行为准则进行标准化设计，确保司法行为规范得体；三是建立司法流程运行标准，对人民法院诉讼服务、诉前保全，以及立案、分案、排期、审限、裁判、执行、结案、上诉、涉诉信访等各个审判环节的相互衔接、相互配合做出规定，确保司法流程高效运行；四是建立司法公开评价标准，主要对司法公开的标准进行细化，提供可检验、可评价的标准及程序，使司法公开的各项要求落到实处；五是建立司法绩效考评标准，对司法机关的各个岗位制订完善的工作标准，使司法活动的岗位目标任务、工作内容和程序方法、职责权限、质量标准、评价考核、责任追究等有明确的依据；六是建立司法管理责任标准，围绕司法活动的管理及标准的实施进行设计，明确标准化管理的目标、任务、职责和权限，形成司法标准的制定、实施、监督、反馈、改进工作体系。某法院已建立起涵盖司法流程、司法裁量、司法质量、司法权责、司法公开和诉讼服务六大标准体系，先后出台实施 30 余个司法标准化文件，涉及 402 个程序环节、1020 项程序标准、240 项法律问题适用标准。

法院信息化技术标准是为全国法院信息化建设提供标准化的规则，指导全国法院信息化建设。法院信息化技术标准由基础标准、技术标准和管理标准组成。人民法院信息化技术标准体系如图 11 所示。目前，人民法院信息化技术标准共包含 127 项标准，其中，采用国家标准 27 项、其他行业标准 3 项，以及最高人民法院组织编制的法院行业标准 97 项。

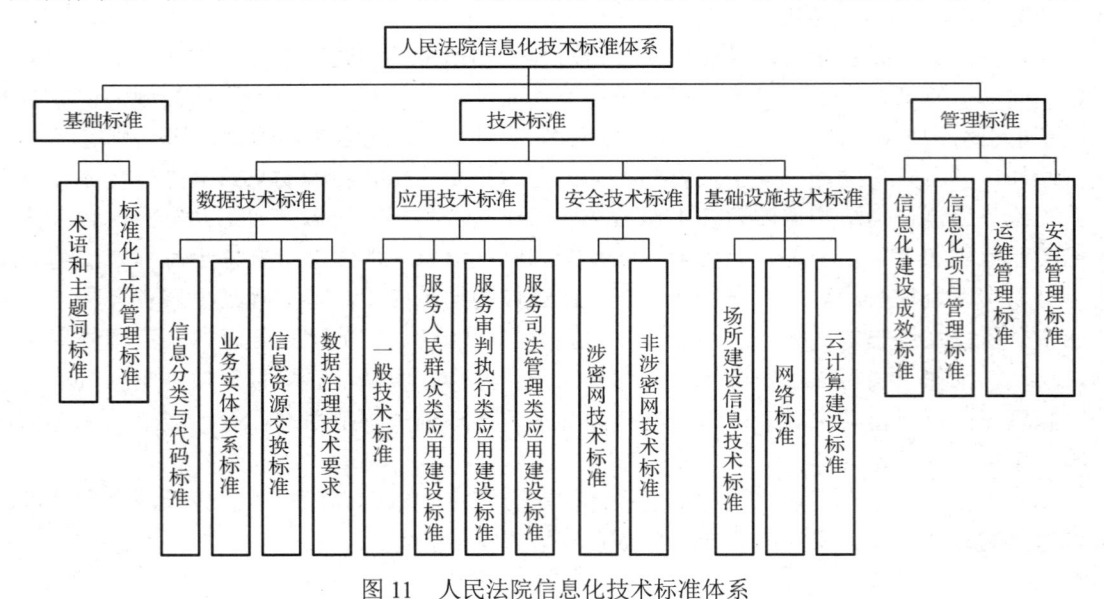

图 11　人民法院信息化技术标准体系

2. 法院司法标准化需求

通过分析现阶段我国法院司法标准化的现状，法院司法行业标准化需求有以下两点。

1）构建智慧法院司法知识体系

建议结合智慧法院司法办案主体业务，开展构建以司法办案实务为导向的智慧法院司法知识体系。围绕智慧诉讼服务、智慧审判、智慧执行、智慧管理四大类业务，立案、审理、结案、涉诉信访、执行、司法公开、司法管理7类业务环节，进行司法知识体系梳理。法院司法知识体系可按业务类别分为诉讼服务类、审判类、执行类、管理类和通用类5类。诉讼服务知识用于诉讼咨询、诉讼接待、诉讼信息查询、立案、涉诉信访、司法公开等法院诉讼服务实务工作流程中。审判类知识是审判案件和执行案件在法院流转的全过程，包括案件立案、送达、开庭、合议、宣判、结案、归档等审判的不同阶段，以及审限变更、卷宗转移、信息录入等审判活动中所需的知识。执行类知识是指保证具有执行效力的法律文书得以实施的知识。管理类知识是对法院业务、人员、信息化等全方位管理所需的知识，核心是审判管理类知识。通用类知识是面向多个法院业务的普适性、基础性知识，如案件剖析、法规服务、类案服务、文书辅助、数据画像等知识，在诉讼服务、审判、执行、管理等多个业务板块中均能使用。

司法知识体系按知识属性分为描述性知识、规则性知识和规律性知识3类。描述性知识具有常识性、事实性、陈述性的特征。描述性知识要求的心理过程主要是记忆，它的激活是输入信息的再现，如执行案件量、审判案件量等。规则性知识是人们在遵循规律的基础上规定出来供大家遵守的制度或规范，是经过推理和归纳、分析与综合等逻辑思维方式界定总结出来的知识，如法律法规、诉讼材料要求、送达方式等。规律性知识是通过统计、概率计算等方法总结出的具有较大融通性、原理性、经验性、趋势性的知识。

2）进一步完善应用技术标准，新增司法知识图谱等相关标准

新增司法知识图谱、司法区块链等新技术在法院司法领域应用的技术标准，规范其内涵、外延、应用场景、功能和评价指标。

第 17 章 智慧公安领域案例

案例 33：公安知识图谱

随着大数据与人工智能的飞速发展、海量多源异构数据的出现，各个行业针对数据价值挖掘展开了智能化的探索。面对公安行业多警种、多渠道、多样化的数据信息，传统的信息化技术无法针对公安各项案件进行数据融合与挖掘分析，无法对案件涉及的人、地、事、物、组织进行统一关联分析。拓尔思安拓知识图谱平台基于动态本体、对象存储方式，从数据整合、知识构建、知识管理到知识关联分析，搭建了一套面向公安数据分析应用的知识图谱平台。知识图谱平台汇集融合了公安多源异构数据，以对象、属性、关系的方式，对公安业务数据进行关联分析，帮助业务人员解决因数据量庞大导致的数据分析难、数据利用难的问题。公安知识图谱的运用，整体提高了知识检索效率、扩大了数据关联范围，实现了在目标数大于 30 亿的索引存储条件下，检索时间不超过 2s；在关系数大于 1000 亿条件下，关联检索时间不超过 30s。

1. 案例基本情况

1.1 企业简介

拓尔思信息技术股份有限公司（以下简称"拓尔思"）是一家技术驱动型企业，专注研究中文检索、自然语言处理等领域二十余年，并取得了不错的成绩；于 2011 年在深交所创业板上市，是第一家在 A 股上市的大数据技术企业。拓尔思以"大数据+人工智能"为发展战略，旨在帮助客户实现从数据洞察到智慧决策的飞跃，其 TRS 中文全文检索系统、WCM 内容管理平台、CKM 中文文本挖掘等软件均提高了相关领域的技术研发水平。同时，拓尔思不断拓宽产品线和综合服务能力，为政府、媒体、安全、金融等多个行业提供领先的产品、技术和解决方案。为了迎接云计算时代的来临，拓尔思近年来加快了基于云服务的数据分析和知识服务的发展步伐，旨在实现软件企业的战略转型和升级。

1.2 案例背景

某省公安部门因日常侦查破案需要，采集汇聚了社会来源数据、互联网公开数据、政府民生部门数据等多源数据，面对数据来源多、种类杂（多达上千类数据）、数据量大（PB 级别）等问题，目前采用大数据分布式技术对数据进行分类存储和计算应用。但由于数据量巨大、种类繁多，在对复杂案件侦查时需要在不同的数据库中查找数据，并通过人工方式进行

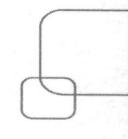

关联分析，经过多个重复的步骤才能形成完整的证据链，极大地制约了公安侦查破案的效率，影响了社会民生。

拓尔思安拓知识图谱平台融合了动态本体知识建模、知识图谱技术、大数据技术和可视化技术等多种技术，形成了自然语言处理、语义检索、机器学习、智能推荐、自动问答等应用能力，帮助公安部门实现了多元数据的知识管理、智能检索、可视关联分析、地图分析、多维空间分析。

1.3 系统简介

利用知识图谱相关理论技术，构建用于公共安全行业的全局"对象—属性—关系"的知识图谱，打破现有数据的整合瓶颈。通过对公共安全行业存量的结构化数据和非结构化数据进行关系挖掘、数据分析、文本语义分析等，抽取人、物、地、组织机构、服务标识号等实体，并根据实体的属性联系、时空联系、语义联系、特征联系等建立相互的关系，构建一张具有公安特性的多维多层的关系图谱网络。综合提高数据应用能力，实现从数据到知识、从知识到智能的升级转变，有效支撑公安警务由信息化向智能化转变。

1）数据来源

公安知识图谱数据来源于公安警务云平台的人员主题库、车辆主题库、案件主题库、物品主题库、组织主题库、关系库、轨迹库、标签数据库等。

2）知识图谱平台

知识图谱平台主要提供公安大数据整个知识图谱的建设管理，提供知识图谱基础的本体管理、数据导入映射、知识整合、资源统计、日志管理、用户管理等功能。

3）知识图谱库

知识图谱库的数据来源于基础标准库、主题库、专题库和标签库等数据资源库，以知识图谱的数据组织方案，根据业务梳理和知识图谱的存储架构，建设业务对象库、图数据库、知识索引库、配置信息库，以形成知识图谱库。

4）知识图谱服务

拓尔思安拓知识图谱平台面向各警种单位提供基于知识图谱的服务，包括本体服务、知识检索服务、知识图谱分析服务、知识管理服务、文本解析服务和系统接口等。

5）知识图谱应用功能

基于知识图谱数据资源提供知识图谱应用功能，包括基于知识图谱的深度语义检索、知识浏览、知识百科、知识图谱分析、地图分析等。

（1）基于知识图谱的深度语义检索。支持用户输入任意自然搜索语言，系统基于中文文本语义分析，自动解析用户的搜索目标和意图，帮助用户快速找到知识图谱库中的业务知识及其关联关系，为业务分析和其他应用系统提供支撑。

（2）知识浏览。可针对人物、组织机构和事件等知识定制知识展示模板，从知识库中提取相应内容生成人物档案、组织机构档案和事件档案，实现知识的直接应用。同时，用户可根据自身业务需要，自定义相关的档案展示。

（3）知识百科。系统提供一套与百科知识卡片相互转化的工具，实现知识图谱库内容更

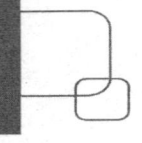

新，方便知识图谱库的直接使用。

（4）知识图谱分析。知识图谱分析（见图 1）提供基于知识图谱的数据分析功能，包括关联图分析、地图分析和分析助手等。知识图谱分析支持检索结果的可视化显示、关系挖掘分析、多种布局方式显示；支持实体过滤、隐藏等操作；支持缩略图功能，在缩略图上可以执行移动操作。

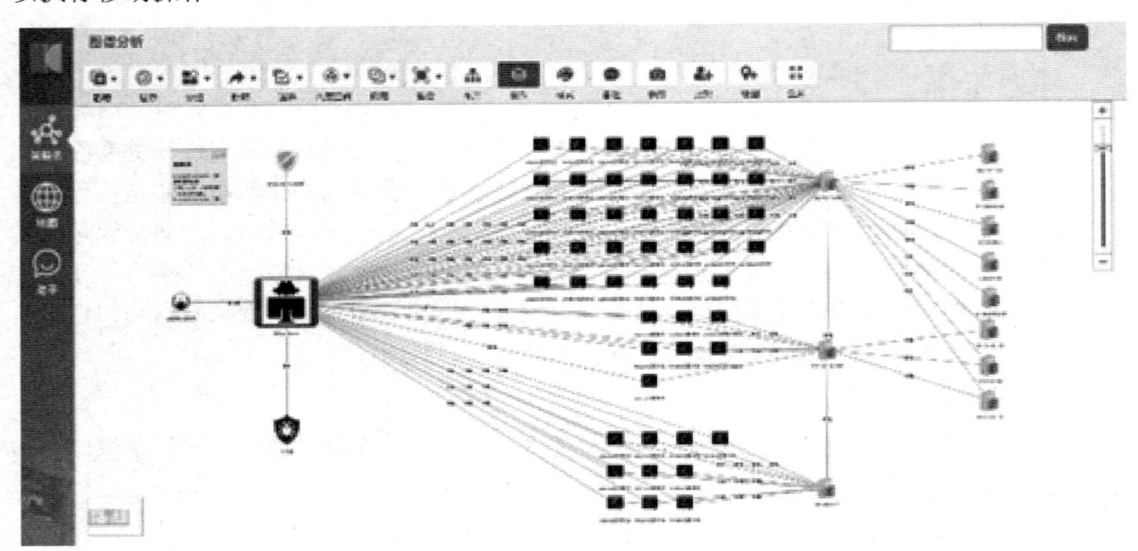

图 1　知识图谱分析

（5）地图分析。拓尔思安拓知识图谱平台提供地图对象标注、地址对象解析、地图区域检索、热力图分析等应用功能分析。

产品特点包含以下两个方面。

1）紧密关系人分析

结合知识图谱库中的各种人员关系数据、轨迹数据、关联数据等，实现对关注对象的紧密关系人分析，结合同行的次数、亲属关系的层级和其他联系次数等，利用知识图谱关系网络算法进行综合计算，最终得出关系亲密度圈子，并输出关系亲密度前 10 的人员进行关系可视化展示。

2）关系网络挖掘分析

在侦查办案过程中，对涉及的人、地、事、物、组织等对象，可基于知识图谱快速调出该对象的关系网络，并可根据公安业务侦查思路，不断进行关系网络的扩展；支持采用图形算法展示关系网络中各实体之间的关系，帮助侦查人员快速梳理各类分散的、独立的情报线索。

2. 案例成效

通过对海量多源异构数据的统一知识化处理，用户在侦查分析时只需在一个平台就能完成所有数据的关联、挖掘、分析；通过知识语义检索，用户能够快速、准确地找到相关的人员和物品；利用图谱分析和地理空间分析功能，能够快速、可视化地呈现完整的证据链条，

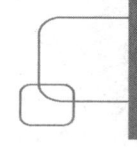

极大地提高了公安部门侦查破案的效率,挽回了人民群众的损失,提高了人民群众的幸福感和安全感。

(1) 目标数≥30 亿,检索时间≤2s,即在目标数大于 30 亿的索引存储下,进行检索时间不超过 2s,可通过检索功能展示。

(2) 关系数≥1000 亿,目标对象三级扩展时间≤30s,即在关系数大于 1000 亿时,通过图库进行关联检索的时间不超过 30s,并且通过关联图扩展展示。

3. 案例实施技术路线

3.1 系统架构

公安知识图谱系统架构包括数据接入处理、知识图谱平台、知识图谱库、知识计算、知识图谱服务、知识图谱应用和应用领域各层级,如图 2 所示。

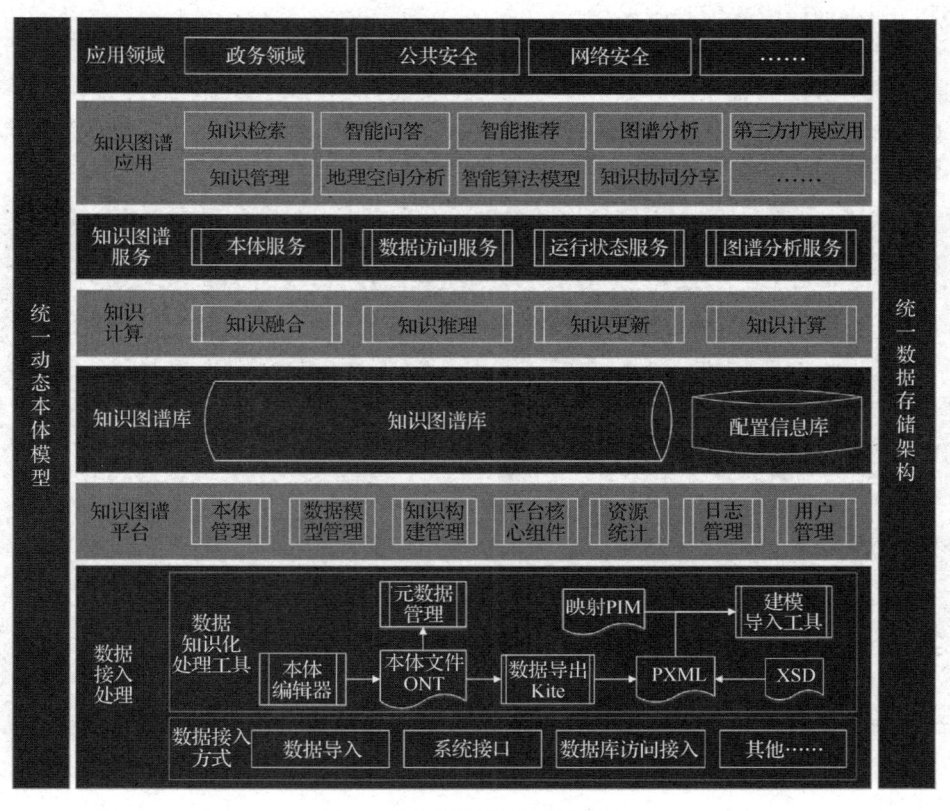

图 2 公安知识图谱系统架构

3.2 技术路线

3.2.1 知识图谱构建

支持对知识数据的构建,支持专家根据不同业务进行本体模型设计、数据映射模型设计等操作,实现知识导入模板配置、知识构建运行、知识历史状态浏览等功能。

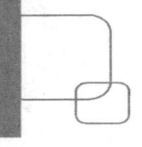

1）数据模型管理

支持接入不同类型的数据，并在数据处理或文档浏览的过程中，通过人机交互的方式完成知识的提炼、描述、入库、展示等功能。同时，支持对存量数据自动标注、实体对齐，辅助用户进行针对性、专题化的实体知识填充。

（1）数据来源管理：支持对不同数据来源的数据接入建模，包括 Oracle、MySQL、PostgreSQL、Kafka 等；支持为不同类型的数据来源设计模板，分别对应不同数据处理组件。

（2）数据知识模型管理：支持以可视化的方式对接入的数据资源进行数据知识模型配置。

（3）数据模型预览：支持对已定义好的数据模型进行预览，可通过预览查看数据的接入过程、步骤及各个节点对数据的操作或映射。

2）知识构建

知识构建过程包括本体设计、数据接入模型配置管理、数据建模、导入模板管理、知识构建运行、知识构建历史状态浏览。

（1）本体设计：本次领域本体库构建将采用美国斯坦福大学开发的七步法和爱丁堡大学人工智能研究所开发的骨架法。其中，骨架法主要提供本体开发的指导方针，对细节描述较少，而七步法对构建步骤有详细描述，能很好地使用 RDF/OWL 知识表示框架表示本体。公安知识图谱本体设计如图 3 所示。

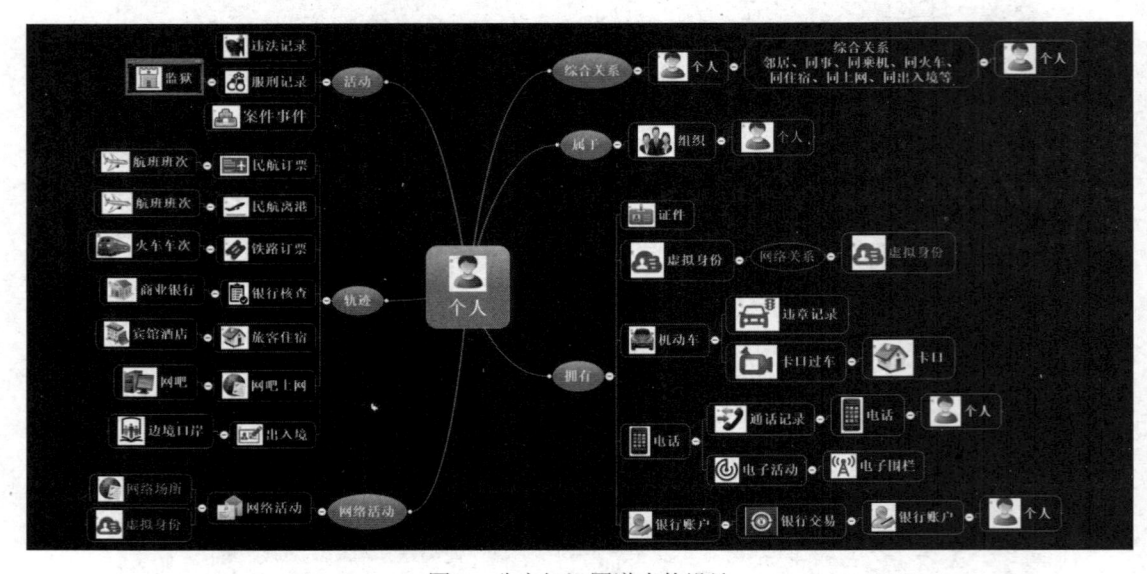

图 3　公安知识图谱本体设计

（2）数据接入模型配置管理：支持对知识图谱平台中定义的所有数据接入模型进行统一管理，包括数据接入模型的基础信息、字段配置、新增实体、字段属性、是否主键、是否标签等进行配置管理。

（3）数据建模：在知识构建时，支持根据业务领域或者业务专家知识进行建模。

（4）导入模板管理：支持通过模板进行数据导入，并提供导入模板的新增、编辑、删除等功能。

（5）知识构建运行：支持使用后台提供的各类组件，实现从数据源到知识图谱的知识构建。

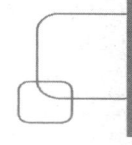

（6）知识图谱构建历史状态浏览：支持对整个知识图谱构建过程的状态监控和浏览，以可视化的方式展示知识构建过程的各个历史状态。

3）本体管理功能

支持对知识图谱中定义的所有本体类型进行统一管理，实现本体的对象、属性、关系的名称、父类、URI、基类等信息的编辑和维护；支持对所有对象类型的分类、分组，对象内容的编辑和维护；支持对对象和属性的关联关系的统一管理；支持对所有对象间的关联关系映射进行统一管理；支持本体文件的下载和上传；支持对本体的类型、URI、图标等进行统一管理。

3.2.2 知识库构建

知识库是按照知识对象、属性和关系的方式存储数据的资源库，其混合模式支持分布式的搜索和图谱计算。通过对结构化数据和非结构化数据关系挖掘、数据分析、文本语义分析等，抽取出实体（标识、概念等）、属性、关系等对象，并根据实体的属性联系、时空联系、语义联系、特征联系等建立相互的关系，构建一个具有领域特性多维多层的实体与实体、实体与事件、关系等的知识图谱库。

1）主题数据知识构建

主题数据知识构建主要指将业务大数据中公共主题数据区的人员主题库、事件主题库、物品主题库、组织主题库等数据库的数据进行知识构建后，导入知识库。

2）关系库知识构建

关系库知识构建主要指将业务大数据中公共专题数据区的关系库中的数据资源进行知识构建后，导入到知识库。

3）标签数据知识构建

标签数据知识构建主要指将业务大数据中个性化专题数据的标签数据资源进行知识构建后，导入到知识库。

4．案例示范意义

知识图谱是一种表达知识的方法，从数据到知识是一种知识化的思维。公安传统的数据均采用二维表的方法进行存储和表示，该方法用在大数据资源库上有很多缺陷。例如，一个问题是二维表结构固定，难以扩展，承载新增数据源的变化成本很高。又如，从表结构上看不出和现实世界的对应关系，这样机器无法通过结构来理解数据，导致公安在侦查办案过程中，面对不同的涉案目标，没有统一的目标表达方式，需要在海量的数据中人工查找与目标关联的所有数据来进行分析。

在公安知识图谱中，采用一套基于动态本体的知识模型，把所有知识抽象为对象进行表达，将对象和现实中的事物对应，其中，对象包括实体、事件、文档和多媒体等。基于动态本体的知识图谱的建设意义包括以下几方面。

1）知识全覆盖与知识库的统一整合

知识图谱可以承载所有类型的知识，包括实体、事件、文档、多媒体等，完整严谨地表达了对象、关系、时间和空间。多源异构的数据经过汇集加工后，能够按照对象的方式进行

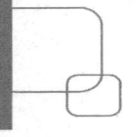

数据整合、实体整合、属性整合、关系整合、事件整合等。如果是新增的对象类型或属性，可以通过配置本体的方式获得支持。

2）格式交换

知识可以用统一格式的 XML 文件来表达，在统一本体的情况下，实现跨域的知识共享和交换。同时也可以支持单兵离线系统的数据共享和交换。

3）统一的知识检索和图计算关系支撑

数据通过知识图谱进行知识整合后，会一并整合到知识索引库和图数据库中，进而可以提供对于对象类型、属性条件、时间条件、空间位置的全文检索功能，并支持对象的相关对象、关系、路径等图计算方式。

5. 展望

大数据技术的广泛应用为发展公安知识图谱提供了强有力的数据支撑。在此背景下，多样复杂的数据类型，促进了公安办案流程的改进，但多源异构数据的日益剧增导致数据价值利用率依旧有待提高。对于公安的多个业务部门而言，多数据库、多资源库、多权限控制、多模态、多任务处理的需求逐渐明显。公安行业细分领域知识图谱实现了统一数据资源的应用与管理。

在实际应用中，知识图谱会在目标对象上增加属性或者增加与目标对象相关的成果事件，这样可以灵活地存储知识加工的成果，支持通过文本挖掘的方式处理文档对象，也可通过数据挖掘和机器学习的方式处理实体和事件。同时，基于标签加工与处理，形成便于分享、应用的数据模型，通过对模型的动态编辑与应用，最终实现办案人员全网联动、协同办公、模型共享、融合管控的目标。

---

*专栏：公安领域标准化现状与需求

1. 公共安全行业标准化现状

目前，公安业务采集了海量的数据资源，结构化数据总量超过千亿条，非结构化数据达到 PB 级别。公安每天接报的警情和事件具有很强的随机性和特殊性，面对海量的数据片段，侦查办案的过程往往需要耗费大量的人力、物力去调取各类数据进行人工关联分析。现有的业务系统没有事先将海量的数据构建关联关系，即没有将不同来源的数据片段形成数据网络、进而形成知识图谱网络；并未有效缩短办案人员处理各类数据的时间、提高办案效率。

知识图谱本质上是一种语义网络，节点代表实体或者概念，边代表实体/概念之间的各种关系。公安知识图谱利用知识图谱的技术，把人、案件、物品、组织等节点对应到知识图谱中的实体，把实体之间的关系（包括人与人之间、人与物之间、人与案之间、物与物之间等）对应成边。知识图谱技术展现了公安大数据的本质关联，比传统的关系型数据库更加自由多样化，更适用于公安办案。

2. 公共安全行业知识图谱标准化需求

1）将业务数据构建为知识图谱的需求

业务数据存储在不同的库,知识图谱实现业务数据按照知识图谱的架构和规范,形成业务知识图谱。

2）知识发现的需求

在警务数据中非结构化数据比传统的结构化数据的信息量多很多。非结构化语义精准搜索与挖掘是指在知识图谱的基础上真正理解用户的搜索请求。通过对公安业务数据进行知识图谱的构建,实现基于语义的检索功能,能够快速根据用户输入的检索内容,发现检索内容的核心语义,从而发现背后的关联关系,并将检索结果展现给用户。

3）基于知识图谱的智能化数据分析需求

采用动态本体技术,构建公安领域内程序能够读懂的公安知识图谱结构,涵盖公安业务领域内的每个对象实例的类型、属性,以及相关的实体、事件、文档和多媒体。在应用层面,知识图谱有效支撑了更多公安专业及通用的应用场景,实现了公安大数据向机器学习、人工智能的跨越。

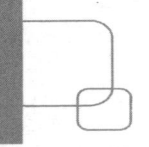

案例 34：知识产权领域图谱实践案例

2019 年国务院印发《2019 年深入实施国家知识产权战略加快建设知识产权强国推进计划》，强调深化知识产权领域"放管服"改革，其中"推进知识产权大数据中心建设""促进基础数据开放和共享"为该领域的核心工作。本案例以落实全面从严的知识产权保护政策、深度激发企业及个人科技创新活力、着力打造良好的知识创新发展环境为核心目标，围绕知产创造、运用、保护、运营和管理等服务内容，基于知识产权业务和信息化，构建知识产权领域知识图谱；并以大数据、物联网、云计算、人工智能等信息技术为手段，打造技术领先的"知识产权服务平台"。该平台提供相似专利监测、企业知产关联分析、知产价值评估、企业竞争关系挖掘等知识图谱特色应用。健全知识产权保护及运营协同体系，提升个人、企业知识产权维权及办事效率 80%以上。提高知识产权数据分析及预警能力，为决策提供辅助依据，实现全域一键感知。助力知识产权保护和运营管理的规范化，构建坚实的知识产权生态链的技术底座。

1. 案例基本情况

1.1 企业简介

平安国际智慧城市科技股份有限公司（以下简称"平安智慧城市"）是平安集团旗下专注于新型智慧城市建设的科技公司，也是平安智慧城市生态圈的主要建设载体。平安智慧城市以"智慧、智理、智效"为建设理念，围绕"优政、兴业、惠民"三大目标，依托人工智能、区块链、云计算等核心技术，以 1 套"智慧城市云"平台有力支撑 N 个智慧城市板块，包括智慧政务、生活、交通、医疗、教育、环保、法律、社区、养老、农业、城管等。平安智慧城市以集团内科技产业实践成果为基石，以客户场景需求为导向，与政府、企业和市民共同构建"智慧城市"新篇章。

1.2 案例背景

1.2.1 建设概况

知识产权是国家高新技术服务业发展的重要领域，知识产权保护和运营服务对科技创新、产业升级、对外贸易、产业文化的发展的支撑作用日益凸显，对国家形成结构优化、附加产值、吸纳创新产业的产权化服务业态意义重大。

作为全国创新强区，某区知识产权保护中心旨在打造国际一流的高科技企业总部服务平台，加速构建知识产权创新服务产业生态链，推动形成"双创文化高地"和"高端服务洼地"。本项目基于国家宏观政策和区属知识产权保护中心建设要求，构建知识产权运营生态体系，实施知识产权维权援助服务，采取体系化推进、工程化建设、项目化管理的方式完善知识产权运营和保护政策体系，着力构建高价值专利培育、集中高效的知识产权管理、知识产权大保护、知识产权运营平台和知识产权金融五大体系，形成政策完善、要素完备、体系健全、运行顺畅的知识产权运营服务体系，支撑某区打造全国领先的知识产权服务平台。

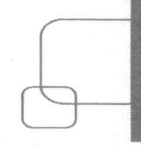

1.2.2 知识产权知识图谱应用分析

随着知识产权领域智能化、信息化的不断推进，系统中的数据信息量急剧增加，但仍存在知识产权数据资源共享机制及标准缺失、数据助推知识产权保护应用的现代化建设受阻等情况。同时，知识产权管理单位积累了大量相关数据资源，在无统筹统建模式的信息化建设情况下，知识产权管理工作的相关数据资源仍然保留在各机构本地，未形成数据的合集。基于数据分析的全局知识产权信息化管理应用尚未建立，直接导致了知识产权难以监管、创新能力受限等问题。

因此，将人工智能技术与传统数据库相结合，构成知识图谱，能够按照相关结构对知识进行有效管理。同时，在知识产权领域引入知识图谱，可以对数据信息进行挖掘，以及对系统中分散的知识进行汇总，提高数据处理及分析能力，保障知识产权数据的通用性和规范性，从而为知识产权平台的稳定运行和高效管理提供基础保障。

知识产权图谱应用如图1所示。知识产权图谱支持可视化知识产权检索、关联关系发现、企业创新分析、洞察产业状态等核心功能，通过以上功能提升知产保护能力和服务质量。构建知识产权图谱，可挖掘专利、商标、企业及个人等关联关系，有效加强知识产权保护，推动企业创新，同时洞察产业技术专利动态，助力产业发展，达到提升以知识产权为核心的政务服务的目标。

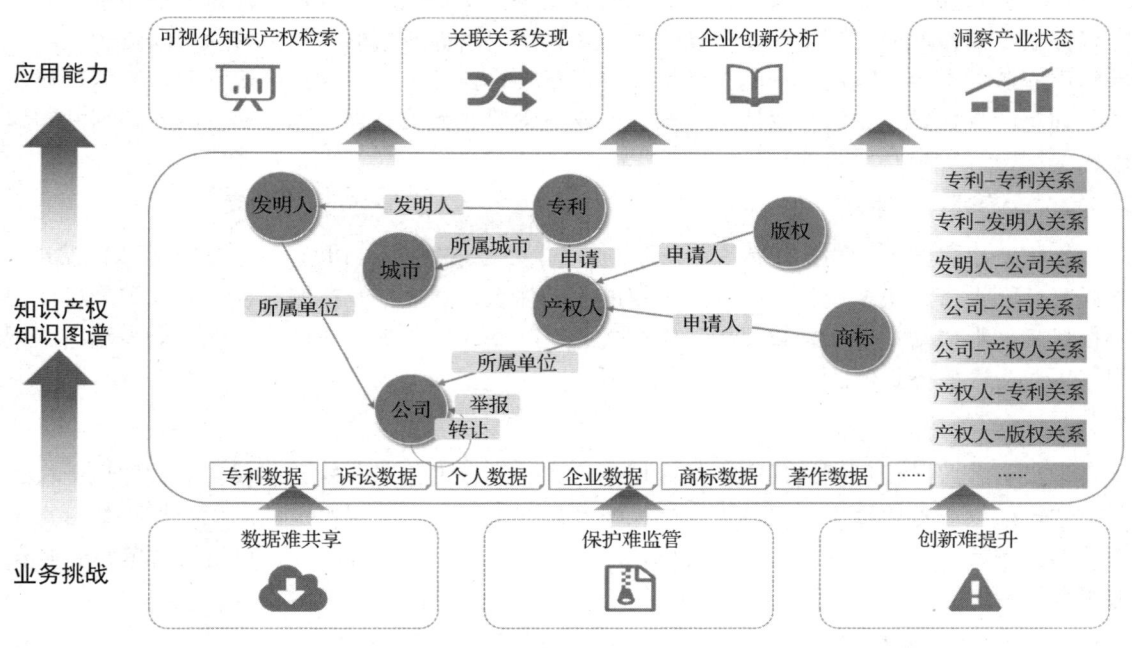

图1 知识产权图谱应用

1.3 系统简介

1.3.1 概述

本系统通过整合数据形成知识产权领域图谱，支撑构建知识产权数据管理及分析体系，实现知识产权数据深度分析及预警，为决策提供辅助依据，实现全域一键感知。知识产权服务平台赋能如图2所示。

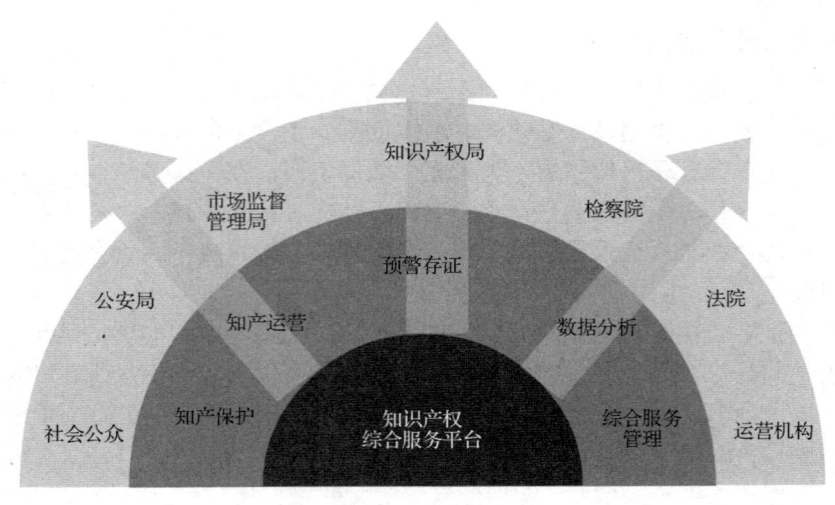

图 2　知识产权服务平台赋能

1.3.2　利益相关方分析

1）社会公众

社会公众包括企业及个人，在知识产权方面可提供知识产权维权、知识产权申请、知识产权评估、知识产权交易、知识产权代理、知识产权培训等帮助。社会公众可通过知识产权保护中心服务平台，满足用户网上咨询、维权报案、公证申请、知识产权诉讼、知识产权仲裁、知识产权代理、知识产权情报、知识产权检索等业务的办理，也可通过网上预约到知识产权保护中心现场办理业务。

2）政府部门及事业单位

知识产权保护中心联合仲裁院、法院、检察院、公安分局、司法局、市场监管局等部门，共同打造知识产权快速授权、确权和维权的服务体系，通过探索区域和部门间知识产权保护协作机制，形成知识产权维权保护、法律援助"一站式"服务供应链，实现民众少跑路、不跑路，一次性服务到位的局面。

3）运营机构

汇集当地服务代理机构代表，按区域划分为综合咨询窗口、知识产权创造、知识产权运营、知识产权服务等机构，提供国内外知识产权代理、知识产权鉴定、知识产权查新、宣传培训、技术转移、技术开发合作、贯标认证、法律服务、专利保险以及可定制化的综合解决方案等综合服务。

1.3.3　系统功能描述

知识产权服务平台整体功能架构如图 3 所示。知识产权服务平台整体功能包括如下四大系统。

（1）公众知识产权业务办理系统：网页端、公众号的业务指引、知产保护、知产运营及基础服务。

（2）知识产权办事工作系统：知识产权相关业务人员的工作系统，包含预警取证和系统服务两大模块。

（3）"一键感知"数据分析系统：提供针对知识产权业务的运营态势、业务办理情况及申报主体等环节的数据分析服务。

（4）综合管理系统：包含知识管理、人员管理、OA相关系统管理等模块。

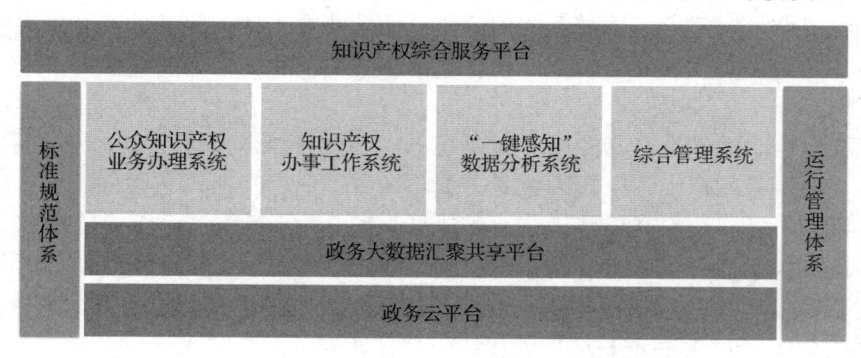

图3　知识产权服务平台整体功能架构图

1.3.4　系统功能特点

1）知识产权业务"一网通办"

通过知识产权业务办理系统中保护及运营板块的建设，采用"互联网+"的手段，结合知识产权领域的专业特征和行业优势资源，实现保护维权的线上化操作，解决企业及个人面对知识产权维权过程中出现"跨部门跑腿"、信息不通、流程漫长的困难，在提升维权效率的同时，实现保护类业务"一网通办"。

2）知识产权运营服务"一站协同"

知识产权运营类业务，汇聚多种业务形态下的知识产权运营机构，以知识产权服务平台为依托，加强在知识产权申请、托管、交易和知识产权金融等环节对企业及个人知识产权业务提供全链条的服务能力，缩短知识产权生产环节的周期，一站式解决围绕知识产权运营的所有诉求和问题，并结合对知识产权服务机构的管理与考核机制，形成高效的知识产权运营模式，做到多种运营服务和全链条跟踪的"一站协同"。

3）知识产权数据"一键感知"

平台采集保护中心业务办理数据、某区大数据汇聚平台的交换数据、互联网数据，以及与国家知识产权出版社合作的专利、商标和版权数据，提供知识产权全局运营态势感知分析、业务办理分析、交易情况分析、专项数据分析、入驻机构主体画像等数据分析与展示系统，同时强化知识产权工作数据的分析、预判、预警，实现对企业知识产权维权工作的全面覆盖、知识产权运营业务的"一站协同"，维护企业及个人的正当知识产权权益。

2．案例成效

1）知识产权竞争关系识别

目前，法律、法规、司法解释中并没有找到何为"竞争关系"的明确解释，劳动合同法第二十四条对"竞争关系"的限定也仅限于笼统的"与本单位生产或者经营同种产品、从事同类业务"，但对于"同种产品、同类业务"的内涵及外延均不明确。因此会导致在适用法律

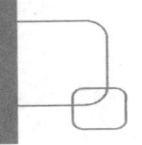

时出现认识上的分歧。在法律没有统一的认定标准的情况下,实际上,劳动争议仲裁委员会和法院对于"竞争关系"的审查并不是一个简单的、单一、表面的标准,而是在综合对比多种因素后,探求两个企业是否具有实质意义上的竞争。通常情况下,会按照营业执照登记的经营范围、客户群、经营方式等维度进行评估。而这些方案中,除了营业执照登记的经营范围外,其他方式都需要较为复杂的举证,这也导致了对两单位是否存在竞争关系出现判断不精准的情况。

知识产权作为企业创造财富的核心资源之一,必然可以作为评估企业业务发展和创新方向的新载体,而有着相似知识产权的企业,或与知识产权存在引用关系的企业,必然存在一定的竞争关系。所以,知识产权将会成为评判企业竞争关系的又一个有力依据。

基于知识产权图谱的企业竞争性关系挖掘模型如图 4 所示。对 18 家该区域不同行业企业进行竞争关系挖掘,并由相应行业专家进行人工复核评估。该模型预测的竞争性企业准确率平均值在 70%以上,可帮助企业尽早进行知识产权布局,避免陷入侵权风险;另外,亦可尽早感知技术变革,获取国内外创新情报。

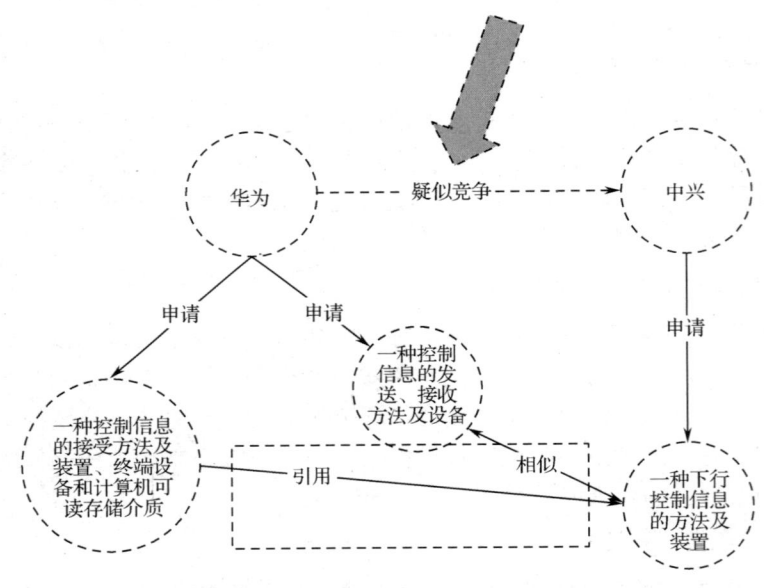

图 4　基于知识产权图谱的企业竞争性关系挖掘模型

2)相似专利检测

在互联网时代,专利作为记录人类成果的载体,包含了大量的科技成果和创新技术。科学技术的快速发展使得每年的专利申请量急剧增加。传统的专利审查的本质是审查专利相似度高的相关专利,主要通过专利文本相似度进行计算,一般计算方法是利用向量空间模型对专利文本进行表示,之后直接在向量空间中计算向量相似度作为文本相似度。

但传统的计算方法只考虑了专利自身携带的信息,如文本、标签、图片等信息,却未挖掘与专利关联的申请单位、发明人等实体之间隐含的信息。例如,两个专利的申请单位存在竞争关系,发明人有相似履历,可以进一步推断相似专利的可能性。在相似专利的监测上,一方面能辅助产权运营和执法;另一方面,在知识产权检索时也能进行相关推荐,并且进行同类学习和比较,最大限度发挥知识产权的价值。

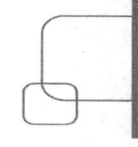

3）知识产权价值评估

拥有知识产权的个人和企业既能通过自身的使用发挥其效益，又能够将此效益作为一种产权转让给需要利用该知识产权的其他人或企业。因而，深入研究知识产权价值评估的方式方法并完善评估制度，对于促进知识产权的运用和开发，实现资产保值与增值，保护资产所有者、使用者和经营者的合法权益，以及强化其在市场经济中的作用具有重要的意义。

然而，由于知识产权的成本、收益难以量化评估，且其价值会随着技术发展及时间推移而发生变化，对其进行价值评估的难度较大。

利用知识图谱技术，探索专利被引用情况和引用企业或个人的行业地位、市场规模等因素，挖掘专利的隐含价值，佐证专利价值的评估。

专利价值的评估有助于改善知识产权"唯数量是举"的现状，提高政府资金拨付、政策扶持、检查监管的效率，满足企业进行知识产权融资、知识产权变现等金融诉求，在全球化的竞争环境下，促使企业保持高速发展和创新的态势，保持市场活力。

3. 案例实施技术路线

3.1 知识产权图谱系统架构

知识产权图谱的整体架构（见图 5）分为三层，分别是数据源、知识图谱平台和知识图谱应用，其涵盖了知识产权图谱从原始数据源到知识图谱构建、管理及应用的全流程。如果把知识图谱平台当作一个工厂，那么，数据源就提供了原料，一个个的上层应用就是该工厂最后的产品。

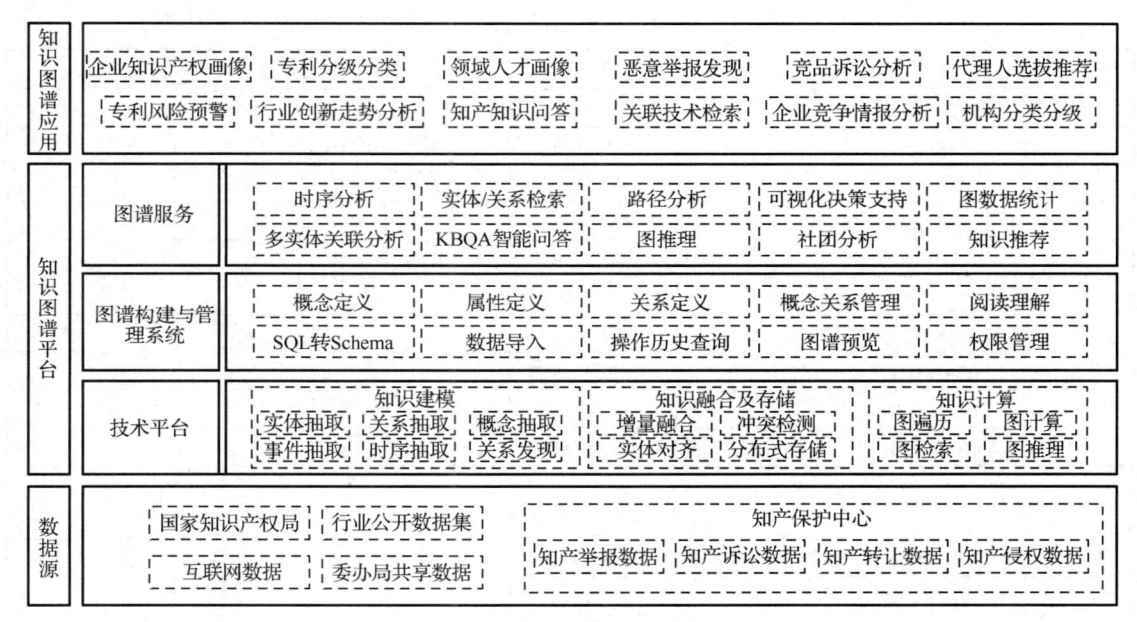

知识图谱应用	企业知识产权画像	专利分级分类	领域人才画像	恶意举报发现	竞品诉讼分析	代理人选拔推荐
	专利风险预警	行业创新走势分析	知产知识问答	关联技术检索	企业竞争情报分析	机构分类分级
知识图谱平台 — 图谱服务	时序分析	实体/关系检索	路径分析	可视化决策支持	图数据统计	
	多实体关联分析	KBQA智能问答	图推理	社团分析	知识推荐	
图谱构建与管理系统	概念定义	属性定义	关系定义	概念关系管理	阅读理解	
	SQL转Schema	数据导入	操作历史查询	图谱预览	权限管理	
技术平台	知识建模			知识融合及存储		知识计算
	实体抽取 / 关系抽取 / 概念抽取			增量融合 / 冲突检测		图遍历 / 图计算
	事件抽取 / 时序抽取 / 关系发现			实体对齐 / 分布式存储		图检索 / 图推理
数据源	国家知识产权局 / 行业公开数据集			知产保护中心		
	互联网数据 / 委办局共享数据			知产举报数据 / 知产诉讼数据 / 知产转让数据 / 知产侵权数据		

图 5　知识产权图谱的整体架构

3.1.1 数据源

数据源层对接了互联网大量的综合网站与垂直网站的数据，以及知识产权保护中心的特

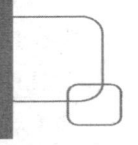

色数据，如知产举报数据、知产转让数据等，数据的新增或变更都会被数据源层及时采集入库。在知识需求不明确的阶段，可以借助业务专家的经验快速构建图谱的模式，或通过数据源本身的关系推导出可能的图谱 Schema。图谱平台对接了多个数据源，系统也建立了一套完整的爬虫机制、缓存机制，实现了多线程与分布式的数据抓取。

3.1.2 知识图谱平台

技术平台层的主要任务是实现知识图谱的构建与管理，并提供通用的服务接口供上层应用。知识抽取是指从结构化数据、半结构化数据与非结构化数据中，准确抽取海量的、描述基本事实的三元组，平台为不同类型的数据源提供不同的知识抽取工具。图谱构建和管理是指对知识图谱进行增删、查改等基本操作，并提供知识的消歧归一、数据清洗等工具，持续保障知识图谱的质量和准确性。图谱服务层提供常用的图谱服务接口，如 KBQA 问答接口、实体属性查询接口、路径分析接口等，提高上层应用从开发到实现的效率。

3.1.3 知识图谱应用

知识图谱平台搭建完毕后，其知识资源和技术资源可以支撑大量的智能化应用，如知识产权知识问答、企业知识产权画像、行业创新走势分析、企业竞争情报分析、专利风险预警等丰富的应用。

3.2 技术路线

3.2.1 数据源

数据源如表 1～表 7 所示。

表 1 公司信息表

序号	字段名称	字段描述	字段类型	长度	允许空	默认值
1	SITE_ID		NUMBER	11, 0		
2	NAME	公司名称	VARCHAR2	255		
3	SCALE	公司规模	VARCHAR2	255	√	
4	NATURE	公司性质	VARCHAR2	255	√	
5	INDUSTRY	公司行业	VARCHAR2	1000	√	
6	CONTACT	联系方式	VARCHAR2	500	√	
7	DESCRIPTION	公司简介	CLOB	4000	√	
8	ADDRESS	公司地址	VARCHAR2	500	√	
9	LONGITUDE	经度	FLOAT	22	√	
10	LATITUDE	纬度	FLOAT	22	√	

表 2 保护业务办理条件表

序号	字段名称	字段描述	字段类型	长度	允许空	默认值
1	SYSTEMID	主键	VARCHAR2	50		
2	MKLX	模块类型	VARCHAR2	50		
3	MS	办理条件描述	VARCHAR2	4000	√	
4	CREATEBY	创建人	VARCHAR2	50	√	

续表

序号	字段名称	字段描述	字段类型	长度	允许空	默认值
5	CREATETIME	创建时间	DATE	10	√	
6	DELETEFLAG	删除标识	CHAR	1	√	0
7	CODE	模块类型CODE	VARCHAR2	10	√	

表3 专利信息表

序号	字段名称	字段描述	字段类型	长度	允许空	默认值
1	title	标题	VARCHAR2	100		
2	category	分类	VARCHAR2	50		
3	state	状态	VARCHAR2	50	√	
4	applicant	申请人	VARCHAR2	4000	√	
5	applyNo	申请号	VARCHAR2	50	√	
6	dateOfApplication	申请日	DATE	10	√	
7	placeOfApplicant	申请人地址	VARCHAR2	200	√	0
8	firstNo	主分类号	VARCHAR2	10	√	
9	otherNo	分类号	VARCHAR2	50	√	
10	inventor	发明人	VARCHAR2	50	√	
11	abstract	摘要	VARCHAR2	2000	√	
12	samePatentFamily	同族	VARCHAR2	200	√	
13	reference	引用	VARCHAR2	200	√	
14	beReferenced	被引用	VARCHAR2	200	√	
15	publicationNo	公布号	VARCHAR2	50	√	
16	dateOfPublication	公布日	VARCHAR2	20	√	
17	patentAgent	专利代理机构	VARCHAR2	50	√	
18	agent	代理人	VARCHAR2	50	√	

表4 商标信息表

序号	字段名称	字段描述	字段类型	长度	允许空	默认值
1	name	商标名称	VARCHAR2	100		
2	applicationNo	商标注册号	VARCHAR2	100		
3	registrar	注册人	VARCHAR2	50		
4	address	注册地址	VARCHAR2	50	√	
5	dateOfStart	注册有效期起	DATE	10	√	

表5 版权信息表

序号	字段名称	字段描述	字段类型	长度	允许空	默认值
1	type	类型	VARCHAR2	100	√	

续表

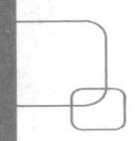

序 号	字段名称	字段描述	字段类型	长 度	允许空	默认值
2	name	版权名称	VARCHAR2	50		
3	registrationNo	登记号	VARCHAR2	50		
4	owner	著作权人	VARCHAR2	4000		
5	dateOfFinish	完成日期	DATE	10	√	

表6 专利代理机构信息表

序 号	字段名称	字段描述	字段类型	长 度	允许空	默认值
1	name	机构字号	VARCHAR2	100		
2	code	机构代码	VARCHAR2	50		
3	place	机构所在地	VARCHAR2	50	√	
4	personInCharge	机构负责人	VARCHAR2	4000	√	

表7 专利代理人信息表

序 号	字段名称	字段描述	字段类型	长 度	允许空	默认值
1	name	代理人名称	VARCHAR2	100		
2	dateOfQualification	代理人资格证生效时间	VARCHAR2	50		
3	yearOfQualification	代理人资格证年限	VARCHAR2	10	√	
4	patentAgent	所属专利代理机构	VARCHAR2	50	√	

3.2.2 功能实现

功能实现步骤如下。

（1）图谱检索：支持按照图中任意节点，如专利、企业、代理机构、发明人等节点检索子图，并进行图点击、扩展交互。子图检索与交互如图6所示。

（2）多实体关系发现：支持输入多个实体，并查看实体之间的关系，实体范围可能是图谱中任意两个实体。

（3）显示设置：

- 可以控制子图中显示的实体类型和关系类型，如可以通过切换只查看专利间的引用关系。
- 点击其中节点，右侧可以查看实体的属性信息。
- 不同的概念下的实体，以不同的颜色表示。
- 节点圆圈的大小代表该实体的关系数是多少。圆圈越大，代表在该子图中，该实体的关系量越多，反之亦然。基于此，圆圈的大小也能反映出该节点在子图中的重要程度。

（4）图推理：设定推理规则，根据规则发现符合规则条件的子图，并对链条上的节点和边进行高亮展示，用以佐证推理结果。图推理的条件支持灵活配置。图推理发现跨企业的知识产权引用关系如图7所示。

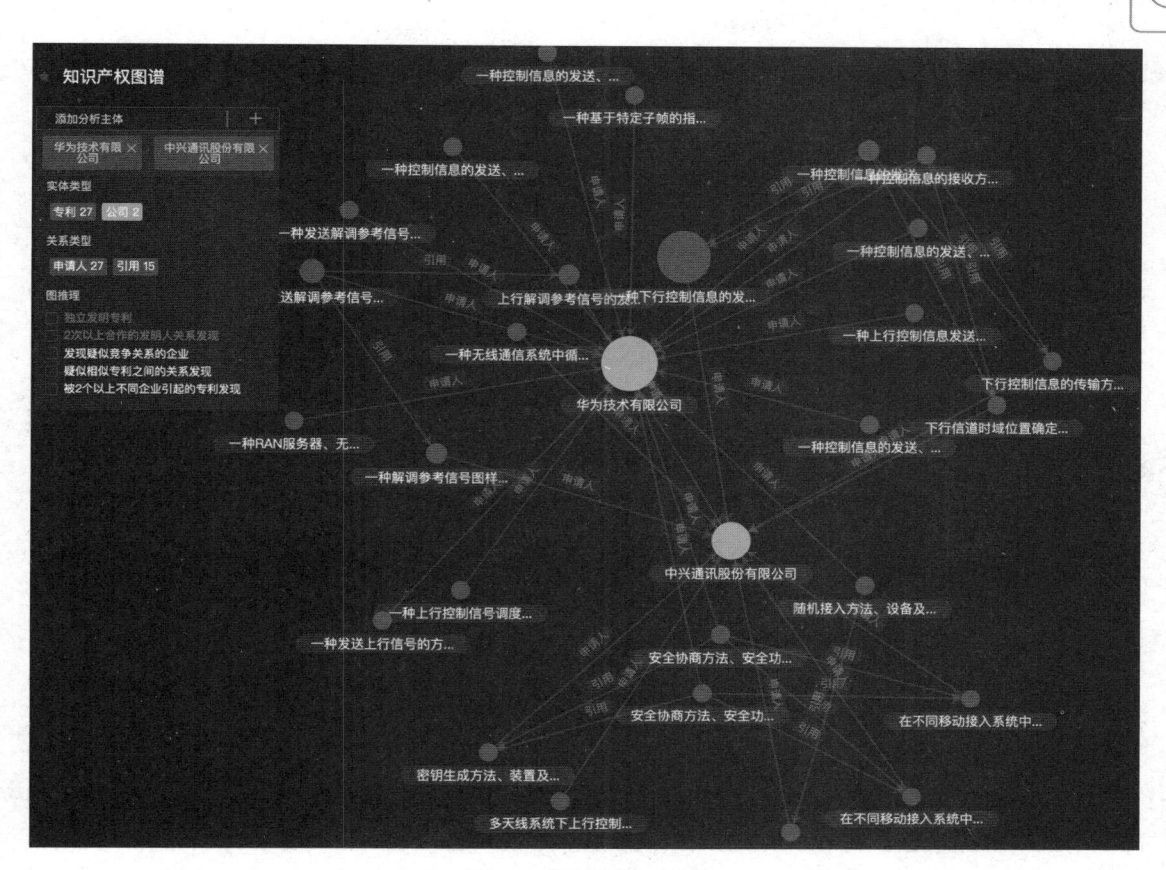

图 6　子图检索与交互

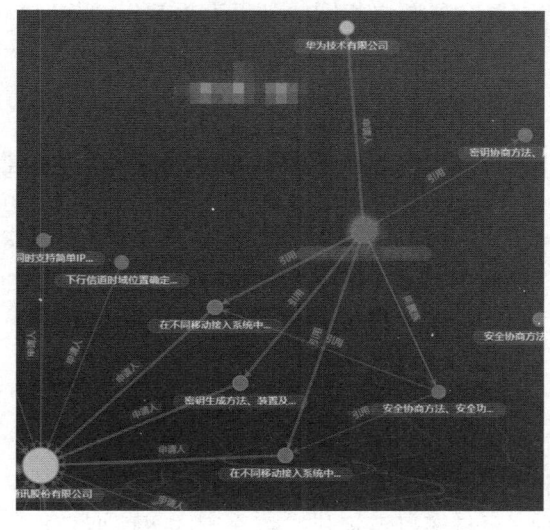

图 7　图推理发现跨企业的知识产权引用关系

3.2.3　关联技术与系统

1）根据基础数据构建初始图谱

在此主要根据知识产权初始相关数据，以知识产权、发明人、企业等关键信息为知识图

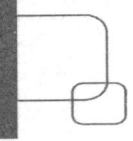

谱节点，以节点两两之间的关系与各节点的属性构建三元组，形成初始知识图谱。

2）利用基础算法推理新的关系

（1）运用 Dijkstra 算法计算知识产权与知识产权间、知识产权与公司、知识产权与申请人的最短路径，发现节点间的最近关系，并以此判断节点间是否具有强关联。

（2）利用 Kernighan-Lin、谱二分等算法，对知识产权相关数据进行"社区发现"，寻找知识产权、企业等重要节点所属族群，以此探索企业、专利间是否存在相似性，企业之间是否存在竞争关系。

3）基于构建的图向量发现新的关系

（1）利用 DeepWalk、Node2Vec 等算法训练知识图谱节点，生成节点与关系在知识图谱框架中的向量。目的在于提取节点和关系的特征值，用来进行下一步更深入的计算。

（2）基于 TransE、TransR、TransH 等 Trans 系列模型，运用监督学习的方法，对已有三元组关系进行学习，进一步强化三元组关系的特征向量。这样的方法可以用来发现其他节点间是否存在该类关系。

4）自然语言处理技术的运用

（1）利用 LSTM、CNN、CRF 等机器学习、深度学习方法，对知识产权有关文本数据进行实体抽取、关系抽取，构建多种三元组关系，使得知识图谱的内容、信息、结构更加丰富、充实。

（2）利用 TF-IDF、Word2Vec、BERT 等方法提取与专利有关的文本特征，基于文本信息在海量文本中检索相似内容。对检索出来的相似文本，进行进一步的实体抽取、关系抽取，在图谱网络中生成新的节点与关系。再依据其上下文关系生成的节点关系，进行实体消歧等操作，判断新生成的节点是否与原节点相同或是否为原节点的相似节点。

4．案例示范意义

知识产权图谱利用数据挖掘技术、自然语言处理技术、图谱构建技术、图算法等技术构建基于专利、发明人、企业等概念实体及实体间的关系，并通过持续的迭代，丰富图谱信息，提升应用的价值。除了传统的检索，知识产权图谱包含企业竞争关系挖掘、专利价值分析、相似专利推理等高级功能，以达到企业、知产保护及运营机构的管理目标。这个案例的示范意义主要有以下几点。

4.1 产品角度

知识产权图谱除了可以支持常规意义的知识产权检索外，还可以支持基于规则和链条的检索，增加知识产权、企业、发明人之间的关系链式分析、多实体关系发现功能，挖掘知识产权中隐含的关系。此外，系统还以可视化、可交互的界面展示数据间的关系，让人更加容易理解图谱的推理过程，证实了图谱应用具有可解释性的优势。

4.2 业务角度

可以支持用户按照知识产权、企业、代理机构等要素多维度检索知识产权及关联关系，

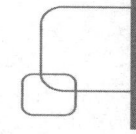

根据业务规则进行潜在关系的发掘，赋能知产保护、知产运营、企业竞争性分析、行业创新性研究等多重业务需求。

4.3 技术角度

知识产权图谱的构建积累从互联网采集的半结构化数据，并且对其进行数据清洗、本体设计，构建知识产权领域图谱的 Schema。知识产权图谱构建的经验和方法为后续知识产权图谱的扩展打下基础。知识产权图谱应用上，探索了图推理的方法，有利于挖掘更为复杂的业务领域需求。

5. 展望

知识产权图谱已完成知产检索、图交互等基础功能，以及基于图推理的企业竞争关系挖掘、专利价值分析、相似专利推理等高级功能，以满足企业、知产保护及运营机构的管理目标。未来将从以下几个方面对系统进行优化。

（1）提升数据规模和质量：建立数据共享机制，获取更多优质数据源；扩充品牌、商软著等实体；扩充产权转让、产权销售等关系；扩充知识产权、企业标签、相关政策、专业人才等类型实体的标属性信息，如专利类型、行业领域、企业规模、人才履历等。

（2）效果的进一步提升：在企业竞争关系挖掘的过程中，可以结合企业的其他标签，如行业、规模、营收、地理位置等多维度条件，进一步提升竞争关系推理的准确性；在专利价值的评估中，可以利用专利被引用次数、引用企业的行业地位、专利所属发明人的行业地位等因素，佐证专利价值的评估的准确性。

（3）图形的展示效果和交互性进一步提升：除了网络拓扑图的形式，还需支持时序图、树状图等形式，以满足不同场景的展示需求；另外，数据展示的过程中，还需提供更丰富的交互，如和智能问答机器人结合，提供自然语言问答型交互。

（4）加载速度：目前页面展示和交互相对流畅，但由于数据量较大，以某些条件查询时，数据加载耗费时间较长。在接下来的优化过程中，将从产品和技术两方面进行优化，以提升数据返回速度，进一步优化用户体验。

---

*专栏：知识产权领域标准化现状与需求

1. 知识产权领域标准化现状

2020 年国家知识产权局关于印发《推动知识产权高质量发展年度工作指引（2020）》的通知指出，要强化推动知识产权高质量发展的指标导向，持续推动知识产权基础信息和资源平台整合利用，制定知识产权基础信息优化配置方案和利用指引，推动知识产权基础信息利用标准化，指导支持社会机构开展信息资源的深度开发。

截至目前，已发布的知识产权领域国家标准仅有 10 项（部分标准如表 8 所示），多为管理类标准，信息化领域相关国家标准暂未形成体系。在知识产权行业标准方面，国家知识产权局已制定《专利文献数据规范》《中国专利文献种类标识代码》《专利公共统计数据》等 17 项行业标准。

表8　部分知识领域国家标准

标　准　号	标　准　名　称
GB/T 37286—2019	知识产权分析评议服务　服务规范
GB/T 33250—2016	科研组织知识产权管理规范
GB/T 33251—2016	高等学校知识产权管理规范
GB/T 32089—2015	科学技术研究项目知识产权管理
GB/T 29490—2013	企业知识产权管理规范
GB/T 21373—2008	知识产权文献与信息　分类及代码
GB/T 21374—2008	知识产权文献与信息　基本词汇

现有行业标准多为支撑政府信息化系统建设而发布的标准（即基础标准），尚未形成标准体系以全面支撑知识产权领域信息化发展。

地方标准在标准化体系建设方面有一定的突破。以深圳为例，目前深圳市已发布知识产权地方指导性技术文件8项，涵盖了专利代理机构服务规范、品牌创建，专利信息、专利许可、专利交易价值评估、专利运营、境外参展知识产权预警以及贯标服务规范8个领域。这些标准填补了我国知识产权领域的空白，为今后国家标准的制定奠定了良好的基础。同时，深圳市针对知识产权构建了有关的标准体系，涵盖了通用标准、管理标准、服务标准、运用标准及保护标准。通过深圳的知识产权标准体系可以看出，目前地方标准仍未针对知识产权信息化标准做更细的分类，此领域的标准仍处于空白状态。深圳市知识产权标准体系如图8所示。

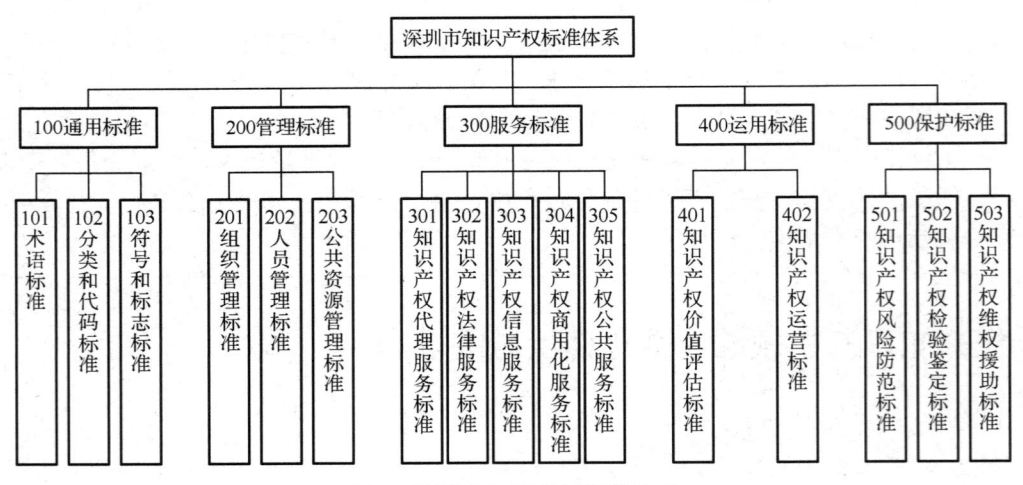

图8　深圳市知识产权标准体系

2. 知识产权图谱领域标准化需求

1）知识产权图谱本体结构标准

随着大数据、人工智能的飞速发展，对专利信息的公共服务能力提出了更高的要求，知识图谱等技术的应用也使得知识产权管理更加智慧化。在国家知识产权事业不断发展的大背景下，专利、软件著作权、商标等知识产权载体，及企业、机构、专家、科研成果、创新产品等相关概念之间，存在着复杂的逻辑关系。形成统一、完善的本体结构标准，将

有利于促进知识产权图谱得到更长远的应用和发展，从而赋能知识产权产业链上的各个环节。

2）知识产权图谱数据接入、存储及调用标准

知识产权图谱的数据来源于国家知识产权局、各级地方知识产权保护中心、网络公开数据、企业信息及科研机构等多种渠道，需通过明确的接入标准、存储标准、查询索引标准，从技术角度确保各类多源异构数据持续融合和应用，使得相关的数据及应用系统拥有强大的知识接入、存储及检索能力。

3）知识产权图谱的服务应用标准

随着知识产权业务的发展，知识产权图谱的数据规模、应用场景和应用方式逐渐丰富，知识产权图谱应用的相关标准应围绕知识产权核心业务，知产运营及知产保护的各个环节，契合业务运行规则，符合国家知识产权发展规划，符合政策法规要求。

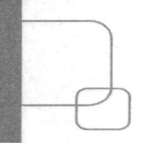

案例35：百分点某市公安知识图谱应用案例

1. 案例摘要

党的十八大以来，全国各级公安机关贯彻落实习近平总书记的重要指示批示，将"科技兴警"作为重大战略部署，大力推进数字警务、智慧公安建设。某地级市公安机关和各警种部门充分利用物联网、云计算和大数据等方式采集、积累、汇聚了海量的数据资源。如何快速、准确地从警情信息数据蕴含的蛛丝马迹中提取重点人员、案件要素，提升对警务信息的处理和应对能力，以应对信息研判不深入、信息预警不及时、信息共享不充分的矛盾，是新时代公安信息化建设的核心问题。

该地级市公安机关利用自然语言处理技术从警情信息中自动抽取涉案人、事、地、物、组织知识，并借助知识图谱融合构建为属性、时空、语义关联的关系网络，在更深度、更广度的范围辅助警情信息的深入研判、智能决策，实现对风险的被动处置向主动预防转变，推进警情信息处理体系转型升级，创造一种兼具公安业务经验和人工智能的"公安大脑"。

2. 案例概述

2.1 企业简介

北京百分点信息科技有限公司（以下简称"百分点"）以"用数据智能推动社会进步"为使命，构建了政府级、企业级和 SaaS 服务三大业务体系，覆盖数字城市、应急管理、公共安全、生态环境、媒体出版、零售快消、制造、房地产等领域，用数据智能促进政府和企业智能化转型。在知识图谱技术领域，百分点在 2018 年成立认知智能实验室，开展深度学习、迁移学习、知识图谱构建等认知智能技术的研究。

百分点是国家高新技术企业、北京市企业科技研发机构、全国信标委大数据标准工作组成员单位、全国信标委人工智能分委会首批成员单位，拥有数百项知识产权，核心产品通过多个国家级权威机构认证，承担多项国家重点研发计划。在"政产学研用"结合方面，百分点已经与北京大学、中国人民公安大学等国内一流高校联合成立十多个创新研究中心。

2.2 案例背景

云计算、大数据、物联网、移动互联网、人工智能等新一代信息技术的发展，正加速推进全球产业变革并且不断集聚创新资源与要素，快速推动城市、政府、社会、公安建设的转型升级和变革，全新的数字政府治理模式正在到来。在这个背景下"智慧公安"也成为新一轮公安信息化改革与发展的潮流，包括构筑智慧公安理论体系，搭建智慧公安技术架构，谋划智慧公安战略对策，汇聚智慧公安实践经验。因此数据支撑、创新驱动已经成为新时代推进警务改革的内驱力。

我国东南某地级市公安机关一直重视公安信息化建设，将其作为科技兴警的重要途径。经过多年的积累，该地级市已建成集人力、数据、技术、网络、勤务等多个警情采集、分析、研判于一体的系统平台,在实战中发挥了重要作用。随着经济社会的快速发展及人、财、物的大量流动,该地级市警务工作量急剧增加。以 2017 年为例,该地级市实有人口达 1400 余万人,其中流动人口超过 700 万人,但公安机关全年接警数约 500 万起,现有民警 1.3 万余名,警务辅助人员 4.3 万余名,警力配比不足万分之十。以全省 13.7%的警力,承担着全省近40%的外来流动人口和 65%的境外人员管理,给该地级市公安机关带来了前所未有的考验与挑战。某地级市公安机关警情研判现状如图 1 所示。

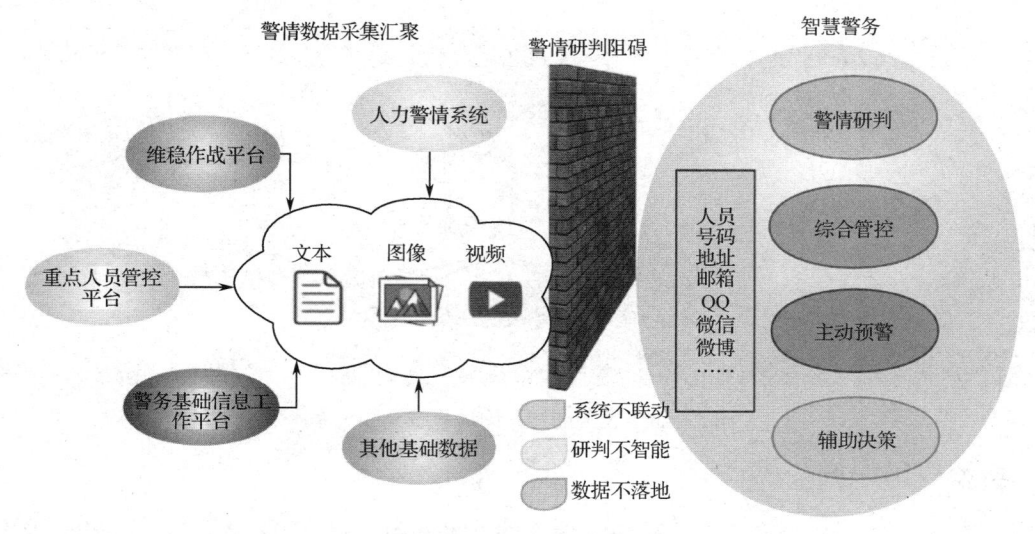

图 1 某地级市公安机关警情研判现状

因此在新形势下,该地级市公安机关各警种、各部门的工作体量增大、管理链条加长,维护政治安全、社会稳定和打防管控任务十分繁重,日益凸显出系统不联动、研判不智能、数据不落地等警情研判能力的瓶颈问题。为切实服务好全局中心工作,警情信息处理工作亟须换挡升级,构建"警情研判、综合管控、主动预警、辅助决策"的智慧警务新模式。

2.3 解决方案

百分点提供的智慧警务解决方案以大数据、云计算、人工智能、物联网、移动互联网等先进的信息技术为支撑,以"打、防、管、控"为目的,以综合研判为核心,打通信息壁垒,共享资源数据,融合业务功能,构建全维感知、全能运算、全域运用的公安智慧化的支撑平台,促进公安业务部门协调运作,实现以警务信息"强度整合、高度共享、深度应用"为目标的警务发展新理念和新模式。智慧警务的知识图谱系统交联关系(见图 2)包含上游(数据感知)、中游(智慧认知)和下游(智慧应用)3 个层次的角色。

数据感知层包括运营商、上级机关、政府部门、民警、辅警、网格员、基层信息员等泛在数据感知平台(通过数据采集系统、合成维稳作战平台、重点人员管控平台、警务基础信息工作平台、人力警情系统接入数据),汇聚不同网络、不同来源的警务数据,为上层服务提供数据基础。智慧认知层基于业务专家、算法专家构建知识图谱并开展人员、地址、车辆、案件、电话、电子档案、组织机构和银行账户等的图谱分析及应用,构建研判分析服务,为案件预测、警力部署、案件分析提供依据。智慧应用层提供社会治安动态监测预警、重点人员动态管控、社会热点和舆情监测等应用服务，辅助公安机关的各警种和各部门按照虚实结合、情报主导、体系制胜的理念，构建全息情报合成作战平台，实现对各类风险从被动应对处置向主动预防转变。

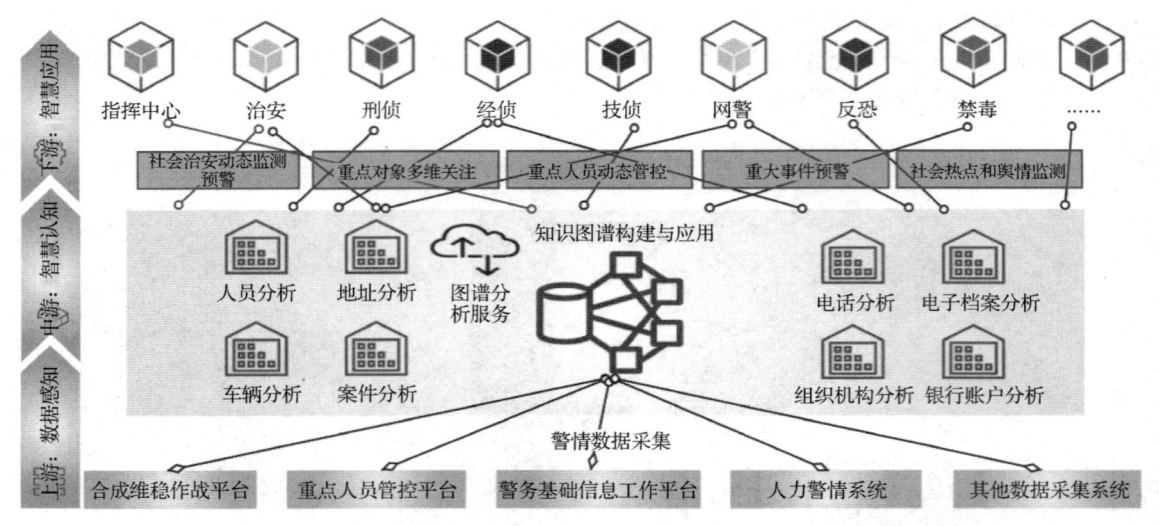

图 2　智慧警务的知识图谱系统交联关系

2.4　典型应用

上述基于知识图谱的智慧警务解决方案，侧重于利用自然语言处理技术对难以处理的海量警情信息提取整合出高价值的警情信息，采用基于高性能预训练语言模型的文本分类、命名实体识别、关系抽取、属性抽取、事件抽取、知识融合、知识消歧等技术提取人、事、地、物、组织等警情要素知识并有序组织成要素之间的关联关系，挖掘背后隐藏的规律、特点、关系、异动，解决长期以来靠人力难以解决的社会风险感知、预测、预警问题，实现警情挖掘、共享、落地的全面整合。知识图谱在该地级市的智慧警务的应用主要包括重大事件预警监测、人员全息档案及重点人员动态管控、重点对象多维关注、情指行一体化模式等。

2.4.1　场景一：重大事件预警及监测

该地级市日均接报警情上万起，采用警情信息分类、警情要素抽取可对各类警情信息精准分类，减轻人工核警的工作量，从而释放警力。基于自然语言处理技术的重大事件预警通过从特定时间内的警情信息提取敏感关键词（或主题词），挖掘、分析重大事件发生的概率、形态、时段等，自动生成预警提示信息。

重大事件监测则是对舆情信息、重大人员、重点区域、重大节日、异常事件进行实时捕获，基于自然语言处理技术的信息抽取形成警情、案件、涉警人员、警情空间点位、虚拟身份、涉警物品、警情热词等全要素关联信息，为重大事件预警分析和决策提供有效、及时的信息，进而监测和控制重大事件的发生和发展。

2.4.2　场景二：人员全息档案构建与重点人员动态管控

基于人员全息档案图谱的动态人员管理如图 3 所示。通过自然语言处理技术自动提取警情、接报、指令信息中的关键要素，包括身份证号、姓名、手机号码、机身码、固定电话、银行账

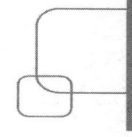

号、车牌号、网络账号、护照号、关联人员关系情况等常见要素,并可与专题库中的相关实名信息及资源进行关联,形成人员全息档案图谱,以便对各类警情线索进行融合和串并分析。

基于人员全息档案图谱的动态人员管控,利用涉稳重点人员在旅店、航班、卡口、网吧及相关特种行业的海量历史信息与实时数据进行比对分析,核查其基本信息、轨迹信息、关系信息、通联信息,自动地描绘出被关注人或机动车在重大事件发生前后一段时间内的行为轨迹,挖掘人与人、人与组织、组织之间的关联,一旦发现其涉及重大事件便可采取必要行动,防止重大事件的发生。

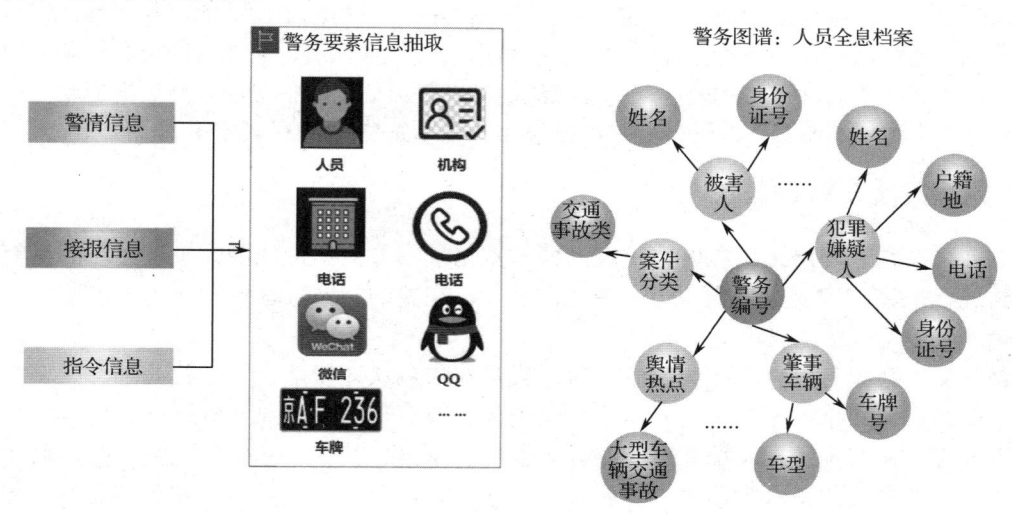

图 3　基于人员全息档案图谱的动态人员管控

2.4.3　场景三:"情指行"一体化模式应用

"情指行"一体化为综合应用场景。所谓"情指行"一体化,就是统筹协调警情、指挥、行动等警务工作,以打防管控、联动合作为重点,通过对现行高发类警情开展"多点打击""快侦快破"等行动,从而有效提升社会治安掌控度。该地级市公安基于知识图谱建立智慧警务应用,统筹预警接收、指令发布、调度指挥、合成处置等工作,形成"情指行"一体化能力,对全市各重点区域进行空中布防,并与路面巡防警力相互协同、紧密衔接。

基于知识图谱建立知识分析模型,可向警情接报、指令交办、指令反馈、反馈评价等警情合成作战各个流程节点推荐警情处置信息,包括在接报阶段自动核查情报文本,在指令交办阶段自动推荐最近人员轨迹,在指令反馈阶段自动推荐人员关联信息(关系人、其他指令等),在反馈评价阶段自动比对核实信息是否准确,从而提升"情指行"一体化信息的流转效率。

2.5　案例成效

基于知识图谱实现该市公安工作"主动打、立体防、集成管、精准控、便捷服、全面督",精塑出智慧警务的新样本,最大限度地以机器换人力、以智能增效能,创造一种兼具公安业务经验和人工智能的"公安大脑"。

该地级市公安机关基于知识图谱技术对各警务要素进行深度挖掘、关联融合形成情报信

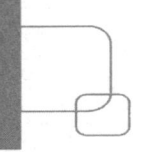

息，用信息流驱动业务流，构建支撑"信息研判、综合管控、主动预警、辅助决策"的多警种业务应用，提升警情信息处理效率10余倍，提升决策准确率30%以上，深化了知识图谱的实战应用，实现警务处理从信息力到战斗力的转换，推动和引领了智慧警务示范性应用。

3. 系统框架与技术路线

百分点智慧警务知识图谱解决方案基于"数据资源+服务支撑+业务应用"的设计理念，利用知识图谱、认知智能技术搭建面向警务文本数据挖掘分析和应用创新的创新平台。在技术架构上采用了大数据和人工智能融合技术，包括数据采集与管理层、认知智能层、智慧应用层，完全契合了警务要素进行关联融合、用信息流驱动业务流的内涵，顺应了从数据驱动向知识驱动转变的人工智能应用趋势。警务知识图谱解决方案功能架构如图4所示。

3.1 数据采集与管理层

数据采集与管理层提供深度、广度的警务数据采集与数据治理能力，重点对海量警务文本数据进行采集、清洗、整合，建立规范、统一、完整的文本数据资源，为上层警情知识图谱构建、应用、分析提供高效的支撑。

警务文本数据可以分为两大类型：第一类是需依赖认知智能技术进行处理、挖掘的半结构化、非结构化数据；第二类是来源于公安内部、政府部门及行业业务系统的结构化数据。前者为多源异构文本数据，按业务类型分为警情、情报、社交、案件等八大子类，后者以警务业务在实战方面的需求为出发点，整合、汇聚分布在各警种、各部门和各行业具有分析价值的结构化数据，包括常住人口、关注人员、旅馆住宿登记、网吧上网记录、卡口车辆通行记录、警情记录、案件信息、机动车登记、出入境记录、工商法人、铁路订票等。

3.2 认知智能层

认知智能层提供警务知识图谱的知识建模、知识抽取、知识融合及知识应用模型开发功能。该层的核心能力依赖于模型中台，模型中台提供数据标注、模型发布、模型训练和模型管理等功能，可高效训练知识获取、知识融合相关的自然语言处理模型。知识图谱构建流程简要描述如下。

第一步，针对业务需求，以警务专家知识经验为主构建领域知识库，包括知识图谱本体建模、警情信息分类标签体系、警情信息要素体系。第二步，融合领域业务知识，运用模型中台开发的警情信息关键词挖掘、警情要素抽取、警务文本自动摘要、地址归一、实体对齐、文本分类模型等功能从海量的非结构化警情信息数据资源中抽取高价值的结构化信息。第三步，构建结构化的警务知识图谱，采用知识消歧、知识融合技术形成整体统一的知识关联网络。

认知智能层的输出结果由知识融合、加工技术形成两类知识。第一种是实体类型，即结构化文本数据汇总为人、事、地、物、组织和虚拟身份等不同实体，并构建人员类、物品类、事件类、案件类、文档类、虚拟标识类、时空类和组织类知识；第二种是关系类型，即分析实体之间的属性、时空、语义、特征和位置等关联，构造关系类图谱，主要包括同行关系、同户关系、同案关系、同组织关系、同事件关系和同轨迹关系等关系类知识。

利用认知平台对图谱构建的详细描述如下。

第17章 智慧公安领域案例

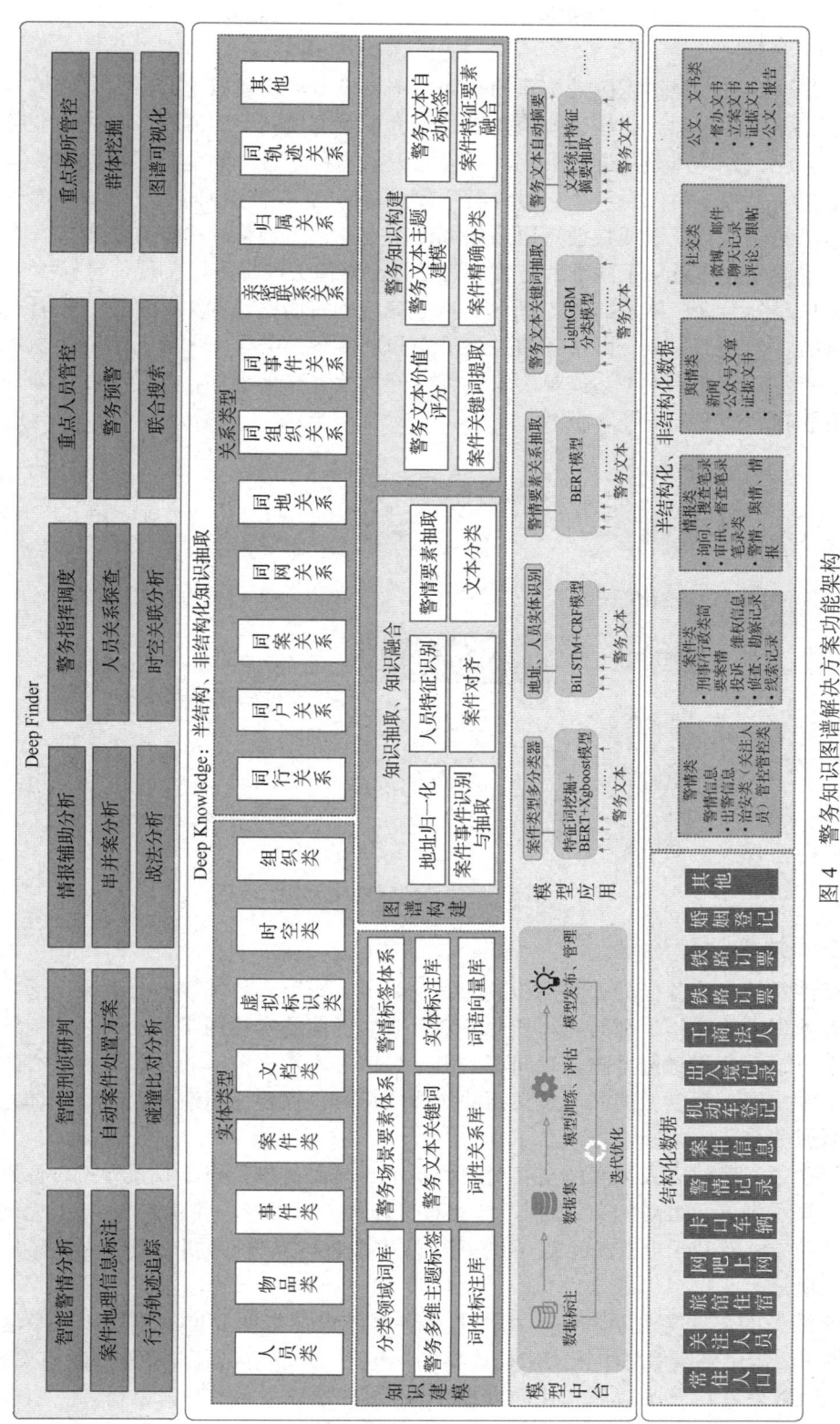

图 4 警务知识图谱解决方案功能架构

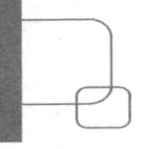

3.2.1 知识建模

知识建模的过程是知识图谱构建的基础，本体模型需构建概念分层、分类体系及其子领域实体-关系-属性模型。在构建知识图谱时，可采用自顶向下的方法，首先由业务专家人工定义概念分层、分类体系，逐步细化，形成知识结构科学合理的分类层次结构。其中在每一大分类下建立二级分类，每一个二级分类下建立对应的主题领域词库，领域词库中包括了该主题下相应的文本特征词或特征短语，领域词库支持人工调整和模型算法挖掘。在警情信息分类时使用该分类体系从不同维度对警情信息打上警情关注标签，实现信息标签化处理。

警情信息分类标签体系如图 5 所示。构建完成的警情信息的事件类型包括社会安全类、事故灾难类、公共卫生类、网络舆情类、治安和刑事案件类等十大类。事件类型还可根据警情业务进一步细分为子类型，如社会安全类可分为社会安全事件、涉稳事件、涉外事件、经济安全事件和恐怖主义事件 5 小类。

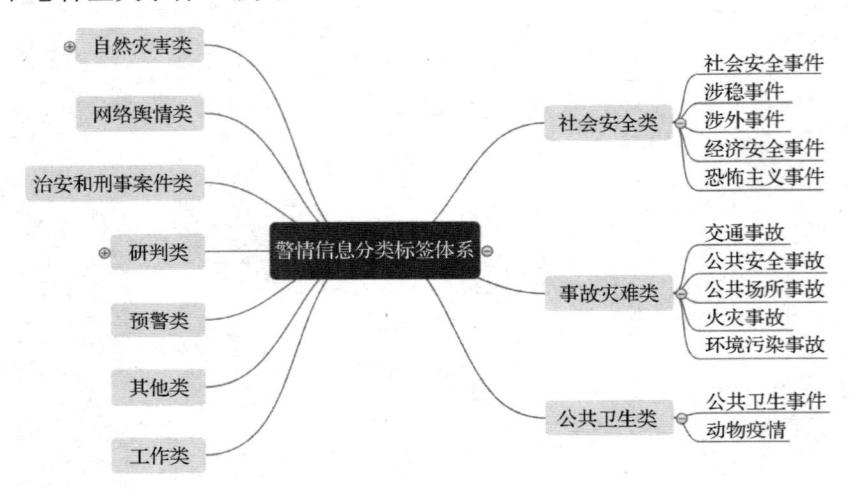

图 5 警情信息分类标签体系

3.2.2 知识抽取

警情涉及的与业务分析和研判相关的案发场所、嫌疑人特征等核心要素，通常可转化为自然语言处理中的实体识别问题。在业务中有研判价值的实体通常包括姓名、地址、组织机构、联系方式、公民身份号码、时间等。由于警情文本数据关注的是以人为核心的实体，因此当文本中出现一个以上的人员及其相关实体信息时，需要梳理清楚人员与实体之间的对应关系或从属关系。

简而言之，应建立人员实体与其对应的地址、公民身份号码、联系方式、性别等人员属性，可以表示为五元组<姓名，性别，公民身份证号，手机号，关联地址>。五元组知识采用基于规则的方法及基于 BERT+CRF 的序列标注模型对信息进行抽取。警情要素抽取的结果示例如图 6 所示。

警情涉及的与业务分析和研判相关的案件事件识别与抽取也是构建知识图谱的重要环节，应从非结构化警情信息中识别出描述事件的句子，并从中提取与事件描述相关的信息（事件元素、因果关系），最后以结构化的形式存储。事件抽取采用触发词识别、触发词事件分类、事件论元抽取、论元角色分类等方法。警情案件事件论元抽取示例如图 7 所示。从案件文本

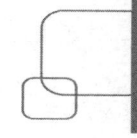

中构建"盗窃类"事件的知识,首先识别触发词"家门被撬",其次判别事件类型为盗窃案件,最后抽取事件论元及角色实现文本结构化分析,得到报案时间、作案特征、作案手段、案发时间、案发地址等要素信息。

图 6　警情要素抽取的结果示例

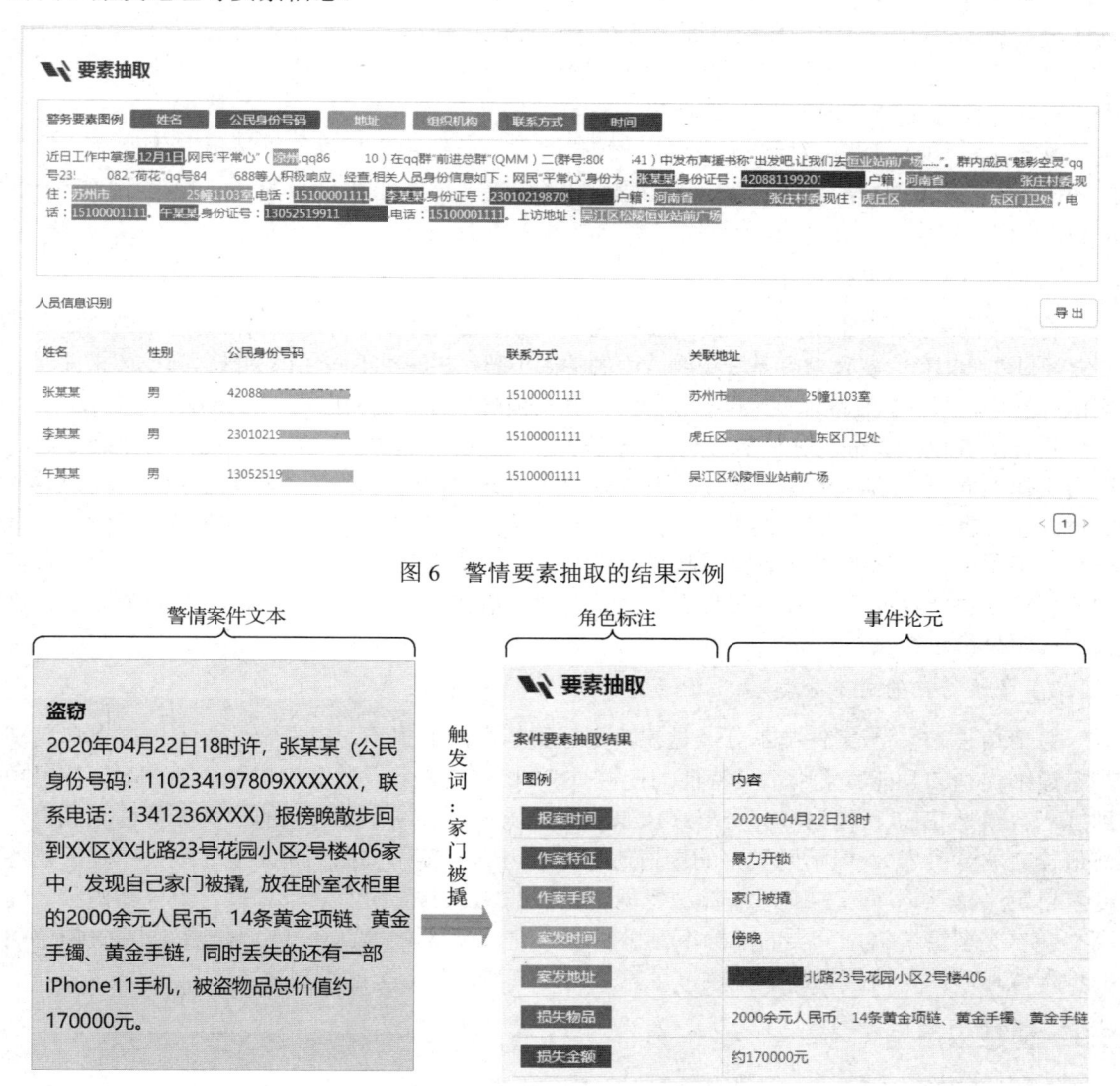

图 7　警情案件事件论元抽取示例

3.2.3　知识融合

知识融合技术,其目的在于使得从不同知识源、不同方式获得的知识信息,能够在统一的知识图谱中将同一个含义的实体进行异构数据整合,从而得到高质量的知识库。针对警务知识图谱构建主要有警情信息的地址归一、实体对齐、文本分类等功能。

1)警情信息的地址归一

一个规范的中文地址应包含完整的行政区划,并按照行政区划(省/市/县/乡/村)、路、街、建筑物门牌号、户室的次序来表达,但非结构化警情信息中包含的中文地址描述方式不规范、

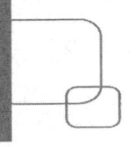

表述混乱与模糊，难以确定该地址所表达的地理位置，并且普通的中文分词算法无法很好地解决不规范的中文地址分词问题。

以地址要素层级模型为核心的地址归一算法，利用地址具有级别属性的特点来构建模型，基于分级地名库的层级结构和地址要素的等级进行迭代处理（匹配过程是逐级匹配）；同时基于地址要素识别机制的地名、地址分词算法和最大正向匹配算法，增加了基于地址要素的识别机制，提高了地址分词的准确度。

基于地址归一算法，对结构化、非结构化数据中的地址数据进行批量标准化处理，并在此基础上开展信息抽取、规范化表达、地址相似性比对、地址经/纬度解析、距离计算等分析应用，为知识图谱上层提供基于空间的数据关联分析能力。

2）警情信息的实体对齐

将从不同类型的警情信息中抽取得到的警情要素构建成实体图谱和关系图谱，不同图谱之间需要经过实体对齐，实体对齐是知识融合中的关键步骤。其解决不同知识图谱之间实体指向同一实体对象的问题，有效融合多个现有知识库，并从顶层创建一个丰富统一的警务知识图谱。

实体对齐以知识嵌入方法为基础，以两个知识图谱之间的预对齐实体集作为训练数据，得到实体的向量表示，然后计算待对齐实体与其候选实体的相似度，选择最相似的作为对齐实体。知识嵌入部分，直接采用 TransE 模型对每个知识图谱的实体和关系进行表示学习，对齐部分使用先验对齐的实体集作为监督信息，以一个线性转换矩阵作为不同知识图谱向量空间的变换，将实体向量嵌入统一的语义空间下，然后就可以在这个联合语义空间中通过计算它们的距离来进行实体对齐。

3）警情信息的文本分类

警情信息的警情/案件文本分类是在给定分类标准的前提下，根据案件文本内容自动判别文本最细类别的功能。采用基于特征词挖掘+BERT[①]+XGBoost[②]的案件类型多分类器，使用预训练语言模型 BERT 作为多分类器（BERT 因其能够抽取上下文敏感的语义级特征而成为当前最佳文本分类器）。但不同类型的警情信息样本分布极度不均衡，因此进一步采用基于业务专家自定义特征词库+TF-IDF 等算法挖掘、构建的文本特征词库来计算每一个分类词频，提高小样本类型警情信息分类的准确率。以结合分类词频与 BERT 分类输出结果作为 XGBoost 的输入做最后的警情信息的多分类，可有效提升警情信息分类的准确率。

3.3 智慧应用层

智慧应用层基于知识图谱，综合运用图谱可视化分析技术、场景化战法模型、协同作战平台，实现对线索的准确研判及高效共享。提供应用场景如下。

1）警务上图-案件地理信息标注

自动分析案情信息、提取案发地址的特征，依据地址的经纬信息库获取地址的经/纬度信息，并结合 GIS 系统进行地理信息标注，在案件研判、案件串并分析工作中，提供了案发地

[①] BERT 全称为 Bidirectional Encoder Representation from Transformers，是一个预训练的语言表征模型。BERT 利用 MLM 进行训练并且采用深层的双向传输组件。

[②] XGBoost 是 Extreme Gradient Boosting 的缩写，它是基于决策树的集成机器学习算法，以梯度提升为框架。

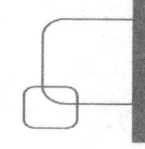

点的地理信息研判依据，有效保障案件研判。

2）群体挖掘

基于强大的数据挖掘模型和图计算引擎，可根据海量数据进行特定团伙的挖掘和可疑行动预测，在实战中帮助公安干警高效地发现犯罪行为。群体挖掘效果示意如图8所示。

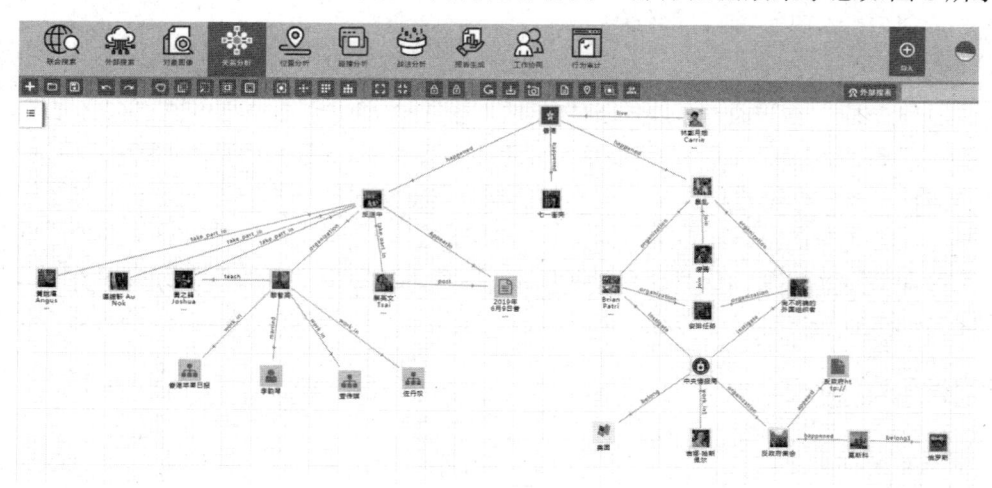

图8　群体挖掘效果示意

3）行为轨迹追踪

公共安全事件中事前的预测预警及事后的合成研判的聚焦点为重点人和关注人，基于人及其附属品的轨迹跟踪、时空碰撞预测可以大大提升预测预警、合成研判业务能力。该应用场景针对人、车、银行卡及网络虚拟身份的行为轨迹进行离线、在线计算，形成追踪各类实体的位置、轨迹和团伙等业务应用。

4）串并案分析

通过案件的各种基本元素发现案件之间的公共元素，如时间、地点和作案工具等，通过分析将数据以图形化的方式展示，并基于这些要素提供串并案线索。案件串并模块支持自动串并案件，案件续串以及更细粒度特征匹配的引导式串并机制，为警务人员在串并案件分析的工作中提供有力支撑。图谱串并案分析效果示意如图9所示。

图9　图谱串并案分析效果示意

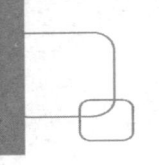

5）重点场所管控

防护重点场所的安全是各级公共安全部门的重要职责，重点场所管控能力可基于时间（敏感时期）、空间（重点场所）等维度进行实时预警。平台聚合以人为核心的车辆卡口、电子围栏、虚拟身份等信息，并结合实体关系及战法进行关联挖掘，对在重点场所周边经常出现的重点人、关注人进行实时跟踪及预警。

6）警务预警

按照地域范围、事件规模、聚集场所、核心组织者制定的多维模型针对各类重大事件进行阈值预判，形成实体及事件的危险度、紧急度、聚集度、关联度等多维度积分框图，实时侦测实体事件及互联网情报信息源，按照阈值积分进行实时的预警推送；并基于预警进行战术分析，基于警力对警务数据进行文本分析和结构化统计，警务工作人员可以从多种维度对警务工作有更全面的量化控制。基于警务知识图谱，警务人员可以从事后控制转化为事前发现。化被动为主动，及时发现重点、重要、重大的警情信息，从而将社会危害扼杀在萌芽状态。

4. 案例示范意义

案例示范意义如下。

1）大数据管理平台实现警务数据统一治理与管控

管理平台将来源庞杂的数据通过数据清理、集成、变换、归纳、融合等手段进行处理，支持对海量结构化、半结构化、非结构化数据的整合，使其达到可分析的状态。在数据规模可扩展的基础上，兼顾数据分析的实时性与灵活性，实现数据的海量批处理和高速流处理。

2）创新的动态知识图谱技术促进海量信息的高效挖掘

通过动态本体技术将海量数据资源抽象成实体、事件、文档、关系及属性，构建多节点、多边关系的动态关联知识图谱。提供全域数据搜索能力，支持按时间、空间、事件、人物等维度进行聚合关联检索，实现信息的高效挖掘。

3）可视化时空分析与关联分析辅助业务人员精准决策

提供交叉比对分析、关联分析、地理位置分析、非结构化数据标注与提取、多用户协同分析及地图、卫星图、热力图的人机协作的可视化分析。基于可视化分析技术、地理信息系统技术，以多维透视交互方式，展现数据对象之间在宏观与微观、时间与空间等维度的关联关系，帮助分析人员快速实现多维筛选，排除干扰信息，聚焦关键线索。

5. 下一步工作展望

知识图谱在智慧警务中的应用生命周期中历经知识建模、知识表示、知识获取、知识融合、知识融合等环节，而智慧警务中的知识图谱应用包括语义搜索、智能问答、可视化辅助决策分析等场景应用。知识图谱在智慧警务中的落地流程虽然清晰，但难以在该行业进行大规模推广应用，警务知识图谱构建应用主要存在以下问题。

（1）本体构建的专业程度较高，严重依赖行业专家。

（2）数据、知识、模型标准化程度较低，可复用性较差。

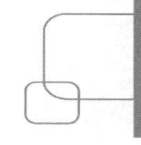

(3) 图谱应用的构建周期长,技术开发人员业务学习成本高昂。

(4) 图谱应用辅助决策智能化深度不够,未满足业务人员的需求。

对于上述问题,百分点下一步重点从两个方面开展工作,一是加强智慧警务知识中台建设,二是推进行业知识图谱标准落地应用。警务知识图谱重点工作内容如图 10 所示。百分点智慧警务知识图谱通过引入中台设计理念,抽象出智慧警务项目中沉淀下来的各种能力,包括数据、知识、模型、算法和功能模块等,开发成可复用、支持快速构建的组件。在知识建模阶段,预先构建符合国家标准、行业标准的本体模型;在知识表示和知识获取阶段,充分使用行业语料构建预训练语言模型,支持跨项目复用;在知识融合阶段,将行业专家定义的本体融合规则、实体融合规则固化成算法组件,可重复利用;而在知识应用阶段,进一步使用图计算和图卷积神经网络技术挖掘图谱的使用价值。

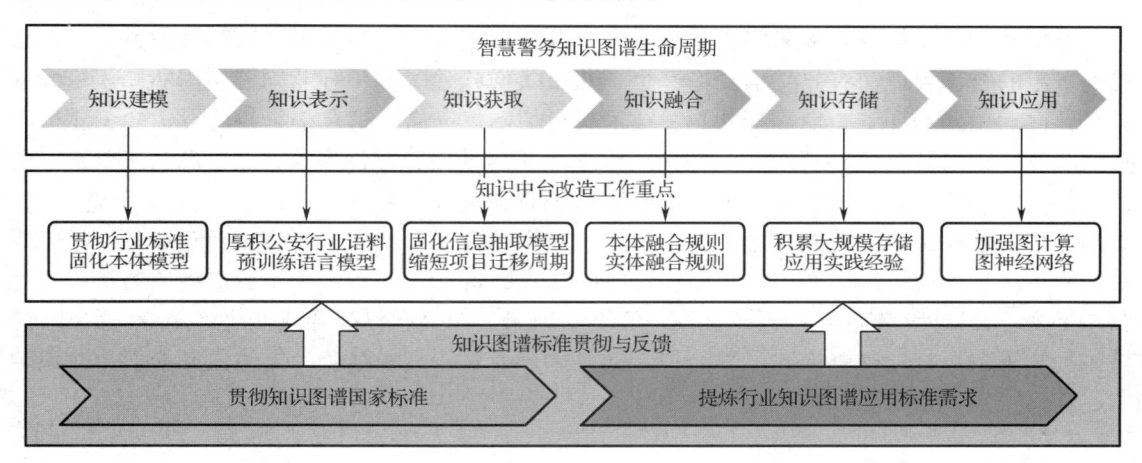

图 10　警务知识图谱重点工作内容

此外,百分点从贯彻国家标准的角度努力提升智慧警务知识图谱的建设质量。2020 年,百分点积极参与中国电子技术标准化研究院(简称"电子四院")牵头的《信息技术　人工智能　知识图谱技术框架》标准编制。未来,在知识图谱产品的平台研制、应用服务实践的过程中,一方面要积极贯彻标准规范,重点工作是将知识图谱技术框架规定的数据安全性、可靠性、可用性等安全保障技术框架融合到产品研制中,提升产品安全性能;另一方面,针对尚未规范化的、紧迫需要规范和统一的公安行业的知识图谱元数据、知识表示与交换格式,在应用中提炼具有行业普适性并贴合技术发展趋势的标准草案,联合电子四院等科研机构组成标准起草组,共同研究标准内容。

第 18 章 智慧传媒领域案例

案例 36：泛传媒行业知识图谱构建与应用实践

近年来，泛传媒行业积累了大量的数字资源，但是这些资源采用分散管理的方式，无法实现资源的统一管理和有效共享。基于此，PlantData 构建了基于行业知识图谱的知识资源服务平台，运用知识图谱生命周期的相关技术（包括知识存储、信息采集与清洗、知识建模、知识获取、知识融合、知识计算、知识应用等），重点建设科技深度检索、资源加工管理、科技人员问答交流、科技决策以及增强出版应用等业务系统（涵盖科技查新、科技资源分析、文献检索与辅助决策等功能），面向全网提供知识资源服务，提升知识资源管理效率、经营效益和服务水平，促进知识共享与利用。目前，PlantData 知识资源服务平台面向电力泛传媒行业，整合了 17 个数据库，积累了文献、专利、成果、图书、标准等数据超过 1000 万条，提供多种知识的可视化交互方式，并与后台的存储、计算能力相结合，提供语义搜索、知识地图、辅助决策支持功能。

1. 案例基本情况

1.1 企业简介

PlantData 是国内专业的知识图谱基础服务商，于 2017 年成立，聚焦军工、金融、泛传媒三大领域，目前已积累中国电科、中航工业、中船重工、中航联创、国家电网、中信建投、中国银行、华为、新华社等百余家用户。知识图谱领军人物、同济大学特聘研究员王昊奋担任 PlantData 的首席科学家，其团队发表知识图谱领域的论文数百篇，拥有 30 余项知识图谱相关知识产权，参与编写《2018 知识图谱发展报告》《知识图谱方法、实践与应用》《知识图谱助力疫情防控和复工复产案例集》及多项在研行业标准。PlantData 在全国知识图谱与语义计算大会（CCKS 2017）中提出了行业知识图谱全生命周期理论并被学界和业界广泛采纳，同时以此为基础自主研发了一站式知识图谱管理平台 PlantData KGMS，并广泛运用在金融、军工、电力、传媒等领域头部企业的上百个企业级应用场景中。同时，它提出了基于知识图谱的新一代智能数据治理框架，自主研发了万亿字节级"原生并行"图数据库与图分析引擎 PlantGraph，并以此为核心构建了面向智能大数据治理的多态存储引擎。

1.2 案例背景

随着计算机与互联网相关技术的成熟与广泛应用，泛传媒行业飞速发展。泛传媒行业知

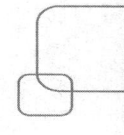

识应用的现状与需求如图 1 所示。与传统传媒相比，泛传媒通常指各行各业自身的传媒资源，如企业内部、外部的行业网站、报纸期刊等。近年来，各行业的研究成果、技术成果和科技论文层出不穷，为泛传媒领域积累了大量的数字资源，是行业发展的宝贵财富。但是，这些资源主要采用分散管理的方式，无法进行统一管理和有效共享。同时，由于知识资源来源多样，查询检索方式复杂，存在知识和信息资源管理效率低下、经营效益和服务水平较差的问题，并且资源布局对行业科技创新支撑不足，不能满足广大科研人员的需求。因此，泛传媒行业亟须构建数据完备、功能先进的统一知识资源服务平台。

随着知识图谱相关技术的发展，知识图谱以强大的语义表达能力、存储能力和推理能力，为互联网时代的数据知识化组织和智能应用提供了有效的解决方案。基于此，PlantData 利用知识图谱构建与应用相关技术，通过数据采集、清洗、加工等方式整合企业内部数据和外部资源，形成统一的知识图谱，并基于知识推理、知识计算、图谱可视化等技术提供更加友好的知识访问模式。最终构建基于行业知识图谱的知识资源服务平台，面向全网提供科技查新、科技资源分析、文献检索与辅助决策等服务，提升了知识资源管理效率，促进知识共享与利用，成为行业科技创新的有力支撑。

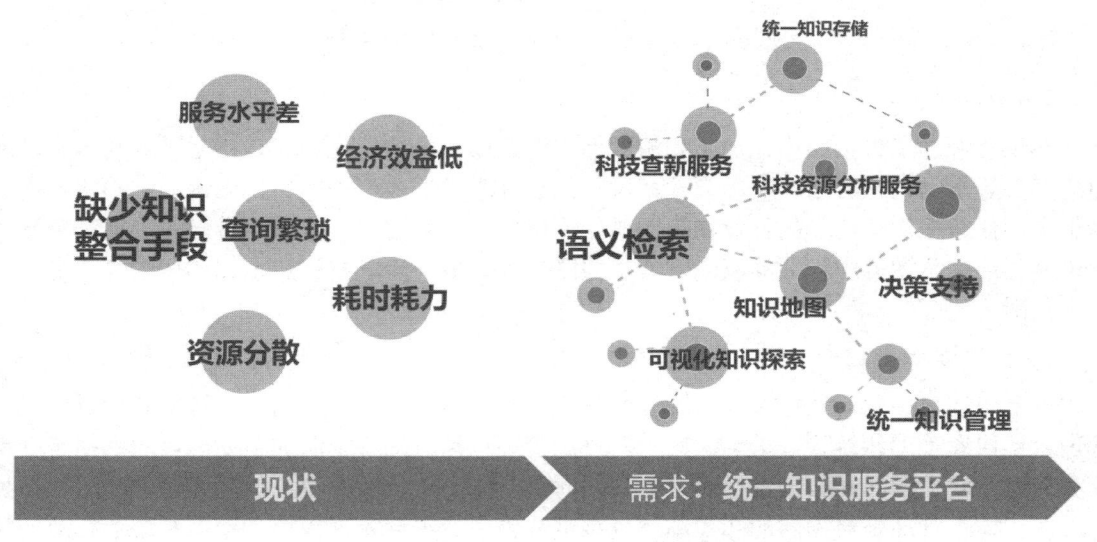

图 1　泛传媒行业知识应用的现状与需求

1.3　系统简介

PlantData 知识资源服务平台强调以数据驱动为前提，以支撑业务为目的，构建能够满足行业人员使用需求的一体化的知识服务系统。平台重点建设科技深度检索、资源加工管理、科技人员问答交流、科技决策以及增强出版应用等业务系统，并为科研人员提供各类知识资源和提供查新、查重、交流合作的服务，实现知识资源标准化管理和推进出版转型的目标。PlantData 知识资源服务平台业务架构如图 2 所示，主要包含四大功能特点。

1）行业数据资源采集

以满足行业人员对文献检索、科技查新的业务需求为目标，对公司内部、外部资源进行采集，形成丰富的知识资源库。资源类型包括成品数字资源、企业内部的文件型资源、公开

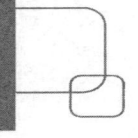

的网络资源等。知识资源库是建立行业知识体系和行业知识图谱，以及开发服务更加智能和体验更加友好的网站端、移动端应用的基础。

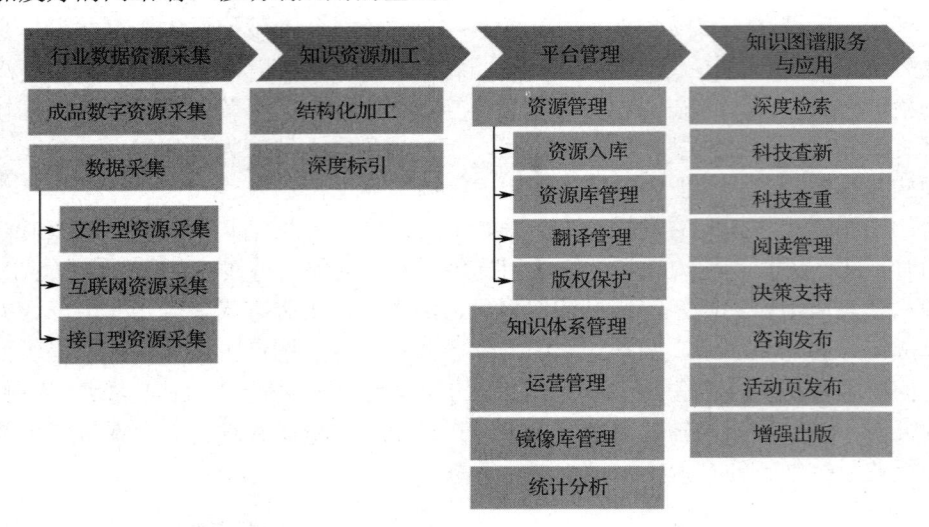

图 2　PlantData 知识资源服务平台业务架构

2）知识资源加工

知识资源加工包括结构化加工和深度标引两个模块。结构化加工是指通过对知识资源库中的网页等半结构化数据、文本型数据进行知识抽取，形成可构建知识图谱的结构化数据。基于结构化数据构建初步的行业知识图谱。深度标引是对图片、视频、音频等多模态资源进行语义标注，与图谱中相关的概念、实体关联起来，进一步丰富行业知识图谱的表达能力与表示范围。

3）平台管理

平台管理包括面向数据和知识的资源管理、知识体系管理，面向系统运维和运营的运营管理、镜像库管理和统计分析等。其中，资源管理包括对知识资源加工处理后的数据进行审核和入库、对资源库的数据进行质量管理、对具有行业特色的知识进行翻译管理和版权保护等。知识体系管理是对构建的知识图谱资源进行管理。平台管理模块为整个系统运行及构建智能化应用提供支撑。

4）知识图谱服务与应用

基于构建的行业知识图谱并结合行业特点构建深度检索、科技查新、科技查重、阅读管理、决策支持等应用。例如，深度检索通过知识图谱对资源库进行实体链接，当用户输入检索内容时，系统基于实体链接结果返回更加精确的信息，并基于实体之间的关联关系提供推荐内容。PlantData 知识资源服务平台的网站首页界面如图 3 所示。

2．案例成效

截至目前，PlantData 知识资源服务平台面向泛传媒行业整合了 17 个数据库，共包含上百万篇行业科技文献资源。基于这些行业知识资源构建形成的泛传媒行业知识图谱平台在图谱

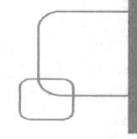

数据存储、图谱查询、图谱可视化探索、复杂图分析等方面都具有良好的性能。PlantData 知识资源服务平台特性如表 1 所示。

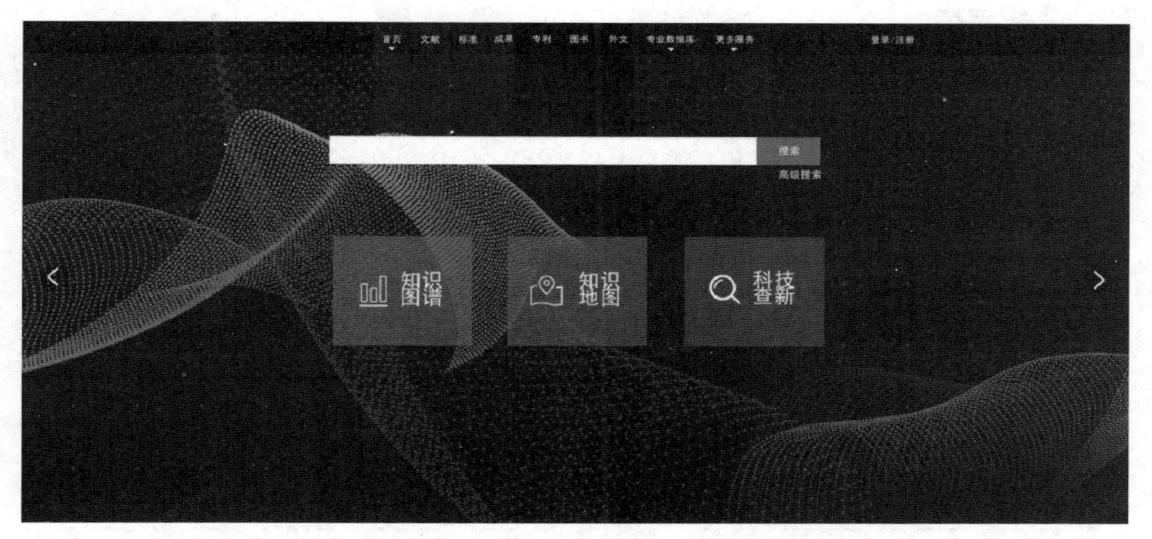

图 3　PlantData 知识资源服务平台的网站首页界面

表 1　PlantData 知识资源服务平台特性

关 键 指 标	性　　能
图谱数据存储	(1) 支持存储多模态数据资源 (2) 支持十亿级别三元组存储
图谱查询	(1) 提供智能下拉提示、组合检索、一框式搜索功能 (2) 支持 Gremlin、CYPHER、SPARQL 图查询语言 (3) 搜索响应时间在 1s 内
图谱可视化探索	(1) 支持 6 种图谱分析方式 (2) 6 步内多个实体节点关联分析的平均响应时间在 2s 内
复杂图分析	支持 10 种图计算方法

在图谱数据存储方面，平台支持存储文本、图像、音频、视频等多模态数据资源，支持的图谱数据规模为亿级别实体，以及十亿级别三元组。在图谱查询方面，平台提供智能下拉提示、组合检索和一框式搜索 3 种图谱实体搜索方式，并支持 Gremlin、Cypher 和 SPARQL 等图查询语言。在亿级别节点的情况下，实体检索响应时间小于 1s。

在图谱可视化探索方面，平台提供 6 种图谱分析方法，包括图谱探索、路径发现、关联分析、时序分析、时序路径分析、时序关联分析。在亿级别节点、千万级别关系的知识图谱中，单个实体节点图谱探索平均响应时间小于 1s，6 步以内两个实体节点路径发现的平均响应时间小于 2s，6 步以内多个实体节点关联分析的平均响应时间小于 2s。在复杂图分析方面，平台内置 5 种实体权重分析算法，包括节点出度、节点入度、介数中心度、紧密中心度、PageRank，以及 5 种群体分析算法，包括路径分析、回溯分析、社区发现、凝聚子群、权威计算。

3. 案例实施技术路线

3.1 系统架构

　　PlantData 知识资源服务平台基于知识图谱全生命周期，将平台功能划分为 7 个模块，包括知识存储、信息采集与清洗、知识建模、知识获取、知识融合、知识计算、知识应用，将从源数据采集到知识图谱构建与应用的全流程囊括在内。PlantData 知识资源服务平台系统架构如图 4 所示。

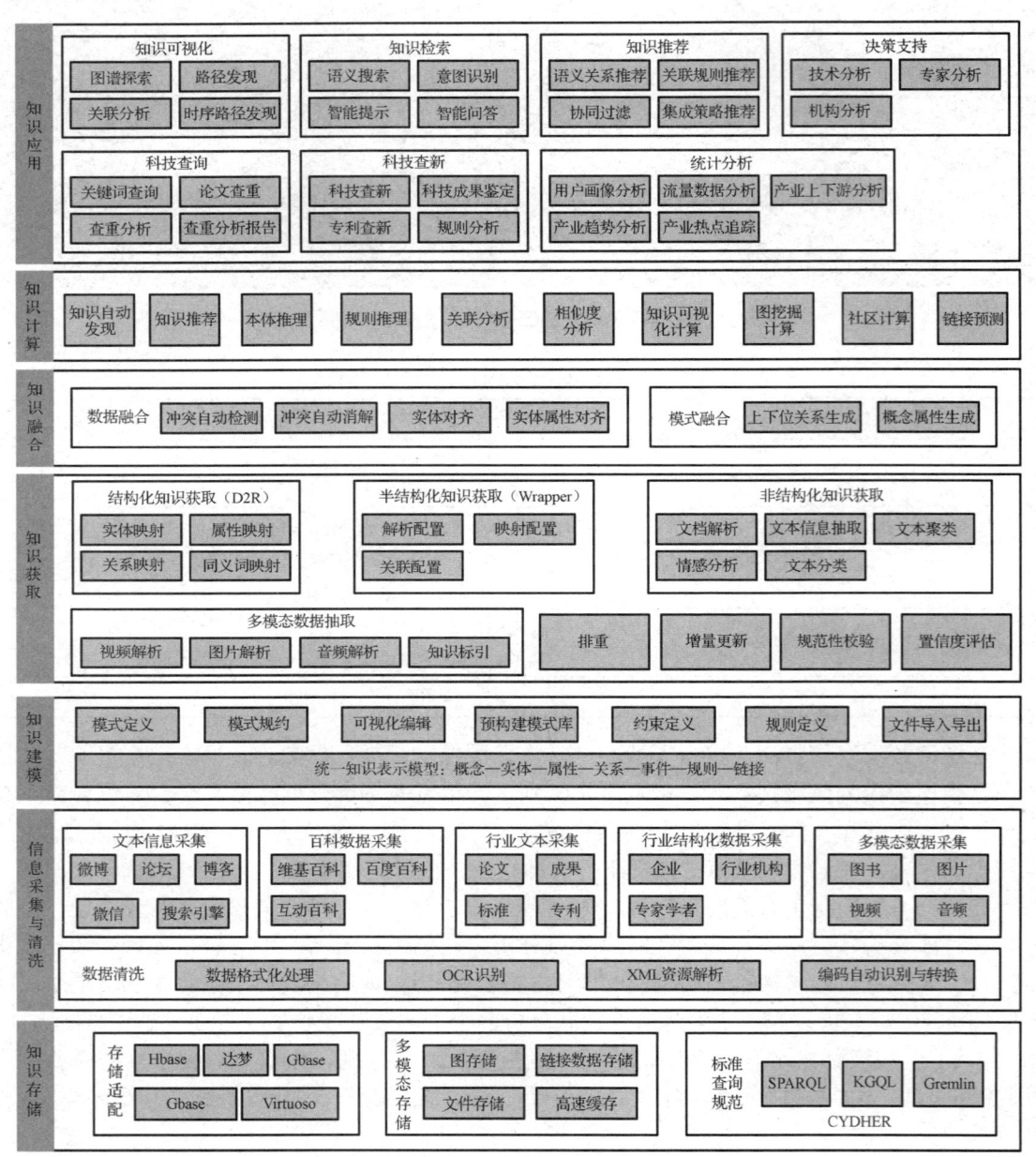

图 4　PlantData 知识资源服务平台系统架构

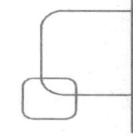

知识存储模块负责源数据与知识图谱数据的存储、查询与管理。知识存储方案可根据行业数据与企业落地的实际情况进行适配，知识存储类型包括文件存储、图存储、链接数据存储和高速缓存。知识图谱查询提供多种标准查询规范，如 SPARQL、CYPHER、Gremlin，以及 PlantData 自研的图谱查询语言 KGQL。

信息采集与清洗模块负责源数据采集与数据清洗。采集的源数据包括文本信息、百科数据、行业文本信息、行业结构化数据和多模态数据。数据清洗包括对文本类数据进行格式化处理、对 PDF、图片等部分多模态数据进行 OCR 识别、对网页资源进行 XML 资源解析、对数字资源的编码进行自动识别与转换等。

知识建模模块基于"概念—实体—属性—关系—事件—规则—链接"统一知识表示模型对知识图谱的模式层（Schema）进行建模，提供从零开始的模式定义、可视化编辑、文件导入的建模方式，基于图谱数据的模式规约功能，帮助使用者快速建模的预构建模式库，以及支撑业务的模式约束定义、规则定义功能。

知识获取模块对采集到的源数据进行抽取和处理，输出可入图的结构化数据。面向结构化数据，使用 D2R 的方法进行实体、属性、关系、同义词的映射；面向半结构化数据，基于 Wrapper 的方法进行解析、映射、关联配置；对于非结构化数据，基于机器学习模型进行文档解析、文本分类、文本信息抽取等结构化抽取；对于多模态数据，进行视频、图片、音频解析和知识标引。此外，提供数据排重、数据规范性校验、数据置信度评估和增量更新功能。

知识融合模块分为数据融合与模式融合。数据融合指对图谱的数据层进行合并，包括实体对齐、实体属性对齐、平台提供的冲突自动检测与冲突自动消解功能。模式融合是指对图谱的模式层进行合并，包括概念的上下位关系生成、概念的数值属性与对象属性生成。经过知识融合，平台可形成高质量的行业知识图谱。

知识计算模块利用图算法、推理、机器学习等技术对知识图谱数据进行计算，可产生新的知识，为上层的知识应用提供技术支撑。目前平台集成的知识计算方法包括知识自动发现、知识推荐、本体推理、规则推理、关联分析、相似度分析、知识可视化计算、图挖掘计算、社区计算、链接预测等。

知识应用为用户提供多种知识消费方式，其中，知识可视化提供图谱探索、路径发现、关联分析、时序路径发现等图谱数据可视化应用；知识检索提供图谱数据的语义搜索、意图识别、智能提示、智能问答功能；知识推荐提供语义关系推荐、关联规则推荐、协同过滤、集成策略推荐等推荐方式；决策支持提供具有行业特性的技术分析、专家分析、机构分析服务；科技查询提供关键词查询、论文查重、查重分析、查重分析报告服务；科技查新包括科技成果鉴定、专利查新等应用；统计分析基于图谱数据提供用户画像分析、流量数据分析、产业上下游分析、产业趋势分析、产业热点追踪等特色服务。

3.2 技术路线

根据知识图谱全生命周期，PlantData 知识资源服务平台将技术路线划分为知识建模、知识获取、知识融合、知识存储与知识应用 5 步。

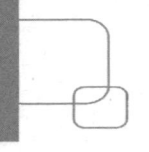

3.2.1 知识建模

知识建模阶段负责构建知识图谱的概念模式，包括定义概念、概念上下位关系、数值属性、对象属性（关系），形成统一的知识表示模型。为了表示泛传媒领域复杂多源的知识结构，知识建模需要支持多层级知识体系建模，以及事件、时序等复杂建模方式。

知识建模方法主要分为自顶向下和自底向上两种建模方式。采用自顶向下的建模方式，能够及时地响应数据的变化，避免大量的模式变更。知识资源服务平台提供可视化建模与文件导入功能，用于自顶向下地进行知识建模。自底向上的建模方式提供对知识图谱中的实体、属性进行自动合并、规约的功能，用于进一步优化和补充知识图谱的概念模式。

以知识图谱在泛传媒行业的应用为例，泛传媒科技知识资源服务平台的目标是构建行业最为全面的知识图谱，包含文献、标准、成果、专利、论文、实验室等概念体系。各类资源要求对数据进行统一化表示，以泛传媒百科为依据，建立行业分类体系，将词条、术语归属到对应的分类体系下，形成行业专业的基础主干；各类资源要求对数据之间的关系进行描述，基于各类资源类型建模，通过资源里的人物、机构、地域、知识点等进行关联关系建模；各类资源要求对数据进行语义表示，需将各类资源归属到分类体系，映射资源字段到资源模型，进行语义标引、深度融合、权重计算等，进一步提升数据的价值。

知识建模的落地实施过程大致如下。

（1）行业概念体系，使用行业百科全书构建知识图谱的概念体系，包含概念及其上下位关系。

（2）行业词条术语百科，针对行业百科全书中的词条、行业术语库，建立泛传媒行业百科。

（3）行业资源库，针对各类资源的建模，将大数据平台的数据整合到知识图谱。

（4）行业资源库关联及归类，通过实体链接技术，建立资源与词条、术语间的关联关系；通过分类，建立资源与概念体系的关系。

（5）行业资源库融合，通过业务规则，融合行业知识图谱中的机构、地域。

（6）行业资源库深度融合，通过业务规则、合作网络分析、企业内部知识库，融合行业知识图谱中的人物。

（7）通过 PageRank 算法，计算知识图谱各个实体的权重，最终形成的行业科技资源知识图谱 Schema 示意如图 5 所示。

3.2.2 知识获取

知识获取是将不同来源和不同结构的数据转化成知识、再构建知识图谱的过程，其中包括了结构化、半结构化、非结构化数据的处理。需要集成多种知识抽取能力，旨在从数据中自动发现知识，避免纯手工构建大规模图谱带来的工作量大、效率低下和易出错等问题。同时，需要保障所获取知识的质量，尤其是从非结构化数据中抽取知识的难度最大。

泛传媒行业包含的科技资源数据分为企业内部数据和企业外部数据。企业内部数据包括标准、成果等结构化数据，以及图书、视频、图片、实验室名录等文档数据。企业外部数据包括开放的行业百科，采购的论文、专利等资源。泛传媒行业科技资源的原始数据类型如表 2 所示。

第 18 章 智慧传媒领域案例

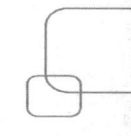

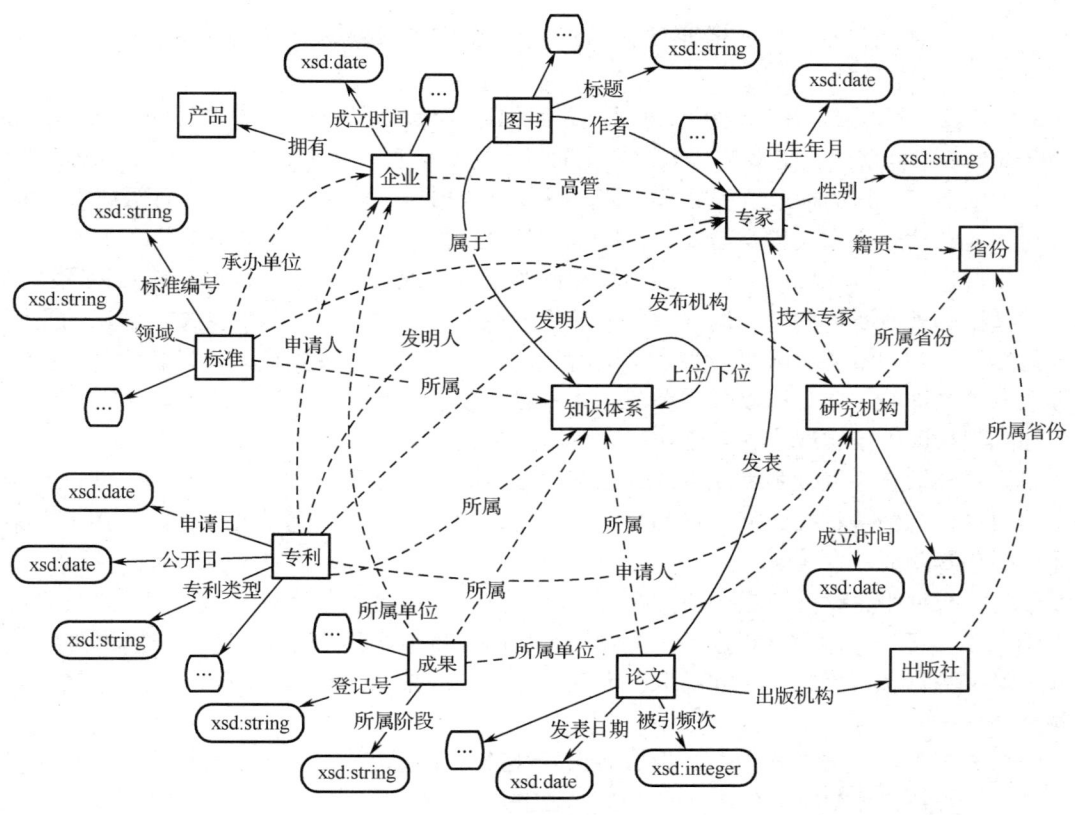

图 5 行业科技资源知识图谱 Schema 示意

表 2 泛传媒行业科技资源的原始数据类型

数 据 类 型	数 据 详 情	数据结构说明
百科	行业百科	半结构化数据
专利	专利数据，包括发明专利、实用新型、外观设计	著录项数据是结构化数据，标题、摘要、正文是非结构化数据
论文	论文数据，包括期刊、学位、会议等	著录项数据是结构化数据，标题、摘要、正文是非结构化数据
成果	成果数据，包括万方成果、国网成果等	著录项数据是结构化数据，标题、摘要、正文是非结构化数据
标准	标准数据，包括国标、行标、企标等	非结构化数据
图书	一般的书籍数据	非结构化数据
图片和视频	带文本描述的图谱、视频等	非结构化数据
专家学者	上述数据的专家学者库	结构化数据
行业机构	上述数据的行业机构库	结构化数据
企业	上述数据的企业库	结构化数据

对于结构化数据，由于其本身带有结构信息，通常采用 D2R 的方式完成此类数据的图谱构建。D2R 是指把关系数据库中的数据转换成为 RDF 形式的语义数据并发布在互联网中。知识资源服务平台采用了从关系数据库映射到语义数据的映射规范 D2RML。该规范使用 XML 语言，基于 XML 语言的易用性和通用性，使得 D2RML 能够轻易地被普通用户

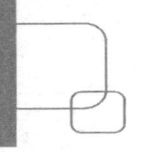

理解与使用。使用该语言时，并不要求用户使用 RDF 和 SPARQL 相关的知识，进一步降低了使用门槛。

对于半结构化数据，知识资源服务平台采用描述模板的正则语言 DWPL（Domain Websites Parse Language）。该语言定义了从半结构化的网页中把信息转化为知识图谱形式知识的机制。定义好模板后，数据的抽取过程非常方便，只需要依据模块对目标网页进行解析即可完成。

对于非结构化文本类数据的知识抽取是指从连续的文字中抽取有价值的各类知识，包括实体、属性、关系等。如今，在多源异构数据的互联网形式下，为了快速构建知识图谱，需要一种通用的抽取实体和关系的方法，在信息抽取系统中输入的是原始文本，输出的是固定格式的知识。知识资源服务平台整合了深度学习、机器学习、规则模型，满足实体抽取、属性抽取、关系抽取、同义抽取的需求，能够将文本数据转换成结构化的知识。

在知识抽取阶段实现集中整合和管理数据，实施步骤大致如下。

（1）将离散在不同业务系统中的数据资源整合到大数据平台进行统一管理，并在整合过程中对数据进行清洗转换。高质量的数据可以支撑运营管理，如基础的统计、资源上下架、镜像库打包等功能。

（2）大数据平台存储数据元信息及文件。具体而言，元信息存储于 Hbase 中，文件存储在 HDFS 中。各类资源数据可以通过主动写入、ETL 抽取、用户导入 3 种方式上传到大数据平台。论文数据从互联网上定向爬取；专利、标准、成果从数据库中抽取；图书、图片、视频从文件系统中抽取。

（3）将汇聚的数据清洗转换，形成质量较高的结构化数据。对于专家学者库、行业机构库、企业库等结构化数据，使用 D2RML 方法进行映射转换；对于百科、专利、论文等半结构化知识，基于 DWPL 定制 HTML 解析器进行三元组抽取；对于图书、图片、视频等资源，使用实体链接等技术建立多模态数据与实体的关联关系。

3.2.3 知识融合

知识获取阶段仅仅是从不同类型的知识源进行抽取，获得构建知识图谱所需的实体、属性和关系数据，形成了一个个孤立的抽取图谱。为了形成一个完整的知识图谱，需要对这些抽取结果进行融合，集成到统一的知识图谱中，提升知识图谱的数据质量。

知识融合过程需要支持概念与实体的自动合并，并要求提供相应的算法，且可以通过人工进行合并结果的校正。另外，还要求提供冲突检测算法，支持冲突发生点（概念和实体的冲突、上下位关系的冲突、属性值的冲突）的自动探测，针对模式冲突或者数据冲突，提供基于数据源可靠性的自动冲突解决方法、基于支持因素数目的自动冲突解决方法以及人工冲突解决的方法。

知识资源服务平台提供的知识融合服务包括知识关联、知识合并和冲突检测。其中，知识关联支持不同图谱中相同实体关联及跨图跳转。知识合并功能提供手工融合与自动融合两种方式，对实体及其属性进行手工合并操作和业务规则配置，并且可批量计算出待合并实体候选集及其合并概率，包含批量添加待合并实体、合并主体的设定和切换、多实体属性对比与查看、合并实体的数据来源及置信度的查看。冲突检测功能支持合并主体与被合并实体的冲突检测与冲突提示、实体数值属性的冲突检测与实体属性冲突提示，并且支持查看实体冲突的内容。

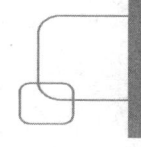

3.2.4 知识存储

知识存储需要实现多类型知识的存储，包括三元组知识、事件信息、时态信息的存储。在企业级的应用场景中，图谱通常包含百亿甚至千亿级别的知识，知识图谱存储方案需支持大规模图谱存储及高效查询，具备复杂知识模式管理的功能，用于支持知识建模工具的高效交互，并提供 SPARQL、Gremlin 等多种常见的图查询语言和标准查询规范。

PlantData 知识资源服务平台使用原生图结构的并行分布式图数据库，能够实现单机环境百亿级、分布式环境万亿级三元组图数据的高效存储与计算。具体而言，使用原生图结构实现图数据的高效查询与深度遍历；支持依点分割、边分割及混合分割模式，实现图数据的分布式存储；支持 OLTP[①]形式的快速图数据查询以及 OLAP[②]形式的图数据分析场景；兼容 SPARQL、Gremlin 等图查询语言标准，以及平台自带的 KGQL；内置常见的图算法，包括邻居子图、最短路径、连通子图、社区发现、PageRank[③]、中心度分析等。提供图神经网络、图嵌入等与深度学习结合的模型算法。

在用户端，提供知识查询、知识编辑、知识导入导出、知识溯源等功能。其中，知识查询支持对实体、属性、关系的查询。知识编辑包含实例编辑、关系编辑、同义编辑、词典编辑。知识导入导出支持通过 Excel 模板进行实体、实体属性、实体关系的导入，支持知识图谱的在完成数据查询（KGQL）后进行数据的导出。知识溯源记录了从知识获取到知识入图的各个环节的知识来源与变更信息，支持查找、追溯知识实例及关系来源。

3.2.5 知识应用

经过以上步骤，可以构建大规模企业知识图谱。而基于知识图谱，在不增加用户额外学习成本和使用门槛的情况下集成可视化、语义搜索和问答分析等多种交互方式，提供统一的知识图谱消费体验是一项综合人工智能和人机交互等多学科知识的技术难题。从泛传媒数据的应用需求出发，PlantData 知识资源服务平台提供了多种知识可视化交互方式，并与后台的存储、计算能力相结合，为用户提供快速的知识应用服务、基于知识图谱的语义搜索能力、知识地图功能、辅助决策支持功能。

在知识图谱可视化方面，知识资源服务平台提供了图谱探索、路径发现、关联分析等功能。图谱探索功能以实体为中心，展示实体与其关联实体形成的知识网络。图谱探索示例如图 6 所示。路径发现功能用于挖掘知识图谱中两个实体之间的可达路径。在实际业务场景下，路径发现可用于专家的专利合作网络分析。路径发现示例如图 7 所示。关联分析功能用于挖掘多个实体之间的关系，可用于专家任职关系分析。关联分析示例如图 8 所示。

在基于知识图谱的语义搜索方面，PlantData 知识资源服务平台提供一框式搜索、组合检索和句子检索功能。对于一框式搜索，系统根据用户输入的关键词进行智能提示，提供汉语补全、拼音补全、语义补全功能。一框式搜索示例如图 9 所示。组合检索功能支持组合查询条件，针对不同类型的资源进行精确的检索；同时支持自定义查询布尔表达式，对某一类资源，进行专业的条件组合检索。句子检索功能是对用户输入的一段文字进行关键词抽取，用户通过组合这些关键字，自定义检索条件，进行检索。句子检索示例如图 10 所示。

---

① OLTP：联机事务处理。
② OLAP：联机分析处理。
③ PageRank：页面排序算法。

图 6　图谱探索示例

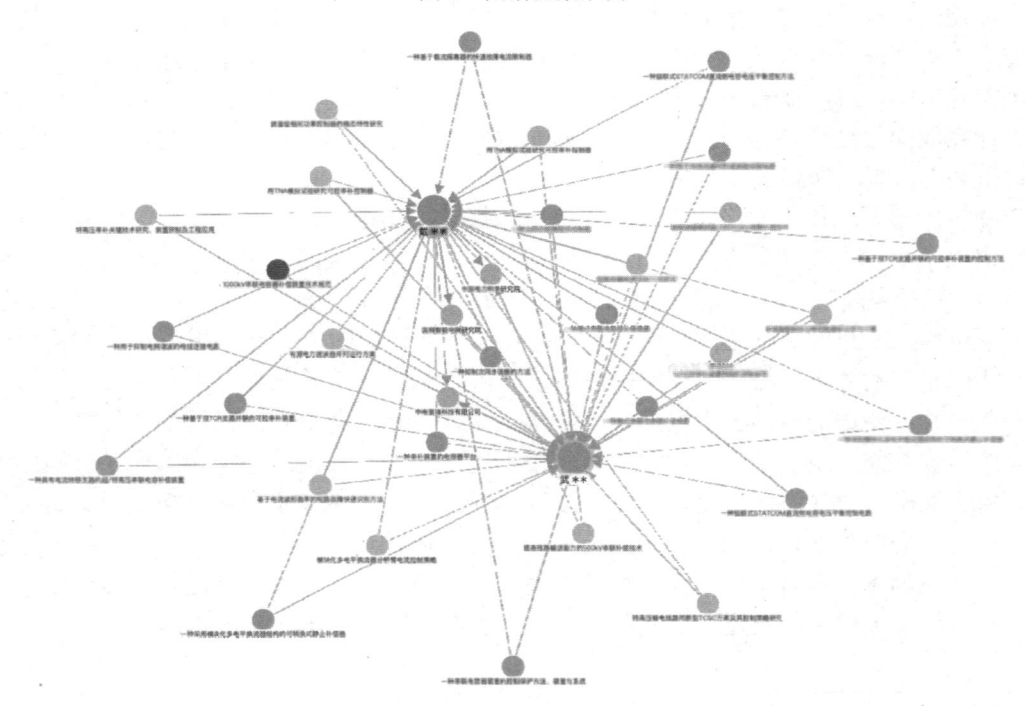

图 7　路径发现示例

第18章　智慧传媒领域案例

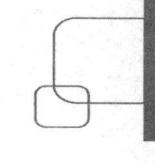

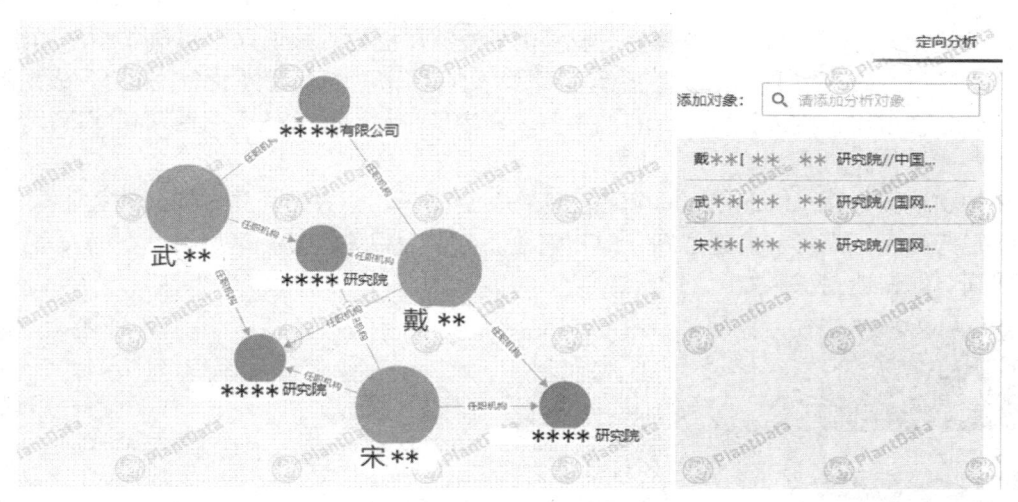

图8　关联分析示例

图9　一框式搜索示例

图10　句子检索示例

在决策支持方面，知识资源服务平台提供了专家、机构、知识点、期刊 4 个不同维度的统计分析应用，分析结果展现方式包括词云图、知识图谱、专利趋势、论文趋势、成果趋势、论文发表分类占比、成果领域、专利技术关键词频度排行、论文技术关键词频度排行、合作者合作频度排行。

在知识地图方面，PlantData 知识资源服务平台基于相似关系计算、同义关系计算、领域新词发现等技术，为行业构建了细分的知识地图，包含相关概念与概念的上下位关系、同义词、热词。知识地图示例如图 11 所示。

图 11　知识地图示例

4．案例示范意义

国务院《关于积极推进"互联网+"行动的指导意见》（国发〔2015〕40 号）文件指出，"互联网+"是把互联网的创新成果与经济社会各领域深度融合，推动技术进步、效率提升和组织变革，提升实体经济创新力和生产力，形成更广泛的以互联网为基础设施和创新要素的经济社会发展新形态。2017 年 7 月 8 日国务院印发并实施国务院印发关于《新一代人工智能发展规划的通知》，强调要顺应时代潮流，坚持开放共赢，勇于变革创新。PlantData 知识资源服务平台响应国家和社会需求，研发了行业知识图谱构建与应用的全生命周期管理方案，并建设了知识资源服务平台，提升了数据资源的使用效率，为其他行业知识图谱的建设和面向业务场景的应用提供了实现思路和实施方案。

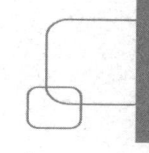

4.1 提升资源共享效率

PlantData 知识资源服务平台助力泛传媒行业解决了数据资源共享度低、查询检索效率低的问题。基于行业知识图谱，PlantData 构建了知识图谱可视化与分析、语义搜索、决策支持和知识地图等面向行业业务场景的应用，满足了行业科技查新和文件检索业务需求，并提供科研辅助决策能力。

4.2 推动数字资源服务转型

知识资源服务平台的建设推动了数字资源服务的转型。依托行业知识图谱的构建，可实现企业内部数据资源的统一管理，带动传统出版业向信息服务业过渡。进一步建设了用户信息采集和行为分析系统，实现知识信息的个性化推荐，指导科研选题决策和精准营销。逐步形成了数字资源服务的商业模式，沿着信息服务、知识服务的路径推动出版转型。

4.3 提供可借鉴的建设经验

PlantData 知识资源服务平台的建设经验可被其他行业借鉴，基于行业知识图谱的全生命周期管理整合行业内各类知识资源，构建统一的大规模行业知识图谱，实现知识资源的统一管理和共享。在此之上，平台构建面向行业的业务场景的知识图谱应用，通过知识图谱可视化、语义分析、智能问答等技术手段为行业用户提供更加友好的知识消费方式，并从现有的知识资源中进行进一步的知识挖掘、分析，从而辅助行业决策分析。

5. 展望

在泛传媒领域，国内外的科技知识服务平台都发展到了比较成熟的阶段。在科技学术领域，国外主流的知识资源库有 IEEE/IEE、Engineering Village、ProQuest、ESBCO 数据库 ASP、BSP、OCLC 等。我国的知识资源数字化工作发展也比较快，中国科学院汇集了 200 余家科研院所的知识成果，并向社会开放，当前数据库中已有 46 万余份各项科技知识论文和成果可供检索。同时也兴起了维普、万方数据、中国知网等一批知名网站，向互联网用户提供学术文献、外文文献、学位论文、报纸、会议、年鉴、工具书等各类资源的统一检索、统一导航、在线阅读和下载服务。总体来看，知识资源的数字化、知识传播的互联网化是全社会发展的必然趋势。

目前，PlantData 知识资源服务平台主要面向电力泛传媒行业实现了数十种知识资源的整合，提供统一的知识搜索服务，同时集成了一些科技情报应用服务，如科技查新、科技查重等，完成了知联网+行业人联网的初步建设。下一步，PlantData 将在技术和行业应用上继续前行。

在技术上，PlantData 将研发更多知识图谱应用，进一步提升行业人员获取知识的效率与增强用户的体验感。首先，基于泛传媒知识图谱构建智能问答机器人。其次，强化决策分析场景，如提供热点预测、合作引用关联分析、专利价值分析等服务。最后，提供实现交互式搜索分析、原子化分析子引擎的编排服务，方便企业快速构建自己的知识资源搜索分析应用。

在行业应用的推广上，PlantData 计划将电力泛传媒知识资源服务平台的建设经验推广到其他行业领域，基于行业知识图谱提供更加友好的知识服务，提升知识资源利用的效率。在构建行业知识图谱应用与服务的同时，推动泛传媒行业科技资源知识图谱的构建形成统一的规范、标准，方便企业快速落地自己的知识图谱平台。最终实现"知联网""人联网""服务联网"三网融合服务的目标。

第 19 章 科技文献领域案例

案例 37：基于知识图谱的 CNKI 数字人文研究平台

数字人文研究基础设施建设是近年来国际数字人文学界重点关注的议题。国内外众多研究团队都尝试从不同角度探索如何整合相关工具、数据集、人才、运作方式、标准与合作模式，以推进技术与资源的共享。本案例针对数字人文研究机构及研究者的需求，利用知识图谱技术，高效整合中国知网资源、机构自建资源、个人研究数据、专家研究成果、相关网络资源等，以知识本体为基础，重组数据。辅以丰富易用的文献计量分析、文本分析挖掘、可视化标注等研究工具，将统计方法、深度学习、情感分析与定性分析方法相结合，优化数字人文学科研究、成果交流、经验共享服务机制，打造一个全流程管理数据、全方位服务科研的数字人文研究平台。本案例依托知识图谱技术，改变了数字人文的内容资源的获取方式，为数字人文研究提供丰富易用的工具集，大幅度地提高数字人文研究的算力。在研究方法、路径、视点等方面对数字人文学科研究提供了崭新的思路，为数字人文研究提出问题、界定问题和解决问题提供新的视角，能够推动数字人文研究新范式的发展。

1. 案例基本情况

1.1 企业简介

同方知网数字出版技术股份有限公司成立于 1999 年，二十余年来长期致力于信息资源的大规模、增值性整合利用及相关核心技术的研发。该公司从事各类科技与文化知识资源的整合传播、互联网出版与相关技术服务，是国内最好的内容管理、文本挖掘与搜索技术的提供商，在信息资源集成、知识管理、情报服务等领域拥有丰富的建设经验和大量、成功的应用案例。

随着大数据和人工智能技术的发展，该公司不断精耕细作，依托中国知网在各专业学科领域的海量知识资源优势，完成了金融、医疗、司法、制造、教育、能源、政务、交通、农业、文化等各行业的大规模领域知识图谱的构建，面向社会各行业提供海量的知识数据查询服务、大数据分析挖掘服务、大数据支撑决策服务。中国知网大数据服务体系涵盖大数据采集、加工、存储、分析挖掘、利用与可视化全链条数据服务，最大化地提升数据价值和变现数据价值。公司在大数据与人工智能领域拥有包括多源异构数据汇聚与治理、动态知识图谱构建与管理、全流程本体可视化建模、大数据分析挖掘可视化、全网数据智能搜索与混合排序、基于知识图谱与 NLP 的智能问答与交互、面向主题的大数据报告自动生成等技术在内的发明专利 20 余项、软件著作权 20 余项。

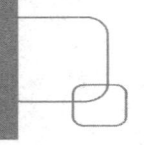

1.2 案例背景

进入 21 世纪以来，以大数据、人工智能等为代表的新兴数字技术正在加速数字中国的构建进程，作为新一代人文学者认知世界和传播文化的新路径，数字人文正在积极引领文化时空研究的数字化转换，并展现出广阔的发展前景。目前，数字人文已经成为语言学、文学、史学、哲学、艺术学等传统人文学科与图书情报学、计算机科学、人工智能等信息科学共同关注的新兴跨学科领域。数字人文不仅推动了大学与其传统科研学科体系加速适应社会的数字化转型，还推动了人文知识向更大范围的公众开放，使得普通人能够更加便捷有效地学习传承中华优秀传统文化。

数字人文是一种将计算机方法与技术融入人文研究，进而提出并回答人文问题的新范式。在传统人文研究中，研究过程多表现为一种书斋式的、针对典籍文献的细读和考据。随着计算机和电子文本的发展，研究者开始利用数据库查找资料，并借助地理信息系统、机器学习、信息可视化等多种计算分析工具开展认知计算、文本挖掘、情感分析、图像识别、视觉分析、社会网络分析、数字记忆构建等研究。在此过程中，一些新型研究方法，如远读、文本计量、文化分析等陆续浮现，并在文学、史学、文化研究等领域得到创新性应用。

我国的数字人文研究在技术层面主要存在以下 4 类问题。

（1）人文数据库或数据集的建设。包括将非数字的人文资料加工转化为数字内容；以及对非结构化的数字文本内容按照某种使用目的进行规范化标注和著录的数据集建设。

（2）人文数字工具的开发和使用。数字工具分为两类，一类是解决资料查找、文本比对、文本标记等低水平重复工作的工具；另一类是使用或设计数据分析挖掘工具来理解和分析数据集，旨在发现新问题，解决传统人文领域无法解决的问题。

（3）创新人文研究方法和研究范式，将定性研究转变为定性与定量研究相辅助的形式。

（4）人文领域的创造性破坏与建设，通过数字技术切入人文领域，对人类文化遗产的传承、传播和创新提供新的方法。

基于以上 4 类问题，本节案例针对数字人文研究机构及研究者的需求，整合知网文献资源、用户自有资源，提供文献计量分析、文本挖掘分析、可视化呈现、知识图谱构建等研究工具，将统计方法、深度学习、情感分析与定性分析方法相结合，将人文社会科学与自然科学、技术科学紧密地结合起来，使传统人文呈现丰富的生命力。

1.3 系统简介

CNKI 数字人文研究平台依托互联网、信息资源建设及管理、大数据、知识图谱、自然语言处理、开放众包等技术，通过 OCR[①]识别工具、数据管理工具、数据治理工具、数据存储工具，构建自主的人文资源体系。其目标是实现这类数据资源的电子化、多源数据存储、数据治理，为数字人文数据融合共享和分析挖掘应用提供支撑。人文研究学者作为参与方主要依托平台实现在线的基于大数据的人文研究方法；公共博物馆与公共图书馆作为生态的重要参与者，提供馆内特色数据资源，形成良好的生态体系；资源集成商负责资源的整合，平台的运营与维护。系统相关方关联关系如图 1 所示。

---

① OCR：光学字符识别，即以光学扫描的方法，将字符以图像方式输入计算机，并将图像中的文字转换为文本格式，供文字处理软件进一步编辑加工的过程。

第 19 章 科技文献领域案例

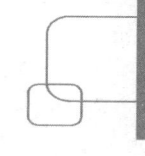

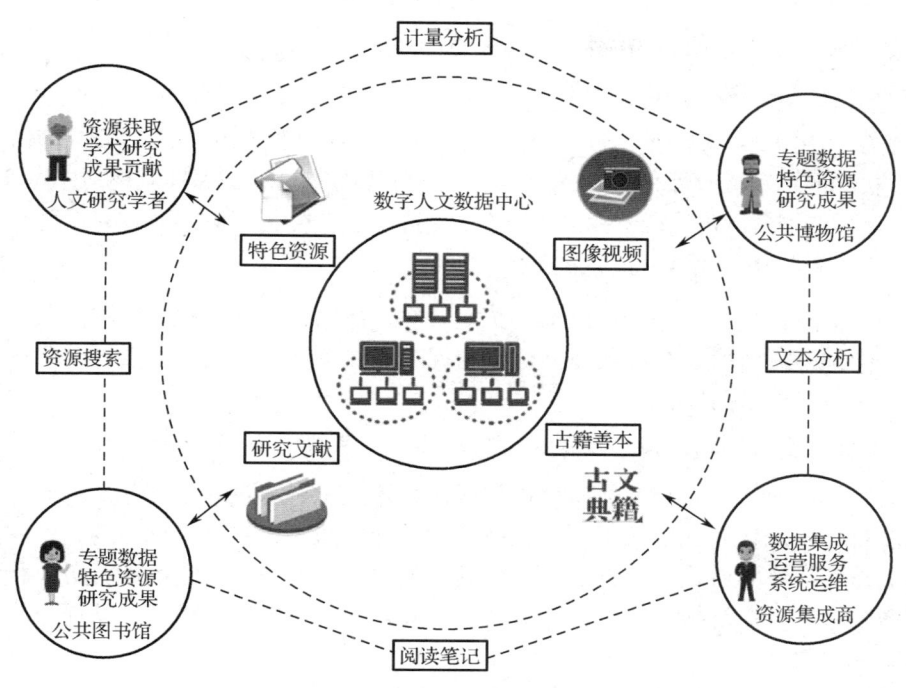

图 1 系统相关方及关联关系

围绕数字人文研究所需，利用知识图谱技术，高效整合中国知网资源、机构自建资源、个人研究数据、专家研究成果、相关网络资源等，采用以知识本体为基础的知识方法重组数据，辅以丰富易用的文献计量分析、数据分析挖掘、可视化标注等研究工具，优化数字人文学科研究、成果交流、经验共享服务机制，打造一个全流程构建管理数据、全方位服务科研的数字人文研究平台。项目以服务数字人文研究机构以及研究者为目的，以建设数字人文研究平台为目标，助力我国数字人文基础设施的建设与升级，在传承中华优秀传统文化上发挥积极作用。CNKI 数字人文研究平台功能示意如图 2 所示。

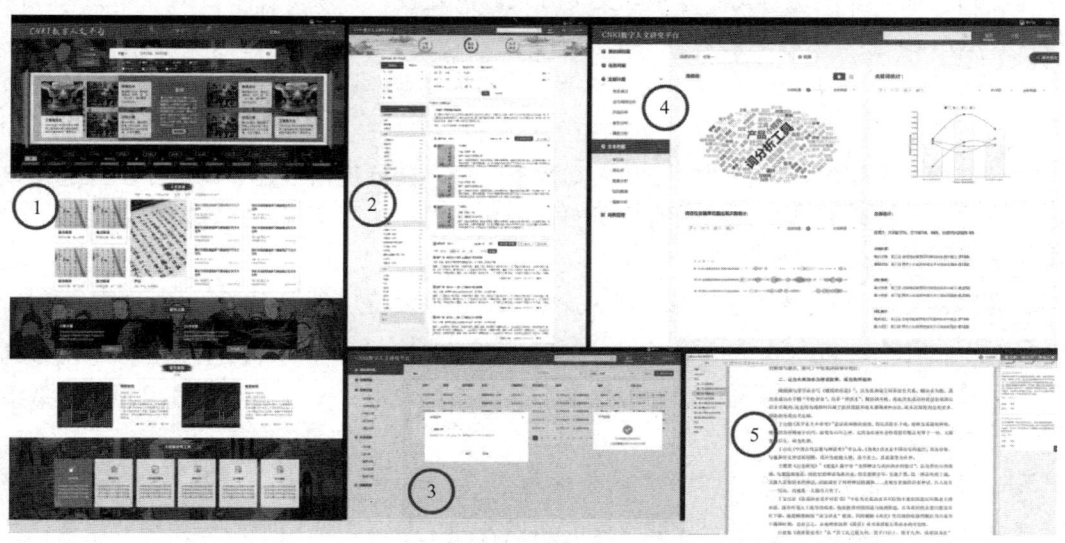

图 2 CNKI 数字人文研究平台功能示意

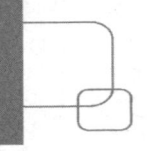

该平台主要具备以下四大功能特点。

1）提供多种来源的人文数据资源

平台整合的中国知网人文数据包括期刊、学位论文、报纸数据库、工具书、古籍范本、古籍图片库等。机构的自有资源可通过 OCR 识别工具进行数字化，通过系统集成的建库管理工具整理成库，与中国知网资源进行统一检索。平台还支持对个人收集的数据资源进行管理和利用。

2）提供丰富易用的数字人文分析工具

平台提供文献计量分析、实体识别、文本聚类、情感分析、可视化标注工具、知识图谱构建工具、文件格式转换工具等大数据分析挖掘工具。工具易于人文研究者上手操作使用，降低了工具使用的技术门槛。

3）提供众包协同模式，构建数字人文知识共建共享机制

利用众包协同模式，数字人文研究机构或研究团队可充分调动群体智慧，高效完成研究任务。本项目将游戏化模式引入平台众包模块的设计组织中，将"目标、规则、实时反馈系统和自愿参与"等作为游戏化的核心设计机制，建立与研究情景相匹配的任务目标、运作规则及反馈激励机制，通过科学合理的任务设计提高众包任务的完成绩效，从而有效保障众包协同模式的应用效果。

4）提供数字人文研究成果的发布、交流和共享平台

研究者可将自己在平台上所做的数据分析成果发布出来，与同行交流，促进数字人文研究方法、理念、工具使用经验等内容的共享和传播。

2. 案例成效

CNKI 数字人文研究平台的建设，为数字人文研究机构以及研究者提供一个支持数据获取、数据存储、数据管理、数据整合、数据挖掘、数据可视化以及科研交流与服务的数字人文研究基础设施平台，助力我国数字人文基础设施的建设与升级，进一步提升企业的经济效益和社会效益。

1）整合并建立由中国知网人文数据资源，机构自建资源以及个人研究数据资源构成的三级数据资源体系

平台汇集中国知网多年积累的公共人文数据资源，支持机构自建专题数据资源的建设和管理，同时还支持研究者个人的研究数据的管理和利用，从而实现人文数据资源多层次、深层次的挖掘和利用。

2）提供一系列功能丰富、交互简易友好的数字研究工具

包括文献计量分析、实体识别、文本聚类、情感分析、可视化标注工具、知识图谱构建工具、文件格式转换工具等大数据分析挖掘工具，操作使用易于人文研究者上手，降低工具使用的技术门槛。

3）优化升级中国知网的人文学科服务模式

平台为人文资源提供基于大数据技术的知识管理工具，帮助用户深度挖掘数据资源的价值；借助开放众包技术，提供新的数字人文学科科研模式，帮助研究机构多快好省地开展数

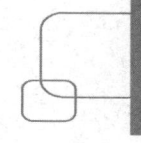

字人文研究，高效产出数字人文研究成果。

4）助力人文社会科学基础设施的建设

本平台采用"资源+工具+科研服务"的模式，填补国内同类产品的空白，促进人文社会科学基础设施的建设和升级。

3. 案例实施技术路线

3.1 系统架构

CNKI 数字人文研究平台依托人文研究资源体系与资源图谱化组织方式对外提供应用研究工具集，其业务架构如图 3 所示。

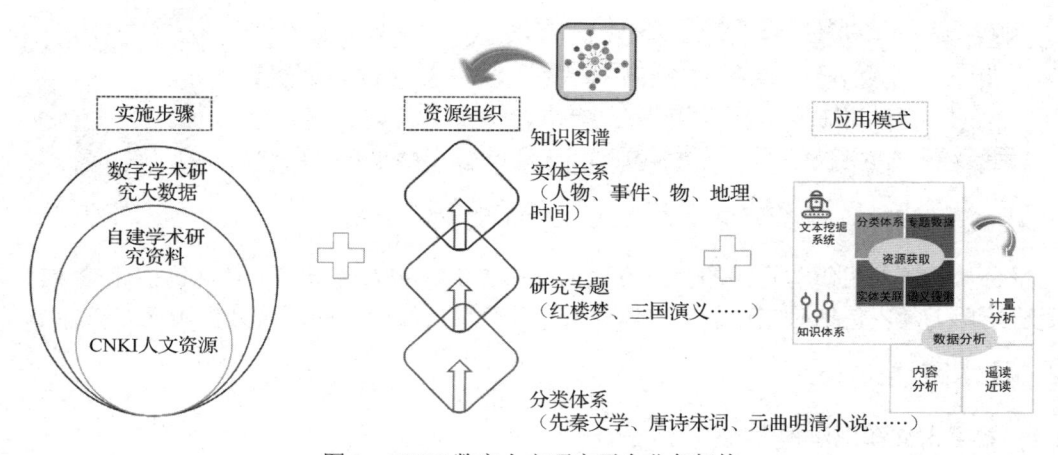

图 3　CNKI 数字人文研究平台业务架构

CNKI 数字人文研究平台整合了互联网人文资源、研究者所在的研究机构的内部信息资源，形成数字学术研究大数据资源池。利用知识图谱强大的信息资源关联与整合能力，组织面向人文研究的数据，提供面向计量与统计、分析与挖掘的新型数字人文研究工具集和研究模式。

CNKI 数字人文研究平台功能架构如图 4 所示。该平台大数据资源池包含 3 部分数据。一是中国知网人文研究领域资源 3000 多万篇学术研究论文，涉及哲学与人文科学，文艺理论、文学、语言文字、音乐舞蹈、戏剧电影电视、美术书法雕塑摄影、地理、文化、史学理论、世界历史、中国通史、考古、人物传记、宗教、社会科学、马列主义、政治学、军事、公安、法律、社会学、民族学等研究领域。二是学术研究机构的内部资源，包括古籍范本、书画资料、洞窟雕塑等。三是互联网上相关的数据资源，包括艺术网站、博物馆展览、艺术品拍卖等。

资源组织形式按照三个层级进行组织。

（1）宽泛的资源分类体系，如诸子百家、先秦文学、唐诗鉴赏、宋词鉴赏、元曲鉴赏、古典小说、传统戏曲、传统舞蹈与音乐、传统曲艺、传统书法、中国绘画、传统杂技、食文化、酒文化、茶文化、衣冠服饰、传统礼仪、姓氏家谱、神话传说、节气、传统发明、汉字与方言、传统器具、传统工艺、传统建筑等。

（2）面向具体研究的专题性资源，如红楼梦研究、青铜研究、甲骨文研究等。

（3）细粒度的事实数据、知识图谱、实体词条，如人物、事件、地理、时间等，构建相互关联的数字人文研究实体知识图谱网络。

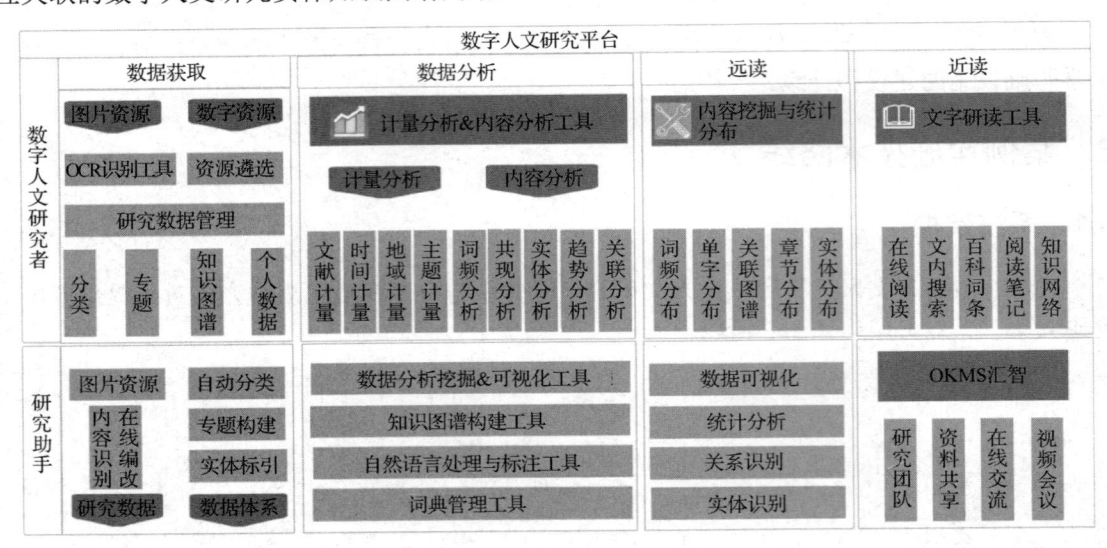

图 4　CNKI 数字人文研究平台功能架构

平台从资源的组织与资源的获取方面为上层提供数字人文研究工具，包括计量分析与内容分析挖掘工具，包括时空计量、实体分析、关联分析等相关的图谱分析研究方法。

3.2　技术路线

3.2.1　数字人文知识建模

传统的数字人文研究数据集以文献为单位组织与存储模型，而本案例采用面向具体研究的数字人文数据集，以电子化的知识为组织形式，以文本资料为主体，兼有图片、音频、视频、3D 等多元数据形式，进行多元异构数据融合的知识图谱建模。以中国绘画为例的知识建模示意如图 5 所示。

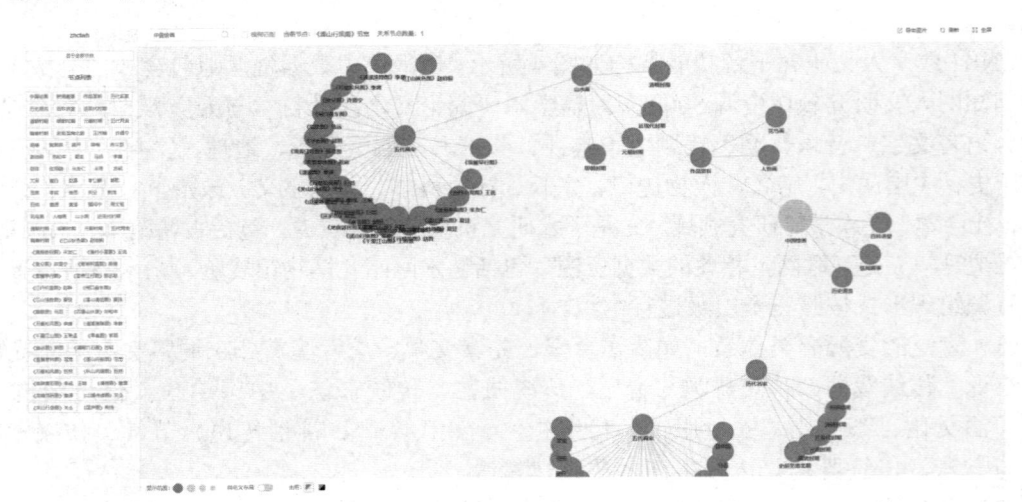

图 5　以中国绘画为例的知识建模示意

第 19 章 科技文献领域案例

构建知识图谱的主要目的是支撑数字人文数据的组织关联与智能分析挖掘业务,覆盖数字人文的核心业务环节,适应变幻不定的外部环境,完成多样化的任务。知识建模与管理指基于数字人文数据源构建领域本体和业务本体体系,为知识抽取提供规范化描述的概念层次体系和业务知识库,提高知识获取、存储、图谱构建及应用水平。数字人文领域包含众多的本体概念。例如,历史人物概念、历史事件概念、官制概念、时间朝代概念、古籍概念、研究论文概念、绘画概念、书法概念等,每一类概念的属性应根据研究需要进行设定。历史人物概念本体示意如图 6 所示。

图 6 历史人物概念本体示意

在图 6 中,将人物按照官制概念细分到帝王、文臣、武将、文学部、史学部等,例如,宋太祖赵匡胤属于帝王部。历史人物概念设计的属性示意列表及图示分别如图 7 和图 8 所示。

图 7 历史人物概念设计的属性示意列表

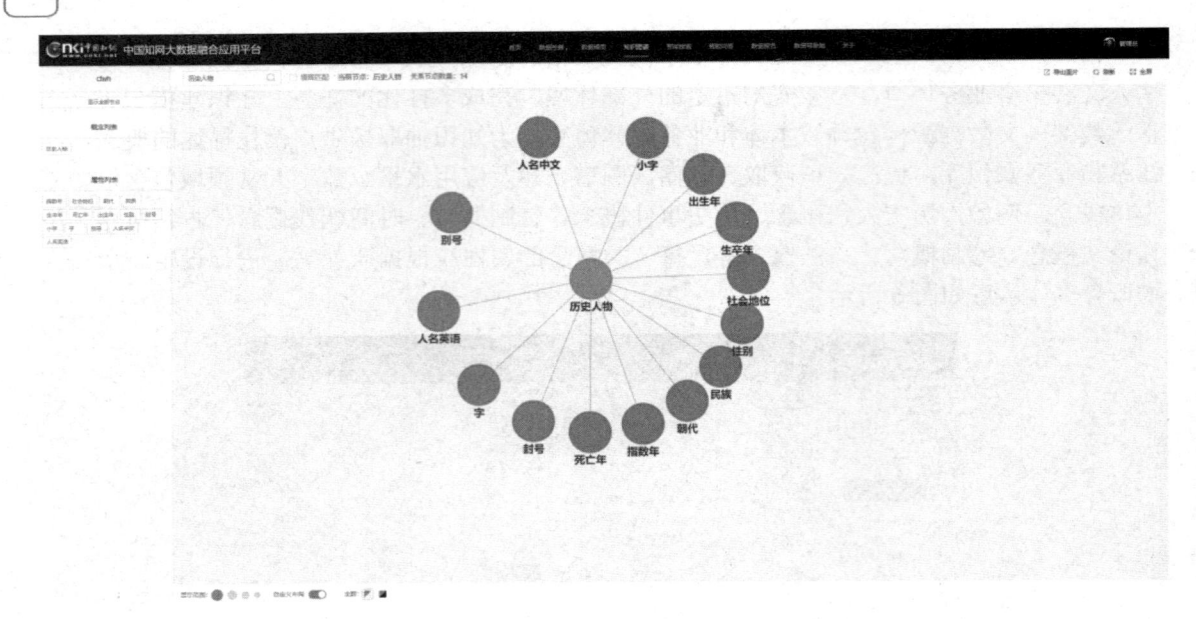

图 8　历史人物概念设计的属性示意图示

3.2.2　数字人文知识抽取

基于数字人文知识建模中输出的领域本体库，对多源异构数字人物数据进行抽取和结构化表示，将结构化的人文领域知识输出后进行知识融合，形成知识图谱。

针对数字人文研究重点关注的人物、事件、官制、时间朝代、地理空间等概念框架进行实体、属性、关系抽取模型研发，构建历史人物图谱、历史事件图谱、官职图谱、空间地理图谱、官制图谱以及以上图谱的关联关系。例如，以事件为主线展开数字人文知识抽取的核心实体与属性关系包括事件涉及的人物、事件发生的地理空间、事件发生的时间朝代、事件关联的研究论文、研究学者等。数字人文知识抽取结果示意如图 9 所示。

图 9　数字人文知识抽取结果示意

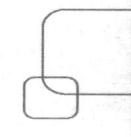

在图 9 中，平台可以通过时间朝代主线、人物主线、事件主线、地理空间主线等维度进行知识的抽取与挖掘。平台针对人物实体、事件实体、地理空间实体、时间朝代实体进行实体抽取，并按照知识建模中的数字人文本体框架进行属性抽取与填充，最终构建起实体与实体之间互相关联的关系。例如，人物与事件的关系、事件与时间的关系、人物与人物的关系等。其中，人物与人物的关系更加复杂，本案例借鉴中国历代人物传记资料库中定义的人物关系进行建模抽取，涵盖父子、夫妻、同僚、师生等将近二十种人物间的关联关系。

整个知识抽取系统的主要功能组件可分为以下六个部分：本体解析、数据预处理、词句法分析、模型训练、知识抽取和知识抽取管理。

1）数字人文知识抽取管理

用于对整个知识抽取系统的数据源、抽取任务进行管理，同时对系统抽取结果进行校正，主要包含数据源管理组件，其用于对整个系统的数据源进行管理，实现对数字人文数据源的加载、读取等，实现数字人文资源体系与资源池的共建与共享。其中，系统内置了知网收录的数字人文资源，满足图书馆、博物馆、研究机构、研究学者等自有资源的接入与抽取需求。

2）数字人文本体解析

用于解析领域本体库，主要包含概念层次关系组件、字典编辑组件和抽取规则设定组件和映射模板生成组件。概念层次关系组件用于解析本体库中的领域概念、关系间的约束、关系间的定义域和值域、概念之间的层次结构、实体词典等信息，并将这些信息存入数据库中，指导和规范知识抽取活动。

3）数字人文数据预处理

用于对输入数据进行预处理，主要包含数据去噪、格式编码转换、异常值处理、去停用词等处理，为后续结构化数据的抽取、非结构化数据的词句法分析、数据标注等环节做准备。

4）数字人文词句法分析

用于对预处理后的文本数据进行词法句法分析，支撑后续对文本数据的知识抽取和模型训练，主要包括新词发现、分词、词性标注、句法分析等。

5）数字人文模型训练

数字人文知识获取需要训练的模型包括实体识别模型、属性抽取模型、关系抽取模型。其中实体识别模型包括历史人物、历史事件、历史地名等，属性抽取模型包括人物的出生年月、官职、朝代、号等，关系抽取模型包括人物关系、事件关系、时空关系、共现关系等，模型训练用于自主式学习方法的知识抽取，包含数据标注、数据标注管理、模型训练。

6）数字人文知识抽取

基于抽取规则、映射模板、知识抽取模型、领域词库、自然语言处理技术对数据进行抽取，将数据中的知识进行抽取和结构化表示。

3.2.3 数字人文知识存储与管理

知识存储与管理旨在实现知识图谱管理、知识图谱更新及知识图谱可视化。

1）知识图谱管理

知识图谱管理涉及知识图谱的存储建模、物理存储设计、索引和查询。存储建模部分明

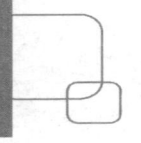

确知识图谱的数据结构。物理存储设计部分完善知识图谱在硬盘或者分布式环境下的存储与组织方式。为了加快规模型知识图谱的查询速度，建立相应的索引结构，包括子结构索引和关键词索引。最终基于这些索引方式实现各类查询，包括特定子图结构的查询（路径查询、社团搜索等）和关键词查询。

2）知识图谱更新

知识图谱的更新可及时发现知识图谱中的过期知识，及时更新是知识图谱构建后质量控制的重要一环。根据更新发起方的不同，知识图谱的更新方式可分为主动式更新和被动式更新。由知识图谱平台方发起的更新是主动更新，由数据源发起的更新是被动更新。知识图谱更新功能如图 10 所示。

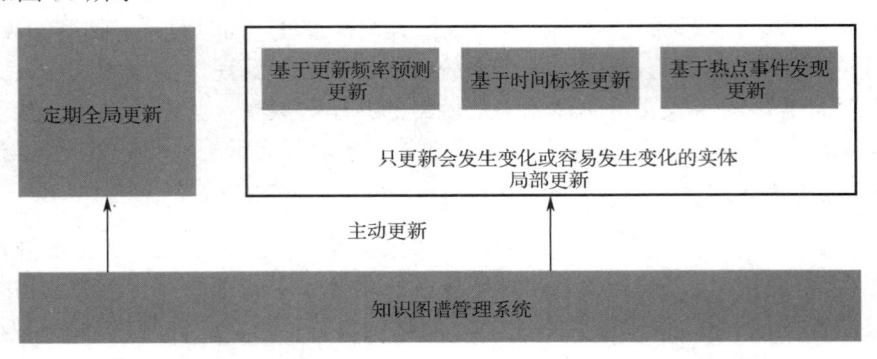

图 10　知识图谱更新功能

3）知识图谱可视化

知识图谱可视化功能主要包含知识图谱可视化及其二次开发框架、基础应用和个性化开发应用。通过开发框架的选用，能够快速开发适合具体业务场景的专题应用。

3.2.4　数字人文知识推理

数字人文知识推理可为知识图谱管理系统中的待改进图谱进行推理计算，为现有图谱进行能力输出，并给知识图谱管理系统提供更加精准的领域知识。知识推理引擎通过知识补全、知识纠错、关系推理、关联推理、AB 路径、社区划分等功能组件，为知识图谱提供复杂的图谱分析计算能力。知识图谱推理与补全示意如图 11 所示。

数字人文知识图谱补全是给定三元组中任意两个元素，试图推理出缺失的另外一个元素，分为实体补全、属性补全和关系补全。例如，针对人物年代的补全，可以通过关联人物、关联事件的年代属性来进行补全。针对关系的补全，可以通过人物 A 与人物 B 和人物 C 之间的关系，推演人物 B 和人物 C 之间的关系。

3.2.5　数字人文知识融合

数字人文知识融合可实现将知识抽取阶段获得的笼统知识转化为可领悟知识，涉及人、事、物之间的各层级的高度融合。基于融合后的知识，平台可面向需求提供知识服务。知识融合需要挖掘隐含知识，寻找潜在知识关联，进而实现对知识的深层次理解，以便更好地解释数据。

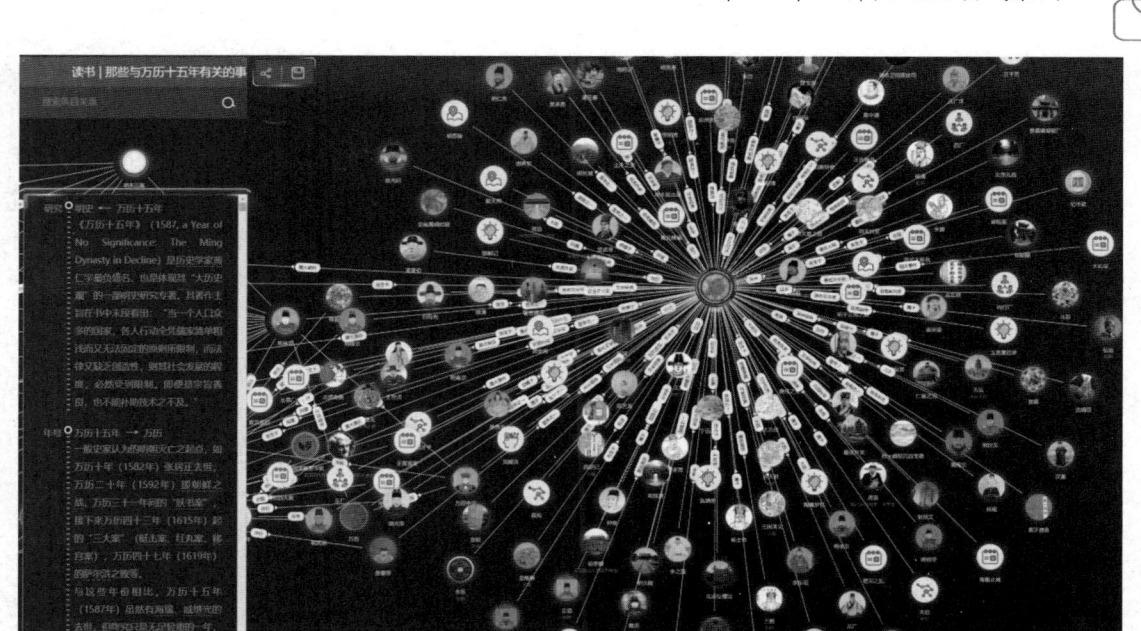

图 11　知识图谱推理与补全示意

1）数据整合

主要是整合知识图谱的内部数据和外部数据。当外部知识库融合到本地知识库时需要处理两个层面的问题：数据层的融合，包括实体的指称、属性、关系以及所属类别等，主要的问题是如何避免实体以及关系的冲突问题；模式层的融合，指将新得到的本体融入已有的本体库中。对于内部数据，不同的数据集常常对同一实体的描述方式不相同，对这些数据进行归一化处理是提高后续链接精确度的重要步骤，主要包括语法正规化、数据正规化、移除多余符号等功能。

2）实体链接

实体链接模块用于对输入的结构化知识中的实体进行处理，将从多源异构数据中抽取的实体对象链接到知识图谱中对应的实体对象，主要包含实体定位抽取、实体消歧和指代消歧三个组件。

3）冲突检测

在实际语言环境中，经常会遇到某个实体指称项对应多个命名实体对象的问题。由于知识来源广泛，这些知识常常呈现出分散、异构、自治的特点，还有冗余、噪声、不确定、非完备的特征，清洗数据并不能解决这些问题。冲突检测能够判断知识库中的多个同名实体是否代表不同的含义以及知识库中是否存在其他命名实体与劣实体表示相同的含义。平台通过冲突检测、真值发现等技术消解冲突之后，再对知识进行关联与合并，最终形成一致的结果。

4．案例示范意义

中国知网数字人文平台通过高效地整合中国知网资源、机构自建资源、个人研究数据、

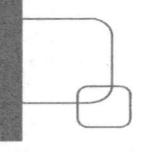

专家研究成果、相关网络资源等数据，以知识本体为基础，以知识图谱为知识表达方式，来重新组织数据，辅以丰富易用的文献计量分析、数据分析挖掘、可视化标注等研究工具，以平台化的思维为用户提供差别化的服务，吸纳并鼓励专家用户贡献知识，探索基于关联数据技术的数字人文项目建设模式。与传统的数字人文研究方式相比较，通过中国数字人文研究基础设施建设，可以改变和拓宽人文资源的获取方式和途径，为人文研究提供数字化、可计量、多样化的研究工具集，基于大数据技术辅助提高人文研究算力，推动和引领数字人文研究范式的转变。

4.1 建设中国数字人文研究基础设施

基于知识图谱的数字人文平台，通过中国数字人文研究基础设施的建设，可以实现三个方面的提升。

（1）改变人文内容资源的获取方式。传统人文研究利用数字化的手段比较单一，还停留在人文资源的简单组织、检索与利用上，缺乏对现有资源的深度分析和挖掘。通过构建数字人文领域知识图谱，基于知识图谱对海量的数字资源内容进行获取、组织、标引和检索，能够使研究学者更有效率地获取到大量的文献资料，快速定位到更有研究价值的文献记载。

（2）为人文研究提供丰富的研究工具集。数字人文研究的工具技术，如丰富易用的文献计量分析、数据分析挖掘、可视化标注等，可以基于时空和事件图谱，通过对大量历史文本进行实体命名和空间历史数据的抽取，对历史知识和历史事件进行静态和动态的可视化展示，揭示社会经济系统在时空演变中的客观规律及相应的政策与规划手段。

（3）通过知识图谱技术来提高数字人文研究的算力。基于知识图谱的文本挖掘方法，能够有效处理海量文献数据，特别是对非结构化数据的处理，具有较高的研究价值。基于知识图谱技术，能够比对成千上万条文本数据，检索和分析一定时期内海量文献中出现的时间、地点、人物、事件等符号信息，快速地观察并分析这些文献之间潜藏的脉络与规律，识别和总结其中的模式。

4.2 推动数字人文研究范式的转变

基于知识图谱的数字人文平台，在研究方法、路径、视点等方面对人文学科研究提供了崭新的思路，为人文研究提出问题、界定问题和解决问题提供新的视角，能够推动数字人文研究新范式的发展。主要体现在三个方面。

（1）从对传统纸媒文本的细读转变为大数据背景下对超文本的远读。数字人文研究面临迅速增长的文本语料库，传统人文研究对单一文本细读所能覆盖的文本数据量十分有限。大数据时代人文研究思维范式与技术的转型，需要构建针对大规模超文本的远读模式，通过量化的方法，对庞大的文本体系中的类别因素、内容要素和结构元素做出解释，并以大数据和知识图谱技术来考察文本内外部体系。远读模式更关注大规模样本数据的整体情况，研究者可以通过远读的方式总结出文本、作者或作品题裁在更宏观的文学语境中的历史地位。

（2）使人文科学的定性研究转变为定量辅助定性研究。传统人文研究多采用定性研究，由于研究者的学术背景不同，归纳、演绎、推理的路径与方法也会不同。因此，定性研究方法个体性差异大、往往无固定或可遵循的模式，研究方法具有一定的主观性。基于知识图谱的数字人文研究利用对大量文本的计算、分类、聚类和分析，可以对文本中的语义标志、语

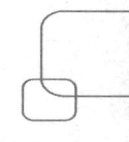

法特征或词频进行计数，进而分析文本，验证假设，构建模型。这不仅能够对文本信息进行检索、提炼和呈现，还能从多层面、多维度生成二次信息，提出新的问题，得出新的结论，挖掘研究对象的隐性模式、趋势与相关关系。这种定量辅助定性研究能够突破传统的基于单一文本定性分析的局限。

（3）从对传统文本的阐释转变为对文本的深度挖掘。传统人文研究对文本信息主要以个性化的理解、解读和阐释为主，新媒介的出现使得文本数据资源更加复杂化和异质化，研究学者需要整合不同信息来源的文本之间交融互动的数据，并审视不同类型的数据，从中发现潜在的规律。传统人文研究对大规模文本数据的分析显得力不从心。数字人文技术可以实现对文本的深度挖掘，运用科学统计的方法实现作者风格分析、人物关系挖掘、作品情感分析、模式发现与可视化、人文学科领域本体构建等。

5. 展望

知识图谱技术应用于数字人文领域，可以从广度、深度和高度三方面开展进一步的研究和探索。首先，研究广度体现在规则数量上，可预置更多的公理和通用推理规则供用户使用。其次，研究深度体现在图谱算法上，逐渐实现更多基于图的计算，如图路径、图遍历、族群分析、权威点计算和相似点计算等。最后，研究高度体现在分析维度中，本平台目前仅对人物之间的关系建立图谱，将来会考虑从其他维度建立更多面的知识图谱，如人物官职图谱、著述图谱等。

本平台"资源+工具+科研服务"的模式是一种崭新的产品形式，同类应用尚属空白，这也决定了平台的设计、研发及应用具有复杂性、多样性和挑战性。本平台面临的问题和下一步的工作计划如下。

（1）对中国知网资源、机构自建资源及个人数据进行一定程度的整合和建设，但不能保证所抽取的数据种类和支持的数据格式是完整、全面的。因为数据每时每刻都在产生，学科也在不断发展，各类学科之间的交织渗透也在日益增加，日后需要不断加强研究，以及对数据进行不断的补充和调整。

（2）数据分析挖掘工具的使用带有一定的技术门槛，而人文研究者自身的数据分析能力参差不齐。因此，交互工具设计的易用性，是值得重视和研究的问题。

（3）平台采用众包协同的模式来丰富数据，服务数字人文机构开展科研工作。如何激励公众的参与，调动公众参与的积极性与持续性，以及根据研究情景，科学设计众包平台的用户交互机制，从而提高用户完成任务的绩效，是影响众包模式成功与否的重要因素。未来，平台这部分功能模块的设计和研发需要对这些课题不断进行研究和尝试。

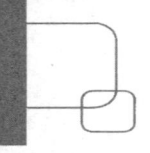

案例 38：标准知识图谱智能服务平台

标准是指导企业规范化生产的重要依据，标准的制定及生成产品的对标属于产业基础性、共性技术。针对当前我国各行业存在标准制定周期长、效率低，以及产品对标依赖人工、耗时长且易遗漏出错等问题。本案例研发了基于知识图谱的标准智能化服务技术，搭建标准知识图谱智能服务平台，实现标准知识图谱自动构建、标准冲突检测、标准智能写作以及产品智能对标等智能化服务。

1. 案例基本情况

1.1 单位简介

本案例由华南理工大学大数据与智能机器人教育部重点实验室，中国电子技术标准化研究院和金山办公共同合作研究完成。华南理工大学大数据与智能机器人教育部重点实验室在过去 10 年专注于大数据与机器人智能技术的研究，在知识表示及知识库构建等方面处于国内领先地位。近 5 年来，该实验室承担科研项目 100 多项；发表国内外高水平论文 400 多篇；获发明专利及软件著作权等 100 多项；获得日内瓦发明展银奖、中国计算机学会科学技术奖二等奖在内的多个奖项。

中国电子技术标准化研究院以电子信息技术标准化工作为核心，通过开展标准科研、检测、计量、认证、信息服务等业务，面向政府提供政策研究、行业管理和战略决策的专业支撑，面向社会提供标准化技术服务。与多个国际标准化组织及国外著名机构建立了合作关系，为电子信息技术标准的应用推广、产业推动和国际交流合作发挥了重要的促进作用。

金山办公作为中国领先的软件产品应用和服务供应商，公司产品及服务在政府、金融、能源、航空等多个重要领域得到广泛应用。金山办公相关产品在文档处理方面的优势，有助于提升标准知识图谱成果的产品转化与应用推广；有助于以合理有效的方式集成项目研究成果，借助平台向政府、企业、团体和机构等单位提供更便捷的产品体验。

1.2 知识图谱简介

知识图谱是一种揭示实体之间关系的语义网络。知识图谱旨在描述真实世界中存在的各种实体、概念及其关系，并构成一张巨大的语义网络图。知识图谱里，通常用"实体（Entity）"来表达图里的节点，用"关系（Relation）"来表达图里的"边"。实体指的是现实世界中的事物，如人、地名、概念等，关系则用来表达不同实体之间的某种联系，如人"居住在"北京、张三和李四是"朋友"等。知识图谱的构建与应用需要多种智能信息处理技术的支持：知识抽取技术，可以从一些公开的半结构化、非结构化的数据中提取实体、关系、属性等知识要素；知识融合技术，可消除实体、关系、属性等指称项与事实对象之间的歧义，形成高质量的知识库；知识推理则是在已有的知识库基础上进一步挖掘隐含的知识，从而丰富、扩展知识库；由分布式的知识表示形成的综合向量对知识库的构建、推理、融合以及应用均具有重要的意义。知识图谱为互联网上海量、异构、动态的大数据表达、组织、管理以及利用提供

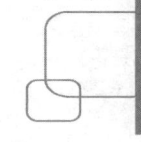

了一种更为有效的方式，使得网络的智能化水平更高，更加接近于人类的认知思维，其在智能搜索、问答系统等领域均有应用。

1.3 案例背景

标准是指导企业产品生产的重要依据，是保证产品质量，提高产品市场竞争力的前提条件。随着大数据和人工智能技术的兴起，利用新一代信息技术手段和互联网思维创新标准数据资源服务模式、建设标准智能化编制服务技术及应用平台、实现标准制定范式和标准对标流程的优化、加快标准制定过程和完善标准化服务模式，对我国的标准化进程具有非常重要的意义。

在推动我国标准化进程中，各行各业已经沉淀了许多标准文档。然而，现阶段的标准数据大多以文本、图片的形式存储在数据库中，其中的海量知识尚未得到充分利用，因此在实现标准数据的自动化知识挖掘、表示、推理和应用等方面仍面临着巨大的挑战。

针对当前我国各行业存在的标准数据自动化知识挖掘、表示、推理和应用难以实现，标准制定周期长、效率低，以及产品对标依赖人工、耗时长且易遗漏出错等问题，我们基于标准知识图谱的智能化服务技术，研发"标准知识图谱智能服务平台"，可以实现标准知识图谱的自动构建、标准冲突检测、标准智能写作以及产品智能对标等智能化服务，从而帮助和指引"政产学研用"的各方推动和加快标准落地应用，加强标准知识图谱在各个领域的建设实施，为我国企业生产提供有效支撑。

1.4 系统简介

标准知识图谱智能服务平台主要涉及三类用户，即标准使用者、标准制定者及标准管理者。系统相关方及关联关系如图1所示。

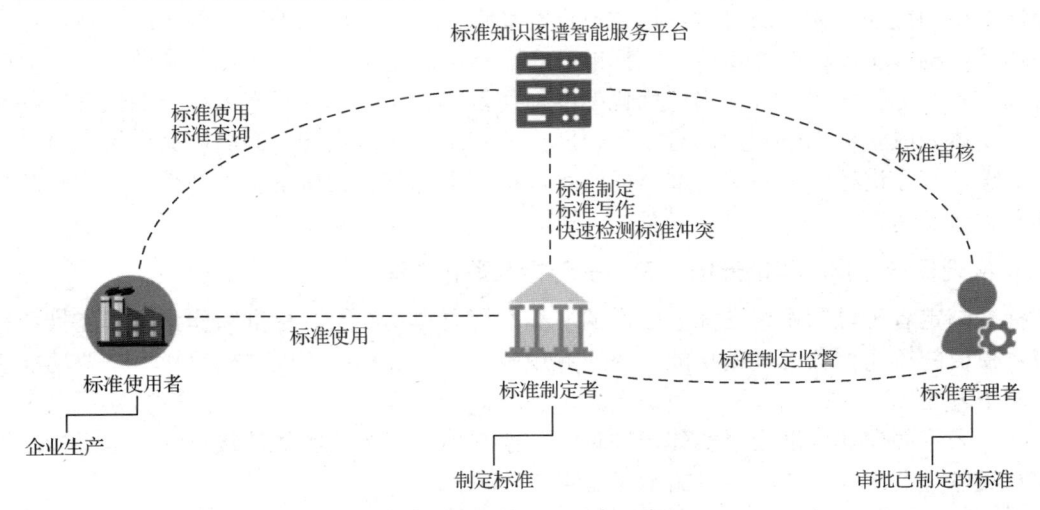

图 1 系统相关方及关联关系

标准知识图谱智能服务平台可为三类用户（即标准使用者、标准制定者以及标准管理者）提供服务，从而提升生产效率，加快标准制定和审核速度。其中，标准使用者一般为依据制定的标准进行生产的企业，其可以利用标准知识图谱智能服务平台实现产品自动对标技术，

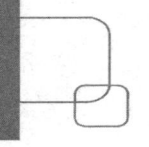

对产品设计文档和标准文档进行智能比较，辅助企业在产品设计时进行产品标准比对，包括与相关的国家标准、行业标准等标准进行对标。标准制定者一般为制定标准的组织机构，其可以利用知识图谱的标准智能化编制服务技术及应用平台来提高标准写作以及冲突检测的效率，还可以利用标准知识图谱的标准写作素材和标准写作模板的智能推荐等功能，从而加快整个标准制定、发布、实施的进程。标准管理者会对已编制的标准进行审核，其可以用知识图谱的标准智能化编制服务技术及应用平台对已编制的标准文件快速而准确地纠错和审批，提升审核速度。

在该平台中，利用人工智能算法对标准知识图谱中的数据实现自动挖掘、表示、推理等内容，以辅助标准从业人员、企业、科研人员等相关方更好地利用标准知识，从而进一步地推动各行各业的科技创新。知识图谱智能服务平台的系统功能样例如图2所示。

应用	智能写作	智能对标	冲突检测
模型	标准智能写作模型	产品智能对标模型	标准制定冲突检测模型
算法	标准智能写作算法：智能文本纠错算法；标准写作素材推荐算法；标准写作模版推荐算法	智能对标技术：待对标信息抽取算法；标准匹配算法；自动对标算法	标准冲突检测算法：多层级标准匹配算法；冲突检测算法；冲突消解推荐算法

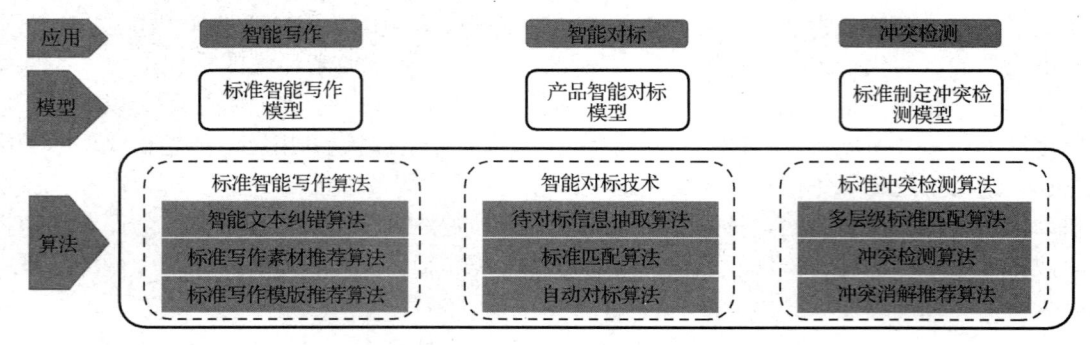

图2 标准知识图谱智能服务平台的系统功能样例

标准知识图谱的出现，将推动现有的标准数据从"数据"向"知识"过渡，其核心在于通过数据观察与感知世界，实现智能写作、智能对标、冲突检测等智能化服务。知识图谱作为描述知识的重要载体，通过对各行各业标准知识的构建，可以为我国的生产企业、标准制定团体及机构等实现标准知识检索、标准制定、标准制定中的冲突检测、企业生成产品的精准对标、各级标准的优化等应用。优化标准写作范式、加速标准写作流程、加快各行各业、企业、团体完成新标准的制定，有助于帮助企业实现高质量生产、提高产品市场竞争力。此外，对重点行业进行产品快速精准对标，可以提高企业产品的研发质量与效率，推动产品的设计、改造及销售。

1.4.1 实现标准写作的智能升级，有效提升标准写作效率

标准制定者可以利用标准知识图谱的非标准用语自动纠错、标准写作素材智能推荐和标准写作模板的智能推荐等辅助功能，快速并规范化地进行标准智能文档写作。主要功能包括以下两个方面。

（1）采用面向非标准用语实体识别算法、面向标准用语的实体链接算法、基于标准知识图谱的实体对齐方式，从而实现文本智能纠错。

（2）基于标准知识图谱的写作素材及标准写作模板推荐算法，对用户文本特征和标准子图谱的特征进行融合，为用户推荐标准写作素材及标准写作模板。

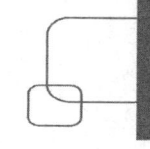

1.4.2 实现产品对标流程的自动化，提高产品研发质量与效率

标准使用者可以利用基于标准知识图谱的对标技术及工具，辅助企业进行产品的快速对标。主要功能包括以下 3 个方面。

（1）待对标信息抽取算法，自动抽取企业产品设计文档中的产品属性、工作环境、操作步骤等待对标信息。

（2）标准匹配算法，根据产品所属领域、标准级别、待对标信息等特征自动从标准知识图谱中匹配对应的标准数值、标准文档等。

（3）自动对标算法，根据上下文对待对标信息是否达到标准要求进行判断，辅助企业快速完成对标，加速企业产品设计流程。

1.4.3 实现标准制定冲突检测的自动化，有效提升冲突检测效率

标准制定者可以利用标准知识图谱的检测算法，自动对行业内的标准一致性进行检测，主要功能包括以下 3 个方面。

（1）多层级标准匹配算法，根据新标准所属领域、文本内容等特征，从标准图谱中自动匹配对应的上级、同级等标准文档。

（2）冲突检测算法，基于标准知识图谱的文本语义理解算法，识别新标准与现有标准间的冲突。

（3）冲突消解推荐算法，考虑标准间的上下位关系和标准部署的环境等，自动给出标准修改方案，辅助新标准的修改。

2．案例成效

面向用户写作的标准智能写作算法，为标准文档编写者快速推荐合适的标准文档模板及标准用语，提高标准文档编写者的写作效率。随着各行业文档写作标准的不断提出与确立，写作标准呈现规范化、多样性、领域性的特点，标准文档编写者在标准用语的选取、标准文档格式的规范化方面出现困难。标准智能写作算法基于标准知识图谱的实体对齐，自动推荐标准用语和标准文档模板，节省标准文档编写者在人工查找资料、选取写作用语、调整文档格式等额外工作上的时间，提高标准文档的写作效率。本案例的标准模板智能推荐技术能够实现准确率达 80%以上。

基于标准知识图谱的对标技术，能快速从海量标准中自动进行对标，提高企业产品设计的效率。企业在进行产品设计时，依据相关标准对产品进行设计是提高产品质量、提高企业管理效率及竞争力的重要步骤。现阶段企业仅通过人工进行标准校对，耗时长且容易错漏，严重阻碍了企业产品设计的进度。基于标准知识图谱的对标技术自动抽取企业产品设计文档中的产品属性、工作环境、操作步骤等待对标信息，并通过对标算法将待对标信息和海量标准文档进行自动对标，省去烦琐的人工对标流程，提高了企业产品设计的效率。本案例基于标准知识图谱及对标技术构建标准自动对标系统，将企业产品设计人员从烦琐的人工对标流程中解放，大大提高企业产品设计的效率。

基于标准知识图谱的标准冲突检测，能自动检测新标准与已有的海量标准文档之间是否存在冲突，提高新标准制定的效率及新标准的质量。标准间的冲突检测是新标准制定过程中的一个重要环节，标准间的冲突可能潜藏在上级或者同级的多份标准文档中，给新标准制定

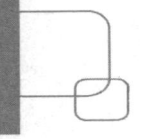

人员进行标准冲突检查带来了极大的工作量。现阶段的标准冲突检测仅通过人工核查的方式进行，时间成本大，且容易漏检。然而，基于标准知识图谱的标准冲突检测，能够自动匹配可能与新标准存在冲突的同级及上级标准文档，并快速发现新标准与已有标准间的冲突，帮助新标准制定人员及时修改标准制定方案，提高新标准制定效率及新标准的质量。本案例实现标准检测准确率 80%以上，在新标准制定过程中给予制定人员精准的反馈，极大地提高新标准制定的效率以及新标准的质量。

图 3 展示了医疗防护用品领域的标准知识图谱。以医疗防护用品领域的标准为例，随着今年新冠疫情暴发，医疗防护用品的标准是指导企业复工、复产的重要依据。然而，该领域标准目前仍以纸质版为载体，标准制定者、标准管理者以及标准使用者均面临标准查阅耗时长、标准不全面、标准不统一、标准中出现冲突的问题。给有效、快速地生产医用防护用品带来困难和挑战。对此，本案例针对医疗防护用品领域中的标准文档结构化、标准的方便查询、冲突检测等，构建了标准知识图谱以帮助生产企业、医护人员、社会公众实现便捷查询，对相关标准内容进行研究、比较、学习、运用。加快了企业的复工复产，助力经济恢复。

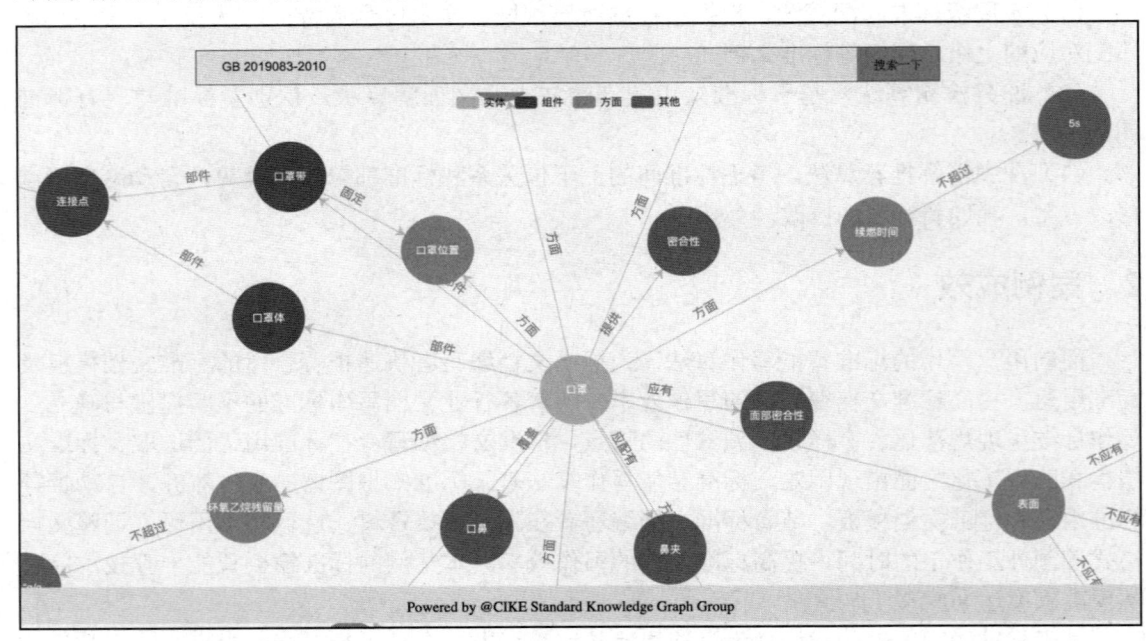

图 3 医疗防护用品领域的标准知识图谱

3. 技术路线

3.1 系统架构

当前新标准的监督和评估过程依赖人工、耗时长且容易遗漏，导致无法全面地对标准进行监督与评估。因此，研发了一套标准监督与评估技术，搭建了一个标准知识图谱智能服务平台，其结构框架如图 4 所示。

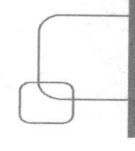

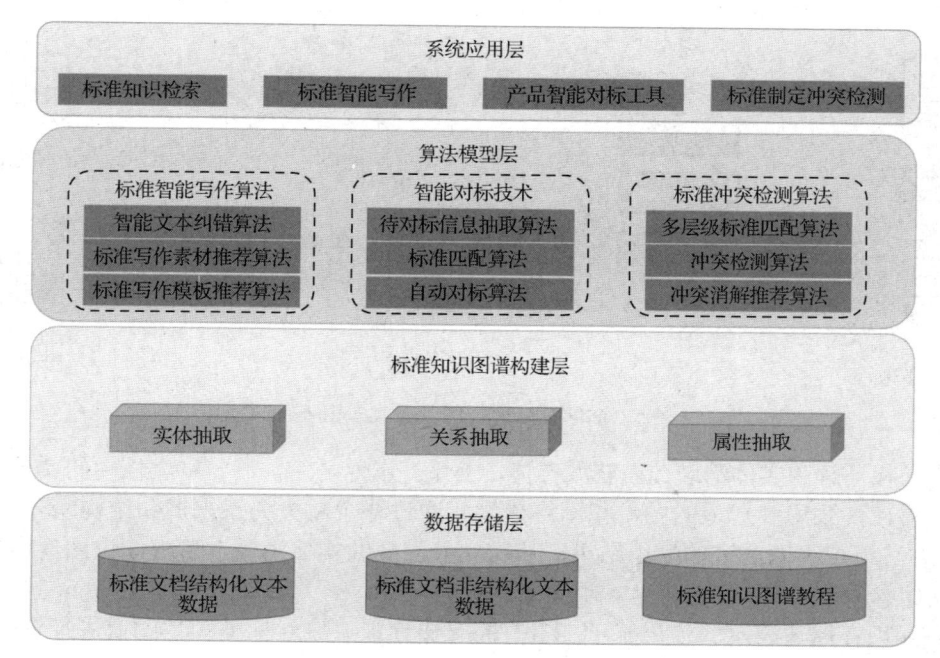

图4 标准知识图谱智能服务平台的结构框架

该平台的结构框架分为4层，即数据存储层、标准知识图谱构建层、算法模型层及系统应用层。数据存储层利用大规模语料数据库和图数据库完成对标准文档结构化文本、非结构化文本及标准知识图谱数据的高效存储。标准知识图谱构建层是知识图谱构建的关键内容，其分别对实体、关系、属性进行抽取，从而形成标准知识图谱的构建资源。算法模型层分为三个部分，利用不同的算法对知识图谱内容进行挖掘和表示，根据现有的知识进行指标学习、融合和对齐。应用层则反映了系统的几大关键应用，如标准制定和冲突检测，标准智能写作等。

3.2 技术路线

3.2.1 面向标准文档的知识图谱构建算法

当前我国各行业及企业的标准制定及产品对标的过程依赖人工、耗时长且易导致遗漏出错。建立标准知识图谱能够辅助构建智能化标准服务技术和工具，极大地提高用户的标准写作、对标及冲突检测的效率。本案例为了提升知识图谱的检索效率和辅助下游智能化标准服务技术，利用图结构数据库进行知识存储，并提供面向标准文档的分布式知识表示（见图5）。

该算法主要由4个部分组成，分别是知识融合、知识抽取、指代消解和实体消歧，以及知识存储与表示。

（1）知识融合。对于标准文档中的结构化知识，例如已经提取的实体、关系、概念、属性等，进行本体的匹配和映射，通过图卷积网络对知识及知识间的关系来处理对齐信息。

（2）知识抽取。从大量的非结构化文本数据中提取实体、属性以及关系。利用基于Transformer的序列标注模型提升标准文档中实体的抽取效果，对于属性和关系则采用基于图卷积网络的语义依存分析（Dependency Parsing）捕捉对应关系和属性信息。

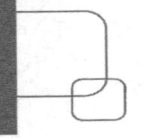

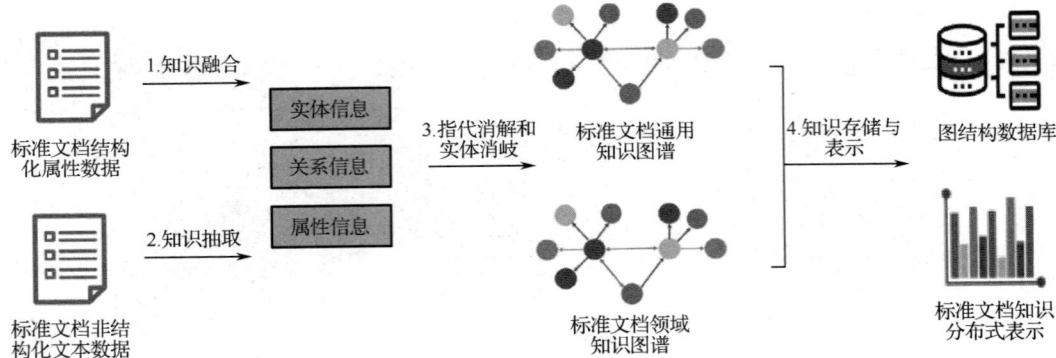

图 5　面向标准文档的分布式知识表示

（3）指代消解和实体消歧。在获取实体、关系、属性之后，需要将文档中的实体和关系、属性一一对应，采用多通道的图卷积网络模型，通过补全缺失关系来调和结构差异，再通过 Pooling 方法组合不同通道的输出结果，从而完成高效的实体消歧，形成知识图谱中的实体-关系三元组。

（4）知识存储与表示。使用基于 RDF 的存储管理系统对标准知识图谱进行管理。RDF 存储亦称三元组存储，它是专为存储三元组形式的数据而设计的专用数据库，通过六重索引（SPO、SOP、PSO、POS、OSP、OPS）的方式解决了三元组搜索的效率问题。同时采用 TransE 模型对知识三元组进行分布式的表示，所形成的向量化表示可以被下游任务采用。

3.2.2　面向用户写作文本的标准智能写作算法

随着各行业文档写作标准的不断提出与确立，写作标准呈现规范化、多样性、领域性的特点，标准文档编写者在标准用语的使用、素材选取、文档格式的规范化上出现困难。本案例基于标准知识图谱的非标准用语自动纠错，标准写作素材以及标准写作模板的智能推荐，以协助用户快速并规范化地进行标准智能文档写作。面向用户写作文本的标准智能写作算法流程如图 6 所示。

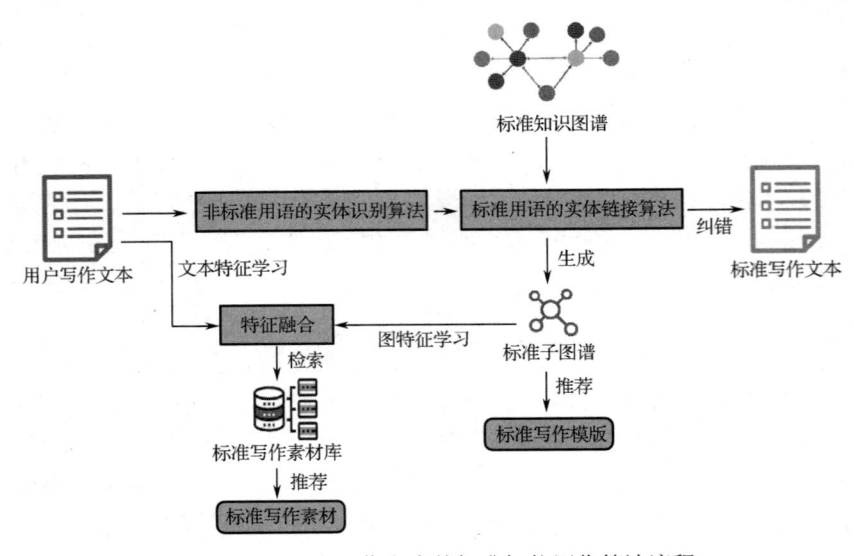

图 6　面向用户写作文本的标准智能写作算法流程

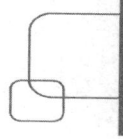

对于用户输入的非标准写作文档，首先，智能写作模型会利用实体识别算法对其进行实体和关系的识别（采用基于 Transformer 的序列标注模型和基于 Dependency Tree 的图卷积网络模型）。其次，根据提取的实体和关系和建立的标准知识图谱对图结构数据进行匹配，匹配过程中的冲突会返回用户，用以对用户写作文本的纠错；同时，模型会根据匹配到的节点，利用最大流算法进行图结构的切割，形成标准子图谱。最后，利用第一步中的基于 TransE 结构的标准图谱三元组进行向量表示，在标准写作素材库和写作模板库中进行匹配，完成标准写作素材推荐。

3.2.3 基于标准知识图谱的智能对标技术及工具

随着我国标准化的发展，各行业间的标准构建日益完善，但缺少一种能够快速从海量标准中自动进行对标的技术及工具，现阶段只能通过人工进行对标，耗时长且容易产生错漏，阻碍了企业产品设计的进度。本案例研究一种基于标准知识图谱的智能对标技术及工具，辅助企业对产品进行快速对标。基于标准知识图谱的智能对标技术流程如图 7 所示，其中主要研究内容包括以下 3 个方面。

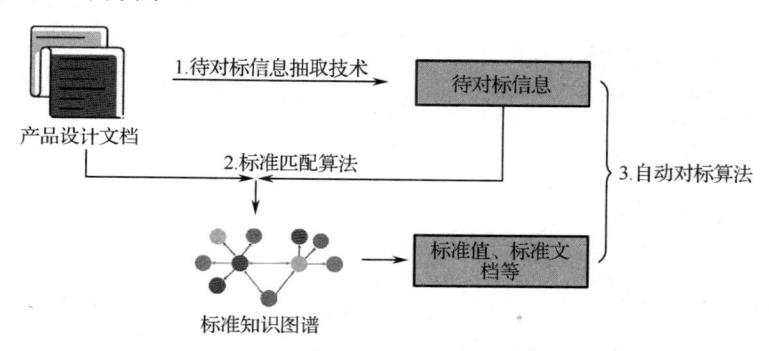

图 7　基于标准知识图谱的智能对标技术流程

1）待对标信息抽取技术

自动抽取企业产品设计文档中的产品属性、工作环境、操作步骤等待对标信息。应用的具体技术包括：基于 BERT 的实体抽取技术和基于词典匹配的实体抽取技术。利用 BERT 强大的文本表征和信息抽取能力，基于 BERT 的实体抽取技术抽取文档中的属性、步骤、技术要求等关键实体信息，同时构建通用和专有领域的词典，用于对采用 BERT 的实体抽取技术时的遗漏实体进行补充抽取。

2）标准匹配算法

根据产品所属领域、标准级别、待对标信息等特征自动从标准知识图谱中匹配对应的标准数值、标准文档等。其具体技术包括根据抽取的标准对标信息，从构建好的知识图谱中快速检索对应的信息实体、实体的属性和其余实体。根据匹配出来的标准值、标准文档或者标准实体来进行下一步的对标任务，完成自动化的对标任务。

3）自动对标算法

根据上下文判断对标信息是否达到标准要求，辅助企业进行快速对标，加速企业产品设计流程，助力疫情后的复工、复产。具体技术包括基于 BERT 的自动对标算法。利用 BERT 对句子对的信息捕捉能力，以句子对的形式输入待对标信息和上一个步骤中得到的标准值

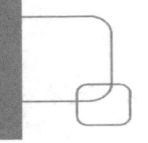

和标准文档等，并判断输出是否达到标准要求，以及全自动对标的要求。

3.2.4 基于标准知识图谱的标准冲突检测算法

标准间的冲突检测是新标准制定过程中的必要环节，标准间的冲突可能隐藏在上级或者同级等多份标准中，且与工作环境、部署系统类别等上下文信息相关。现阶段标准冲突检测只能通过人工核查的方式进行，耗时长且容易错漏，缺少一种能够快速从海量标准中自动进行标准冲突检测技术及工具。本案例研究了一种标准制定检测算法，自动对行业内标准一致性进行检测。基于标准知识图谱的标准冲突检测算法流程如图 8 所示，研究的主要内容包括以下 3 个方面。

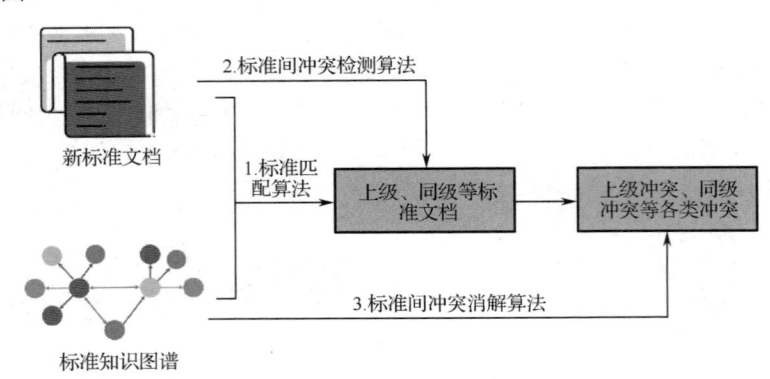

图 8 基于标准知识图谱的标准冲突检测算法流程

1）标准匹配算法

根据新标准所属领域、文本内容等特征自动从标准图谱中匹配对应的同级、上级等标准文档。其具体技术包括基于 Transformer 的序列标注模型，抽取出所属领域文本内容中的关键实体。利用关键实体去匹配所有文档中相同或者相近的实体，从而找到对应的同级、上级文档，用于下一步的冲突检测。

2）标准间冲突检测算法

基于标准知识图谱的文本语义理解，识别新标准与现有标准间的冲突。首先，利用基于 Transformer 的序列标注模型，抽取出上级、同级文档中的对应实体；其次，利用对应的实体去匹配标准文档中对应的属性；最后，利用该属性再去匹配同级、上级文档中对应属性的数值，当数值不一致时，则会发生冲突。

3）标准间冲突消解算法

考虑标准间上下位关系和标准部署环境等要求，自动给出标准修改方案，辅助新标准的修改。其具体技术为当出现多份属性值不一致的信息时，则为发生冲突，可选择属性值出现频率最多的作为解决方案；若出现多个属性值且频率一致，则让标准制定者自行选择。

4. 案例示范意义

4.1 面向标准制定者：优化标准制定范式，加快标准制定过程

标准制定者在进行标准写作时，常常将大量时间花费在寻找标准模板、规范标准术语等

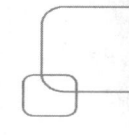

过程上，效率有待提升。本案例基于标准知识图谱，实现了标准模板推荐，标准冲突检测，标准智能写作等多种应用。通过人工智能算法，自动根据写作者提供的内容推荐标准写作模板，从而加快整个标准制定、发布、实施的进程，并且对各行各业的标准制定起到了引导、规范作用。平台全方位为各行业从业者提供标准化服务，成为标准化工作实现网上办公的"手段、工具"，成为电子行业的企事业单位、广大标准化工作者"查询快捷、信息可靠"的良师益友。

4.2　面向标准使用者：优化标准对标流程，促进企业科技创新

现阶段企业的产品对标依赖人工，存在耗时长且容易遗漏出错等问题。本案例通过标准知识图谱实现了产品自动对标技术——对产品设计文档和标准文档进行智能比较，辅助企业在产品设计时进行产品标准、国家标准、行业标准等标准的自动对标。各行各业可以依据标准知识图谱进行产品快速精准对标，提高相关产品研发质量与效率，推动产品的设计、改造及销售，并进一步促进企业的科技创新。

4.3　面向社会大众：完善标准化服务模式，助力我国标准化进程

目前标准化服务模式相对固化，现阶段大多数用户主要是通过纸质标准、简单的电子版标准和数据库检索获取标准中相关知识。标准知识图谱将打破传统的标准知识获取方法，以知识的关联关系创新标准化服务模式。标准知识图谱可以结合用户搜索的关键词、标准名称、政策法规、典型案例等内容，成体系地推送多种查询结果，帮助用户成套、成体系地获取相关知识；还可以面向社会提供标准化技术服务，从而提升我国相关产业的竞争力。标准知识图谱帮助和指引政府主管部门和有关企业推动和加快标准落地和应用，为政府提供政策研究、行业管理和战略决策的专业支撑。

5.　展望

当前我国各行业存在标准制定周期长、效率低，以及产品对标依赖人工、耗时长且易遗漏出错等问题。因此，急需建立一个面向标准的知识库以及建设一个基于知识图谱的标准智能化服务平台，帮助标准编写者快速、准确地制定标准，帮助标准管理者快速、准确审批标准，以及帮助标准使用者规范化地进行产品生产。本案例将进一步研究标准的应用涉及的算法，提高算法的准确率以及效率，以不断提高平台的可靠性和泛化性。

---

*专栏：行业/领域标准化现状与需求

1. 行业/领域标准化现状

随着我国标准化进程的推进，各行各业已经沉淀了许多标准文档，为我国科技进一步创新打下了坚实的基础。然而，现阶段的标准数据大多以文本、图片的形式存储在数据库中，其中的海量知识尚未得到充分利用。

2. 标准化行业/领域知识图谱标准化需求

现有的标准大多以数据的形式存储，如何推动现有的标准数据从"数据"向"知识"过渡，核心需求在于通过数据观察与感知世界，实现自动化分类、预测等智能化服务。